香精制备技术

肖作兵　牛云蔚　主　编
朱建才　顾永波　胡　静　朱广用　周如隽　副主编

中国轻工业出版社

图书在版编目(CIP)数据

香精制备技术/肖作兵，牛云蔚主编．—北京：中国轻工业出版社，2025.1

ISBN 978-7-5184-2184-8

Ⅰ.①香… Ⅱ.①肖… ②牛… Ⅲ.①香精—制备 Ⅳ.①TQ657

中国版本图书馆 CIP 数据核字(2018)第 243995 号

责任编辑：伊双双　罗晓航

策划编辑：伊双双　　责任终审：滕炎福　　封面设计：锋尚设计

版式设计：砚祥志远　　责任校对：晋　洁　　责任监印：张　可

出版发行：中国轻工业出版社(北京鲁谷东街 5 号，邮编：100040)

印　　刷：三河市万龙印装有限公司

经　　销：各地新华书店

版　　次：2025 年 1 月第 1 版第 3 次印刷

开　　本：787×1092　1/16　印张：30.25

字　　数：640 千字

书　　号：ISBN 978-7-5184-2184-8　定价：88.00 元

邮购电话：010－85119873

发行电话：010－85119832　010－85119912

网　　址：http://www.chlip.com.cn

Email：club@chlip.com.cn

250092K1C103ZBW

本书编写人员

主　　编: 肖作兵　牛云蔚
副 主 编: 朱建才　顾永波　胡　静　朱广用　周如隽
编　　者: 刘军华　于　单　吴旻玲　侯文菁　康彦翔
刘　影　朱　全

前　言

近三十年来，随着我国国民经济的发展和人民生活水平的提高，轻工行业得到了快速发展。而香料香精作为轻工行业的重要组成部分，在食品、化妆品、药品、纺织、皮革、造纸、烟草等中的应用愈加广泛。

《香精制备技术》是一部系统介绍国内外香精生产技术的专业书籍，分为香料香精基础、香气产生机制及协同作用、天然与合成香原料、日用和食用香精制备技术、新技术在香精香料制备中的应用等五个部分，共六章。

编者在充分了解国内外香料香精行业的发展情况下，参考了国内外大量的文献资料，结合自身二十多年香料香精方面的工作经验和科研成果，精心组织编写了本书。本书对国内外香料香精行业概况、基本概念、专业术语、稳定性和安全性等进行全面阐述；从嗅觉系统的组成和嗅觉的产生机制详述了嗅觉的生理学效应，并从分子振动理论、立体结构理论、电子拓扑学理论解释了香气形成机制，系统介绍了香料分子香气协同作用的研究方法。进一步，介绍了香原料（天然和合成）的品种、产地、香气特征等理化指标，为日用和食用香精制备提供理论指导。最后，对新技术（微胶囊、纳米、顶空分析、气味指纹）在香精香料制备与品质控制中的应用做了系统阐述，为从事香精香料制备与品控的科研人员提供新的研究思路。

本书由上海应用技术大学香料香精技术与工程学院肖作兵教授主编。参加编写的有肖作兵、牛云蔚、朱建才、顾永波、胡静、朱广用、周如隽、刘军华、于单、吴旻玲、侯文菁、康彦翔、刘影、朱全等老师和研究生。其中，第一章由肖作兵、胡静、于单编写；第二章由肖作兵、牛云蔚、朱建才编写；第三章由肖作兵、牛云蔚、朱建才、顾永波、周如隽、侯文菁、康彦翔编写；第四章由周如隽、于单编写；第五章由肖作兵、顾永波、牛云蔚编写；第六章由肖作兵、牛云蔚、顾永波、刘军华、吴旻玲、刘影、朱全编写。牛云蔚、朱建才、顾永波全程参与了编写、整理、外文文献资料的翻译工作。全书的统稿由肖作兵完成。

从构思、准备到编写历时近三年，本书是目前国内香精制备技术中比较全面系统的专业图书，希望对我国香精行业的发展和相关专业技术人员具有一定的指导和借鉴作用。

由于编者的水平有限，书中难免出现错误或不妥之处，恳请各位同行专家和读者批评指正。

编者
2018 年 12 月

目　录

第一章
绪论

第一节　国内外香料香精行业概况

一、国外香料香精概况

(一)国外香料香精发展简史

香料历史悠久,长期以来丰富着人们的生活,陶冶着人们的情操,通过嗅觉给人们美好的生活享受。香料是最古老的诱惑,在人类文明史上记录了绚丽的一页,早在5000多年前,神农氏尝遍百草,用草根、树枝、香花异草来医病治疗,驱疫避秽,所以自古就有香药同源之说。古人以香料植物的颗粒或粉末直接或混合使用,这些香料植物颗粒与粉末或悬脐作佩,或剜木为珠,或炙火以熏,或煮汤而沐,主要是对神明作供奉,为闺阁添芳泽。香料不仅可清静身心,更用于丧葬礼仪。

最早,人们焚烧香料植物通过烟雾撒香。在罗马帝国时期,人们让小鸟先在香料植物粉末上扑翻滚爬,再让它在宅内任意飞翔撒香。英语中“香料”一词源于拉丁语 *Per Fumum*,意即通过烟雾,说明在西方古代香料最先也用于香熏,人们用香熏的生活习惯延续至今。中国、埃及和印度是最早应用香料的国家。公元前1357年,埃及国王图坦卡门就在肌肤上涂抹香油、香膏,古埃及人认为香料有益皮肤。当时的香料可能是用百里香、甘牛至、没药、乳香等添加于橄榄油或杏仁油里制成的。《圣经》也早就涉及了辛香料、没药、乳香与格蓬等香料。埃及人、希腊人沐浴时加入香料,使用的有藏红花、没药、姜、甘牛至和莲花等。希腊神话中记述了爱和美的女神 Aphrodite 是第一位使用香料的女神,香料能保持她的美貌。自古以来,人们始终把香料作为高尚与美好的象征。混合、调和香料是由西奥弗兰司特创始的。早在公元前370年就开始著述,记载了好多至今仍在使用的香料植物。混合的香料植物有玫瑰、铃兰,还有薄荷、百里香,更有甘松、鸢尾、甘牛至、岩兰草以及月桂、没药、桂皮等。当时从事香料工作的多限于宗教、医药、知识界上流人士。直至10世纪,阿拉伯人 Avicerma 开始使用蒸馏法从玫瑰花中提取玫瑰油、玫瑰水,这是香料制造业的一大进步——从使用固态的香料植物颗粒、粉末到液态的香料精油。之后,玫瑰油传入欧洲,欧洲人对香料的兴趣,很大程度上是受到阿拉伯人的影响。

文艺复兴时期,意大利引进了许多中东地区的香料,随着意大利公主嫁到法国皇宫,调香作为工艺技术也流传到了法国。路易十三时期,法国南部格拉斯地区建立了第一个香水生产厂家。因此格拉斯地区也被称为“近代调香的摇篮”。真正以酒精为溶剂的香水是1370年的“匈牙利水”,它是用蒸馏玫瑰、薰衣草、柏木、迷迭香,并加入乙醇来制取的。随着欧洲文艺复兴的繁荣昌盛,伴随着东西方文化的发达和商业贸易的兴旺,香料的需求和使用量不断增加,香料的制造技术和工艺也有了长足的进步。1942年首次将蛇形冷凝管用于蒸馏精油,自从该技术应用于精油蒸馏以后,用蒸馏提取精油的技术在不断发展、进步，逐步从桂皮、丁香、肉豆蔻等香辛料及迷迭香、薰衣草类香料植物中蒸馏提取精油，转到从柑橘类植物的果实、树枝、叶片与花朵中蒸馏提取精油。随着香料植物精油品种增多，又有植物香膏及天然动物香料供调香者使用，香氛香韵日趋丰富多调。

14 世纪，匈牙利伊丽莎白女王下令生产了一种由香精和酒精混合而成的第一批香水“Toilet Water”，这是欧洲最早的香水。由于 15 世纪美洲大陆被发现，西班牙和葡萄牙的香料交易量明显提高。荷兰成为在这一时期香水工艺发展最快的国家。荷兰开始涉足国际香料贸易，通过保护本国香料工业，改进耕种技术，大大提高了香料及香水的产量。他们生产的香水（Toilet Water）一改往日香味单一的特征，使用了大量的混合香料来制作香水，包括花卉、草本、麝香和琥珀。18 世纪，人们采用冷吸法提取鲜花净油，废弃了受热易变质的鲜花精油的提取方法，使精油提取技术又迈进了一步，茉莉香、晚玉香等鲜花净油产品的制作成功推动了法国格拉斯地区鲜花栽培业的发展。当地一直栽培和制备很有价值的香水用原料，如玫瑰、橙花、茉莉、薰衣草和晚香玉鲜花的浸提产品。如今，在格拉斯附近的意大利大量种植香料植物，并以此提取精油供格拉斯地区的调香师调配香精产品。19 世纪合成香料品种陆续问世。自煤焦油等化工原料制得的合成香料极大程度地增加了调和香精的品种与来源。合成香料香气均一稳定，价格低廉，有的存在于自然界，也有在自然界尚未发现的全新的香料品种，它们在香精调配上起了很重要的作用，特别对创新型、幻想型的调配贡献显著。

在合成香料问世之前，调香所能用的只能是大自然所提供的天然动、植物香料，全部用天然香料来调制香水和香精，比原始的固态颗粒、粉末调香进步了一大截，但这也有具局限性，这种方法是以花配花、以果配果，当时调香曾被称为“自然派”。合成香料的发明，解决了天然香料的供应不足问题，某些独特的合成香料又补充了天然香料经加工过程中气息上的某些缺陷，使调和的香气效果更具有真实性。合成香料与天然香料调和的整体香气更接近天然植物的香气，更有真实感，这样的调香即从“自然派”走向所谓“真实派”。

以后，调香的艺术创作从调香师的印象出发，以印象的主题而创作香气的“印象派”发展到通过香气形式来表现事物、表现情感、表达主题的“表现派”。现今往往是表现与真实相结合的创作，既表达香氛的主题思想，又将大自然某种香氛惟妙惟肖真实地表现出来，如同悦耳动听的乐曲、五彩缤纷的画卷，作为艺术品愉悦人们的嗅觉，陶冶人们的情操。

新型香料的出现，孕育了新的香型香精。20 世纪香水香氛流行演变进程无不与新型香料发明有关，表 1-1 所示为应用新型香料的创制在香水行业进展中具有里程碑意义的著名香水实例。

表 1-1　　新型香料在著名香水中的应用

香水品名	生产厂	年份	香型	主体新型香料
Fougere Royal	Houbigant	1882	馥奇	香豆素
Jicky	Guerlain	1893	东方	酮麝香
L′oagan	Coty	1905	东方	甲基紫罗兰酮
Quelques Fleurs	Houbigant	1913	花香-醛香	甲基壬乙醛

续表

香水品名	生产厂	年份	香型	主体新型香料
Mitsouko	Guerlain	1919	素心兰	桃醛
Greep de chine	Millot	1925	素心兰	乙酸苏合香脂
Arpege	Lanvin	1927	花香-醛香	乙酸岩兰草酯
Miss Dior	Dior	1949	素心兰	格蓬香膏
Intimate	Revlon	1955	素心兰	甲基柏木酮
Eau Sauvage	Dior	1966	花香	二氢茉莉酮酸甲酯
Fidji	Guy Laroche	1969	花香	水杨酸叶醇酯
Calendre	Paco Rabanne	1969	花香-醛香	新铃兰醛
Chanel No. 19	Chanel	1970	花香-醛香	鸢尾精油
Alliage	Estee Lauder	1972	青香	新洋茉莉醛
Azzcero	Couturier	1979	馥奇	二氢月桂烯醇
Poison	Dior	1980	果香-花香	突厥酮

值得一提的是，1921 年出品的 Chanel No. 5 香水(世界最著名的一款香水)，是一款经典的脂肪醛融合栀子花、茉莉花、玫瑰花和檀香、动物香的花香-醛香香型香水，开创了香水在日用生活中扮演不可缺少的角色的时代。现在全世界每半分钟就销售一瓶香水。

以前，日用香精调香工艺成果主要表现在香水上。其他日用产品的香型香气大多由香水香型的香气演变而来。现今日用香精产品除了香水香精之外，大部分香精是根据加香产品的不同而进行设计与调配的，以符合不同产品的特点与要求。

(二)国外香料香精行业现状

随着世界各国经济的快速发展，世界香料香精产业的发展迅速。近年来，国际香料香精贸易销售额呈不断增长的趋势，全球平均增长率在 4%～8%，香料香精行业已全球化发展。近 20 年来，国外香料工业发展迅速，世界上香料工业发达的国家主要有美国、英国、瑞士、荷兰、法国和日本。美国香料香精公司有 120 多家，最大的公司是国际香料香精公司(IFF)，它在世界 38 个国家和地区设有工厂、实验室和办事处，年销售额 14.6 亿美元(其中包括已被美国 IFF 公司收购的布希·波克·阿兰公司(BBA)的部分销售额 0.6 亿美元)。瑞士最大的香料香精企业有两家，其中奇华顿公司(Givauden)仅次于美国 IFF 公司，名列世界第二。瑞士的另一家芬美意公司已连续 10 年销售额呈增长趋势。德国香料香精年销售额约占世界总额的 10%左右。英国是以松节油为原料合成萜类香料最发达的国家，香料香精年销售额为 6 亿美元。法国是天然香料生产最发达的国家，生产线主要集中在法国东部地中海的山区城市格拉斯(Grasse)，该地区有 20 多家天然香料企业。另外，日本长谷川香料株式会社也是世界十大香料公司之一。日本香料公司以生产合成香料为主，天然香料仅占 1%，每年需要从国外进口大量的天然香料。

从整个国际香料香精行业发展的过程和实际情况来看，具有以下特点。

1. 高度垄断

世界上主要的食用和日用香料公司历史悠久、规模巨大。大多数的香料跨国公司不断通过各种兼并、合资和合并等方法重组，以保持较强的竞争力。自 1990 年代以来，全球香料工业逐步实现了高度垄断。从销售额看，全球前十大香精香料公司所占全球市场的份额一直都保持稳定增长。1997 年十大公司总销售额，几乎占全球总销售额的 76%，2000 年占全球总销售额的 61%，2007 年占全球总销售额 68.7%，2011 年占全球总销售额 75.1%。全球前十大香精香料公司高度集中在日本、美国和西欧。

2. 高度竞争

国际十大香精香料公司在本国的销售额占 30%～50%，其余 50%～70%的产品销售到其他国家和地区。传统欧美香精香料消费大市场目前已趋于饱和。由于亚洲经济飞速发展，亚洲已成为世界经济最重要的部分，亚洲市场逐渐成为各大公司竞争的新战场，特别是中国市场(表 1-2)。

表 1-2　世界十大香精香料公司及其在中国的分布

公司名称	英文名称	国家	分布
奇华顿	Givaudan	瑞士	上海
芬美意	Firmenich	瑞士	上海、云南昆明
国际香料香精	IFF	美国	浙江杭州、广东广州
德之馨	Symrise	德国	上海
高砂	Takasago	日本	上海
森馨	Sensient	美国	广东广州
曼氏	Mane	法国	天津、上海、浙江嘉兴
长谷川	T-Hasegawa	日本	上海
罗伯特	Robertet	法国	北京、河北石家庄
花臣	Frutarom	以色列	江苏昆山

3. 高科技高投入

十大香精香料公司每年安排在研究与发展方面的资金投入，一般为总销售额的5%～10%，如 IFF 公司 1997 年投入 9700 万美元搞香料香精科研与开发工作，占当年销售额的6%；当时的 BBA 公司为 5%；Firmenich 公司和 Dragoco 公司均为 10%左右，用于各种新产品和新技术的研发。

4. 重视安全和环保

国际上有国际日用香料香精协会(IFRA)、食品香料工业国际组织(IOFI)、国际日用香精研究院(REFM)、食品香料和萃取物制造者协会(FEMA)和美国食品与药物管理局(FDA)等机构，对香料工业安全性的立法起了很重要的作用。经 FEMA 审定后认为安全的食用香料已达 1800 多种。香料产品对环境的污染问题也得到重视。

5. 产业结构以香精为主

国际十大香精香料公司处于领先地位的原因之一是以香精为龙头的产业结构。世界发达国家和十大香精香料公司的产品结构都是以香精占主导地位的，如日本香料工业中香精产品占75%～78%。国际大公司的高盈利能力主要在于高附加值的香精产品。

二、国内香料香精概况

(一)国内香料香精发展简史

中国香料历史悠久，可以追溯到五千年前。新石器时代晚期，人们已经用燃烧柴木与其他祭品的方法祭祀天地诸神；黄帝神农时代，人们采集树皮草根作为医药用品驱疫避秽，当时的人类对植物挥发出来的香气已开始重视，并把这些物质用于祭祀、敬天和丧葬等方面，后来才逐渐用于饮食、装饰和美容上。

3000多年前的殷商时期，甲骨文“鬯其酒”一语，班固解释说是“以百草之香，郁金合而酿之为鬯”。屈原以香草比喻贤能，他在《离骚》《九歌》提到的香草有“白芷、花椒、佩兰、山药、杜衡、菊花、桂、泽兰、辛夷、蓬荷、菖蒲”等几十种之多，可见当时的人们已经开始种植和采集香料。《神农本草经》里提到365种药物，其中252种是香料植物或与香料有关。

春秋战国时期人们对香料植物有了直接的利用，如焚烧(艾蒿)、佩带(兰)，还有煮汤(兰、蕙)、熬膏(兰膏)，并以香料(郁金)入酒；秦汉时期，张骞出使西域，丝绸之路的畅通使阿拉伯等地的香药如沉香、青木香、苏合香、鸡舌香等陆续进入中国，大大丰富了中华香文化的内涵和外延，中国香文化发展史上的第一个高潮期随之而来。香炉、熏笼等用以熏香的用具在王室贵族中渐渐流传开来。在宫廷里熏香、佩香、浴香成了常事，王公贵族从此与香结下了不解之缘。《汉官仪》规定，“尚书郎怀香握兰，趋走丹墀”，并要“含鸡舌香，伏其下奏事”，类似上班之前喷下香水，整个皇宫里都是香云飘散。

魏晋南北朝时期，由于道教的蓬勃发展和佛道的兴起，熏香在上层贵族阶层更为普遍，这在一定程度上助推了用香风气的扩展，促进了域外香料的传入。在香料品类日益增多的基础上，以多种香料配制而成的香品也开始被普遍使用，如范晔的《和香方》等。此时香料更广泛地被应用于治疗疾病上，名医葛洪的《肘后备急方》、陶弘景《名医别录》里都有许多以香料入药疗疾的方法。

隋唐时期，国力强盛，民力富庶，为香文化的发展提供了优越的社会基础。香品用量远超前代，不仅广泛用于佩戴、含服、熏烧，更出现了用香涂刷墙面、构建楼阁等奢侈之举。彼时，用香、品香之习渐从宫廷王公贵族阶层传入民间。随着香文化的普及与发展，用香仪制日趋完备，成为宫廷、政务礼仪的重要组成部分；香具也越发精美，材质多以瓷器为主；香品更是日渐丰富，香类划分也日益精良。此时，乳香、苏方木、龙脑香、安息香、青木香、苏合香、没药、郁金香、丁香、沉香等香料源源不断地从广州输入，并通过扬州出口日本。《东征记》记载鉴真天宝二年与七年东渡时，准备了麝香、沉香、甲香、甘松香、龙脑香、胆唐香、安息香、檀香、零陵香、青木香、熏陆香各八百余斤，虽然这两次出海因为沉船和狂风失败，但最后东渡成功，鉴真带去的大量香料和其制作工法开启了日本香道的发展。

由于香料贸易的繁荣，隋唐时期出现了专门经营香材香料的商家，采取了专香专用的分类方法，合香的配方也层出不穷，对香的研究和利用进入了一个系统化的阶段。

宋代是中国香文化发展史上的鼎盛时期。这一时期"海上丝绸之路"因运送大量香料，又被称作"香料之路"，有专事海外香料运输贸易的"香舶"，主要运送龙涎香、降真香、檀香、沉香、乳香、胡椒等各类香料。宋代文人阶层普遍盛行焚香用香、搜集香方、合制香品、品鉴香类，常互赠名香、应和酬唱，引为雅事。宋元时期，香文化逐渐从贵族阶层走进民间，从书阁走向市井，印香、香墨、香茶及添有香料的各种食品渐渐走入了寻常百姓人家，与日常生活关系密切起来，合香配方及香品造型变得更加丰富。

明清时期，中国香文化得到了普及。这一时期在香料的使用方面与宋元时期相较并无新的发展，然而从历史资料看来，明代香品制作技术成熟时期的使用人数更多、香料数量也更可观，香料以各种形式融入到社会生活的方方面面中。与此同时，香料的各种知识广为人知，与香有关典籍著作数量众多，内容也更详尽，其中尤以周嘉胄撰写的《香乘》内容最为丰富，该书将许多香料的种类、来源、用途及香品制作方法都记载得相当详尽。

（二）国内香料香精行业现状

中国的香料香精工业起步较迟，直至新中国成立后，香料香精工业体系才逐步形成。随着中国加入世界贸易组织（WTO）和改革开放的不断深入，我国香料香精生产企业不断增加，现有企业1000多家，三资企业200家左右，形成了国有股份制、集体、民营、外商、独资或合资多元化投资新格局。随着国民经济的发展，人民生活水平的提高，轻工加香产品范围的扩大，促使着我国的香料香精工业迈入了新的发展阶段。香料香精行业是国民经济的重要组成部分，其具有科技含量高、配套性强，与其他行业关联度高等特点。香料香精产品广泛应用于食品、纺织、皮革、造纸、医药、烟草、油墨、日化等行业中。

从2004年至今，国内香料香精销售收入逐年较快速增长，2014年实现销售收入达587.6亿元，2015年香料香精行业产值达到630亿元左右，下游直接相关产品的年销售额超过2万亿元。香料、香精这两类产品中，香精的销售额增长快于香料产品，占比已超50%以上。目前，我国香料香精在全球市场中的占有率已达到20%，中国将成为全球范围内香料香精行业最重要的国家之一。国内香料香精销售收入如表1-3所示。

表1-3 国内香料香精销售收入 单位：亿元

年份	2004	2005	2006	2007	2008	2009	2010	2011	2012	2013	2014
销售额	123.9	179.45	225.09	220.05	253.66	274.35	389.29	469.72	492.5	538.1	587.6

数据来源：根据国内外香化信息整理。

但我国香料香精行业较欧美国家起步晚，经过了几十年的发展，我国香料香精行业在产品数量、技术创新、生产规模和管理体制方面都取得了长足的进步，但是我国企业和世界主要跨国香料香精公司相比，在规模、技术创新、竞争环境、业务领域和企业发展历程等方面还存在着巨大的差距。我国香精香料行业发展特点如下。

1. 国有企业的行业地位持续下降

国营老牌企业由于稳定的产品质量和优良的商业信誉受到用户好评，如杭州西湖香精香料有限公司(原杭州香料厂)、广州百花香料股份有限公司、上海孔雀香精香料有限公司等。20 世纪 90 年代中后期，国有企业都进行了体制改革和产品结构调整，对自身的发展产生了不同程度的影响，因此少数国营大企业在中国香料香精市场的主体地位在减少。另外，由于国营企业长期处于处于投入少、付出多、负担重的情况下，发展后劲乏力。国有企业已明显处于减让位置，行业地位持续下降。

2. 民营企业发展迅猛，占据市场主体地位

近几年来，民营企业是我国香料香精行业中发展较快的一支队伍。他们借助不断扩大的市场需求和灵活的经营机制得到了快速发展，市场占有率不断扩大，已处于中国香料香精行业市场的主体地位。但绝大多数民营企业产品质量不稳、经济技术力量不强、规模小、没什么品牌。只有少数民营企业越做越大，形成了规模，成为了香料香精行业的骨干力量，如福建青松股份有限公司、上海爱普香料有限公司、格林生物科技股份有限公司。福建青松股份有限公司的主打产品是以薄荷脑为主的香料产品，在全球薄荷脑市场的占有率很高。上海爱普香料有限公司生产的精英品种有千余种，包括生物香料、合成香料以及各种香精。格林生物科技股份有限公司的主要产品包含三大系列：柏木油系列、松节油系列和其他石油化工产品。该公司是全球最大的柏木油系列产品的生产厂家，产品有 95%以上出口欧美市场，主要合作伙伴是全球前十大跨国香精香料公司。产品质量稳定，研发力量强大，生产规模大，在国际市场上享有一定的声誉。

3. 三资企业打下半壁江山，占据高端产品市场

三资企业以经济实力和技术的优势，在中国香精香料行业显示出了超强能力。目前来华投资建厂的全球十大香精香料公司已全部到位，某些公司甚至在中国多处建厂如美国 IFF 公司。凭借品牌优势、先进的技术、先进的设备、优良的产品质量和先进的经营理念，发展速度非常迅猛，在中国香精香料特别是香精的中高档产品中已成为不可动摇的主体，成为中国香料香精行业的引潮者。目前奇华顿、芬美意、IFF 等跨国企业的市场份额最大，占据我国食品香精市场的 17%、日化香精市场约 60%，主要是中高档市场。虽然在我国所占市场份额中外资企业不算很大，但是销售额却占据了很大部分。而我国的民族香精香料企业虽然占有市场份额比较大，销售额却占据比较少，原因在于生产能力过剩和价格大战导致了其停留在中低档市场的残酷竞争中。

4. 大规模企业并购上市

目前国内企业已在资本运营、企业并购方面有了一些动作。继在香港成功上市的华宝香精股份有限公司和深圳波顿香料有限公司后，上海万香日化有限公司于 2007 年 7 月 17 日也在新加坡成功上市。现在国内和国际大企业重组整合的速度都在加快，如广东澳华达香料有限公司和广东肇庆香料有限公司被华宝香精股份有限公司兼并，上海奎斯特(国际)有限公司被奇华顿食用香精香料(上海)有限公司兼并，丹尼斯克昆山的食用香精香料部被芬美意香料(中国)有限公司收购，以及近几年杭州友邦香料有限公司被中怡精细化工有限公司收购，张家港亚细亚化工有限公司被福建青松股份有限公司收购等。

第二节　香料香精基本概念与专业术语

一、香料

香料是一种能被嗅出香气或尝出香味的物质，应具有自己的香气或香味特征。5000多年前，人类便认识并开始使用香料，如用在熏香、防腐、调味、驱虫等方面。开始时使用的香料是自然界动物、植物提供的自然形态的有香物质。例如，来自动物的龙涎香、麝香，来自植物的树干、树皮、树脂、树叶、花、草、果、籽等。这些香料不仅在生产地被人们使用，也很早就成为国际间贸易的主要商品。

数百年前，人们实现了以蒸馏法从芳香植物提取芳香油的技术，相继又有了萃取方法等技术手段，芳香油的品种获得了迅速的发展，大大地方便了化妆品、肥皂、皮革制品的加香工艺。从此，香料植物开始人工种植，并不断扩大。至18世纪还没有人工合成香料以前，人类使用的香料都是天然香料。19世纪以后，由于有机化学的发展，开始有了合成香料，且这种工艺获得了迅速的发展。合成香料的问世，打破了人类使用香料仅靠天然香料的历史。同时，为香精调配拓展了广阔的天地。因此，香料可分为天然香料（3000多种）、单离香料和合成香料（7000多种）三个类别，但都是有机化合物。

1. 天然香料

存在于自然界中，可分为动物香料和植物香料，动物香料少，只有灵猫香、麝香、龙涎香和海狸香等，产量极少，价格极高；植物香料品种繁多，从芳香植物的根、皮、茎、籽、花、枝、叶、草或果实等部位，通过超临界萃取、水蒸气蒸馏法、吸收法、浸提法、压榨法等方法生产出的酊剂、香脂、净油、精油、浸膏和香树脂等，如玫瑰净油、茉莉浸膏、吐鲁番树脂、香荚兰酊、水仙净油等。所有天然的香料都含有复杂的成分，可以用色谱-质谱联用仪分析出来。最受人们喜爱的是花卉类香气，如玫瑰、茉莉、米兰、兰花、桂花等，都各具独特的香气。

2. 单离香料

单离香料是使用物理或化学方法从天然香料中分离出来的单体香料化合物。从天然精油中分离出来的单离香料，绝大多数可以用有机合成的方法获得，因此单离香料和合成香料除来源不同外，并无结构上的不同。

3. 合成香料

合成香料是通过化学合成的方法制取的香料化合物。目前合成香料有7000多种，常用的有400多种。可按官能团进行分类：酯类、醇类、醛类、酮类、内酯类、醚类、腈类以及其他香料；或按原子骨架分类：萜烯类、芳香类、脂肪族类、含氮类、含硫类、杂环类以及合成麝香类。

二、香精

香精是按特定配方由几种或多种香料调配或由发酵、酶解、热反应等方法制造而成的，具有一定香型的香料混合体，可直接用于产品加香。

香精根据其用途，一般分为两个大类，即供人们吃的食用香精、供人们用的日用香精，以及其他香精。食用香精：烟用香精、药用香精、酒用香精和食品香精；日用香精：熏香、洗涤用品香精、空气清新剂香精和化妆品香精；其他香精：塑料、橡胶、人造革、纸张、油墨、工艺品、涂料、饲料和引诱剂等。

若以香型为划分标准，可以将香精划分为花香型、非花香型和动物香型这三种类型。花香型香精具备多种类型，且大多是在对天然花香加以模仿的基础上调配的，主要有玫瑰、栀子、金合欢、风信子、桂花、依兰依兰、橙子、丁香、晚香玉、香竹石、薰衣草和葵花等。以食用香型、酒香型、幻香型、果香型、麝香和檀香等为代表的香精属于非花香型香精。动物香型主要有麝香、龙涎和灵猫。

香料和香精二者关系密切，不可分割，为了制备香精需要开发研制香料，有了香料才能制备出完美的香精。而香精是加香产品的原料，只有最终上市的加香产品才能被人们使用。

三、调香的基础

香精通常是通过调配得到的。调配香精的技术与艺术称为调香技术。调香，简单地说，就是将相关香料通过一定的调香技术，调配出具有一定香型和香韵以及有一定应用价值的香精。它是香料香精工业中重要一环。调香的目的就是调配出被人们所喜爱而又安全、适合于加香产品的性质、使加香产品在食用或使用过程中具有一定的香气或香味效果和价廉物美的香精。从香精应用上来说调香分为日用化学品的调香技术和食品用调香技术。

从事调香工作的人被称为调香师。灵敏的嗅觉、丰富的经验、高超的艺术修养是优秀的调香师所不可缺少的条件。同样的香料，不同的调香师所调配出来的香精品质可能有很大的不同。

要掌握调香技术，要有两方面的基本功：一是要有能调配处方的技术；二是要有香精应用技术的基本知识。简单地说，要掌握香精的调配与处方技术，要具有“辨香”“仿香”和“创香”三方面的技能和知识。

所谓“辨香”，简单地说是要能够区分、辨别出各类或各种香气或香味，能评定出它们的好坏以及鉴定出其品质等级。为此，首先要掌握目前常用香料的性能，熟悉其香气特征、香韵和组成等；要懂得香气和香韵的分类、各香料间的香气异同等，练好“辨香”这一基本功。

所谓“仿香”，简单来说是要应用辨香的知识，将多种香料按适宜的配比调配成为所需要模仿对象的香气或香味。仿香一般有两种：一是模仿天然的香气，二是模仿某些国内外的加香产品。对于模仿天然品,往往可参考一些成分分析的文献来制作。

所谓“创香”,简单地说,就是要应用科学与艺术的方法,在“辨香”和“仿香”的实践基础上,设计创拟新颖的香气或香味(或香型)的香精,来满足某一特定产品的加香需要。创拟出来的香精一定要能受到消费者欢迎并经济、合理,与加香产品的特点相适应,因此“创香”是一种很高水平的技术,是科学、艺术和想象力的统一。

四、调香的重要性

作为加香目的使用的香料,通常是由几种甚至是几十种香料调和成一定香型,并符合某种产品使用要求的香料混合物(Compound Perfume 或 Flavor)。我国把这种调和香料称为香精。

天然香料与合成香料由于香气比较单调,或者变色,或者香气不持久,或者香气较弱,只有经过调和以后才能达到使用要求。因此,调香是香料应用的重要环节,是为新香料寻找出的唯一途径,是香料工业的重要组成部分。

天然香料、合成香料、调和香精三部分构成了香料工业体系。香精,是香精生产企业的唯一产品。加入香精的产品,称为加香产品,如化妆品、香包、糖果、饮料等。加香产品的香气或香味是一项主要的质量指标,香精的优劣关系到加香产品在市场上的成败,一种畅销的加香产品必然是香气或香味较好,受人们欢迎的。因此,调香也是在保证加香产品质量、使产品在市场竞争中立于不败或创出名牌等方面发挥了重要作用,其关键还是在于调香师的技能。

20 世纪 60 年代以后,基于精密仪器的运用,实现了对食品香味和天然精油成分的检测,对许多天然食品的香气成分充分揭示并加以合成,促进了香料水平的迅速提高,使食用香精的香味与天然食品的香味十分相近,对日用香精的原有香型有了明显的提高,还创拟了许多新颖香型。20 世纪 80 年代,香料品种已达 5000 余种,为调香师们提供了选择香料的广阔天地,同时,如何使用新出现的香料品种也成为了调香师新的课题。

五、调香基本概念和专业术语

(一)原料名称

精油(Essential Oil):亦称香精油,精油从广义上说,精油是指从香料植物或泌香动物中加工提取所得到的挥发性含香物质制品的总称。但通常我们只是指用水蒸气蒸馏法,或压榨法,或冷磨法,或干馏法(极少数)从香料植物中所提取到的含香物质的制品。这些制品,在常温下多呈液态,只有少数品种呈固态。“精油”这个名词相当于英语中的“Essential Oil”。我们在称呼某一种“精油”时,往往出于简便的原因,将“精油”中的‘精’字省略、如“薄荷精油”,也可简称“薄荷油”。又如用水蒸气蒸馏法制取的鸢尾(精)油,因在常温下呈固态,也可称为鸢尾凝脂等。

除萜精油(无萜精油)(Terpeneless Oil):为了提高或改进某些精油在低浓度乙醇或

某些食用有机溶剂中的溶解度(防止浑浊),并使之用于低浓度乙醇加香水剂或含水量较高的饮料中能呈澄清溶液面不发生油-水分层,或者为了提高或改进某些精油的主要香气与香味,或者为了能使某些精油在贮藏时不易产生酸败气息或生成树脂状聚合物等,通常采用减压分馏法,或选择性溶剂萃取法,或分馏-萃取联用法将精油中所含的单萜烯类化合物($C_{10}H_{16}$)或倍半萜烯类化合物($C_{16}H_{24}$)除去或除去其中的一部分,这种处理后的精油,前者称之为“除单萜精油”(Terpeneless Oil),后者被习称为“除倍半萜精油”(Sesquiter Peneless Oil)。为了简便起见,也可将“精”字省略,如称“除萜香柠檬油”及“除倍半萜甜橙油”等。

精制精油(Refined Oil):是指用再蒸馏或真空精馏处理过的精油。其目的是将精油(原油)中某些对人体不安全的,或带有不良气息的,或含有色素的成分除去,用以改善质量,这类物质总称为“精制精油”(Refined Oil)。如果是用再蒸馏法取得的精油成品,称为“再蒸馏油”(Redistilled Oil);如果是用真空精馏法取得的精油成品,称为“精馏精油”(Rectified Oil)。

浓缩精油(Concentrated Oil):为了适应某些香精在调配时的香气或香味以及强度的要求,采用真空分馏或萃取或制备性层析等方法,将精油(原油)中某些无香气或香味价值低的成分除去后得到的精油,称为“浓缩精油”(Concentrated Oil)。根据浓缩的程度,可冠以“两倍”“五倍”或“十倍”等的称呼。如由原来100份(重量)原油浓缩至50份(重量)者,称为“两倍油”(Two-Fold Oil);如浓缩至10份(重量)者,则称为“十倍油”(Ten-Fold Oil)等。

配制精油(Artificial Oil):指为了降低成本或弥补天然品的供应不足,采用人工调配的方法,制成近似该天然品香气和其他质量要求的精油。

重组精油(Reconstituted Oil):是指有些清油中含有对人体皮肤有害的成分(如引起光敏中毒或有较大的刺激性等)。为了使其符合安全应用的标准,人们采用了一定的方法去除有害成分,不补入或补入一些其他物质,使其香气和其他质量要求与该天然品相近似。这种精油,我们称之为重组精油(Reconstituted Oil),如“重组香柠檬油”“重组香茅油”等。

浸膏(Concrete):从广义上说,指用有机溶剂浸提香料植物器官中(有时包括香料植物的渗出物树胶或树脂)所得的香料制品。成品中应不含原用的溶剂和水分,不过通常是指用有机溶剂浸提不含有渗出物的香料植物组织(如花、叶、枝、茎干、树皮、根、果实等)所得的香料制品,成品中应不含原用的溶剂和水分。在大多数情况下,浸膏中可含有相当数量植物蜡、色素等。在室温时,它呈蜡状固态;有时有的结晶物质析出,也不全溶于乙醇中。

香树脂(Resinoid):指用有机溶剂浸提香料植物渗出的树脂样物质所得的香料制品,成品中不应含有原用的溶剂和水分。香脂多半呈黏稠液态,有时呈半固态或固态。

香膏(Balsam):是香料植物由于生理或病理的原因而渗出的带有香成分的树脂样物质。香膏大半呈半固态或黏稠液体状,不溶于水,而全溶或几乎全溶于乙醇中;在烃类溶剂中只部分溶解。

树脂(Resin):分为天然树脂和经过加工的树脂。天然树脂是植物渗出来的萜类化合物因受到空气氧化而形成的固态或半固态物质,不溶于水,大多数天然树脂是没有香气的。经加工的树脂是指将天然树脂中的精油去除后的制品,如松香。

油树脂(Oil-Resin):有天然树脂和经过制备的油树脂之分。这两种油脂都全部是或主要是由精油和树脂所组成的,天然油脂是树干或树皮上的渗出物,通常是澄清、黏稠、色泽较浅的液体,典型的品种如香膏。经过制备的油树脂是指采用能溶解植物中的精油、树脂和脂肪的无毒溶剂去浸提植物药材,然后蒸去溶剂所得的液态制品。它们通常是色泽较深而不均匀的液态物质。人们熟知的经过制备的油树脂品种为姜油树脂。这类制品多半是辛香料的提取物,它们在味觉上给人好的感受,多用于食用香精中。

树胶(Gum):有天然的也有合成的,严格地说,树胶应是水溶性的物质,在调香工作中有时将这个名词用来代表树脂。

树胶树脂(Gum Resin):是树木或植物的天然渗出物,包含有树脂和少量的精油,所以正确的名称应是“油-树胶-树脂”,这类产品只部分溶于乙醇和烃类溶剂。

香脂(Pomade):采用精制的脂肪,通过冷吸法(Enfleurage)或热浸法(Maceration)从鲜花中吸附(或吸收)香成分达到饱和程度的脂肪物质。

净油(Absolute Oil):用乙醇萃取浸膏或香脂或树脂或含香蒸馏水(用水蒸气蒸馏某些香料植物的过程,冷凝后的水液中含有溶解于水中的或难于进行油水分离的香成分的馏出液)所得到的萃取液,经过冷冻处理,滤去不溶的蜡质、脂肪或萜烯类化合物等杂质,再减压蒸馏去除乙醇,得到净油。净油是调配化妆品和香水的佳品。

酊剂(Tincture):乙醇溶液,是以乙醇为溶剂,在室温或加热条件下浸提植物原料所得的制品,可分为冷法酊剂和热法酊剂。

定香剂(Fixative):定香剂是一种物质,它可能是一种“单一”的化合物,也可能是两种或两种以上的化合物组成混合物,也可能是一种天然的混合物。定香剂是香精的组成之一,它在香精中的作用是使香精中的某些容易挥发的成分减慢其挥发速度,从而使整个香精的挥发期限较不加入该定香剂者有所延长;或者是使整个香精的挥发过程中都带有某一种香气。

定香剂大体上可分为四种类型:

(1)真正定香剂　是运用它的高分子结构的吸附作用,来延缓香精中其他成分蒸发作用的物质。这类定香剂的典型品种为安息香树胶树脂。

(2)“专门”定香剂　这类定香剂本身具有一种特殊香韵,加入到香精中后,能使该香精在整个蒸发过程中都带有该特殊香韵。这类定香剂对延缓香精的蒸发期限的作用并不显著。典型的“专门”定香剂如橡苔浸膏、橡苔净油。

(3)提扬定香剂　这类定香剂在香精中是作为“香气的载体”或增效剂来使用的,使香精的其他组成的香气有所增强和改善,同时使香精整个香气扩散力与持久力都有所提高。这类定香剂常用于香水香精,典型的品种如天然麝香、灵猫香。

(4)所谓定香剂　这类定香剂多半是无嗅或者香气较弱的结晶体或黏稠液态物质,沸点较高。用在香精中,能起到提高香精沸点的作用,它们本身的香气(如果有的话)对香精香气仅起次要作用,还能使香精中某些香气的不够平衡与粗糙之处有所改善,这类定香剂虽不够理想,但使用较广。典型的品种如邻苯二甲酸二乙酯、枞酸甲酯、脂檀油等。

曳馥基(Schiff Base):曳馥基是含氨基的香料(通常是邻氨基苯甲酸的酯类)与醛类香料的缩合产物(释出一分子水)。一般说来,曳馥基的香气较持久,但可导致变色。

单离品(Isolate):指用物理或化学方法从天然精油中分离出来的某种香成分化合物,

如从薄荷油中取得薄荷脑。用这种方法取得的香料产品统称为单离品。

辛香料(Spice):一般来说,辛香料是指专门作为调味用的香料植物(其枝、叶、果、籽、皮、茎、根、花蕾等),有时也指从这些香料植物中制得的香料制品。

天然香料(Natural Fragrance、Flavor Raw Materials):指取自植物、动物或微生物作用的底物(大多数情况包括微生物),以产生一定香气或香味的物质。有的在未经加工处理前,本身已经具有某种特征香气或香味,有的则是经酶作用衍生出的产物。经过洗净、削皮、阴干、储存一定时期后,自然发酵生香的鸢尾根茎,也是天然香料。

合成香料(Synthetic Perfume):指采用各种化工原料(包括单离香料),通过化学合成的方法制备的化学结构明确的单体香料。

日用香料(Fragrance、Perfumery Ingredient):指适用于日用化学品香精中,作为赋香、增香、和合或定香的基本组分,其中包括天然的或人工合成的品种。

食用香料(Flavor):用于调配食用香精的香料。大部分香料既可用于调配日用香精,又可用于调配食用香精,这样的香料既是日用香料也是食用香料。

日用化学品香精(Fragrance Compound、Perfume Compound):指由多种日用香料(有时还包括某些辅料或添加剂)按一定的配方比例调制成具有一定的香气香型和适合于某种加香用途的混合物。

香精基(Fragrance Base):香精基是一种香精,但它不作为直接加香使用,而是作为香精中的一种香料来使用的,香精基应具有一定的香气特征或代表某种香型。

(二)调香专业术语

在调香工作中,所用术语大体上可划为有关香气或香味方面的描述用词和对香精香气结构解析时的用语,以及叙述香精中不同香料组分作用的术语。

气息(Odor、Odour):是用嗅觉器官所感觉到的或辨别出的一种感觉,它可能是令人感到舒适愉快的,也可能是令人厌恶难受的。

香气(Scent、Fragrance、Perfume):是指令人感到愉快舒适的气息的总称,它是通过人们的嗅觉器官传递至人体大脑的,香气包括香韵或香型的含义。

香味(Flavor、Flavour):是指令人感到愉快舒适的气息和味感的总称,它是通过人们的嗅觉和味觉器官传递至人体大脑的,常用于描述食用香料或香精香和味的特征。

气味(Aroma):是用来描述一个物质的香气和香味的总称。

香韵(Note):是用来描述某一种香料或香精或加香制品的香气中带有某种香气韵调的,而不是整体香气的特征,这种特征常引用代表性的客观具体实物来表达或比拟,如××带有玫瑰香韵,或带有动物香香韵,或有木香香韵等。香韵的区分是一项比较复杂的工作。

香型(Type):是用来描述某一种香精或加香制品的整体香气类型或格调的,如木香型、玫瑰香型、古龙香型、肉香型等。

头香(Top Note):亦称顶香,在嗅辩香精时,最初片刻的香气印象,也就是人们首先能嗅到的香气特征。头香主要是由香气扩散能力强的香料所产生的。在香精中起头香作用的香料称为头香剂。

体香(Body Note、Middle Note):亦称中段香韵,是香精的主体香气。体香是头香后立刻被嗅到的香气，而且能在长时间内保持稳定或一致的香气。体香是香精最主要的香气特征，在香精中起体香作用的香料称为主香剂。

基香(Basic Note)：亦称底香或尾香，是香精的头香与体香挥发过后，留下的最后香气。这种香气一般是由挥发性较差的香料或定香剂所产生的。在香精中起基香作用的香料称为定香剂(Fixer)。

和合(Blend、Blending)：指将几种香料混合在一起，发出的一种协调一致的香气。调和的目的是使香精的香气变得或者优美，或者清新，或者强烈，或者微弱，使香精的主剂更能发挥作用的香气。在香精中起调和作用的香料称为调和剂或协调剂(Blender)。

修饰(Modify)：用某种香料的香气去修饰另一种香料的香气。使之在香精中发生特定效果，从而使香气变得别具风韵。在香精中起修饰作用的香料称为修饰剂或变调剂(Modifier)。

谐香(Accord)：是由几种香料在一定的配比下所形成的一个既和谐又有一定特征性的香气，它是香精中体香的基础。

香基(Base)：亦称香精基，多种香料调和而成的、具有一定香型的混合物。香基不在加香产品中直接使用，而是作为香精中的一种原料来使用。

稳定性(Stability)：在调香技术中，稳定性有两种含义，一是指香精香气稳定性，也就是说香精的整体香气，尤其是它的体香特征要在较长的时期不能有明显的变化，即在较长的时期内，其香型稳定不变；二是指这个香精在加香介质中，除了香气特征、香型稳定外，还应该不影响加香介质的色泽、澄清度、乳化等理化性能及原有的功能。

阈值(Threshold)：指某一化合物能被人的感觉器官(味觉或嗅觉)所辨识的最低浓度。

香气值(Odour Activity Value，OAV)：指某化合物的浓度与其阈值的比值，一般用来表示某个物质在香气产生中的作用大小。阈值越小，OAV 值越大，对香气的贡献越大，香气值小于 1，则说明该物质在香气产生中没有发生作用。

香势(Odor Concentration)：亦称香气强度，是指香气本身的强弱程度。这种强度可以通过香气的阈值来判断，阈值越小，香势越强。

嗅盲(Anosmia)：是嗅觉缺损现象之一。嗅盲是指完全丧失嗅觉功能，完全嗅不出任何气息。

嗅觉暂损(Hyposmia)：由于患病或神经受损(如患感冒、鼻炎等)或精神分裂而对某些气息或香气的嗅感能力下降或暂时失灵的现象。

嗅觉过敏(Hyperosmia)：由于生理上的因素，对某些香气或气息的嗅感不正常，或是特别敏感，或是特别迟钝。

(三)闻香训练

1. 闻香方法

使用闻香纸条，即将稍厚的纸裁成宽 0.5cm、长 15cm 左右，用手指捏住一端，另一端蘸取少许香料或香精，立刻进行闻香(注意香料不要触及鼻子，要有一些距离)。然后把沾有香料的纸条夹到夹子上，不定时地进行闻香，先是几分钟闻一次，看气味是否很快消失，如果没有消失，就把闻香时间间隔拉大，每小时闻一次，香气保持一天不消失的则每天闻一次，直到香气不明显了为止。香料的香气在纸条上的保留时间称为香料的香气持久性，有的数分钟，有的数小时，有的数月。气味很强烈的香料像含硫化合物，可用乙醇或邻苯二甲酸二乙酯稀释成0.1%～10%，再闻香。稠厚状、粉状和固体状的香料可取少许摊在干净的纸上闻香。在闻香训练中，要做闻香记录，记下该香料的香气特征和自始至终的变化。

2. 闻香环境

一般闻香是在可以打开窗户、空气能流通或排风的房间内进行。闻香时，室内不应有过浓的其他异杂气味。环境的温度一般在室温下进行。当周围环境在0℃以下时，嗅觉灵敏性减弱；在空气流动大的情况下也不宜闻香。

3. 闻香目的

(1)经过对每种香料的反复闻香，加深了对各香料香气特征的印象，可一想到名字就联想到它的香气特征。这就像生活中一提起菠萝、大蒜、茉莉花，人们就能想象出它们各自的气味那样。

(2)通过了解香料的香气在纸条上的保留时间，即香气持久性，调香者能知晓所用香料的持久程度。

(3)从闻香的过程中了解某种香料的香气变化，尤其是天然香料从纸条蘸取开始至香气消失为止，整个过程里的香气变化比较明显。

(4)达到能辨别香料的品质优劣，香气纯正或是否有异杂气味，能否使用。

(5)经过闻香识别香料的来源，如产地，若是单体原料还能辨别来源于合成的或是单离的。

4. 熟悉香料香气的方法

熟悉数百种、数千种香料的香气特征，并把产生的印象记忆在头脑中，短时间内是难以达到的。在闻香—理会—印象—记忆过程中，理会和印象是调香者用已接触过的实物气味在头脑中的迹象加以对比的过程，例如闻到某种香料的气味有似玫瑰花香、菠萝香、芒果香，那么事先得闻过玫瑰花或吃过菠萝、芒果。调香者接触自然界的不同气味越多越有利于熟悉香料的香气。因此，调香者应寻找更多的机会闻一闻各种花香和品尝各种水果的香味，无法接触有香味实物的，也只有以天然精油作为认知对象了。

另外，熟悉香料香气也可采取同系列香料纵横对比的方式，如乙酸乙酯、丙酸乙酯、丁酸乙酯等，这些不同酸的乙酯之间的香气有何相似之处，又有何差异；丁香酚、异丁香酚和α-戊基桂醛、α-己基桂醛等，这些不同结构香气之间的对比又是怎样的等。还可采取同类分组之间对比的方式，如几种硝基麝香香气之间对比；薰衣草油、杂薰衣草油和穗薰衣草油香气之间对比；橙油、橘油、柠檬油、白柠檬油和香柠檬油香气之间对比。

六、香气的分类

(一)香的本质

香气和香味都是芳香成分的质与量在空间与时间中的客观存在。香料与香精所含芳香成分的物理和化学性质是物质内容，而香味和香气则是其表现形式。对于香的类型确定，除了芳香成分的客观存在外，还有感官判断等主观因素的影响。

以下因素对于鉴别香气的特征，均有一定的影响。

(1)芳香成分的质　如分子结构、物理性质、化学性质等。

(2)芳香成分的量　如多少、集中、分散等的影响。例如，吲哚在高浓度时呈粪便臭，浓度低时则呈茉莉香。

(3)自然环境因素　如气温、湿度、风力、风向等的影响。

(4)人的主观因素　如生理状况、心理状态、生活经验等因素的影响。

(二)香气的分类

有香气的物质初步估计约有 40 万种。自古以来，人们就尝试对香气进行分类，但是香气是不能用尺度测量的，其表现很不明确。由于具有香气的物质千差万别，加上人们不同年龄、性别和生活环境的差异，因此对香气物质分类是非常困难的，至今还没有权威的分类方法。

现将国内外常见香气分类法介绍如下。

1. 里曼儿(Rimmel)分类法

1865 年里曼儿根据各种天然香料的香气特征，将香气类型归纳为 18 种，这种分类方法接近于客观实际，容易被人们接受，对于天然香料的使用有一定的指导意义。

(1)玫瑰香型　玫瑰、香叶、香茅等。

(2)茉莉香型　茉莉、铃兰、依兰依兰等。

(3)橙花香型　橙花、金合欢、山梅花等。

(4)晚香玉香型　晚香玉、百合、水仙、黄水仙、洋水仙、风信子等。

(5)紫罗兰香型　紫罗兰、鸢尾根、木樨草等。

(6)树脂膏香型　香兰、香脂类、安息香、苏合香、香豆、洋茉莉等。

(7)辛香香型　玉桂、桂皮、肉豆蔻、肉豆蔻衣、众香子等。

(8)丁香香型　丁香、丁香石竹、康乃馨等。

(9)樟脑香型　樟脑、广藿香、迷迭香等。

(10)檀香香型　檀香、岩兰草、柏木、雪松木等。

(11)柠檬香型　柠檬、香柠檬、白柠檬、甜橙等。

(12)薰衣草香型　薰衣草、穗薰衣草、百里香、花薄荷、甘牛至等。

(13)薄荷香型　薄荷、绿薄荷、芸香、鸢丹参、鼠尾草等。

(14)茴香香型　大茴香、葛缕子、莳萝、小茴香等。

(15)杏仁香型　杏仁、月桂香等。

(16)麝香香型　麝香、灵猫香等。

(17)龙涎香香型　龙涎香、橡苔等。

(18)果香型　生梨、苹果、菠萝等。

里曼儿是较早的一位以人们的主观感觉与客观实际相结合的方法来认识和区别香气的人，但当时的香料品种几乎都是天然香料，而在当今香料品种已逾 5000 种的情况下，应适当加以补充，方可相对完整。

2. 罗伯特(Roberts)分类法

罗伯特也将香气分成18类，在其选择的典型香料中加入了一些合成香料。

(1)醛香香型　C_6～C_{12}的醛类。

(2)果香香型　桃子、杨梅、香蕉、柑橘、橙、柠檬等。

(3)清凉香型　樟脑，薄荷脑、百里香酚、茴香脑、松节油等。

(4)芳樟醇香型　青柠檬油、薰衣草油、芫荽油等。

(5)橙花香型　晚香玉油、长寿花油、野豌豆花油、橙花油等。

(6)茉莉花香型　依兰油、金银花油、α-戊基桂醛、吲哚、茉莉油等。

(7)水仙花香型　桂醛、水仙花油、铃兰油、紫丁香油、苏合香油、吐鲁香脂、苯乙醛等。

(8)香调料香型　丁香油、肉豆蔻油、肉桂油、月桂油等。

(9)蜜香香型　苯乙酸及其醇类。

(10)玫瑰香型　香叶油、香叶醇、橙花醇、苯乙醇等。

(11)鸢尾根香型　紫罗兰油、桂花油、含羞草油、甲基紫罗兰酮、鸢尾根油等。

(12)岩兰草香型　白檀油、柏木油、愈创木脂油、茶油、乙酸岩兰草酯等。

(13)胡椒辛香型　胡椒油、广藿香油等。

(14)苔藓烟熏香型　橡苔脂膏、皮革、桦焦油、香旱芹子油酚等。

(15)草香香型　黑香豆、金花菜油、烟草、芹子油、大茴香醛、香豆素等。

(16)香兰素香型　安息香、秘鲁香脂、香兰素等。

(17)龙涎香型　赖百当浸膏、香紫苏油、乳香油、扁柏木油等。

(18)动物性香型　海狸香、灵猫香、麝香、吲哚、β-甲基吲哚等。

3. 克拉克和汉德森(Crockor and Henderson)分类法

克拉克和汉德森，在1927年发表了用半定量法来估价香气的论文。他们将各种香气归属为四个基本类别:芬芳(甜)气、酸气、焦气、酒腥气。每类香气中将强度分为九个等级即从0到8,8为最强。他们认为任何香料都具有这四类香气，不过各类的香气程度不相同。如麝香的香气估定量为8476，即芬芳(甜)气是8，酸气是4，焦气是7，酒腥气是6；又如玫瑰是6423。

他们将几百种天然和合成香料，按照上述四类香气的强度，分别依次标定，逐个香料给予四位数值。如“芬芳(甜)气”，在香花、麝香、紫罗兰酮类中是显著的，在水杨酸和桂酸的酯类中也较明显，而在甲酸中并无甜香，因此甲酸的芬芳香气强度定为0。异丙醇是中等量的甜香，定为3。香叶醇和香茅醇无疑是甜香的，定为6。水杨酸异丁酯和异戊酯中的甜香更强一些，将其定为7。动物香的麝香和某些紫罗兰酮的香气是非常甜的，定为8。

“酸气”的感觉，犹如人们嗅到乙酸、甲酸、二氧化硫时，感到的一种尖锐的气息，人们通常认之为酯气或酸气。他们认为柠檬醛、樟脑、丙酮等化合物的酸气是显著的。

“焦气”是人们容易辨别和感觉到的。他们将香叶醇的焦气强度定为2，柠檬醛为4，乙酸龙脑酯为5，甲基吲哚为7。

“酒腥气”当在较强时，是令人感到不愉快的，但在某些香料香气中如几乎一点也没有时却反而不好了。他们认为这种气息在杂醇油中较强，而在好的无水乙醇中则极少。

克拉克和汉德森认为，所有的气息都只归属于芬芳（甜）、酸、焦，酒腥这四类，其区别则在于各自的强度不同。按照这个论断，人们感觉和辨认一种香气时，只有这四种气息的嗅感神经在起作用，并且是由嗅觉受到的四类香气的强度不同来区别香气的，他们对此做了大量工作，对香气的分类方法有其特点，但数值的确定却完全是主观性的。再者在应用实践中，将香气划分为四类，似乎是不够的，过简后反而会难于划分香气类别；且强度的数值的判定也是不易的，因为确定数值的大小，在调香工作者间难以统一，不易相互了解。譬如，对玫瑰香气给予 6423 这个数值，也难以在各调香工作者间一致起来，在香料处方应用中也难以遵循。

4. 阿尔姆（Ellmes）分类法

阿尔姆于 1931 年发表了一种香气分类法，他把香气按香料香气的持久程度排列，分为三层，即头香、体香（中香）和基香（尾香）。

阿尔姆是较早的提出按香气的持久度（Persistence）把香料分为头香、体香、基香三大类者之一，这种方法对香精处方确定各种香料的用量配比上是有益的。如果能辅助以对香料本身在香气类别上的区分与协调关系，则应用效果将会更好。他的分类法中，似乎忽略了对基香这一类的重视。

5. 我国调香工作者的分类

世界上对香气分类方法有很多种，各种分类方法各有千秋。我国以叶心农、张承增为首的调香专家经过长期的调香实践，对香料的香气进行了分类（图 1-1）。这种分类方法在我国是实用的：从调香应用入手，结合各类香气间的区别和联系，先将香料的香气划分为花香和非花香两大类。在花香方面又分内四个正韵和四个双韵；在非花香方面分为十二类并分别在花香香韵与非花香香韵内，依次排列出香型辅成环，用以说明它们之间的前后联系环渡的意义。

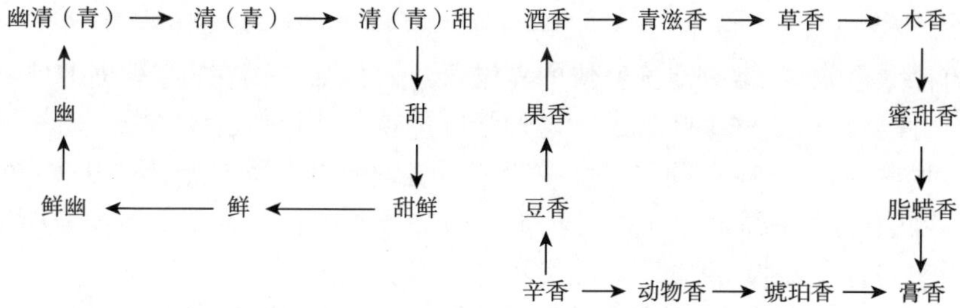

图 1-1 香韵辅成环、环渡示意图

七、香气的韵调

香气的韵调是人的主观意识对客观香气现象的反映和测度，即把香气作为艺术的形象而对其的领略和评价。香气的韵调是比较抽象的，有时是难以用语言或文字表达的。

(一)花香香气的香韵

将常见的35种花香归入8个香韵中,如下:

(1)清(青)香韵-正香韵　以梅花(Prunus)为代表,归入本香韵的香花还有山楂花(Hawrhorn)、薰衣草花(Lavender)、菊花(Chrysanthemum)、洋甘菊(Chamomile)等。

(2)清(青)、甜香韵-双香韵　以香石竹花(Carnation)为代表,归入的香花还有丁香花(Clovebud)等。

(3)甜韵-正香韵　以玫瑰花(Rose)为代表,归入的香花还有月季花、蔷薇花(Rosaceae)等。

(4)甜鲜香韵-双香韵　以风信子(Hyacinth)花为代表,归入的香花还有栀子花(Gardenia)、忍冬花(Honeysuckle)等。

(5)鲜韵-正香韵　以茉莉花(Jasmin)为代表,归入的香花还有代代花(Daidai)、橙花(Neroli)、白兰花(Michelia)、依兰依兰花(Ylang ylang)、树兰花(Aglaia)等。

(6)鲜幽香韵-双香韵　以丁香花(Lilac)为代表,归入的香花还有铃兰花(Lily of the Valley)、兔耳草花(Cyclamen)、广玉兰花(Magnolia)等。

(7)幽韵-正香韵　以水仙花(Narcissus)为代表,归入的香花还有黄水仙花(Jonquille)、晚香玉花(Tuberose)等。

(8)幽清(青)香韵-双香韵　以金合欢花(Cassie)为代表,归入的香花还有紫罗兰花(Violet)、桂花(Osmanthus)、木樨草花(Reseda)、银白金合欢花(习称含羞花)(Mimosa)、刺槐花(Acacia)、葵花(Heliotrope)、甜豆花(Sweet Pea)、香罗兰花(Wallflower)等。

(二)非花香香气的香韵

将非花香分为12个香韵,如下。

1. 青(清)滋香

植物的青绿色彩,常常有清凉爽快的青滋气息。犹如人们在青色草原旷野间,阵风吹来,吸嗅的一种新鲜清爽的绿叶气息。这种绿叶的青气,统称之为“青滋香”。草本植物中的紫罗兰的叶片的青滋气,在调香应用中曾是最名贵的青滋香,是天然“叶青”的代表。在合成香料中以顺己烯-3-醇、顺己烯-3-醛、壬二烯-2,6-醇、壬二烯-2,6-醛,或羧炔酸酯类为代表。橡苔中的青香称为“苔青”,其品级不及前者。

树木青翠的枝叶和树干,也有青滋香,但其中有自“青”转为“清”(花香韵)者,例如苦橙叶、代代叶、白兰叶、玫瑰木等,这些精油中的主要香成分常为芳樟醇、橙花醇及其衍生物。此类青滋气可概称为“木香”之香。

此外,木本中的松针、柏叶、桉叶,草木中的薄荷等,虽也是自绿色部分中提取青滋气香料的,但这些精油中含有较多的蒎烯、龙脑、乙酸龙脑酯、桉叶素、薄荷脑、薄荷酮等,在它们的青滋气中凉气突出,是一种凉青之香。这种青滋气虽品级不高,在调香处方中用量甚微,但有时却是不可不用的品种。

青滋香是非花香韵辅成环中的一个起点,是千万种绿色植物共有的特征香气。

尚有一些植物的绿色部分,不是以青滋香为主,而是专有的青草之气。从论香气角度而言，青草之香与青滋香是有区别的，所以我们可从青滋香过渡到草香这一环。

青滋(清)香包括：大茴香醛、大茴香醇、松油醇、乙酸松油酯、乙酸二甲基节基原酯、二甲基节基原醇、芳樟醇、乙酸芳樟酯、甲酸香叶酯、乙酸香叶酯、羟基香茅醛、苯乙醛、苯乙醇、乙酸甲基苯基原酯、庚炔羧酸甲酯、辛炔羧酸甲酯、二氢茉莉酮、甲酸香茅酯、乙酸香茅酯、乙酸苯乙酯、苯乙二甲缩醛、兔耳草醛、桉叶素、乙酸龙脑酯、龙脑、薄荷脑、α-戊基桂醛、α-己基桂醛、乙酸苄酯、二氢茉莉酮酸甲酚、甲酸苄酯、α-戊基桂醇、叶醇、四氢芳樟醇、壬二烯-2,6-醛、苯甲酸芳樟酯、邻氨基苯甲酸芳樟酯、丙酸苯乙酯、乙酸大茴香酯、甲基壬基甲酮、甲酸己酯、甲酸庚酯、乙酸己酯、乙酸庚酯、甲酸芳樟酯、甲基己基甲酮、薄荷酮、丁酸苯乙酯、异戊酸苯乙酯、蒎烯、甲酸玫瑰酯、乙酸二甲基苯乙基原酯、四氢香叶醇、女贞醛等；紫罗兰叶净油及浸膏、橡苔浸膏、橙叶油、白兰叶油、玫瑰木油、松针油、芳樟油、薄荷油、桉叶油、杜松籽油、代代叶油、柏叶油、留兰香油等。

2. 草香(含芳草香和药草香)

植物绿色部分的香气，除具有上述清爽的青滋香外，尚有一类带有青涩草香(芳草香或药草香)。芳草香多半是指茎叶在青鲜时的草香，药草香多半是指茎叶在干枯时的草香。例如香茅、柠檬桉叶，因其中含有较多的香茅醛青涩的青草香气，所以它们属于芳草香。例如迷迭香，则属于药草香而不是一般的青草气。这类草香香气，在调香配方中，如使用得当，可以取得犹如在旷野间嗅到大自然气氛的感觉。

有些草本植物在枯干之后，其叶茎或茎根中却带有干的或干甜的木香，如甘松、揻草等，这种由草香渐渐转变有木香的风趣，使得草香能环渡到木香。

草香(含芳草香和药草香)包括：香茅醛、苯乙酮、二苯醚、二苯甲烷、β-萘乙醚、β-萘甲醚、水杨酸丁酯、水杨酸异戊酯、异薄荷醇、香荆芥酚、百里香酚、水杨酸甲酯、水杨酸乙酯、苯甲酸乙酯、苯甲酸甲酯等(香茅醛-异薄荷酮为芳草香，香荆芥酚-苯甲酸甲酯为药草香)；香茅油、柠檬桉油、迷迭香油、甘松油、揻草油、鼠尾草油、乌药叶油、百里香油、苍术硬脂、营蒲油、姜黄油、冬青油、地塘香油、白樟油等(香茅油-鼠尾草油为芳草香，乌药叶油-白樟油为药草香)。

3. 木香

植物青绿时的香气，在青色变黄枯后，会转为带有干或干甜的气息，有木香格调。木香的主要本质就是要有甘甜木香香气，如檀香木、柏木、愈创木、岩兰草(根)、广藿香(干叶)等。木香一般都是淳厚浓郁，所以常用于重香型或重调香型中，且多作为体香用之。木香中也可区别为甘甜木香，如檀香木、赤柏木、岩兰草(根)等；干枯甜木香，如香苦木、香附籽等；苦焦木香，如桦焦(干馏树皮)。木香的干而甜的本质可视为由木香环渡至蜜甜香。

木香包括：檀香醇、柏木醇、乙酸柏木酯、人造檀香、乙酸檀香酯、岩兰草醇、乙酸岩兰草酯等；檀香油、柏木油、楠木油、愈创木油、岩兰草油、广藿香油、桦焦油、香苦木皮油、香附籽油等。

4. 蜜甜香

甜香之美，除花香之外，于草香中有甜，但木香及干草香中之甜香均是附属香气，更有以甜香为主的蜜甜香应成为环中的单独一类。花香中以玫瑰为正甜韵。在非花香中的蜜甜香，可以香叶、玫瑰香草等精油为代表。在调香上，蜜甜香是最重要的香气，应当领会蜜甜香在众香中的作用，其应用不仅限于在玫瑰型中，而可广泛地作为蜜甜香韵之意，用于许多香型中。

蜜甜香也可按其互相间的香调（Tonality）差别，分为若干小类（其中有些小类还交叉在环中其他类别中），主要有玫瑰甜（醇甜）、柔甜（蜜甜）、辛甜（焦甜）、膏甜（桂甜）、酿甜、蜡甜（蜜蜡甜）、青甜（橙花甜）、盛甜（金合欢甜）、果甜、豆甜、木甜。

以上几种蜜甜香的小类应用不同。一般说鸢尾属柔甜香佳品，不仅在花香型如紫罗兰花、桂花等中合用，在许多高档香精中，常用其增添美好感。

蜜甜香中的主要小类——玫瑰甜及柔甜，均往往带有微微的蜜蜡或脂蜡香气。玫瑰油中含有玫瑰蜡，鸢尾油中含有十四酸，都显示蜜甜香与脂蜡香的亲近关系，故可从蜜甜香环渡至脂蜡香。

蜜甜香包括：甲基紫罗兰酮类、紫罗兰酮类、桂醇、苯丙醇、橙花醇、香叶醇、香茅醇、玫瑰醇、乙酸桂酯、乙酸苯丙酯、苯乙酸、苯乙酸乙酯、苄醇、丙酸苄酯、结晶玫瑰（乙酸三氯甲基苯基原酯）、鸢尾酮、金合欢醇、二甲基苯乙基原醇、十四酸乙酯、丙酸香叶酯、丁酸香叶酯、苯乙酸香叶酯、苯乙酸苯乙酯、苯乙酸丁酯、苯乙酸异丁酯、乙酸玫瑰酯、丙酸玫瑰酯、丁酸玫瑰酯、苯甲酸苯乙酯、香叶油、玫瑰草油、鸢尾凝脂、姜草油等。

5. 脂蜡香（包括醛香）

常绿长青植物的枝叶中常含有蜡质，这有助于御寒越冬并可减少水分的蒸发。籽实、坚果皮壳上也往往含有脂蜡。这些物质常是高碳酸及其酯类，有时也含有醛或酮类。这些物质是脂蜡香气的来源。例如在橙、柑、橘、柚、柠檬、香柠檬、白柠檬的果皮精油中，就含有辛醛、壬醛、癸醛、十二醛等的脂蜡香气；鸢尾茎根精油中含有十四酸的脂蜡气；楠叶油也有似壬醛的脂蜡香，并可用于玫瑰型香精处方中。脂蜡香包括醛香香气，多半来自脂肪族醛类，是近代“醛香型”中的重要香韵。

脂蜡香（含醛香）包括：辛醛、壬醛、癸醛、十一醛、十二烯醛、甲基壬基乙醛、辛醇、壬醇、癸醇、十一醇、十一烯醇、十二醇、乙酸辛酯、乙酸壬酯、乙酸癸酯、庚醇、庚醛、甲酸辛酯、甲酸癸酯、丁二酮及楠叶油等。

6. 膏香

有些草木非但有来自萜、酸、醛类等的脂蜡香，又有膏香。这类膏香是来自草木在生长期间因生理关系人工引变所生成的分泌物（其中有些是萜烯或醛的聚合物）。它们的形式有的是树胶，有的是树脂（萜烯或醛类的聚合），有的是树胶树脂或油树胶树脂。这些物质多少都包含着具有香气的物质，如苯甲酸及其酯类，或桂酸及其酯类，或其他具有沉浓膏香的物质。如乳香油树胶树脂的香气中有十二醛的脂蜡香，这或可作为从脂蜡香进一步转变过渡到膏香的解释。

膏香是凝蔼的品质，它有谐和诸香与温柔众香的作用。一般说膏香香料的挥发速率较为缓慢，所以可作为定香剂使用。但用量要适当，勿使之影响香精香型的稳定性，因为膏香易沉底而显露，反而使香气累赘不清灵。

膏香（含树脂香）包括：苯甲酸、苯甲酸苄酯、桂酸、桂酸苄酯、桂酸苯乙酯、桂酸甲酯、桂酸乙酯、桂酸桂酯、苯丙醛、溴代苯乙烯、水杨酸苯乙酯、吐鲁香树脂、秘鲁香树脂、安息香香树脂、苏合香香树脂、乳香香树脂、没药香树脂、格蓬香树脂、芸香香树脂、古巴香树脂等。

7. 琥珀香

琥珀原是树脂年久历变而成的凝固体，香气较弱，但难散失。在调香术中，所谓琥珀香时常与龙涎香相混用。区别在于，将兼以木香及烟熏气与龙涎香为主的称为琥珀香，故又可称之为木质龙涎香；而不带木香的称为龙涎香。岩蔷薇、圆叶当归籽与根、防风根的制品等，是自膏香环渡至琥珀香的代表性天然香料；水杨酸苄酯、苯甲酸异丁酯、404 定香剂、三甲基环十二碳三烯甲基甲酮、Trimofix O 等是合成香料中的代表。这些香料在调香中的用量一般均宜小，多用反而不好。麝葵籽油是琥珀香，但有稍多的龙涎香-麝香样的动物香香韵，这可作为自琥珀香环渡至动物香的解释。

琥珀香包括：水杨酸苄酯、苯甲酸异戊酯、香紫苏醇、苯甲酸异丁酯、桂酸异丁酯、α-柏木醚、降龙涎香醚、岩蔷薇浸膏、麝葵籽油、香紫苏油、圆叶当归根油、防风根香树脂等。

8. 动物香

动物香是属于有浊气的香料。动物泌出的香泽，既温暖又氤氲而有浊气，似有情感，这是动物香的主要特点，如天然品中的麝香、龙涎香、灵猫香与海狸香等。化学合成的“单体”如麝香酮、葵子内酯、十六内酯、灵猫酮等，其结构虽与天然动物香中的主香成分相同。但单一使用，终难达天然氤氲暖动情的感觉，所以天然动物香较名贵，多用于高档加香产品中。它们能增香、提调，留香较久又有定香能力。浊香重者以喹啉类、甲基吲哚及苯乙酸对甲酚酯为代表，用量应小且要慎重。

动物香包括：十五酮、十六酮、十五内酯、麝葵内酯、麝香 105、酮麝香、二甲苯麝香、佳乐麝香、麝香 T、粉檀麝香、灵猫酮、吲哚、甲基吲哚、对甲基喹啉、对甲基四氢喹啉、对甲酚甲醚、乙酸对甲酚酯、苯乙酸对甲酚酯等。

9. 辛香

辛香是来自辛香料(Spices)。天然辛香料可从有关香料植物的叶、枝、茎、花、果、籽、树皮、木、根等中提取。辛香料一般都有一种辛暖气味，既可祛腥膻气，又可振食欲和开胃。在日用化学品中使用辛香，多见于东方香型、素心兰型、香薇(馥奇)型等。常用的天然辛香有八角茴香、小茴香、花椒、丁香、桂皮、肉桂、月桂叶、肉豆蔻、芫荽等；合成品中有反-大茴香脑、丁香酚、桂醛等。辛香原多作食用加香，但在日用化学品香精中，适当选用，可取得独特风格。辛香香料有较重的豆香而带温辛气，如香荚兰豆、香兰素、香豆素等，因其应用特殊，故另列为一环，称为豆香，列于辛香之后。

辛香(含焦香、烟草香、革香)包括：丁香酚、异丁香酚、大茴香脑、黄樟素、桂醛、对苯二酚二甲醚、乙酰基异丁香酚、丁香酚甲醚、异丁香酚甲醚、枯茗醛、对异丁基喹啉等；八角茴香精油、茴香精油、小茴香精油、丁香精油、丁香罗勒精油、黄樟精油、姬茴香精油、月桂精油、月桂叶精油、肉桂精油、肉豆蔻精油、葛缕籽精油、芹菜籽精油、芫荽籽精油、姜精油、茴香罗勒精油、众香籽精油、小豆蔻精油、豆蔻衣精油、桂皮精油，月桂皮精油、斯里兰卡桂叶精油、花椒精油、菊苣浸膏、咖啡浸膏、桦焦油等。

10. 豆香(含粉香)

具有豆香的豆(籽)类香料植物中的香荚兰豆、黑香豆、可可豆的制品，在调香上早有应用。豆香的合成品如香兰素、乙基香兰素、香豆素、洋茉莉醛等,是许多香型的日用化学品香精中必用的豆香兼粉香香料。豆香香料中有的兼有果香,如γ-辛内酯(似椰子果香)、香豆素(坚果样香)等,在调香中豆香与果香也常相辅并用,为此,豆香过渡到果香亦属合适。

豆香(含粉香)包括:香兰素、香豆素、对甲基苯乙酮、苯乙酮、苯甲烯丙酮、洋茉莉醛、乙基香兰素、水杨醛、异丁香酚、芳醚、香荚兰豆浸膏(酊)、黑香豆浸膏(酊)、毛鞘茅香浸膏、可可酊等。

11. 果香

果香中包括类别较多,可大体区分为坚果香、浆果香、水果香、瓜香。

苦杏仁油或苯甲醛兼有豆香的坚果香,是由豆香转入果香的一例。坚果香在日用化学品香精中,目前应用面尚小,但可少量应用在素心兰、木香、粉香、馥奇等香型中。

浆果香可用草莓醛、悬钩子酮等来代表。可用作香气修饰剂。

水果香又可分为若干小类,如:①柑橘果香,其中以橙、橘、柚、柠檬、香柠檬等果香为代表,合成或单离品中的柠檬醛、柑青醛、香柠檬醛、柠檬腈、N-甲基邻氨基苯甲酸甲酯等均归此类,适用于古龙、花露水香型;②桃子、李子、杏子、椰子果香,可以γ-十一内酯、丙酸异戊酯、γ-壬内酯等为代表,适用于栀子、晚香玉等重花香型中;③苹果、生梨、香蕉类果香,可以异戊酸异戊酯、乙酸异戊酯、乙酸丁酯等为代表;④凤梨香,可以己酸烯丙酯、对叔丁基环己基丙酸烯丙酯、丁酸乙酯等为代表,后两类鲜果香适用于作果香头香香料使用。有不少果实在成熟、过熟后有熟果气,如经发酵处理,可产生酒香,这是由果香环渡至酒香的情况。

果香(含坚果香、浆果香、水果香与瓜香)包括:桃醛、草莓醛、椰子醛、凤梨醛、悬钩子酮(Raspberry Ketone)、苯甲醛、柠檬醛、乙酸异戊酯、甲基-β-萘基甲酮、苧烯、丁酸苄酯、邻氨基苯甲酸甲酯、N-甲基邻氨基苯甲酸甲酯、丁酸异戊酯、甲酸异戊酯、异戊酸异戊酯、丁酸乙酯、异戊酸乙酯、环己基丙酸烯丙酯、2,6-二甲基-2-庚烯-7-醛(甜瓜醛,Melonal)等;苦杏仁油、甜橙油、柠檬油、柚皮油、香柠檬油、柠檬草油、山苍子油、除臭木油、山胡椒油、橘子油、柚子油、白柠檬油、山楂浸膏等。

12. 酒香

酒香也有不少类别,可简括为果酒香、糖蜜酒香(Rum)、谷物酒香等。在日用化学品香精中,多用前两者。酒香大多数是由酯类组成。在果酒香中,以康酿克油、庚酸乙酯和壬酸乙酯等为代表,多用作提调香气,或用作头香原料或用作需要酿甜的香型香精中。糖蜜酒香以乙酰乙酸乙酯、甲酸乙酯、丙酸乙酯等为代表,它们在香精中主要作头香原料。

酒香在日用化学品香精中,虽然用量较小,但在许多花香型香精(如玫瑰、桂花、紫罗兰、苹果花等)中,能取得新奇效果。

酒香具有清灵、轻扬、飘逸、新鲜气息,故过渡入青滋香,是属合适。

酒香包括:庚酸乙酯、壬酸乙酯、壬酸苯乙酯、人造康酿克油、异戊醇、乙酸乙酯、甲酸乙酯、丙酸乙酯、己酸乙酯、康酿克绿油等。

香气辅成环的编排及解释,主要是试行提出一种论点,以求有助于初学调香者,对各类香气之间相辅关联、协调、配合的关系能加以理解和遵循。但这种以主观因素较多的论点,还需进一步完善和改进。

第三节 香料香精的稳定性和安全性

香精是由多种香料(有时还有辅助原料或溶剂)按一定配比混合而成的混合物。一般地说,如果选用香料的品种与用量都恰当,基本上可以判断该香精的各项质量情况。但是,香精在配制成后,在储存过程中或在加香介质(基质)中,各个香料之间、香料与介质(基质)中的组成成分之间,往往会发生物理化学上的变化。而其中有些变化会影响该香精的香气稳定性、甚至安全性,调香工作者对此不可忽视。

香料、香精的质量,除表现在其香韵和扩散性能上外,它们香气的稳定性,在加香成品中是否会引起变色、变质或影响其使用效果以及对人体是否安全无害等问题,也都是极为重要的因素。所以,调香工作者在拟定香精处方时必须根据加香成品的特点要求,慎重地选择合适的香料品种和用量,并且通过加香应用试验,当符合各方面的标准后,才可定方。不然,有些香精在初配时,香气香型尚认为满意,可是经过存放或是加入到成品中后,发生香型不稳定或变型,或是香气持久性减退、或是留香时限缩短、或是影响加香成品的色泽和使用效果等情况,甚至会导致人体某些器官或皮肤毛发的损害等。这些问题,对调香工作者来说,都应予以严肃认真地对待。换句话说,也就是加香成品不能由于香精的使用而引起不良后果。

一、稳定性

香料香精的稳定性主要表现在两个方面。一是在香气或香型上的稳定性,也就是说它们的香气或香型在一定的时期和条件下,是基本相同的,但有明显的变化。二是它们自身以及在介质(或基质)中的物理化学性能是否保持稳定,特别是在储放一定时间内或遇热、遇光照或与空气接触后是否会发生质量变化。这两点稳定性往往是相互联系或互为因果的。

(一)香料的稳定性

香料的稳定性,可分别对合成与单离香料和天然香料来考察。合成与单离香料由于它们是“单体”,在单独存在时,如果不受光、热、潮湿、空气氧化的影响或不存放过久、不受污染,它们的香气,大多数是前后较一致的,所以相对地说是比较稳定的。而天然香料,由于它们是多成分的混合物,这些成分含量大小不一,物理化学性质也不同,特别是蒸发速率的不同,所以它们的香气稳定性要差一些。有些品种的香气,前后差异是较明显的。如有些精油类的天然香料,因含有较多的较容易聚合或变化的萜烯类成分,从而会引发香气上的明显变化。合成与单离香料和天然香料,它们的化学成分的分子结构特点、官能团的活泼性和物理性质等,是关系到它们在某加香介质中是否适应或配伍是否相容的重要因素。例如,某加香介质由于加入了某香料而发生浑浊,或沉淀,或乳剂破坏,或变色,或着色，或应用效能变异，或包装容器内壁质量发生变化等现象，这就表明，这种香料在这种加香介质中和这类包装材料间是不稳定的。

关于香料的稳定性，不少调香工作者和化学工作者曾做过不少试验，但由于各种香料的来源、质量、试验用的介质、试验条件等有差异，所以即使是同一种香料所得的结果，也不都完全相同。正如前述测试某些香料在某种介质中是否稳定的试验中，必要的具体应用试验是不可忽略的。由于香料化学成分的化学性能的稳定程度引起的香气变化，可以作以下大体的概括（其中也有例外的）：

(1)酸类　在碱性介质中不稳定。

(2)醇类　一般比较稳定。其稳定程度大致是：饱和醇类＞不饱和醇类，伯醇类＞仲醇类＞叔醇类（有些原醇类有例外）。

(3)醛类　在碱性介质中不够稳定。遇光照、遇空气容易聚合或被氧化。有些醛遇含氨基的化合物容易起反应。

(4)腈类　一般比相应的醛稳定，在弱酸及弱碱性介质中较稳定，但在强酸性介质(pH＝0.5～2)中不稳定。

(5)缩醛类　在酸性介质中不够稳定。

(6)酮类　在弱酸或弱碱性介质中比较稳定。

(7)缩酮类　在酸性介质中不够稳定。

(8)酯类　在碱性介质中，低碳酯类一般都不够稳定，会发生皂化或水解。

(9)内酯类　在碱性介质中不够稳定。

(10)酚类　在碱性介质中不够稳定，易与金属（特别是铁）发生反应。

(11)醚类　一般都比较稳定。

(12)烃类　饱和烃类较稳定。不饱和烃，如单菇烯类不稳定，遇光照、空气及碱性介质易起反应。

有些香料化合物具有多个官能团，它的化学稳定性程度要视其中活泼性较大的官能团而定，有时分子结构中的立体异构体与其化学稳定性程度也有关系。

由于香料化合物的化学不稳定性，会产生变色或着色的现象。这个问题对于要求保持一定色泽，特别是白色或无色的加香成品关系重大，不可忽视。发生变色现象，有的是因为香料中某些成分遇热或遇光照或遇空气氧化而引起的；有的是由于香料与香料之间发生反应而引起的；有的是由于香料与介质或与包装材料之间发生反应而引起的。下面列举一些容易导致变色的香料：

(1)吲哚类　如吲哚与甲基吲哚遇光照和空气接触会呈红色。与邻氨基苯甲酸甲酯或香兰素或洋茉莉醛共用时，会产生深红色。与硝基麝香类共用，有时会产生黄色。

(2)喹啉类　多数品种都会导致变色，产生淡墨绿、淡棕、深棕色。与香兰素共用时会产生深红色。

(3)硝基麝香类　常用的硝基麝香都会导致变色，其中酮麝香变色较缓慢且程度较小。硝基麝香遇光照一般产生棕黄色；二甲苯麝香会产生棕色。

(4)醛类　有些醛类如柠檬醛、桂醛、乙基香兰素、洋茉莉醛、香兰素等都是较易引起变色的，特别是遇光照时间稍长后，以上物质中后二者变色程度最为严重。大茴香醛、苯甲醛也会导致变色，但在用量少的情况下，变色程度较小。在一般情况下，产生黄色或棕黄色，或红色，如与其他有变色香料共存时，会将产生较深的色泽（天然香料中的肉桂油、桂皮油、香荚兰豆浸膏、柠檬草油等，因含有较多醛成分，也会出现变色）。

(5)酚类 酚类香料容易导致变色。遇光照或与金属接触（特别是铁质）极易变成深棕色，如丁香酚、异丁香酚、香荆芥酚、丁香油（橡苔与树苔制品中含有酚类化合物，故也会引起变色）等。

(6)醚类 常用的品种如乙位萘甲醚和乙位萘乙醚，遇光照后有时会变成淡黄色（象牙黄）。

(7)酮类 常用酮类香料中有些是会导致变色的，如二氢茉莉酮、紫罗兰酮类与甲基紫罗兰酮类（多半是因其中所含杂质引起的，质量纯正者不会导致变色）等。

(8)邻氨基苯甲酸的酯类 如甲酯、乙酯、芳樟酯、松油酯等，以及这些酯类与醛类形成的曳馥基香料，都较容易产生变色现象。色泽常呈黄色、棕色、棕红色、棕黄色（茉莉、白兰浸膏或净油中含有这类成分及吲哚，使用时也要注意）。

有许多天然香料中除含有上述容易导致变色的成分外，往往还含有会引起着色的成分（色素类），所以在确定香精配方时要加以注意。现列举一些有导致变色或着色因素的品种如下：

(1)精油或净油类 丁香油类、丁香罗勒油、桂叶油、月桂叶油、桂皮油、肉桂油，树兰花油、冷磨甜橙油、松甘油、洋甘菊油、山苍子油、柠檬草油、橙叶油、广藿香油、岩兰草油、肉豆蔻油、大花茉莉净油、小花茉莉净油、白兰净油、大灵猫香净油、香荚兰豆净油、橡苔净油、树苔净油、岩蔷薇净油等。以上变色情况多呈黄色至淡棕色，个别呈棕褐色。

(2)浸膏、香膏、香树脂类 香荚兰豆浸膏（变棕色）、安息香香树脂（变棕色）、秘鲁香树脂（变红棕色）、吐鲁香膏或香树脂（变红至红棕色）、苏合香香树脂（变暗灰色）、格蓬香树脂（变黄色）、没药香树脂（变橙红色）、枫香香树脂（变棕黄色）、黑香豆浸膏（变棕色）、大花茉莉浸膏（变棕黄色）、小花茉莉浸膏（变棕黄色）、白兰浸膏（变棕黄色）、桂花浸膏（变黄色）、橡苔或树苔浸膏（变棕绿色）、岩蔷薇浸膏（变绿或棕色）、大灵猫香膏（变红棕色）、海狸香膏（变红棕色）等。

这些导致变色因素的品种，并不意味着在白色或无色加香介质中完全不能用。它们有些时候在香料中加入极微量的抗氧剂，可降低被氧化和变色的程度。在用量上的控制及与其他香料之间的配合，也可以达到减少变色程度的要求。这些都要经过实际应用试验考察，方可定论。

(二)香精的稳定性

香精的稳定性，在某些程度上与天然香料相仿。香精是由用量不等的合成与单离香料、天然香料、定香剂所组成的，有时根据应用上的需要，还含有一定量的溶剂和载体。这些组分各自都有其物理化学性质，当混合在一起后，就会产生复杂的变化。这些变化都关联着香精的稳定性。就香精本身来说，如果它的整个挥发过程的蒸发速率比较均衡，换言之，香精在一定时间的挥发过程中，香气变化较小时，可说它的香气是比较恒定的，就应认为是稳定的。但是仅仅达到这个要求还不够，还要考察它在加入到某个介质中后以及使用过程中，它的香型是否仍能比较稳定；与原香精的香型是否基本上保持一致（即头香、体香与基香的演变是否稳定），它的香气扩散程度是否仍与该香精相仿，是提高了还是降低了；它的香气持久性及定香效果是否变化了。

香精的组成要比天然香料复杂得多，往往是由数十种以至数百种不同分子结构的化合物所组成的混合物。这些化合物的物理化学性能往往是很不相同的。最突出的是它们在蒸气压或蒸发速率上的差异。如果配比恰当，它们可以形成一些共沸混合体，这些共沸的混合体如果能紧密连贯、均衡地有节奏地从香精和加香介质表面上挥发出来，那么就可以取得香型或香气较稳定的结果。所以，调香工作者在为某一加香产品设计香精处方时，既要详细了解该加香介质的性能（包括它本身有无特殊气息），又要根据香型上、安全性上、经济上的要求在选择香料（包括修饰、和合、定香）、定香剂等品种时，从头香、体香、基香按香气、物理化学稳定性上综合考虑，通过品种、用量及应用试验来取得满意的香精配方（有时还可以加入一定的添加剂，如抗氧剂、金属离子螯合剂等来取得满意的效果）。

1. 形成香精不稳定性的原因

形成香精不稳定性的原因，可以归纳为以下几个主要方面：

（1）香精中某些分子之间发生的化学反应（如酯交换、酯化、酚醛缩合、醇醛缩合、醛醛缩合、醛的氧化、曳馥基形成等）。

（2）香精中某些分子和空气（氧）之间的氧化或聚合反应（醛、醇、不饱和键等）。

（3）香精中某些分子遇光照后发生的物理化学反应（如某些醛、酮及含氮化合物等）。

（4）香精中某些成分与加香介质或其中某些组分之间的物理化学反应或配伍不容性（如受酸碱度的影响而皂化、水解，溶解度上的变化，表面活性等方面的不适应等）。

（5）香精中某些成分与加香产品包装容器材料之间的反应等。

2. 考察香精稳定性的方法

要考察某香精在某加香介质中是否稳定，常用的方法是通过模拟正常存放或使用条件下，在不同间隔的时间内，用感官（嗅觉、视觉、必要的味觉）或物理化学方法，做必要的评估、测试或分析工作，但这样做往往需要几个月或一年的考察过程。目前，人们可以采用一些快速强化的方法来检验，如下所述。

（1）加温法　对香精可将它在超过室温的温度下保存一定的时间后，评辨其香型或香气的变化。对加香成品在相宜的加温温度下，除评辨其香型或香气外，还需观察其色泽或其他方面的变化。

（2）冷冻法　将香精或加香成品在低温中放置一定时间后，观察其黏度、澄明度的变化。对于液态加香成品，观察其有无发生不澄明、浑浊、沉淀、分层等现象。对乳剂或胶体要观察其有无分层，或乳剂、胶体破坏现象。

（3）光照法　用紫外光或人造光照射香精，在一定的时间内，观察其色泽、黏度变化和评辨其香型或香气变化。

以上加温与冷冻的温度、光照强度以及时间长短等条件，要根据具体情况来选定。

加香成品的实际应用效果试验，一般都按正常习惯的使用条件与方法来考察其在香型或香气（头香与留香往往是考察的主要方面）和使用效能方面有无明显的变化。

总之，香料与香精尤其是香精的稳定性问题，是调香工作者在处方时不能忽视的一个重要方面。对香料的物理化学的性能要心中有数，对使用任何一种新香料品种，都应该经过仔细探讨，发现问题要随时记录。香精的处方，使它既要在加香介质中香型或香气稳定，又要与介质在物理化学性能上协调，因此，对所用的香料，要严格检查其质量规格，保证小样与生产香精的一致性。设计任何一个新配方，都要针对要求，通过应用试验来达到心中有数，确保加香成品的质量。

二、安全性

随着香料工业的快速发展，香料香精的应用范围越来越广，香料香精的安全问题也引起了人们的极大关注。因此，香料香精的安全性，也是调香工作中必须重视的一个重要问题。世界卫生组织/联合国粮农组织（WHO/FAO）对食用香料的安全性管理的品种（作为食品添加剂）还不是很多。有些香料同时可作为药用，在有关国家各自的药典中已经作了相关规定。《中华人民共和国药典》中也已经规定了一些品种。各国对于食用香料的安全卫生管理也有其自己的法规和管理机构，如美国的食品与药物管理局（FDA），就是由政府主管的食用香料安全使用的组织；美国民间的食用香料安全组织则有食品香料和萃取物制造者协会（FEMA），其在政府的支持下，编订了美国《食用化学品法规》（*Food Chemicals Codex*，FCC），而政府组织 FEMA 则从事关于食用香料毒性及使用剂量方面的研究，并公布了一般认为安全（GRAS）的品种名单。由欧洲国家成立的欧洲委员会（CE）对食用香料的安全使用也有正式规定。此外，日本的《食品添加剂公定书》中也对若干种食用香料的要求作了规定。我国对食用香料的安全使用，在国家颁布的《食品添加剂卫生管理办法》中也作了规定，并且在不断补充和修订。中央七个部、局已联合制定并公布了《食品用化工产品生产管理暂行办法》；另外，《中华人民共和国食品安全法》也对食用香料香精的安全卫生管理要求作了规定。关于日用香料香精的安全卫生管理工作，目前国外只有民间组织在进行，实际的是“行业内自己管理自己”的办法。

1966 年，由世界上 43 家具有一定规模的香料香精企业出资，在美国设立了日用香料研究所（RIFM），此研究所从事有关香料（包括合成、单离与天然香料，但不包括香精）的安全问题研究。该所的主要任务如下所述：

①收集香料及有关原料样品并进行分析测定。

②向成员企业提出香料的测试（包括有关安全性的）方法和评估方法。

③与政府或有关部门合作进行香料的安全性的测试工作并评估结果。

④推动统一测试方法的实施等。

该所的工作程序是：由美国精油协会（Essential Oil Association，简称 E. O. A. ）或有关单位提供试样，进行有关毒理学方面的测试。测试的项目如下所述：

①大白鼠的口服急性毒性 LD_{50} 试验。

②家兔的急性皮肤毒性 LD_{50} 试验。

③家兔皮肤刺激性试验。

④人体皮肤刺激性试验。

⑤人体过敏试验。

⑥在动物(大白鼠或豚鼠或大白兔)皮肤上进行光敏毒性试验。

⑦在动物上进行代谢作用的试验。

⑧药理学试验。

⑨吸入毒害试验。

上述试验结果会提交给研究所的专家小组(由药理学家、药物学家、皮肤学家等组成)审评。当专家小组认为试验结果可行时,就登记告知所有成员企业。如认为试验不完善,则再安排补充试验。但 RIFM 并不作出“肯定可用”或“不准使用”的决定,只是按期对被测试的香料,写出专论刊载在《食品与化妆品毒理学》(*Food and Chemical Toxicology*,原 *Food and Cosmetic Toxicology*)期刊内。迄今为止该所已公布了 1000 多个品种的专论报告。1973 年 10 月,10 个国家的香料香精协会联合发起并在比利时首都布鲁塞尔市组织成立了国际日用香料香精协会(IFRA)。这 10 个发起国家是比利时、法国、前联邦德国、意大利、日本、荷兰、西班牙、瑞士、英国和美国。现在共有 13 个成员组织,除上述 10 个国家外,还有澳大利亚、巴西、墨西哥的香料香精制造协会。

IFRA 设有技术顾问委员会,收集有关日用香料的安全性的文献资料,与 RIFM 协作相互交换有关这方面的资料,并随时向各成员组织提出限制使用于日用香精的香料品种或建议。

IFRA 向各成员组织提出:凡是没有充分的应用经验的香料品种都必须经有资格的毒理学家做出的“认为可以安全应用的评估结论”后,方能在香精中使用。对于安全性试验的项目与内容,至少为以下六个方面:

①急性口服毒性试验。

②如果急性口服毒性试验的 LD_{50}≤500mg/kg 时,要进行急性皮肤毒性试验。

③皮肤刺激性试验。

④眼睛刺激性试验。

⑤皮肤接触敏化作用试验。

⑥光敏中毒和皮肤光敏化作用试验。

香料的安全性通常包括有效成分含量(即活性)和毒性两方面。在符合香料安全性要求的同时,应保证香料有效成分含量达标,并在规定的使用方式和使用剂量下,对人体以及环境不造成危害。影响香料安全性的因素有很多,主要包括香料自源性安全性、微生物含量、农药残留量、重金属含量等因素。合成香料的安全性在生产中通过控制产品纯度易于实现,但天然香料种类繁多,产地、季节、气候、生产方法等对香料成分均可能产生影响。而且香料应用领域广,各应用领域对香料安全性要求各异,导致香料安全性评价及防范难度大,因此有必要在天然香料种植、采摘、加工、使用等一系列过程中进行安全控制,进行详细记录,建立溯源档案,以保证天然香料的安全性。

香料香精有时直接应用于人体或环境。评价香料对人体和环境的危害性是香料安全性评价的首要环节。香料自源性安全性包括香料对人体的皮肤刺激性、过敏性、光毒性、基因毒性,对呼吸系统的安全性、毒理性等一系列数据。随着人类环境保护意识的增强,香料对环境的影响因素,包括香料的持久性、在生物体内的蓄积性及对水生生物的毒性等，也是香料安全性需测试的范围。在对香料上述指标进行定性定量评价的基础上，可确定该香料是属于禁用、限量使用还是安全使用。此外，还需要考虑香料中溶剂残留量、重金属含量、农药残留量、杀虫剂残留量、放射性物质残留量等指标，以确保所有指标处于应用安全范围。

香料主要用于食品、医药、化妆品、香烟等产品中，产品包装、储存条件必须严格要求，以避免包装物、外界环境（如氧气、光、热及微生物）等导致有效成分的变化和污染物增加。包装材料需采用食品药品级别的，如不能保证重复使用时仍能达到该级别，则严禁重复使用。通常，少量的精油可直接存放在深色玻璃瓶中，量大的精油应使用铝制容器或是涂有锡作内衬的金属卷筒容器网内。为避免香料在储存过程中受到环境影响后发生化学反应，导致香精品质下降，通常将精油储存在低温、干燥、避光环境中，避免暴露于空气中。在外包装上应有详细的标签，注明植物品种、部位、产地、采摘时间、提取方法、商品名、化学名称、有效成分含量等信息。

参考文献

[1]赖军丽．中国香精香料行业出口竞争力与发展对策研究[D]．杭州：浙江大学，2013.
[2]张承增，汪清如．日用调香术[M]．北京：中国轻工业出版社，1989：13-16.

第二章

香气产生机制及协同作用

嗅觉在动物的生命活动中起着重要的作用，是生物体感受外界环境的一种生理感觉。自然界中存在成千上万种不同的香气成分，生物嗅觉系统可以识别这些香气分子，以获得对外界环境的直观感知，香气成分并通过对嗅觉器官的刺激或者激活作用，使生物体感知各种各样的香气。

第一节　香气产生机制

一、嗅觉产生机制

嗅觉的产生机制，即刺激物渗透进入鼻黏膜，经嗅上皮嗅感受器细胞传导进入大脑而产生嗅觉的。目前尚未完全研究清楚。科学家们正在应用神经解剖学、电生理学、生物化学和分子生物学等技术对此进行研究。目前已证明，能对特别的味道产生感觉是因为人的鼻子里有大量的受体蛋白质，这些蛋白质就在鼻子的细胞中，而这些细胞与人的大脑通过神经传导相连。这是由 2004 年诺贝尔医学奖和生理学奖的获得者，美国科学家理查德·阿克塞尔(Richard Axel)和琳达·巴克(Lynda Buck)发现的，他们都独立地发现了两种其他类型的 G-蛋白连接状受体，这两种受体位于鼻上皮的上端，可以探测到信息素。舌味蕾上还有另一种类型的 G-蛋白受体，而这与味觉有关。他们所进行的一系列先驱性的研究向我们清楚地解释了我们的嗅觉系统是如何运作的，并确定了大脑的第一个中转站的组织构成。两位科学家发现了一个大型的基因家族，这一基因家族由 1000 种不同的基因组成，这些基因构成了相当数量的嗅觉受体种类，这些受体位于嗅觉受体细胞内，这些细胞在鼻上皮的上端，可以探测到吸入的气味分子。

例如，每个气味受体细胞仅表达出一种气味受体基因，气味受体细胞的种类与气味受体完全相同(图 2-1)。气味受体细胞会将神经信号传递至大脑嗅球中被称为嗅小球的微小结构中。人的大脑中约有 2000 个嗅小球，数量是气味受体细胞种类的两倍。嗅小球也非常的专业化，携带相同受体的气味受体细胞会将神经信号传递到相应的嗅小球中，来自具有相同受体的细胞信息会在相同的嗅小球中集中。嗅小球随后又会激活被称为僧帽细胞的神经细胞，每个嗅小球只激活一个僧帽细胞，使人的嗅觉系统中信息传输的专业性仍得到保持。僧帽细胞然后将信息传输到大脑其他部分。结果，来自不同类型气味受体的信息组合成与特定气味相对应的模式，使大脑最终有意识地感知到特定的气味。因此我们能够在春天时感觉到丁香的香味，并在其他时候记起这种香味。

两位科学家在研究中发现，每个气味感受器能识别多种气味，每种气味也能被多个气味感受器识别。因此，气味感受器，是通过一种复杂的合作方式一起识别气味的。每个嗅觉受体细胞只含有一种嗅觉受体，而且每个嗅觉受体细胞都只表达某一种特定气味受体基因，每个受体可以探测到数量有限的气味，因此我们的嗅觉受体细胞对一些气味很敏感。每个气味受体细胞会对有限的几种相关香气分子作出反应。绝大多数气味都是由多

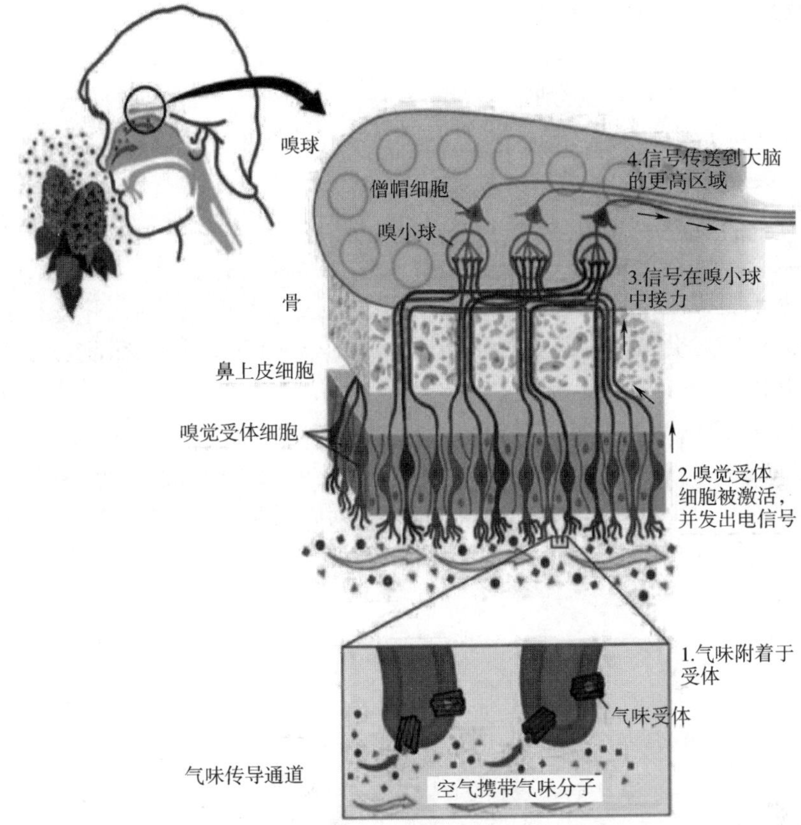

图 2-1　气味传导通道

种气体分子组成的，其中每种气体分子会激活相应的多个气味受体，并会通过嗅小球和大脑其他区域的信号传递而组合成一定的气味模式。尽管气味受体只有约 1000 种，但它们可以产生大量的组合，形成大量的气味模式，这也就是人们能够辨别和记忆约 1 万种不同气味的原因。

二、特征香气形成理论

虽然 Axel 和 Buck 教授揭示了嗅觉产生的机制，但是并没有进一步阐明果香、花香等不同特征的香气是如何形成的。针对这个问题，研究者从香气成分的形状结构、官能团、立体构象、电子特性等为出发点，提出了多种香气化学理论，而公认的主要有两种，即分子振动理论和识别理论。其中识别理论包括形状结构理论、立体结构理论和电子拓扑学理论。下面将重点介绍分子振动理论和识别理论中的立体结构理论和电子拓扑学理论。

（一）分子振动理论

1982 年，Wright 等再次提出了分子振动理论，认为香气物质的香气特征是由该分子的振动光谱(红外光谱)所决定。许多有相近香气的化合物,它们的官能团在红外光谱上的振动能量(频率、波数)的确十分相近。但是该理论无法解释具有相同红外光谱的立体对映异构体,如左旋香芹酮(L-Cvarone)和右旋香芹酮(D-Cvarone)的香气有显著不同。前者具有典型的薄荷味,而后者则是强烈的葛蒌子油香气。因此,旧的分子振动理论在解释这些化合物时,遇到了很大困难。

1996 年,英国伦敦大学的 Turin 博士以全新的观点提出了新的分子振动理论,这是一种基于非弹性电子隧道光谱(IEsT)理论而发展起来的一种生物光谱理论,是振动光谱的非光学形式。振动理论认为气味分子会与嗅觉气味接收器中蛋白质结合(Binding),使气味接收器处于充电或空置两种状态。这两种状态具有能量差。当气味分子的振动能量等于上述的能量差时会被激活。谷胱甘肽还原酶的辅酶(NADPH)在此过程中充作一个电子传递的载体。

其结果是 G-蛋白产生嗅觉信号传至大脑(图 2-2)。Turin 博士认为生物光谱振动的强度不同于红外光谱或拉曼光谱。但其光谱振动能量的范围也应该在 0～4000 波数(cm^{-1})。1700 波数以上的峰是由双原子的伸缩振动而引起的,而 1700 波数以下的峰则来自多原子分子的振动。

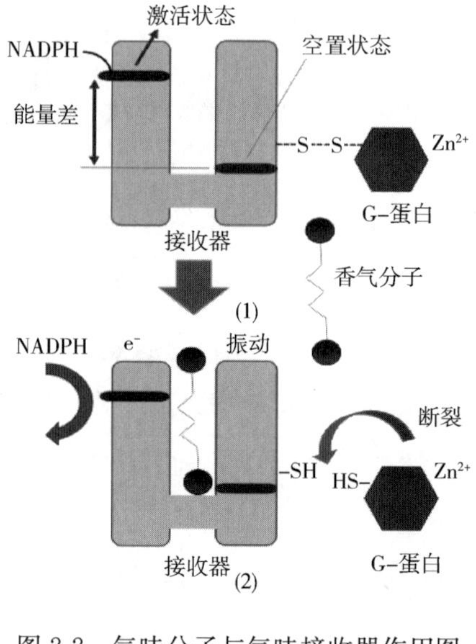

图 2-2　气味分子与气味接收器作用图

图 2-2(1):当气味接收器中没有气味分子时,它通过双硫键与 G-蛋白连接。

图 2-2(2):当气味分子进入气味接收器与之结合(Binding),使它失去一个电子。双硫键断开,其结果是 G-蛋白产生嗅觉信号传至大脑。谷胱甘肽还原酶的辅酶(NADPH)在此过程中充作一个可溶性电子捐赠器的作用。

香气极其复杂,集化学、物理学、生理学和心理学等多门学科知识为一体。分子振动理论根据大量的实验数据,一定程度上阐述了各种香气的产生,很好地解释了结构差异明显的香气分子却具有类似香气的问题。但是依然存在一些问题,如该理论并不能解释各种香气成分的强度;以及同一种香气物质的浓度不同,香气也不同的现象。

(二)识别理论

1. 立体结构理论

1971 年,美国西部农业研究局 Amoore 教授提出了一套完整的香气成分立体结构理论。该理论认为一种化合物的特殊香气是由其分子形状和大小来决定的,只有当香气分子的立体结构能够进入嗅觉器官中的气味接收器内时才能被感知。他指出,这有如酶动力学中所描述的配体与底物的关系,当特定形状的气体分子进入气味接收体后会与其中的蛋白质结合(图 2-3)。这种蛋白质大部分是通过疏水键形式结合的,再由被激活的 G-蛋白发出信号,传至大脑。Amoore 进一步认为,既然千变万化的颜色是由 3 种基本色来组成的,那气味也可以由一些基本的香气类型来组成。他认为 7 种基本的香气类型应该是醚味、樟脑味、麝香味、花香、薄荷味、刺激味和腐性味。

与其他的一些理论相比,此理论明显具有说服力。该理论很好地解释了一些具有相同官能团的分子立体结构相近的化合物,彼此的香气的确相近的问题。但是该理论很难解释结构差异明显而香气接近的香气成分。并且该理论同样没有解决不同浓度香气成分呈现不同香气和同一个人在不同心理状态下会产生不同的香气嗅觉的问题。

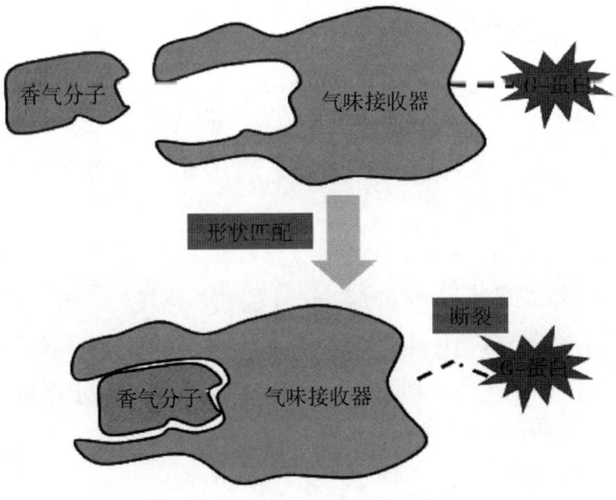

图 2-3 香气分子与气味接收器

2. 电子拓扑学理论

电子拓扑学理论(Electron-Topological,ET)主要是以龙涎香成分为例进行研究的。1971 年,Ohloff 等通过对大量的天然龙涎香成分的类似物进行研究,提出了第一个关于龙涎香的香味化学理论——龙涎香“三直立键”规则。这一规则对于设计合成龙涎香分子具有很大的实际指导意义。1983 年,Vlad 等发现了一类新型的龙涎香分子系列——环己基四氢呋喃系列,这些发现与原先的理论不符,研究者就试图寻找一种更适合的理论。因此,他们采用电子拓扑学方法进行了研究,提出了“龙涎三角”理论。该理论认为所有的龙涎香分子中都含有一个由一个氧原子和两个氢原子组成的三角形。这个三角形与嗅觉接受器中龙涎香分子受体通过电子发生相互作用,并且这三个原子还必须是构成分子最低空轨道(LUMO)或与其相近的空轨道的主要组分。

从这个理论可以看出,香气成分的香气生成机制可能与构成分子的最低空轨道(LUMO)或者相近空轨道密切相关。"龙涎三角"理论是第一个将分子的电子特性和构象一起进行了研究而提出来的电子拓扑理论,开拓了一种新的研究方法,具有一定的理论价值。

第二节 香气协同作用研究

自然界中存在大量的香气成分,而通过对嗅觉器官的刺激或者激活,可产生各种各样的香气。花果类香气的形成不是各个香气简单的加和,而是这些成分之间通过复杂的协同作用最终形成的。香气成分之间的相互作用,总体上分为宏观和微观两个层面。宏观层面表现为香气分子在混合后的化学或物理化学作用;微观层面发生在鼻腔神经末梢嗅觉受体感受器上,通过特定的神经元细胞的电生理作用,会使来自不同受体的信号相互作用。

一、宏观层面协同作用

目前常用的宏观层面协同方法主要有 4 种,分别为阈值法、S 型曲线法、香气活性值法(OAV)、σ-τ 图法,主要通过香气成分组合前后的阈值、OAV、香韵强度值的变化,判定成分之间的协同作用。

1. 阈值法

该方法按照各组分的阈值浓度进行混合,并通过三点选配法(3-AFC)进行阈值测定,最后将实际测定混合物阈值与理论计算得到的混合物阈值进行比较,从而判断香气协同程度。将香气成分之间的相互作用划分为 4 种类型,具体划分标准通过式(2-1)计算得出。

$$F=\text{实验阈值}/\text{理论阈值} \tag{2-1}$$

当 $F<0.5$ 协同、超级加成作用;

$0.5\leqslant F<1$ 加成作用;

$F=1$ 无作用;

$F>1$ 掩盖、抑制作用。

通过阈值法研究表明,香气成分之间的作用关系与成分的结构、香气特征有一定关系。结构或香气相似的香气成分具有协同或加成作用,而结构或香气不同的物质往往具有掩蔽作用或者无作用。通过对乌龙茶中 24 种香气物质阈值浓度进行协同研究,结果表明,结构或香气相似的成分具有协同或加成作用,而结构或香气差异明显的成分具有掩蔽、抑制作用。Daan Saison 等对啤酒中的 26 种陈化风味物质在阈值浓度下进行研究,得出了具有类似结构的不饱和烯醛之间有明显的相加或者协同作用，而不同结构和香型的化合物之间，相互作用小的结论。从上面的研究内容来看，阈值法由于需将香气成分稀释到阈值水平，因此该方法只能研究阈值浓度下香气成分之间的相互作用，并没有考虑到浓度因素对相互作用的影响。而我们更需要知道香气成分在天然产物内的浓度条件下，香气成分之间的相互作用情况。这对指导香精配方的设计具有实际意义。

2. S 型曲线法

该方法是通过绘制不同浓度-响应频率曲线，并采用 S 型曲线方程进行数学拟合的，以此计算香气成分组合前后的理论和实验阈值比值大小可判断协同作用。

(1)混合物实测阈值计算　将 A、B 香气成分进行组合，按照浓度从高到低，配制 10 个系列浓度点，绘制 Log(浓度)-检测频率 P 曲线。将上述 10 个数据点，应用 S 型曲线 $y=1/[1+e^{(-\lambda x)}]$进行拟合(其中相关系数 R^2 应大于 0.95)，纵坐标 $P=0.5$ 时，对应的横坐标为实测阈值

(2)混合物理论阈值计算　A、B 混合后，通过式(2-2)计算 $P(AB)$，绘制Log(浓度)-检测频率 P 曲线，并进行拟合。

$$P(AB)=P(A)+P(B)-P(A)\times P(B) \tag{2-2}$$

(3)协同作用判定标准　判别公式如式(2-3)。

$$D=实验阈值/理论阈值 \tag{2-3}$$

当　$D>2$　　掩盖作用；

$1<D\leqslant 2$　　部分掩盖作用；

$D=1$　　无作用；

$0.5\leqslant D<1$　　部分加成作用；

$D<0.5$　　协同作用。

法国波尔多大学 Lytra Georgia 团队在这方面做了大量的工作。他们采用 S 型曲线法对红酒中香气物质之间的相互作用进行了研究，结果发现亚阈浓度 2-羟基-4-甲基戊酸乙酯、(2S)-2-甲基丁酸乙酯、二甲基三硫醚能增强红酒果香香韵强度，降低果香香韵的阈值，这些成分与果香香韵成分发生了协同作用；而添加 5 种实测了浓度的高级醇于果香韵中(13 种乙酸酯类和乙酯类香气物质)时，果香韵的强度值下降，阈值变大，即高级醇对果香韵具有抑制作用。

从上面的研究内容看出，S 型曲线法综合了香气成分的阈值、浓度等因素研究相互作用，弥补了阈值法的局限性。而采用数学拟合的方式计算阈值，可使得阈值准确性大大提高。此外，该方法扩展了体系范围，除研究二元体系外，还可以研究香韵之间的相互作用，并以图形形式直观表现。因此，在研究香气成分之间的相互作用时，S 型曲线法具有明显的优势。

3. OAV 法

该方法通过混合物的实测 OAV 与理论 OAV 的比值来判断混合物中组分间的相互作用。其中混合物的实测 OAV 是混合物浓度与混合物实验阈值的比值；理论 OAV 值是混合物中各个组分的 OAV 值之和。判别公式如式(2-4)。

$$A = \text{理论 OAV}/\text{实测 OAV} \tag{2-4}$$

当 $A<0.5$ 协同作用；

$0.5\leqslant A<1$ 加成作用；

$A=1$ 无作用；

$A>1$ 掩盖、抑制作用。

该方法表明，香气成分之间相互作用以加成为主，协同和掩盖作用较少。Laura 等采用 OAV 法研究了 9 种重要的氧化醛类物质。研究发现这些化合物之间或者与其他香气成分之间以加成作用为主。混合物中香气成分的个数对相互作用也有影响，个数越多，则相互作用偏向于加成和掩盖。Laska 等采用 OAV 法对三元混合物、六元混合物和十二元混合物体系进行了研究，结果表明随着混合物体系复杂度的增加，混合物的理论与实测 OAV 比值下降，香气成分之间以加成和掩盖作用为主。Guadagni 等采用 OAV 法研究混合物体系中香气成分作用关系，结果表明香气成分之间一般都发生加成作用，如乙酸乙酯和丁二酮混合物。

OAV 法同样综合了香气成分的阈值、浓度等因素来研究香气间的相互作用，弥补了阈值法的局限性，适用于近阈值浓度香气成分之间的作用。与 S 型曲线法相比，此方法测定的阈值，其准确性有所欠缺。综上所述，OAV 法的准确性介于阈值法和 S 型曲线法之间。

4. σ-τ 图法

该方法是由 Patte 和 Laffort 于 1979 年提出的 $\sigma=f(\tau)$ 模型，τ 是指 B(或 A)的香气强度与两者的香气强度之和之间的比值，其中 $\tau_A=I_A/(I_A+I_B)$ 或者 $\tau_B=I_B/(I_A+I_B)$。σ 代表混合物的香气强度与各成分(在混合之前)的香气强度之间的比值：$\sigma=I_{mix}/(I_A+I_B)$，它反映相互作用程度。根据相互作用强弱，划分为协同、加成、折中、掩盖作用。σ-τ 图法以香气成分强度值为考察指标，此法适用于近阈值或超阈值浓度下香气成分之间的相互作用。该方法综合考虑 σ、τ 值，并以图形形式直观展示，更加全面地研究了香气成分相互作用。

该方法表明，香气成分之间的相互作用与浓度有关。当香气低浓度或者中等浓度时，香气成分之间更容易表现为协同或者加成作用；高浓度时，香气成分之间往往具有掩盖、抑制作用。Margaux 等采用 σ-τ 图法研究了葡萄酒中 5 个高级醇对 13 个酯类化合物重组溶液香气的影响。实验结果表明，不同浓度高级醇对重组溶液的协同作用存在明显的差异，浓度适中时表现协同作用，而浓度高时表现为掩盖作用。因此，香气成分之间相互作用的强弱与浓度有关。Vicente Ferreira 采用 σ-τ 图法总结了之前文献报道的 520 对混合物数据。结果表明，在超阈值水平下，混合物香气强度与组分香气强度之和的比值基本小于 1，即表现为掩盖作用。Lytra 等研究了红酒中香气物质之间的相互作用，结果表明在高浓度下，二乙酰、乙偶姻、乙酸和 γ-丁内酯对红酒果香韵具有掩盖作用。

从上述已报道的 4 种香气协同方面的研究来看，这 4 种方法各有优缺点。这些文献缺乏系统的研究方法，只采用某种单一的方法，没有综合考虑各个方法的优缺点、适用体系。因此，这些文献并不能有效、准确地证明香气物质之间的协同作用。

二、微观层面协同作用

Buck 和 Axel 的研究表明，嗅觉系统能识别和分辨大量不同的气味分子，起始于嗅神经元纤毛上的嗅觉受体与气味分子的相互作用。香气的识别可以是一个或者多个嗅觉受体作用的结果。嗅觉受体具有一定数量的活性位点。因此，香气物质须采用竞争或者非竞争方式占据作用位点。而不同香气成分与受体活性位点的结合能力存在差异。当不同香气成分之间存在竞争关系时，往往表现为掩盖作用；不同香气成分之间存在相互协作或者非竞争关系时，往往表现为协同作用。直接研究香气物质与活性位点的作用比较困难，但是可以研究嗅神经元对香气物质刺激的响应特性，监测细胞电生理变化等手段，可间接研究香气成分之间的相互作用。

香气成分之间的相互作用模式与成分浓度有关。在低浓度或者中等浓度时，香气成分之间更容易表现为协同或者加成作用；高浓度时，香气成分之间往往具有掩盖、抑制作用。Fouzia EI Mountassir 等在采用神经元钙离子成像技术，研究不同浓度单一和混合香气成分（辛醛、3-甲硫基丙醛、香茅醛）对 4 种嗅觉受体蛋白（OR1G1、OR52D1、OR1A1、OR2W1）的激活效果时，监测了钙离子的浓度变化，计算刺激条件下细胞的响应个数，并以 σ-τ 图形式判定香气成分之间相互作用。结果表明，含有 4 种受体蛋白的细胞对辛醛与高浓度香茅醛混合的刺激，钙离子浓度发生改变，且细胞响应个数低于单个成分刺激反应的总和，即发生了掩盖或加成作用。M. A. Chaput 等研究红酒中乙酸异戊酯和威士忌内酯与 OR1G1 受体的相互作用。相比乙酸异戊酯的单一成分，加入高浓度的威士忌内酯时，OR1G1 神经元活性明显减弱，即乙酸异戊酯和威士忌内酯发生了掩盖作用。而低浓度时，乙酸异戊酯和威士忌内酯发生了协同作用。Patricia Duchamp-Viret 等以小白鼠为研究对象，考察了甲位突厥酮、铃兰醛、新铃兰醛等香气成分给予嗅觉刺激时，神经元的电生理反应，并绘制浓度与神经元响应曲线。结果表明，甲位突厥酮和铃兰醛的混合体系在阈值浓度和中等浓度条件下，响应曲线的斜率大于甲位突厥酮、铃兰醛单一成分斜率，故呈现为协同作用。

从上面的研究来看，当不同香气成分相互协作或者互不干扰占据位点时，更容易发生协同作用；不同香气成分相互竞争活性位点时，更容易发生掩盖作用。而当神经元去极化作用达到最大化、受体蛋白饱和时，香气成分之间协同作用向加成或者掩盖作用转化。这就解释了香气成分在低浓度下为协同作用，高浓度下为加成或掩盖作用的机制了。

参考文献

[1]Buck L. B. ,Bigelow, J. M. , Axel R. . Alternative splicing in individual aplysia neurons generates neuropeptide diversity[J]. Cell,1987, 51:127-133.

[2]Shiffman S. S. . Physicochemical correlates of olfactory quality[J]. Science,1974(185):112-117.

[3]Mcgill J. R. , Kowalski, B. R. . Intrinsic dimensionality of smell[J]. Analytical Chemistry,1977(49):596-602.

[4]Turin L.. A spectroscopic mechanism for primary olfactory reception[J]. Chemical Senses ,1996(21): 773-791.

[5]Amoore J. E.. Stereochemical and vibrational theories of odour[J]. Nature,1971(233):270-271.

[6]Turin L., Yoshii, F.. Structure-odor relations: a modern perspective[J]. Handbook of Olfaction & Gustation,2003.

[7]Klopping H. L.. Olfactory theories and the odors of small molecules[J]. Journal of Agricultural & Food Chemistry,1971(19):999-1004.

[8]Wright A. D., Smith C. E., Thresher R. W., et al. Vibration modes of centrifugally stiffened beams[J]. Journal of Applied Mechanics,1982(49):197-202.

[9]Kaneda H., Maeshima K., Goto N., et al. Decline in taste and odor discrimination abilities with age, and relationship between gustation and olfaction[J]. Chemical Senses, 2000(25):331-337.

[10]Vlad P. F., Koltsa M. N., Ungur N. D., et al. Synthesis of stereoisomeric 7,7,10a-trimethyl-trans-perhydronaphtho[2,1-c]pyrans and 6,6,9a-trimethyl-trans-perhydronaphtho[2,1-b]furans[J]. Chemistry of Heterocyclic Compounds , 1983(19):253-258.

[11]Bersuker I. B., Dimoglo A. S., Gorbachov M. Y.,et al. Structural and electronic origin of ambergris odor of cyclic compounds[J]. Nouveau Journal De Chimie, 1985(9): 211-218.

[12]Fukui K.. Recognition of stereochemical paths by orbital interaction[J]. Accounts Chem. Res., 1971(4): 57-64.

[13]Inagaki S., Fujimoto H., Fukui K.. Orbital mixing rule[J]. Journal of the American Chemical Society 1976(98): 4054-4061.

[14]Berglund B., Berglund U., Lindvall T.. Psychological processing of odor mixtures[J]. Psychological Review 1976(83): 432-441.

[15]Walker J. C., Hall S. B., Walker D B.,et al. Human odor detectability: new methodology used to determine threshold and variation. Chemical Senses , 2003(28): 817-826.

[16]Holley A., Duchamp A., Revial M. F., et al. Qualitative and quantitative discrimination in the frog olfactory receptors: analysis from electrophysiological data[J]. Annals of the New York Academy of Sciences , 1974(237):102-114.

[17]Brodin M., Laska M., Olsson M. J.. Odor interaction between bourgeonal and its antagonist undecanal[J]. Chemical Senses , 2009(34):625-630.

[18]Moulton D. G., Tucker D.. Electrophysiology of the olfactory system[J]. Annals of the New York Academy of Sciences , 1964(116):380-425.

[19]Valova I., Gueorguieva N., Troescher F., et al. Modeling of inhibition/excitation firing in olfactory bulb through spiking neurons. [J]. Neural Computing & Applications,2007(16):355-372.

[20]Zhu J., Chen F., Wang L., et al. Evaluation of the synergism among volatile compounds in Olong tea infusion by odour threshold with sensory analysis and E-nose[J]. Food Chemistry, 2017(221): 1484-1494.

[21]Daan S., Davidp D. S., Bregt U., et al. Contribution of staling compounds to the aged flavour of lager beer by studying their flavour thresholds[J]. Food Chemistry,2009(114):1206-1215.

[22]Guadagni D. G., Buttery R. G., Okano S., et al. Additive dffect of sub-threshold concentrations of some organic compounds associated with food aromas[J]. Nature, 1963(200):1288-1293.

[23]Perpete P., Collin S.. Contribution of 3-methylthiopropionaldehyde to the worty flavor of alcohol-free beers[J]. Journal of Agricultural & Food Chemistry, 1999(47):2374-2378.

[24]Atanasova B., Thomas-Danguin T., Langlois D., et al. Perceptual interactions between fruity and woody notes of wine[J]. Flavour & Fragrance Journal, 2004(19):476-482.

[25]Cometto-Muñiz J. E., Cain W. S., Abraham M. H.. Odor detection of single chemicals and binary mixtures[J]. Behavioural brain research, 2005(156):115-123.

[26]Wise P. M., Miyazawa T., Gallagher M., et al. Human odor detection of homologous carboxylic acids and their binary mixtures[J]. Chemical senses, 2007(32):475-482.

[27]Miyazawa T., Gallagher M., Preti G., et al. The impact of subthreshold carboxylic acids on the odor intensity of suprathreshold flavor compounds[J]. Chemosensory Perception 2008(1):163-167.

[28]Lytra G., Tempere S., De R. G., et al. Distribution and organoleptic impact of ethyl 2-hydroxy-4-methylpentanoate enantiomers in wine[J]. Journal of Agricultural & Food Chemistry, 2012(60):1503-1509.

[29]Lytra G., Tempere S., De R. G., et al. Distribution and organoleptic impact of ethyl 2-methylbutanoate enantiomers in wine[J]. Journal of Agricultural & Food Chemistry, 2014, 62:5005-5010.

[30]Lytra G., Tèmpere S., Zhang S., et al. Olfactory impact of dimethyl sulfide on red wine fruity esters aroma expression in model solution[J]. Journal international des sciences de la vigne et du vin = International journal of vine and wine sciences, 2014(48):75-85.

[31]Cometto-Muñiz J. E., Abraham M. H.. Dose - response functions for the olfactory, nasal trigeminal, and ocular trigeminal detectability of airborne chemicals by humans[J]. Chemical Senses, 2016(41):3-14.

[32]Tempere S., Cuzange E., Revel G. D., et al. Olfactory masking effect of ethylphenols: characterization and elucidation of its origin[J]. Food Quality & Preference, 2016(50):135-144.

[33]Cameleyre M., Lytra G., Tempere S., et al. Correction to olfactory impact of higher alcohols on red wine fruity ester aroma expression in model solution[J]. Journal of Agricultural & Food Chemistry, 2016(63):9777-9788.

[34]Ferreira V.. Revisiting psychophysical work on the quantitative and qualitative odour properties of simple odour mixtures: a flavour chemistry view. Part 1: intensity and detectability. A review[J]. Flavour & Fragrance Journal, 2012(27):124-140.

[35]Ferreira V.. Revisiting psychophysical work on the quantitative and qualitative odour properties of simple odour mixtures: a flavour chemistry view. Part 2: qualitative aspects. A review[J]. Flavour & Fragrance Journal, 2012(27):201 - 215.

[36]Culleré L., Juan Cacho A., Ferreira, V.. An assessment of the role played by some oxidation-related aldehydes in wine aroma[J]. Journal of Agricultural & Food Chemistry, 2007(55):876-881.

[37]Laska M., Hudson R.. A comparison of the detection thresholds of odour mixtures and their components[J]. Chemical Senses, 1991(16):651-662.

[38]Selfridge T. B., Amerine M. A.. Odor thresholds and interactions of ethyl acetate and diacetyl in an artificial wine medium[J]. 1978.

[39]Patte F., Laffort P.. An alternative model of olfactory quantitative interaction in binary mixtures[J]. Chemical Senses, 1979(4): 267-274.

[40]El Mountassir F., Belloir C., Briand L., et al. Encoding odorant mixtures by human olfactory receptors[J]. Flavour & Fragrance Journal, 2016(31):400-407.

[41]Lytra G., Tempere S., Revel G. D., et al. Impact of perceptive interactions on red wine fruity aroma[J]. Journal of Agricultural & Food Chemistry, 2012(60):12260-12269.

[42]San-Juan F. , Ferreira V. , Cacho J. , et al . , Quality and aromatic sensory descriptors (mainly fresh and dry fruit character) of Spanish red wines can be predicted from their aroma-active chemical composition[J]. Journal of Agricultural & Food Chemistry, 2011(59):7916-7924.

[43]Campo E. , Ferreira V. , Ana Escudero A. , et al . Prediction of the wine sensory properties related to grape variety from dynamic-headspace gas chromatography-olfactometry data[J]. Journal of Agricultural & Food Chemistry, 2005(53):5682-5690.

[44]Atanasova B. , Thomas - Danguin T. , Langlois D. , et al. Perceptual interactions between fruity and woody notes of wine[J]. Flavour & Fragrance Journal, 2004(19):476-482.

[45]Frijters J. E. . Psychophysical models for mixtures of tastants and mixtures of odorants[J]. Annals of the New York Academy of Sciences, 1987(510):67 - 78.

[46]Chess A. , Buck L. , Dowling M. M. , et al . Molecular biology of smell: expression of the multigene family encoding putative odorant receptors[J]. Cold Spring Harbor Symposia on Quantitative Biology, 1992(57):505-516.

[47]Schmiedeberg K. , Shirokova, E. , Weber H. P. , et al . Structural determinants of odorant recognition by the human olfactory receptors OR1A1 and OR1A2[J]. Journal of Structural Biology, 2007 (159):400-412.

[48]Z P. , Y L. , G S. , et al . The importance of odorant conformation to the binding and activation of a representative olfactory receptor[J]. Chemistry & Biology, 2008(15):1317-1327.

[49]Charlier L. , Topin J. , Ronin C. , et al . How broadly tuned olfactory receptors equally recognize their agonists. Human OR1G1 as a test case[J]. Cellular & Molecular Life Sciences Cmls, 2012 (69):4205-4013.

[50]羡慕,韩德民,张罗 . 细胞内钙离子释放在嗅觉信号转导机制中的作用[J]. 临床耳鼻咽喉头颈外科杂志,2010(24):940-944.

[51]陈立华,杨于嘉 . 神经元细胞内钙离子的生理与测定方法[J]. 国际神经病学神经外科学杂志,1996:60-63.

[52]Kajiya K. , Inaki K. , Tanaka M. , et al . Molecular bases of odor discrimination: reconstitution of olfactory receptors that recognize overlapping sets of odorants[J]. Journal of Neuroscience, 2001(21): 6018-6025.

[53]Chaput M. A. , Mountassir F. E. , Atanasova B. , et al . Interactions of odorants with olfactory receptors and receptor neurons match the perceptual dynamics observed for woody and fruity odorant mixtures[J]. European Journal of Neuroscience, 2012(35):584-597.

[54]Duchamp-Viret P. , Duchamp A. , Chaput M. A. . Single olfactory sensory neurons simultaneously integrate the components of an odour mixture[J]. European Journal of Neuroscience, 2003(18): 2690-2696.

第三章
天然与合成香原料

第一节　天然香原料

精油是植物体新陈代谢的产物，由细胞原生质体分泌产生，分布于某些植物的根、茎、叶、花和果实等部位。在香料行业中俗称为天然香料。这些香料大多具挥发性，有芳香的香气，其成分包括烃类、醇类、酯类、酮类、醚类、酸类、酚类、胺类以及杂环衍生物。在香精配方中使用天然香料可以掩盖合成原料刺激的化学气息，赋予香精圆和、饱满和天然感。因此，天然原料日益受到调香师的青睐，在香精配方设计中具有举足轻重的作用。

一、花香（甜香）

（一）天竺葵

1. 简述

天竺葵别称洋葵、洋绣球，属牻牛儿苗科，天竺葵属多年生宿根草本植物，株高 30～60cm，全株被腺毛并散发出特殊气味。

2. 理化性质

精油呈无色或淡绿色，相对密度 0.888～0.905，折射率 1.462～1.470。

3. 品种、产地

常见天竺葵品种有菊叶天竺葵、盾叶天竺葵、家天竺葵、马蹄纹天竺葵。主产地为西南印度洋靠近马达加斯加岛的法属留尼旺岛，法国、摩洛哥生产的天竺葵品质不错，西班牙也有生产。

4. 加工方式和应用

加工方式：主要用水蒸气蒸馏法萃取天竺葵精油。

应用：天竺葵精油现已被广泛应用于香料、化妆品、食品的母体调配香料及医药保健行业中，常被用于制造女性香水的中香，可与罗勒、佛手柑、雪松、鼠尾草、葡萄柚、茉莉、薰衣草、橙花、甜橙、苦橙叶、玫瑰、迷迭香、檀香、甘菊、杜松等精油很好地调和。

5. 香气特征

具有玫瑰的甜醇香味，带有轻微的柠檬味。

6. 分析报告

表 3-1　天竺葵精油分析报告

序号	物质	时间/min	含量/%	序号	物质	时间/min	含量/%
1	丙醇	4.8602	0.0009	5	丁醇	5.4865	0.0018
2	2-丁酮	5.0504	0.0008	6	2-甲基丁醛	5.5435	0.0042
3	2-甲基呋喃	5.0965	0.0049	7	2-戊酮	5.6991	0.0005
4	异戊醛	5.4698	0.0036	8	2-乙基呋喃	5.8368	0.0019

续表

序号	物质	时间/min	含量/%	序号	物质	时间/min	含量/%
9	异戊醇	6.1851	0.0243	42	β-水芹烯	13.7221	0.0644
10	4-甲基-2-戊酮	6.244	0.0027	43	桉叶素	13.7919	0.0314
11	甲苯	6.7217	0.0052	44	反-β-罗勒烯	14.0237	0.1711
12	3-甲基-2-丁烯-1-醇	6.7775	0.0034	45	苯乙醛	14.2152	0.0113
13	2-甲基-2-丁烯醛	6.8793	0.0085	46	γ-松油烯	14.7089	0.0323
14	辛烷	7.065	0.0031	47	1-辛醇	14.9631	0.0085
15	4-甲基-3-戊烯-2-酮	7.0675	0.0056	48	异松油烯	15.9109	0.0435
16	己醛	7.1002	0.0054	49	玫瑰呋喃	15.9628	0.0025
17	2-甲基丁酸	7.6868	0.0063	50	2,4-二甲基苯乙烯	16.1241	0.0180
18	叶醇	8.0927	0.0297	51	芳樟醇	16.3822	7.8993
19	己醇	8.3105	0.0046	52	6-甲基-3,5-庚烯-2-酮	16.5525	0.0730
20	壬烷	9.0462	0.0056	53	反式水合桧烯	16.6831	0.0271
21	α-侧柏烯	9.9511	0.0072	54	反式玫瑰醚	16.8925	2.1050
22	α-蒎烯	10.2757	1.2462	55	苯乙醇	17.1814	0.0159
23	α-葑烯	10.4992	0.0012	56	反,顺-4,6-2,6 二甲基-2,4,6-辛三烯	17.6021	0.0034
24	6-甲基-2-庚酮	10.6087	0.0049	57	α-龙脑烯醛	17.8198	0.0037
25	反-2-庚烯醛	10.8277	0.0022	58	4-乙酰基-1-甲基-环己烯	17.9242	0.0026
26	苯甲醛	11.2375	0.0018	59	异胡薄荷醇	18.8636	0.0893
27	玫瑰木氧化物	11.349	0.1588	60	薰衣草醇	18.8732	0.0807
28	1-辛烯-3-醇	11.47	0.0217	61	薄荷酮	19.2042	2.1739
29	桧烯	11.5052	0.0443	62	顺-β-松油醇	19.3835	0.0676
30	6-甲基-5-庚稀-2-酮	11.6346	0.0917	63	异胡薄荷醇-2	19.3835	0.0637
31	β-蒎烯	11.8318	0.2454	64	壬醇	19.518	0.0031
32	2-戊基呋喃	11.9074	0.0051	65	4-松油烯醇	20.3614	0.1009
33	紫丁香醚	11.9823	0.0878	66	对甲基苯异丙醇	20.5785	0.0179
34	δ-2-簪烯	12.3659	0.0710	67	薄荷脑	20.7398	0.1864
35	三甲基吡嗪	12.6841	0.0003	68	α-松油醇	20.9915	0.5876
36	α-水芹烯	12.7078	0.0850	69	桃金娘烯醇	21.546	0.0056
37	δ-蒈烯(长松针烯)	12.8109	0.0254	70	α-香茅醇	21.6504	0.0175
38	α-松油烯	13.0914	0.0121	71	橙花醇	22.1941	0.1505
39	对伞花烃	13.3943	0.2583	72	β-香茅醇	22.3049	28.1963
40	柠檬烯	13.5813	1.3991	73	异戊酸叶醇酯	22.552	0.0048
41	顺-β-罗勒烯	13.5883	0.7490	74	橙花醛	22.8427	0.6307

续表

序号	物质	时间/min	含量/%	序号	物质	时间/min	含量/%
75	长叶薄荷酮	23.047	0.0008	108	别香橙烯	37.6843	0.1018
76	香叶醇	23.3992	14.9161	109	丙酸香叶酯	37.7804	0.8330
77	胡椒酮	23.8449	0.0079	110	杜松-1(6),4-二烯	38.4419	0.0288
78	香叶醛	24.1997	0.8674	111	反式杜松-1,4-二烯	38.4515	0.0605
79	甲酸香茅酯	24.3841	10.7189	112	γ-雪松烯	38.6436	0.0418
80	乙酸异胡薄荷酯	24.9995	0.0080	113	香叶烯	38.6634	0.0921
81	乙酸薰衣草酯	24.9995	0.0034	114	γ-依兰油烯	38.6743	0.0906
82	甲酸香叶酯	25.6661	4.4554	115	γ-紫穗槐烯	39.2711	0.9234
83	香叶酸甲酯	26.9378	0.0095	116	2-甲基丁酸苯乙酯	39.3429	0.0167
84	δ-榄香烯	27.9323	0.0177	117	未知物	39.4536	0.0859
85	乙酸香茅酯	28.5496	0.3250	118	δ-桉叶烯	39.5919	0.0120
86	α-荜澄茄油烯	28.841	0.2949	119	β-桉叶烯	39.9441	0.1916
87	α-依兰烯	30.4848	0.1414	120	未知物	40.1292	0.0344
88	乙酸香叶酯	30.5008	0.6048	121	瓦伦西亚桔烯(橘烯)	40.3437	0.1866
89	环苜蓿烯	30.5008	0.1885	122	双环大根香叶烯	40.3559	0.3013
90	古巴烯	30.9529	0.6780	123	α-依兰油烯	40.4436	0.1657
91	β-广藿香烯	31.2987	0.0052	124	顺,顺-3,6-金合欢烯	40.6184	0.0245
92	长叶环烯	31.3044	0.0041	125	β-红没药烯	40.7888	0.0820
93	β-波旁烯	31.6265	1.3969	126	顺式橙花叔醇	40.8029	0.1121
94	β-榄香烯	31.8494	0.0351	127	β-二氢沉香呋喃	41.2639	0.0971
95	异丁酸苯乙酯	31.9454	0.0325	128	γ-杜松烯	41.6148	0.2561
96	丁酸苯乙酯	31.9454	0.0478	129	δ-杜松烯	41.8992	0.8480
97	α-古芸烯	33.4119	0.0590	130	未知物	42.1348	0.5510
98	β-古巴烯	34.3154	0.1227	131	反式去氢白菖烯	42.2187	0.3444
99	反式石竹烯	34.5216	1.1171	132	β-倍半水芹烯	42.3256	0.0056
100	γ-榄香烯	34.973	0.0031	133	α-荜澄茄油萜	43.0095	0.0962
101	反-α-佛手柑烯	35.2439	0.0885	134	α-杜松烯	43.3124	0.0060
102	丙酸香茅酯	35.4066	0.3724	135	未知物	43.4328	0.0362
103	α-马榄烯	35.689	0.0037	136	α-去二氢菖蒲烯	43.6858	0.0547
104	愈创木-6,9-二烯	36.0424	0.2927	137	四甲基环癸二烯异丙醇	44.1398	0.0054
105	杜松-3,5-二烯	36.7526	0.0702	138	α-沉香呋喃	44.3396	0.1991
106	葎草烯	37.3443	0.2540	139	丁酸香叶酯	44.3838	1.0353
107	未知物	37.6632	0.0562	140	大根香叶烯	45.0331	0.0145

续表

序号	物质	时间/min	含量/%	序号	物质	时间/min	含量/%
141	未知物	45.2803	0.0107	152	惕各酸香叶酯	50.4678	0.0036
142	苯甲酸叶醇酯	45.7509	0.0030	153	T-依兰油醇	50.7662	0.0245
143	马榄醇	45.8745	0.0077	154	缬草醇	51.4584	0.1952
144	斯巴醇	46.3023	0.2174	155	α-杜松醇	51.509	0.0258
145	惕各酸苯乙酯	46.5424	0.8351	156	β-桉叶油醇	51.6019	0.1046
146	石竹烯氧化物	46.714	0.1070	157	惕各酸香茅酯	51.6941	0.2475
147	绿花白千层醇	46.9535	0.0375	158	α-7-桉叶油醇	52.0078	0.0228
148	葎草烯环氧化物	48.6152	0.0069	159	惕各酸香叶酯	53.879	1.2484
149	八氢四甲基萘甲醇	49.1992	0.0065	160	未知物	54.9471	0.1672
150	未知物	49.5136	4.9290	161	十六酸	68.645	0.0426
151	表荜澄茄油烯醇	49.7231	0.1014				

7. 讨论

从天竺葵精油中鉴定出了 161 种化合物，占天竺葵精油总量的 100%，主要由烯类、醇类、酯类组成。其主要成分有 β-香茅醇(28.1963%)、香叶醇(14.9161%)、甲酸香茅酯(10.7189%)、芳樟醇(7.8993%)、甲酸香叶酯(4.4554%)。

(二)玫瑰

1. 简述

玫瑰，属蔷薇目，蔷薇科落叶灌木，枝杆多针刺，奇数羽状复叶，小叶 5～9 片，椭圆形，有边刺。花瓣呈倒卵形，重瓣至半重瓣，花有紫红色、白色，果期 8～9 月，扁球形。枝条较为柔弱软垂且多密刺，每年花期只有一次，因此较少用于育种，近来其主要被重视的特性为抗病性与耐寒性。

2. 理化性质

玫瑰精油为淡黄色液体、少有结晶，相对密度：0.848～0.862，折射率 1.4530～1.4640，旋光度−5°～2°，冻点 20 ℃，酸值 7.523，乙酰化后酰值 204～231。

3. 品种、产地

玫瑰(Rose，蔷薇科)，国外统一把玫瑰、月季和蔷薇统称为 Rose，而在中国三者称呼各异。其品种甚多。已作提取香料应用的有大马士革玫瑰(亦称作突厥玫瑰)、百叶玫瑰或五月玫瑰、白玫瑰、香水月季、法国玫瑰、墨红月季皱叶玫瑰、木香等。

产地：保加利亚、摩洛哥、法国、土耳其、中国、前苏联等。

4. 加工方式和应用

加工方式：用挥发性溶剂从鲜花中浸提可得到其浸膏。法国产玫瑰浸膏得率 0.22%～0.25%。墨红浸膏得率 0.12%～0.16%，水蒸气蒸馏鲜花或者采用复馏法可得其精油，保加利亚玫瑰得率 0.015%～0.04%。

应用:可用于茶、酒,或者制成玫瑰果酱以及糕点,也可用于各种花香型和非花香香精,因价格较贵,仅用于调配香水和高档化妆品香精中。

5. 香气特征

香气:花香,甜香。玫瑰花香甜如蜂蜜,和蔷薇与月季的花香类似,但味道比他们更优美细致。不同的品种的玫瑰花具有不同的香气;皱叶玫瑰及墨红玫瑰月季香气多浓甜;大马士革玫瑰香气多醇甜(常常有辛香甜蜜香);百叶玫瑰多清甜;黄玫瑰多甘甜;白玫瑰多属蜜蜡甜。

(三)墨红

1. 简述

墨红由国外引进,是杂交茶香月季的有名品种之一,可供观赏、酿酒、入药和食用。从墨红花中提炼出来的净油是一种高级的天然香料,可代替高级玫瑰油用于配香原料,具有很高的经济价值。

2. 理化性质

墨红净油为橙红色透明油状液体,相对密度 0.910~0.950,折射率 1.480~1.494,酸值 40,酯值 20。

3. 品种、产地

我国引入后栽培种植主要分布在浙江、江苏一带,是杂交香水月季类的一个品种。

4. 加工方式和应用

加工方式:取香部位是鲜花,用石油醚浸提制成墨红浸膏,墨红浸膏得率为 0 .14%~0 .16%,墨红净油得率为墨红浸膏的 35%~ 45%。

应用:墨红净油在国外早就大量用于烟草制品的加香工艺中,它能使烟香有润厚蜜甜之感,可缓和烟草的某些粗劣杂味,增进优质陈叶的酿甜风味,增进甜香、醇和烟气,使烟气柔和成熟,可提高烟草香味品质。

5. 香气描述

墨红月季净油有玫瑰花样蜜甜花香,带些酿香和醛腊香韵,有令人陶醉的温柔芬芳气息,清气较重而平和,具有纯正墨红净油特有的香气、香气飘逸而浓郁。

6. 分析报告

表 3-2　墨红净油分析报告

序号	物质	时间/min	含量/%	序号	物质	时间/min	含量/%
1	乙酸乙酯	5.1139	0.0042	8	2-甲基-2-丁烯醛	6.8704	0.0058
2	2-甲基丙醇	5.2137	0.0002	9	4-甲基-3-戊烯-2-酮	7.0561	0.0016
3	丁醇	5.4712	0.0004	10	叶醇	8.0896	0.0169
4	丙酸	5.5711	0.0005	11	反-2-己烯醇	8.2574	0.0013
5	1,2-丙二醇	6.2255	0.0137	12	己醇	8.306	0.0031
6	3-甲基-2-丁烯-1-醇	6.6827	0.0021	13	戊酸乙酯	8.9931	0.0006
7	三聚乙醛	6.7269	0.1110	14	α-蒎烯	10.2719	0.0737

续表

序号	物质	时间/min	含量/%
15	苯甲醛	11.2286	0.0348
16	玫瑰木氧化物	11.3452	0.0046
17	1-辛烯-3-醇	11.4668	0.0013
18	6-甲基-5-庚稀-2-酮	11.6365	0.0424
19	β-蒎烯	11.8447	0.0189
20	6-甲基-5-庚烯-2-醇	11.9183	0.0357
21	己酸乙酯	12.0329	0.0007
22	乙酸叶醇酯	12.2967	0.0017
23	δ-2-蒈烯	12.3704	0.0016
24	顺式去氢氧化芳樟醇	12.5151	0.0008
25	α-水芹烯	12.7059	0.0017
26	1,4-桉叶素	12.9845	0.0009
27	对甲酚甲醚	13.2182	0.0008
28	对伞花烃	13.393	0.0306
29	柠檬烯	13.5807	0.0800
30	顺-β-罗勒烯	13.5839	0.0418
31	β-水芹烯	13.7228	0.0053
32	桉叶素	13.7869	0.0160
33	反-β-罗勒烯	14.0257	0.0018
34	苯乙醛	14.2165	0.0012
35	γ- 松油烯	14.7167	0.0008
36	苏合香醇	14.8627	0.0129
37	顺式氧化芳樟醇	15.2482	0.0887
38	异松油烯	15.9077	0.0023
39	玫瑰呋喃	15.9628	0.0016
40	庚酸乙酯	16.0665	0.0062
41	2,4-二甲基苯乙烯	16.1146	0.0016
42	2-蒈酮	16.2272	0.0008
43	芳樟醇	16.47	13.0872
44	6-甲基-3,5-庚烯-2-酮	16.5929	0.0113
45	顺式玫瑰醚	16.9169	1.2373
46	苯乙醇	17.4081	14.2039
47	葑醇	17.636	0.0046
48	二氢芳樟醇	17.9197	0.2162
49	松油烯醇	18.2156	0.0116
50	橙花醚	18.7746	0.0237
51	顺-β-松油醇	18.8598	0.0362
52	薄荷酮	19.2132	0.2635
53	异胡薄荷醇	19.3861	0.0089
54	苯甲酸	19.4668	0.0033
55	异薄荷酮	19.6634	0.6923
56	苯甲酸乙酯	19.7563	0.0061
57	薰衣草醇	19.8414	0.0077
58	反式氧化芳樟醇(吡喃型)	19.917	0.0069
59	甲酸苯乙酯	19.9612	1.0139
60	龙脑	20.0822	0.0006
61	薄荷脑	20.1661	0.0317
62	4-松油烯醇	20.3646	0.0118
63	对甲基苯异丙醇	20.5939	0.0019
64	四氢香叶醇	20.6534	0.6655
65	癸醛	20.6541	0.3104
66	水杨酸甲酯	20.9179	0.0047
67	α-松油醇	21.012	0.4913
68	γ-松油醇	21.2105	0.1021
69	β-香茅醇	22.4042	18.0005
70	橙花醇	22.5233	0.1398
71	橙花醛	22.9023	0.6611
72	异香叶醇	22.91	0.3663
73	2,4-二甲氧基甲苯	23.0579	0.0028
74	乙酸芳樟酯	23.2091	0.0109
75	乙酸苯乙酯	23.6496	0.0963
76	胡椒酮	23.8911	0.0164
77	香叶醛	24.2439	0.8755
78	甲酸香茅酯	24.3854	3.0820
79	甲酸橙花酯	24.5794	1.4092
80	反式桂醛	24.8273	0.0048
81	百里香酚	25.3978	0.0024
82	壬酸乙酯	25.4151	0.0067
83	甲酸香叶酯	25.6719	1.0988

续表

序号	物质	时间/min	含量/%	序号	物质	时间/min	含量/%
84	肉桂醇	26.4916	0.1213	117	别香橙烯	37.6876	0.0172
85	反式肉桂醇	26.498	0.0902	118	丙酸香叶酯	37.7811	0.0636
86	十一醇	26.6824	0.0187	119	α-异甲基紫罗兰酮	38.3382	0.0146
87	环氧乙酸芳樟酯	28.3044	0.0576	120	γ-依兰油烯	38.6686	0.1554
88	乙酸香茅酯	28.5951	2.3226	121	β-紫罗兰酮	38.812	0.0153
89	风信子素	28.6745	0.0052	122	γ-紫穗槐烯	39.2718	0.0900
90	α-荜澄茄油烯	28.8615	0.0056	123	2-甲基丁酸苯乙酯	39.3442	0.0028
91	乙酸橙花酯	29.215	0.2215	124	β-桉叶烯	39.9538	0.1036
92	丁香酚	29.2662	6.0746	125	未知物	40.1376	0.0055
93	二氢丁香酚	29.79	0.0059	126	表圆线藻烯	40.2797	0.0032
94	乙酸香叶酯	30.5514	2.2087	127	α-依兰油烯	40.4398	0.2256
95	α-古巴烯	30.9612	0.0630	128	α-桉叶烯	40.4456	0.1275
96	长叶环烯	31.1617	0.0353	129	α-布藜烯	40.7024	0.0230
97	β-波旁烯	31.6285	0.1168	130	乙酰基丁香酚	41.4183	0.0246
98	α-突厥酮	31.8193	1.2551	131	γ-杜松烯	41.613	0.1284
99	β-广藿香烯	31.8635	0.0871	132	δ-杜松烯	41.8947	0.4243
100	β-榄香烯	31.875	0.3618	133	反式去氢白菖烯	42.2162	0.0804
101	甲基丁香酚	32.3451	0.0246	134	杜松烯	43.3061	0.0113
102	香兰素	32.4776	1.8335	135	α-去二氢菖蒲烯	43.6967	0.0056
103	异丁香酚	32.8881	0.0012	136	榄香素	43.7383	0.0006
104	β-突厥酮	33.305	0.6432	137	四甲基环癸二烯异丙醇	44.1462	0.0096
105	α-二氢紫罗兰酮	33.6764	0.0155	138	丁酸香叶酯	44.387	0.0815
106	长叶烯	33.9024	0.4400	139	β-去二氢菖蒲烯	45.19	0.0026
107	α-古芸烯	33.9075	0.1925	140	惕各酸苯乙酯	46.5405	0.0578
108	β-古巴烯	34.325	0.0395	141	石竹烯氧化物	46.7019	0.0277
109	反式石竹烯	34.5357	0.3685	142	绿花白千层醇	48.2791	0.0005
110	β-二氢紫罗兰酮	35.292	2.0636	143	葎草烯环氧化物	48.6671	0.0241
111	丙酸香茅酯	35.3989	0.2658	144	未知物	49.5188	0.0092
112	α-愈创木烯	35.5225	0.0168	145	表荜澄茄油烯醇	49.7429	0.0046
113	愈创木-6,9-二烯	36.054	0.5338	146	α-杜松醇(毕橙茄醇)	51.5558	0.0132
114	反式异丁香酚	36.3992	0.0607	147	T-依兰油醇	51.5584	0.0176
115	乙基香兰素	36.9627	0.0858	148	惕各酸香茅酯	51.7031	0.1041
116	葎草烯	37.3527	0.1007	149	未知物	52.7475	0.0044
				150	广藿香醇	52.7802	0.0091
				151	惕各酸香叶酯	53.8707	0.0779
				152	十七烷	54.1384	0.0173

续表

序号	物质	时间/min	含量/%	序号	物质	时间/min	含量/%
153	苯乙酸苯乙酯	66.4185	0.0013	155	十六酸乙酯	70.3356	0.0511
154	十六酸	68.6463	0.0009	156	异丁香酚苄醚	76.9863	8.7993

7. 讨论

从墨红净油中鉴定出156种化合物，主要成分有β-香茅醇(18.0005%)、苯乙醇(14.2039%)、香叶醇(10.5187%)、异丁香酚苄醚(8.7993%)。

二、花香(清香)

(一)春黄菊

1. 简述

春黄菊在世界各地都有生长，但质量并不一样，这与产地的气候、生长环境有很大关系。现已研究证实，欧洲、非洲生长的春黄菊萃取出来的精油比其他产地品种含有更为丰富的多种黄酮、咖啡酸等活性物质。

2. 理化性质

母菊精油外观呈深蓝色黏稠液体，在光线与空气的影响下油色从深蓝色变为绿色，最后转为棕黄色理化指标：20℃，相对密度0.913～0.0953，酸值5～50，醋值3～39，乙酸化后醋值66～155；溶解度：溶于6体积90%乙醇，在95%乙醇溶液中溶解时明显地分离出腊质。

白花春黄菊精油外观呈光亮的蓝色，在空气中放置后，在光照下渐变成绿色直至棕黄色。理化指标：15/5℃，相对密度0.905～0.915，旋光度为少量右旋，折光率1.442～1.448，皂化值260～296；溶解度：略溶于水，溶于少于1体积90%的乙醇。

3. 品种、产地

春黄菊分两种：母菊和白花春黄菊。原生长地为欧洲，种植于德国、前南斯拉夫、匈牙利及俄罗斯等地以后又种植至摩洛哥、埃及。

4. 加工方式和应用

加工方式：母菊在早春下种，直到五月末开花，盛夏时收割。干花得油率为0.65%～1.15%，蒸得的为母菊油。白花春黄菊生长由仲夏开始至有霜冻为止。鲜花得油率为1%左右，精油名称为白花春黄菊油。

应用：春黄菊精油因其含有红没药醇化合物与母菊奥的化学组分具有较强的抗炎活性，又兼具独特的香气，放在化妆品如唇膏、香皂、防晒膏、香波中，既有天然的芳香，又可防治皮肤开裂、发炎，起到化妆与防治的双重作用。配在漱口液中可治牙痛。因其系自然产品无毒无害，又有独特的类似的天然春黄菊花的香气，可作芳香剂配在甜酒中。

5. 香气特征

香气甜润，有芳草气，略带茶叶辛香。

6. 分析报告

表 3-3 罗马春黄菊精油分析报告

序号	物质	时间/min	含量/%	序号	物质	时间/min	含量/%
1	戊醛	5.812	0.0086	35	当归酸丙酯	11.8403	0.9900
2	2-乙基呋喃	5.8318	0.0018	36	2-戊基呋喃	11.9088	0.0090
3	异戊醇	6.1763	0.0256	37	2-甲基丁酸异丁酯	12.2373	2.0890
4	2-甲基丁醇	6.2282	0.0512	38	异戊酸异丁酯	12.5761	1.0045
5	异丁酸乙酯	6.4338	0.0035	39	异丁酸异戊酯	12.7112	3.7602
6	戊醇	6.5753	0.0012	40	邻伞花烃	13.3964	0.3415
7	乙酸异丁酯	6.6342	0.0143	41	柠檬烯	13.5879	0.7448
8	3-甲基-2-丁烯-1-醇	6.6771	0.0037	42	桉叶素	13.794	0.0349
9	2-甲基丁酸甲酯	6.7002	0.0045	43	当归酸异丁酯	14.1232	17.3842
10	1-辛烯	6.93	0.0238	44	2-甲基丁酸-2-甲基丁酯	14.4158	0.0024
11	己醛	7.1017	0.0866	45	1-辛醇	15.0658	0.2398
12	2-甲基丁酸	7.6722	0.0042	46	2,4-二甲基苯乙烯	16.1365	0.0082
13	2-甲基丁酸乙酯	7.8938	0.0403	47	2-甲基丁酸异戊酯	16.2389	0.4541
14	异戊酸乙酯	7.979	0.0015	48	2-甲基丁酸 2,-甲基丁酯	16.3933	1.8165
15	叶醛	8.0699	0.0067	49	异戊酸异戊酯	16.5117	0.0095
16	叶醇	8.091	0.0030	50	戊酸-2-甲基丁酯	16.6046	0.1072
17	己醇	8.3094	0.0043	51	α-蒎烯氧化物	16.7192	0.2271
18	乙酸异戊酯	8.4502	0.0698	52	异丁酸-3-甲基戊酯	16.9235	2.7248
19	乙酸-2-甲基丁酯	8.4932	0.0601	53	β-侧柏酮	17.4441	0.0015
20	1-壬烯	8.8486	0.0002	54	顺-2,8-二烯-1-醇	17.585	0.0133
21	庚醛	9.1444	0.0008	55	α-龙脑烯醛	17.8232	0.0643
22	异丁酸异丁酯	9.3685	3.1063	56	反-2,8-孟二烯	18.0665	0.0020
23	梨醇酯	9.5177	0.1248	57	顺式柠烯氧化物	18.0832	0.0022
24	未知物	9.7758	0.6485	58	异丁酸叶醇酯	18.1254	0.1021
25	α-侧柏烯	9.9961	0.0144	59	当归酸异戊酯	18.4123	9.7184
26	α-蒎烯	10.2881	9.4096	60	当归酸-2-甲基丁酯	18.6121	13.9328
27	2-甲基丁酸丙酯	10.4206	0.0016	61	反式松香芹醇	18.6844	3.0881
28	α-葑烯	10.7946	0.0062	62	反式马鞭草烯醇	18.7779	0.0489
29	莰烯	10.8753	0.8247	63	樟脑	18.9797	0.0429
30	苯甲醛	11.2403	0.0007	64	反-2-壬烯醛	19.1231	0.0055
31	1-辛烯-3-醇	11.4644	0.0276	65	乙酸苄酯	19.2979	0.0130
32	桧烯	11.5022	0.0639	66	莰烯水合物	19.3818	0.2035
33	6-甲基-5-庚稀-2-酮	11.645	0.0267	67	反,顺-2,6-壬二烯醛	19.4106	0.0530
34	β-蒎烯	11.8013	0.6521	68	松香芹酮	19.6111	2.1253

续表

序号	物质	时间/min	含量/%	序号	物质	时间/min	含量/%
69	龙脑	20.0683	0.1738	99	甲基丁香酚	32.2741	0.0082
70	薄荷脑	20.1425	0.0202	100	长叶烯	34.0389	0.0015
71	丁酸己酯	20.4089	0.0050	101	β-古巴烯	34.2855	0.0045
72	对甲基苯异丙醇	20.5754	0.0467	102	反式石竹烯	34.4968	0.0396
73	桃金娘烯醛	21.1261	0.8138	103	顺式桂酸	34.7779	0.0121
74	桃金娘烯醇	21.1274	0.4124	104	β-古芸烯	35.2146	0.0086
75	马鞭草烯酮	21.6691	0.0525	105	反式香叶基丙酮	36.1541	0.0028
76	反式香芹醇	22.0438	0.0282	106	葎草烯	37.3323	0.0030
77	β-香茅醇	22.1251	0.0044	107	γ-柏木萜烯	38.086	0.0044
78	异戊酸叶醇酯	22.2833	0.0303	108	γ-依兰油烯	38.6585	0.0108
79	甲酸龙脑酯	22.6271	0.0056	109	β-紫罗兰酮	38.8173	0.0038
80	枯茗醛	23.2707	0.0117	110	α-姜黄烯	39.0049	0.0340
81	当归酸-3-甲基戊酸酯	23.2989	19.9818	111	2-甲基丁酸苯乙酯	39.32	0.0011
82	香芹艾菊酮	23.5525	0.0022	112	瓦伦西亚桔烯	39.7439	0.0132
83	乙酸苯乙酯	23.603	0.0211	113	β-桉叶烯	39.9206	0.1944
84	反-2-癸烯醛	23.9027	0.0322	114	α-依兰油烯	40.4291	0.0167
85	香叶醛	24.1736	0.0004	115	顺,顺-3,6-金合欢烯	40.6058	0.0282
86	乙酸异龙脑酯	25.2014	0.0389	116	γ-杜松烯	41.6041	0.0086
87	乙酸薄荷酯	25.3275	0.0048	117	δ-杜松烯	41.8718	0.0103
88	2-十一酮	25.3423	0.0234	118	反式去氢白菖烯	42.1856	0.0006
89	反,顺-2,4-癸二烯醛	25.6157	0.0796	119	反式橙花叔醇	44.87	0.0057
90	反,反-2,4-癸二烯醛	26.9495	0.0492	120	斯巴醇	46.2768	0.1853
91	乙酸香茅酯	28.3263	0.0074	121	石竹烯氧化物 P2	46.7129	0.1671
92	α-荜澄茄油烯	28.8418	0.0008	122	异戊酸香叶酯	47.8297	0.2434
93	环苜蓿烯	30.6143	0.0258	123	绿花白千层醇	48.5655	0.1889
94	α-古巴烯	30.948	0.0810	124	α-依兰油醇	50.4411	0.0019
95	2-甲基丁酸苄酯	31.3898	0.0030	125	T-依兰油醇	50.7613	0.0155
96	苯乙酸异丁酯	31.6664	0.0064	126	α-杜松醇	51.5303	0.0372
97	β-榄香烯	31.8246	0.0191	127	广藿香萜醇	52.3378	0.0400
98	异丁酸苯乙酯	31.9367	0.0129	128	十七烷	54.1366	0.74

7. 讨论

从春黄菊精油中鉴定出 128 种化合物，主要成分有归酸-3-甲基戊酸酯(19.9817%)、当归酸异丁酯(17.3842%)、当归酸-2-甲基丁酯(13.9328%)、当归酸异戊酯(9.7184%)。

(二)薰衣草

1. 简述

薰衣草(*Lavandula angustifolia* Mill.)又名香水植物,灵香草,香草,黄香草,拉文德。原产于地中海沿岸、欧洲各地及大洋洲列岛,后被广泛栽种于英国及前南斯拉夫。其叶形花色优美典雅,蓝紫色花序颀长秀丽,是庭院中一种新的多年生耐寒花卉,适宜花径丛植或条植,也可盆栽观赏。

2. 理化性质

精油为浅黄色及琥珀色液体,理化参数因产地而略有差异。

法国薰衣草精油的相对密度 0.876~0.894,折射率 1.457~1.464,旋光度 −11°~3°,酸值最大为 0.8,含酯量 30%~60%。

新疆薰衣草的相对密度 0.876~0.895,折射率 1.457~1.464,旋光度 −11°~7.5°,酸值最大为 1,含酯量最低为 35%。

3. 品种、产地

薰衣草为唇形科薰衣草属,多年生常绿或半常绿的亚灌木芳香植物。薰衣草主产于法国、保加利亚、澳大利亚、南斯拉夫、意大利、西班牙、俄罗斯、南非,中国新疆地区也有种植。

4. 加工方式和应用

加工方式:新鲜花序经水蒸气蒸馏而得,得率在 0.78%~1.1%。也可以用浸提法制成浸膏。

应用:薰衣草精油是应用广泛的天然原料,在许多日用香精中都能使用,与橙花、龙涎香搭配可形成古龙香型的特征香气,在素心兰型、薰衣草型、森林香型等香精中都能使用。与香柠檬、广藿香、香豆素、橡苔、卡南加油、龙脑等香料能很好地协调。

5. 香气特征

薰衣草精油香气清中带甜,有令人愉快的清爽之感,香气透发,留香持久。

三、花香(鲜香韵)

(一)依兰依兰

1. 简述

依兰依兰为番荔枝科、夷兰属,高大常绿乔木。依兰依兰精油是从依兰植物(*Cananga odorata* var. *genuine*、*Unona odoratissimum*)中提取的,属于番荔枝科,又称为“花中之花”。依兰依兰精油是从第一道压榨工艺中提取的,也称为“完全”或“特佳”精油。这种特别芬芳的精油对情绪和身体有镇静作用,可以用于治疗性冷淡和阳痿。它对皮肤有完美的平衡和激励效果,能够矫正皮脂分泌失调,还可以用于刺激头发生长。

2. 理化性质

精油为浅黄色至棕黄色液体,不同等级依兰依兰精油,理化常数有所区别。

特级依兰依兰精油：相对密度0.976～0.987，折射率1.5005～1.5009，旋光度－26°～－20°，酸值2～2.8，酯值190～200。

一级依兰依兰精油：相对密度0.928～0.949，折射率1.500～1.509，旋光度－60°～－30°，酸值＜2.8，酯值89～130。

二级依兰依兰精油：相对密度0.918～0.933，折射率1.5057～1.5117，旋光度－40°～68°，酸值＜2.8，酯值56～89。

三级依兰依兰精油：相对密度0.906～0.923，折射率1.507～1.515，旋光度－35°～67°，酸值＜2.8，酯值34～56。

3. 品种、产地

种植在科摩罗、马达加斯加、菲律宾、印度尼西亚（爪哇）、塞舌尔、法属留尼旺，以及中国云南、广东、广西、福建等地。

4. 加工方式和应用

加工方式：白色的花用水蒸气蒸馏得到依兰依兰精油。得率1%～2.5%，含有40%～55%的芳樟醇。按照不同蒸出馏分分成特级品、一级品、二级品、三级品，最近有一种昂贵而深受欢迎的特级品可供使用。

应用：广泛应用于各种香精配方。在各种花香型配方中可改进香气，因此几乎所有配方都会用到依兰依兰。特别适用于茉莉、水仙、风信子、白兰、栀子、橙花、晚香玉、紫罗兰、紫丁香、铃兰等花香香精中。非花香香精，如素心兰、香薇、东方型、玫瑰-檀香、玫瑰-麝香等也常用依兰依兰。与防风根、羟基香茅醛、含羞花、金合欢、甲基紫罗兰酮、桂醇及其酯类、苯甲酸酯类、对甲酚甲醚和秘鲁香膏等能很好地协调、和合。

5. 香气特征

鲜清、浓郁花香，颇似茉莉，但较茉莉粗强而持久，依兰依兰精油含有氨基化合物和乙酸对甲酚酯等咸鲜浊香，且有含量较大的芳樟醉及乙酸苄酯等清香甜气，为鲜清香韵，但依兰依兰精油又含有苯甲酸甲酯、对甲酚甲醚等具有强烈香气的物质，这又使它与茉莉显得不同，较粗强。依兰依兰精油含有大量倍半萜，后段香气有木质气息，留香不持久。

（二）白兰花

1. 简述

白兰（*Michelia alba* DC.），常绿乔木，高达17m，枝广展，呈阔伞形树冠；胸径30cm；树皮灰色；揉枝叶有芳香；嫩枝及芽密被淡黄白色微柔毛，老时毛渐脱落。叶薄革质，长椭圆形或披针状椭圆形，上面无毛，下面疏生微柔毛，干时两面网脉均很明显。

2. 理化性质

精油为浅黄色的液体，溶解于乙醇后呈澄清溶液，微溶于水。相对密度0.8700～0.8950，折射率1.4600～1.4900，旋光度－13°～9°，酸值＜7，酯值＞20。

3. 品种、产地

原产印度尼西亚爪哇，现广植于东南亚。中国福建、广东、广西、云南等省区栽培极盛，长江流域各省区多盆栽，在温室内越冬。

4. 加工方式和应用

加工方式：用水蒸气蒸馏法从鲜花中提油，精油得率0.2%～0.3%。

应用：白兰花精油是上好的花香香料，可应用于多种香型的高档日用香精配方，使用时应注意其导致变色作用的因素。

5. 香气特征

具有清新、鲜幽花香、清香带甜，较芳樟醇多韵而优雅，香气透发而不甚留长。

四、非花香(青滋香)

(一)椒样薄荷

1. 简述

椒样薄荷(Peppermint)，别名胡椒薄荷，唇形科多年生草本植物，是一种被广泛种植的杂交薄荷，原产于欧洲，可用于食物的调味料。这个薄荷品种是由绿薄荷与水薄荷杂交而成的。椒样薄荷油可治呕吐，薄荷本身具有刺激性，可助消化，减少胃肠气胀。

2. 理化性质

精油为淡黄色或稍带绿色的液体，相对密度0.900～0.916，折射率1.460～1.467，旋光度－30°～－10°。

3. 品种、产地

椒样薄荷原产于欧洲，后传到美国、澳大利亚、印度、中国、日本、朝鲜等国家。

4. 加工方式和应用

加工方式：椒样薄荷油可由水蒸气蒸馏鲜花或阴干的茎叶得油，得油率0.3%～0.6%。椒样薄荷精油是提取薄荷脑的重要精油。

应用：可用于糖果、苦味巧克力、牙膏和其他产品的加香，也可用于烟草香精作为矫味剂。在药物中有清凉、祛风、消炎、镇痛和兴奋的效果。

5. 香气特征

椒样薄荷精油具有新鲜强烈薄荷清凉香气，略带草香，底蕴有膏香和甜香。凉气能贯穿始终。香气较亚洲薄荷油清甜优美。

6. 分析报告

表3-4 椒样薄荷精油分析报告

序号	物质	时间/min	含量/%	序号	物质	时间/min	含量/%
1	己醇	8.1737	0.0055	8	3-辛酮	11.4773	0.0127
2	3-庚醇	8.8	0.0044	9	莰烯	11.5169	1.2255
3	α-侧柏烯	9.8054	0.0427	10	β-蒎烯	11.663	0.1571
4	α-蒎烯	10.0947	1.0981	11	3-辛醇	11.7584	0.1912
5	苯甲醛	10.904	0.0029	12	δ-蒈烯	12.6034	0.0019
6	1-辛烯-3-醇	11.207	0.0295	13	α-松油烯	12.7975	0.0066
7	桧烯	11.2998	0.4801	14	2-乙基己醇	12.9855	0.0131

续表

序号	物质	时间/min	含量/%	序号	物质	时间/min	含量/%
15	邻伞花烃	13.095	0.2830	48	异薄荷脑	20.3	0.2000
16	对伞花烃	13.0992	0.4031	49	α-松油醇	20.3942	0.2697
17	柠檬烯	13.2836	1.7042	50	γ-松油醇	20.537	0.0059
18	桉叶油素	13.465	5.1423	51	水杨酸甲酯	20.5962	0.0027
19	反-β-罗勒烯	13.8	0.0120	52	桃金娘烯醇	20.6772	0.0172
20	γ-松油烯	14.4233	0.0268	53	桃金娘烯醛	20.7789	0.0068
21	1-辛醇	14.6146	0.0603	54	乙酸辛酯	20.9028	0.0247
22	顺式水合桧烯	14.8296	0.1310	55	二氢大茴香脑	20.9623	0.0011
23	顺式氧化芳樟醇	15.0029	0.0144	56	反式薄荷醇	21.1179	0.0020
24	反式氧化芳樟醇	15.6537	0.0078	57	马鞭草烯酮	21.38	0.0034
25	异松油烯	15.6926	0.0104	58	4-羟基薄荷酮	21.58	0.0000
26	2,4-二甲基苯乙烯	15.7184	0.0072	59	β-香茅醇	21.7494	0.0113
27	芳樟醇	15.9943	0.0787	60	异戊酸叶醇酯	22.1135	0.1571
28	α-蒎烯氧化物	16.3097	0.0142	61	异戊酸己酯	22.3442	0.0200
29	苯乙醇	16.8173	0.0088	62	乙酸新薄荷酯	22.5175	0.0280
30	葑醇	16.9317	0.0043	63	长叶薄荷酮	22.6786	1.6805
31	β-侧柏酮	17.0075	0.0024	64	香芹酮	22.8378	0.1028
32	顺-2,8-二烯-1-醇	17.1281	0.0148	65	胡椒酮	23.3647	1.2092
33	反-2,8-孟二烯	17.1281	0.0163	66	乙酸薰衣草酯	24.6718	0.0089
34	顺-对薄荷烷-2-烯-1-醇	17.219	0.0044	67	百里香酚	24.8098	0.0076
35	顺式柠烯氧化物	17.7132	0.0093	68	香芹酚	24.8222	0.0082
36	普莉醇	17.7312	0.0063	69	乙酸薄荷酯	25.1121	6.0462
37	顺-β-二氢松油醇	17.8528	0.0113	70	乙酸异薄荷酯	25.953	0.0593
38	反式松香芹醇	18.1473	0.0063	71	乙酸二氢香芹酯	26.1597	0.0266
39	异胡薄荷醇	18.3598	0.1660	72	δ-榄香烯	27.6881	0.0365
40	薄荷酮	18.8412	22.0000	73	α-古巴烯	30.2543	0.0212
41	薰衣草醇	19.1446	0.0495	74	β-波旁烯	30.9872	0.0883
42	异薄荷酮	19.2658	12.0000	75	β-榄香烯	31.283	0.0356
43	龙脑	19.376	0.0162	76	乙酸癸酯	31.9518	0.0146
44	薄荷脑	19.7695	40.0000	77	β-古巴烯	33.5331	0.0156
45	4-松油烯醇	19.9032	0.2712	78	反式石竹烯	33.6733	0.2036
46	异胡薄荷醇	19.9212	0.2519	79	反-β-金合欢烯	35.8846	0.0194
47	百里香酚	20.0761	0.0140	80	葎草烯	36.3134	0.0147

续表

序号	物质	时间/min	含量/%	序号	物质	时间/min	含量/%
81	γ-依兰油烯	37.9007	0.0035	85	δ-杜松烯	41.3841	0.0147
82	γ-紫穗槐烯	38.388	0.0611	86	斯巴醇	45.4669	0.0253
83	薄荷内酯	39.6	0.0296	87	石竹烯氧化物	45.9216	0.0756
84	γ-杜松烯	40.7895	0.0039	88	绿花白千层醇	46.5178	0.0070

7. 讨论

从椒样薄荷精油中鉴定出了 88 种化合物，占椒样薄荷挥发油总量的 96.59%，主要由醇类、烯类、酮类组成。其主要成分有薄荷脑(40%)、薄荷酮(22%)、异薄荷酮(12%)、乙酸薄荷酯(6.0462%)、桉叶油素(5.1423%)，柠檬烯(1.7042%)。

(二)艾蒿

1. 简述

艾蒿又称艾草或单称艾，菊科、多年生草本植物，在全国分布极为广泛，除干旱与高寒地区外，从黑龙江到海南岛都有野生。艾蒿整株都有芳香气味，艾叶为我国传统中药，有理气血、逐寒湿、温经血、安胎、杀虫止痒等作用。

2. 理化性质

精油为绿色淡黄色液体。

3. 品种、产地

艾蒿主要生长在潮湿地区，喜欢肥沃的土壤，分布于边沟、田埂、草地和大部分丘陵地带。我国东北、华北、华东、西南地区均有分布。

4. 加工方式和应用

加工方式：通常使用水蒸气蒸馏、有机溶剂萃取，二氧化碳超临界萃取、顶空固相微萃取等方法萃取。

应用：艾蒿精油的开发应用更加广泛，除了用于医药、香料、化妆品以外，在保健浴剂、保健食品、保健牙膏、空气清新剂等领域均有广泛应用，尤其是在纺织业方面。

5. 香气特征

具有凉香、令人醒神的气味，因产地不同而成分略有差异。

6. 分析报告

表 3-5 艾蒿精油分析报告

序号	物质	时间/min	含量/%	序号	物质	时间/min	含量/%
1	丙二醇	6.1851	0.0999	6	己醛	7.0726	0.0263
2	反,反-2,4-庚二烯酮	6.7525	0.0058	7	2-甲基丁酸	7.6733	0.0016
3	2-甲基-2-丁烯醛	6.8466	0.0033	8	2-甲基丁酸乙酯	7.8782	0.0126
4	1-辛烯	6.9055	0.0420	9	异戊酸乙酯	7.957	0.0520
5	辛烷	7.0349	0.0057	10	顺式鼠尾草烯	7.973	0.3537

续表

序号	物质	时间/min	含量/%	序号	物质	时间/min	含量/%
11	叶醛	8.0684	0.0119	44	新薄荷醇	18.2494	0.1730
12	叶醇	8.0703	0.0293	45	反-对薄荷烷-2-烯-1-醇	18.5472	0.0495
13	反式鼠尾草烯	8.192	0.0210	46	反式松香芹醇	18.6567	0.3820
14	己醇	8.2919	0.0356	47	反式马鞭草烯醇	18.7368	0.0082
15	乙酸-2-甲基丁酯	8.4782	0.0014	48	樟脑	18.9679	1.2129
16	1-壬烯	8.8311	0.0265	49	菊醇	19.4053	0.1094
17	α-侧柏烯	9.9338	0.0564	50	壬醇	19.518	0.0023
18	α-蒎烯	10.2565	0.2507	51	松香芹酮	19.5935	0.0086
19	2-甲基丁酸丙酯	10.3974	0.0010	52	崖柏醇	19.7242	0.1953
20	莰烯	10.8604	0.3335	53	δ-松油醇	19.8516	0.0376
21	庚醇	11.087	0.0093	54	龙脑	20.0642	0.3275
22	苯甲醛	11.2369	0.0119	55	4-松油烯醇	20.3652	0.5033
23	1-辛烯-3-醇	11.47	0.1591	56	对甲基苯异丙醇	20.5688	0.0465
24	桧烯	11.4911	1.2998	57	对甲基苯乙酮	20.5759	0.0216
25	3-辛酮	11.6614	0.0338	58	α-松油醇	20.9934	0.0263
26	β-蒎烯	11.826	1.2917	59	桃金娘烯醇	21.0965	0.0997
27	3-辛醇	12.0617	0.0055	60	桃金娘烯醛	21.1266	0.0610
28	辛醛	12.353	0.0057	61	反式薄荷醇	21.6075	0.0319
29	α-水芹烯	12.6943	0.0218	62	反式香芹醇	22.0423	0.0082
30	对伞花烃	13.3949	1.6434	63	γ-松油醇	22.1832	0.1985
31	柠檬烯	13.5883	0.0556	64	2-甲基丁酸己酯	22.5033	0.0068
32	桉叶油素	13.8156	18.1524	65	甲酸龙脑酯	22.6257	0.0012
33	γ-松油烯	14.7038	0.0839	66	异戊酸己酯	22.7793	0.0072
34	异松油烯	15.9057	0.0277	67	橙花醛	22.8133	0.0114
35	2,4-二甲基苯乙烯	16.1343	0.0194	68	枯茗醛	23.2686	0.3922
36	十一烷	16.2579	0.0075	69	香芹艾菊酮	23.5317	0.0598
37	2-甲基丁酸异戊酯	16.265	0.0136	70	顺式乙酸菊花烯酯	23.7303	0.0588
38	芳樟醇	16.4987	0.0090	71	胡椒酮	23.7969	0.0183
39	壬醛	16.6767	0.0185	72	香芹烯酮	23.8916	0.0475
40	β-侧柏酮	17.173	62.4621	73	香叶醛	24.1734	0.0049
41	去氢香桧酮	17.5924	0.2224	74	乙酸龙脑酯	25.2012	0.0384
42	α-侧柏酮	17.535	8.0857	75	反式乙酸松香芹酯	25.2249	0.0578
43	顺-对薄荷烷-2-烯-1-醇	17.7679	0.0734	76	枯茗醇	25.6148	0.0239

续表

序号	物质	时间/min	含量/%	序号	物质	时间/min	含量/%
77	香芹酚	25.8652	0.0275	86	反式石竹烯	34.4985	0.0435
78	丙酸芳樟酯	28.0444	0.0710	87	反-β-金合欢烯	36.5592	0.0234
79	α-乙酸松油酯	28.6751	0.0098	88	葎草烯	37.334	0.0032
80	十一烯醇	29.5985	0.0012	89	γ-依兰油烯	38.6647	0.0093
81	α-古巴烯	30.9439	0.1316	90	香叶烯	39.2628	0.1722
82	β-波旁烯	31.6092	0.0398	91	β-桉叶烯	39.9236	0.0134
83	β-榄香烯	31.8148	0.0020	92	δ-杜松烯	41.887	0.0189
84	茉莉酮	32.0146	0.0449	93	斯巴醇	46.3035	0.0637
85	β-古巴烯	34.3154	0.0039	94	石竹烯氧化物	46.7198	0.0055

7. 讨论

从艾蒿精油中鉴定出了 94 种化合物，占艾蒿油总量的 99.99%，主要由烯类、酮类、醇类组成。其主要成分有 β-侧柏酮（62.4621%）、桉叶油素（18.1524%）、α-侧柏酮（8.0857%）、对伞花烃（1.6434%）、桧烯（1.2998%），β-蒎烯（1.2917%）。

（三）留兰香

1. 简述

留兰香（*Mentha spicata* L.），是唇形科（Labiatae）薄荷属草本植物，主要含有挥发油，其主要成分是香芹酮和柠檬烯。留兰香精油具有祛风散寒、消炎、止痛和止血等活性，在食品、医药、日用品、化妆品及烟草等领域有着广泛应用，而目前多以香料的形式用于饮料、糖果、牙膏及烟草中。

2. 理化性质

精油为淡黄色或黄绿色液体，相对密度 0.9205～0.9340，折射率 1.4894～1.4920，旋光度－64°～54°。

3. 品种、产地

留兰香又名绿薄荷、香薄荷、荷兰薄荷、青薄荷、香花菜、鱼香菜。是一种唇形科直立多年生草本植物，茎直立，紫色或白色花，花期 7～9 月。温度适应范围大，喜湿润、喜光。

产地：原产南欧、加那利群岛、马德拉群岛、前苏联。我国河北、江苏、浙江、广东、广西、四川，贵州、云南等地有栽培或逸为野生，新疆有野生。美国产量最大且质量最好。

4. 加工方式和应用

加工方式：用水蒸气蒸馏花、茎、叶提取精油。得油率 0.3%～0.4%。

应用：主要用于调配牙膏、口香糖香精、糖果点心等。少量应用于日用香精中，有提调香气的作用，也少量用于紫罗兰、桂花、茉莉、薰衣草等的皂用香精中。

5. 香气特征

具有清甜柔和的微凉香气，稍有青草香气，稍有青草气，香气透发有力，在加香产品中稳定,留香不持久。头香中有萜烯气息,其中以清甜的柠烯香气多者为佳,带有较重的青草香气及苦药气者为次。薄荷凉气较重较差。需要注意的是小叶留兰香油香气比大叶留兰香好。

6. 分析报告

表 3-6　　留兰香精油分析报告

序号	物质	时间/min	含量/%	序号	物质	时间/min	含量/%
1	叶醇	8.1063	0.0151	30	异松油烯	15.9136	0.0059
2	己醇	8.3272	0.0027	31	反式氧化芳樟醇	15.9315	0.0235
3	α-侧柏烯	9.9589	0.1102	32	2,4-二甲基苯乙烯	16.1319	0.0406
4	α-蒎烯	10.281	1.1952	33	2-葑酮	16.2158	0.0027
5	α-葑烯	10.7996	0.0180	34	芳樟醇	16.3439	0.2713
6	莰烯	10.881	0.2422	35	2-甲基丁酸-2-甲基丁酯	16.3945	0.0062
7	庚醇	11.0923	0.0021	36	壬醛	16.5309	0.0014
8	桧烯	11.5175	0.4149	37	α-蒎烯氧化物	16.7191	0.0074
9	6-甲基-5-庚稀-2-酮	11.6545	0.0066	38	反-2,8-孟二烯	17.5862	0.1015
10	β-蒎烯	11.8204	0.6397	39	4-乙酰基-1-甲基-环己烯	17.9685	0.0004
11	2-甲基-2-辛醇	11.9145	0.0111	40	顺式柠烯氧化物	18.0773	0.2698
12	乙基己醇	12.0868	3.8584	41	反式氧化柠檬烯	18.2572	0.1871
13	2-甲基丁酸异丁酯	12.2501	0.0064	42	反式松香芹醇	18.6427	0.0033
14	乙酸叶醇酯	12.3039	0.0063	43	异胡薄荷醇	18.8675	0.1070
15	辛醛	12.3615	0.0018	44	樟脑	18.9648	0.0027
16	δ-2-蒈烯	12.437	0.0016	45	薄荷酮	19.1992	1.7551
17	乙酸己酯	12.526	0.0031	46	薰衣草醇	19.2812	0.0936
18	p-苎烯	12.6432	0.1026	47	壬醇	19.5168	0.0012
19	δ-萏烯(长松针烯)	12.8225	0.0567	48	薄荷脑	20.1745	4.1630
20	1,4-桉叶素	12.9993	0.0226	49	异胡薄荷醇	20.3647	0.0934
21	2-乙基己醇	13.2772	0.3728	50	对甲基苯乙酮	20.5894	0.0309
22	对伞花烃	13.4162	1.2852	51	对甲基苯异丙醇	20.5939	0.0058
23	柠檬烯	13.6614	40.6150	52	薄荷脑	20.8321	0.0170
24	β-水芹烯	13.7664	0.0219	53	α-松油醇	20.9993	0.1114
25	桉叶素	13.8221	3.4523	54	γ-松油醇	21.1485	1.2402
26	反-β-罗勒烯	14.0251	0.0124	55	反式香芹醇	22.0892	0.2814
27	γ- 松油烯	14.7212	0.0053	56	异戊酸叶醇酯	22.5195	0.0792
28	1-辛醇	14.9658	0.0412	57	顺式香芹醇	22.7468	0.1401
29	顺式氧化芳樟醇	15.2482	0.0152	58	香芹酮	23.4269	36.6986

续表

序号	物质	时间/min	含量/%	序号	物质	时间/min	含量/%
59	胡椒酮	23.8232	0.0615	71	α-古巴烯	30.96	0.0010
60	香芹烯酮	23.9071	0.0063	72	β-波旁烯	31.603	0.2219
61	癸醇	24.2882	0.0026	73	β-榄香烯	31.8386	0.0786
62	癸醇	24.3016	0.0016	74	乙酸癸酯	32.8613	0.0027
63	乙酸薰衣草酯	24.7575	0.0078	75	顺式石竹烯	33.234	0.0031
64	反式香芹酮氧化物	24.8017	0.0683	76	β-古巴烯	34.2905	0.0088
65	乙酸薄荷酯	25.3287	0.4366	77	反式石竹烯	34.5089	0.1258
66	百里香酚	25.9083	0.0040	78	β-柏木烯	35.2319	0.0023
67	香芹酚	26.2566	0.0147	79	葎草烯	37.3508	0.0017
68	乙酸二氢香芹酯	27.2306	0.6034	80	δ-杜松烯	41.8794	0.0006
69	δ-榄香烯	27.9382	0.0016	81	斯巴醇	46.294	0.0007
70	孟二醇	28.8007	0.0011	82	石竹烯氧化物	46.7135	0.650

7. 讨论

从留兰香精油中鉴定出82种化合物，主要成分有柠檬烯(40.6150%)、香芹酮(36.6986%)、乙基己醇(3.8584%)、桉叶素(3.4523%)。

(四)松针

1. 简述

松针油由松科植物冷杉[主要品种为西伯利亚冷杉(*Abies sibirica* Ledeb.)和加拿大冷杉(*A. balsamea* L. Mill.)]的针叶和嫩枝经水蒸气蒸馏制得。为无色至淡黄色液体。具有冷杉叶的特征香脂香气和辛辣气味。

2. 理化性质

加拿大型油：相对密度0.872～0.878，折射率1.473～1.476，旋光度－19°～－24°(25℃)，含酯量(以乙酸龙脑酯计)8.0%～16.0%。

西伯利亚型油：相对密度0.898～0.912，折射率1.468～1.473，旋光度－33～－45°(25℃)，含酯量(以乙酸龙脑酯计)32.0%～44.0%。

3. 品种、产地

松针(Pine Needle)，包括银枞树油，欧洲赤松、西伯利亚枞树针油、日本和加拿大枞树针油。品种有西伯利亚冷杉，银针、库页冷杉、加拿大冷杉、欧洲赤松、华北冷杉、华山松。

4. 加工方式和应用

加工方式：采用水蒸气蒸馏法，使针叶中的各种油分随水蒸气一起蒸出，经冷凝分离得到松针精油，残渣加以综合利用，此生产可实现清洁生产。得率0.25%～2%。

应用：它是一种天然植物性香料，在医药、香料、食品、保健品、化妆品中有广泛用途，是一种有益于人类的绿色产品。应用于香薇和薰衣草香精中，也可用作空气清新剂、须后水、除臭剂等香精中。与水杨酸异戊酯，豆香原料，像苔制品，硝基麝香，薰衣草等能很好的协调，和合。

5. 香气特征

青滋香，清香带凉气，有膏香，微油脂气，有力的松木森林香，特殊的果香，膏香底蕴，来自倍半防风根烯的甜膏香持久。脂肪族（如十二醛）给人以愉快的新鲜感。

6. 分析报告

表 3-7 松针精油分析报告

序号	物质	时间/min	含量/%	序号	物质	时间/min	含量/%
1	α-侧柏烯	9.9942	3.9367	28	异龙脑	19.695	0.0223
2	α-蒎烯	10.3092	15.0000	29	龙脑	20.092	4.5455
3	莰烯	10.9137	16.0000	30	4- 松油烯醇	20.3635	0.1410
4	6-甲基-5-庚烯-2-酮	11.6393	0.0012	31	对甲基苯异丙醇	20.5825	0.3795
5	β-蒎烯	11.8922	7.0000	32	隐酮	20.7048	0.6027
6	δ-蒈烯	12.8188	3.1859	33	α-松油醇	21.0058	1.0633
7	1,4-桉叶素	12.9866	0.0046	34	桃金娘烯醇	21.0961	0.2699
8	间伞花烃	13.1595	0.0133	35	桃金娘烯醛	21.1133	0.3166
9	柠檬烯	13.6468	12.0000	36	马鞭草烯酮	21.666	0.2017
10	β-水芹烯	13.7492	1.0755	37	乙酸内葑酯	21.9862	3.0000
11	2-葑酮	16.2153	0.0544	38	反式香芹醇	22.072	0.2780
12	芳樟醇	16.344	0.9111	39	香芹酚甲醚	22.3556	0.2090
13	α-蒎烯氧化物	16.7064	0.5073	40	甲酸龙脑酯	22.6316	0.3287
14	3-甲基丁酸-3-甲基-3-丁烯酯	16.9446	0.0141	41	顺式香芹醇	22.6976	0.1246
15	顺-2,8-二烯-1-醇	17.5824	0.3754	42	乙酸芳樟酯	23.1606	0.3348
16	顺-对薄荷烷-2-烯-1-醇	17.7335	0.0440	43	香芹酮	23.2765	0.4789
17	α-龙脑烯醛	17.8142	0.0659	44	胡椒酮	23.7945	0.1358
18	4-乙酰基-1-甲基-环己烯	17.9622	0.0023	45	新薄荷基乙酸酯	24.052	0.0775
19	顺式柠烯氧化物	18.0793	0.2821	46	乙酸龙脑酯	25.4569	25.0000
20	未知物	18.4815	0.0944	47	枯茗醇	25.6067	0.1266
21	反-对薄荷烷-2-烯-1-醇	18.5385	0.0209	48	紫苏醇	26.0755	0.0779
22	反式松香芹醇	18.6429	0.3470	49	迷迭香油未知物	26.0755	0.0601
23	反式马鞭草烯醇	18.7242	0.3754	50	去氢柠檬醛	26.6588	0.2577
24	顺-β-松油醇	18.8286	0.0030	51	乙酸桃金娘酯	27.2685	0.0138
25	樟脑	18.9502	0.2374	52	α-乙酸松油酯	28.6638	0.5925
26	莰烯水合物	19.3492	0.2252	53	孟二醇	28.7829	0.0517
27	松香芹酮	19.5835	0.0919	54	乙酸橙花酯	29.1473	0.0554

续表

序号	物质	时间/min	含量/%	序号	物质	时间/min	含量/%
55	长叶蒎烯	29.3528	0.0268	69	β-红没药烯	41.0214	0.2760
56	乙酸香叶酯	30.4946	0.2334	70	γ-杜松烯	41.6016	0.0047
57	α-古巴烯	30.9441	0.0092	71	δ-杜松烯	41.8808	0.0051
58	β-波旁烯	31.6268	0.0093	72	反式去氢白菖烯	42.1965	0.0103
59	二苯醚	32.8959	0.0044	73	α-去二氢菖蒲烯	43.6719	0.0065
60	未知物	33.0887	0.2821	74	反式橙花叔醇	44.8713	0.0718
61	未知物	33.5645	0.0089	75	β-去二氢菖蒲烯	45.1786	0.0023
62	长叶烯	33.8552	0.0093	76	石竹烯氧化物	46.7155	0.5296
63	反式石竹烯	34.5147	0.0958	77	邻苯二甲酸二乙酯	46.7302	0.1159
64	葎草烯	37.3387	0.0897	78	葎草烯环氧化物	48.6218	0.2557
65	γ-依兰油烯	38.6553	0.0528	79	β-雪松烯氧化物	48.7967	0.0063
66	α-姜黄烯	38.9941	0.0196	80	表荜澄茄油烯醇	49.7124	0.0023
67	β-桉叶烯	39.9328	0.0416	81	α-红没药醇	53.509	0.1394
68	α-依兰油烯	40.4266	0.0767				

7. 讨论

从松针油中鉴定出81种化合物，主要成分有乙酸龙脑酯(25%)、莰烯(16%)、α-蒎烯(15%)、柠檬烯(12%)。

(五)桉叶

1. 简述

桉叶，别名桉树叶、蓝桉叶、羊草果叶、灰杨柳。常绿大乔木，干燥桉叶呈镰刀状披针形，长12～30cm，宽2～7cm，革质而厚，最喜光树种，喜冬无亚寒，夏无酷暑的气候，能耐−6℃短期低温，可作为中医药材清热解毒。

2. 理化性质

精油为无色或微黄色液体，几乎不溶于水，溶于乙醇、无水乙醇、油和脂肪中。闪点为50℃。

3. 品种、产地

我国的桉叶资源十分丰富，我国引种桉树已有100多年的历史，约有30种桉树被引入，发展至今，中国已有20多个省、自治区、直辖市的60多个县种植了桉树人工林。目前在国内种植的桉树人工林种类主要有蓝桉、柠檬按、巨尾桉、巨桉、邓恩桉、赤桉、粗皮桉、柳桉、本泌桉、窿缘桉、大花序桉、圆角桉大叶桉、丰桉、贝克桉等。

4. 加工方式和应用

加工方式：采用传统的水蒸气蒸馏工艺，一般只收取馏出液中的油相部分作为精油产品，而有关桉叶挥发性成分的研究也都只关注了馏出液中油相部分的提取和成分分析，对随水蒸气蒸出的、溶(或微溶)于水的挥发性组分的关注还不够。

应用:桉叶精油由于其特殊的芳香气味和良好的杀菌消毒能力,广泛地应用于食品、日用化学品及医药方面。

5. 香气特征

呈特有清凉尖刺桉叶香气并带几分樟脑气味,带些药气,有辣口清凉感,香气强烈而不持久。

6. 分析报告

表 3-8　　桉叶精油分析报告

序号	物质	时间/min	含量/%	序号	物质	时间/min	含量/%
1	2-莰烯	9.2749	0.0018	15	柠檬烯	13.4141	5.6738
2	α-侧柏烯	9.8294	0.0560	16	β-水芹烯	13.5544	0.0395
3	α-蒎烯	10.1099	0.6201	17	桉叶素	13.6235	22.5496
4	α-葑烯	10.6228	0.3455	18	γ-松油烯	14.5348	0.0927
5	莰烯	10.7106	1.7003	19	异松油烯	15.7271	0.3237
6	桧烯	11.3368	0.0131	20	芳樟醇	16.1715	0.1097
7	β-蒎烯	11.6672	1.8913	21	葑醇	17.3959	0.0154
8	对薄荷烯	12.3441	0.4728	22	松油烯醇	18.0055	0.0316
9	p-苎烯	12.4639	0.0931	23	顺-2,8-二烯-1-醇	18.4954	0.0409
10	α-水芹烯	12.5381	1.4275	24	顺-β-松油醇	18.658	0.0044
11	δ-蒈烯	12.6412	0.2819	25	乙酸苄酯	19.1133	0.2600
12	1,4-桉叶素	12.8321	39.6436	26	α-松油醇	20.8212	0.0367
13	α-松油烯	12.9403	21.0947	27	γ-松油醇	21.0261	0.0014
14	对伞花烃	13.2284	3.1642	28	乙酸芳樟酯	22.9625	0.70

7. 讨论

从桉叶精油中鉴定出 28 种化合物,主要成分有 1,4-桉叶素(39.6436%)、桉叶素(22.5496%)、芳樟醇(22.0000%)、柠檬烯(5.6438%)。

五、非花香(草香)

(一)鼠尾草

1. 简述

鼠尾草,又名药用鼠尾草、撒尔维亚,是唇形科鼠尾草属的一种芳香性植物,常绿小型亚灌木,有木质茎,叶子灰绿色、花蓝色至蓝紫色。原产于欧洲南部与地中海沿岸地区,具有调经活血、化淤止痛的功效,该属植物挥发油成分多具有抗菌、抗氧化作用,在医药行业被广泛应用。

2. 理化性质

精油为淡黄绿色近无色液体。

3. 品种、产地

欧洲南部与地中海沿岸地区。

4. 加工方式和应用

加工方式：从鼠尾草干燥叶中采用蒸馏法提取。

应用：该属植物挥发油成分多具有抗菌、抗氧化作用，在医药行业被广泛应用。鼠尾草油已经被《食品安全国家标准 食品添加剂使用标准》(GB 2760—2014)批准允许使用作为食品香精，可用于调配食品、酒类等。

5. 香气特征

具有特殊芳香，略有苦味及特殊薄荷清凉香气，茴香及樟脑特征香。

6. 分析报告

表 3-9 鼠尾草精油分析报告

序号	物质	时间/min	含量/%	序号	物质	时间/min	含量/%
1	2-甲基呋喃	5.1524	0.0012	22	叶醛	8.0827	0.0111
2	2-甲基丙醇	5.2177	0.0017	23	叶醇	8.0987	0.0047
3	异戊醛	5.4572	0.0434	24	反式鼠尾草烯	8.214	0.0935
4	2-甲基丁醛	5.5302	0.0148	25	己醇	8.31	0.0039
5	2-戊酮	5.6852	0.0005	26	乙酸异戊酯	8.4477	0.0003
6	戊醛	5.8094	0.0028	27	三环烯	8.8441	0.0005
7	2-乙基呋喃	5.8293	0.0074	28	壬烷	9.0496	0.0007
8	3-羟基丁酮	5.9356	0.0001	29	庚醛	9.1463	0.0008
9	异戊醇	6.1789	0.0057	30	2-莰烯	9.4153	0.0023
10	2-甲基丁醇	6.2301	0.0028	31	梨醇酯	9.5414	0.0002
11	4-甲基-2-戊酮	6.2442	0.0024	32	2,3-二甲基吡嗪	9.9128	0.0204
12	戊醇	6.5695	0.0005	33	α-侧柏烯	9.9961	0.3977
13	甲苯	6.7174	0.0011	34	α-蒎烯	10.299	5.4292
14	反,反-2,4-庚二烯酮	6.7776	0.0004	35	2-甲基丁酸丙酯	10.4315	0.0005
15	2-甲基-2-丁烯醛	6.8769	0.0002	36	α-葑烯	10.8113	0.0553
16	辛烷	7.0613	0.0038	37	莰烯	10.9144	7.6889
17	己醛	7.0978	0.0035	38	苯甲醛	11.2384	0.0068
18	异戊酸	7.5627	0.0121	39	1-辛烯-3-醇	11.4907	0.2113
19	2-甲基丁酸	7.726	0.0038	40	桧烯	11.508	0.0829
20	异戊酸乙酯	7.979	0.0023	41	6-甲基-5-庚稀-2-酮	11.6501	0.0047
21	顺式鼠尾草烯	7.9962	0.5679	42	3-辛酮	11.6751	0.0118

续表

序号	物质	时间/min	含量/%	序号	物质	时间/min	含量/%
43	β-蒎烯	11.8313	0.7528	76	樟脑	19.1948	17.1680
44	2-戊基呋喃	11.9114	0.0022	77	莰烯水合物	19.4209	0.0525
45	3-辛醇	12.0952	0.0421	78	未知物	19.5579	0.0801
46	乙酸己酯	12.5127	0.0042	79	乙酸对甲酚酯	19.6271	0.0008
47	顺式去氢氧化芳樟醇	12.5345	0.0008	80	崖柏醇	19.7891	0.5503
48	p-苎烯	12.6388	0.0126	81	δ-松油醇	19.9088	0.0656
49	α-水芹烯	12.7131	0.0408	82	龙脑	20.1554	4.8276
50	δ-菖烯(长松针烯)	12.822	0.0062	83	4-松油烯醇	20.4019	0.6236
51	α-松油烯	13.098	0.1024	84	对甲基苯异丙醇	20.5825	0.1238
52	对伞花烃	13.429	1.8342	85	百里香酚	20.585	0.0798
53	柠檬烯	13.6288	3.0227	86	隐酮	20.7298	0.0024
54	顺-β-罗勒烯	13.6404	1.2957	87	α-松油醇	21.0121	0.2480
55	桉叶素	13.8927	14.0866	88	桃金娘烯醇	21.0967	0.0845
56	反-β-罗勒烯	14.0316	0.0292	89	未知物 3	21.2786	0.0556
57	1-辛醇	15.0607	0.0013	90	反式薄荷醇	21.6013	0.0044
58	4-甲基苯酚	15.5602	0.0007	91	马鞭草烯酮	21.6736	0.0017
59	异松油烯	15.9149	0.1687	92	反式香芹醇	22.0553	0.0351
60	2,4-二甲基苯乙烯	16.1384	0.1281	93	β-香茅醇	22.1353	0.0305
61	2-莰酮	16.2351	0.0136	94	香芹酚甲醚	22.3646	0.0013
62	十一烷	16.2639	0.0010	95	异戊酸叶醇酯	22.5125	0.0241
63	芳樟醇	16.5245	0.3111	96	甲酸龙脑酯	22.6367	0.0146
64	α-蒎烯氧化物	16.7211	0.0153	97	顺式香芹醇	22.6822	0.0125
65	α-侧柏酮	17.1956	15.2605	98	百里酚甲醚	22.8205	0.0043
66	苯乙醇	17.309	0.0109	99	长叶薄荷酮	23.0434	0.0023
67	β-侧柏酮	17.567	4.7689	100	乙酸芳樟酯	23.1625	0.0129
68	去氢香桧酮	17.6131	0.0531	101	香叶醇	23.2515	0.0426
69	顺-对薄荷烷-2-烯-1-醇	17.8398	0.0133	102	香芹酮	23.2713	0.0213
70	α-龙脑烯醛	17.8654	0.0340	103	香芹艾菊酮	23.539	0.0191
71	顺式水合蒎烯	18.0332	0.0048	104	香芹烯酮	23.8925	0.0077
72	新薄荷醇	18.42	0.1155	105	反式柠檬醛	24.1768	0.0022
73	反式松香芹醇	18.6089	0.1005	106	反-β-松油酯	24.2613	0.0207
74	反-对薄荷烷-2-烯-1-醇	18.7338	0.0011	107	反式氧化芳樟醇乙酸酯	24.7839	0.0033
75	反式马鞭草烯醇	18.8625	0.0091	108	百里香酚	24.8761	0.0124

续表

序号	物质	时间/min	含量/%	序号	物质	时间/min	含量/%
109	乙酸异龙脑酯	25.2507	3.4043	135	α-雪松烯	36.8091	0.0039
110	枯茗醇	25.5997	0.0008	136	未知物	36.8405	0.0014
111	香芹酚	25.8545	0.0492	137	葎草烯	37.4809	5.0770
112	紫苏醇	26.0498	0.0015	138	别香橙烯	37.714	0.1922
113	未知物 1	26.4405	0.0459	139	γ-依兰油烯	38.6547	0.1004
114	未知物 2	27.2729	0.0402	140	γ-柏木萜烯	38.6688	0.0616
115	反式乙酸香芹酯	27.6514	0.0170	141	δ-桉叶烯	39.6005	0.0004
116	乙酸松油酯	28.6632	0.0124	142	异戊酸苯乙酯	39.7484	0.0018
117	α-荜澄茄油烯	28.845	0.0088	143	β-桉叶烯	39.9648	0.1864
118	丁香酚	29.1108	0.0029	144	表圆线藻烯	40.3042	0.0013
119	顺式乙酸香芹酯	29.3605	0.0040	145	α-依兰油烯	40.4329	0.0448
120	α-依兰烯	30.4984	0.0358	146	β-红没药烯	41.015	0.0032
121	乙酸橙花酯	30.5055	0.0255	147	γ-杜松烯	41.6073	0.0443
122	乙酸香叶酯	30.5055	0.0223	148	δ-杜松烯	41.8757	0.0921
123	α-古巴烯	30.9454	0.0986	149	反式去氢白菖烯	42.1978	0.0249
124	β-波旁烯	31.6165	0.0082	150	α-杜松烯	43.2979	0.0028
125	异戊酸苄酯	32.1032	0.0016	151	α-去二氢菖蒲烯	43.686	0.0108
126	甲基丁香酚	32.2953	0.0028	152	β-去二氢菖蒲烯	45.1837	0.0006
127	顺式石竹烯	33.2417	0.0471	153	斯巴醇	46.3165	0.0052
128	α-古芸烯	33.4261	0.0065	154	石竹烯氧化物	46.7168	0.4329
129	罗汉柏烯	33.7937	0.0009	155	绿花白千层醇	47.6376	2.3771
130	反式石竹烯	34.6204	4.4167	156	愈创醇	47.6433	0.8114
131	β-古芸烯	35.3882	0.0023	157	葎草烯环氧化物	48.6289	0.4974
132	α-马榄烯	35.6943	0.0125	158	α-杜松醇	50.6473	0.0001
133	香橙烯	35.976	0.1464	159	泪杉醇	73.5349	0.3184
134	α-愈创木烯	35.976	0.0335				

7. 讨论

从鼠尾草精油中鉴定出159种化合物，主要成分有樟脑(17.1680%)、桉叶素(14.0866%)、莰烯(7.6889%)、α-蒎烯(5.4292%)。

(二)迷迭香

1. 简述

迷迭香(*Rosmarinus officinalis*)，唇形科常绿小灌木，叶子狭长，呈线形，长约

2.5cm，宽约 3mm，干后呈松针状，叶面暗绿色，叶底淡绿色。叶缘内卷。迷迭香全草可入药，有健胃发汗功效，精油对金黄色葡萄球菌、大肠杆菌、霍乱弧菌等有中度的抗菌作用。作为香辛料，迷迭香可广泛地应用于食品工业，而且经研究表明迷迭香还是一种高效理想的抗氧化剂。

2. 理化性质

精油为浅黄色液体，因来源不同，理化常数也有差别。西班牙的产量最大，相对密度 0.893～0.916，折射率 1.4670～1.4730，旋光度－7°～＋11°30′，酸值＜1，含醋量（以乙酸龙脑酯计）0.6%～7%，含醇（以龙脑计）8%～18%，溶解于乙醇。

3. 品种、产地

迷迭香原产欧洲地区和非洲北部地中海沿岸。野生在地中海海岸，欧洲的南部、普罗旺斯、意大利、科西嘉岛、前南斯拉夫、西班牙、突尼斯、阿尔及利亚、摩洛哥、前苏联。我国江苏、河北等地有栽培。远在曹魏时期就曾引种中国，现在园林中偶有应用。

4. 加工方式和应用

加工方式：开花的树枝用水蒸气蒸馏。花越多精油质量越好。法国产的迷迭香精油，被认为是最好的。得油率 0.5%～1.2%。

应用：是匈牙利水的主要香原料，在 4 世纪就被发现使用在含有酒精的洗涤剂之中。被认为是古龙香水的雏形。

5. 香气特征

强烈的清凉，尖香的药草香。总体像穗薰衣草和樟脑样的气息，体香有木香香脂香气，底香是膏香和药草气。总体像薰衣草和樟脑。带有豆蔻香气和膏木香，给人以清爽之感。香气强烈透发。

6. 分析报告

表 3-10　　迷迭香精油分析报告

序号	物质	时间/min	含量/%	序号	物质	时间/min	含量/%
1	2-甲基-2-丁烯醛	6.8806	0.0072	13	庚醇	11.107	0.0033
2	4-甲基-3-戊烯-2-酮	7.0669	0.0049	14	苯甲醛	11.2414	1.8499
3	叶醇	8.103	0.0034	15	玫瑰木氧化物	11.3663	0.0059
4	己醇	8.3176	0.0043	16	桧烯	11.5309	2.2338
5	乙酸异戊酯	8.4584	0.0011	17	6-甲基-5-庚稀-2-酮	11.6487	0.0883
6	三环烯	8.8529	0.0020	18	β-月桂烯	11.8293	4.8146
7	2,6-二甲基-4-辛烯	9.3799	0.0081	19	6-甲基-5-庚烯-2-醇	11.9458	0.0436
8	2-莰烯	9.4228	0.0260	20	癸烷	12.1776	0.0293
9	α-侧柏烯	9.9812	0.8285	21	δ-2-蒈烯	12.4376	0.0412
10	α-蒎烯	10.3385	15.8751	22	顺式去氢氧化芳樟醇	12.5362	0.0043
11	α-葑烯	10.8118	0.2993	23	p-苎烯	12.6348	0.0317
12	莰烯	10.9001	2.7326	24	2-甲基-1-苯丙烯	12.7956	0.0059

续表

序号	物质	时间/min	含量/%	序号	物质	时间/min	含量/%
25	δ-莒烯	12.825	0.0123	58	十二烷	20.8763	0.0028
26	1,4-桉叶素	12.9954	0.0659	59	α-松油醇	21.0133	0.1924
27	对甲酚甲醚	13.2419	0.0122	60	桃金娘烯醛	21.1119	0.4446
28	对薄荷烯	13.4174	0.0260	61	马鞭草烯酮	21.6786	0.5964
29	邻伞花烃	13.4366	1.0887	62	反式香芹醇	22.0635	0.3470
30	柠檬烯	13.6735	15.5281	63	香芹酚甲醚	22.3677	0.0005
31	桉叶素	13.9585	13.0124	64	乙酸葑酯	22.6532	0.0217
32	水杨醛	14.3715	0.0041	65	顺式香芹醇	22.6981	0.1180
33	γ-松油烯	14.7288	0.0013	66	甲酸异龙脑酯	23.0855	0.0051
34	苯乙酮	15.1841	0.0073	67	香芹酮	23.2776	0.3969
35	甲酸苄酯	15.5305	0.0753	68	乙酸异葑酯	23.3365	0.2602
36	2,4-二甲基苯乙烯	16.1363	0.0325	69	香芹艾菊酮	23.544	0.0247
37	2-葑酮	16.2388	0.0408	70	反-β-松油酯	24.8772	0.0872
38	芳樟醇	16.3797	0.3231	71	乙酸异龙脑酯	25.4696	11.0822
39	异戊酸异戊酯	16.5161	0.0071	72	枯茗醇	25.629	0.0067
40	α-蒎烯氧化物	16.7357	2.0104	73	香芹酚	25.8973	0.0059
41	β-侧柏酮	17.4612	0.0036	74	紫苏醇	26.6017	0.7374
42	顺式-2,8-二烯-1-醇	17.6309	0.1948	75	乙酸二氢香芹酯	27.7704	0.0380
43	α-龙脑烯醛	17.8346	0.2299	76	乙酸松油酯	28.7283	3.4700
44	反式环氧罗勒烯	17.8416	0.0501	77	长叶蒎烯	29.3482	0.0019
45	顺式柠烯氧化物	18.0913	0.3296	78	α-古巴烯	30.9478	0.0183
46	反式氧化柠檬烯	18.2828	0.2099	79	反式索布瑞醇	31.2904	0.0295
47	反式松香芹醇	18.7432	0.4316	80	长叶烯	33.8871	0.1082
48	反式马鞭草烯醇	18.8553	0.7872	81	反式石竹烯	34.528	0.0026
49	樟脑	19.0935	17.0896	82	α-依兰油烯	40.4264	0.0006
50	苯甲酸	19.139	0.0332	83	反式去氢白菖烯	42.2091	0.0030
51	乙酸苄酯	19.301	0.0090	84	苯甲酸叶醇酯	45.758	0.0014
52	莰烯水合物	19.3234	0.0512	85	苯甲酸己酯	46.2601	0.0023
53	松香芹酮	19.6109	0.1637	86	石竹烯氧化物	46.7128	0.1930
54	龙脑	20.0765	0.1679	87	十二酸乙酯	47.1098	0.0020
55	4-松油烯醇	20.3736	0.0178	88	葎草烯环氧化物	48.6242	0.0156
56	对甲基苯异丙醇	20.5862	0.1076	89	苯甲酸苄酯	58.5037	0.4641
57	隐酮	20.7155	0.0863				

7. 讨论

从迷迭香精油中鉴定出 89 种化合物，主要成分有樟脑（17.0896%）、柠檬烯（15.5281%）、α-蒎烯（15.8751%）、乙酸异龙脑酯（11.0822%）。

六、非花香（木香）

（一）藿香

1. 简述

藿香（*Agastache rugosa*），东北民间称巴蒿，又名野苏子、山猫巴、拉拉香，为唇形科藿香属草本植物。中国各省均有分布，东北各主要山区、半山区，尤其是长白山区有较大面积野生分布。藿香可全草入药，具有芳香化湿、祛暑解表、和胃止呕等功效。藿香不仅具有药用价值，食用价值也很高。由于气味清爽甘甜，用其制作的菜肴风味独特，藿香也成为近几年在烹饪行业用得较多的中草药调味品之一。

2. 理化性质

精油为红棕色至绿棕色稍黏稠的液体。相对密度 0.9540～0.9848，折射率 1.5078～1.5156，旋光度－75°～40°。

3. 品种、产地

原产于菲律宾和印度尼西亚。现在还产于马来西亚、新加坡、印度、塞舌尔、法属留尼旺、马达加斯加、毛里求斯、坦桑尼亚、巴西、巴拉圭、日本和欧洲等地。我国主要栽培区域有广东、广西、海南、台湾和四川，其中海南品种较好。

4. 加工方式和应用

加工方式：新鲜的或陈的叶片经适当干燥后进行水蒸气蒸馏获取精油，得率取决于产地，大致是 1.5%～3.0%。

应用：藿香是重要的天然香料之一，是很好的定香剂，是木香、粉香以及蜜甜的花香如玫瑰香精中不可缺少的香料。在东方香型、馥奇、素心兰、防风根、龙涎香、革香等香精中也可应用。香水香精大多使用藿香，在香粉香精中应用效果极好，还可增甜、增浓、延长留香时间。在皂用、熏香香精中使用效果也较好。能与赖百当、岩兰草、檀香、橡苔、香叶油、玫瑰草油、丁香油、薰衣草油、玫瑰油、香柠檬油、橙花、鸢尾、松针、肉桂、没药、防风根、香紫苏、紫罗兰酮、柏木、香豆素、麝香、桂酸酯类、水杨酸酯类、龙脑、松油醇等很好地协调、和合。

5. 香气特征

具有特征的干药草香、壤香和微弱的樟脑香气，并带有木香底蕴。香气浓郁而持久，头香、体香和底香变化不大，贯穿始终。由于来源不同，有带壤香底蕴的，也有头香稍带酒香、果香的，但都不应带焦苦气。

（二）红没药

1. 简述

红没药（*Myrrh*），为橄榄科植物地丁树（*Commiphora myrrh* Engl）或哈地丁树（*Com-*

miphora molmol Engl)的干燥树脂，属灌木丛类植物。治疗伤口，治皮肤炎效果很好，对治疗支气管炎、咳嗽、细菌感染及微菌感染都有帮助。

2. 理化性质

以蒸馏法萃取的精油颜色为淡黄色至琥珀色；以溶剂萃取法萃取的树脂油颜色为深红色。相对密度 0.985～1.010，折射率 1.5190～1.5275，旋光度－83°～60°，溶于乙醇。

3. 品种、产地

主产地为北非、沙特阿拉伯地区。

4. 加工方式和应用

加工方式：用水蒸气蒸馏分泌物得精油，得率 3%～8%。

应用：除用作香料外，也用于化妆品和食品。美国食品与药物管理局(FDA)证明没药用作芳香添加剂食用是安全的，GB 2760—2014 也明确将没药油列为可安全使用的食品添加剂。能与安息香、丁香、乳香、白松香、薰衣草、广藿香、檀香精油有很好的调和作用。

5. 香气特征

有丁香酚、桂醛的温暖香气，也有焦甜的木香和膏香，略带少许温暖葡萄酒似的香脂香气。香气强烈，留香持久。

6. 分析报告

表 3-11　红没药精油分析报告

序号	物质	时间/min	含量/%	序号	物质	时间/min	含量/%
1	2-甲基-2-丁烯醛	6.8668	0.0199	18	芳樟醇	16.3428	0.0096
2	4-甲基-3-戊烯-2-酮	7.0589	0.0028	19	6-甲基-3,5-庚烯-2-酮	16.5311	0.2272
3	α-侧柏烯	9.9975	0.0898	20	反,顺-4,6-2,6 二甲基-2,4,6-辛三烯	17.6043	0.0704
4	α-蒎烯	10.2735	0.1192	21	顺式环氧罗勒烯	17.6082	0.0283
5	莰烯	10.8684	0.0020	22	4-乙酰基-1-甲基-环己烯	17.9789	0.8940
6	桧烯	11.503	0.0146	23	反式环氧罗勒烯	18.0878	0.1908
7	β-蒎烯	11.8309	0.1525	24	反式马鞭草烯醇	18.725	0.0099
8	α-水芹烯	12.705	0.0027	25	反式松香芹醇	19.0368	0.0165
9	δ-蒈烯	12.8151	0.0600	26	松香芹酮	19.2981	0.0039
10	对薄荷烯	13.1417	0.1339	27	壬醇	19.5133	0.0039
11	邻伞花烃	13.3991	0.0817	28	龙脑	20.0671	0.0114
12	顺-β-罗勒烯	13.5867	0.0995	29	1,3,5-十一烷三烯	20.1075	0.0046
13	柠檬烯	13.5893	0.0983	30	4-松油烯醇	20.3528	0.0063
14	β-水芹烯	13.7347	0.0030	31	对甲基苯乙酮	20.5532	0.2318
15	反-β-罗勒烯	14.1989	24.7291	32	对甲基苯异丙醇	20.5634	0.0353
16	γ-松油烯	14.7458	0.0048	33	α-松油醇	20.9912	0.0052
17	玫瑰呋喃	15.9618	0.3127	34	乙酸辛酯	21.2582	0.0034

续表

序号	物质	时间/min	含量/%	序号	物质	时间/min	含量/%
35	γ-松油醇	21.4177	0.0817	68	十二醇	38.3667	0.5108
36	反式香芹醇	22.0382	0.0345	69	γ-依兰油烯	38.7112	0.1865
37	顺式香芹醇	22.6773	0.0252	70	α-姜黄烯	39.0595	0.6850
38	橙花醛	22.8066	0.0145	71	香叶烯	39.3157	0.6037
39	香芹酮	23.2722	0.0327	72	β-桉叶烯	39.9791	0.0258
40	胡椒酮	23.7966	0.0026	73	莪术烯	40.1398	0.4141
41	香叶醛	24.1686	0.0197	74	顺-α-红没药烯	40.8077	18.0341
42	癸醇	24.2878	1.1958	75	β-红没药烯	41.2367	4.7214
43	乙酸异龙脑酯	25.8259	0.0127	76	β-姜黄烯	41.3162	0.0290
44	百里香酚	25.8707	0.0037	77	γ-顺式红没药烯	41.5025	0.0871
45	十一醇	27.396	0.3100	78	γ-杜松烯	41.767	0.4876
46	δ-榄香烯	28.0787	0.0113	79	δ-杜松烯	41.9904	0.2701
47	乙酸松油酯	28.6915	0.0038	80	未知物 1	42.1659	6.5789
48	α-荜澄茄油烯	28.8477	0.1014	81	反式去氢白菖烯	42.3318	0.0295
49	长叶蒎烯	29.3434	0.1656	82	反-γ-红没药烯	42.5424	0.1057
50	癸酸	29.5592	0.0074	83	α-杜松烯	43.3723	0.0183
51	环苜蓿烯	30.626	0.0110	84	反-α-红没药烯	43.4434	0.2585
52	古巴烯	30.9564	0.1614	85	α-去二氢菖蒲烯	43.7508	0.0414
53	长叶环烯	31.1543	0.1111	86	反式橙花叔醇	44.9207	0.1103
54	α-柏木萜烯	31.5411	0.5611	87	β-去二氢菖蒲烯	45.2319	0.0055
55	β-波旁烯	31.6384	0.0697	88	斯巴醇	46.3571	0.4992
56	β-榄香烯	31.8491	0.2353	89	石竹烯氧化物	46.7701	0.5031
57	未知物 1	32.6656	0.2357	90	绿花白千层醇	47.0928	0.1362
58	乙酸癸酯	33.0562	0.0871	91	蓝桉醇	47.121	0.1076
59	顺-α-佛手柑烯	33.7817	0.6385	92	长叶龙脑	48.2467	0.1560
60	α-檀香萜	34.6122	22.3297	93	葎草烯环氧化物 1	48.6585	0.0279
61	γ-榄香烯	35.0797	0.0180	94	葎草烯环氧化物 2	49.6043	0.4760
62	倍半香桧烯	35.8885	0.3870	95	表荜澄茄油烯醇	49.7375	0.0130
63	香橙烯	35.8923	0.1517	96	γ-桉叶油醇	50.0391	0.0077
64	β-檀香花烯	36.5224	0.7856	97	β-菖蒲醇	50.4374	0.0453
65	葎草烯	37.4189	0.2643	98	α-杜松醇	50.6865	0.2844
66	β-檀香花烯	37.4497	1.3622	99	T-依兰油醇	50.8191	0.0805
67	别香橙烯	37.7193	0.0039	100	α-杜松醇	51.5894	0.6153

续表

序号	物质	时间/min	含量/%	序号	物质	时间/min	含量/%
101	广藿香萜醇	52.1523	0.0998	104	α-红没药醇	53.4272	0.2488
102	未知物 1	52.9553	4.3344	105	苯甲酸苄酯	58.4233	0.1192
103	未知物 2	53.1179	1.8111	106	香叶基香叶醇	71.8132	0.0515

7. 讨论

从红没药精油中鉴定出了 106 种化合物，占红没药精油总量的 99.94%，主要由烯类、醇类组成。其主要成分有反-β-罗勒烯(24.7291%)、α-檀香萜(22.3297%)、顺-α-红没药烯(18.0341%)、β-红没药烯(4.7214%)、β-檀香花烯(1.3622%)。

(三)柏木

1. 简述

柏木，高可达 35m，胸径 2m；树皮淡褐灰色，小枝细长下垂，绿色，较老的小枝圆柱形，暗褐紫色，雄球花椭圆形或卵圆形，球果圆球形，种子宽倒卵状菱形或近圆形，熟时淡褐色，有光泽，花期 3～5 月。

2. 理化性质

弗吉尼亚柏木油：无色至浅黄色黏稠液体，相对密度 0.941～0.970，折射率 1.5040～1.5080，旋光度 −38～−14℃，溶于乙醇。

3. 品种、产地

柏木(*Cupressus funebris* Endl.)，是柏木属乔木。柏科：侧柏、扁柏、赤柏、兴安桧、刺柏、弗吉尼亚柏、德克萨斯柏、东非柏、日本柏木、美国侧柏。松科：阿特拉斯柏、喜马拉雅柏、黎巴嫩柏。

产地：侧柏、扁柏、赤柏、兴安桧、刺柏产于我国；弗吉尼亚柏、美国侧柏产于美国；东非柏产于东非、肯尼亚；日本柏木产于日本；阿特拉斯柏产于摩洛哥和阿尔利亚；喜马拉雅柏产于喜马拉雅山地区；黎巴嫩柏产于小亚细亚和叙利亚。目前，我国贵州地区与美国弗吉尼亚州、德克萨斯州是世界柏木油的主要产区，不同国家的柏树出产不同的柏木油。但以美国弗吉尼亚产的柏木油最好。

4. 加工方式和应用

加工方式：果皮或叶片用手榨、冷榨或水蒸气蒸馏法得油，得率 0.2%～0.6%。

应用：广泛应用的柠檬原料，可应用于配置柠檬型，果香型香精，在食品香精、牙膏、烟用香精中经常使用。在日用香精中可用于紫罗兰、桂花金合欢、玉兰花等香型中。能于许多精油和香原料协同，如乙酸卞酯，香叶油、薰衣草油、花露水等香精配方中。还可以与脂肪醛共同使用，以修饰柑橘柠檬样的头香香气。IFRA 有限制规定。

5. 香气特征

清、甜、香的果香，香气似柠檬，有新鲜之感。香气飘逸，留香不甚持久。

6. 分析报告

表 3-12 柏木精油分析报告

序号	物质	时间/min	含量/%	序号	物质	时间/min	含量/%
1	4-甲基-2-戊酮	6.2585	0.0013	32	α-古芸烯	33.1234	0.0783
2	α-蒎烯	10.2761	0.0410	33	长叶烯	33.8816	0.6096
3	莰烯	10.8722	0.0006	34	α-柏木烯	34.3286	0.4846
4	桧烯	11.4985	0.0003	35	愈创木-6,9-二烯	34.8139	0.4276
5	6-甲基-5-庚稀-2-酮	11.6484	0.0008	36	β-柏木烯	35.0253	0.1833
6	β-蒎烯	11.8309	0.0027	37	罗汉柏烯	35.8084	0.3443
7	δ-蒈烯	12.8055	0.0003	38	倍半香桧烯 A	36.5692	0.1086
8	间伞花烃	13.3946	0.0026	39	γ-柏木萜烯	37.0821	0.2156
9	柠檬烯	13.5867	0.0349	40	α-雪松烯	37.1147	10.4167
10	2,4-二甲基苯乙烯	16.127	0.0084	41	γ-雪松烯	39.2324	11.5570
11	十一烷	16.2442	0.0045	42	β-桉叶烯	39.2631	0.4320
12	芳樟醇	16.3351	0.0117	43	柏木萜烯	39.5481	1.8180
13	葑醇	17.5685	0.0071	44	β-二氢沉香呋喃	39.9631	0.3202
14	4-乙酰基-1-甲基-环己烯	17.9674	1.0241	45	花侧柏烯	40.045	0.0259
15	反式氧化柠檬烯	18.9363	0.0691	46	双环大根香叶烯	40.4363	0.1044
16	龙脑	20.0524	0.0085	47	α-花侧柏烯	40.939	46.0526
17	苯乙酮	20.5538	0.1173	48	柏木油成分	41.2047	0.2456
18	α-松油醇	20.988	0.0357	49	α-去氢雪松烯	41.4423	1.2610
19	γ-松油醇	21.4247	0.0116	50	δ-杜松烯	41.9168	1.4846
20	马鞭草烯酮	21.6546	0.0013	51	反式去氢白菖烯	42.1787	0.2156
21	β-香茅醇	22.1214	0.0022	52	γ-去氢雪松烯	42.609	1.2807
22	香叶醇	23.2459	0.0007	53	反-α-红没药烯	43.4088	0.3925
23	对叔丁基苯乙醛	25.1573	0.0022	54	α-去二氢菖蒲烯	43.6791	0.7544
24	长叶蒎烯	29.3165	0.0939	55	大根香叶烯 B	44.1753	0.0177
25	α-古巴烯	30.9455	0.0101	56	β-去二氢菖蒲烯	45.1877	0.0327
26	长叶环烯	31.1825	0.0105	57	斯巴醇	45.3632	0.1529
27	环苜蓿烯	31.1825	0.0179	58	长叶龙脑	48.2057	0.2173
28	十四烷	32.2403	0.0042	59	柏木醇	48.6585	12.3860
29	未知物	32.3044	0.0086	60	β-雪松烯氧化物	48.8141	2.4342
30	异长叶烯	32.3178	0.0166	61	α-二去氢荜澄茄烯	48.9146	0.0124
31	未知物	33.0914	0.6425	62	异长叶烷酮	49.2873	0.0015

续表

序号	物质	时间/min	含量/%	序号	物质	时间/min	含量/%
63	表荜澄茄油烯醇	49.733	0.4276	66	别喜马拉雅杉醇	52.3738	0.4539
64	β-菖蒲醇	50.9049	0.0390	67	顺-α-大西洋酮	55.0653	1.2675
65	柏木油成分	51.5849	0.4167	68	反-α-大西洋酮	58.6897	1.1031

7. 讨论

从柏木精油中鉴定出 68 种化合物，主要成分有 α-花侧柏烯(46.0526%)、柏木醇(12.3860%)、γ-雪松烯(11.5570%)、α-雪松烯(10.4167%)。

(四)香茅

1. 简述

香茅是一种多年生密丛型具香味草本。秆高达 2m，粗壮，节下被白色蜡粉。叶鞘无毛，不向外反卷，内面浅绿色；叶舌质厚，长约 1mm；叶片长 30～90cm，宽 5～15mm，顶端渐尖，平滑或边缘粗糙。

2. 理化性质

香茅精油为苍黄色至苍棕黄色澄清液体。爪哇香茅精油相对密度 0.880～0.895，折射率 1.466～1.473；斯里兰卡香茅油相对密度 0.894～0.910，折射率 1.479～1.487。

3. 品种、产地

香茅(*Cymbopogon citratus*)是禾本科香茅属约 55 种芳香性植物的统称，亦称为香茅草，为常见的香草之一。因有柠檬香气，故又被称为柠檬草。香茅品种分为爪哇种、斯里兰卡种。

产地：主产地有斯里兰卡、爪哇、危地马拉、阿根廷、新几内亚、洪都拉斯，以及我国台湾、海南、广西、贵州等地有栽培及加工。

4. 加工方式和应用

加工方式：用水蒸气蒸馏鲜草或半干草提取精油。得率 0.04%～0.12%。

应用：主要用于日用化学品，如香皂、洗洁精、驱蚊剂的调香，根据需要而使用不同的加入量，一般用量为 0.5%～4%，作为香料直接用于香精或加香产品中。最普遍的是用于洗衣皂，透明皂中；或者用于低档的玫瑰皂用、香薇皂用等香精和洗涤剂、地蜡、清洁剂、杀虫剂。爪哇香茅油主要用于分离提取香茅醛和香叶醇，并进一步合成香茅醇、羟基香茅醛、玫瑰醇、薄荷脑等多种重要香料。也可微量用于调配食用香精。

5. 香气特征

香茅精油以香茅醛为主带玫瑰和柠檬样的青涩草香，略有香叶醇的甜香，香气强烈，留香较持久。香茅油中虽有一定量的香叶醇等，但这些成分的香气强度不及香茅醛，所以被其掩盖。爪哇中的香气比斯里兰卡种的稍甜而圆和。斯里兰卡种因含有较多的莰烯、龙脑和丁香酚甲醚，所以其香茅醛香气不太明显。

6. 分析报告

表 3-13　　香茅精油分析报告

序号	物质	时间/min	含量/%	序号	物质	时间/min	含量/%
1	乙酸异戊酯	8.3177	0.6431	33	胡椒酮	23.6203	0.0067
2	乙酸-2-甲基丁酯	8.3644	0.1375	34	香叶醛	23.9802	0.4704
3	异丁酸异丁酯	9.225	0.0004	35	甲酸香茅酯	24.13	0.0125
4	α-蒎烯	10.1151	0.0057	36	甲酸香叶酯	25.437	0.0192
5	桧烯	11.3376	0.0024	37	乙酸香茅酯	28.2763	1.8968
6	6-甲基-5-庚稀-2-酮	11.4861	0.0492	38	α-荜澄茄油烯	28.5715	0.0086
7	β-蒎烯	11.6725	0.0115	39	丁香酚	28.8527	1.0768
8	丁酸丁酯	11.7877	0.0906	40	乙酸香叶酯	30.2288	3.3448
9	α-水芹烯	12.5363	0.0037	41	α-古巴烯	30.6271	0.0229
10	对伞花烃	13.2222	0.0136	42	β-波旁烯	31.3033	0.0710
11	柠檬烯	13.4143	3.4096	43	β-榄香烯	31.5466	0.7251
12	桉叶油素	13.6185	0.0967	44	β-古巴烯	33.9505	0.0053
13	当归酸异丁酯	13.9105	0.0190	45	反式石竹烯	34.1606	0.0194
14	丁酸异戊酯	14.159	0.8438	46	β-古芸烯	36.0612	0.0009
15	2-甲基丁酸-2-甲基丁酯	14.2448	0.2158	47	杜松-3,5-二烯	36.4018	0.0022
16	异松油烯	15.7311	0.0378	48	葎草烯	36.9916	0.0732
17	芳樟醇	16.171	0.9020	49	未知物	37.4623	0.0038
18	壬醛	16.3753	0.0007	50	反式杜松-1,4-二烯	38.1161	0.0369
19	顺式玫瑰醚	16.7051	0.0145	51	γ-依兰油烯	38.3293	0.2033
20	当归酸-2-甲基丁酯	18.3879	0.0043	52	α-姜黄烯	38.6828	0.0035
21	香茅醛	18.6012	37.7644	53	γ-紫穗槐烯	38.9191	1.6854
22	异胡薄荷醇	18.6972	0.8287	54	γ-雪松烯	39.5793	0.0326
23	薄荷酮	19.0174	0.0261	55	β-桉叶烯	39.6075	0.0252
24	异薄荷酮	19.465	0.0145	56	α-依兰油烯	40.1197	0.6172
25	4-松油烯醇	20.1777	0.0309	57	花侧柏烯	41.095	0.0121
26	对甲基苯异丙醇	20.4038	0.0041	58	α-花柏烯	41.1123	0.0053
27	α-松油醇	20.8181	0.1049	59	γ-杜松烯	41.2884	0.6690
28	癸醛	21.0396	0.1114	60	δ-杜松烯	41.5714	2.5248
29	β-香茅醇	21.9867	14.3720	61	反式去氢白菖烯	41.9089	0.0714
30	橙花醛	22.629	0.2158	62	α-杜松烯	42.9917	0.1336
31	乙酸芳樟酯	22.9761	0.0112	63	α-去二氢菖蒲烯	43.3798	0.0043
32	香叶醇	23.1535	20.7596	64	榄香醇	43.8505	2.6759

续表

序号	物质	时间/min	含量/%	序号	物质	时间/min	含量/%
65	表荜澄茄油烯醇	49.4254	0.0227	69	T-依兰油醇	50.4999	0.2719
66	γ-桉叶油醇	49.7341	0.2266	70	α-依兰油醇	50.662	0.0580
67	未知物	49.7469	0.0913	71	α-杜松醇	51.2831	0.9711
68	α-杜松醇	50.3565	0.2935	72	未知物	45.969	0.8632

7. 讨论

从香茅精油中鉴定出72种化合物，主要成分有香茅醛(37.7644%)、香叶醇(20.7596%)、β-香茅醇(14.3720%)、乙酸香叶酯(3.3448%)。

(五)愈创木

1. 简述

愈创木原产于南美，*B. sarmienta* 树种的愈创木树脂油萃取量最大，但是有些精油的来源是佛罗里达南部及巴哈马群岛的 *G. sanctum* 树种。愈创木是一种小型的树，高约3.65m，长着淡绿色的树叶，白色的树皮、蓝色花与棕绿木心，常被刨成木屑或木片出售。

2. 理化性质

精油为黏稠的褐色液体，相对密度0.960～0.975，折射率1.502～1.507，旋光度－12°～－3°，溶于乙醇。

3. 品种、产地

原产于阿根廷、巴拉圭的野生植物。现在在委内瑞拉、牙买加、古巴、哥伦比亚有栽培。

4. 加工方式和应用

加工方式：用 *B. sarmienta* 碎木头用水蒸气蒸馏，得率3%。

应用：作为定香剂，在许多类型的日用香精中都能应用，并起到圆和作用。是很好的和合剂，能与芳樟醇、橙花醇、香叶醇、松油醇、橡苔制品、紫罗兰酮、鸢尾制品和辛香的油类很好地协调、和合。

5. 香气特征

甜的木香，略带玫瑰香韵，能使人想起中国茶叶的芳香。质次的品种带有烟熏火腿气息。留香持久。

6. 分析报告

表3-14　愈创木精油分析报告

序号	物质	时间/min	含量/%	序号	物质	时间/min	含量/%
1	异戊醛	5.4032	0.0499	5	1-辛烯	6.892	0.0057
2	2-甲基丁醛	5.4794	0.0269	6	己醛	7.063	0.0116
3	2-乙基呋喃	5.7816	0.0020	7	糠醛	7.7558	11.7236
4	3-羟基丁酮	5.8777	0.0031	8	糠醇	8.0184	0.0833

续表

序号	物质	时间/min	含量/%	序号	物质	时间/min	含量/%
9	己醇	8.2937	0.0060	42	α-古芸烯	33.5437	0.4714
10	2-庚酮	8.7951	0.0031	43	未知物	33.5437	0.5138
11	庚醛	9.1243	0.0095	44	马兜铃烯	34.0976	0.0027
12	2-乙酰基呋喃	9.4118	0.2025	45	反式石竹烯	34.4767	0.1866
13	己酸甲酯	9.6187	0.0007	46	γ-榄香烯	34.9582	0.0404
14	α-蒎烯	10.2456	0.0041	47	反-α-佛手柑烯	35.2195	0.1918
15	5-甲基糠醛	11.1094	19.3066	48	α-愈创木烯	35.5576	5.7121
16	苯甲醛	11.2458	0.2719	49	杜松-3,5-二烯	35.8189	0.1320
17	苯酚	11.4674	0.0053	50	石竹烯	36.4074	0.1816
18	6-甲基-5-庚稀-2-酮	11.6345	0.0491	51	α-雪松烯	36.7634	0.0549
19	辛醛	11.7485	0.0063	52	香橙烯	36.9036	0.2819
20	β-蒎烯	11.8202	0.0486	53	α-广藿香烯	36.9036	0.2178
21	2-戊基呋喃	11.8894	0.0193	54	葎草烯	37.3666	0.1554
22	对伞花烃	13.3795	0.0721	55	别香橙烯	38.1652	0.2918
23	柠檬烯	13.569	1.0801	56	β-檀香花烯	38.1908	0.0377
24	苯甲醇	13.7394	0.0205	57	未知物	38.5622	0.8406
25	水杨醛	14.331	0.0332	58	α-依兰油烯	39.0277	0.1369
26	1-辛醇	14.9272	0.0044	59	顺,顺-3,6-金合欢烯	39.2762	1.0451
27	苯乙酮	15.1488	0.0024	60	γ-依兰油烯	39.5893	0.5513
28	2-壬酮	15.8692	0.0046	61	γ-姜黄烯	39.597	0.0354
29	异松油烯	15.8916	0.0334	62	β-桉叶烯	39.9767	2.4669
30	异丁香酚	15.8993	1.6214	63	顺-β-愈创木烯	40.2982	0.1619
31	芳樟醇	16.3161	0.0158	64	α-桉叶烯	40.4263	0.6810
32	壬醛	16.5236	0.0703	65	甘菊烯	40.9193	14.4674
33	木焦油醇	20.5669	0.0247	66	β-二氢沉香呋喃	41.3279	2.3123
34	4-乙基愈创木酚	24.6011	0.0004	67	δ-杜松烯	41.9164	0.1729
35	δ-榄香烯	28.0533	0.0078	68	反式去氢白菖烯	42.2033	0.0257
36	α-荜澄茄油烯	28.1506	0.0212	69	α-去二氢菖蒲烯	43.6786	0.0332
37	长叶蒎烯	29.3097	0.0407	70	芹子烷-3,7(11)齐墩果二烯	43.7612	0.6111
38	二氢丁香酚	29.7438	0.0032	71	四甲基环癸二烯异内醇	44.141	1.1599
39	环苜蓿烯	30.5814	0.0259	72	愈创醇	47.7391	12.6216
40	α-古巴烯	30.9157	0.4041	73	未知物	49.5001	2.1477
41	β-广藿香烯	31.7936	1.4118	74	γ-桉叶油醇	50.0361	2.0354

续表

序号	物质	时间/min	含量/%	序号	物质	时间/min	含量/%
75	β-桉叶油醇	51.6325	1.9082	77	布藜醇	52.3171	11.3495
76	α-7-桉叶油醇	52.002	0.0211				

7. 讨论

从愈创木精油中鉴定出77种化合物，主要成分有5-甲基糠醛(19.3066%)、甘菊烯(14.4674%)、愈创醇(12.6216%)、布藜醇(11.3495%)。

七、非花香(蜜甜香)

香叶

1. 简述

香叶亦称香叶天竺葵，为牻牛儿苗科天竺葵属，多年生亚灌木。我国香叶主产于云南，目前主要分布在滇西、滇中地区，其他省市也有少量栽培。香叶精油(Geranium Oil)是一种用量很大的天然香料，广泛应用于香水、香皂、化妆品和食品，是我国香料出口主要产品之一。此外，香叶油还具有广泛的抗病毒、细菌和真菌、清除由基(抗氧化)、抑制各类肿瘤细胞生长等作用。

2. 理化性质

留尼旺香叶精油：棕黄色至绿色的澄清液体，相对密度0.884～0.893，折射率1.461～1.468，旋光度−14°～−7°，溶于乙醇。

阿尔及利亚香叶精油：浅黄色至棕黄色液体，相对密度0.886～0.901，折射率1.4635～1.4725，旋光度−13°～6°30′，溶于乙醇。

摩洛哥香叶精油：暗琥珀色至黄绿色液体，相对密度0.884～0.894，折射率1.464～1.470，旋光度−12°～−8°，溶于乙醇。

国产香叶精油：浅黄色至绿色液体，相对密度0.884～0.889，折射率1.4621～1.4680，旋光度−8.8°～−8.35°，溶于乙醇。

3. 品种、产地

常见香叶精油品种有留尼旺香叶油、阿尔及利亚香叶油、摩洛哥香叶油、国产香叶油等。主产地有法属留尼旺、阿尔及利亚、摩洛哥、坦桑尼亚、南非、肯尼亚、刚果、苏联、法国、意大利、保加利亚、西班牙等。

4. 加工方式和应用

用水蒸气蒸馏茎叶可以得油，得率0.1%～0.3%。

留尼旺香叶精油(波旁香叶精油)：用水蒸气蒸馏法从刚开花的新鲜植物中提取。

阿尔及利亚香叶精油：用水蒸气蒸馏法从变黄和开花前短期的叶片中提取。

摩洛哥香叶精油：用水蒸气蒸馏法从刚收割的 *P. roseum* 的叶和茎得油。

国产香叶精油：从 *P. graveolens* 的鲜嫩茎叶通过水蒸气蒸馏法获得。

香叶精油是最重要的精油之一，应用广泛，可用于香水、香粉、膏霜和香皂香精及其他化妆品香精中。是配制玫瑰香精的主要香料，也是调配馥奇型、薰衣草型、玫瑰-檀香型、东方香型等不可缺少的香原料。又可用于风信子、康乃馨、晚香玉、紫罗兰、桂花、紫丁香、含羞花等香精配方中。与大多数香料能很好地协调、和合，也能与许多香气相协调。

5. 香气特征

总体香气具有强烈而持久的玫瑰-香叶精油的特征香气，青香-叶香，并带果香、薄荷香。由于产地不同，香气有所差异。留尼旺香叶油香气甜而带清，有叶青气息，体香带果香凉气和脂蜡气，香气浓厚，底香有玫瑰样的甜香。有时新制得的香叶油略带有不良气息（来自二甲基硫化物），但短期储存后即可消失。其甜清香气主要由左旋香茅醇及其酯类构成。此油含有异薄荷酮和甲、乙、丙、丁巴豆酸酯类，因此头香强烈，带有凉气。香叶精油以含有左旋香茅醇较多的香气较好。其香气虽有些似玫瑰，但与玫瑰香气有区别。阿尔及利亚香叶精油的香气较轻扬，略有薄荷样的凉气，多带玫瑰样的香气和叶青气，没有硫化物气息。其药草气和玫瑰香气气势较强。摩洛哥香叶精油（现亦称非洲香叶油）是甜而有力的玫瑰、青叶和药草的香气。比阿尔及利亚香叶精油少新鲜叶青而多壤香，香气在留尼旺香叶精油和阿尔及利亚香叶精油之间。我国生产的香叶精油香气甜而有力，与上述品种略有区别。

八、非花香（琥珀香）

（一）丝柏

1. 简述

丝柏是一种很实用的树种，有非常高的经济价值，它高大坚实，是圆锥形的树木，可以作建材、棺木以及雕刻之用；圆锥形的球果呈棕灰色，是萃取精油的主要来源。

2. 理化性质

精油为无色或呈极淡的黄色。

3. 品种、产地

主产地是法国、德国。

4. 加工方式和应用

由新鲜叶子及球果蒸馏而成。丝柏精油有阳刚般的气味，可以拿来作男性古龙水或刮胡水，因为它的收敛效果很好。可与佛手柑、鼠尾草、杜松、薰衣草、柠檬、菩提花、甜橙、松针、迷迭香、檀香等精油调和使用。

5. 香气特征

有木质和香脂般迷人的琥珀味。

6. 分析报告

表 3-15　　丝柏精油分析报告

序号	物质	时间/min	含量/%	序号	物质	时间/min	含量/%
1	4-甲基-3-戊烯-2-酮	7.0463	0.0015	34	4,8-EPOXY-1-P-	18.4825	0.3333
2	三环烯	8.8329	0.0268	35	反式松香芹醇	18.64	0.0376
3	2-莰烯	9.4041	0.1155	36	反式马鞭草烯醇	18.7251	0.0709
4	α-侧柏烯	9.9612	2.0467	37	樟脑	18.9544	0.0992
5	α-蒎烯	10.3755	33.7436	38	未知物	19.1913	0.8560
6	α-葑烯	10.8065	1.3055	39	莰烯水合物	19.354	0.0034
7	莰烯	10.8891	1.0828	40	松香芹酮	19.589	0.0025
8	桧烯	11.5128	2.4478	41	龙脑	20.0667	0.0868
9	β-蒎烯	11.84	4.4669	42	4-松油烯醇	20.3882	2.0191
10	δ-蒈烯	12.9171	22.2652	43	对甲基苯异丙醇	20.5732	0.3430
11	1,4-桉叶素	13.0068	0.0043	44	α-松油醇	20.9997	0.5905
12	δ-2-簪烯	13.1098	0.3983	45	反式薄荷醇	21.6029	0.0092
13	α-松油烯	13.1188	0.0052	46	马鞭草烯酮	21.6458	0.0319
14	邻伞花烃	13.1662	0.1346	47	反式香芹醇	22.0499	0.0077
15	对伞花烃	13.4108	2.2127	48	β-香茅醇	22.1319	0.0026
16	柠檬烯	13.6356	7.1359	49	香芹酚甲醚	22.3515	0.0074
17	β-水芹烯	13.7489	0.6417	50	顺式香芹醇	22.6826	0.0041
18	桉叶油素	13.8136	0.0081	51	百里酚甲醚	22.8074	0.0433
19	反-β-罗勒烯	14.0256	0.0380	52	乙酸芳樟酯	23.1558	0.0234
20	γ-松油烯	14.7178	1.0137	53	香芹酮	23.2666	0.0166
21	1-辛醇	14.9643	0.0072	54	反式氧化芳樟醇乙酸酯	24.765	0.0138
22	反式水合桧烯	15.296	0.0241	55	乙酸龙脑酯	25.2088	1.2778
23	异松油烯	15.93	3.1393	56	百里香酚	25.3663	0.1673
24	2,4-二甲基苯乙烯	16.1259	0.1494	57	未知物 1	25.6846	0.4522
25	2-葑酮	16.2233	0.0027	58	去氢柠檬醛	26.6489	0.0615
26	芳樟醇	16.3539	1.1395	59	α-乙酸松油酯	28.725	3.5818
27	α-蒎烯氧化物	16.7144	0.1563	60	乙酸橙花酯	29.1591	0.0029
28	β-侧柏酮	16.945	0.0360	61	α-古巴烯	30.9445	0.0841
29	β-侧柏酮	17.4316	0.0130	62	反式索布瑞醇	31.2781	0.0016
30	顺-对薄荷烷-2-烯-1-醇	17.7403	0.0366	63	β-波旁烯	31.622	0.0078
31	α-龙脑烯醛	17.8158	0.0095	64	β-榄香烯	31.8179	0.0095
32	顺式柠烯氧化物	18.1008	0.0815	65	二苯醚	32.9161	0.0006
33	反式氧化柠檬烯	18.2571	0.0072	66	长叶烯	33.8651	0.0128

续表

序号	物质	时间/min	含量/%	序号	物质	时间/min	含量/%
67	α-柏木烯	34.282	0.2835	84	花侧柏烯	41.3874	0.0100
68	反式石竹烯	34.5042	0.1382	85	α-花柏烯	41.4463	0.0779
69	β-柏木烯	35.0203	0.1270	86	γ-杜松烯	41.6122	0.1109
70	杜松-3,5-二烯	36.4567	0.0017	87	δ-杜松烯	41.8574	0.1895
71	葎草烯	37.3436	0.1535	88	反式去氢白菖烯	42.1654	0.1158
72	杜松-3,5-二烯	37.5267	0.0165	89	α-杜松烯	43.2957	0.0145
73	α-波旁烯	37.7944	0.1480	90	α-去二氢菖蒲烯	43.6869	0.0142
74	γ-柏木萜烯	38.0768	0.0026	91	β-去二氢菖蒲烯	45.1899	0.0016
75	γ-依兰油烯	38.6621	0.2379	92	荜澄茄烯	45.6637	0.0006
76	γ-紫穗槐烯	39.2429	0.0319	93	石竹烯氧化物	46.7338	0.0662
77	香叶烯	39.2678	0.1187	94	柏木醇	48.7214	3.6648
78	异戊酸苯乙酯	39.7686	0.0009	95	刺柏烯醇	49.511	0.0020
79	Epizonarene	40.2982	0.0517	96	表荜澄茄油烯醇	49.7217	0.0029
80	α-依兰油烯	40.4422	0.1117	97	β-菖蒲醇	50.1251	0.0140
81	荜澄茄-4,5-二烯	40.6574	0.0015	98	α-杜松醇	50.647	0.0029
82	β-红没药烯	41.0224	0.0029	99	T-依兰油醇	50.7802	0.0044
83	β-姜黄烯	41.1697	0.0004	100	α-杜松醇	51.5441	0.152

7. 讨论

从丝柏精油中鉴定出了100种化合物，占丝柏精油总量的99.99%，主要由烯类、醇类组成。其主要成分有α-蒎烯(33.7436%)、δ-蒈烯(22.2652%)、柠檬烯(7.1359%)、β-蒎烯(4.4669%)、柏木醇(3.6648%)，α-乙酸松油酯(3.5818%)。

(二)香紫苏

1. 简述

香紫苏，多年生唇形科草本植物，别名莲座鼠尾草、南欧丹参。这种植物整株尤其是花序有强烈的芳香气息，其精油有类似黑狐香葡萄和烟草韵的头香，薰衣草香和药草香的体香，并留有龙涎和琥珀的基香，在日化、食品和烟用香精香料中有极其的重要地位。香紫苏也具有似雌激素和抗真菌生物活性，精油中的主成分芳樟醇有抗菌和杀螨活性，大根香叶烯是生物防治天牛科昆虫的重要昆虫信息素。

2. 理化性质

精油为无色至淡黄色液体，相对密度0.906～0.925，折射率1.4674～1.4719，旋光度−21°～−10°，酸值175°。

3. 品种、产地

主产于南欧和中欧，以及英国、前苏联、摩洛哥、美国和中国等。

4. 加工方式和应用

加工方式：用水蒸气蒸馏花和叶得精油，得率0.7%～1.5%。

应用：常用于调配香水、香皂及化妆品香精中，在琥珀香、素心兰、馥奇、东方、熏香、烟草等香型香精中都可使用，其中对人造麝香、薰衣草和古龙香型特别有效。

5. 香气特征

香紫苏具有药草、花香及琥珀香气。药草香是清甜、柔和的香气，花香是带薰衣草香韵的香气，并伴果香和龙涎-琥珀香。香气强烈而持久。判别香紫苏精油香气质量，主要看龙涎-琥珀香气息的多寡，一般多者为好。

6. 分析报告

表3-16 香紫苏精油分析报告

序号	物质	时间/min	含量/%	序号	物质	时间/min	含量/%
1	异戊醇	6.1552	0.0008	25	反-β-罗勒烯	14.02	1.0652
2	甲苯	6.7039	0.0022	26	γ-松油烯	14.711	0.0076
3	2-甲基-2-丁烯醛	6.8532	0.0078	27	1-辛醇	14.9594	0.0023
4	己醛	7.083	0.0067	28	反式氧化芳樟醇(呋喃型)	15.2412	0.1940
5	2-甲基丁酸乙酯	7.8841	0.0022	29	异松油烯	15.9001	0.0852
6	叶醇	8.0814	0.0357	30	2,4-二甲基苯乙烯	16.1185	0.0124
7	己醇	8.2933	0.0045	31	芳樟醇	16.3945	22.0000
8	α-蒎烯	10.2656	0.2264	32	脱氢芳樟醇	16.5392	0.0555
9	莰烯	10.8637	0.0175	33	顺-2,8-二烯-1-醇	17.5811	0.0195
10	1-辛烯-3-醇	11.4669	0.0320	34	顺式柠烯氧化物	18.0645	0.0203
11	桧烯	11.4913	0.0788	35	反式氧化柠檬烯	18.2483	0.0277
12	6-甲基-5-庚烯-2-酮	11.6373	0.0072	36	未知物	18.475	0.0023
13	3-辛酮	11.6565	0.0037	37	橙花醚	18.7484	0.0386
14	β-蒎烯	11.8275	2.1305	38	薄荷酮	19.1922	0.1487
15	紫丁香醚	11.9754	0.0628	39	薰衣草醇	19.2697	0.0126
16	3-辛醇	12.0593	0.0996	40	反式氧化芳樟醇(吡喃型)	19.8941	0.0141
17	乙酸叶醇酯 P1	12.2879	0.0007	41	龙脑	20.0618	0.0150
18	ρ-苎烯	12.6266	0.0087	42	薄荷脑	20.1412	0.0708
19	α-水芹烯	12.7099	0.0066	43	4-松油烯醇	20.3525	0.0732
20	α-松油烯	13.0806	0.0156	44	7-羟基脱氢芳樟醇	20.4352	0.1050
21	邻伞花烃	13.388	0.0632	45	对甲基苯异丙醇	20.5696	0.0659
22	柠檬烯	13.582	6.2805	46	6,7-环氧芳樟醇	20.8431	0.0082
23	β-水芹烯	13.7165	0.0063	47	α-松油醇	21.0019	4.0000
24	桉叶油素	13.7876	0.0324	48	顺式二氢香芹酮	21.1504	1.6223

续表

序号	物质	时间/min	含量/%	序号	物质	时间/min	含量/%
49	β-环柠檬醛	21.3368	0.0039	73	乙酸橙花酯	29.1447	2.0772
50	甲酸芳樟酯	21.5334	0.0453	74	顺式乙酸香芹酯	29.3611	0.0140
51	反式香芹醇	22.0572	0.0999	75	乙酸香叶酯	30.507	3.0000
52	橙花醇	22.143	0.8078	76	α-古巴烯	30.9409	0.3373
53	对异丙基苯酚	22.3569	0.0076	77	β-波旁烯	31.6139	0.2463
54	顺式香芹醇	22.6956	0.0759	78	杜松-3,5-二烯 P1	31.7381	0.0417
55	橙花醛	22.8122	0.0584	79	未知物	31.7689	0.0422
56	乙酸芳樟酯	23.2578	45.0000	80	β-榄香烯	31.8066	0.0357
57	香叶醇	23.2988	2.0883	81	白菖油萜	34.2912	0.0148
58	香芹酮	23.3046	8.8549	82	β-古巴烯	34.2925	0.0076
59	香叶醛	24.171	0.1671	83	反式石竹烯	34.5044	1.2361
60	2,6-二甲基辛-1,7-二烯-3,6-二醇	24.3734	0.0071	84	葎草烯	37.3265	0.0455
61	甲酸橙花酯	24.5373	0.0360	85	γ-紫穗槐烯	39.254	0.4616
62	反式香芹酮氧化物	24.7889	0.0295	86	瓦伦西亚桔烯	39.7221	0.0584
63	乙酸异胡薄荷酯	24.9996	0.0433	87	β-桉叶烯	39.9148	0.0096
64	乙酸龙脑酯	25.1936	0.0315	88	双环大根香叶烯	40.3375	0.0092
65	乙酸薄荷酯	25.3237	0.0388	89	δ-杜松烯	41.898	0.0364
66	甲酸香叶酯	25.6233	0.0506	90	β-二氢沉香呋喃	42.5781	0.0266
67	反,反-2,4-癸二烯醛	26.9546	0.0028	91	斯巴醇	46.2794	0.1201
68	乙酸二氢香芹酯	27.2229	0.4172	92	石竹烯氧化物	46.7001	0.3262
69	乙酸羟基芳樟酯	27.5354	0.1722	93	β-桉叶油醇	51.5617	0.0817
70	环氧乙酸芳樟酯 2	28.4319	0.1079	94	香紫苏醚	65.1379	0.0280
71	α-乙酸松油酯	28.6702	0.0535	95	香叶基邻伞花烃	68.2833	0.0333
72	α-荜澄茄油烯	28.836	0.0125	96	香紫苏醇	81.3588	0.196

7. 讨论

从香紫苏精油中鉴定出 96 种化合物，主要成分有乙酸芳樟酯(45.0000%)、乙酸龙脑酯(25.0000%)、芳樟醇(22.0000%)、柠檬烯(6.2805%)。

九、非花香(果香)

(一)圆柚

1. 简述

圆柚亦称葡萄柚、西柚，属芸香科柑橘属植物，主产于美国。为世界柑橘四大类群(甜橙类、宽皮柑橘类、柠檬和莱檬类、葡萄柚和柚类）之一。圆柚精油是柑橘精油的重要类别，存在于圆柚的果皮、花及叶子中，但以果皮中的含量最为丰富。

2. 理化性质

精油为黄色至棕黄色液体，相对密度0.852～0.860，折射率1.4740～1.4790，旋光度+91°～+96°。

3. 品种、产地

主产于美国、西印度群岛、巴西、尼日利亚等。

4. 加工方式和应用

加工方式：鲜果或果皮用冷榨法或水蒸气蒸馏法得油，得率0.05%～0.08%。

应用：主要用于食用香精中，与柠檬、柑橘类原料共用于古龙及其他头香中带有柑橘果香的香精中。在其他花香型和非花香型香精中使用，能使香精得到花-果香并丰富、充实香气。

5. 香气特征

干甜柔和的柑橘样新鲜香气，香气似甜橙和苦橙，但带干甜，又伴有香柠檬和香橼气息，香气较粗而强烈，留香不甚持久。

6. 分析报告

表3-17 圆柚精油分析报告

序号	物质	时间/min	含量/%	序号	物质	时间/min	含量/%
1	壬烷	8.9013	0.0026	20	乙酸庚酯	16.3728	0.0036
2	庚醛	8.9857	0.0092	21	顺-2,8-二烯-1-醇	17.1122	0.2705
3	α-侧柏烯	9.8064	0.0026	22	顺式环氧罗勒烯	17.3772	0.0006
4	α-蒎烯	10.1009	0.7255	23	4-乙酰基-1-甲基-环己烯	17.5884	0.0042
5	庚醇	10.8593	0.0135	24	顺式柠烯氧化物	17.7247	0.3955
6	桧烯	11.3064	0.3191	25	反式氧化柠檬烯	17.9055	0.2730
7	莰烯	11.5257	0.0245	26	顺-β-松油醇	18.1964	0.0019
8	β-蒎烯	11.6673	2.1721	27	香茅醛	18.3634	0.0412
9	辛醛	12.0905	0.2075	28	壬醇	19.0586	0.0133
10	δ-蒈烯	12.6236	0.0132	29	对甲基苯异丙醇	20.0108	0.0019
11	柠檬烯	13.5163	93.4016	30	隐酮	20.2491	0.0079
12	桉叶油素	13.5908	0.0020	31	α-松油醇	20.3373	0.0870
13	反-β-罗勒烯	13.8337	0.0279	32	癸醛	20.7371	0.2863
14	1-辛醇	14.608	0.0283	33	乙酸辛酯	20.8842	0.0527
15	顺式水合桧烯	14.8463	0.0050	34	反式香芹醇	21.5631	0.2912
16	2-壬酮	15.5988	0.0013	35	β-香茅醇	21.7435	0.0007
17	2,4-二甲基苯乙烯	15.7253	0.0031	36	顺式香芹醇	22.1253	0.1480
18	芳樟醇	15.9841	0.1735	37	橙花醛	22.5083	0.0206
19	壬醛	16.142	0.0507	38	香芹酮	22.8195	0.3446

续表

序号	物质	时间/min	含量/%	序号	物质	时间/min	含量/%
39	壬酸	23.3092	0.0042	53	十二醛	31.9929	0.0064
40	癸醇	23.7204	0.0066	54	反式石竹烯	33.6704	0.0454
41	香叶醛	23.8269	0.0405	55	反-β-金合欢烯	35.8957	0.0012
42	紫苏醛	24.312	0.0318	56	葎草烯	36.3442	0.0100
43	柠檬-10-醇	24.9268	0.0121	57	α-依兰油烯	39.6922	0.0024
44	紫苏醇	25.4004	0.0132	58	β-倍半水芹烯	40.9382	0.0054
45	十一醛	25.576	0.0042	59	δ-杜松烯	41.3975	0.0372
46	孟二醇	27.611	0.0758	60	榄香醇	43.2871	0.0072
47	α-乙酸松油酯	28.2082	0.0014	61	反式橙花叔醇	44.0588	0.0025
48	α-荜澄茄油烯	28.4112	0.0009	62	斯巴醇	45.483	0.0103
49	癸酸	28.7044	0.0136	63	石竹烯氧化物	45.934	0.0537
50	乙酸香叶酯	30.1073	0.0232	64	葎草烯环氧化物	47.7259	0.0069
51	α-古巴烯	30.2547	0.0965	65	β-甜橙醛	53.1195	0.0015
52	乙酸癸酯	31.9612	0.0050	66	圆柚酮	59.8587	0.0528

7. 讨论

从圆柚精油中鉴定出了66种化合物，主要由醇类、烯类、醛类组成。其主要成分有薄荷脑（40%）、薄荷酮（22%）、异薄荷酮（12%）、乙酸薄荷酯（6.0462%）、桉叶油素（5.1423%）、柠檬烯（1.7042%）。

（二）山苍子

1. 简述

山苍子，又名山鸡椒、山苍树、山姜子、木香子、木姜子，是樟科、木姜子属落叶灌木或小乔木，高达8～10m，幼树树皮黄绿色、光滑，老树树皮灰褐色。枝、叶均具有芳香味。性味辛、微苦，有香气，无毒。根皮及叶可供药用。具有温肾健胃，行气散结的功效，可用于治疗胃痛呕吐及无名肿毒等症。

2. 理化性质

精油为黄色液体，相对密度0.8909～0.9068，折射率1.4847～1.4875，旋光度+5°～+35°。

3. 品种、产地

主产于我国长江以南省份，东南亚国家也有分布。

4. 加工方式和应用

加工方式：将果实用水蒸气蒸馏得油，得率3%～6%。

应用：主要用于单离柠檬醛，进一步合成紫罗兰酮类系列产品、维生素A等。在果香型香精中使用，可作为清新剂，提调香精头香的清鲜香气，也可用来修饰柠檬、白柠檬的香气。还可以用于防臭木、古龙、空气清新剂及香皂香精中。

5. 香气特征

清鲜甜的果香，并伴有酸柠檬气息，香气不及柠檬草精油美好。香气强烈，不甚持久。

6. 分析报告

表 3-18 山苍子精油分析报告

序号	物质	时间/min	含量/%	序号	物质	时间/min	含量/%
1	α-侧柏烯	9.8075	0.1337	30	反式氧化柠檬烯	17.8964	0.0607
2	α-蒎烯	10.0974	3.4333	31	4,8-环氧薄荷烯	18.2144	0.0030
3	6-甲基-2-庚酮	10.4664	0.0272	32	香茅醛	18.3739	2.8467
4	莰烯	10.6014	0.3733	33	顺式异柠檬醛	18.8682	1.4100
5	桧烯	11.3071	3.5667	34	δ-松油醇	19.262	0.0128
6	6-甲基-5-庚烯-2-酮	11.5072	4.2667	35	龙脑	19.3205	0.0550
7	β-蒎烯	11.6709	1.9233	36	反式异柠檬醛	19.7755	0.2107
8	α-水芹烯	12.3665	0.0195	37	对甲基苯异丙醇	20.0615	0.0057
9	δ-蒈烯	12.6103	0.0473	38	α-松油醇	20.3449	0.9200
10	α-松油烯	12.8068	0.0410	39	水杨酸甲酯	20.5669	0.0597
11	对薄荷烯	12.9084	0.0060	40	β-香茅醇	21.8014	0.1790
12	间伞花烃	13.1046	0.1203	41	橙花醇	21.9198	0.4867
13	柠檬烯	13.3082	4.3333	42	异香叶醇	22.1603	0.0121
14	桉叶油素	13.4586	2.2733	43	橙花醛	22.7117	32.8667
15	反-β-罗勒烯	13.8067	0.1163	44	香芹酮	22.917	0.0129
16	γ-松油烯	14.4395	0.0860	45	香叶醇	23.0487	0.9067
17	顺式氧化芳樟醇	15.0102	0.0130	46	胡椒酮	23.3903	0.0963
18	异松油烯	15.6963	0.1297	47	香叶醛	24.0806	32.3333
19	2,4-二甲基苯乙烯	15.7289	0.0021	48	大茴香脑	24.7929	0.0025
20	玫瑰呋喃	15.8469	0.0357	49	乙酸龙脑酯	24.8455	0.0086
21	芳樟醇	15.9708	1.2533	50	甲酸香叶酯	25.358	0.0126
22	6-甲基-3,5-庚烯-2-酮	16.2908	0.0070	51	β-香茅酸	25.4996	0.0038
23	α-蒎烯氧化物	16.3023	0.0079	52	香叶酸	28.1171	0.0590
24	顺式玫瑰醚	16.569	0.0007	53	α-乙酸松油酯	28.2217	0.0493
25	去氢香桧酮	16.7975	0.0026	54	乙酸橙花酯	28.8669	0.0043
26	反-2,8-孟二烯	17.1152	0.0363	55	乙酸香叶酯	30.1083	0.0333
27	顺-2,8-二烯-1-醇	17.1283	0.0242	56	α-古巴烯	30.28	0.0527
28	顺-对薄荷烷-2-烯-1-醇	17.1979	0.0142	57	β-榄香烯	31.3099	0.0810
29	顺式柠烯氧化物	17.7042	0.0987	58	橙花醛二乙缩醛	32.7223	1.7800

续表

序号	物质	时间/min	含量/%	序号	物质	时间/min	含量/%
59	反式石竹烯	33.6862	0.3317	67	双环大根香叶烯	39.5864	0.0108
60	罗汉柏烯	33.7097	0.0613	68	顺,顺-3,6-金合欢烯	39.9139	0.0011
61	香叶醛二乙缩醛	34.4978	2.1400	69	β-红没药烯	40.1401	0.0049
62	α-愈创木烯	35.213	0.0005	70	斯巴醇	45.4742	0.0397
63	反-β-金合欢烯	35.9072	0.0163	71	石竹烯氧化物	45.9279	0.0890
64	葎草烯	36.3423	0.0387	72	葎草烯环氧化物	47.7247	0.0024
65	别香橙烯	36.928	0.0048	73	新臭根子草醇	50.689	0.0026
66	大根香叶烯 D	38.4198	0.0012				

7. 讨论

从山苍子精油中鉴定出了73种化合物，占山苍子精油总量的99.97%，主要由酮类、烯类、氧化物组成。其主要成分有橙花醛(32.8667%)、香叶醛(32.3333%)、柠檬烯(4.3333%)、6-甲基-5-庚烯-2-酮(4.2667%)、桧烯(3.5667%)、α-蒎烯(3.4333%)。

(三)香柠檬

1. 简述

香柠檬亦称香蜂草、大红香蜂草、印第安羽毛，原产北美。香柠檬(Bergamot)，唇形科(Lamiaceae)薄荷属(*Mentha*)植物。香柠檬是酸的，它气味芬芳的皮可提炼出香柠檬精油，香柠檬精油常用在伯爵茶中，同时也是芳香疗法中治疗忧郁症的一种成分。

2. 理化性质

精油为黄绿色液体，相对密度0.876～0.884，折射率1.464～1.468，旋光度+8°～+30°。

3. 品种、产地

主产于意大利、科特迪瓦、几内亚、西班牙、俄罗斯、印度和中国南方地区。

4. 加工方式和应用

加工方式：采用冷榨果皮的方法可得香柠檬精油，得油率0.4%～0.5%。

应用：是天然精油中重要的香原料之一，应用广泛，用于调配柑橘-古龙型、薰衣草型、花露水型等香精中，也能用于调配馥奇、素心兰、东方型及幻想型等香精配方中，还可用于花香型香精中，如茉莉、铃兰、薰衣草、栀子、紫罗兰、桂花等香精中。与黑胡椒精油、香紫苏精油、柏木精油、乳香香树脂、杳叶精油、茉莉精油、漫举精油、肉豆蔻精油、甜橙精油、迷迭香精油、依兰依兰精油、岩石草精油和檀香木精油等很好地协同、和合。IFRA有限制规定。

5. 香气特征

具有清香带甜的果香、药香、膏香。

6. 分析报告

表 3-19　　香柠檬精油分析报告

序号	物质	时间/min	含量/%	序号	物质	时间/min	含量/%
1	3-甲基-2-丁烯-1-醇	6.688	0.0070	28	松油烯醇	18.1978	0.1516
2	α-蒎烯	10.2926	1.2286	29	顺-β-松油醇	18.8471	0.3799
3	α-葑烯	10.8138	0.0198	30	乙酸苄酯	19.3094	0.0012
4	莰烯	10.8939	0.1372	31	乙酸对甲酚酯	19.3152	0.0070
5	玫瑰木氧化物	11.3671	0.0808	32	δ-松油醇	19.8582	0.0072
6	桧烯	11.5214	0.2611	33	龙脑	20.0753	0.0780
7	β-蒎烯	11.8217	3.8330	34	4-松油烯醇	20.3833	0.0815
8	3-辛醇	12.0849	0.0092	35	α-松油醇	21.007	3.4223
9	辛醛	12.3801	0.0146	36	γ-松油醇	21.21	0.6913
10	α-水芹烯	12.7272	0.0376	37	甲酸芳樟酯	21.9259	0.3169
11	δ-菁烯	12.8335	0.1010	38	β-香茅醇	22.1494	0.0876
12	1,4-桉叶素	13.0045	0.5339	39	对异丙基苯酚	22.3716	0.0031
13	α-松油烯	13.1101	0.2426	40	橙花醛	22.8295	1.4579
14	邻伞花烃	13.4105	1.2902	41	顺式香芹醇	22.8308	0.7598
15	柠檬烯	13.6128	31.6906	42	乙酸芳樟酯	23.1951	14.1342
16	β-水芹烯	13.7422	0.0320	43	香芹酮	23.2906	0.0661
17	桉叶素	13.8139	0.4586	44	香叶醛	24.1819	1.9233
18	反-β-罗勒烯	14.0463	0.3765	45	反-β-松油酯	24.8735	0.2656
19	γ-松油烯	14.7398	0.4620	46	乙酸异胡薄荷酯	25.017	0.2621
20	1-辛醇	14.9787	0.6845	47	乙酸异龙脑酯	25.4108	0.1006
21	顺式氧化芳樟醇	15.2675	0.0122	48	甲酸香叶酯	25.6573	0.6160
22	异松油烯	15.9303	1.2012	49	乙酸二氢香芹酯	27.775	0.0126
23	2-葑酮	16.2511	0.0038	50	乙酸松油酯	28.6894	0.5202
24	芳樟醇	16.3753	31.0746	51	乙酸γ-松油酯	28.8354	0.1496
25	葑醇	17.5914	0.4415	52	乙酸香叶酯	30.5272	0.2426
26	顺式水合蒎烯	17.9596	0.0146	53	β-红没药烯	41.0553	0.0013
27	顺式柠烯氧化物	18.0896	0.0106				

7. 讨论

从香柠檬精油中鉴定出了53种化合物，占香柠檬挥发油总量的99.99%，主要由醇类、烯类、醛类、酯类组成。其主要成分有柠檬烯(31.6906%)、芳樟醇(31.0746%)、乙酸芳樟酯(14.1342%)、β-蒎烯(3.8330%)、α-松油醇(3.4223%)、香叶醛(1.9233%)。

(四)榄香

1. 简述

由橄榄科植物榄香(*Canarium commune* L. 或 *C. luzonicum* Mig.)受伤树皮渗出的树脂经减压蒸馏或水蒸气蒸馏所得。有止痛、抗病毒、杀菌的作用。

2. 理化性质

精油为无色至淡黄色液体,相对密度 0.880～0.910,折射率 1.4800～1.4880,旋光度 +40°50′～+64°。

3. 品种、产地

主产于菲律宾,除此之外,还有巴西的 *Protum heptaphyllum* 和墨西哥的 *Amyris plumerrii* 等。

4. 加工方式和应用

加工方式:从树干皮上切口流出的渗出物得香树脂,用水蒸气蒸馏香树脂得油,得率 20%～30%。

应用:因具有新鲜而令人愉快的特征香气,因此可用于具有新鲜头香的各种日用香精配方中,如素心兰等香水香精中。

5. 香气特征

令人愉快的柠檬样青香、辛香、膏香香气。

6. 分析报告

表 3-20　榄香精油分析报告

序号	物质	时间/min	含量/%	序号	物质	时间/min	含量/%
1	2-甲基-2-丁烯醛	6.8714	0.0005	17	辛醛	12.8075	0.0697
2	丁酸乙酯	7.0276	0.0005	18	δ-蒈烯(长松针烯)	12.8274	0.0489
3	反式鼠尾草烯	8.2258	0.0074	19	α-松油烯	13.1552	0.0163
4	反-2-丁烯醛	8.4896	0.0040	20	对伞花烃	13.4888	1.8414
5	壬烷	9.046	0.0012	21	柠檬烯	13.8263	37.0734
6	2,5-己二酮	9.575	0.0020	22	顺-β-罗勒烯	13.8513	7.9303
7	α-侧柏烯	9.949	0.3413	23	β-水芹烯	13.9044	0.6310
8	α-蒎烯	10.2749	0.9133	24	桉叶素	13.9352	0.5892
9	莰烯	10.8756	0.0371	25	异松油烯	15.9171	0.0273
10	桧烯	11.5466	12.4969	26	玫瑰呋喃	15.9657	0.0171
11	6-甲基-5-庚稀-2-酮	11.6561	0.0006	27	2,4-二甲基苯乙烯	16.1361	0.0427
12	β-蒎烯	11.8335	0.3462	28	2-葑酮	16.2283	0.0007
13	癸烷	12.1864	0.0012	29	十一烷	16.2552	0.0004
14	ρ-苎烯	12.6461	0.0938	30	芳樟醇	16.341	0.0224
15	α-水芹烯	12.7172	0.0255	31	反式水合桧烯	16.6727	0.2320
16	乙酸叶醇酯	12.8075	0.0295	32	β-侧柏酮	17.4418	0.0003

续表

序号	物质	时间/min	含量/%	序号	物质	时间/min	含量/%
33	顺-2,8-二烯-1-醇	17.5942	0.7218	66	乙酸异龙脑酯	26.0917	0.0198
34	顺-对薄荷烷-2-烯-1-醇	17.7453	0.1112	67	紫苏醇	26.3517	0.0493
35	去氢香桧酮	17.7472	0.0616	68	未知物 1	27.416	1.5271
36	4-乙酰基-1-甲基-环己烯	17.979	0.0955	69	δ-榄香烯	28.0948	0.0665
37	顺式柠烯氧化物	18.0847	0.7832	70	孟二醇	28.8248	0.3094
38	反式氧化柠檬烯	18.2576	0.8078	71	α-荜澄茄油烯	28.844	0.1910
39	新薄荷醇	18.4926	0.0889	72	古巴烯	30.9521	0.4125
40	反-对薄荷烷-2-烯-1-醇	18.5381	0.0538	73	反式索布瑞醇	31.4182	0.0307
41	反式松香芹醇	18.6546	0.0066	74	β-波旁烯	31.6424	0.0270
42	顺-β-松油醇	18.8301	0.0439	75	β-榄香烯	31.8351	0.1947
43	樟脑	18.9575	0.0980	76	β-广藿香烯	31.8389	0.0982
44	4-松油烯醇	20.3669	0.6654	77	甲基丁香酚	32.316	0.8863
45	百里香酚	20.5936	0.2183	78	苜蓿烯	32.7329	0.0009
46	对甲基苯异丙醇	20.5975	0.5058	79	α-古芸烯	33.4398	0.0079
47	对甲基苯乙酮	20.6596	0.0648	80	反式石竹烯	34.5163	0.0575
48	隐酮	20.7127	0.4468	81	γ-榄香烯	34.9716	0.0061
49	α-松油醇	21.0451	3.5355	82	倍半香桧烯	35.222	0.0412
50	桃金娘烯醇	21.241	0.2310	83	α-愈创木烯	35.5146	0.0075
51	反式薄荷醇	21.6201	0.1105	84	葎草烯	37.3435	0.0822
52	反式香芹醇	22.0703	0.9624	85	别香橙烯	37.6726	0.0024
53	对异丙基苯酚	22.2112	0.0110	86	γ-紫穗槐烯	38.6568	0.0094
54	6-甲基-5-庚烯-2-酮	22.5083	0.0390	87	藜芦醛	38.7676	0.0012
55	顺式香芹醇	22.6908	0.3462	88	α-依兰油烯	40.4479	0.0619
56	枯茗醛	23.2844	0.1009	89	γ-雪松烯	41.5986	0.0004
57	香芹酮	23.2972	1.8758	90	γ-杜松烯	41.6121	0.0099
58	香芹艾菊酮	23.5469	0.0572	91	β-二氢沉香呋喃	41.8304	0.0854
59	胡椒酮	23.8044	0.2070	92	β-倍半水芹烯	41.8484	0.1039
60	乙酸异胡薄荷酯	25.347	0.1323	93	δ-杜松烯	41.8925	0.0277
61	柠檬-10-醇	25.582	0.0242	94	反式去氢白菖烯	42.2262	0.0080
62	十三烷	25.7011	0.0028	95	α-去二氢菖蒲烯	43.6766	0.0016
63	香芹酚	25.8785	0.1638	96	榄香素	44.1908	3.1918
64	枯茗醇	25.9112	0.0484	97	榄香醇	44.5641	14.8539
65	百里香酚	25.9233	0.1228	98	斯巴醇	46.3815	0.0187

续表

序号	物质	时间/min	含量/%	序号	物质	时间/min	含量/%
99	石竹烯氧化物	46.7881	0.2701	104	γ-桉叶油醇	50.0385	0.3069
100	愈创醇	47.6263	0.2239	105	T-依兰油醇	50.8012	0.0032
101	绿花白千层醇	47.6353	0.1181	106	β-桉叶油醇	51.6356	0.4051
102	葎草烯环氧化物	48.6643	0.1584	107	布藜醇	51.6574	0.5205
103	10-γ-桉叶油醇	49.5141	0.0035				

7. 讨论

从榄香精油中鉴定出了107种化合物，占榄香精油总量的99.99%，主要由烯类、醇类组成。其主要成分有柠檬烯(37.0734%)、榄香醇(14.8539%)、桧烯(12.4969%)、顺式β-罗勒烯(7.9303%)、α-松油醇(3.5355%)、榄香素(3.1918%)。

（五）柠檬

1. 简述

柠檬(*Citrus lemon*，芸香科)又称柠果、洋柠檬、益母果等。小乔木，枝少刺或近于无刺，嫩叶及花芽为暗紫红色，叶片厚纸质，呈卵形或椭圆形。单花腋生或少花簇生。果呈椭圆形或卵形，果皮厚，通常粗糙，柠檬黄色，果汁酸至甚酸，种子小，卵形，端尖；种皮平滑，子叶乳白色，通常单或兼有多胚。花期4～5月，果期9～11月。

2. 理化性质

精油为黄色液体，相对密度0.857～0.862，折射率1.472～1.475(20℃)，旋光度+57°～+65°。

3. 品种、产地

原产马来西亚，在地中海沿岸、东南亚和美洲等地都有分布，目前地中海沿岸、东南亚和美洲等地都有分布，中国四川、台湾、福建、广东、广西等地也有栽培。其中四川安岳产地盛产柠檬，被誉为“中国柠檬之乡”。美国和意大利是柠檬的著名产地，而法国则是世界上食用柠檬最多的国家。原产于中国西南和缅甸西南部，或喜马拉雅山南麓东部地区，尚无定论。现在主产国为意大利、希腊、西班牙和美国。

4. 加工方式和应用

加工方式：果皮或叶片用手榨，冷榨或水蒸气蒸馏法得油，得率0.2%～0.6%。

应用：是广泛应用的柠檬原料，可应用于配置柠檬型、果香型香精，在食品香精、牙膏、烟用香精中经常使用。在日用香精中可用于紫罗兰、桂花金合欢、玉兰花等香型中。能于许多精油和香原料协同，如乙酸卞酯、香叶精油、薰衣草精油、花露水等香精配方中。还可以与脂肪醛共同使用，以修饰柑橘、柠檬样的头香香气。IFRA有限制规定。

5. 香气特征

清、甜、香的果香，香气似柠檬，有新鲜之感。香气飘逸，留香不持久。

6. 分析报告

表 3-21 柠檬精油分析报告

序号	物质	时间/min	含量/%	序号	物质	时间/min	含量/%
1	α-侧柏烯	9.7935	0.7269	28	4-松油烯醇	20.1801	0.0291
2	α-蒎烯	10.1163	4.9356	29	对甲基苯异丙醇	20.4100	0.0067
3	α-葑烯	10.6228	0.0020	30	α-松油醇	20.8096	0.0969
4	莰烯	10.7048	0.1217	31	癸醛	21.0465	0.0850
5	桧烯	11.3400	1.7391	32	反式香芹醇	21.8931	0.0069
6	6-甲基-5-庚稀-2-酮	11.4834	0.0116	33	橙花醛	22.6289	1.8456
7	β-蒎烯	11.6520	13.9130	34	2,4-二甲氧基甲苯	22.8235	0.0031
8	辛醛	12.1949	0.0173	35	香芹酮	23.0829	0.0158
9	α-水芹烯	12.5375	0.0329	36	胡椒酮	23.5888	0.0023
10	δ-蒈烯(长松针烯)	12.6489	0.0024	37	香叶醛	23.9807	3.6793
11	1,4-桉叶素	12.8160	0.0295	38	δ-榄香烯	27.8266	0.0009
12	α-松油烯	12.9223	0.1475	39	乙酸香茅酯	28.3037	0.0046
13	对伞花烃	13.2393	1.7391	40	孟二醇	28.6104	0.0278
14	柠檬烯	13.4410	59.1304	41	乙酸橙花酯	28.8883	0.6312
15	β-水芹烯	13.5806	0.6192	42	乙酸香叶酯	30.2184	0.4816
16	桉叶油素	13.6530	0.0377	43	β-榄香烯	31.5017	0.0009
17	反-β-罗勒烯	13.8540	0.1558	44	反式石竹烯	34.1547	0.3290
18	γ-松油烯	14.5475	6.9565	45	反-α-佛手柑烯	34.8789	0.5624
19	异松油烯	15.7271	0.4816	46	香橙烯	35.2138	0.0023
20	芳樟醇	16.1721	0.1137	47	葎草烯	37.0049	0.0069
21	壬醛	16.3687	0.0308	48	β-檀香花烯	37.0516	0.0040
22	反式水合桧烯	16.4898	0.0028	49	瓦伦西亚桔烯	39.7757	0.0021
23	苯乙醇	17.0398	0.0092	50	顺-α-红没药烯	40.1222	0.0186
24	顺式柠烯氧化物	17.8902	0.1119	51	β-红没药烯	40.7132	0.8705
25	反式氧化柠檬烯	18.0689	0.2100	52	斯巴醇	46.0121	0.0104
26	香茅醛	18.5408	0.0359	53	石竹烯氧化物	46.4117	0.0434
27	松香芹酮	19.4046	0.0081				

7. 讨论

从柠檬精油中鉴定出 53 种化合物，主要成分有柠檬烯(59.1304%)、β-蒎烯(13.9130%)、α-蒎烯(4.9367%)、γ-松油烯(6.9565%)。

(六)甜橙

1. 简述

甜橙为芸香科柑橘属,常绿小乔木。甜橙精油是少数有镇静作用的精油之一,有着甜甜橙香味,可以驱离紧张情绪和压力、改善焦虑所引起的失眠,能促进发汗,因而可帮助阻塞的皮肤排出毒素,对油性、暗疮或干燥皮肤者皆有帮助。

2. 理化性质

分冷磨油、冷榨油和水中蒸馏油 3 种。前两种为深橘黄色或棕红色液体,相对密度 0.8443~0.8490,折射率 1.4723~1.4746,旋光度+95°66′~+98°13′,酸值 0.35~0.91。蒸馏油为淡黄色液体,相对密度 0.8400~0.8461,折射率 1.4715~1.4732,旋光度+95°12′~+96°56′。

3. 品种、产地

主产于意大利、普罗旺斯、中国、葡萄牙、佛罗里达、加利福尼亚、得克萨斯、西西里岛、瓦伦西亚、北非、塞浦路斯、几内亚、以色列、巴西等。

4. 加工方式和应用

加工方式:用冷磨法、冷榨法或水蒸气蒸馏法从鲜果或果皮中得油,得率为 0.1%~0.5%。

应用:甜橙精油是最常用的三种果实香料之一,应用面广,范围也大,不仅用于食品、酒类和烟草的加香,在日用香精中应用也很广泛,如牙膏、香水、古龙水、膏霜、香粉、香皂香精等。在花香型香精玫瑰、茉莉、橙花、紫丁香、玉兰等中少量使用,可提调香气,也可用于素心兰型、馥奇型、薰衣草型、醛香型、果香型、檩香型、青香型、花露水型等香精中,还可用于配制人造香柠檬精油。

5. 香气特征

甜青果香和柑橘香气,并伴有脂蜡醛香,有新鲜甜美的香韵,香气飘逸,留香不持久。

6. 分析报告

表 3-22 甜橙精油分析报告

序号	物质	时间/min	含量/%	序号	物质	时间/min	含量/%
1	乙醛二乙缩醛	6.4109	0.0003	9	桧烯	12.0217	0.7336
2	己醛	7.4867	0.0011	10	月桂烯	12.3573	3.0845
3	癸烷	9.5192	0.0026	11	辛醛	12.8734	0.7465
4	庚醛	9.6031	0.0041	12	δ-蒈烯	13.3562	0.1343
5	α-侧柏烯	10.4452	0.0053	13	邻伞花烃	14.0107	0.0039
6	α-蒎烯	10.7814	0.8580	14	柠檬烯	14.3334	90.9481
7	1-戊烯-3-酮	11.1265	0.0016	15	β-水芹烯	14.3834	0.4063
8	庚醇	11.562	0.0114	16	1-辛醇	15.4547	0.0081

续表

序号	物质	时间/min	含量/%	序号	物质	时间/min	含量/%
17	顺式水合桧烯	15.814	0.0018	34	反-2,8-孟二烯	26.8255	0.0204
18	芳樟醇	16.8468	1.0511	35	2-蒈酮	27.5472	0.0022
19	壬醛	17.055	0.1223	36	反,反-2,4-癸二烯醛	27.5472	0.0056
20	顺式柠烯氧化物	18.5995	0.1574	37	α-古巴烯	31.7326	0.0027
21	顺式异柠檬醛	18.5995	0.0712	38	十二醛	33.89	0.0691
22	水芹醛	18.6097	0.0160	39	香叶烯 D	36.0685	0.0053
23	反式氧化柠檬烯	18.7814	0.0489	40	γ-紫穗槐烯	36.096	0.0054
24	香茅醛	19.2258	0.1042	41	反-β-金合欢烯	37.3396	0.0038
25	壬醇	19.9878	0.0085	42	γ-依兰油烯	40.0316	0.0033
26	癸醛	21.7219	0.5706	43	γ-杜松烯	40.8699	0.0489
27	反式香芹醇	22.5089	0.0236	44	瓦伦西亚桔烯	40.8699	0.0734
28	顺式香芹醇	23.1313	0.0314	45	α-芹子烯	40.8756	0.0390
29	橙花醛	23.2914	0.0596	46	α-杜松醇	40.8878	0.0260
30	香芹酮	23.7582	0.1467	47	δ-桉叶烯	41.1888	0.0020
31	香叶醛	24.6688	0.1390	48	δ-杜松烯	42.6244	0.0212
32	紫苏醛	25.4302	0.0433	49	β-甜橙醛	54.3872	0.0014
33	十一醛	26.7884	0.0238	50	圆柚酮	61.0924	0.28

7. 讨论

从甜橙精油中鉴定出 50 种化合物，主要成分有柠檬烯(90.9481%)、月桂烯(3.0845%)、芳樟醇(1.0511%)、α-蒎烯(0.8580%)。

十、非花香(辛香)

(一)月桂

1. 简述

月桂为亚热带树种，原产地中海一带，我国长江流域以南江苏、浙江、台湾、福建等省庭园中多有栽培。月桂四季常青，树姿优美，有浓郁香气，适于在庭院、建筑物前栽植，其斑叶者，尤为美观。月桂油由樟科植物月桂的叶、茎和非木质化的小枝经水蒸气蒸馏而得。用于香盐、食品和化妆品的生产。

2. 理化性质

精油为黄色液体，相对密度 0.910～0.944，折射率 1.460～1.477，旋光度 $-21°41'$～$+4°40'$。

3. 品种、产地

主产于地中海沿岸、法国、意大利、西班牙、塞浦路斯、摩洛哥、土耳其、巴基斯坦，以及中国浙江、江苏、福建等地有栽培。

4. 加工方式和应用

加工方式：用水蒸气蒸馏叶和树枝得油，得率 0.5%～1.0%。

应用：可用于香水香精及皂用香精中，如馥奇、薰衣草、紫罗兰、醛香、古龙、花露水等香型香精中。但应注意不宜多用。也可用于森林型、男用古龙、须后水、空气清新剂等香精中。

5. 香气特征

具有鲜强而清凉的辛甜香气，香气似混有桉叶素类的丁香样的香气，又有些香玉树油样的气息，同时也伴有松油醇及香叶醇的香气，底香甜辛优美。

6. 分析报告

表 3-23　月桂精油分析报告

序号	物质	时间/min	含量/%	序号	物质	时间/min	含量/%
1	己醇	8.1721	0.0029	23	芳樟醇	15.995	3.2051
2	己酸甲酯	9.5162	0.0030	24	6-甲基-3,5-庚烯-2-酮	16.2643	0.0077
3	α-侧柏烯	9.8097	0.0332	25	顺-对薄荷烷-2-烯-1-醇	17.1978	0.0032
4	α-蒎烯	10.1	0.3633	26	壬醇	19.0466	0.0182
5	庚醇	10.8524	0.0035	27	反式氧化芳樟醇(吡喃型)	19.4238	0.0052
6	1-辛烯-3-醇	11.1995	1.3138	28	4-松油烯醇	19.7768	0.5872
7	3-辛酮	11.4953	0.8994	29	对甲基苯异丙醇	20.016	0.0450
8	β-蒎烯	11.7121	16.7002	30	7-羟基脱氢芳樟醇	20.0553	0.0043
9	3-辛醇	11.7644	0.4779	31	α-松油醇	20.3409	0.2539
10	辛醛	12.0801	0.0028	32	水杨酸甲酯	20.5648	0.0144
11	α-水芹烯	12.374	0.2222	33	龙蒿脑	20.6028	0.1204
12	δ-蒈烯	12.607	0.0067	34	癸醛	20.7299	0.0194
13	α-松油烯	12.8067	0.1010	35	β-环柠檬醛	20.8701	0.0045
14	邻伞花烃	13.0983	0.9752	36	反式松香芹醇	20.895	0.0161
15	柠檬烯	13.2817	2.6276	37	橙花醇	21.8713	0.0139
16	β-水芹烯	13.3634	0.2733	38	橙花醛	22.5492	0.0133
17	桉叶油素	13.448	0.7495	39	胡椒酚	23.0147	14.1026
18	反-β-罗勒烯	13.8069	0.2204	40	香叶醇	23.0918	0.0596
19	γ-松油烯	14.4218	0.0119	41	9-癸烯-1-醇	23.184	0.0107
20	1-辛醇	14.6042	0.0249	42	癸醇	23.7442	0.0134
21	异松油烯	15.6995	0.0390	43	香叶醛	23.8613	0.0480
22	2,4-二甲基苯乙烯	15.7286	0.0192	44	百里香酚	24.4405	0.0019

续表

序号	物质	时间/min	含量/%	序号	物质	时间/min	含量/%
45	香芹酚	25.3449	0.0203	58	顺,顺-3,6-金合欢烯	39.9171	0.1538
46	丁香酚	29.0921	41.0256	59	γ-杜松烯	40.8121	0.0342
47	α-古巴烯	30.307	0.3846	60	δ-杜松烯	41.4161	1.0616
48	香兰素	31.6308	0.0265	61	δ-紫穗槐烯	41.6266	0.0360
49	甲基丁香酚	31.7625	1.2821	62	α-杜松烯	42.517	0.0488
50	乙酸癸酯	31.9923	0.0007	63	α-去二氢菖蒲烯	42.9439	0.0702
51	反式石竹烯	33.693	0.5769	64	石竹烯氧化物	45.9252	0.0815
52	葎草烯	36.3599	0.0441	65	表荜澄茄油烯醇	48.8784	0.0189
53	反式杜松-1,4-二烯	37.7193	0.0021	66	α-映杜松醇	49.6698	0.0229
54	γ-紫穗槐烯	37.9164	0.0370	67	α-依兰油醇	50.0251	0.0481
55	γ-依兰油烯	37.923	0.0681	68	α-杜松醇	50.5762	0.1294
56	α-姜烯	38.8836	0.0028	69	*m*-樟脑烯	67	7.6923
57	α-依兰油烯	39.6883	0.0434	70	*p*-樟脑烯	69.1986	3.2051

7. 讨论

从月桂精油中鉴定出了70种化合物,占月桂挥发油总量的99.76%,主要由醇类、烯类、酚类组成。其主要成分有丁香酚(41.0256%)、β-蒎烯(16.7002%)、胡椒酚(14.1026%)、*m*-樟脑烯(7.6923%)、芳樟醇(3.2051%)、*p*-樟脑烯(3.2051%)。

(二)甘牛至

1. 简述

甘牛至,我国通常称为马郁兰,属唇形科,牛至属,为多年生草本植物。多年生草本植物,比起同属之俄力冈香味更温和、甘甜及沉稳。叶色也较柔和及灰绿,叶片也较少。可作为花坛或盆栽植物。

2. 理化性质

精油为黄色或黄绿色液体,相对密度0.886~0.902,折射率1.4700~1.4760,旋光度+13°~+24°。

3. 品种、产地

主产于法国普罗旺斯、意大利、德国、匈牙利、突尼斯,以及西非、北非地区。

4. 加工方式和应用

加工方式:用水蒸气蒸馏带花序的全草得油,得率<3%。

应用:主要作为食品调味料用于食品香精。在日用香精中可用于需要辛香韵、药草韵等香型香精中。

5. 香气特征

辛辣的温暖辛香、药草香气,略带樟脑样气息,能使人联想起小豆蔻油的特征香气。

6. 分析报告

表 3-24 甘牛至精油分析报告

序号	物质	时间/min	含量/%	序号	物质	时间/min	含量/%
1	己醇	8.1814	0.0052	33	顺-2,8-二烯-1-醇	17.1437	0.0072
2	α-侧柏烯	9.8088	0.2159	34	顺-对薄荷烷-2-烯-1-醇	17.2195	0.0495
3	α-蒎烯	10.1047	4.3659	35	普莉醇	17.3411	0.0104
4	α-葑烯	10.5417	0.0020	36	α-龙脑烯醛	17.4248	0.0033
5	莰烯	10.6185	1.1585	37	反-对薄荷烷-2-烯-1-醇	17.9942	0.0208
6	苯甲醛	10.9081	0.0097	38	反式松香芹醇	18.1217	0.0934
7	桧烯	11.3069	1.3805	39	反式马鞭草烯醇	18.2785	0.0439
8	3-辛酮	11.4932	0.0317	40	樟脑	18.4253	0.4171
9	β-蒎烯	11.6749	1.2878	41	薰衣草醇	19.0369	0.0176
10	3-辛醇	11.8302	0.0349	42	δ-松油醇	19.2908	0.8976
11	2-甲基丁酸异丁酯	12.0394	0.0030	43	龙脑	19.3261	0.9561
12	p-苎烯	12.3708	0.0727	44	异龙脑	19.3435	0.1949
13	δ-菅烯(长松针烯)	12.6127	0.0044	45	反式氧化芳樟醇	19.4389	0.0368
14	α-松油烯	12.8186	0.0707	46	苯乙酸甲酯	19.5899	0.0172
15	对伞花烃	13.0977	0.1117	47	4-松油烯醇	19.7635	0.1941
16	柠檬烯	13.2903	0.5073	48	对甲基苯异丙醇	20.0331	0.0563
17	桉叶油素	13.5952	55.1220	49	百里香酚	20.0393	0.0410
18	γ-乙烯基戊内酯	13.7351	0.0244	50	α-松油醇	20.377	4.0000
19	反-β-罗勒烯	13.8244	1.2024	51	桃金娘烯醇	20.6607	0.0563
20	γ-松油烯	14.4287	0.2878	52	桃金娘烯醛	20.7464	0.0641
21	1-辛醇	14.6428	0.0030	53	反式薄荷醇	21.0906	0.0069
22	顺式水合桧烯	14.8305	0.1600	54	马鞭草烯酮	21.3609	0.0171
23	反式氧化芳樟醇(呋喃型)	15.0043	0.5488	55	反式香芹醇	21.5818	0.0205
24	异松油烯	15.6999	0.0498	56	β-香茅醇	21.7335	0.0246
25	2,4-二甲基苯乙烯	15.7306	0.0332	57	橙花醇	21.8518	0.0315
26	玫瑰呋喃	15.8529	0.0110	58	异戊酸叶醇酯	21.9329	0.0026
27	芳樟醇	16.1471	22.6829	59	甲酸龙脑酯	22.1649	0.0461
28	脱氢芳樟醇	16.2664	0.4878	60	橙花醛	22.499	0.0184
29	3-甲基丁酸-3-甲基-3-丁烯酯	16.5458	0.0070	61	苯乙酸乙酯	22.6618	0.0151
30	顺式玫瑰醚	16.607	0.0020	62	2,4-二甲氧基甲苯	22.6618	0.0182
31	苯乙醇	16.8096	0.0160	63	枯茗醛	22.6889	0.0101
32	葑醇	16.9515	0.0055	64	香芹酮	22.8197	0.0376

续表

序号	物质	时间/min	含量/%	序号	物质	时间/min	含量/%
65	香叶醇	22.9828	0.0441	87	别香橙烯	36.9	0.0446
66	乙酸芳樟酯	23.0243	1.0000	88	γ-雪松烯	36.9124	0.0466
67	乙酸苯乙酯	23.2469	0.0159	89	丙酸香叶酯	37.1886	0.0129
68	香叶醛	23.8316	0.0407	90	γ-紫穗槐烯	38.4049	0.0200
69	水芹醛	24.4056	0.0028	91	依兰油二烯	39.2926	0.0025
70	乙酸龙脑酯	24.7992	0.2878	92	双环大根香叶烯	39.574	0.0776
71	枯茗醇	24.9443	0.0098	93	瓦伦西亚桔烯	40.0941	0.0020
72	百里香酚	25.3349	0.0049	94	丙酸橙花酯	40.2359	0.0136
73	δ-榄香烯	27.6942	0.0178	95	γ-杜松烯	40.8001	0.0329
74	α-乙酸松油酯	28.225	0.4902	96	δ-杜松烯	41.3845	0.0595
75	7-羟基脱氢芳樟醇	28.581	0.0108	97	反式去氢白菖烯	41.4502	0.0092
76	乙酸橙花酯	28.8536	0.0174	98	α-杜松烯	42.4897	0.0019
77	乙酸香叶酯	30.1048	0.0768	99	榄香醇	43.299	0.0532
78	乙酸香叶酯	30.114	0.0854	100	丁酸香叶酯	43.7046	0.0189
79	α-古巴烯	30.2722	0.0019	101	斯巴醇	45.4798	0.0749
80	β-波旁烯	30.9903	0.0156	102	石竹烯氧化物	45.9469	0.0885
81	β-榄香烯	31.288	0.0123	103	绿花白千层醇	46.5036	0.0676
82	α-古芸烯	32.821	0.0166	104	异戊酸香叶酯	46.7164	0.0032
83	反式石竹烯	33.6836	0.1668	105	γ-桉叶油醇	49.1044	0.0075
84	杜松-3,5-二烯	34.3563	0.0016	106	α-杜松醇	49.6715	0.0047
85	香橙烯	35.1875	0.0072	107	β-桉叶油醇	50.3946	0.0085
86	葎草烯	36.3384	0.0044				

7. 讨论

从甘牛至精油中鉴定出了107种化合物，占甘牛至总量的100%，主要由醇类、烯类、酮类、醛类组成。其主要成分有桉叶油素(55.1220%)、芳樟醇(22.6829%)、α-蒎烯(4.3659%)、α-松油醇(1.3805%)、桧烯(1.2878%)。

(三)茴香

1. 简述

茴香别名茴香子、小茴、怀香、香丝菜。茴香分大茴香和小茴香两种。大茴香即大料，学名“八角茴香”。小茴香的种实是调味品，而它的茎叶部分也具有香气，常被用来作包子、饺子等食品的馅料。它们所含的主要成分都是茴香油，能刺激胃肠神经血管，促进消化液分泌，增加胃肠蠕动，排除积存的气体，所以有健胃、行气的功效。

2. 理化性质

精油为无色至浅黄色液体，相对密度 0.98～0.99，折射率 1.552～1.559，旋光度 −2°～+1°，溶于乙醇。

3. 品种、产地

起源于近东和小亚细亚，现产于前苏联、波兰、比利时、法国、土耳其、前南斯拉夫、印度、南欧、阿根廷等。

4. 加工方式和应用

加工方式：用水蒸气蒸馏干的碎种子得油，得率 1.9%～3.1%。

应用：常用于酒类和糖果香，少量用于檀香、素心兰、香薇、松针等香型香精中，有圆和香气的作用。

5. 香气特征

非常强烈的甜香，并伴有令人愉快的茴香香气。

6. 分析报告

表 3-25　　茴香精油分析报告

序号	物质	时间/min	含量/%	序号	物质	时间/min	含量/%
1	己醇	8.1805	0.0059	22	γ-松油烯	14.4223	0.2487
2	苏合香烯	8.9166	0.0155	23	顺式氧化芳樟醇	14.9995	0.0752
3	2-乙酰基呋喃	9.3484	0.0022	24	异松油烯	15.7003	0.1568
4	α-侧柏烯	9.8092	0.0362	25	2,4-二甲基苯乙烯	15.731	0.0088
5	α-蒎烯	10.1014	2.2172	26	芳樟醇	15.9974	4.7558
6	α-葑烯	10.5388	0.0036	27	葑醇	16.9032	0.0026
7	5-甲基糠醛	10.8663	0.0093	28	顺-对薄荷烷-2-烯-1-醇	17.2006	0.0090
8	苯甲醛	10.9055	0.0218	29	反式松香芹醇	18.1312	0.0061
9	玫瑰木氧化物	11.1889	0.0218	30	樟脑	18.4247	0.0019
10	桧烯	11.2965	0.1157	31	龙脑	19.317	0.0263
11	β-蒎烯	11.6589	0.2564	32	4-松油烯醇	19.7769	0.6086
12	2-戊基呋喃	11.7266	0.0084	33	对甲基苯异丙醇	20.024	0.0053
13	癸烷	11.911	0.0037	34	α-松油醇	20.3454	0.4563
14	α-水芹烯	12.3731	1.5424	35	龙蒿脑	20.6755	2.0000
15	δ-蒈烯	12.6108	0.5636	36	二氢大茴香脑	20.9556	0.0066
16	α-松油烯	12.8046	0.2082	37	橙花醇	21.865	0.0196
17	邻伞花烃	13.1001	0.2879	38	香叶醇	23.0051	0.0893
18	柠檬烯	13.275	1.0797	39	顺式大茴香脑	23.1515	0.4460
19	β-水芹烯	13.3596	0.8419	40	大茴香醛	23.394	0.2281
20	桉叶油素	13.4511	0.4737	41	反式大茴香脑	25.2346	80.0000
21	反-β-罗勒烯	13.798	0.0487	42	δ-榄香烯	27.7217	0.0067

续表

序号	物质	时间/min	含量/%	序号	物质	时间/min	含量/%
43	柳酸甲酯	29.9022	0.0207	58	δ-杜松烯	41.4052	0.0469
44	α-古巴烯	30.2869	0.0498	59	榄香醇	43.2899	0.0118
45	大茴香酮	30.5442	0.0425	60	反式橙花叔醇	44.0652	0.1812
46	β-榄香烯	31.3224	0.0208	61	斯巴醇	45.5001	0.0083
47	反式石竹烯	33.6964	0.2314	62	绿花白千层醇	45.9545	0.0418
48	反-α-佛手柑烯	34.5698	0.3136	63	表荜澄茄油烯醇	48.8825	0.0024
49	香橙烯	35.2128	0.0069	64	γ-桉叶油醇	49.1175	0.0133
50	反-β-金合欢烯	35.9064	0.0207	65	α-映杜松醇	49.6739	0.0243
51	葎草烯	36.3643	0.0301	66	α-依兰油醇	50.0331	0.0114
52	异丁香酚甲醚	39.1453	0.0462	67	β-桉叶油醇	50.4129	0.0071
53	β-芹子烯	39.462	0.0181	68	α-杜松醇	50.5924	0.1170
54	瓦伦西亚橘烯	39.4692	0.0152	69	T-依兰油醇	50.5989	0.1144
55	双环大根香叶烯	39.5934	0.0328	70	α-没药醇	52.462	0.0052
56	顺,顺-3,6-金合欢烯	39.9274	0.0662	71	金合欢醇	54.5023	0.0093
57	β-红没药烯	40.1337	0.0733	72	茴香苷	51.3	1.2853

7. 讨论

从茴香精油中鉴定出了72种化合物,占茴香挥发油总量的99.987%,主要由醇类、烯类组成。其主要成分有反式大茴香脑(80%)、芳樟醇(4.7558%)、α-蒎烯(2.2172%)、龙蒿脑(2%)、α-水芹烯(1.5424%)、茴香苷(1.2853%)。

(四)桂皮

1. 简述

桂皮,学名柴桂,又称香桂,为樟科、樟属植物天竺桂、阴香、细叶香桂或川桂等树皮的通称。商品桂皮的原植物比较复杂,约有十余种,均为樟科樟属植物。各地常用的有8种,其中主要有桂树、钝叶桂、阴香及华南桂等。

2. 理化性质

精油为黄色至深棕色液体,沸点194～234℃,密度1.03g/mL(25℃),折射率1.5223～1.5305。

3. 品种、产地

主要产于我国广西、广东(约占世界产量80%),越南、印度亦产。

4. 加工方式和应用

加工方式:由唇形科植物中国肉桂树(*Cinnamomum cassia* Blume)的鲜叶和梗经水蒸气蒸馏并重蒸精制而成。得率:叶0.3%～0.4%,梗1.0%～1.5%。

应用:桂皮精油既可直接用于调配食品饮料,也可合成各种高级香料,医药上使用得也很广泛。在饮料和食品工业中，桂皮精油可作增香剂和防腐剂。凡是“可口可乐”“百事可乐”等可乐类饮料均不能缺少桂油。

5. 香气特征

具有肉桂特有的辛烈、暖甜香气。

6. 分析报告

表 3-26　桂皮精油分析报告

序号	物质	时间/min	含量/%	序号	物质	时间/min	含量/%
1	乙酸乙酯	5.112	0.0046	30	γ-松油烯	14.7308	0.0316
2	反-2-丁烯醛	5.4264	0.0025	31	1-辛醇	14.9799	0.0067
3	乙酸丙酯	5.9125	0.0015	32	苯乙酮	15.1765	0.1158
4	乙醛二乙缩醛	6.0591	0.0018	33	甲酸苄酯	15.5447	0.0930
5	乙酸异丁酯	6.6399	0.0051	34	异松油烯	15.9277	0.0199
6	2-甲基丁酸	7.6818	0.0013	35	反式氧化芳樟醇(呋喃型)	15.9411	0.0893
7	己醇	8.3253	0.0019	36	庚酸乙酯	16.0737	0.0052
8	戊酸乙酯	9.015	0.0020	37	2,4-二甲基苯乙烯	16.1377	0.0024
9	苏合香烯	9.1079	0.0544	38	芳樟醇	16.3644	2.4500
10	α-侧柏烯	9.9647	0.0156	39	反式水合桧烯	16.6929	0.0017
11	α-蒎烯	10.2906	0.3161	40	苯乙醇	17.1834	0.2766
12	α-葑烯	10.8029	0.0032	41	顺-2,8-二烯-1-醇	17.599	0.2854
13	苯甲醛	11.255	7.2989	42	二氢芳樟醇	17.9006	0.0055
14	桧烯	11.5207	0.0748	43	4-乙酰基-1-甲基-环己烯	17.9839	0.0009
15	6-甲基-5-庚烯-2-酮	11.6571	0.0025	44	顺式柠烯氧化物	18.0972	0.2032
16	β-蒎烯	11.8185	0.9159	45	反式氧化柠檬烯	18.2797	0.3068
17	丁酸丁酯	11.9587	0.0015	46	反式松香芹醇	18.6441	0.0065
18	己酸乙酯	12.049	0.0044	47	顺-β-松油醇	18.8464	0.0040
19	辛醛	12.3756	0.1892	48	乙酸苄酯	19.3113	0.0153
20	δ-蒈烯	12.8367	0.0306	49	3-苯基丙醛	19.4676	0.1901
21	1,4-桉叶素	13.0064	0.0623	50	苯甲酸	19.4746	0.3082
22	间伞花烃	13.1857	0.0011	51	松香芹酮	19.6046	0.0049
23	对甲酚甲醚	13.2369	0.0050	52	顺式氧化芳樟醇	19.7801	0.0059
24	对伞花烃	13.4232	1.1158	53	反式氧化芳樟醇	19.9267	0.0055
25	柠檬烯	13.6557	27.9870	54	甲酸苯乙酯	19.9671	0.0313
26	苯甲醇	13.7581	1.5435	55	薄荷脑	20.1828	0.0100
27	桉叶油素	13.8279	0.0530	56	4-松油烯醇	20.3769	0.0167
28	苯乙醛	14.232	0.0669	57	对甲基苯异丙醇	20.5876	0.0479
29	水杨醛	14.353	0.0018	58	隐酮	20.7169	0.0026

续表

序号	物质	时间/min	含量/%	序号	物质	时间/min	含量/%
59	水杨酸甲酯	20.9199	1.4226	86	α-古巴烯	30.9991	0.0781
60	柠檬烯氧化物	21.2516	0.1083	87	顺式肉桂酸甲酯	31.5274	0.2320
61	α-香茅醇	21.6473	0.0041	88	β-榄香烯	31.8751	0.0080
62	香叶腈	21.9656	0.1702	89	甲基丁香酚	32.3388	0.0007
63	反式香芹醇	22.0796	0.1530	90	顺式石竹烯	33.2666	0.0394
64	β-香茅醇	22.1455	0.6788	91	反式石竹烯	34.5685	1.6179
65	顺式肉桂醛	22.1744	0.9391	92	丙酸香茅酯	35.474	0.0800
66	3-苯丙醇	22.6124	0.0869	93	顺式桂酸	35.6744	1.6876
67	顺式香芹醇	22.7001	0.0828	94	葎草烯	37.3912	0.3529
68	2,4-二甲氧基甲苯	23.0286	0.0084	95	反式桂酸乙酯	38.0392	1.2366
69	苯乙酸乙酯	23.0299	0.0036	96	异丁香酚甲醚	40.0045	0.0212
70	乙酸芳樟酯	23.1797	0.7996	97	α-桉叶烯	40.4412	0.0026
71	香芹酮	23.2963	0.5393	98	α-依兰油烯	40.4816	0.0044
72	乙酸苯乙酯	23.612	0.0044	99	β-红没药烯	41.054	0.0168
73	苯乙酸	23.7253	0.0066	100	δ-杜松烯	41.9185	0.0126
74	乙酸芳樟酯杂质	24.0711	0.0063	101	反式去氢白菖烯	42.2387	0.0069
75	香叶醛	24.2126	0.0068	102	顺式橙花叔醇	42.6293	0.0122
76	甲酸香茅酯	24.3663	0.2194	103	石竹烯氧化物	46.8006	6.4156
77	桂醛	24.7589	1.4412	104	邻苯二甲酸二乙酯	46.8275	7.3454
78	十一醛	26.3194	0.2157	105	葎草烯环氧化物	48.6679	0.6648
79	肉桂醇	26.5435	1.2599	106	二苄醚	51.3388	22.8731
80	α-甲基桂醛	27.643	0.2106	107	苯甲酸苄酯	58.443	0.3082
81	乙酸香茅酯	28.6048	0.0113	108	苯乙酸苄酯	60.8334	0.0051
82	孟二醇	28.8482	0.4249	109	苯乙酸苯乙酯	66.4628	0.0048
83	丁香酚	29.1748	0.0106	110	桂酸苄酯	75.7108	2.2501
84	乙酸橙花酯	29.2215	0.0103	111	顺式桂酸桂酯	79.2591	0.0038
85	乙酸香叶酯	30.5515	0.0016				

7. 讨论

从桂皮精油中鉴定出了111种化合物，占桂皮精油总量的99.99%，主要由醇类、烯类组成。其主要成分有柠檬烯(27.9870%)、二苄醚(22.8731%)、邻苯二甲酸二乙酯(7.3454%)、苯甲醛(7.2989%)、石竹烯氧化物(6.4156%)、芳樟醇(2.4500%)。

(五)桂叶(法国)

1. 简述

香桂属樟科樟属植物，高可达 20m，性喜温暖湿润的气候和深厚肥沃的土壤。

2. 理化性质

精油为黄色至棕黄色液体，相对密度 1.035～1.055，折射率 1.53～1.54，旋光度－2°5′～＋2°。

3. 品种、产地

主产地为法国。

4. 加工方式和应用

加工方式：常用水蒸气蒸馏法萃取桂叶精油，得率 0.5%～0.7%。

应用：常用于美容产品及牙膏、口香糖、口气清新剂等口腔护理产品的生产配料中。还可作为食品防腐剂，对人体无毒，而对微生物的繁殖能起到较强的抑制作用。适用于调配食用、烟用香精和化妆品香精或供药用。可用于东方型、檀香型、康乃馨、花露水型等香精配方中，也可用于化妆品、香皂、医药、牙膏、烟草、食品等香精中。

5. 香气特征

具有醇厚的丁香酚香气。

6. 分析报告

表 3-27 桂叶精油分析报告

序号	物质	时间/min	含量/%	序号	物质	时间/min	含量/%
1	α-蒎烯	10.2874	0.6149	17	γ-松油烯	14.718	0.0015
2	α-葑烯	10.8048	0.0011	18	反式氧化芳樟醇	15.2546	0.0510
3	莰烯	10.8867	0.0913	19	顺式氧化芳樟醇	15.2604	0.0093
4	苯甲醛	11.2473	0.0123	20	2,4-二甲基苯乙烯	16.1428	0.0024
5	2,6-二甲基庚醇	11.9049	0.2489	21	芳樟醇	16.3516	9.3704
6	3-辛醇	12.0708	0.0478	22	二氢芳樟醇	17.8923	0.0261
7	α-水芹烯	12.7182	0.0681	23	顺式柠烯氧化物	18.0844	0.0009
8	δ-蒈烯	12.8315	0.0071	24	反式松香芹醇	18.644	0.0022
9	1,4-桉叶素	12.9942	0.0754	25	反式马鞭草烯醇	18.7375	0.0205
10	α-松油烯	13.1062	0.0208	26	顺-β-松油醇	18.8406	0.0169
11	对甲酚甲醚	13.2298	0.0211	27	樟脑	18.9623	0.0903
12	对伞花烃	13.404	0.2279	28	乙酸苄酯	19.2889	0.2538
13	柠檬烯	13.5955	0.4514	29	薄荷酮	19.6404	0.0060
14	苯甲醇	13.7683	0.1064	30	顺式氧化芳樟醇	19.7602	0.0017
15	桉叶素	13.8016	0.1540	31	反式氧化芳樟醇	19.8998	0.0064
16	反-β-罗勒烯	14.0386	0.0048	32	龙脑	20.0707	0.0576

续表

序号	物质	时间/min	含量/%	序号	物质	时间/min	含量/%
33	薄荷脑	20.161	0.0386	57	丁香酚	29.2477	73.2064
34	木焦油醇	20.5882	0.1654	58	二氢丁香酚	29.7907	0.0041
35	隐酮	20.7156	0.0130	59	乙酸苯丙酯	30.1692	0.0112
36	α-松油醇	20.9999	0.6101	60	α-古巴烯	30.9716	0.0364
37	γ-松油醇	21.1997	0.0442	61	β-广藿香烯	31.8572	0.0024
38	马鞭草烯酮	21.6691	0.0036	62	甲基丁香酚	32.3144	0.0099
39	乙酸葑酯	21.9784	0.0043	63	香兰素	32.4316	0.0187
40	β-香茅醇	22.1385	0.1784	64	α-古芸烯	33.8609	0.0057
41	3-苯丙醇	22.5848	0.0874	65	反式石竹烯	34.5288	1.4788
42	百里酚甲醚	22.8243	0.0024	66	β-古芸烯	35.4054	0.1115
43	乙酸芳樟酯	23.1579	0.6296	67	乙酸桂酯	36.1373	1.5349
44	香叶醇	23.2713	0.1169	68	瓦伦西亚烯	36.7835	0.0034
45	香芹酮	23.2841	2.7330	69	反式异丁香酚	36.9416	0.0011
46	胡椒酚	23.528	0.0349	70	葎草烯	37.3591	0.1847
47	胡椒酮	23.7912	0.0011	71	反式桂酸乙酯	37.9816	0.9273
48	香叶醛	24.1748	0.0084	72	乙酰基丁香酚	41.4196	1.5715
49	桂醛	24.746	1.5325	73	δ-杜松烯	41.9063	0.0091
50	乙酸异胡薄荷酯	25.006	0.0066	74	反式去氢白菖烯	42.2201	0.0022
51	乙酸异龙脑酯	25.2109	0.3612	75	反式橙花叔醇	44.8782	0.0368
52	百里香酚	25.3588	0.3514	76	斯巴醇	46.2998	0.0134
53	异黄樟素	25.5951	0.2096	77	石竹烯氧化物	46.709	0.3148
54	香芹酚	25.8673	0.0099	78	乙酰基异丁香酚	48.0473	1.2006
55	乙酸二氢香芹酯	27.2479	0.0009	79	葎草烯环氧化物	48.6461	0.0259
56	乙酸松油酯	28.6836	0.0456				

7. 讨论

从桂叶精油中鉴定出了 79 种化合物，占桂叶精油总量的 99.97%，主要由酚类、烯类、酮类、酯类组成。其主要成分有丁香酚(73.2064%)、芳樟醇(9.3704%)、香芹酮(2.7330%)、乙酰基丁香酚(1.5715%)、乙酸桂酯(1.5349%)、桂醛(1.5325%)。

(六)龙蒿

1. 简述

龙蒿(*Artemisia draeuneulus* L.)又名狭叶青蒿，为菊科蒿属多年生草本植物，全国大部分地区均有分布，尤以北部及西北部较多，主要野生于河边、路边、草地、山坡。据调查，东部沿海一带广泛野生，可进行家化栽培。

2. 理化性质

精油为淡黄色至琥珀色液体，相对密度 0.914～0.956。折射率 1.504～1.520，旋光度＋1.5°～＋6.5°(25℃)。

3. 品种、产地

主产于法国、意大利、荷兰、美国、欧洲东部和中部地区、中国。

4. 加工方式和应用

加工方式：用水蒸气蒸馏叶和花得油，得率 0.3%～1.4%。

应用：与叶青原料共用于铃兰样的青鲜花香的香精中，也适用于素心兰等香型香精中。

5. 香气特征

具有强烈的叶青气和药草气，并伴有芹菜、大茴香和罗勒香韵的特征香气。

6. 分析报告

表 3-28 龙蒿精油分析报告

序号	物质	时间/min	含量/%	序号	物质	时间/min	含量/%
1	叶醛	8.0874	0.0622	22	柠檬烯	13.6297	9.3895
2	叶醇	8.0887	0.0680	23	β-水芹烯	13.7571	0.0017
3	反式-2-己烯醇	8.2551	0.0038	24	桉叶素	13.8237	0.0122
4	己醇	8.3025	0.0158	25	2,2,6-三甲基环己酮	13.8986	0.0006
5	α-侧柏烯	9.9873	0.0209	26	反-β-罗勒烯	14.1496	36.1283
6	α-蒎烯	10.2761	5.1005	27	α-蒎烯氧化物	15.1665	0.1522
7	α-葑烯	10.2909	0.1020	28	异松油烯	15.9106	0.4289
8	莰烯	10.8704	0.5023	29	玫瑰呋喃	15.9663	0.0649
9	苯甲醛	11.2411	0.0012	30	2,4-二甲基苯乙烯	16.1437	0.0026
10	桧烯	11.4986	0.4019	31	芳樟醇	16.3454	0.2736
11	6-甲基-5-庚稀-2-酮	11.6484	0.0054	32	6-甲基-3,5-庚烯-2-酮	16.5632	0.0248
12	β-蒎烯	11.8271	0.7110	33	α-侧柏酮	16.9519	0.0184
13	2-戊基呋喃	11.9071	0.0097	34	反,顺-4,6-2,6 二甲基-2,4,6-辛三烯	17.6121	2.3493
14	乙酸己酯	12.5334	0.0043	35	顺式环氧罗勒烯	17.6146	0.3903
15	ρ-芏烯	12.6455	0.0022	36	反式环氧罗勒烯	18.0917	0.1491
16	α-水芹烯	12.7101	0.0089	37	(E,E)-2,6-二甲基-2,4,6-辛三烯	18.2063	0.1719
17	δ-蒈烯	12.8158	0.0019	38	反式松香芹醇	19.0529	0.0110
18	α-松油烯	13.0988	0.0064	39	龙脑	20.0819	0.0131
19	δ-2-簪烯	13.1987	0.0943	40	1,3,5-十一烷三烯	20.1415	0.0205
20	邻伞花烃	13.3985	0.0325	41	苯乙酸甲酯	20.1786	0.0069
21	顺-β-罗勒烯	13.6297	3.7403	42	4-松油烯醇	20.379	0.0270

续表

序号	物质	时间/min	含量/%	序号	物质	时间/min	含量/%
43	水杨酸甲酯	20.9361	0.0041	67	β-古巴烯	34.3215	0.0019
44	龙蒿脑	21.6085	34.7759	68	反式石竹烯	34.5239	0.2960
45	甲酸龙脑酯	21.7757	0.0028	69	乙酸桂酯	36.176	0.0028
46	β-香茅醇	22.2015	0.0284	70	倍半香桧烯	36.559	0.0022
47	顺式香芹醇	22.7356	0.0041	71	葎草烯	37.3466	0.0294
48	橙花醛	22.8649	0.0077	72	γ-古芸烯	37.6623	0.0076
49	乙酸芳樟酯	23.1928	0.0147	73	γ-癸内酯	37.7936	0.0804
50	香叶醇	23.2952	0.0227	74	γ-紫穗槐烯	38.6555	0.0034
51	香芹酮	23.3176	0.0198	75	香叶烯	39.2754	0.7032
52	胡椒酚	23.5245	0.0272	76	β-桉叶烯	39.9522	0.0046
53	香芹艾菊酮	23.5751	0.0067	77	瓦伦西亚桔烯	39.9772	0.0080
54	大茴香醛	23.8997	0.0487	78	双环大根香叶烯	40.364	0.3709
55	乙酸薰衣草酯	24.7649	0.0004	79	顺,顺-3,6-金合欢烯	40.6246	0.1020
56	乙酸异龙脑酯	25.231	0.5448	80	δ-杜松烯	41.9008	0.0112
57	大茴香脑	25.3463	0.0319	81	反式去氢白菖烯	42.2076	0.0017
58	香芹酚	26.1724	0.0059	82	榄香素	43.7425	0.0012
59	δ-榄香烯	28.103	0.1016	83	反式橙花叔醇	44.8714	0.0004
60	丁香酚	30.1906	0.0056	84	斯巴醇	46.3148	0.9660
61	古巴烯	30.975	0.0156	85	石竹烯氧化物	46.7029	0.0253
62	顺式肉桂酸甲酯	31.4777	0.5410	86	绿花白千层醇	47.5731	0.0021
63	β-榄香烯	31.8274	0.0204	87	α-杜松醇	50.6609	0.0025
64	茉莉酮	32.0432	0.0037	88	T-依兰油醇	50.7871	0.0015
65	甲基丁香酚	32.3076	0.5796	89	α-依兰油醇	50.9792	0.0009
66	α-古芸烯	33.4289	0.0002	90	α-杜松醇	51.5414	0.0070

7. 讨论

从龙蒿精油中鉴定出了90种化合物，占龙蒿精油总量的99.98%，主要由烯类、醇类组成。其主要成分有反-β-罗勒烯(36.1283%)、龙蒿脑(34.7759%)、柠檬烯(9.3895%)、α-蒎烯(5.1005%)、顺-β-罗勒烯(3.7403%)、反,顺-4,6-2,6二甲基-2,4,6-辛三烯(2.3493%)。

(七)芫荽

1. 简述

芫荽(*Coriandrum sativum*)又名香菜、胡芫，是伞形花科一二年生草本植物，我国各地均有种植，尤以华北为多。芫荽籽油主要成分是芫荽萜醇、芳樟醇、蒎烯等。它具有特殊香味，全草入药，功能解表，可开胃消郁、止痛解毒；茎叶常作调味菜；同时也是国标 GB 2760—2014 规定允许使用的食用香料油，其香气透发，具有辛香、甜香、药草香，可以用来作调配芒果、肉、可乐、饮料、口香糖以及焙烤食品等的食用香精和酒用香精。

2. 理化性质

精油为无色至浅黄色液体，相对密度 0.864～0.870，折射率 1.462～1.468，旋光度 +9°～+12°。

3. 品种、产地

产地为前苏联、匈牙利、墨西哥、摩洛哥、危地马拉、中国、英国、捷克、波兰等。

4. 加工方式和应用

加工方式：将果实碾碎后用水蒸气提取精油，得率 0.3%～1.1%。

应用：可用于单离芳樟醇。也可微量应用于香精中，并有提调香气的作用。也能使香精头香中带有特殊清韵的花香香气。与茉莉酮青原料共用于茉莉、晚香玉、紫丁香、铃兰、忍冬花、苹果花等香精配方中，效果较好，与香紫苏油、柠檬油等共用于配制古龙型、花香型香精配方中，也能得到很好的效果。

5. 香气特征

似芳樟醇的清香和甜木香，也有似香菜和铃兰样香气，还伴有些橙花、茉莉、胡椒样香气。香气透发，留香不持久。

6. 分析报告

表 3-29　　芫荽籽精油分析报告

序号	物质	时间/min	含量/%	序号	物质	时间/min	含量/%
1	异戊醇	6.1838	0.0007	16	6-甲基-5-庚烯-2-酮	11.641	0.0675
2	2-甲基丁醇	6.23	0.0004	17	β-蒎烯	11.8113	0.8716
3	戊醇	6.5572	0.0003	18	6-甲基-5-庚烯-2-醇	11.9304	0.0482
4	2-甲基丁酸甲酯	6.7006	0.0161	19	癸烷	12.1667	0.0016
5	2-甲基-2-丁烯醛	6.871	0.0065	20	辛醛	12.3595	0.0005
6	4-甲基-3-戊烯-2-酮	7.0592	0.0036	21	顺式去氢氧化芳樟醇	12.5381	0.0022
7	己醇	8.3124	0.0048	22	p-伞烯	12.6239	0.0031
8	2-莰烯	9.4382	0.0047	23	δ-蒈烯	12.8148	0.0093
9	α-侧柏烯	9.9953	0.2547	24	对伞花烃	13.4327	12.4845
10	α-蒎烯	10.2962	11.7805	25	柠檬烯	13.6139	5.8799
11	α-葑烯	10.79	0.0198	26	β-水芹烯	13.7356	0.0507
12	莰烯	10.8783	2.4431	27	桉叶油素	13.8003	0.0319
13	庚醇	11.0986	0.0006	28	γ-乙烯基戊内酯	13.8835	0.0081
14	2,3-辛二酮	11.3176	0.0042	29	反-β-罗勒烯	14.0257	0.0234
15	桧烯	11.5027	0.3251	30	γ- 松油烯	14.7192	2.1532

续表

序号	物质	时间/min	含量/%	序号	物质	时间/min	含量/%
31	1-辛醇	15.1143	0.0093	61	马鞭草烯酮	21.6818	0.0288
32	反式氧化芳樟醇(呋喃型)	15.2705	1.8489	62	反式香芹醇	22.0487	0.0106
33	异松油烯	15.9071	0.1487	63	β-香茅醇	22.1301	0.0992
34	2,4-二甲基苯乙烯	16.1312	0.0073	64	顺式香芹醇	22.6756	0.0062
35	2-莳酮	16.2292	0.0261	65	橙花醛	22.814	0.0946
36	芳樟醇	16.7178	37.6812	66	枯茗醛	23.2718	0.0410
37	反式水合桧烯	16.8926	0.0787	67	香叶醇	23.2929	3.2919
38	苯乙醇	17.2723	0.0037	68	香芹烯酮	23.5395	0.0024
39	顺式水合蒎烯	18.0036	0.1389	69	胡椒酮	23.8187	0.0021
40	顺式柠烯氧化物	18.1342	0.0204	70	反-2-癸烯醛	23.9032	0.0364
41	反式氧化柠檬烯	18.3071	0.0230	71	香叶醛	24.1721	0.1300
42	未知物	18.5377	0.0648	72	癸醇	24.2708	0.0402
43	反式松香芹醇	18.7125	0.0072	73	2,6-二甲基辛-1,7-二烯-3,6-二醇	24.3905	0.1503
44	反式马鞭草烯醇	18.7874	0.0174	74	乙酸龙脑酯	25.2153	0.0011
45	樟脑	19.0621	11.4907	75	大茴香脑	25.3325	0.0030
46	壬醇	19.5244	0.0074	76	二氢枯茗醛	25.506	0.0014
47	松香芹酮	19.616	0.0161	77	枯茗醇	25.6206	0.0023
48	异龙脑	19.7293	0.0807	78	甲酸香叶酯	25.6379	0.0022
49	反式氧化芳樟醇	19.9163	0.0952	79	十三烷	25.6911	0.0019
50	龙脑	20.0886	0.6977	80	香芹酚	25.8601	0.0041
51	7-羟基脱氢芳樟醇	20.4498	0.4741	81	乙酸桃金娘酯	27.2734	0.1263
52	对甲基苯异丙醇	20.5804	0.1412	82	乙酸香茅酯	28.5426	0.0041
53	隐酮	20.7219	0.0040	83	乙酸橙花酯	29.1458	0.0337
54	6,7-环氧芳樟醇	20.8538	0.4907	84	癸酸	29.3891	0.0055
55	水杨酸甲酯	20.9313	0.0027	85	乙酸香叶酯	30.5591	5.3002
56	α-松油醇	21.0094	0.3437	86	反式石竹烯	34.4915	0.0248
57	桃金娘烯醇	21.101	0.0306	87	葎草烯	37.3264	0.0001
58	桃金娘烯醛	21.1202	0.0073	88	十二醇	37.7951	0.0057
59	反-4 癸烯醛	21.2387	0.0609	89	石竹烯氧化物	46.7063	0.0128
60	乙酸辛酯	21.2662	0.0119				

7. 讨论

从芫荽籽精油中鉴定出 89 种化合物，主要成分有芳樟醇（37.6812%）、α-蒎烯

(11.7805%)、樟脑(11.4907%)、乙酸香叶酯(5.3002%)。

十一、非花香(膏香)

(一)印蒿

1. 简述

印蒿,归属于菊科植物蒿属,是有微弱香气的草本植物。其花朵通过水蒸气蒸馏法提取精油得印蒿精油。印蒿精油香气浓烈,具有特征性且持久的膏香和药草香,常作为一种修饰剂用于日用香精配方中,但由于价格高,它的应用受到局限。而如今,人们用其甜而带浆果风味的香气,将它应用于葡萄干、洋李脯、桃子、李子、蜜饯类的香精加香中,又利用其特有的凉气将之应用于饮料的加香中。

2. 理化性质

精油为棕绿色黏稠液体,相对密度 0.9833,折射率 1.4898,旋光度 25.8°(30℃),酸值 2.6,酯值 19.1,乙酰化后酰值 78。

3. 品种、产地

仅在印度南部有限规模地栽培。

4. 加工方式和应用

印蒿精油为其花朵通过水蒸气蒸馏法提取所得。印蒿精油有持久特征的膏香,可用于日化调香,也可用于食品中,调配葡萄干、海枣、果脯、桃子、李子香精。

5. 香气特征

具有特征性且持久的膏香和药草香。

6. 分析报告

表 3-30 印蒿精油分析报告

序号	物质	时间/min	含量/%	序号	物质	时间/min	含量/%
1	异丁烯醛	4.9384	0.0041	12	异戊酸乙酯	7.9762	0.6403
2	2-丁酮	5.0389	0.0007	13	己醇	8.3112	0.0010
3	2-甲基呋喃	5.0837	0.0011	14	壬烷	9.0572	0.0036
4	2-甲基丁醛	5.539	0.0014	15	2,5-二乙烯基-2-甲基四氢呋喃	9.549	0.2702
5	2-乙基呋喃	5.8311	0.0014	16	α-侧柏烯	9.9486	0.0058
6	2-甲基丁醇	6.2326	0.0033	17	α-蒎烯	10.2745	0.0529
7	2-甲基丁酸甲酯	6.7032	0.0091	18	2-甲基丁酸丙酯	10.4237	0.9326
8	2-甲基-2-丁烯醛	6.8729	0.0091	19	苯甲醛	11.2235	0.2909
9	己醛	7.1117	0.0018	20	1-辛烯-3-醇	11.4758	0.0031
10	2-甲基丁酸	7.6823	0.0066	21	桧烯	11.4995	0.0087
11	2-甲基丁酸乙酯	7.8994	0.8993	22	6-甲基-5-庚稀-2-酮	11.6391	0.0244

续表

序号	物质	时间/min	含量/%	序号	物质	时间/min	含量/%
23	β-月桂烯	11.7992	0.0315	56	4-松油烯醇	20.3569	0.7550
24	2-戊基呋喃	11.9042	0.0249	57	对甲基苯异丙醇	20.5618	0.0385
25	紫丁香醚	11.9842	0.0940	58	辛酸乙酯	20.6079	0.0503
26	己酸乙酯	12.0342	0.0115	59	水杨酸甲酯	20.9012	0.0021
27	2-甲基丁酸异丁酯	12.2353	0.0733	60	α-松油醇	20.9883	0.0304
28	异丁酸异戊酯	12.6976	0.0896	61	癸醛	21.208	0.0289
29	1,4-桉叶素	12.9153	0.6847	62	β-香茅醇	22.1358	0.0403
30	α-松油烯	13.0889	0.0540	63	异戊酸叶醇酯	22.506	0.0301
31	对伞花烃	13.3988	0.9771	64	橙花醛	22.8012	0.0318
32	柠檬烯	13.5858	0.0466	65	2,4-二甲氧基甲苯	22.9939	0.0319
33	桉叶素	13.7926	0.0403	66	香叶醇	23.2526	0.1144
34	γ-乙烯基戊内酯	13.865	0.5033	67	胡椒酚	23.5024	0.0046
35	反-β-罗勒烯	14.0148	0.0019	68	胡椒酮	23.7931	0.0072
36	2-甲基丁酸-2-甲基丁酯	14.4112	0.0145	69	香芹烯酮	23.8661	0.0054
37	苯乙酮	15.1623	0.0026	70	香叶醛	24.1638	0.0496
38	异松油烯	15.9058	0.0433	71	甲酸香茅酯	24.3028	0.0012
39	庚酸乙酯	16.0576	0.0020	72	苯丙酸甲酯	24.5846	0.0585
40	2,4-二甲基苯乙烯	16.1229	0.0028	73	十三烷	25.6911	0.0796
41	2-甲基丁酸异戊酯	16.2388	0.0566	74	香芹酚	25.8557	0.0018
42	芳樟醇	16.3483	1.2953	75	百里香酚	25.8851	0.0016
43	2-甲基丁酸 2,-甲基丁酯	16.3886	0.7365	76	δ-榄香烯	27.9336	1.7728
44	异戊酸异戊酯	16.5084	0.0360	77	苯丙酸乙酯	28.7456	0.4330
45	壬醛	16.5423	0.0674	78	丁香酚	29.0863	0.2061
46	戊酸-2-甲基丁酯	16.6025	0.5181	79	顺式桂酸乙酯	30.6295	2.5722
47	3-甲基丁酸-3-甲基-3-丁烯酯	16.9451	0.0389	80	α-古巴烯	30.9491	0.1876
48	顺-对薄荷烷-2-烯-1-醇	17.7353	0.0392	81	2-甲基丁酸苄酯	31.4268	0.1292
49	1,2-二甲氧基苯	17.9742	0.0010	82	顺式肉桂酸甲酯	31.4876	0.7291
50	异丁酸叶醇酯	18.1022	0.0016	83	β-广藿香烯	31.6099	0.0444
51	反式松香芹醇	18.6395	0.0011	84	β-榄香烯	31.852	1.0881
52	橙花醚	18.7484	0.0224	85	茉莉酮	32.0409	0.0396
53	樟脑	18.9443	0.0033	86	异戊酸苄酯	32.0998	0.1129
54	苯甲酸乙酯	19.7473	0.0026	87	甲基丁香酚	32.2874	0.0056
55	崖柏醇	19.9772	0.0078	88	α-古芸烯	33.4119	0.0474

续表

序号	物质	时间/min	含量/%	序号	物质	时间/min	含量/%
89	β-古巴烯	34.3154	0.0071	109	印蒿酮 B	44.6438	2.0503
90	反式石竹烯	34.5011	0.3960	110	斯巴醇	46.3868	1.1362
91	α-马榄烯	35.6961	0.0422	111	印蒿酮 D	46.6475	42.1910
92	香橙烯	35.981	0.6514	112	石竹烯氧化物 P2	47.154	0.3775
93	葎草烯	37.3258	0.1580	113	蓝桉醇	47.1924	0.3997
94	别香橙烯	37.6767	1.2657	114	茉莉酮酸甲酯	50.5741	0.5107
95	反式桂酸乙酯	38.1236	7.5130	115	α-杜松醇	50.708	1.5248
96	未知物	38.5655	0.0182	116	α-杜松醇	51.6025	0.3442
97	γ-依兰油烯	38.6763	0.0236	117	β-桉叶油醇	51.6301	0.9030
98	γ-柏木萜烯	38.8396	0.1636	118	广藿香萜醇	51.7076	0.0537
99	β-紫罗兰酮	38.862	0.0154	119	菖蒲螺烯酮 B	52.8737	0.2476
100	印蒿醚	39.1495	0.8734	120	未知物	61.9072	0.0224
101	顺-β-愈创木烯	39.9948	0.3198	121	十九烷	65.5937	0.1144
102	β-桉叶烯	40.0082	6.1436	122	十六酸甲酯	66.8712	0.0362
103	双环大根香叶烯	40.4968	13.6195	123	未知物	66.8879	0.0433
104	γ-杜松烯	41.6341	0.6810	124	十六酸乙酯	70.3317	0.0135
105	δ-杜松烯	41.9229	0.3090	125	亚麻酸甲酯	75.1139	0.0002
106	α-杜松烯	43.3182	0.0110	126	二十一烷	75.5218	0.0429
107	α-去二氢菖蒲烯	43.6973	0.0503	127	二十三烷	85.5594	0.0078
108	丁酸香叶酯	44.4235	0.1517				

7. 讨论

从印蒿精油中鉴定出了 127 种化合物，主要成分有印蒿酮 D(42.910%)、双环大根香叶烯(13.6195%)、顺式桂酸乙酯(7.5130%)、顺式桂酸乙酯(2.5722%)。

(二)格蓬

1. 简述

格蓬又名百松香，属伞科形中一种高大的植物，其黄色的鲜花经空气干燥后会分泌出类似胶状物质，在数千年前白松香已是极享盛名的焚香。格蓬是少数几个含有吡嗪的精油之一，其在日化、食品香精调配等领域有广泛应用。在烟用香精中，它是少数几种能够赋予自然烤烟香韵的天然香料之一。

2. 理化性质

格蓬香树脂相对密度 0.8670，折射率 1.4780～1.4850，旋光度＋7°～＋15°(20℃)。

3. 品种、产地

产于伊朗、土耳其、黎巴嫩等中东国家。

4. 加工方式和应用

通过水蒸气蒸馏法提取所得精油，广泛用于日用香精，可用于食品香精。

5. 香气特征

具有清香、草木香、膏香，带有格蓬的特征香气。

6. 分析报告

表 3-31　　格蓬香树脂分析报告

序号	物质	时间/min	含量/%	序号	物质	时间/min	含量/%
1	己醛	7.1169	0.0135	29	4-松油烯醇	20.3595	0.2782
2	α-侧柏烯	9.9613	1.4375	30	百里香酚	20.5701	0.2179
3	α-蒎烯	10.2854	12.9936	31	隐酮	20.704	0.4571
4	α-葑烯	10.797	0.0124	32	γ-松油醇	20.9985	0.2431
5	莰烯	10.8828	0.1517	33	α-松油醇	20.9985	0.4999
6	桧烯	11.5225	0.9745	34	桃金娘烯醇	21.0952	0.9706
7	β-蒎烯	11.8696	44.9329	35	桃金娘烯醛	21.1164	0.5855
8	δ-2-蒈烯	12.4453	0.0226	36	马鞭草烯酮	21.6639	0.0352
9	δ-蒈烯	12.8397	16.9811	37	香芹酚甲醚	22.3554	0.2295
10	间伞花烃	13.1593	0.0889	38	百里酚甲醚	22.812	1.9646
11	顺-β-罗勒烯	13.3828	0.0160	39	乙酸芳樟酯	23.1553	0.0276
12	柠檬烯	13.5909	1.8868	40	枯茗醛	23.2744	0.0640
13	β-水芹烯	13.7318	2.1591	41	乙酸异龙脑酯	25.1993	0.0924
14	反-β-罗勒烯	14.018	0.0512	42	枯茗醇	25.6065	0.0144
15	当归酸异丁酯	14.4125	0.0307	43	紫苏醇	26.0561	0.0148
16	异松油烯	15.9147	0.0222	44	去氢柠檬醛	26.651	0.7411
17	2,4-二甲基苯乙烯	16.1325	0.0278	45	乙酸松油酯	28.6707	0.5563
18	芳樟醇	16.3425	0.2665	46	α-荜澄茄油烯	28.848	0.1601
19	异戊酸异戊酯	16.5026	0.0208	47	α-依兰烯	30.4874	0.0381
20	α-蒎烯氧化物	16.7197	0.2490	48	环苜蓿烯	30.6161	0.1266
21	顺-对薄荷烷-2-烯-1-醇	17.734	0.0243	49	古巴烯	30.9433	0.2782
22	顺式柠烯氧化物	18.1028	0.1117	50	β-广藿香烯	31.3057	0.0110
23	顺-2,8-二烯-1-醇	18.1156	0.1430	51	β-波旁烯	31.6048	0.0100
24	反式松香芹醇	18.6439	1.1107	52	β-榄香烯	31.8263	0.2976
25	反式马鞭草烯醇	18.724	0.0410	53	反式石竹烯	34.5037	0.1387
26	松香芹酮	19.5885	0.7216	54	γ-榄香烯	34.9775	0.4221
27	龙脑	20.0578	0.0364	55	β-柏木烯	35.0089	0.1142
28	对甲基苯异丙醇	20.2167	0.1941	56	α-愈创木烯	35.5148	0.0233

续表

序号	物质	时间/min	含量/%	序号	物质	时间/min	含量/%
57	香橙烯	35.9695	0.1566	72	榄香素	43.7485	0.0167
58	葎草烯	37.327	0.1041	73	大根香叶烯 B	45.0414	0.0103
59	γ-依兰油烯	38.6526	0.2704	74	乙位去二氢菖蒲烯	45.172	0.0210
60	香叶烯 D	39.2603	0.0141	75	斯巴醇	46.2914	0.2626
61	β-桉叶烯	39.9269	0.2101	76	石竹烯氧化物 P2	46.7025	0.1478
62	α-依兰油烯	40.4328	0.5641	77	愈创醇	47.5843	0.3190
63	甘菊烯	40.7062	0.0144	78	β-刺参烯酮	48.3284	0.2256
64	β-红没药烯	41.0334	0.0529	79	葎草烯环氧化物 P2	48.6274	0.0278
65	花侧柏烯	41.3991	0.0319	80	α-二去氢荜澄茄烯	48.9297	0.0257
66	γ-杜松烯	41.6065	1.2682	81	异长叶烷酮	50.0433	0.1155
67	δ-杜松烯	41.88	0.9667	82	α-杜松醇	50.6337	0.3890
68	顺式橙花叔醇	42.1476	0.1033	83	T-依兰油醇	50.7681	0.0615
69	反式去氢白菖烯	42.1937	0.1476	84	α-杜松醇	51.5366	0.2879
70	α-杜松烯	43.2952	0.1130	85	β-桉叶油醇	51.5366	0.2004
71	α-去二氢菖蒲烯	43.6621	0.0284	86	广藿香萜醇	51.5731	0.1404

7. 讨论

从格蓬香树脂中鉴定出了 86 种化合物，主要成分有 β-蒎烯（44.9328%）、δ-蒈烯（16.9811%）、α-蒎烯（12.9935%）、β-水芹烯（2.1591%）、百里酚甲醚（1.9645%）、柠檬烯（1.8867%）。

第二节　合成香原料（食用）

一、果香型

（一）己酸烯丙酯（Allyl caproate）

1. 化学结构式

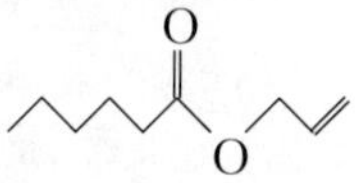

FEMA 编号为 2032,CAS:123-68-2。

2. 理化性质

密度 0.8870g/mL,沸点 186～188℃,熔点 35℃,折射率 1.4220～1.4260,闪点>66℃。

3. 香气特征

无色至浅黄色液体。具轻微刺激、带有油脂香气、果实香气,类似菠萝、朗姆,稍有些似苹果,但具有更多像菠萝的天然香气。尝味有果实、脂肪、甜葡萄酒、菠萝的口感。

4. 应用建议

常用于仿制浆果、巧克力、可可、香草等香精中,适用于烘焙食品的加香。

(二)环己基丙酸烯丙酯(Allyl cyclohexane-propionate)

其他名称:3-环己基丙酸烯丙酯(Allyl 3-cyclohexyl-propinate)、β-环己基丙酸烯丙酯。

1. 化学结构式

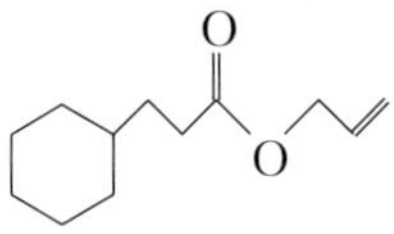

FEMA 编号为 2026,CAS:2705-87-5。

2. 理化性质

密度 0.9480g/mL,沸点 91℃,折射率 1.4570～1.4640,闪点>100℃。

3. 香气特征

无色液体。具有强烈的甜果香,类似菠萝。比己酸烯丙酯更甜更润。果香类似乙酸芳樟酯。尝味有新鲜果实、甜似菠萝的感觉。

4. 应用建议

主要用于配制菠萝等水果型食用香精。

(三)庚酸烯丙酯(Allyl heptanoate)

1. 化学结构式

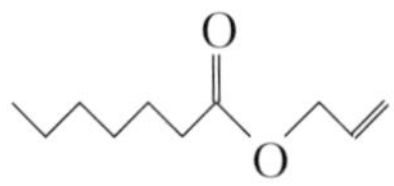

FEMA 编号为 2031,CAS:142-19-8。

2. 理化性质

密度 0.8850g/mL,沸点 210℃,熔点−66℃,折射率 1.4280,闪点 82.2℃。

3. 香气特征

无色至浅黄色澄清液体。具有强烈的甜果香,倾向于菠萝的香气,也能使人联想起香蕉和洋甘菊的香气。

4. 应用建议

可用于菠萝、杏子、桃子、浆果、生梨和白兰地等香精。

(四)乙酸大茴香酯(Anisyl acetate)

其他名称:乙酸茴香酯、乙酸对甲氧基乙酯(β-methoxybenzyl acetate)。

1. 化学结构式

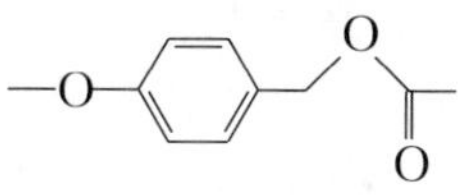

FEMA 编号为 2098,CAS:104-21-2。

2. 理化性质

密度 1.1070g/mL,沸点 137～139℃,折射率 1.5130,闪点>110℃。

3. 香气特征

无色至微黄色液体。具浆果和紫丁香的香气,有温和果实香气、花香气、轻微似树脂香气、香草的香韵,也类似某些樱桃品种的香气。

4. 应用建议

常用于仿制浆果、巧克力、可可、香草等香精中,适用于烘焙食品的加香。

(五)乙酸苄酯(Benzyl acetate)

其他名称:乙酸苯甲酯、醋酸苄酯。

1. 化学结构式

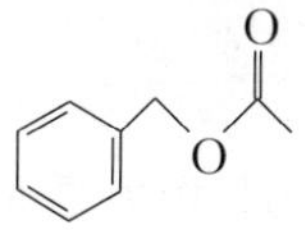

FEMA 编号为 2135,CAS:140-11-4。

2. 理化性质

密度 1.0540g/mL,沸点 206℃,熔点－51℃,折射率 1.5020,闪点 102.2℃。

3. 香气特征

无色液体。具有强烈的甜花香,新鲜和轻飘的果香,类似茉莉、栀子、铃兰、白百合,但持久性差。

4. 应用建议

用于仿制苹果、杏、香蕉、白脱(黄油)、樱桃、桃、梨、梅子、菠萝、覆盆子、草莓等香精。

(六)丁酸苄酯(Benzyl butyrate)

其他名称:苄醇丁酸酯。

1. 化学结构式

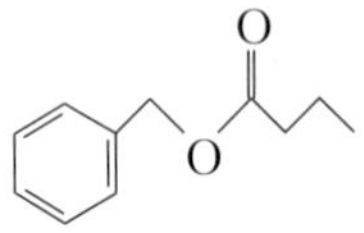

FEMA 编号为 2140，CAS：103-37-7。

2. 理化性质

密度 1.0160g/mL，沸点 242℃，折射率 1.4920，闪点＞100℃。

3. 香气特征

无色液体。具有浓郁的果实香气、花的香气，主要是像梅子的果香。

4. 应用建议

用于仿制杏、梅、白脱、乳酪、甘草、甜梨、坚果、桃、梨、覆盆子、草莓、菠萝等香精，也可用于芒果香精。

(七)丙酸苄酯(Benzyl propionate)

其他名称：苄基丙酸酯。

1. 化学结构式

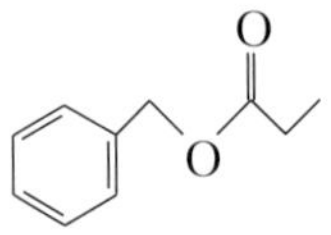

FEMA 编号为 2150，CAS：122-63-4。

2. 理化性质

密度 1.0335g/mL，沸点 222℃，折射率 1.4992，闪点 160℃。

3. 香气特征

无色液体。具有果实甜的香气和明显的花香底韵，总的来说是茉莉型风格。不像乙酸苄酯那样刺激但却具有更强的果香。

4. 应用建议

用于仿制苹果、香蕉、莓、葡萄、梨、菠萝等香精。

(八)乙酸丁酯(Butyl acetate)

1. 化学结构式

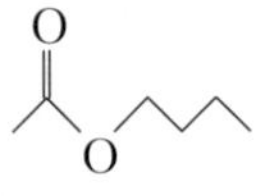

FEMA 编号为 2174，CAS：123-86-4。

2. 理化性质

密度 0.8825g/mL，沸点 126℃，熔点 −73.5℃，折射率 1.3951，闪点 33℃。

3. 香气特征

无色液体。具有极扩散、具有醚的特征香、果香、刺激的气息，类似很多熟的和过熟的果香，持久性极差。它的香气常描述为类似梨、香蕉、草莓等，但更像梨。在水溶液中尝味有甜果实的感觉。

4. 应用建议

大量用于仿制杏、香蕉、白脱、桃、梨、菠萝、覆盆子、草莓等香精中。

(九)丁酸丁酯(Butyl butyrate)

1. 化学结构式

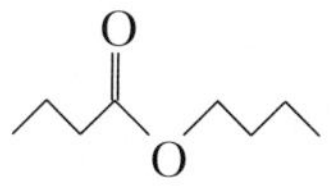

FEMA 编号为 2186，CAS：109-21-7。

2. 理化性质

密度 0.8710g/mL，沸点 164～165℃，熔点 −91.5℃，折射率 1.4029，闪点 53℃。

3. 香气特征

无色液体。具有新鲜、甜果、强烈、稍扩散的香气，类似香蕉(过熟)和菠萝。在适当浓度的水溶液中尝味，有甜、丰满、愉快的果实味感。

4. 应用建议

广泛用于仿制苹果、香蕉、白脱、甘草、桃、梨、菠萝、坚果等香精。

(十)异戊酸丁酯(Butyl isovalerate)

1. 化学结构式

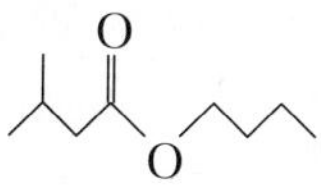

FEMA 编号为 2218，CAS：109-19-3。

2. 理化性质

密度 0.8580g/mL，沸点 175℃，折射率 1.4090，闪点 62.8℃。

3. 香气特征

无色液体。具有醚样果香，像苹果，稍有刺激香气，尝味有甜果实的感觉，类似苹果、覆盆子，并具有酒的韵味。

4. 应用建议

常用于巧克力、幻想型的果实或杂果等香精。

(十一)乙酸肉桂酯(Cinnamyl acetate)

1. 化学结构式

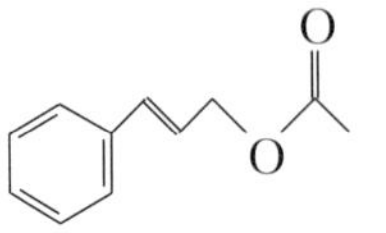

FEMA 编号为 2293,CAS:103-54-8。

2. 理化性质

密度 1.0567g/mL,沸点 114℃,折射率 1.5400~1.5430,闪点 110℃。

3. 香气特征

无色至微黄色油状液体。具有甜的、温和的膏香,轻微花果香气和桂辛香,留香持久。类似桂皮、巧克力、香荚兰香气。

4. 应用建议

可用于苹果、杏、樱桃、葡萄、桃、菠萝、香荚兰、番石榴、玉桂、肉桂等香精。

(十二)乙酸香茅酯(Citronellyl acetate)

1. 化学结构式

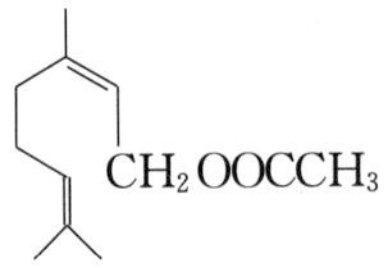

FEMA 编号为 2311,CAS:150-84-5。

2. 理化性质

密度 0.8940~0.8970g/mL,沸点 119~121℃,折射率 1.4360~1.4460,闪点 102℃。

3. 香气特征

无色透明澄清液体。具有新鲜的玫瑰和果香样的香气,有些像香叶油和柠檬皮的韵调。有柑橘、果子的鲜甜香味。储藏不当或日久会产生酸气(部分水解)。

4. 应用建议

可用于柠檬、甜橙、圆柚、苹果、香蕉、黄瓜、葡萄、杏、生梨、玫瑰、葡萄干等食品香精中。

(十三)2,4-癸二烯醛(2,4-Decadienal)

1. 化学结构式

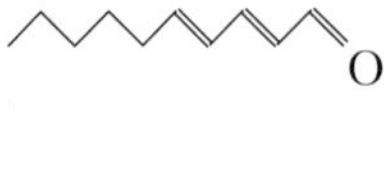

FEMA 编号为 3135,CAS:25152-84-5。

2. 理化性质

密度 0.8720g/mL，沸点 114～116℃，折射率 1.5150，闪点 101.1℃。

3. 香气特征

无色液体。具有非常强烈，像橙、新鲜柑橘的香气，扩散性、持久性好。浓度低于 0.1%时具有甜橙的特征和天然的感觉，高浓度时有脂一样的香韵。在非常稀的酸糖水中，尝味有圆柚和橙的感觉。

4. 应用建议

用于仿制胡柚、鸡肉香精。

（十四）癸醛(Decanal)

其他名称：正癸醛(Aldehyde C-10)。

1. 化学结构式

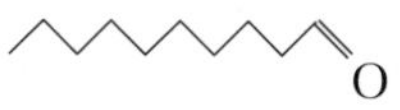

FEMA 编号为 2362，CAS：112-31-2。

2. 理化性质

密度 0.8300g/mL，沸点 207～209℃，熔点 7℃，折射率 1.4280，闪点 85.6℃。

3. 香气特征

无色至浅黄色液体。具有渗透、极强烈、甜醋、似橙皮的香气，高度稀释后具新鲜、像柑橘皮香气，仅仅在 5mg/kg 以下时，才感到舒适的香味。

4. 应用建议

在仿制橙、柑橘、柠檬香精中使用，与芳樟醇和其他脂肪醛能很好地协调。

（十五）乙酸癸酯(Decyl acetate)

1. 化学结构式

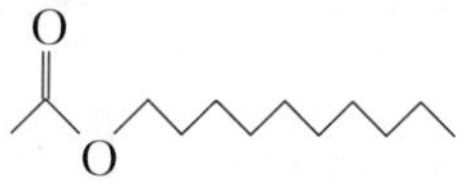

FEMA 编号为 2367，CAS：112-17-4。

2. 理化性质

密度 0.8630g/mL，沸点 126～127℃，熔点－15.05℃，折射率 1.4270，闪点>110℃。

3. 香气特征

无色液体。具有甜的、油脂和果实样香气，似菠萝和橙的特征，有玫瑰蜡的底韵。

4. 应用建议

在苹果、浆果、蜂蜜、橙、桃、梅等食品香精中使用，朗姆香精中也可用。

(十六)丙二酸二乙酯(Diethyl malonate)

1. 化学结构式

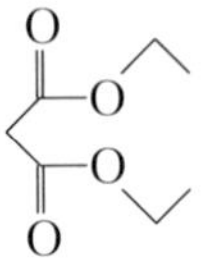

FEMA 编号为 2375,CAS:105-53-3。

2. 理化性质

密度 1.0551g/mL,沸点 199.3℃,熔点−50℃,折射率 1.4135,闪点 100℃。

3. 香气特征

无色液体。具有甜而柔和、愉快的果青气,带有轻微膏香,能使人联想起苹果的香气。在 10～40mg/kg 的微酸糖水中有果甜香味。

4. 应用建议

可用于苹果、杏子、葡萄、桃子、生梨、莓果及白兰地香精中。

(十七)丁二酸二乙酯(Diethyl succinate)

其他名称:琥珀酸二乙酯。

1. 化学结构式

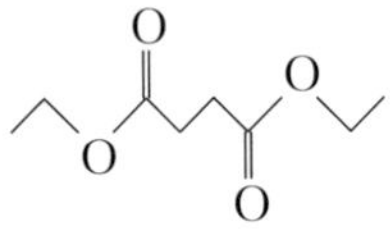

FEMA 编号为 377,CAS:123-25-1。

2. 理化性质

密度 1.0402g/mL,沸点 217.7℃,熔点−21℃,折射率 1.4201,闪点 90℃。

3. 香气特征

无色至浅黄色液体。具有微弱愉快的香气,隐约淡的酒香,有点像苯甲酸乙酯,但香气强度要低得多,浓时尝味有灼烧的感觉,稀释后有温和的果实香味。

4. 应用建议

用于白脱、朗姆、白兰地、葡萄、覆盆子、橙等香精中。欧洲常用于黑加仑香精中。

(十八)癸二酸二乙酯(Diethyl sebacate)

1. 化学结构式

FEMA 编号为 2376,CAS:110-40-7。

2. 理化性质

密度 0.9588g/mL,沸点 305.5℃,熔点 5℃,折射率 1.4369,闪点 110℃。

3. 香气特征

无色至浅黄色液体,天冷时凝固。具有淡的、愉快的、酒和果实样的香气,类似温桲果和甜瓜香。

4. 应用建议

用于苹果、白脱、椰子、甜瓜、坚果、桃、梨、樱桃等香精。

(十九)乙酸乙酯(Ethyl acetate)

其他名称:醋酸乙酯(Acetic ether)。

1. 化学结构式

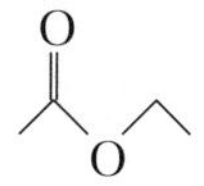

FEMA 编号为 2414,CAS:141-78-6。

2. 理化性质

密度 0.9020g/mL,沸点 77℃,熔点−84℃,折射率 1.3720,闪点−4℃。

3. 香气特征

无色液体。具有愉快的轻微果香、醚样似白兰地的香气,高浓度时有恶心感。乙酸乙酯易于水解,从而增加了水溶液的酸度。

4. 应用建议

是食品用香精中用量最多最广的品种之一,在浆果型、香蕉、葡萄、菠萝、桃、杏、梨、柠檬、杂果、威士忌、朗姆、白脱、奶油、苏打、薄荷、甜瓜等香精中常使用之。

(二十)乙酰乙酸乙酯(Ethyl acetoacetate)

其他名称:β-丁酮酸乙酯,3-氧化丁酸乙酯。

1. 化学结构式

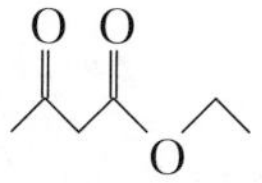

FEMA 编号为 2415,CAS:141-97-9。

2. 理化性质

密度 1.0213g/mL,沸点 181℃,熔点−39℃,折射率 1.4194,闪点 84.4℃。

3. 香气特征

无色液体。具有醚样和果实样香气,味甜,像朗姆。在水溶液中尝味有甜味,果实有些"发酵过熟"的感觉。

4. 应用建议

大量用于食品用香精中，由于具有愉快的像朗姆的香气，所以可用于果类和酒类香精中，如苹果、杏、莓、樱桃、桃、威士忌、朗姆等。也常用于烟用香精中。

(二十一)苯甲酸乙酯(Ethyl benzoate)

1. 化学结构式

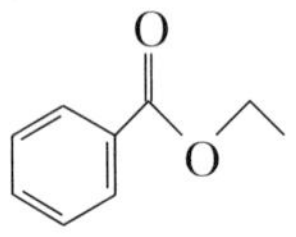

FFMA 编号为 2422，CAS：93-89-0。

2. 理化性质

密度 1.0500g/mL，沸点 212.6℃，熔点－34.6℃，折射率 1.5001，闪点 93℃。

3. 香气特征

无色液体。具有暖、稍浓的香气，类似热带产的花和一种淡的柳酸甲酯样香气。尝味有甜、稍浓的果实的感觉。

4. 应用建议

在黑加仑、樱桃、梅子、坚果、胡桃、圆醋栗、红莓、草莓、香草各类果实食品用香精中使用。

(二十二)丁酸乙酯(Ethyl butyrate)

1. 化学结构式

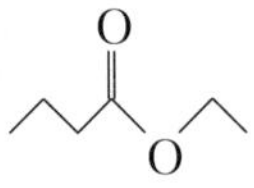

FEMA 编号为 2427，CAS：105-54-4。

2. 理化性质

密度 0.8700g/mL，沸点 121.3℃，熔点－93.3℃，折射率 1.3900～1.3940，闪点 25℃。

3. 香气特征

无色液体。具有极易扩散、强烈、醚和果实样的香气，类似香蕉和菠萝。尝味有甜果实的感觉，但在水溶液中感觉不到气味强烈。

4. 应用建议

主要用于白脱、焦糖、奶油、香蕉、樱桃、葡萄、橙、桃、朗姆以及各种浆果、坚果和复合果香型香精中。

(二十三)己酸乙酯(Ethyl caproate)

1. 化学结构式

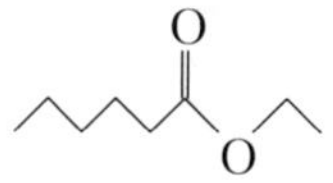

FEMA 编号为 2439,CAS:123-66-0。

2. 理化性质

密度 0.8690g/mL,沸点 161.9～168℃,熔点-67℃,折射率 1.4040～1.4100,闪点 54.4℃。

3. 香气特征

无色至浅黄色液体。具有强烈、扩散性、果实和酒样的香气,类似苹果、香蕉、菠萝并有轻微花香的底韵,若有微量游离酸存在就会影响它的香气。

4. 应用建议

常用于苹果、梨、香蕉、康乃克、白兰地、葡萄、菠萝、草莓等香精中。

(二十四)肉桂酸乙酯(Ethyl cinnamate)

其他名称:β-苯基丙烯酸乙酯,3-苯丙酸乙酯,桂酸乙酯。

1. 化学结构式

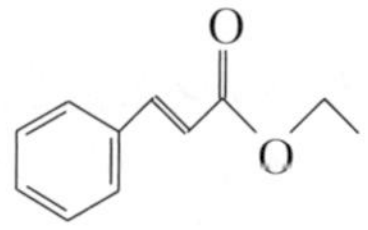

FEMA 编号为 2430,CAS:103-36-6。

2. 理化性质

密度 1.0490g/mL,沸点 270～272℃,熔点 6～8℃,折射率 1.5580,闪点>110℃。

3. 香气特征

无色液体,天冷时凝固。具有甜的似树脂、果实、蜂蜜样的香气,持久性非常好,有一种橙或似葡萄特征的底韵。尝味有甜的果实、似梅子和樱桃的感觉。

4. 应用建议

大量用于食品香精,如樱桃、肉桂、葡萄、桃、梅、覆盆子、辛香、草莓、香草等中。由于其沸点高、稳定性好,故用于烘焙食品中特别适宜。

(二十五)癸酸乙酯(Ethyl decanoate)

1. 化学结构式

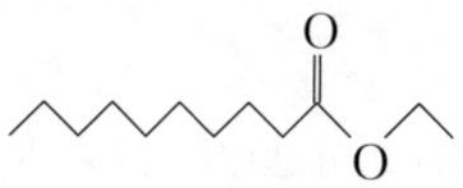

FEMA 编号为 2432，CAS：110-38-3。

2. 理化性质

密度 0.8630g/mL，沸点 241.5℃，熔点−20℃，折射率 1.4250，闪点 102℃。

3. 香气特征

无色液体。具有甜、油脂、似坚果的香气，有一种丰满的酒酵母的底韵以及似白兰地残留物的气息。

4. 应用建议

在食品香精，如朗姆、白兰地、威士忌、康乃克、桃、草莓、白葡萄、樱桃、菠萝、梅子等中常使用。

(二十六)十二酸乙酯(Ethyl dodecanoate)

其他名称：月桂酸乙酯。

1. 化学结构式

FEMA 编号为 2441，CAS：106-33-2。

2. 理化性质

密度 0.8560g/mL，沸点 269℃，熔点−10℃，折射率 1.4300～1.4340，闪点>110℃。

3. 香气特征

无色液体。具有油脂、稍有点叶样和似花瓣的温和香气，有一种隐约的果实底韵。尝味有油脂和果实的不太甜的感觉。

4. 应用建议

常用于浆果、乳酪、椰子、康乃克、甘草、葡萄、坚果、朗姆等香精中。在辛香料香精中可作为和合剂。

(二十七)甲酸乙酯(Ethyl formate)

1. 化学结构式

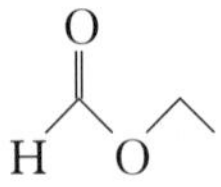

FEMA 编号为 2434，CAS：109-94-4。

2. 理化性质

密度 0.9160g/mL，沸点 53.4～54.4℃，熔点−79℃，折射率 1.3590～1.3630，闪点−20℃。

3. 香气特征

无色液体。具有愉快的、轻飘的、扩散性的果实香，也似朗姆的香气。在水溶液中尝味有微甜、醚样、轻微的果实感觉。

4. 应用建议

广泛用于食品香精中，如桃、菠萝、苹果、杏、香蕉、浆果、白脱、白兰地、葡萄、梅子、朗姆、威士忌、杂果、葡萄酒等。

(二十八)正十一醛(*n*-Undecanal)

1. 化学结构式

FEMA 编号为 3002，CAS：112-44-7。

2. 理化性质

密度 0.8251g/mL，沸点 116～117℃，熔点－4℃，折射率 1.4322，闪点 96℃。

3. 香气特征

具有强有力的桃子样果香，留香持久。浓度高时香气不太愉快，浓度低于 20mg/kg 时，有明显的甜的桃子样果香香气。质差者有明显的不愉快的油腻气息。

4. 应用建议

可用于调配柠檬、甜橙、橘子、白柠檬、黄瓜、蜜香和各种复合果香等香精。

(二十九)反-3-己烯酸乙酯(Ethyl trans-3-hexenoate)

其他名称：氢化山梨酸乙酯(Hydrosobic acid ethyl ester)。

1. 化学结构式

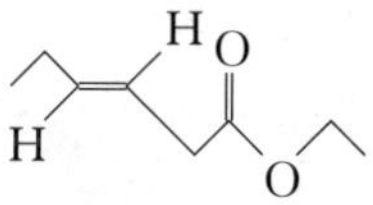

FEMA 编号为 3342，CAS：2396-83-0。

2. 理化性质

密度 0.9010g/mL，沸点 169.3℃，折射率 1.426，闪点 59.4℃。

3. 香气特征

具有清香、果香，类似菠萝的香气。

4. 应用建议

极微量用于仿制菠萝、西番莲、芒果等食品用香精中。

(三十)3-羟基己酸乙酯(Ethyl 3-hydroxyhexanoate)

1. 化学结构式

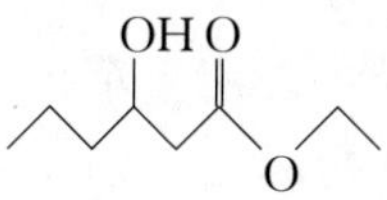

FEMA 编号为 2545,CAS:2305-25-1。

2. 理化性质

密度 0.9890g/mL,沸点 241.7℃,折射率 1.4280,闪点 94.4℃。

3. 香气特征

无色液体。具有强烈的新鲜果香和油香,微有清香,味感尖刺。

4. 应用建议

可用于调配菠萝、草莓、芒果、西番莲等香精。也可用于改善天然橙汁型香精的香气。

(三十一)3-羟基丁酸乙酯(Ethyl 3-hydroxybutyrate)

1. 化学结构式

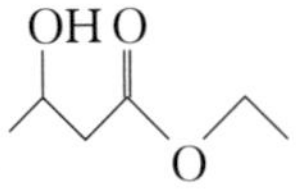

FFMA 编号为 3428,CAS:5405-41-4。

2. 理化性质

密度 1.0170g/mL,沸点 170℃,折射率 1.4200,闪点 64.44℃。

3. 香气特征

无色液体。具有橙汁和苹果的香气。

4. 应用建议

用于仿制橘子、苹果、甜橙、草莓等食品用香精。

(三十二)异戊酸乙酯(Ethyl isovalerate)

其他名称:β-甲基丁酸乙酯(Ethyl-β-methyl butyrate)。

1. 化学结构式

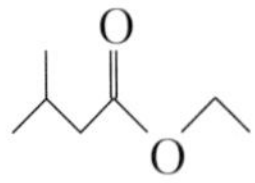

FEMA 编号为 2463,CAS:108-64-5。

2. 理化性质

密度 0.8640g/mL,沸点 132～135℃,熔点－99.3℃,折射率 1.3944,闪点 25℃。

3. 香气特征

无色液体。具有扩散性和渗透性以及似葡萄酒、果实、醚样的香气。高度稀释下,具有甜似苹果的果香。在正常的稀释浓度下,尝味有似苹果的感觉。

4. 应用建议

多用于复合果香香精和烟用香精中。用于苹果、菠萝、乳酪、朗姆和各种坚果复合香精,尤其是应用在胡桃和黑胡桃香精中。

(三十三)乙酰丙酸乙酯(Ethyl levulinate)

其他名称:γ-酮基戊酸乙酯,4-氧代戊酸乙酯。

1. 化学结构式

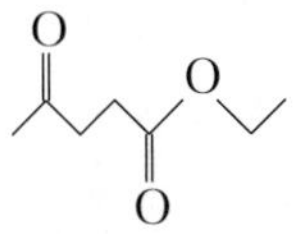

FEMA 编号为 2442,CAS:539-88-8。

2. 理化性质

密度 1.0120g/mL,沸点 203～205℃,折射率 1.4230,闪点 90℃。

3. 香气特征

无色液体。具有醚和果实样的香气稍带青甜气。尝味有温和,像未熟的苹果。

4. 应用建议

在苹果香精中大量使用,也用于菠萝、圆醋栗等香精中。

(三十四)3-甲硫基丙酸乙酯(Ethyl 3-methyl thiopropionate)

其他名称:β-甲硫基丙乙酯(Ethyl-β-methyl thiopropionate)。

1. 化学结构式

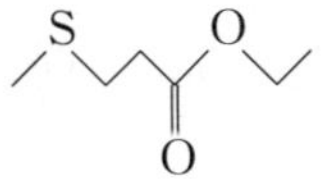

FEMA 编号为 3343,CAS:13327-56-5。

2. 理化性质

密度 1.0220g/mL,沸点 200.5℃,折射率 1.4600～1.4700,闪点 81℃。

3. 香气特征

无色液体。具有非常强烈、扩散、似洋葱样的硫化物气息,极度稀释似菠萝样果甜香气。

4. 应用建议

可用于菠萝、西番莲等香精中,由于香气非常强烈,用量要谨慎。

(三十五)2-甲基丁酸乙酯(Ethyl-2-methyl butyrate)

1. 化学结构式

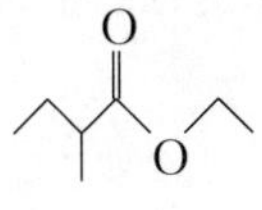

FEMA 编号为 2443,CAS:7452-79-1。

2. 理化性质

密度 0.8650g/mL,沸点 133℃,折射率 1.3970,闪点 26.1℃。

3. 香气特征

无色液体。具有强烈的、扩散性的、刺激的果实样香气,类似苹果皮,菠萝皮或未成熟的梅子皮的香气。

4. 应用建议

在仿制菠萝、草莓、梅子、甜橙、荔枝、西番莲香精中使用。

(三十六)辛酸乙酯(Ethyl octanoate)

1. 化学结构式

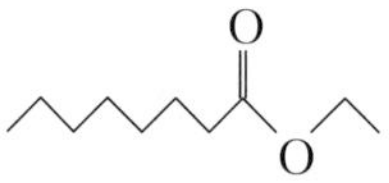

FEMA 编号为 2449,CAS:106-32-1。

2. 理化性质

密度 0.8660g/mL,沸点 206~208℃,熔点−43.1℃,折射率 1.4175,闪点 75℃。

3. 香气特征

无色液体。具有果实和酒样、甜的香气,类似杏、香蕉、菠萝,有一种明显的果实香气。

4. 应用建议

广泛用于食品香精,如杏、苹果、白兰地、白脱、柑橘类果实、乳酪、葡萄、坚果、梨、菠萝、朗姆、草莓、香蕉等香精中。

(三十七)3-苯基缩水甘油酸乙酯(Ethyl 3-phenylglycidate)

其他名称:3-苯基-2,3-环氧丙酸乙酯(Ethyl -3-phenyl -2,3- epoxy propionate)。

1. 化学结构式

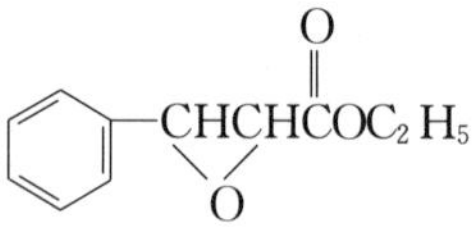

FEMA 编号为 2454,CAS:77-83-8。

2. 理化性质

密度 1.1180g/mL,沸点 122~125℃,折射率 1.5150~1.5210,闪点>110℃。

3. 香气特征

无色至浅黄色微黏稠状液体。具有暖、焦糖-果实的香气,尝味有甜,像果酱的感觉类似草莓、梅子的香味。

4. 应用建议

常用于食品用香精中，除草莓外，还大量用于浆果型香精，以及杂果、焦糖、糖浆、白脱等香精中。

(三十八)丙酸乙酯(Ethyl propionate)

1. 化学结构式

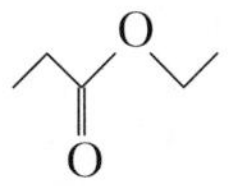

FEMA 编号为 2456，CAS：105-37-3。

2. 理化性质

密度 0.8900g/mL，沸点 99.1℃，熔点－73.9℃，折射率 1.3814，闪点 12.2℃。

3. 香气特征

无色液体。具有极易挥发、醚样、似果实和朗姆的香气。尝味有甜、果实、似朗姆的感觉。在水溶液中尝味很弱，有类似苹果、香蕉的果味。

4. 应用建议

较广泛地用于食品用香精中，如朗姆、苹果、香蕉、梨、菠萝、梅子、白脱、杂果和许多其他香型香精。

(三十九)水杨酸乙酯(Ethyl salicylate)

其他名称：邻羟基苯甲酸乙酯(Ethyl o-hydroxy benzoate)。

1. 化学结构式

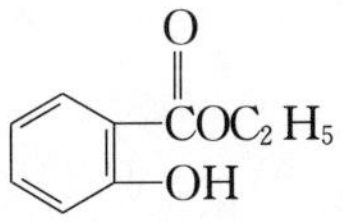

FEMA 编号为 2458，CAS：118-61-6。

2. 理化性质

密度 1.1360g/mL，沸点 233℃，熔点 1.3℃，折射率 1.5296，闪点 107℃。

3. 香气特征

无色液体，天冷时凝固。具有浓、甜、花和果实样的香气，比水杨酸甲酯温和，有更像金合欢和较强的甜的花的底韵。尝味有浓的、果实的感觉，在同样浓度下不及水杨酸甲酯那样灼烧的感觉。

4. 应用建议

在仿制黑莓、黑加仑、圆醋栗、覆盆子、草莓、复合果香等香精中使用，也用于根啤或沙土型香精中。在牙粉和冬青型香精中常作为水杨酸甲酯的修饰剂。

（四十）丁酸香叶酯（Geranyl butyrate）

1. 化学结构式

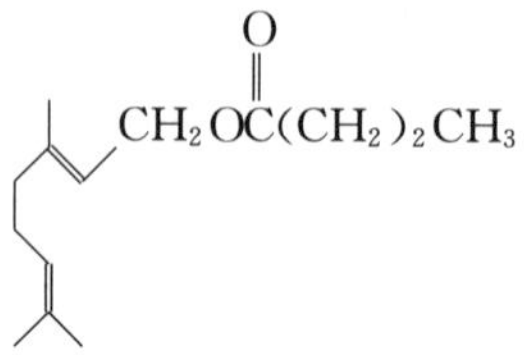

FEMA 编号为 2512，CAS：106-29-6。

2. 理化性质

密度 0.8960g/mL，沸点 253℃，折射率 1.4610，闪点 93℃。

3. 香气特征

无色液体。具有甜、稍浓的果香，类似苹果，有红玫瑰、轻微油脂样的底韵，全段香气非常愉快。尝味有甜、浓、果实的感觉，稍有些类似苹果、桃、野草莓的香味。

4. 应用建议

较广泛用于食品香精，如苹果、樱桃、桃、菠萝、橙、草莓和各种复合果实香精中。与香紫苏油合用，形成一种梨的基调。

（四十一）丙酸香叶酯（Geranyl propionate）

其他名称：2，6-二甲基-2，6-辛二烯-8-醇正丙酸酯。

1. 化学结构式

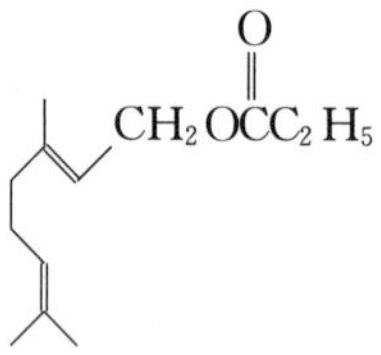

FEMA 编号为 1717，CAS105-90-8。

2. 理化性质

密度 0.9000g/mL，沸点 253℃，折射率 1.4550～1.4640，闪点 99℃。

3. 香气特征

无色液体。具有甜的、暖的、果实和玫瑰样、树脂和葡萄样的香气，有叶和花的底韵，持久性中等。尝味有甜、稍浓、果实和花的感觉和稍苦的回味。

4. 应用建议

在许多食品用香精中作为一种强烈的添加剂，可用于苹果、杏、梨、菠萝、蜂蜜、复合梅类和果香型的香精中。

(四十二)已醛(Hexanal)

1. 化学结构式

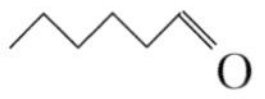

FEMA 编号为 2557,CAS:2043-61-0。

2. 理化性质

密度 0.8300g/mL,沸点 128.7℃,熔点 −56.3℃,折射率 1.4035～1.4050,闪点 32℃。

3. 香气特征

无色液体。溶于乙醇、丙二醇、油类后似新割的草和未成熟的果香(类似苹果和莓),未稀释前的辛辣香韵类似白脱,氧化成酸带有酸败的气息。

4. 应用建议

在仿制白脱、干酪、蜂蜜、朗姆和许多果香型香精中用得较为普遍。

(四十三)反-3-己烯酸(Trans-3-hexenoic acid)

1. 化学结构式

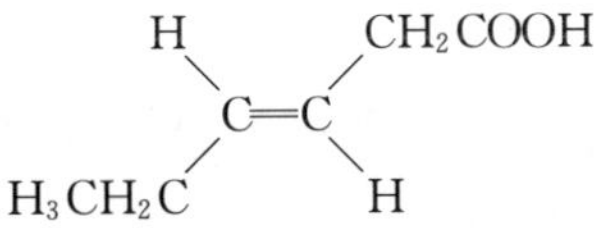

FEMA 编号为 3170,CAS1577-18-0。

2. 理化性质

密度 0.9630g/mL,沸点 209℃,熔点 11～12℃,折射率 1.4400,闪点 106.4℃。

3. 香气特征

无色液体,低温时呈固态。具有扩散的干酪香气,有些果香。

4. 应用建议

可用于干酪、果香、覆盆子或其他莓果香精。

(四十四)己酸顺-3-己烯-1-酯(Cis-3-hexenyl hexanoate)

1. 化学结构式

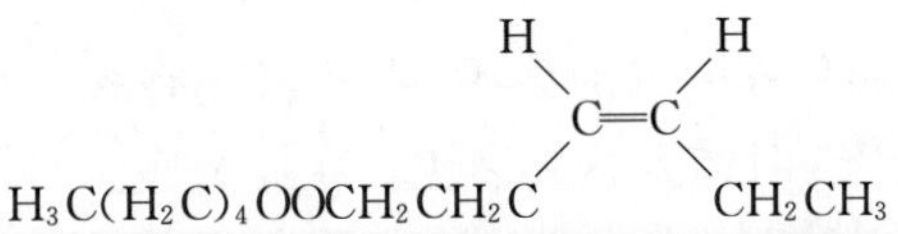

FEMA 编号为 3403,CAS:31501-11-8。

2. 理化性质

密度 0.9185g/mL,沸点 227℃,折射率 1.4472,闪点 92℃。

3. 香气特征

无色液体。具有强烈的、扩散的果香气息,似梨和菠萝样的香气。

4. 应用建议

可用于生梨、菠萝和薄荷型香精中。

(四十五)正-己醇(n-hexyl alcohol)

其他名称:己醇、1-己醇(1-Hexanol)。

1. 化学结构式

FEMA 编号为 2569,CAS:4471-05-0。

2. 理化性质

密度 0.8140g/mL,沸点 157℃,熔点−44.6℃,折射率 1.4161,闪点 63℃。

3. 香气特征

无色液体。具有酒、轻微油脂和果实的香气,比戊醇弱,但香气接近,己醇似乎有更重的油脂气和果香。

4. 应用建议

在食品用香精中用量比例极低,可用于椰子、复合莓类和各类果实香精中。

(四十六)乙酸己酯(Hexyl acetate)

其他名称:乙酸正己酯(*n*-Hexyl acetate)。

1. 化学结构式

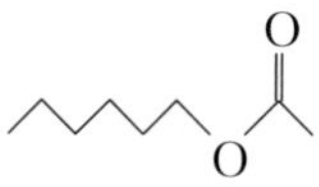

FEMA 编号为 2565,CAS:142-92-7。

2. 理化性质

密度 0.8718g/mL,沸点 171.5℃,熔点−80.9℃,折射率 1.4060~1.4120,闪点 37℃。

3. 香气特征

无色液体。具有浆果和梨样的青甜果香,带轻微花香和青气。甜的果香似浆果和梨样的香味,浓度低于 40mg/kg 时使人感到愉快。

4. 应用建议

其青甜果香可用于调配苹果、香蕉、樱桃、梨、菠萝、草莓、覆盆子、甜瓜及混合水果等香精。乙酸己酯是己醇酯类中最常用的一种。

(四十七)丁酸己酯(Hexyl butyrate)

1. 化学结构式

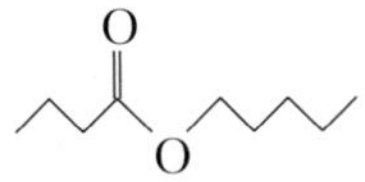

FEMA 编号为 2568，CAS：2639-63-6。

2. 理化性质

密度 0.8510g/mL，沸点 205℃，折射率 1.4170，闪点 81.1℃。

3. 香气特征

无色液体。具有强烈、果实、浓的香气，不像某种果香混杂的不成熟果香。

4. 应用建议

用于仿制草莓、樱桃、菠萝、巧克力、可可浆果和复合果香香精中，能给以一定强度和新鲜感。

(四十八)己酸己酯(Hexyl hexanoate)

1. 化学结构式

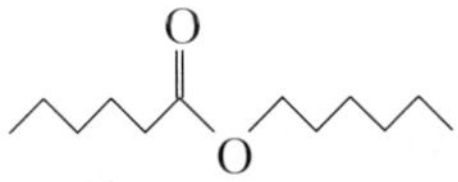

FEMA 编号为 2572，CAS：6378-65-0。

2. 理化性质

密度 0.8541g/mL，沸点 245℃，熔点－55℃，折射率 1.4240，闪点 68℃。

3. 香气特征

无色液体。具有像新鲜蔬菜且稍偏向果香的香气，类似菜豆气稍多一些。稀释至 20mg/kg，尝味有甜、青和一些果味的感觉。

4. 应用建议

常用于鲜果香精以增加新鲜和青的香气。用于仿制各类浆果，尤其是草莓香精更适宜。

(四十九)β-环高柠檬醛(β-Homocyclocitral)

其他名称：2，6，6-三甲基-1-环己烯-1-乙醛(2，6，6-trimethyl-1-cyclohexen-1-acetaldehyde)。

1. 化学结构式

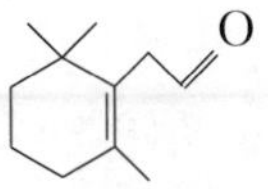

FEMA 编号为 3474， CAS：472-66-2。

2. 理化性质

密度 0.9380g/mL，沸点 50℃，折射率 1.4810～1.4880，闪点 72℃。

3. 香气特征

无色至浅黄色液体。具有强烈、类似花香、红浆果、似紫罗兰酮的香气。

4. 应用建议

可极微量用于覆盆子、草莓、樱桃、茶等食品用香精和烟用香精中。

（五十）覆盆子酮[4-(p-Hydroxyphenyl)-2-butanone]

1. 化学结构式

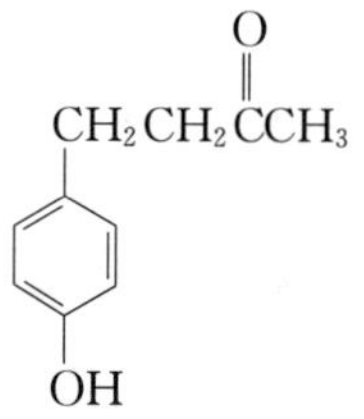

FEMA 编号为 2588，CAS：5471-51-2。

2. 理化性质

沸点 200℃，熔点 82～83℃。

3. 香气特征

白色细针状或颗粒状晶体。具有非常温甜的果香，似覆盆子果酱，留香颇持久。甜的果香香气，但不太强烈，浓度低于 10mg/kg，很难显示其特征香气，是具有果香的定香剂之一。

4. 应用建议

自从在覆盆子果汁中发现其存在后，在食品用香精中开始使用，覆盆子、草莓、桃子、黑莓、黑醋栗、混合水果等香精中均可用之。

（五十一）乙酸异戊酯(Isoamyl acetate)

其他名称：乙酸 β-甲基丁酯(β-methylbutyl acetate)。

1. 化学结构式

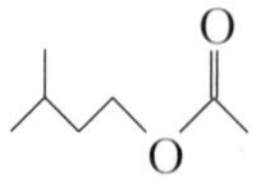

FEMA 编号为 2055，CAS：123-92-2。

2. 理化性质

密度 0.8760g/mL，沸点 142℃，熔点－78℃，折射率 1.400，闪点 33℃。

3. 香气特征

无色液体。具有明显新鲜果实香味，甜而微感尖刺。稀释后类似梨、香蕉、苹果的香气，尝味有甜果实、梨、香柠檬、过熟的香蕉、苹果等感觉。

4. 应用建议

广泛用于仿制梨、覆盆子、草莓、香蕉、焦糖、可乐、椰子、苹果、樱桃、奶油苏打、葡萄、白脱、桃、菠萝、朗姆、香草等香精中。

(五十二)异戊醇(Isoamyl alcohol)

其他名称：3-甲基-1-丁醇(3-methyl-1-butanol)。

1. 化学结构式

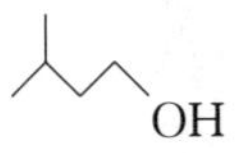

FEMA 编号为 2057，CAS：123-51-3。

2. 理化性质

密度 0.8100g/mL，沸点 132.5℃，熔点−117.2℃，折射率 1.4060，闪点 43℃。

3. 香气特征

无色油状液体。具有令人窒息的、不愉快的，并使人呛咳和感到厌恶的气息，高度稀释后转变为愉快的果香和酒香。适度稀释后有类似酒香的白兰地酒样特有的口味。

4. 应用建议

在食品用香精中，常用于调制苹果、香蕉、巧克力、朗姆、威士忌、白兰地、曲酒及其他烈性酒等香精。

(五十三)丁酸异戊酯(Isoamyl butyrate)

1. 化学结构式

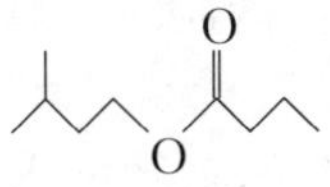

FEMA 编号为 2060，CAS：106-27-4。

2. 理化性质

密度 0.8599g/mL，沸点 179℃，熔点−73.2℃，折射率 1.4110，闪点 72℃。

3. 香气特征

无色液体。具有强烈、醚样的果香，甜的杏、香蕉、菠萝香气；似比异丁酸异丁酯更尖些。尝味有甜、果实的味感，不很强烈，但比乙酸异戊酯强。

4. 应用建议

在食品香精中广泛使用，如杏、香蕉、樱桃、桃、草莓、杂果等香精中用最较多，也用于白脱、巧克力等香精中。

(五十四)甲酸异戊酯(Isoamyl formate)

1. 化学结构式

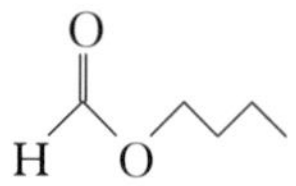

FEMA 编号为 2069,CAS:110-45-2。

2. 理化性质

密度 0.8900g/mL,沸点 124.2℃,熔点-93.5℃,折射率 1.3976,闪点 30℃。

3. 香气特征

无色液体。具有明显青果实、盛甜香气,有几乎令人讨厌的底韵,醚样挥发性,有苹果和酒样的头香,也类似黑加仑子和浆果。有愉快、甜果实、酒样更似苹果的香味感觉。

4. 应用建议

常用于苹果、杏、香蕉、黑加仑子、樱桃、菠萝、浆果、草莓等香精中。

(五十五)己酸异戊酯(Isoamyl hexanoate)

1. 化学结构式

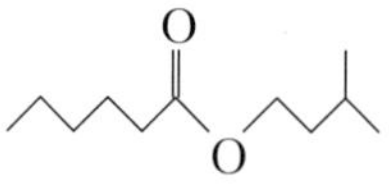

FEMA 编号为 2075,CAS:2198-61-0。

2. 理化性质

密度 0.8700g/mL,沸点 225.5℃,折射率 1.4200,闪点 82.9℃。

3. 香气特征

无色液体。具有尖刺而似苹果、香蕉、菠萝的香气以及新鲜果实、苹果和菠萝香气。

4. 应用建议

仿制苹果、蜂蜜、覆盆子、朗姆、菠萝、草莓等香精中使用。

(五十六)异戊酸异戊酯(Isoamyl isovalerate)

1. 化学结构式

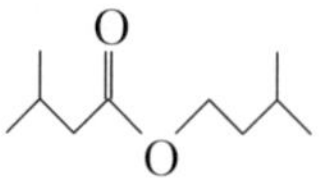

FEMA 编号为 2085,CAS:659-70-1。

2. 理化性质

密度 0.8638g/mL,沸点 190.5~193℃,折射率 1.4150,闪点 67℃。

3. 香气特征

无色液体。具有特殊果香，类似熟苹果，或更似储存时被重压过的苹果香气或发酵过的苹果气息。尝味有新鲜似苹果皮的感觉，也像覆盆子香味。

4. 应用建议

广泛用于食品香精，用于仿制杏、香蕉、樱桃、蜂蜜、桃、菠萝、芒果、覆盆子、草莓、胡桃等香精，与其他香料合用于奶油苏打、杂果、朗姆和香草香精中，也可用于圆醋栗香精。

(五十七)苯乙酸异戊酯(Isoamyl phenylacetate)

1. 化学结构式

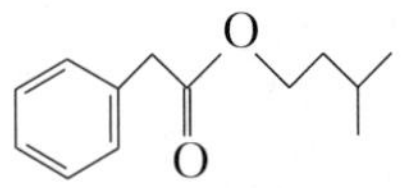

FEMA 编号为 2018，CAS：102-19-2。

2. 理化性质

密度 0.9750g/mL，沸点 265～266℃，折射率 1.4850。闪点>100℃。

3. 香气特征

无色油状液体。甜的、麝香动物样香气非常持久，具有果实和树脂的底韵，类似新鲜可可豆。不同供应者提供的产品往往具有不同的香气。具有极微的海狸香样香气，所以在可可香精中会产生有趣的效果。

4. 应用建议

主要用于配制蜂蜜、可可、巧克力和奶油等型香精。

(五十八)乙酸异丁酯(Isobutyl acetate)

1. 化学结构式

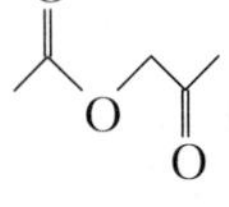

FEMA 编号为 2175，CAS：110-19-0。

2. 理化性质

密度 0.8830g/mL，沸点 116.6℃，熔点－99℃，折射率 1.3900，闪点 21.7℃。

3. 香气特征

无色液体。具有极易扩散、醚样的、类似朗姆(发酵)的香气，有一种明显的果实香韵。水溶液中尝味有甜的果味的感觉。

4. 应用建议

具有一种香蕉、菠萝、覆盆子、梨的香韵，极普遍地用于食品用香精中。在仿制香蕉、白脱、葡萄、覆盆子、草莓和杂果型等香精中作为主要成分使用。

(五十九)丙酸芳樟酯(Linalool propionate)

1. 化学结构式

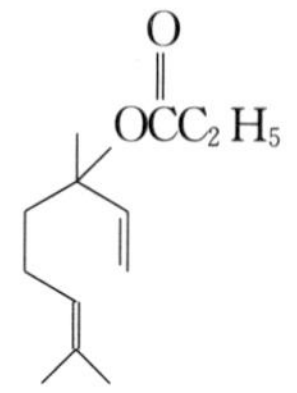

FFMA 编号为 2645,CAS:144-39-8。

2. 理化性质

密度 0.8900g/mL,沸点 220℃,折射率 1.4490～1.4530,闪点 97.2℃。

3. 香气特征

近似无色液体。具有新鲜的、非常甜的、像香柠檬、铃兰和梨的香气。持久性中等。尝味有甜果味,类似梨和菠萝。

4. 应用建议

在食品香精(如香蕉、黑加仑、红醋栗、橙、梨、菠萝、杂果等)中作为增甜剂和增强果香底韵之用。

(六十)麦芽酚(Maltol)

其他名称:3-羟基-2-甲基-4-吡喃酮(3-hydroxy-2-methyl-4-pyrone)。

1. 化学结构式

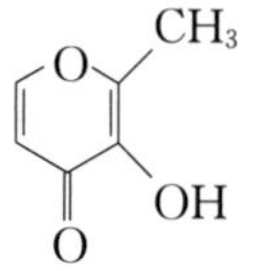

FEMA 编号为 2656,CAS:118-71-8。

2. 理化性质

沸点 170℃,熔点 160～164℃,折射率 1.5410。

3. 香气特征

白色结晶,市售品都为粉状体。具有强烈的焦甜香和果香。在固体状态下偏重焦糖甜香,其溶液明显似菠萝、草莓和果酱样的香气,它的丙二醇溶液更具草莓的特征。在 20～100mg/kg 浓度时,焦糖香的效果占优势,较低浓度时才有悦人的果香效果,与香兰素、洋茉莉醛或其他甜香香料合用时,味更甜。

4. 应用建议

主要用途是在食品用香精中,它不仅是菠萝和草莓香精中的重要香味组分,也在其他许多香精中作为甜香剂使用，如覆盆子、桃子、芒果、西番莲、荔枝、咖啡、巧克力、白脱等。

（六十一）邻氨基苯甲酸甲酯（Methyl anthranilate）

1. 化学结构式

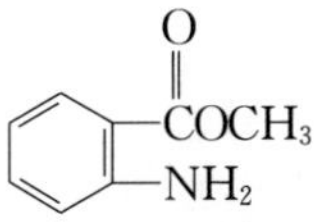

FEMA 编号为 2641，CAS：87-25-2。

2. 理化性质

密度 1.1610g/mL，沸点 273℃，熔点 24-25℃，折射率 1.5820～1.5840，闪点 104℃。

3. 香气特征

无色至浅黄色液体，带有蓝色荧光或白色至草黄色结晶块。具有陈腐的果香和干的花香，类似橙花和葡萄的香气，留香持久，高度稀释后显示出鲜甜香气。甜的葡萄样的果香香味，带有香水样的特征。

4. 应用建议

在食品用香精中，它是葡萄香型的重要香料，也可用于各种浆果、甜瓜、蜂蜜、柑橘及花香等香精中，酒类香精中也可使用，但用量宜谨慎。

（六十二）丁酸甲酯（Methyl butyrate）

其他名称：正丁酸甲酯（Methyl *n*-butaonate）。

1. 化学结构式

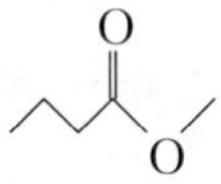

FEMA 编号为 269，CAS：623-42-7。

2. 理化性质

密度 0.9000g/mL，沸点 102.8℃，熔点－85.8℃，折射率 1.3847，闪点 14℃。

3. 香气特征

无色易流动液体。具有非常扩散的、尖刺的、甜的、醚样的果香，稀释后似苹果皮样的香气，带有轻微脂腊底韵。其水溶液有甜的但并不强烈的味感。稀释至浓度低于 100mg/kg 时，有类似于苹果或香蕉、菠萝样的香味。

4. 应用建议

可用于苹果、香蕉、菠萝、甜瓜、桃子、朗姆酒、曲酒及其他果香香精中。

(六十三)己酸甲酯(Methyl caproate)

1. 化学结构式

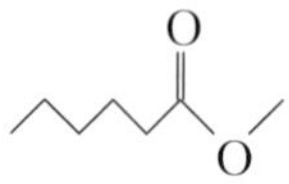

FEMA 编号为 2703,CAS:106-70-7。

2. 理化性质

密度 0.8820g/mL,沸点 149.8℃,熔点−71℃,折射率 1.4054,闪点 45℃。

3. 香气特征

无色液体。具有强烈的、醚样的、扩散的、甜的菠萝和杏子类型的香气,不持久的甜果香。

4. 应用建议

主要用于草莓、菠萝型的香精,其他尚可用于苹果、覆盆子、白脱、奶油、乳酪、蜂蜜等香精中。

(六十四)辛酸甲酯(Methyl octanoate)

1. 化学结构式

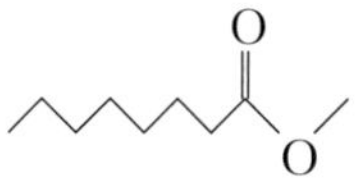

FEMA 编号为 2728,CAS:111-11-5。

2. 理化性质

密度 0.8775g/mL,沸点 79℃,熔点−40℃,折射率 1.4180,闪点 73℃。

3. 香气特征

无色油状液体。具有强有力的酒香和果香似橙桦的香气,留香时间不持久,带油脂气的果香,有些橙的香味。

4. 应用建议

在菠萝香精中用作香味增强剂,也可用于莓果型和柑橘型香精配方中。

(六十五)肉桂酸甲酯(Methyl cinnmate)

1. 化学结构式

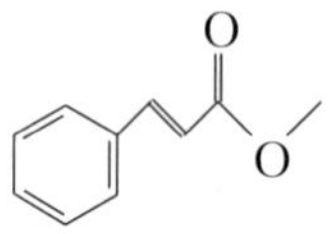

FEMA 编号为 2698,CAS:1754-62-7。

2. 理化性质

密度 1.0700g/mL，沸点 260～262℃，熔点 34～38℃，折射率 1.5670，闪点>110℃。

3. 香气特征

具有强有力的果香和膏香，留香时间持久，高度稀释后，果香重于膏香，似草莓样的香气。低于 20mg/kg 浓度时，有甜的果香似樱桃和草莓样的香味。

4. 应用建议

常微量用于白脱、樱桃、草莓、奶油、葡萄、桃子、李子、番石榴、香荚兰及酒类和漱口水等香精中。

(六十六)2-甲基丁酸甲酯(Methyl 2-methylbutyrate)

1. 化学结构式

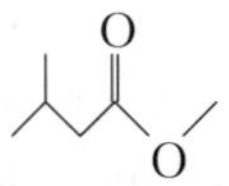

FEMA 编号为 2719，CAS：868-57-5。

2. 理化性质

密度 0.8815g/mL，沸点 115～116℃，折射率 1.3942，闪点 32.2℃。

3. 香气特征

200mg/kg 以下时有发酵样和苹果样的香味。

4. 应用建议

可少量用于菠萝、草莓、苹果及其他果香香精中。

(六十七)甲基壬基甲酮(Methyl nonyl ketone)

1. 化学结构式

FEMA 编号为 3093，CAS：112-12-9。

2. 理化性质

密度 0.8300g/mL，沸点 114℃，折射率 1.4320～1.4350，闪点 88.9℃。

3. 香气特征

具有果香、玫瑰、橙的香气，稍有药香和鸢尾香韵。质次者有酸败和尖刺的头香。尝味有油、果实、也有药草感觉，有一种轻微似椰子的韵味。

4. 应用建议

用于仿制椰子、乳酪、桃、胡桃、柠檬、橙、黑加仑子等香精。

(六十八)3-甲基-3-苯基缩水甘油酸乙酯(3-Methyl-3-phenyl-glycidic acid ethylester)

1. 化学结构式

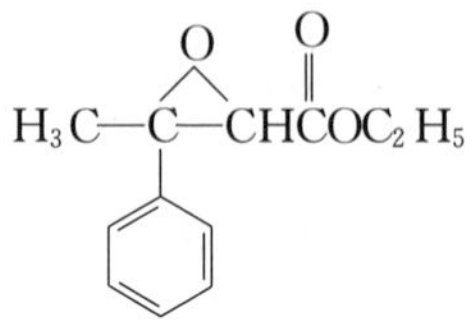

FEMA 编号为 2444,CAS:121-39-1。

2. 理化性质

密度 1.0860g/mL,沸点 153～155℃,折射率 1.5030～1.5070,闪点>100℃。

3. 香气特征

具有甜的、果实、似糖果、暖的香气,有明显的与草莓汁或草莓酱相似的香气,尝味有甜和明显果实的感觉。在浓度大于 50mg/kg 的水溶液中,有刺激或灼烧的效果。

4. 应用建议

大量用于食品用香精中,不但可在草莓香精中使用,而且在其他浆果类,如覆盆子香精也可使用。同时,樱桃、菠萝、椰子、甘草、酒、杂果等香精中都可使用。

(六十九)乙酸橙花酯(Neryl acetate)

1. 化学结构式

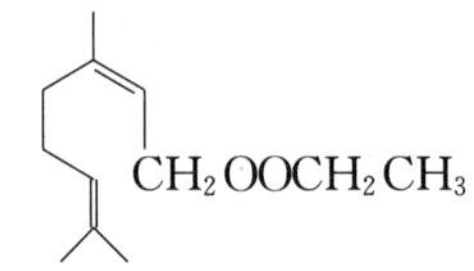

FEMA 编号为 2773,CAS:141-12-8。

2. 理化性质

密度 0.9070g/mL,沸点 231～236℃,折射率 1.4590,闪点 98℃。

3. 香气特征

有橙花和玫瑰样香气。柑橘香气,皂感强,有蜂蜜和覆盆子样香气。

4. 应用建议

调制树莓、柑橘等水果香型香精,用于食品,也用于化妆品。

(七十)顺-6-壬烯醇(Cis-6-nonen-1-ol)

1. 化学结构式

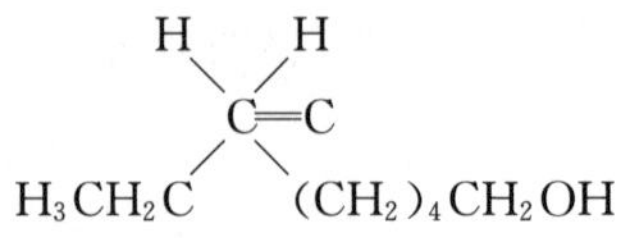

FEMA 编号为 3465，CAS：35854-86-5。

2. 理化性质

密度 0.8500g/mL，沸点 115℃，折射率 1.4490，闪点 92.8℃。

3. 香气特征

带蜡气的甜瓜和南瓜样的香气，高度稀释后有甜瓜的特征香气和香味。

4. 应用建议

用于调配各种瓜类香精。

(七十一)圆柚酮(Nootkatone)

1. 化学结构式

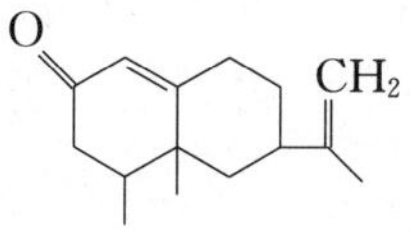

FEMA 编号为 3166，CAS：4674-50-4。

2. 理化性质

密度 0.9970g/mL，沸点 125℃，熔点 36～37℃，折射率 1.5200，闪点 99℃。

3. 香气特征

具有极强烈的果香，甜香的柑橘样的香气，留香持久。其香气和香味是非常典型的圆柚皮香气。在 3～50mg/kg 的浓度时，有典型的圆柚香味。

4. 应用建议

主要用于调配各种柑橘型香精，可以起到增强和改善香气和香味的作用。

(七十二)异丁酸苯乙酯(Phenylethyl isobutyrate)

1. 化学结构式

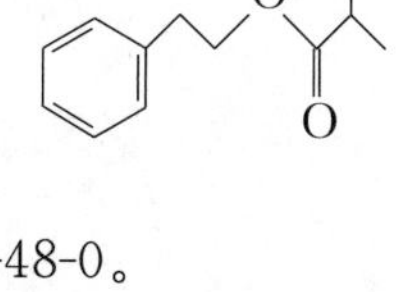

FEMA 编号为 2862，CAS：103-48-0。

2. 理化性质

密度 1.000g/mL，沸点 23℃，折射率 1.4873，闪点 108.3℃。

3. 香气特征

具有清新的果香和玫瑰样香气，偏重果香，较正丁酸苯乙酯清新，留香不持久。浓度在 20mg/kg 以下时，有愉快的新鲜果香，似草莓、菠萝样香味。

4. 应用建议

可用于苹果、桃子、菠萝、草莓、蜂蜜、干酪和各种花香和果香香精中。

(七十三)异戊酸苯乙酯(Phenylethyl isovalerate)

1. 化学结构式

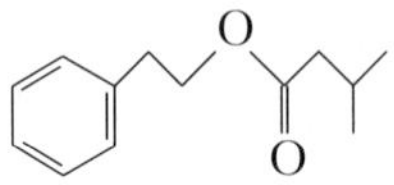

FEMA 编号为 2871,CAS:140-26-1。

2. 理化性质

密度 0.8640 g/mL,沸点 131~133℃,熔点−99℃,折射率 1.3944,闪点 25℃。

3. 香气特征

具有强烈的果香和玫瑰叶样的香气,并带温和的膏香,香气较持久。它较正戊酸苯乙酯少药草和烟草样气息,香气新鲜而有活力。浓度低于 10mg/kg 时,有愉快的清鲜果实甜味。

4. 应用建议

常用于桃子、杏、苹果、菠萝、梨、黑醋栗、蜜香及混合水果等香精中。

(七十四)正丁酸苯乙酯(Phenylethyl butyrate)

1. 化学结构式

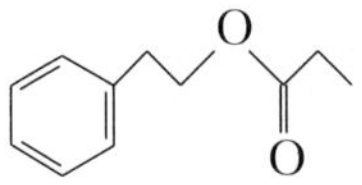

FEMA 编号为 2861,CAS:103-52-6。

2. 理化性质

密度 0.9940g/mL,沸点 260℃,折射率 1.4900,闪点 110℃。

3. 香气特征

具有甜清的玫瑰样香气和花果香,留香不持久。质差者或储存不当,往往有丁酸臭。

4. 应用建议

可用于草莓、白脱、焦糖、苹果、桃子、菠萝、蜜香、花香等香精中。

(七十五)α-松油醇(α-Terpineol)

1. 化学结构式

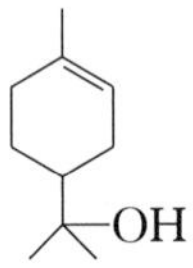

FEMA 编号为 3045,CAS:98-55-5。

2. 理化性质

密度 0.9337g/mL，沸点 214～224℃，熔点 12～14℃，折射率 1.4825～1.4850，闪点 89.4℃。

3. 香气特征

高质量的α-松油醇具有特征的紫丁香甜清花香，稀释后有桃样的香味。食品级规格要求香气非常纯正。

4. 应用建议

可用于柠檬、白柠檬、甜橙、桃子、杏子和莓果等果香香精中，也可用于肉豆蔻、小豆蔻、茴香、姜等辛香香精。

二、乳香型

(一)戊二酮(Acetyl propionyl)

1. 化学结构式

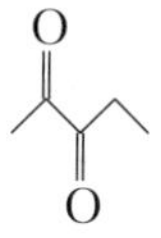

FEMA 编号为 2841，CAS：600-14-6。

2. 理化性质

密度 0.9565g/mL，沸点 108℃，熔点－52℃，折射率 1.4014，闪点 34℃。

3. 香气特征

具有油、白脱、刺激、类似醌的香气，不像丁二酮那样味道尖刺而有挥发性。浓水溶液中有甜、油、白脱的味感，淡的水溶液则无味。

4. 应用建议

用于白脱、焦糖、干酪、奶油、果实、朗姆等香精中。

(二)2，3-丁二酮(2，3-Butanedione)

1. 化学结构式

FEMA 编号为 2370，CAS：431-03-8。

2. 理化性质

密度 0.9900g/mL，沸点 88～91℃，熔点－4～－3℃，折射率 1.3910～1.3990，闪点 13℃。

3. 香气特征

具有极强的扩散性、刺激、白脱样的香气，浓时像氯和苯醌样的气息，极度稀释后有油和白脱样香气。

4. 应用建议

广泛用于食品用香精，如白脱、牛乳、奶油、乳酪、焦糖、巧克力、咖啡、樱桃、浆果、蜂蜜、甘草、朗姆、酒类、坚果、杏仁、辛香、姜、奶油苏打、醋、香草等香精。

(三)丁酰基乳酸丁酯(Butyl butyllactate)

1. 化学结构式

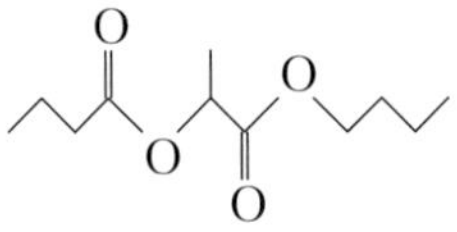

FEMA 编号为 2190，CAS：7492-70-8。

2. 理化性质

密度 0.9720g/mL，沸点 90℃，折射率 1.4200～1.4240，闪点 100℃。

3. 香气特征

具有甜酸的白脱牛乳型的香气和温和果实的底韵。

4. 应用建议

在仿制白脱、果实(包括杂果)、坚果、香草等香精中使用。

(四)γ-壬内酯(γ-Nonalactone)

1. 化学结构式

FEMA 编号为 2781，CAS：104-61-0。

2. 理化性质

密度 0.9760g/mL，沸点 243℃，熔点 3.6℃，折射率 1.4462，闪点 132℃。

3. 香气特征

具有浓烈的奶油、椰子样和花香，麝香样的香气。极度稀释后有美好的果香，香气持久性极好，质次者往往带有不愉快的油腻气息。浓度为 50mg/kg 时，有奶油、坚果样的香味，在 1～5mg/kg 浓度时，有美好的果甜香味。

4. 应用建议

γ-壬内酯是同系内酯中最常用的品种之一，在食品香精中，除了在椰型香精中作为主要香料外，还用于杏仁、奶油、白脱、杏、桃、各种坚果、巧克力、可可、樱桃和莓果等香精中。

(五)γ-癸内酯(γ-Decalactone)

1. 化学结构式

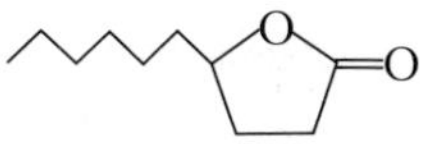

FEMA 编号为 2360,CAS:706-14-9。

2. 理化性质

密度 0.9530g/mL,沸点 281℃,折射率 1.4490,闪点>110℃。

3. 香气特征

具有文雅的带脂蜡气的桃子样香气,留香持久。浓度在 5mg/kg 时有强有力的奶油果香似桃子样的香味。

4. 应用建议

主要用于桃、李、杏、梅、草莓、芒果及多种热带水果等香精,也可少量用于牛乳、奶油、白脱和干酪等香精中。

(六)δ-癸内酯(δ-Decalactone)

1. 化学结构式

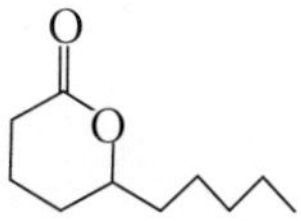

FEMA 编号为 2361,CAS:61-19-8。

2. 理化性质

密度 0.9680g/mL,沸点 117~120℃,熔点−27℃,折射率 1.458,闪点>100℃。

3. 香气特征

具有强有力而非常持久的、甜的、奶油和椰子、桃子样的香气。浓度低于 0.1%或更低时有甜菜的奶油样柔和香气。在浓度低 2mg/kg 时有奶油、椰子、桃子样的香气。

4. 应用建议

主要用于白脱、奶油、桃子、杏子、椰子、草莓、覆盆子及热带水果香精中。

(七)γ-十一内酯(γ-Undecalactone)

1. 化学结构式

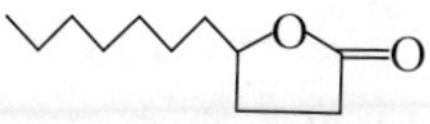

FEMA 编号为 3091, CAS:104-67-6。

2. 理化性质

密度 0.9410g/mL,沸点 286℃,折射率 1.4480～1.4300,闪点>110℃。

3. 香气特征

具有强有力的桃子样果香,留香持久。高浓度时香气不太愉快,浓度低于 20mg/kg 时,有明显的甜桃子样果香香气。质差者有明显的不愉快的油腻气味。

4. 应用建议

可用于调配桃、杏、李、梅、樱桃、桂花、乳制品、西番莲果等香精。在许多果香香精中常作为易挥发酯类的定香剂。

(八)δ-十一内酯(δ-Undecalactone)

1. 化学结构式

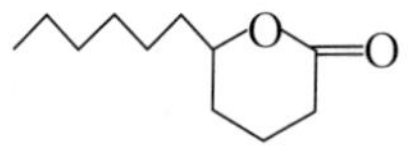

FEMA 编号为 3294,CAS:710-04-3。

2. 理化性质

密度 0.9690g/mL,沸点 152～155℃,折射率 1.4570～1.4610,闪点 159℃。

3. 香气特征

具有强有力的奶油脂香气,稀释后有明显似桃子样的香气,留香甚持久。在 10mg/kg 以下浓度时,有典型的桃子样香味。

4. 应用建议

在食品用香精中主要利用它愉快的奶油香味的效果,此种效果在冰淇淋中不仅对香荚兰和桃子香型,而且对其他许多香味类型都是有益的。在烘焙食品中,它能柔和白脱的香味。常用于牛乳、白脱、桃子、椰子等香精中。

(九)γ-十二内酯(γ-Dodecalactone)

1. 化学结构式

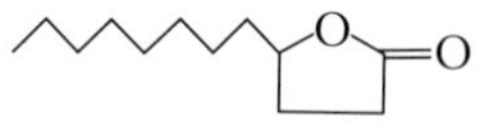

FEMA 编号为 2300,CAS:2305-05-7。

2. 理化性质

密度 0.9360g/mL,沸点 131℃,熔点 17～18℃,折射率 1.4520,闪点>110℃。

3. 香气特征

具有脂肪气的桃子样香气,并有些麝香香气,较 γ-十一内酯脂肪气重。

4. 应用建议

主要用于白脱、椰子、杂果、坚果、桃子、菠萝等香精中。

（十）δ-十二内酯（δ-Dodecalactone）

1. 化学结构式

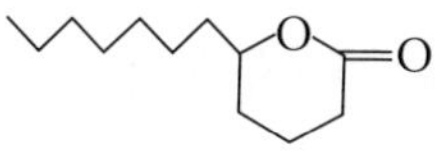

FEMA 编号为 2401，CAS：713-95-1。

2. 理化性质

密度 0.9420g/mL，沸点 140～141℃，熔点 －12℃，折射率 1.4580～1.4610，闪点≥100℃。

3. 香气特征

具有强烈的新鲜果香和白脱样香气，留香颇持久，较 γ-十二内酯更具果香气息。在 2～5mg/kg 或更低浓度时，有梨、桃、李样的香气。

4. 应用建议

需与其同系物或 γ-异构体及它的同系物用于白脱、奶油、椰子、桃子等香精中。

（十一）乳酸乙酯（Ethyl lactate）

1. 化学结构式

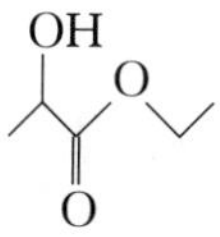

FEMA 编号为 2440，CAS：97-64-3。

2. 理化性质

密度 1.0200g/mL，沸点 154℃，熔点－26℃，折射率 1.4124，闪点 26℃。

3. 香气特征

具有温和，醚样白脱的香气。水溶液中尝味有温和、果实、醚样、白脱感觉。在水溶液中会缓缓分解，而使溶液酸味增加。

4. 应用建议

广泛用于食品香精。白脱、椰子、葡萄、枫槭、坚果、朗姆、草莓以及酒用和烟用香精中。

（十二）3-羟基-2-丁酮（3-Hydroxy-2-butanone）

1. 化学结构式

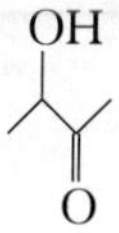

FEMA 编号为 2008，CAS：513-86-0。

2. 理化性质

密度 0.9830g/mL，沸点 148℃，熔点 15℃，折射率 1.4170，闪点 50.6℃。

3. 香气特征

具有强烈的奶油、脂肪样的尖锐香气，但较丁二酮温和而少醌样的气息，也不像丁二酮那样易挥发。高度稀释后有淡的奶油香味，微甜似淡的干酪香味。本品的水溶液几乎无香气，它的香味阈值 0.2～1mg/kg，根据各人嗅觉的敏锐度而异。

4. 应用建议

在食品用香精中常用于白脱、干酪、奶油、焦糖、咖啡、朗姆、香荚兰、坚果及酒类等香精。果香香精中可适用于覆盆子、草莓、西番莲、苹果、香蕉、葡萄等。常与其用量 1/10 的丁二酮同用于配方中，有降低其他香料尖冲刺激的作用，使体香改善并丰满。

(十三)乳酸(Lactic acid)

1. 化学结构式

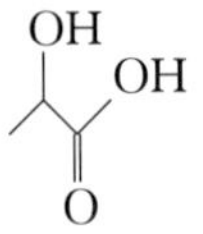

FEMA 编号为 261，CAS：50-21-5。

2. 理化性质

密度 1.2090g/mL，沸点 122℃，熔点 53℃，折射率 1.4262，闪点>110℃。

3. 香气特征

纯化学合成品无香气，市售品有淡弱的牛乳、白脱的微酸气息。适度稀释后有可口的酸味。

4. 应用建议

可用于调配白脱、奶油、干酪、酸乳、巧克力、核桃、果香和酒类以及烟用香精。在白脱香精中，乳酸可降低香精的 pH，从而提高香精的香味阈值。在食品工业中，可直接用于饮料、糖果、甜点心等作酸味剂。

三、清香型

(一)丁醛(Butyraldehyde)

1. 化学结构式

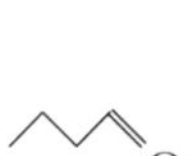

FEMA 编号为 2219，CAS：123-72-8。

2. 理化性质

密度 0.8170g/mL，沸点 75℃，熔点－96℃，折射率 1.3791，闪点－11.1℃。

3. 香气特征

具有极易扩散、渗透，辛辣刺激的气息，只有在高度稀释后才察觉到变为真正的果香，像香蕉青鲜的香气。

4. 应用建议

在仿制香蕉、白脱、白兰地、杂果、蒸馏酒、坚果等香型中广泛使用。

（二）1，8-桉叶素（1，8-Cineole）

1. 化学结构式

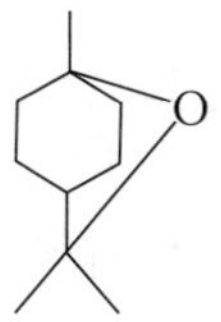

FEMA 编号为 2465，CAS：470-82-6。

2. 理化性质

密度 0.9210～0.9240g/mL，沸点 176～177℃，熔点 1～1.5℃，折射率 1.4540～1.4600，闪点 47～48℃。

3. 香气特征

具有新鲜、扩散的、樟脑样的香气，持久性差。尝味有甜、新鲜、樟脑样凉的感觉。

4. 应用建议

适量用于食品香精，在牙粉、口腔喷雾剂、漱口水、咳嗽药水、香锭、皮肤擦洗露等香精常用。

（三）2，6 -二甲基-5-庚烯醛（2，6-dimethyl-5-heptenal）

1. 化学结构式

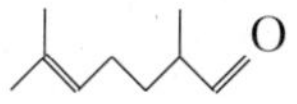

FEMA 编号为 2289，CAS：106-72-9。

2. 理化性质

密度 0.8970g/mL，沸点 116～124℃，熔点 1～1.5℃，折射率 1.4440，闪点 60.56℃。

3. 香气特征

具有非常强烈的油气似蔬菜样的气息，使人联想起甜瓜瓜皮的香气。高度稀释后，更有甜而典型的似甜瓜样使人清新的香气和香味。

4. 应用建议

可微量用于调配瓜类香精，如西瓜、甜瓜（包括哈密瓜、白兰瓜、香瓜等）、黄瓜，或在某些水果和蔬菜香精中作提调新鲜香气用。

(四)金合欢醇(Farnesol)

1. 化学结构式

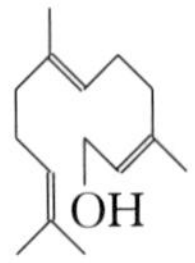

FEMA 编号为 2478,CAS:106-28-5。

2. 理化性质

密度 0.8900g/mL,沸点 263℃,折射率 1.4870～1.4910,闪点 100℃。

3. 香气特征

具有极温和、愉快、甜、油样的香气,渐渐转为花、新鲜、青的香韵,类似某些铃兰的花香。

4. 应用建议

在杏、香蕉、浆果、樱桃、柑橘类、圆醋栗、甜瓜、桃、覆盆子、草莓等食品香精中使用能使香气丰满,底韵稳定而柔和。

(五)甲酸香叶酯(Geranyl formate)

1. 化学结构式

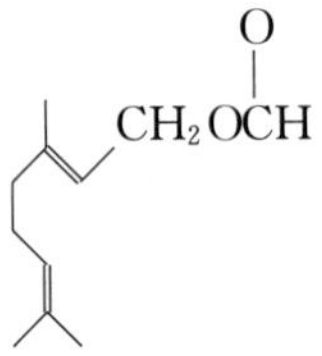

FEMA 编号为 2514,CAS:105-86-2。

2. 理化性质

密度 0.9164g/mL,沸点 216℃,折射率 1.4600～1.4650,闪点 95℃。

3. 香气特征

具有新鲜、稍干、青玫瑰、叶样的香气,扩散性好,稍有些果香,类似玫瑰、香叶、香柠檬、橙花、隐约有苹果皮和姜的香气。在低浓度下尝味有甜、青、果实、稍干的感觉。

4. 应用建议

用于苹果、杏、黑加仑子、圆醋栗、桃和其他复合果香型、柑橘型香精中可使用之。

(六)顺-4-庚烯醛(Cis-4-heptenal-1-al)

1. 化学结构式

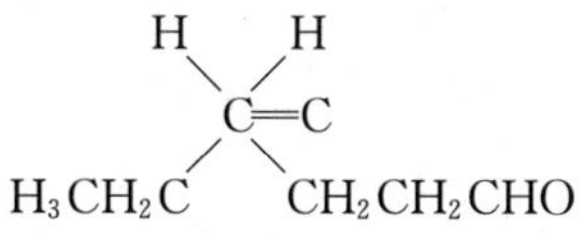

FEMA 编号为 3289,CAS:6728-31-0。

2. 理化性质

密度 0.8500g/mL,沸点 60.0℃,折射率 1.4340,闪点 20.0℃。

3. 香气特征

具有极强烈的蔬菜样气息,不甚持久,高度稀释后具有油煎白脱的香气,在 0.1mg/kg 浓度时有可口的香味感。

4. 应用建议

可用于法式油炸土豆以改善香味,也可极微量用于奶油、白脱香精。

(七)1-庚醇(1-Heptanol)

1. 化学结构式

FEMA 编号为 2548,CAS:111-70-6。

2. 理化性质

熔点−33.2℃,沸点 176.4℃,密度 0.8219g/mL,折射率 1.4249,闪点 73℃。

3. 香气特征

具有新鲜而轻淡的脂肪气息似威士忌和酒样的香气,不持久。似酒样的坚果样的味感,高浓度时有香味。

4. 应用建议

可用于椰子、西番莲、苹果、柑橘等多种果香香精中。

(八)反-2-己烯醛(Trans-2-hexenal)

1. 化学结构式

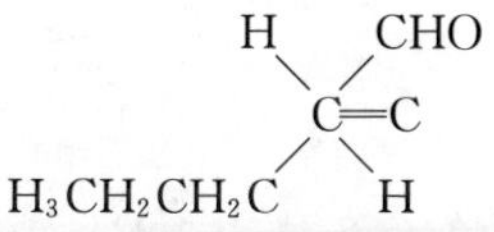

FEMA 编号为 2560,CAS:6728-26-3。

2. 理化性质

沸点 150.0℃，密度 0.8490g/mL，折射率 1.4450～1.4500，闪点 37.8℃。

3. 香气特征

具有强烈的青香、果实、蔬菜样的香气。高浓度时，香气刺激，几乎像丙烯那样尖的气息。但稀释至小于 0.1%时，具有愉快的果香和新鲜的青香。

4. 应用建议

在仿制草莓、香蕉、苹果、杏、梅子、梨、许多浆果类及黄瓜等香精可使用。

(九)反式-2-己烯醇(Trans-2-hexen-1-ol)

1. 化学结构式

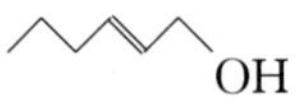

FEMA 编号为 2562，CAS：928-95-0。

2. 理化性质

沸点 158.0～160.0℃，熔点－84.7℃，密度 0.8490g/mL，折射率 1.4360～1.4410，闪点 14.0℃。

3. 香气特征

具有强烈、果青的香气，有一种轻微焦糖样的底韵，此产品香气常与菊花叶相比。尝味有比顺式己烯醇更甜、果味更强的感觉。

4. 应用建议

是仿制草莓香精的一个常用成分，在薄荷香精中能增加新鲜感，也常用于橙汁香精中。

(十)顺-3-己烯-1-醇(Cis-3-hexen-1-ol)

1. 化学结构式

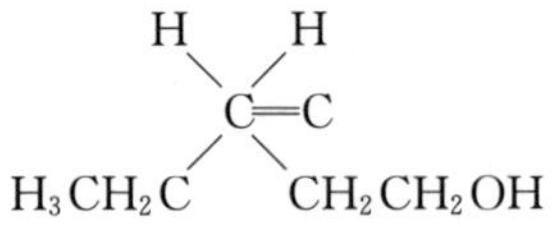

FEMA 编号为 2563，CAS：928-96-1。

2. 理化性质

密度 0.8480g/mL，沸点 156～157，熔点－60.0℃，折射率 1.4380～1.4410，闪点 44.0℃。

3. 香气特征

具有强烈的青草样的香气，比反式-2-己烯醇具有更强草青和叶青，但果香则差些。

4. 应用建议

在薄荷和各类鲜果香精中可微量使用。

(十一)乙酸顺-3-己烯-1-酯(Cis-3-hexen-1-yl acetate)

1. 化学结构式

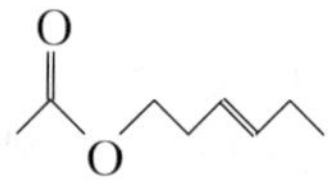

FEMA 编号为 3171,CAS:3681-71-8。

2. 理化性质

密度 0.8970g/mL,沸点 75.0～76.0℃,折射率 1.4270,闪点 57.0℃。

3. 香气特征

具有强烈、青、果实和极为扩散性的香气。稀释后似未成熟的香蕉皮香气。稀释至浓度低于 10mg/kg 时,尝味有非常愉快、鲜果、青的感觉;浓度低于 2mg/kg 时,有明显似香蕉的感觉。

4. 应用建议

微量用于仿制香蕉、苹果、芒果、甜瓜等食品用香精中。

(十二)乙酸反式-2-己烯-1-酯(Trans-2-hexen-1-yl acetate)

1. 化学结构式

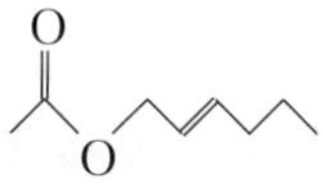

FEMA 编号为 2564,CAS:2497-18-9。

2. 理化性质

密度 0.8980g/mL,沸点 165.0～166.0℃,熔点 －84.7℃,折射率 1.4270,闪点 58.0℃。

3. 香气特征

具有强烈、新鲜的青、甜、果香,非常自然。浓度稀释至 2mg/kg 以下时,尝味有强烈的、似新鲜果实的感觉,像香蕉、苹果、梨,总之是甜的感觉。比乙酸顺式-3-己烯-1-醇酯更具果香和青的气息。

4. 应用建议

用于饮料、冰激凌、糖果和烘焙食品等香精中。

(十三)丁酸-顺-3-己烯酯(Cis-3-hexenyl butyrate)

1. 化学结构式

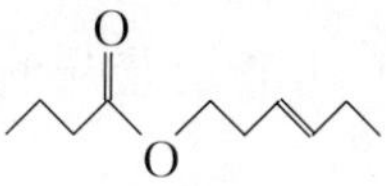

FEMA 编号为 3403，CAS：16491-36-4。

2. 理化性质

密度 0.8850g/mL，沸点 96.0℃，熔点 85～87℃，折射率 1.4310，闪点 79.0℃。

3. 香气特征

具有强烈的果香、酒香、青香，像康乃克或像白兰地，并伴有轻微的奶油香气。稀释至 5mg/kg，尝味有酒，似白脱样，甜、青和轻微的果实感觉。

4. 应用建议

可极微量用于白兰地、西番莲、芒果等食品用香精和烟用香精中。

（十四）顺-茉莉酮（Cis-jasmine）

1. 化学结构式

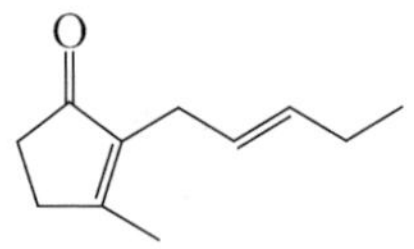

FEMA 编号为 3196，CAS：488-10-8。

2. 理化性质

密度 0.9400g/mL，沸点 134.0～135.0℃，熔点 203～205℃，折射率 1.4980，闪点 107.0℃。

3. 香气特征

具有非常易扩散的茉莉和类似芹菜子的香调，有人认为它有面包样的香调，也有人发现它像果香和脂蜡香气，稀释后有花香，香气较持久。

4. 应用建议

可用于调配茉莉、樱桃、草莓、薄荷、留兰香、茶叶等香精。

（十五）薄荷脑（Menthol）

1. 化学结构式

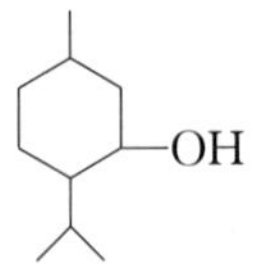

FEMA 编号为 2665，CAS：1490-04-6。

2. 理化性质

密度 0.9010g/mL，沸点 216℃，熔点 42～44℃，折射率 1.4580，闪点 95℃。

3. 香气特征

有凉、清鲜、愉快的薄荷特征香气，并伴有带甜的尖刺气，给人以凉的感觉，香气透发但留香不持久。

4. 应用建议

主要用于医药、牙膏、牙粉、漱口水中，以增强薄荷油的气味，起醒脑、消毒的作用。食用中用于糖果、饮料用的香精。IFRA 没有限制规定。

(十六)辛炔羧酸甲酯(Methyl octine carbonate)

1. 化学结构式

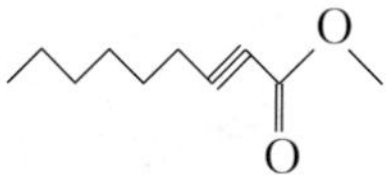

FEMA 编号为 2726，CAS：111-80-8。

2. 理化性质

密度 0.9160g/mL，沸点 232℃，熔点 226～231℃，折射率 1.4480，闪点 99℃。

3. 香气特征

尖锐的青香，愉快的青果、蔬菜、未熟的香蕉、鲜桃及黄瓜皮的气息。稀释后有紫罗兰叶和含羞草香气，呈尖锐清香。

4. 应用建议

主要用以配制青香蕉、黄瓜、桃子、荔枝、龙眼、甜瓜等型香精，建议用量在 5mg/kg 以内。

四、甜香型

(一)大茴香脑(Anesole)

1. 化学结构式

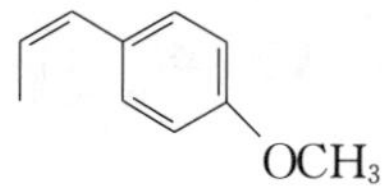

FEMA 编号为 2086，CAS：104-46-1。

2. 理化性质

密度 0.9875g/mL，沸点 234～237℃，熔点 23℃，折射率 1.5590～1.5620，闪点 90℃。

3. 香气特征

具有茴香的辛甜气息，带甘草气和药草气，香气强度中等。

4. 应用建议

在糕点的加香中，用作茴香香精和甘草香精；也用于饮料，还广泛用于杏、榅桲、杨梅等的香精、牙膏和含漱液等。

(二)大茴香醛(Anlsic aldehyde)

1. 化学结构式

FEMA 编号为 2670,CAS:123-11-5。

2. 理化性质

密度 1.1190g/mL,沸点 246～248℃,熔点 2℃,折射率 1.5710～1.5750,闪点 100℃以上。

3. 香气特征

具有强烈、甜的花香,略有干草的香气,常称它像山楂的香气。有甜、药草、辛香的香味。

4. 应用建议

当食品香料需要甜的香韵使它变调时,可以使用在茴香、杏、白脱、焦糖、樱桃、巧克力、黑胡桃、坚果、桃、覆盆子、草莓、辛香、香草、胡桃等香精中;在胶姆糖、留兰香香精中常用作修饰剂。

(三)大茴香醇(Anisic alcohol)

1. 化学结构式

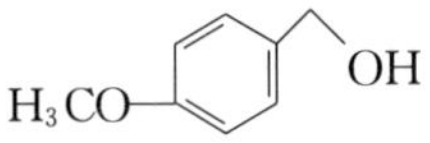

FEMA 编号为 2099,CAS:105-13-5。

2. 理化性质

密度 1.1129g/mL,沸点 259℃,熔点 23.8℃,折射率 1.5430～1.5450,闪点 137℃。

3. 香气特征

香气清甜、温和,有优美的膏香、粉香底蕴。主要是茴青香气,香气平和,留香持久。

4. 应用建议

主要用以配制香草、巧克力、可可、杏仁、桃子等香精。

(四)香叶醇(Geraniol)

1. 化学结构式

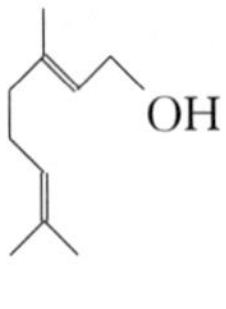

FEMA 编号为 2507,CAS:106-24-1。

2. 理化性质

密度 0.8894g/mL,沸点 230℃,熔点−15℃,折射率 1.4766,闪点 76.6670℃。

3. 香气特征

有淡甜的玫瑰花花香,香气平和,留香一般。

4. 应用建议

是重要的原料之一,主要用以配制苹果、桃、杏、李、草莓、柠檬、姜、肉桂、肉豆蔻和蜂蜜等香精。

(五)乙酸香叶酯(Geranyl acetate)

1. 化学结构式

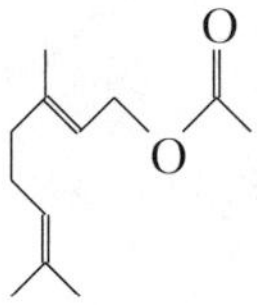

FEMA 编号为 2509,CAS:105-87-3。

2. 理化性质

密度 0.9160g/mL,沸点 138℃,折射率 1.4655,闪点 104℃。

3. 香气特征

有清甜的香柠檬果香及甜润的玫瑰、薰衣草样香气。比香叶醇清而强,比甲酸香叶酯平和,留香一般,久置易分解而产生杂气。

4. 应用建议

用于配制玫瑰、橙花、桂花等花香型香精,建议用量为 0.3~12mg/kg。

(六)乙酸芳樟酯(Linalyl acetate)

1. 化学结构式

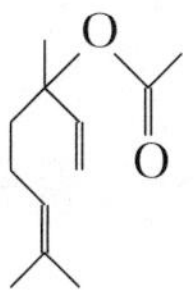

FEMA 编号为 2636,CAS:115-95-7。

2. 理化性质

密度 0.9010g/mL,沸点 220℃,熔点 85℃,折射率 1.4530,闪点 90℃。

3. 香气特征

有令人愉快的花香和果香,香气似香柠檬和薰衣草,透发而不持久,本品具有清美而幽雅的似香柠檬油的香气。

4. 应用建议

我国规定暂时允许使用的食用香料，可用于调制菠萝、醋栗、柑橘、桃等果香型食用香精，用量按正常生产需要。一般在口香糖中 13mg/kg，糖果中 11mg/kg，焙烤食品中 8.9mg/kg，冷饮中用量为 3.8mg/kg。

（七）橙花醇（Nerol）

1. 化学结构式

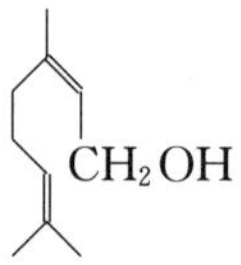

FEMA 编号为 2770，CAS：106-25-2。

2. 理化性质

密度 0.8756g/mL，沸点 225～227℃，熔点－15℃，折射率 1.4746，闪点 77℃。

3. 香气特征

有清甜的橙花、玫瑰花香，防臭木香香气，其香气较香叶醇更为幽雅、柔和，并伴有新鲜的青香和柑橘的香韵。橙花醇是香叶醇的顺式异构体，橙花醇香气相对偏青，香叶醇相对偏甜。

4. 应用建议

该品是我国 GB 2760—2014 中允许使用的食用香料。主要用来配制草莓、树莓和柑橘类等水果型香精。

（八）乙酸苯乙酯（Phenyl ethyl acetate）

1. 化学结构式

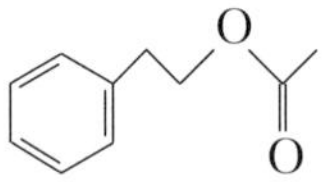

FEMA 编号为 2857，CAS：103-45-7。

2. 理化性质

密度 1.0300g/mL，沸点 232℃，折射率 1.4970～1.5010。

3. 香气特征

具有甜蜜香气，玫瑰花香，带有粉香的蜂蜜样香气，类似苹果样的果香，并带有可可和威士忌样的香韵。

4. 应用建议

常用于调配果味香精，具有桃香香气，建议用量 7.8～760mg/kg。

五、辛香型

(一)乙醛(Acetaldehyde)

1. 化学结构式

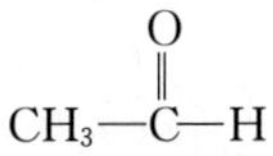

FEMA 编号为 2003,CAS:75-07-0。

2. 理化性质

密度 0.7800g/mL,沸点 20.8000℃,熔点−121℃,闪点−39℃。

3. 香气特征

具有辛辣醚样令人作呕的香气,高度稀释后类似咖啡或酒香,给人以新鲜的感觉。

4. 应用建议

可用于橘、橙、苹果、杏、黑胡桃、白脱、巧克力、咖啡、葡萄、桃和朗姆酒等香精中。

(二)2-龙脑(2-Borneol)

1. 化学结构式

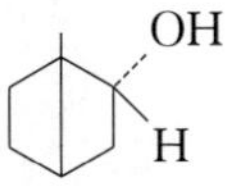

FEM+A 编号为 2157,CAS:6627-72-1。

2. 理化性质

密度 1.1011g/mL,沸点 212℃,熔点 208℃,闪点 65℃。

3. 香气特征

具有干、樟脑样、木、胡椒样的香气,干的香气特征主要是从异龙脑来的,龙脑的香气常常与质量好的迷迭香油(含龙脑)相似。尝味有木、凉、轻微灼烧的感觉。

4. 应用建议

在最终加香食品中浓度一般为 0.25～5.1mg/kg。

(三)莰烯(Camphene)

1. 化学结构式

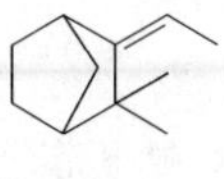

FEMA 编号为 2229,CAS:79-92-5。

2. 理化性质

密度 0.8500g/mL,沸点 159～160℃,熔点 51～52℃,折射率 1.4551,闪点 34℃。

3. 香气特征

具有温和、油气、樟脑样香气,与樟脑比较,它稍带有细微的凉的感觉,尝味时有萜样、樟脑样的感觉。

4. 应用建议

用于辛香、肉豆蔻香精中,也在重组辛香精油和食品用香精中作为提调剂使用。

(四)右旋-樟脑(D-Camphor)

1. 化学结构式

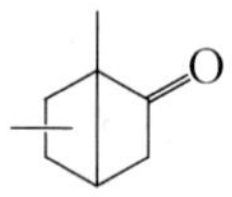

FEMA 编号为 2230,CAS:464-49-3。

2. 理化性质

密度 0.9920g/mL,沸点 204℃,熔点 175～177℃,折射率 1.5462,闪点 64℃。

3. 香气特征

具有凉、轻微扩散的香气,持久性差。尝味有轻微苦和凉的感觉。

4. 应用建议

可少量用于食品香精,主要用在需要凉的香精中作为提调和变调剂。

(五)L-香芹酮(L-Carvone)

1. 化学结构式

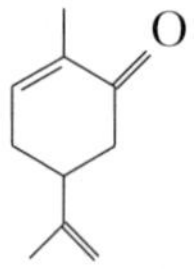

FEMA 编号为 2249,CAS:6485-40-1。

2. 理化性质

密度 0.9630g/mL,沸点 232℃,熔点 230℃,折射率 1.7100,闪点 94℃。

3. 香气特征

具有暖、药草、渗透、扩散的香气,稍有辛香,高度稀释具有花的,像精制过的留兰香气。尝味有暖、甜、辛香、新鲜、凉爽的感觉。

4. 应用建议

广泛用于食品用香精,左旋香芹酮主要赋予一种强烈的留兰香香韵。可增强留兰的浓度,如在硬糖、胶姆糖、牙膏和其他类型的糖果中,也可用于带凉的和辛香香精中作协调剂。

(六)β-石竹烯(β-Caryophyllene)

1. 化学结构式

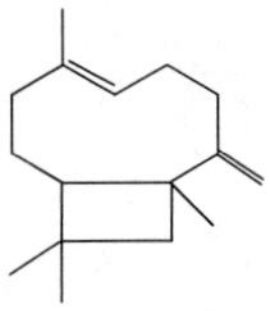

FEMA 编号为 2252,CAS:6753-98-6。

2. 理化性质

密度 0.9052g/mL,沸点 122℃,折射率 1.4986,闪点 97℃。

3. 香气特征

具有木、辛香、干的香气,持久性好。尝味有干、木、稍苦的感觉。

4. 应用建议

主要用于辛香香精作协调剂,尤其是在胶姆糖香精中。

(七)肉桂酸(Cinnamic acid)

1. 化学结构式

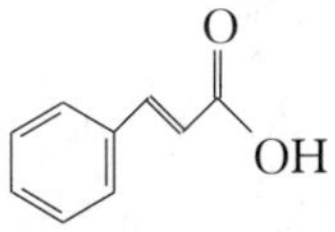

FEMA 编号为 2288,CAS:140-10-3。

2. 理化性质

密度 1.2475g/mL,沸点 300℃,熔点 133℃,折射率 1.5550,闪点 64℃。

3. 香气特征

具有淡弱的、甜的膏香和蜜香,留香持久,易被外界香气污染,呈甜的桂辛香气。

4. 应用建议

在最终食品中的浓度为 10～40mg/kg。

(八)愈创木酚(Guaiacol)

1. 化学结构式

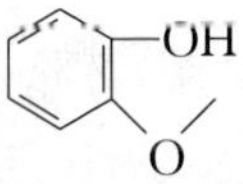

FEMA 编号为 2532,CAS:7786-61-0。

2. 理化性质

密度 1.1290g/mL,沸点 205℃,熔点 26～38℃,折射率 1.5430,闪点 82℃。

3. 香气特征

具有强烈像烟草的香味，稍有药香，比酚香更甜。尝味时有暖、药、稍甜的感觉。

4. 应用建议

在仿制咖啡、香荚兰、威士忌、朗姆、许多果实香和复合辛香等食品用香精中使用，也用于烟用香精中。

（九）异戊醛（Isovaleraldehyde）

1. 化学结构式

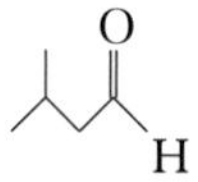

FEMA 编号为 3098，CAS：590-86-3。

2. 理化性质

密度 0.8030g/mL，沸点 90℃，熔点－60℃，折射率 1.3880，闪点－1.6667℃。

3. 香气特征

具有极强烈、渗透、辛辣刺激的气息，导致咳嗽。在高度稀释下变为果香、较愉快的香气，在 10mg/kg 以下具有浓、类似桃子的果香。

4. 应用建议

在仿制白脱、巧克力、可可、坚果、咖啡等香型中应用。

（十）甲基环戊烯醇酮（Methyl cyclopentenelone）

1. 化学结构式

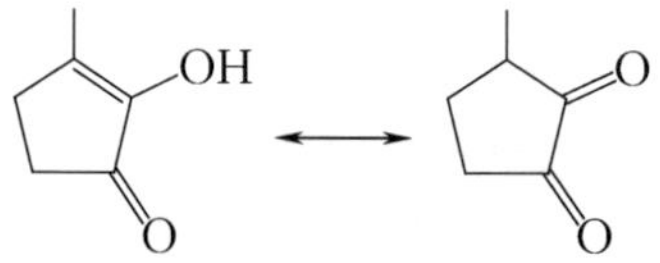

FEMA 编号为 2700，CAS：1120-73-6。

2. 理化性质

密度 1.0050g/mL，沸点 242℃，熔点 104～108℃，折射率 1.4790，闪点＞100℃。

3. 香气特征

具有甜的、极强有力的焦辛香气。味感是强烈的暖甜，微辛似根样、核桃、芹菜样带甘草和枫糖的香味。

4. 应用建议

被广泛用于调配核桃及其他坚果、焦糖、苏格兰白脱、辛香、汤料等香精。

（十一）乙酸松油酯（Terpinyl acetate）

1. 化学结构式

FEMA 编号为 3047，CAS：8007-35-0。

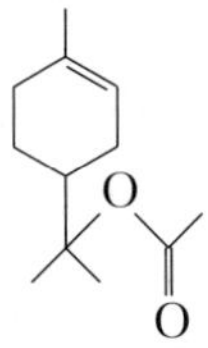

2. 理化性质

密度 0.9520g/mL，沸点 220℃，熔点 -50℃，折射率 1.4640～1.4700，闪点>110℃

3. 香气特征

具清香带甜，似香柠檬、薰衣草气息，留香时间较长。

4. 应用建议

用于白柠檬、樱桃、辛香、肉香等食用香精，在调味精油中起增强辛香的作用，是配制香柠檬油、薰衣草油、橙叶油等的原料。建议用量在 3.2～260mg/kg。

(十二)百里香酚(Thymol)

1. 化学结构式

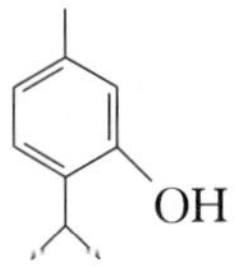

FEMA 编号为 3066，CAS：89-83-8。

2. 理化性质

密度 0.9500g/mL，沸点 232～233℃，熔点 48～51℃，折射率 1.5226～1.5227，闪点 102.22℃。

3. 香气特征

有凉甜带苦的药草香气和酚样的气息，香气持久且强烈。

4. 应用建议

其有强的消炎、灭菌功能，且无毒性，可用于药用、牙膏、漱口水、爽身粉等香精中。在具有药草香气的香精中也可使用。IFRA 没有限制规定。

六、酸香型

(一)乙酸(Acetic acid)

1. 化学结构式

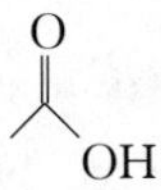

FEMA 编号为 2006,CAS:64-19-7。

2. 理化性质

密度 1.0500g/mL,沸点 117.9℃,熔点 16.6℃,折射率 1.4360,闪点 39℃。

3. 香气特征

具有刺激、尖酸的气息,浓时不舒适,稀释成浓度低于 15%的水溶液也难以接受,浓度低于 1%的水溶液,能觉察到酸味。

4. 应用建议

用于调配干酪、巧克力、葡萄、覆盆子、朗姆、辛香、草莓、醋、酒用香精及烟用等香精中。

(二)丁酸(Butyric acid)

1. 化学结构式

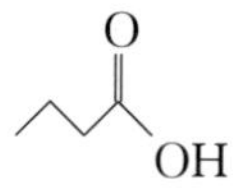

FEMA 编号为 2221,CAS:107-92-6。

2. 理化性质

密度 0.9640g/mL,沸点 162℃,熔点−6~2℃,折射率 1.3980,闪点 76.67℃。

3. 香气特征

具有强烈、扩散、渗透的酸气息,像酸败的白脱。在空气中较易扩散,皮肤上沾有丁酸,若立即冲洗,只能留下很少或没有。否则它的酸气将渗入皮肤内,虽然冲洗也要保留相当一段时间。

4. 应用建议

主要用于白脱香精,在仿制干酪、坚果、白脱、焦糖、朗姆等香精中也使用。

(三)反式-2-己烯酸(Trans-2-hexenoic acid)

1. 化学结构式

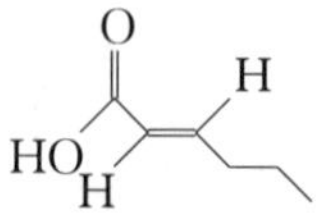

FEMA 编号为 3169,CAS:13419-69-7。

2. 理化性质

密度 0.9650g/mL,沸点 217℃,熔点 33~35℃,折射率 1.4380,闪点>110℃。

3. 香气特征

具有油脂和酸、霉烂的气息。稀释后有愉快、果实甜的香气。香气强烈而较持久。高浓度时有刺激、不愉快、酸的香韵;浓度低于 55mg/kg 时,有愉快、果实、暖、有些药草酸的香气。

4. 应用建议

用于仿制覆盆子香精，也可用于许多其他果香香精中。

(四)异戊酸(Isovaleric acid)

1. 化学结构式

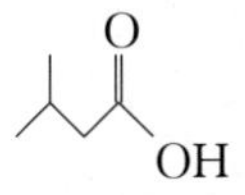

FEMA 编号为 3169，CAS：503-74-2。

2. 理化性质

密度 0.9260g/mL，沸点 176，熔点 −35℃，折射率 1.4030，闪点 70.56℃。

3. 香气特征

具有极易扩散、酸的气息，适度稀释，具有干酪的令人不舒适的气味，持久性差。人体上沾有微量，很难洗去其气味。高度稀释后，变为较正戊酸更容易接受的药草和干的气味。浓度低于 200mg/kg 时，尝味有特殊暖、药草样的味觉。

4. 应用建议

可用于白脱、干酪、咖啡、草莓、朗姆等香精中，尤其是坚果和咖啡中。

(五)2-甲基丁酸(2-Methyl butyric acid)

1. 化学结构式

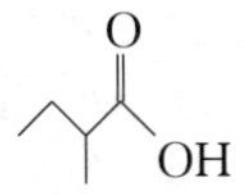

FEMA 编号为 2708，CAS：116-53-0。

2. 理化性质

密度 0.9360g/mL，沸点 176～177℃，熔点 −70℃，折射率 1.4050，闪点 73.89℃。

3. 香气特征

具有刺鼻、辛辣似乳酪样的气息，但不像戊酸和异戊酸那样令人厌恶和尖刺。稀释至 10mg/kg 以下，有十分愉快的水果酸香。

4. 应用建议

可用于乳酪、白脱、奶油、巧克力、可可、咖啡、苹果、草莓、葡萄、桃子等水果香精中。

(六)2-甲基戊酸(2-Methyl pentanoic Acid)

1. 化学结构式

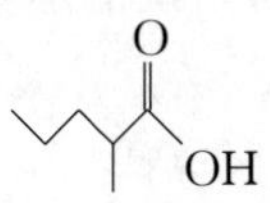

FEMA 编号为 2754，CAS：97-61-0。

2. 理化性质

密度 0.9310g/mL，沸点 196～197℃，熔点－85℃，折射率 1.4140，闪点 91.11℃。

3. 香气特征

具有强烈尖锐的酸气，似焦糖的酸气，高度稀释后有愉快的油脂样酸气和草气，留香尚持久。浓度低于 10mg/kg 时，有愉快的乳制品样的酸味和温和而甜的余味，高浓度时显露出尖刺或辛辣和不愉快的酸味。

4. 应用建议

可用于乳制品，番茄、草莓、葡萄、可可、巧克力、咖啡等香精中。

(七)2-甲基-2-戊烯酸(2-Methyl-2-pentenoic acid)

1. 化学结构式

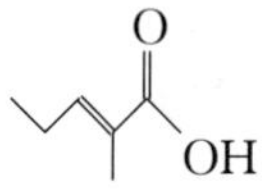

FEMA 编号为 3195，CAS：3142-72-1。

2. 理化性质

密度 0.9790g/mL，沸点 123～125℃，熔点 26～28℃，折射率 1.4600，闪点 107.78℃。

3. 香气特征

具有草莓、苹果汁样的带坚果、焦糖和麦芽酚样的香气。

4. 应用建议

对调配成熟草莓的香味特别有用。在坚果、焦糖和枫槭香精中也常用。

(八)3-甲基戊酸(3-Methyl pentanoic acid)

1. 化学结构式

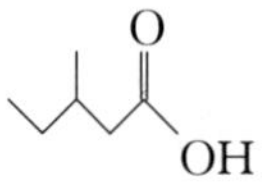

FEMA 编号为 3437，CAS：105-43-1。

2. 理化性质

密度 0.9300g/mL，沸点 196～198℃，熔点－41℃，折射率 1.4160，闪点＞85℃。

3. 香气特征

具有刺激性的酸臭，稀释后有酸气和草样的轻微青气，留香不太持久。在浓度低于 1mg/kg 时，其口味是微带青气的草香和愉快的酸味，余味甜。

4. 应用建议

主要用于调配乳酪香精或用于烟用香精中。

(九)己酸(Hexanoic acid)

1. 化学结构式

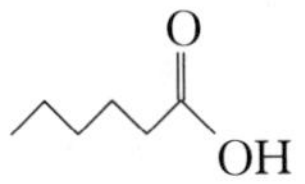

FEMA 编号为 2559,CAS:142-62-1。

2. 理化性质

密度 0.9270g/mL,沸点 202～203℃,熔点－4℃,折射率 1.4161,闪点 104.44℃。

3. 香气特征

具有浓的、酸辣油脂腥臭气息,常描写成像汗臭。

4. 应用建议

主要用于仿制白脱,也用于巧克力、干酪、胡桃、朗姆和各种果香型香精。

(十)辛酸(Octanoic acid)

1. 化学结构式

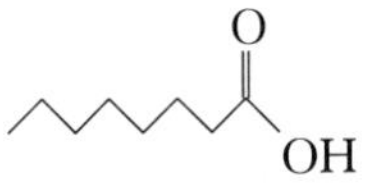

FEMA 编号为 2799,CAS:124-07-2。

2. 理化性质

密度 0.9100g/mL,沸点 237℃,熔点 16℃,折射率 1.4280,闪点>110℃。

3. 香气特征

具有酸败、似汗臭的气息,即使稀释成浓度为 0.1%时,也很少有人能接受。在浓度大于 50mg/kg 时,有灼烧、酸、辛辣酸败的味感,低浓度时有酸干酪的感觉。

4. 应用建议

在仿制白脱、椰子、干酪、蜂蜜、菠萝、白兰地等香精中使用。

(十一)癸酸(Decanoic acid)

1. 化学结构式

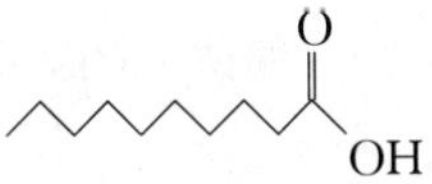

FEMA 编号为 2364,CAS:334-48-5。

2. 理化性质

密度 0.8930g/mL,沸点 268～270℃,熔点 27～32℃,折射率 1.4169,闪点>110℃。

3. 香气特征

具有特有的、颇不愉快的、败坏脂肪的酸臭气息。浓度较高时有肥皂样口味的感觉。

4. 应用建议

可用于调配奶油、白脱、干酪、椰子、朗姆、威士忌、曲酒、白脱等香精。

(十二)十二酸(Dodecanoic acid)

1. 化学结构式

FEMA 编号为 2614,CAS:143-07-7。

2. 理化性质

密度 0.8830g/mL,沸点 225℃,熔点 44～46℃,折射率 1.4304,闪点大于 110℃。

3. 香气特征

化学纯品有极微的气息,商业上有一种较低的等级称为月桂硬脂酸(Laurostearic acid)则带有脂肪蜡气,总的来说具有爽快的香韵。

4. 应用建议

用于白脱香精和某些柑橘型香精,主要是柠檬。

(十三)十四酸(Tetradecanoic acid)

1. 化学结构式

FEMA 编号为 2764,CAS:544-63-8。

2. 理化性质

密度 0.8620g/mL,沸点 250℃,熔点 52～54℃,折射率 1.4305,闪点>110℃。

3. 香气特征

具有淡弱、蜡油气息,纯品几乎无气息,但不纯品常含有微量不饱和酸,因而有轻微酸败气息。浓度在 10mg/kg 左右尝味时,纯品几乎无味,但产生一种蜡的感觉,它和其他对味觉器有活性的物质一起使用,能得到一种诱人的味感。

4. 应用建议

仿制白脱时微量使用,也可用在白脱、巧克力、可可、复合水果香型的香精中使用。

七、含氮香料

(一)4-甲基噻唑(4-Methyl thiazole)

1. 化学结构式

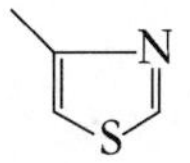

FEMA 编号为 3716,CAS:693-95-8。
2. 理化性质
密度 1.0900g/mL,沸点 133～134℃,熔点 74～78℃,折射率 1.5240,闪点 32.22℃。
3. 香气特征
具有坚果、蔬菜、热带水果气味。
4. 应用建议
用于调配番茄、坚果、肉、热带水果等食用香精。

(二)4,5-二甲基噻唑(4,5-Dimethyl thiazole)

1. 化学结构式

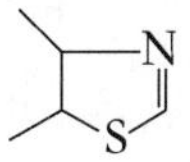

FEMA 编号为 3274,CAS:3581-91-7。
2. 理化性质
密度 1.0700g/mL,沸点 158℃,熔点 83～84℃,折射率 1.5210,闪点 51.11℃。
3. 香气特征
具有鱼、胺和吡啶样、虾、调味品样气味。
4. 应用建议
用于调配虾类、贝类、蟹类、蔬菜、咖啡、坚果及青香香型的香精。

(三)2-乙基-4-甲基噻唑 (2-Ethyl-4-methylthiazole)

1. 化学结构式

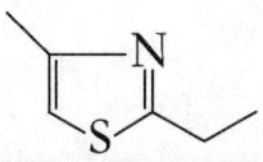

FEMA 编号为 3680,CAS:15679-12-6。

2. 理化性质
密度 1.0210g/mL，沸点 161～162℃，熔点 45℃，折射率 1.5010～1.5110，闪点 66℃。
3. 香气特征
具有坚果、烤香、咖啡、硫黄、开胃菜肴、肉香，并带有毛桃的果香。
4. 应用建议
用于调配虾类、贝类、蟹类、蔬菜、咖啡、坚果及青香香型的香精。

(四)2-甲基吡嗪(2-Methyl pyrazine)

1. 化学结构式

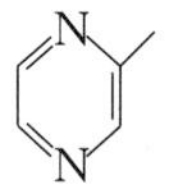

FEMA 编号为 3309，CAS：109-08-0。
2. 理化性质
密度 1.0300g/mL，沸点 135℃，熔点－29℃，折射率 1.5040，闪点 54.44℃。
3. 香气特征
具有坚果香、霉香、烤香、壤香，75mg/kg 的溶液具有坚果及烘烤食品的味道。
4. 应用建议
用于调配花生、土豆、坚果、咖啡、可可等香型的食用香精。

(五)2,3-二甲基吡嗪(2,3-Dimethyl pyrazine)

1. 化学结构式

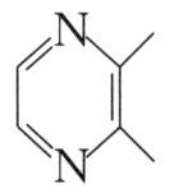

FEMA 编号为 3271，CAS：5910-89-4。
2. 理化性质
密度 1.0200g/mL，沸点 156℃，熔点 11～13℃，折射率 1.5070，闪点 54.44℃。
3. 香气特征
具有霉香、可可、咖啡、土豆、面包样气味。
4. 应用建议
用于调配可可、坚果、土豆、面包、花生、榛子香型的食用香精。

(六)2,5-二甲基吡嗪(2,5-Dimethyl pyrazine)

1. 化学结构式

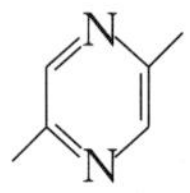

FEMA 编号为 3272,CAS:123-32-0。

2. 理化性质

密度 0.9900g/mL,沸点 155℃,熔点 15℃,折射率 1.5020,闪点 63.89℃。

3. 香气特征

具有坚果香、花生香、壤香、脂肪香、可可香、霉味;浓度为 7.5mg/kg 的溶液具有坚果、土豆、脂肪的香气。

4. 应用建议

用于调配可可、花生、咖啡、坚果、土豆、调味品用食用香精中。

(七)*N*-糠基吡咯(*N*-Furfuryl pyrrole)

1. 化学结构式

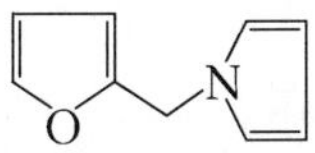

FEMA 编号为 3284,CAS:1438-94-4。

2. 理化性质

密度 1.0810g/mL,沸点 76～78℃,折射率 1.5310,闪点 93℃。

3. 香气特征

具有洋葱、萝卜、蘑菇、土豆等的气味。

4. 应用建议

用于调配坚果、咖啡和蔬菜香型香精。

(八)2-乙酰基吡咯(2-Acetyl pyrrole)

1. 化学结构式

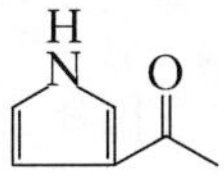

FEMA 编号为 3202,CAS:1072-83-9。

2. 理化性质

密度 1.0100g/mL,沸点 220℃,熔点 90℃,折射率 1.5309,闪点 220℃。

3. 香气特征

具有核桃、甘草、烤面包、炒榛子和鱼样的香气。

4. 应用建议

用于肉味、咖啡、茶叶、榛子、坚果类食用香精中,在烟草中用于修饰烟草、改善吸味。

(九)*N*-甲基-2-乙酰基吡咯(*N*-methyl-2-acetyl pyrrole)

1. 化学结构式

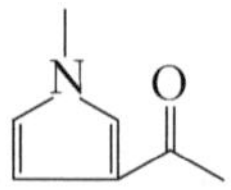

FEMA 编号为 3184,CAS:932-16-1。

2. 理化性质

密度 1.0400g/mL,沸点 200～202℃,熔点 88～93℃,折射率 1.5420,闪点 68℃

3. 香气特征

具有烘烤坚果、杏仁香气。

4. 应用建议

主要用于调配咖啡及水果香精。

(十)2,6-二甲基吡啶(2,6-Dimethyl pyridine)

1. 化学结构式

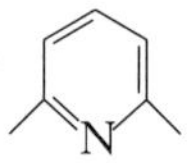

FEMA 编号为 3540,CAS:108-48-5。

2. 理化性质

密度 0.92g/mL,沸点 139～141℃,熔点－6℃,折射率 1.4977,闪点 33℃。

3. 香气特征

具有坚果香、可可香、咖啡香、霉香、面包香、肉香、木香。

4. 应用建议

用于各种坚果、烟草、酵母、可可、咖啡、肉类、面包、蔬菜香精中。

(十一)3-乙基吡啶(3-Ethyl pyridine)。

1. 化学结构式

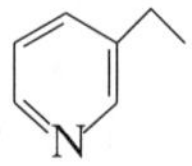

FEMA 编号为 3394,CAS:536-78-7。

2. 理化性质

密度 0.9539g/mL,熔点－76.9℃,沸点 165℃,折射率 1.5020,闪点 49℃。

3. 香气特征

具有香草、烟草气味。

4. 应用建议

微量用于咖啡和肉香型食用香精中，也可用于烟用香精中。

(十二)2-戊基吡啶(2-Pentyl pyridine)

1. 化学结构式

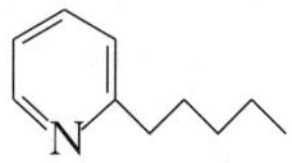

FEMA 编号为 3383，CAS：2294-76-0。

2. 理化性质

密度 0.8800g/mL，沸点 104～107℃，折射率 1.4830～1.4840，闪点 65℃。

3. 香气特征

具有类似坚果的香气。

4. 应用建议

在食用香精中可微量使用，用于腌渍品、调味品、汤类、肉汁的加香。

八、含硫香料

(一)甲硫醇(Methanethiol)

1. 化学结构式：

$$CH_3—SH$$

FEMA 编号为 2716，CAS：74-93-1。

2. 理化性质

密度 0.8700g/mL，沸点 7.6℃，熔点－123.1℃，折射率 1.5000，闪点－17.8℃。

3. 香气特征

具有硫化物样的气味，稀释到一定程度，具有洋葱、甘蓝、鸡蛋、肉香、乳酪及咖啡等气味。

4. 应用建议

微量用于咖啡、乳酪、乳制品、蔬菜及肉味香精中。

(二)丙硫醇(Propyl mercaptan)

1. 化学结构式

FEMA 编号为 3521，CAS：107-03-9。

2. 理化性质

密度 0.8410g/mL，沸点 67～68℃，熔点－133.3℃，折射率 1.4238，闪点－20.6℃。

3. 香气特征

具有洋葱及甘蓝香气。

4. 应用建议

用于洋葱、大蒜及肉味香精中。

(三)二甲基硫醚(Dimethyl sulfide)

1. 化学结构式

FEMA 编号为 3521，CAS：75-18-3。

2. 理化性质

密度 0.8500g/mL，沸点 38℃，熔点－83.2℃，折射率 1.4438，闪点－36℃。

3. 香气特征

具有洋葱、番茄、甘蓝、土豆、鱼、谷物样香韵。

4. 应用建议

用于调配谷物、番茄、土豆、乳制品、鱼及果汁香韵的香精。

(四)二丙基硫醚(Dipropyl sulfide)

1. 化学结构式

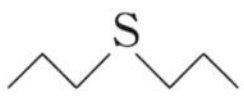

CAS：111-47-7

2. 理化性质

密度 0.8400g/mL，沸点 142.4℃，熔点－102.5℃，折射率 1.4460～1.4540，闪点 28℃。

3. 香气特征

具有葱、蒜气味。

4. 应用建议

可用于调配葱、蒜、韭菜等食用香精。

(五)二甲基二硫醚(Methyl disulfide)

1. 化学结构式

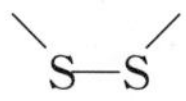

FEMA 编号为 3536,CAS:624-92-0。
2. 理化性质
密度 1.0625g/mL,沸点 109.6℃,熔点−84.7℃,折射率 1.5250,闪点 24℃。
3. 香气特征
具有强烈的洋葱气味。
4. 应用建议
用于调配汤类、调味品用食用香精。

(六)二丙基二硫醚(Propyl disulfide)

1. 化学结构式

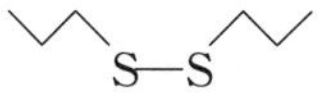

FEMA 编号为 3229,CAS:629-19-6。
2. 理化性质
密度 0.9600g/mL,沸点 195~196°C,熔点-86°C,折射率 1.4790,闪点 66.11°C。
3. 香气特征
具有洋葱、大蒜香气。
4. 应用建议
用于调配洋葱、大蒜、牛肉、猪肉、鸡肉等香型的食用香精。

第三节　合成香原料(日用)

一、青滋香

(一)甲基铃兰醇[2,2-Dimethyl-3-(3-methylphenyl)propanol]

1. 化学结构式

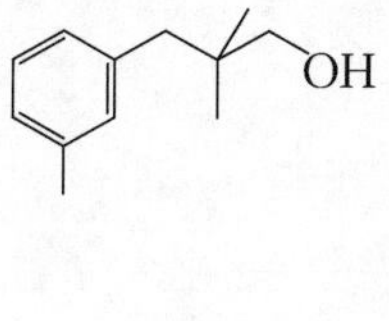

CAS：103694-68-4。

2. 理化性质

相对密度 0.9440～0.9840，沸点 276.9℃，熔点 34.5℃，折射率 1.5150～1.5180，闪点>133℃。

3. 香气特征

有清新、柔和、持久、浓郁的铃兰样的花香香气，使人联想起幽谷百合。

4. 应用建议

可用于铃兰、茉莉、玫瑰、晚香玉、栀子花等花香型香精中，使香精散发出幽雅的芳香。在柑橘型香精中使用，使香精头香具有明显的花香香韵。在热带水果的果香型香精中使用，会产生特别的效果。因甲基铃兰醇结构相较铃兰醛、新铃兰醛稳定，故其尤其适用于皂用、洗涤剂香精中。IFRA 没有限制规定。

（二）四氢香叶醇（Tetrahydrogeraniol）

1. 化学结构式

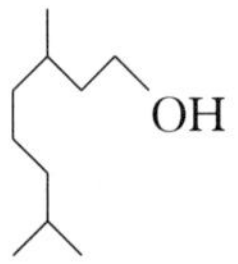

FEMA 编号为 2391，CAS：106-21-8。

2. 理化性质

相对密度 0.8250～0.8330，沸点 212～213℃，折射率 1.4350～1.4440，闪点>89℃。

3. 香气特征

有青甜似玫瑰花苞的部分青香，有天竺葵香叶香气，少甜气而带有蜡气，带干的底蕴，香气较强，留香中等。因为香茅醇少双键，故甜气比香茅醇少，但青气更强、更尖锐。

4. 应用建议

可部分替代玫瑰醇，常用于玫瑰香精中，有提调作用。常用于橙花、金合欢、紫罗兰、桂花、玉兰等花香型香精中，常和香茅醇、香叶醇及橙花醇共用于香精配方中。IFRA 没有限制规定。

（三）二氢月桂烯醇（Dihydro myrcenol）

1. 化学结构式

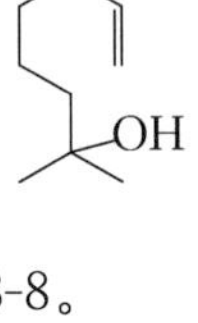

FEMA 编号为 2762，CAS：18479-58-8。

2. 理化性质

相对密度 0.8300～0.8390，沸点 78℃，熔点 163～169℃，折射率 1.4390～1.4430，闪点 79℃。

3. 香气特征

青甜有力，新鲜辛辣的柑橘、松柏、薰衣草、果香、花香，辛甜带酸香气，能使人联想到柠檬和白柠檬的香气。

4. 应用建议

在铃兰、紫丁香、风信子等花香香精中，可赋予扩散性能良好的新鲜感，用于调配清新的古龙、白柠檬、柑橘香型等香精中。与有玫瑰香韵的原料极易调和，并得到和谐的香气。IFRA 没有限制规定。

(四)松油醇(Terpineol)

1. 化学结构式

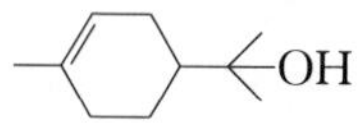

FEMA 编号为 3045，CAS：98-55-5。

2. 理化性质

相对密度 0.9310～0.9410，沸点 218～219℃，熔点 31℃～35℃，折射率 1.4830～1.4850，闪点>90℃。

3. 香气特征

有紫丁香、铃兰样的花香，是梧青的代表香气。香气淡弱，不够留长。

4. 应用建议

它可广泛用于各类香精配方中。主要作为梧青原料，常用于百合、紫丁香、铃兰、金合欢等香精中，此外，也是玉兰、水仙、苹果花、馥奇和松针型香精中的重要原料。IFRA 没有限制规定。

(五)4-松油烯醇(4-Terpinenol)

1. 化学结构式

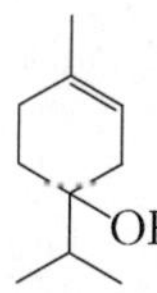

FEMA 编号为 2248，CAS：562-74-3。

2. 理化性质

相对密度 0.9300～0.9350，沸点 212～214℃，熔点－81.4℃，折射率 1.4770～1.4800，闪点 87℃。

3. 香气特征

有辛香、壤香和青香气息，并伴有木香香调。

4. 应用建议

少量用于配制人造精油时使用，主要用于配制玫瑰油和香叶油等精油，也可在药草、薰衣草香韵的香精中使用。IFRA 没有限制规定。

(六)龙脑(Borneol)

1. 化学结构式

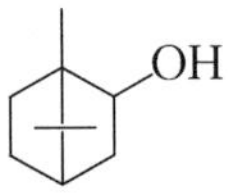

FEMA 编号为 2157，CAS：464-45-9。

2. 理化性质

相对密度 1.0110～1.0200，沸点 213℃，熔点 208℃，折射率 1.5320，闪点 65℃。

3. 香气特征

有樟脑和松木的香气，清凉尖刺并微微伴有药香和胡椒香，香气飘逸但不够持久。

4. 应用建议

常用于薰衣草、馥奇、古龙、松针等香型的香精中，尤其是卫生用品，有消炎灭菌的功能，常与薄荷油同用于牙粉、痱子粉、蛤蜊油等的加香中，也用于熏香香精。它是穗薰衣草的主要成分之一，也是配制穗薰衣草油的必用原料。IFRA 没有限制规定。

(七)女贞醛(Ligustral)

1. 化学结构式

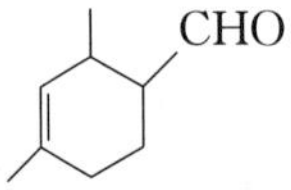

(1)

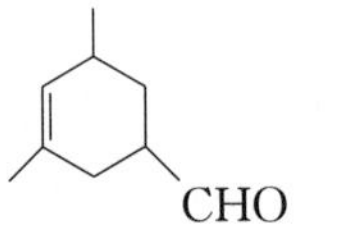

(2)

CAS：68039-49-6；68737-61-1；27939-60-2。

2. 理化性质

相对密度 0.9330～0.9410，沸点 94～96℃，折射率 1.4690～1.4750，闪点 70℃。

3. 香气特征

强烈的青香和草香，有清凉感和天然感，同时带有新鲜的柑橘香气，柠檬、香柠檬样酸辣气，香气较尖刺。

4. 应用建议

能与花香、木香和青香类香气很好地协调在一起，可用作花香、青香、果香等香型香精的头香，能增加香精的清新感，提高其扩散力。除此之外其与格蓬、柑橘油共用效果极佳。在古龙水香精中的应用可以调和出柑橘、松木、药草和木香香气，在醛香型、花香型和近代幻想香型的香精中的应用可以提高香精的天然感，同时增加香精的香气强度。其用量控制在 2%以内，IFRA 无限制规定。

(八)新铃兰醛(Lyral)

1. 化学结构式

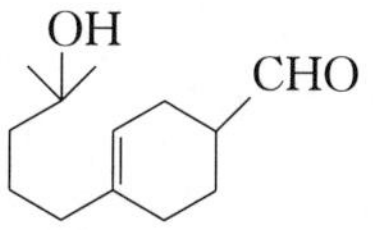

(1)

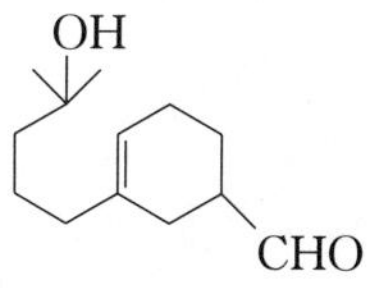

(2)

CAS:31906-04-4。

2. 理化性质

相对密度 0.9800～0.9930,沸点 195℃,熔点－10℃,折射率 1.4860～1.4930,闪点＞100℃。

3. 香气特征

有着令人愉快、优雅且持久的花香,类似铃兰、兔耳草的花香韵调,余香丰富,香气扩散。

4. 应用建议

广泛应用于日化产品香精中,如香水、香皂、洗涤剂和化妆品等。可以代替或与羟基香茅醛共用,能改进紫丁香、风信子、铃兰等花香香气,可与紫罗兰酮类香料及多种香树脂协调。

(九)苯乙醛(Phenyl acetaldehyde)

1. 化学结构式

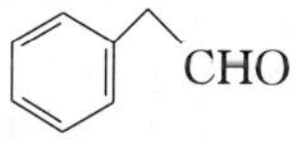

FEMA 编号为 2874,CAS:122-78-1。

2. 理化性质

相对密度 1.0250～1.0350,沸点 205～206℃,熔点＜－10°C,折射率 1.5240～1.5320,闪点 71℃。

3. 香气特征

具有风信子的特征香气。

4. 应用建议

可用于调配水仙、风信子、黄水仙和甜豆花等香精中,也可少量应用于其他花香型香精中,可赋予香精青香韵并提调香气,如白玫瑰、紫丁香、玉兰、茉莉等花香型香精中,可使其清香更加透发。在铃兰、兔耳草花、苹果花、桂花、紫罗兰、蜜香等香精中也有提调香气的作用。同时还可应用于百花型及其他香型的香精中。IFRA 建议在使用苯乙醛时,须同时加入等量的苯乙醇为宜。

(十)兔耳草醛(Cyclamen aldehyde)

1. 化学结构式

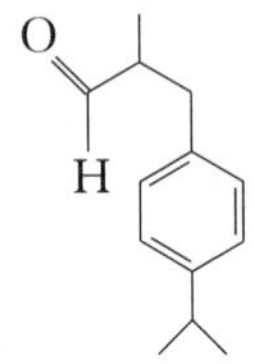

FEMA 编号为 2743,CAS:103-95-7。

2. 理化性质

相对密度 0.9460～0.9520,沸点 270℃,熔点 −60℃,折射率 1.5030～1.5080,闪点 109℃。

3. 香气特征

清新的花香,类似兔耳草花、铃兰。带青香香韵,香气强度中等。

4. 应用建议

广泛应用于清甜花香型香精中,尤其是铃兰、丁香、橙花等花香型香精中,有增强带青气鲜花的头香,能很好的与紫罗兰酮类和玫瑰韵调香料调和。

(十一)铃兰醛(Lily aldehyde)

1. 化学结构式

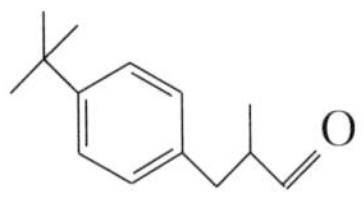

CAS:80-54-6。

2. 理化性质

相对密度 0.9420～0.9600,沸点 252℃,熔点 69℃,折射率 1.5030～1.5100,闪点 98.89℃。

3. 香气特征

有类似铃兰的花香,清甜有水感,香气较青鲜透发,同兔耳草醛相比,香气更加柔和,细腻,香气易扩散。

4. 应用建议

广泛应用于香水、化妆品、香皂香精中,与其他花类、麝香类及木香类香料能很好协调。可应用于铃兰、百合、紫丁香、橙花、玉兰等花香型香精中,也可应用于素心兰、馥奇、东方型、木香型、麝香型和现代幻想型等香精中。

（十二）海风醛（Floralozone）

1. 化学结构式

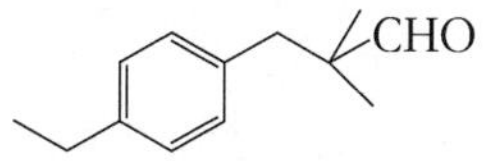

CAS：67634-15-5。

2. 理化性质

相对密度 0.95～0.96，沸点 228.5℃，折射率 1.5040～1.5100，闪点＞75℃。

3. 香气特征

有强烈的臭氧般的花香和纯净的新鲜空气气息，能使人联想到海风气息和新鲜的兔耳草花香、百合花花香和醛香香气，留香持久。

4. 应用建议

可广泛应用于铃兰、紫丁香、古龙、素心兰等花香或非花香型香精中，能够提升香气。其新鲜纯净空气的气息适用于调配海风类产品的香精及空气清新剂中。在果香型香精中的添加会提升头香香气。除此之外，该原料还可应用于香皂、洗涤剂、化妆品等香精中，用量在 10%以内。

（十三）α-己基桂醛（α-hexyl cinnamaldehyde）

1. 化学结构式

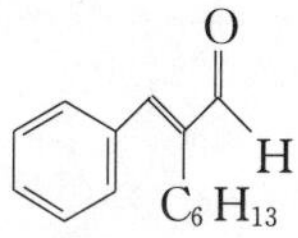

FEMA 编号为 2569，CAS：101-86-0。

2. 理化性质

相对密度 0.9530～0.9590，沸点 305℃，熔点 40℃，折射率 1.5470～1.5520，闪点＞93℃。

3. 香气特征

有新鲜、柔和的茉莉、树兰和栀子花香，略带青香和甜润的轻微的药草香底蕴。香气较为持久。

4. 应用建议

该原料常用于配制树兰花油，效果好，也是合成原料中最富有花香香气的原料之一，与易挥发的花香香料共用于香精中，可使香气更加生动。该香料主要应用于茉莉、玉兰、铃兰、紫丁香、风信子、水仙和晚香玉等花香型香精中，也可用于非花香型香精中，如素心兰中。

(十四)羟基香茅醛(7-Hydroxy-3,7-dimethyl-octanal)

1. 化学结构式

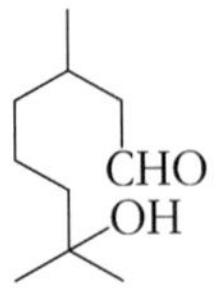

FEMA 编号 2583,CAS:107-75-5。

2. 理化性质

相对密度 0.9220,沸点 241℃,熔点 257.5℃,折射率 1.4478,闪点 121℃。

3. 香气特征

清甜,有类似百合、铃兰的花香气息,同时带有青香韵,微带柑橘头香气息。

4. 应用建议

该原料既可应用于花香型也可应用于非花香型香精中。在铃兰、百合花、兔耳草花、紫丁香和菩提花等花香型香精中,可使香气更加细腻。在香水香精中的使用可赋予花香头香,也可用于香皂香精、橙花及白柠檬等香精中。

(十五)二氢茉莉酮(2-Hexylcyclopent-2-en-1-one)

1. 化学结构式

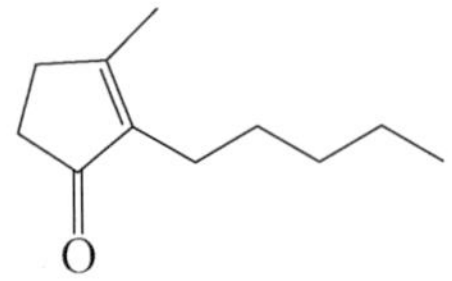

FEMA 编号为 3763,CAS:1128-08-1。

2. 理化性质

相对密度 0.9150～0.9200,沸点 230℃,折射率 1.4750～1.4810,闪点 130℃。

3. 香气特征

带有强烈的清新的茉莉花香气和没药样香气,有强烈的强烈的青气,浓时青中带苦涩,稀释后有茉莉花的清香。

4. 应用建议

可作为茉莉酮的优良代替品,广泛应用于日化香精中,在果香-花香型香精中可以提调花香香气,如茉莉、依兰依兰、玉兰、铃兰、金合欢、晚香玉、栀子花等。微量添加时可以果香共用,产生令人愉快的头香,能增强香柠檬、薰衣草、杂薰衣草、香紫苏和其他药草香型香精的香气,在柑橘型香精中使用可以得到很好的底香。

(十六)王朝酮(Dynascone)

1. 化学结构式

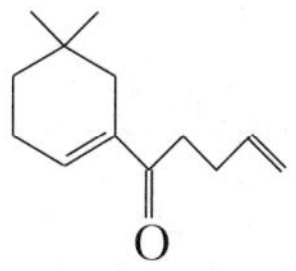

CAS:56973-85-4。

2. 理化性质

相对密度 0.927～0.934,沸点 268.6℃,折射率 1.487～1.492,闪点>100℃。

3. 香气特征

具有青香、果香、花香,是一种香气特别强烈且弥散的香料,有格蓬样香气,并伴有菠萝和风信子的韵调,留香时间长。

4. 应用建议

可应用于所有香水香精中,并可使香精产生一种独特的青香、花香和果香韵,但用量需控制,一般在1%左右,除一些特定配方中,如馥奇、薰衣草香水中,其添加量可以达到10%。

(十七)乙酸龙脑酯(Bornyl acetate)

1. 化学结构式

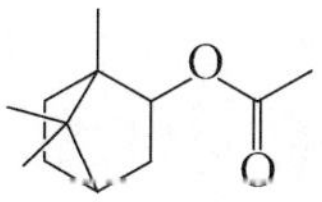

FEMA 编号为 2159,CAS:76-49-3。

2. 理化性质

相对密度 0.981～0.985,沸点 226℃,熔点 29℃,折射率 1.462～1.466,闪点 83℃。

3. 香气特征

有清凉的松木香气,并有樟脑似的气息。

4. 应用建议

可用于调配可乐、辛香、芒果、牙膏等香精,建议用量为 0.2～70mg/kg。

(十八)新铃兰醇(Mugetanol)

1. 化学结构式

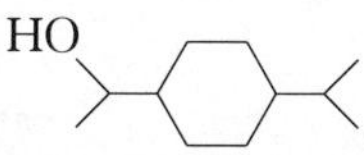

CAS:63767-86-2。

2. 理化性质

相对密度 0.888,沸点 240.031℃,折射率 1.468～1.471,闪点 105.9℃,溶于乙醇。

3. 香气特征

有清淡的花香，香气酷似铃兰。

4. 应用建议

应用于铃兰等花香型香精中。

(十九)乙酸苏合香酯(Methyl phenylcarbinyl acetate)

1. 化学结构式

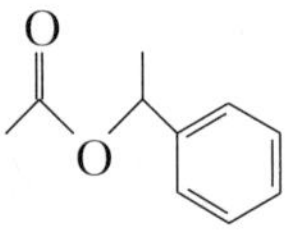

FEMA 编号为 2684，CAS：93-92-5。

2. 理化性质

分子式 $C_{10}H_{12}O_2$，相对分子质量 164.2011，相对密度 1.020～1.035，沸点 94～95℃，折射率 1.492～1.504，闪点 91.11℃。

3. 香气特征

具有清香带甜、有力的叶青气息，亦似栀子花的清香，有酸辣、青的浆果香味。

4. 应用建议

配制栀子、晚香玉香型日用香精的主要原料，用于需要有尖锐果香如杏、梅、菠萝等食用香精中，建议用量 0.8～17mg/kg。

(二十)乙酸二甲基苄基原酯(Dimethyl benzyl carbinyl acetate)

1. 化学结构式

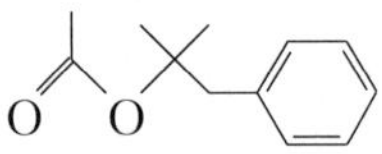

FEMA 编号为 2392，CAS：151-05-3。

2. 理化性质

分子式 $C_{12}H_{16}O_2$，相对分子质量 192.2500，沸点 250℃，相对密度 0.9980，熔点 29～30℃，折射率 1.4925，闪点 96.67℃。

3. 香气特征

甜的花香，类似玫瑰，果香，梨。

4. 应用建议

可用来增强头香和体香，常用于风信子、玉兰、紫丁香、铃兰花香的香精配方中，也可用于玫瑰、香叶、茉莉、素心兰等香精配方中，能提调香气，使之清鲜飘逸，在香皂香精中、食用香精中也可使用，也可用于配制梨、樱桃、草莓等水果型香精中，建议用量 2.8～22mg/kg。

(二十一)乙酸乙基芳樟酯(Ethyl linalyl acetate)

1. 化学结构式

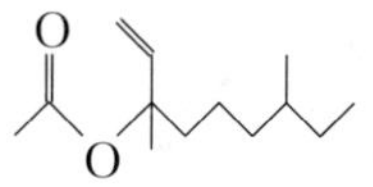

CAS:61931-80-4。

2. 理化性质

分子式 $C_{13}H_{22}O_2$,相对分子质量 210.3120,密度 0.9010g/mL,沸点 220℃,熔点 85℃,折射率 1.4530,闪点 90℃。

3. 香气特征

清幽的花香、果香、梨香,有热带水果气息,带玫瑰香味。

4. 应用建议

日化香精,非食用。

(二十二)芳樟醇(Linalool)

1. 化学结构式

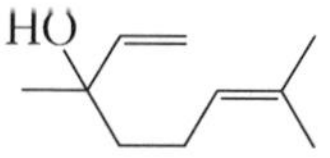

FEMA 编号为 2635,CAS:78-70-6。

2. 理化性质

密度 0.8580～0.8750g/mL,沸点 198～199℃,熔点 20℃,折射率 1.4600～1.4640,闪点 55℃。

3. 香气特征

有紫丁香、铃兰与玫瑰样的花香及浓清香带甜的木香香气,并伴有果香香韵。

4. 应用建议

是香水、日用产品以及皂用香精配方中使用最频繁的香原料,能用于所有花香型香精,如,茉莉、紫丁香、金合欢、水仙、玫瑰、牡丹、鸢尾等香精中,亦能用于果香、青香、木香、醛香、素心兰等非花香型香精中,还可用于调配香柠檬、薰衣草等人造精油中。IFRA 没有限制规定。

二、草香

(一)β-萘甲醚(β-naphthyl ethyl ether)

1. 化学结构式

FEMA 编号为 4704,CAS:93-04-9。

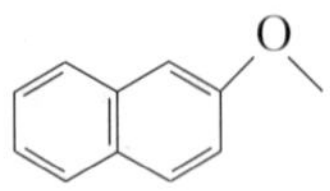

2. 理化性质

密度 1.0640g/mL,沸点 274℃,熔点 70～73℃,折射率 1.5900,闪点 272～274℃。

3. 香气特征

橙花香同时带有橘叶青涩的芳草香,浓度极淡时有甜甜的金合欢花和甜橙花气息,香气强度大且持续时间长。

4. 应用建议

可用于调配橙花、茉莉花、金合欢、百合等花香型香精,并且在低档的古龙和花露水型香精中也有应用,除此之外该原料还可应用于调配低档的有色香皂、洗涤剂等日用品加香中。

(二)香茅醛(Citronellal)

1. 化学结构式

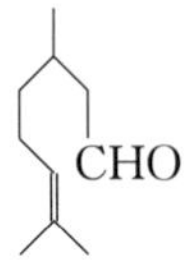

FEMA 编号为 2245,CAS:106-23-0。

2. 理化性质

相对密度 0.8480～0.8560,沸点 206～207℃,熔点 80～81℃,折射率 1.4460～1.4560,闪点 75℃。

3. 香气特征

有强烈清新的柠檬、香茅及玫瑰香气,同时具有青涩感和草香。

4. 应用建议

可少量应用于低档柠檬、古龙、玉兰、铃兰、蜂蜜和馥奇等香型的香精中。其主要作用是突出草青气,它还可以微量添加在香水香精中做青香原料,但主要应用在洗涤剂香精中。IFRA 没有限制规定。

(三)乙酸三环癸烯酯(Tricyclodecenyl acetate)

1. 化学结构式

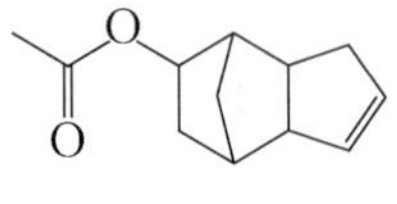

CAS:5413-60-5。

2. 理化性质

分子式 $C_{12}H_{16}O_2$，相对分子质量 192.2600，密度 1.1200g/mL，沸点 258.4℃，折射率 1.5360，闪点>93℃。

3. 香气特征

具有花香、青香、木香和皂感。

4. 应用建议

调制薰衣草、木香、馥奇、素心兰等香型香精，用于化妆品。

（四）水杨酸甲酯（Methyl salicylate）

1. 化学结构式

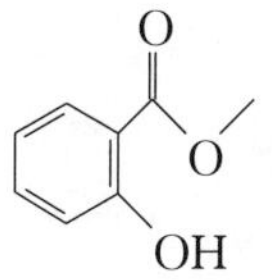

FEMA 编号为 2745，CAS：119-36-8。

2. 理化性质

分子式 $C_8H_8O_3$，相对分子质量 152.1500，沸点 218～224℃，熔点－8.600℃，折射率 1.5400，闪点 96℃。

3. 香气特征

冬青油，薄荷香气。

4. 应用建议

在金合欢、晚香玉、依兰依兰、素心兰等日用香精中，特别适用于牙膏、口腔清洁剂中，在草莓、葡萄、香子兰等食用香精中也经常被使用，建议用量 27～8400mg/kg。

（五）水杨酸异戊酯（Isopentyl salicylate）

1. 化学结构式

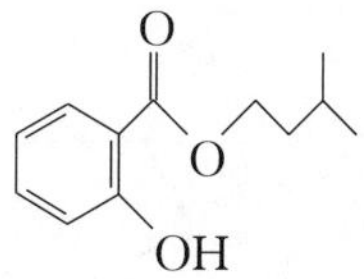

FEMA 编号为 2084，CAS：87-20-7。

2. 理化性质

分子式 $C_{12}H_{16}O_3$，相对分子质量 208.2500，相对密度 1.0500～1.0600，沸点 265℃，折射率 1.5050～1.5080，闪点 270℃。

3. 香气特征

有浓郁的花香气味，有浓强药草香气，带清甜又有些豆香与木香，在调制康乃馨香精时，可用作多调和剂与定香剂，能与橡苔浸膏、香紫苏油、香叶醇等很好调和。

4. 应用建议

可用于调配康乃馨等，也用作皂用香精和溶剂，建议用量 1.4～3mg/kg。

(六)水杨酸戊酯(Amyl salicylate)

1. 化学结构式

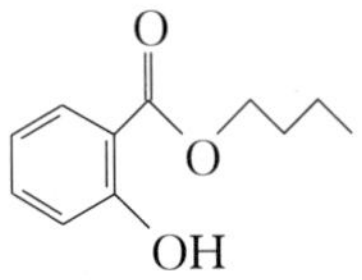

CAS：2050-08-0。

2. 理化性质

分子式 $C_{12}H_{16}O_3$，相对分子质量 208.2500，密度 1.0560g/mL，沸点 270℃，折射率 1.5120，闪点 270℃。

3. 香气特征

青甜的药草香、花香，微弱的巧克力气息。

4. 应用建议

可用于调配，建议用量 10～100mg/kg。

三、木香

(一)柏木脑(Cedrol)

1. 化学结构式

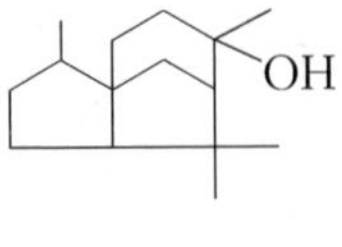

FEMA 编号为 2267，CAS：77-53-2。

2. 理化性质

相对密度 0.9700～0.9900，沸点 290～292℃，熔点 86～87℃，折射率 1.5060～1.5140，闪点 81℃。

3. 香气特征

温和、淡甜的柏木香气，香气强度淡弱而留香持久。香气质量取决于原料纯度和提纯的程度。质量较低的柏木醇略带膏香。

4. 应用建议

可用于许多日用香精配方中，如木香、檀香、东方香、麝香等香型的香精中。用量最高可达50%,IFRA没有限制规定。

(二)檀香醇(Santalol)

1. 化学结构式

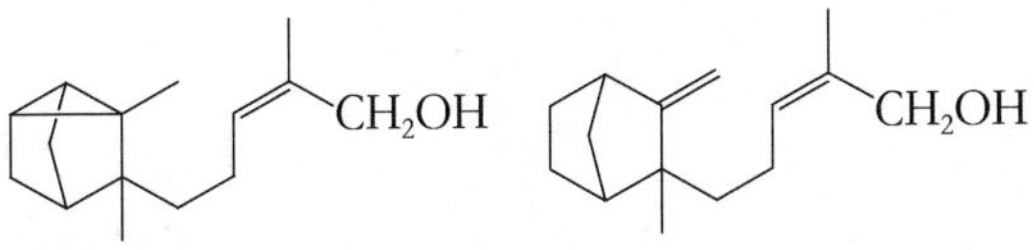

FEMA编号为3006,CAS77-42-9;11031-45-1。

2. 理化性质

相对密度0.9700～0.9760,沸点159～168℃,熔点210℃,折射率1.5050～1.5090,闪点>100℃。

3. 香气特征

有温和而甜的木香香气,具有檀香油特征香气的醇,香气强烈且留香持久。

4. 应用建议

具有优美的檀香香韵,可用于高档素心兰、铃兰、檀香、木香及东方香型等香精中,可作为定香剂用于高级日用香精配方中,也可作为部分檀香油的替代物,也可与广藿香精油、香叶精油、紫罗兰酮、甲基紫罗兰酮等原料和合、协调。IFRA没有限制规定。

(三)龙涎酮[1-(1,2,3,4,5,6,7,8-octahydro-2,3,8,8-tetramethyl-2-naphthyl)ethan-1-on]

1. 化学结构式

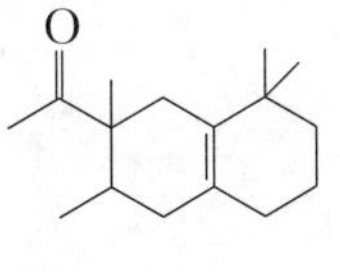

CAS:54464-57-2。

2. 理化性质

相对密度0.9600～0.9680,沸点134～135℃,折射率1.4980～1.5030,闪点>93℃。

3. 香气特征

具有龙涎香和木香香气,香气强烈而持久。不同品牌的龙涎香香气有差异。龙涎酮有香气扩散力强和留香持久的特点。

4. 应用建议

该原料广泛应用于香水,化妆品和洗涤剂等香精中,可使花香型香精增强香气强度,且赋予其动物香气。除此之外,龙涎酮还可应用于烟草加香中,可以提高烟草香气质量。

(四)甲酸柏木酯(Cedryl formate)

1. 化学结构式

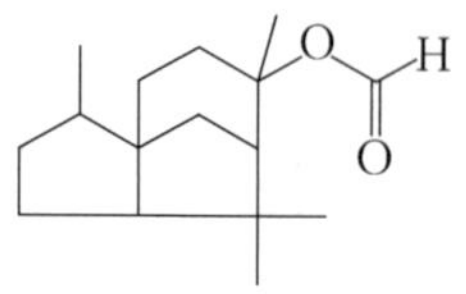

CAS:39900-38-4。

2. 理化性质

相对密度 1.0050～1.0250,沸点 309.7℃,折射率 1.4980～1.5040,闪点>101℃。

3. 香气特征

具有有力甘甜的木香香韵,略带青气和粉香香气,并伴有琥珀香韵,香气柔和而持久。

4. 应用建议

可与紫罗兰酮类、玫瑰香基、醛香基共用于香精配方中,在需要岩兰草油和动物香香韵的新百花香型中也可以使用,也可用来增加松木香气。因价廉,可替代乙酸岩兰草酯在香精配方中使用。用量在 20%以内,IFRA 没有限制规定。

(五)乙酸柏木酯(Gedryl acetate)

1. 化学结构式

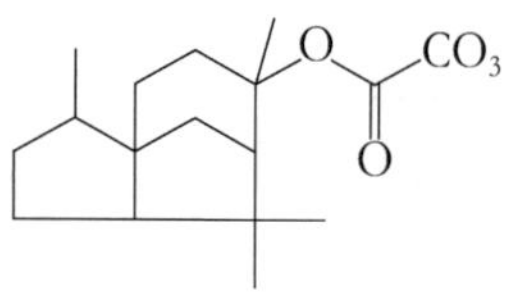

CAS:77-54-3;61789-42-2。

2. 理化性质

相对密度 0.9660～1.0120,熔点 80℃,折射率 1.4950～1.5060,闪点>100℃。

3. 香气特征

甜的木香,弱的柏木和岩兰草香气,有壤香后韵。香气轻扬透发,留香持久且不会变色。

4. 应用建议

在东方型、檀香型、玫瑰-麝香型、素心兰型及木香型香精中作为定香剂效果较佳。在皂用香精用得较多,且用量可达 20%。IFRA 没有限制规定。

四、蜜甜香

(一)苄醇(Benzyl alcohol)

1. 化学结构式

FEMA 编号为 2137,CAS:100-51-6。

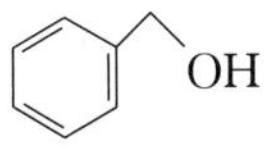

2. 理化性质

相对密度1.0410～1.0500，沸点205℃，熔点－15℃，折射率1.5390～1.5420，闪点＞94℃。

3. 香气特征

有极其微弱的蜜香，香气淡弱，几乎无香。

4. 应用建议

常用作协调剂和助溶剂，如可作为乙酸苄酯的和合剂，在茉莉、栀子、紫丁香、依兰依兰、风信子、金合欢等花香型香精中使用，并有定香作用。IFRA没有限制规定。

（二）桂醇（Cinnamic alcohol）

1. 化学结构式

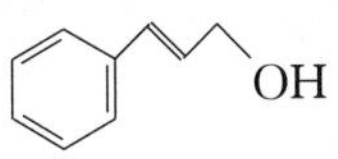

FEMA编号为2294，CAS：104-54-1。

2. 理化性质

相对密度1.0410，沸点258℃，熔点30～33℃，折射率1.5700，闪点＞100℃。

3. 香气特征

有玫瑰、紫丁香样的花香，是桂甜的代表，有风信子花香和苏合香及桂皮的香气。香气温和、甜美，留香持久。

4. 应用建议

是配制风信子的主要香原料之一，是康乃馨和水仙花香精中的重要的和合剂。亦可用于玫瑰、茉莉、紫丁香、葵花、含羞花等花香型的香精配方中。IFRA有限制规定。

（三）香茅醇（Citronellol）

1. 化学结构式

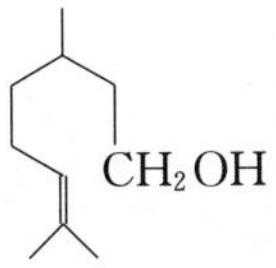

FEMA编号为2309，CAS：106-22-9。

2. 理化性质

相对密度0.8500～0.8600，沸点225℃，熔点77～83.5℃，折射率1.4540～1.4610，闪点96℃。

3. 香气特征

有丰富的玫瑰、香叶的香气，甜而兼清，扩散性好，留香一般。香茅醇的来源和等级不同则香气亦有差异。

4. 应用建议

常与香叶油、香叶醇、苯乙醇等调和配制玫瑰香基，是配制玫瑰型香精必不可少的原料，也是配制紫丁香、野百合的主要原料，还可用在铃兰、桂花、紫罗兰等香型的香精中，用来增加甜花香。IFRA 没有限制规定。

(四)二苯甲酮(Benzophenone)

1. 化学结构式

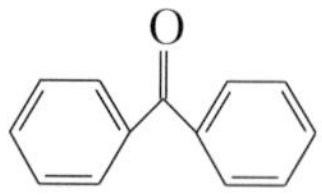

FEMA 编号为 2134，CAS：119-61-9。

2. 理化性质

相对密度 1.0980，沸点 306℃，折射率 1.5975，闪点 138℃。

3. 香气特征

有淡弱带青涩的甜香，香气似玫瑰、香叶的特征香气，并伴些粉香香韵，留香持长。

4. 应用建议

在香精中可作为定香剂使用。其弱甜香似香叶香气，可广泛用于中、低档香精中，如玫瑰、香叶、甜豆花、铃兰、葵花、草兰、山楂花、馥奇及东方香型等香精中。因其价廉且化学性能稳定，故大多用于香皂和洗涤剂香精配方中。IFRA 没有限制规定。

(五)苯乙酸乙酯(Ethyl phenylacetate)

1. 化学结构式

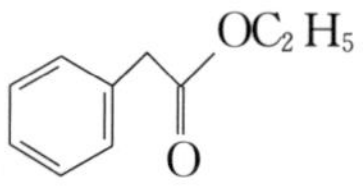

FEMA 编号为 2452，CAS：101-97-3。

2. 理化性质

相对密度 1.0270～1.0320，沸点 227～228℃，折射率 1.4960～1.5000，闪点>97℃。

3. 香气特征

有甜润的蜜香、玫瑰花香香气和果香香韵。

4. 应用建议

广泛用于日用香精，可作为铃兰、玫瑰、百合、三叶草、东方型等香精的调和香料，在香精配方中使用，用量 1%。IFRA 没有限制规定。

(六)橙花叔醇(Nerolidol)

1. 化学结构式

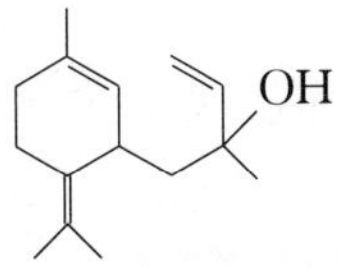

FEMA 编号为 2772,CAS:7212-44-4。

2. 理化性质

相对密度 0.8700～0.8760,沸点 145℃,熔点－75℃,折射率 1.4780～1.4850,闪点 110℃。

3. 香气特征

有铃兰、苹果花样的花香及弱的甜清柔美的橙花香气,并伴有青香、玫瑰的香韵。

4. 应用建议

主要用于高级香水和化妆品香精的调配,持久性极好,有一定的协香和定香作用。适用于茉莉、水仙、紫丁香、金合欢、铃兰、牡丹、玫瑰、紫罗兰等香型香精中。IFRA 没有限制规定。

五、脂蜡香

(一)10 十一烯醛(10-Undecenal)

1. 化学结构式

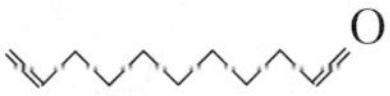

FEMA 编号为 2362,CAS:112-45-8。

2. 理化性质

相对密度 0.8400～0.8500,沸点 223℃,熔点 43℃,折射率 1.4410～1.4470,闪点 96.11℃。

3. 香气特征

有脂蜡香,青香,带玫瑰香气和柑橘的清新果香。香气强度较大,扩散度较强。十一烯醛的加入可增强香气。

4. 应用建议

可广泛应用于花香型香精中,如茉莉花、玫瑰、晚香玉等,同时也可与木香及幻想香型香精搭配,在与檀香、广藿香、橡苔和鸢尾搭配有定香作用。

(二)正辛醇(*n*-Octanol)

1. 化学结构式

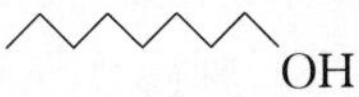

FEMA 编号为 2800，CAS：111-87-5。

2. 理化性质

相对密度 0.8220～0.8300，沸点 195℃，折射率 1.4260～1.4320，闪点 86℃。

3. 香气特征

有强烈的油脂气，又带柑橘、橙皮和玫瑰样的香气，留香不持久。

4. 应用建议

可少量用于日用香精配方中，如玫瑰、茉莉、紫丁香、橙花、甜豆花、柑橘、防风根、古龙等香型香精中。在现代幻想型香精中可多用。与玫瑰、依兰依兰、防风根、橙叶油、芳樟醇等能很好地协调、和合。因香气强烈，在调配中用最应谨慎。IFRA 没有限制规定。

(三)正壬醇(*n*-Nonanol)

1. 化学结构式

FEMA 编号为 2789，CAS：143-08-8。

2. 理化性质

相对密度 0.8240～0.8300，沸点 214～215℃，折射率 1.4310～1.4350，闪点>98℃。

3. 香气特征

强烈的甜而青的玫瑰和橙花香气，果香中有柑橘、甜橙香气，未稀释时有油脂气，极度稀释后有淡的玫瑰香气。

4. 应用建议

少量用于花香型和果香型的香精配方中，常用于苦橙花、柠檬、橙子、茉莉、晚香玉、栀子、木犀草、牡丹、古龙等香精配方中。IFRA 没有限制规定。

(四)正十一醇(Undecanol)

1. 化学结构式

FEMA 编号为 3092，CAS：112-45-5。

2. 理化性质

相对密度 0.8280～0.8340，沸点 248℃，折射率 1.4370～1.4430，闪点>100℃。

3. 香气特征

淡甜的脂蜡气，带柑橘、新鲜花香和玫瑰香韵，极度稀释后有橘子气息。

4. 应用建议

常与十一烯醛或其他脂肪醛共用，作为醛香头香的协调剂，与花香、果香型，如柑橘-古龙、金合欢、晚香玉、紫罗兰、草香、青香、刺槐香气能很好地协调、和合。常用于玫瑰、金合欢、金球花、晚香玉等香精中。IFRA 没有限制规定。

(五)正十二醇(Dodecanol)

1. 化学结构式

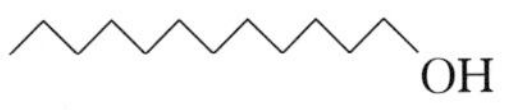

FEMA 编号为 2617,CAS:112-53-8。

2. 理化性质

相对密度 0.8170～0.8360,沸点 259℃,熔点 26℃,折射率 1.4400～1.4440,闪点>100℃。

3. 香气特征

淡而弱的油脂气息,略带柑橘香气,花香多于醛香,比十二醛更花香,纯的十二醇有含羞花、金合欢、晚香玉、紫罗兰等蜡青花香香气。

4. 应用建议

可用于晚香玉、铃兰、紫罗兰、玫瑰、水仙、含羞花、木樨草、异国情调的木香及幻想型香精中,对松针、柑橘型、花香基、醛香基等能提供柔和的香韵,适宜在香皂和洗涤剂香精配方中。IFRA 没有限制规定。

六、膏香

(一)苯甲酸(Benzoic acid)

1. 化学结构式

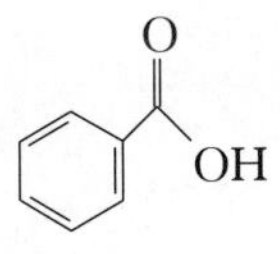

FEMA 编号为 2131,CAS:65-85-0。

2. 理化性质

相对密度 1.2010,沸点 249℃,熔点 121～123℃,折射率 1.4400～1.4440,闪点 121～123℃。

3. 香气特征

带有极弱的膏香,焚烧时有微弱的琥珀香气。

4. 应用建议

通常用作定香剂或防腐剂。可作为膏香用熏香香精。IFRA 没有限制规定。

(二)苯甲酸苄酯(Benzyl benzoate)

1. 化学结构式

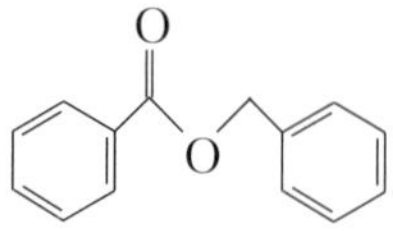

FEMA 编号为 2138,CAS:120-51-4。

2. 理化性质

相对密度 1.1160～1.1200,沸点 323～324℃,折射率 1.5680～1.5700,闪点 146℃。

3. 香气特征

淡弱甜的膏香,稍带青涩气息,并伴有花香香韵。

4. 应用建议

在花香型香精中是良好的定香剂、稀释剂或溶剂。可用于重型花香及东方香型、晚香玉、依兰依兰、紫丁香、栀子等香型香精中,并作为修饰剂。苯甲酸苄酯也是固体香料、高黏稠合成香料的稀释剂或溶剂,如硝基麝香、佳乐麝香、香兰素、洋茉莉醛等。IFRA 没有限制规定。

(三)苯甲酸己酯(Hexyl benzoate)

1. 化学结构式

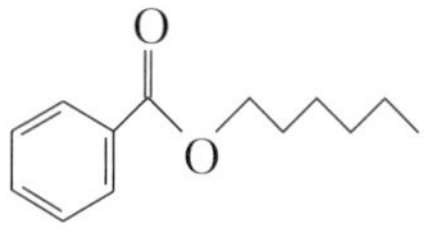

FEMA 编号为 2138,CAS:6789-88-4。

2. 理化性质

相对密度 1.1160～1.1200,沸点 323～324℃,折射率 1.5680～1.5700,闪点 146℃。

3. 香气特征

淡弱甜的膏香,稍带青涩气息,并伴有花香香韵。

4. 应用建议

在花香型香精中是良好的定香剂、稀释剂或溶剂。可用于重型花香及东方香型、晚香玉、依兰依兰、紫丁香、栀子等香型香精中,并作为修饰剂。苯甲酸己酯也是固体香料、高黏稠合成香料的稀释剂或溶剂,如硝基麝香、佳乐麝香、香兰素、洋茉莉醛等。IFRA 没有限制规定。

七、琥珀香

(一)水杨酸苄酯(Benzyl Salicylate)

1. 化学结构式

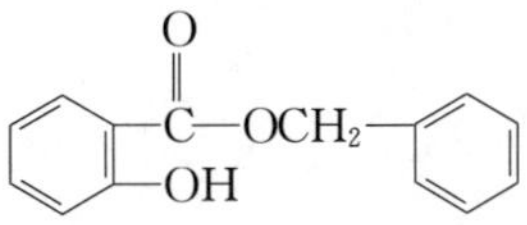

FEMA 编号为 2151。

2. 理化性质

密度 1.1760～1.1800g/mL，沸点 300℃，熔点>24℃，折射率 1.5790～1.5800，闪点>100℃。

3. 香气特征

无色至浅黄色油状液体。微弱甜辛香气，有似龙涎-琥珀香、麝香气息，又伴有芬芳花香、膏香与木香香气，香气虽弱，但留香极为持久。

4. 应用建议

常作为助溶剂、和合剂在花香型和非花香型香精中使用，它对香精的整体香气有极佳的圆和作用，尤其是与合成麝香原料同用时。水杨酸苄酯也可作为定香剂和稀释剂在康乃馨、依兰依兰、茉莉、铃兰、紫丁香、晚香玉、百花型等许多花香型和非花香香精中使用。

(二)苯甲酸正丁酯(*n*-Butyl benzoate)

1. 化学结构式

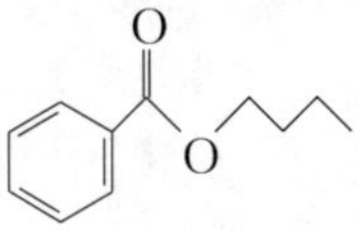

CAS：136-60-7。

2. 理化性质

密度 1.0080～1.0110g/mL，沸点 247～250℃，熔点－22℃，折射率 1.4975，闪点 106.1℃。

3. 香气特征

无色稠厚液体。有青甜柔和带涩的花香、膏香和极淡的龙涎香气息，并伴木香、辛香底蕴，香气淡弱而持久。

4. 应用建议

适用于龙涎-琥珀香、橙花、甜豆花、草兰、素心兰、玫瑰-麝香、馥奇、野玫瑰香型香精中，并能起和合、修饰和定香作用，也非常适宜与依兰依兰共用于重花香型，如用于康乃馨等香精配方中。

(三)苯甲酸异丁酯(Isobuty benzoate)

1. 化学结构式

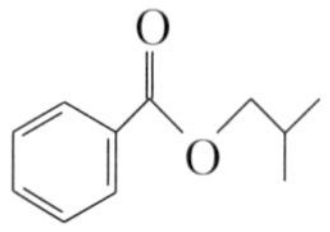

FEMA 编号为 2185，CAS：120-50-3。

2. 理化性质

密度 0.9940～0.9970g/mL，沸点 242℃，折射率 1.4931～1.4970，闪点>96℃。

3. 香气特征

无色液体。清甜带涩的琥珀香，略带有玫瑰、鸢尾和香叶底蕴的叶青气息，气势虽弱，似鲜而愉快，留香相当持久。

4. 应用建议

广泛应用于花香型、非花香型香精中，如玫瑰、康乃馨、金合欢、香叶、风信子、橙花、甜豆、鸢尾、紫罗兰、兰花、栀子、晚香玉、三叶草、龙涎-琥珀等香型香精中，是花香与非花香香精良好的和合剂和定香剂。与赖百当制品在香精中共用，效果良好。也适用于香皂、熏香用香精中。

(四)桂酸异丁酯(Isobutyl cinnamate)

1. 化学结构式

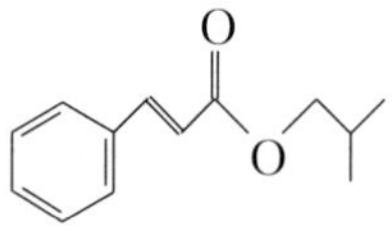

FEMA 编号为 2193，CAS：122-67-8。

2. 理化性质

密度 1.0010～1.0040g/mL，沸点 164～165℃，折射率 1.5400，闪点>100℃。

3. 香气特征

无色液体。有膏香琥珀香气，略带果香底蕴和草香香韵，香气柔和而持久。

4. 应用建议

常用于调配香气浓重的东方型香精，能与树苔和橡苔、广藿香、岩兰草、香豆素、香兰素、洋茉莉醛、硝基麝香类香料等很好地协调、和合。

(五)香紫苏醇(Sclareoi)

1. 化学结构式

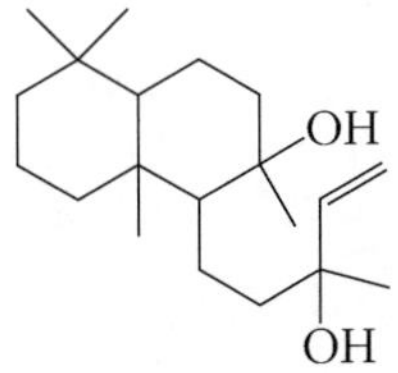

FEMA 编号为 4502,CAS:515-03-7。

2. 理化性质

沸点 218～220℃,熔点 105～106℃。

3. 香气特征

白色结晶体。有弱的琥珀香气,香气持久。

4. 应用建议

作为琥珀香的原料,用于需要琥珀香韵的香精中,也可用于配制人造龙涎香、灵猫香、麝香等香精中,并有定香作用。

八、动物香

(一)甲基柏木醚(Cedrol methyl ether)

1. 化学结构式

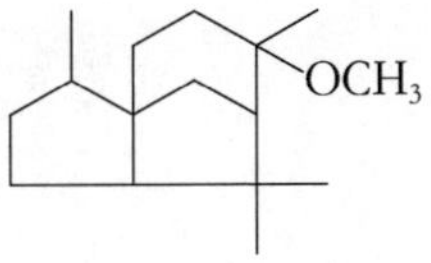

CAS:19870-74-7。

2. 理化性质

相对密度 0.9770～0.9870,沸点 268.0～269.0℃,折射率 1.4980～1.5060,闪点>100℃。

3. 香气特征

木香和龙涎香香气,香气扩散力强,留香持久。

4. 应用建议

可应用于各种花香及非花香香精中,其中在木香和粉香型香精中有很好的应用效果,其用量在 5%以内,IFRA 无限制用量规定,但仍需注意其在香精配方中的添加量。

(二)开司米酮(Capsidone)

1. 化学结构式

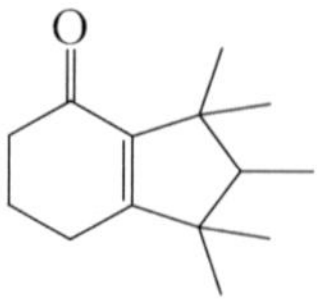

CAS:33704-61-9。

2. 理化性质

相对密度 0.9550～0.963,沸点 93～106℃,折射率 1.4970～1.5020,闪点>100℃。

3. 香气特征

具有丰富甜润的麝香、木香香韵,略带辛香,并有浓郁而干净的花香。

4. 应用建议

该原料价格较高,主要应用于高档的日用品香精中,如馥奇、素心兰、东方型、木香型、玫瑰-麝香香型等香精。添加后,可明显提升花香香韵,由于其香气扩散力度大且香气持久,少量添加就可得到显著效果。其在香精中的添加量最高为 2%。

(三)苯乙酸对甲酚酯(*p*-Tolyl phenylacetate)

1. 化学结构式

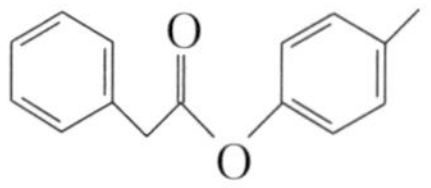

FEMA 编号为 3077,CAS:101-94-0。

2. 理化性质

分子式 $C_{15}H_{14}O_2$,相对分子质量 226.2700,沸点 310℃,熔点 74～75℃,闪点>100℃。

3. 香气特征

浓度高时有动物香气,香气强烈而浓郁,稀释后具有微弱而持久的白百合、风信子、水仙的香气,留香持久。

4. 应用建议

主要用作水仙、忍冬、月下香、素馨、依兰依兰等香精的调和香料,适合于水仙、大花茉莉、栀子、依兰依兰、晚香玉、铃兰、风信子等鲜幽、香韵的配制,建议用量 0.87～5.4mg/kg。

(四)环十五酮(Cyclopentadecanone)

1. 化学结构式

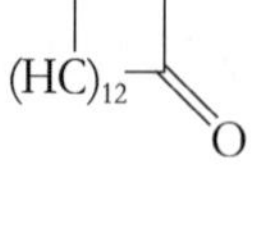

CAS:502-72-7。

2. 理化性质

相对密度 0.9240,沸点 120℃,熔点 60～63℃,折射率 1.4637,闪点>100℃。

3. 香气特征

有甜而强有力的麝香样动物香气,扩散性好,留香持久。

4. 应用建议

广泛用于高档香精,尤其是在香水香精中,能增加粉香和动物香的香韵,有厚实底香的香气,一般用量为 0.1%～1%。IFRA 没有限制规定。

(五)对甲酚甲醚(Methyl *p*-cresol)

1. 化学结构式

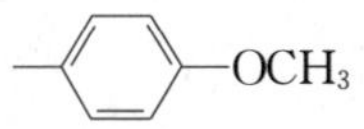

CAS:19870-74-7;67874-81-1。

2. 理化性质

相对密度 0.9770～0.9870,沸点 258℃,折射率 1.4980～1.5060,闪点>100℃。

3. 香气特征

浓时有尖刺粗浊氤氲的动物香,稀释后有似紫罗兰、依兰依兰、风信子样的香气,极淡时兼有清香和果香香气,香气强烈,但留香不持久。

4. 应用建议

适量用于大花茉莉、白兰、依兰依兰、水仙、香罗兰、风信子等香型香精中。也可微量用于铃兰、玫瑰、紫丁香等香型香精中。可配合溴代苯乙烯共用于皂用香精中,IFRA 没有限制规定。

九、辛香

(一)异丁香酚甲醚(Isoeugenol methyl ether)

1. 化学结构式

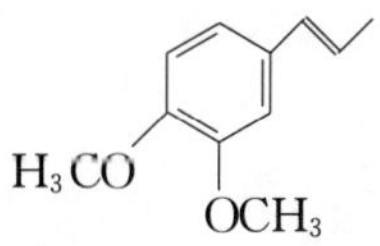

FEMA 编号为 2476,CAS:93-16-3。

2. 理化性质

相对密度 1.0740～1.0530,沸点 270℃,熔点 5.5～6.5℃,折射率 1.5660～1.5690,闪点>104.44℃。

3. 香气特征

具有辛香和丁香花的青甜气息，底部带有木香和康乃馨样的香气，整体香气强度中等，香气持续时间较长。

4. 应用建议

可广泛应用于康乃馨、紫丁香、依兰依兰、香石竹、玫瑰等花香型香精中，同时也适用于辛香、木香及东方香型等香精中，可作为定香剂使用。

(二)桂醛(Cinnamaldehyde)

1. 化学结构式

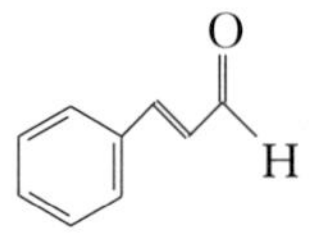

FEMA 编号为 2286，CAS：104-55-2。

2. 理化性质

相对密度 1.0460～1.0510，沸点 252～253℃，熔点 −9～4℃，折射率 1.6190～1.6230，闪点＞100℃。

3. 香气特征

清甜、辛香，类似肉桂、桂皮油和金合欢的气息，香气强烈，留香持久。

4. 应用建议

可以用于辛香型、膏香型、东方香型、风信子和其他花香型香精及有色香皂香精中，在洗涤剂、掩盖剂、牙膏等口腔卫生品香精中均有应用。但由于桂醛单独使用时有致敏作用，因此 IFRA 建议应与防过敏的香料共同为宜，如丁香酚或 D-柠烯等。

(三)枯茗醛(Cuminaldehyde)

1. 化学结构式

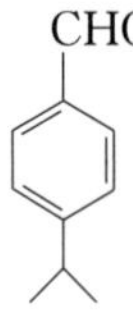

FEMA 编号为 2341，CAS：122-03-2。

2. 理化性质

相对密度 0.9700～0.9800，沸点 235～237℃，折射率 1.5290～1.5340，闪点＞100℃。

3. 香气特征

有尖刺而带药草气的辛香香气，香气似姬茴香油，稀释后(＜1%)有温暖的辛香。气势较强，留香不持久。

4. 应用建议

少量用于香精的头香中。可用于金合欢、含羞花、鸢尾、紫罗兰、风信子、紫丁香、铃兰等香型香精中。由于价廉，亦可用作不良气息的掩盖剂。

(四)丁香酚(Eugenol)

1. 化学结构式

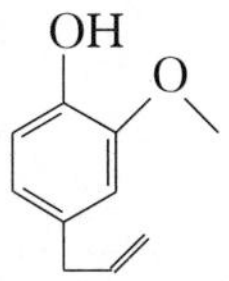

FEMA 编号为 2467，CAS:97-53-0。

2. 理化性质

相对密度 1.0640～1.0680，沸点 250～255℃，折射率 1.5400～1.5420，闪点>100℃。

3. 香气特征

干甜的丁香和辛香香气。有康乃馨的特征气息，并伴有似丁香油样的香气。香气透发有力，留香尚持久。

4. 应用建议

是调配康乃馨花香的主体原料。广泛用于辛香型、馥奇型等香型香精中，并可作为修饰剂和定香剂使用，也可用于有色香皂的加香和许多花香型香精如玫瑰、风信了、栀了和水仙等中。还可用于木香、熏香型等香精配方中，用量在 20%以内。IFRA 没有限制规定。

(五)异丁香酚(Isoeugenol)

1. 化学结构式

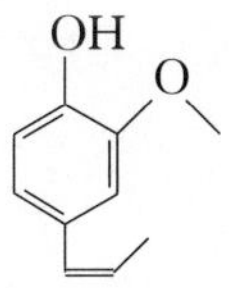

FEMA 编号为 2468，CAS:97-54-1。

2. 理化性质

相对密度 1.0810～1.0850，沸点 260～266℃，折射率 1.5730～1.5780，闪点>100℃。

3. 香气特征

柔和甜青的辛香，香气较丁香酚更柔和、更优美，有康乃馨、丁香花、紫罗兰样的花香香气，又有些似龙涎香、麝香、豆香与音香香气，香气平和持久。

4. 应用建议

是调配康乃馨型的主要原料，可用于木樨型及东方香型香精中。异丁香酚也可用于依兰依兰、水仙、白兰、玫瑰等香型香精中，与麝香、灵猫香共用于东方香型效果甚佳。IF-RA 有限制规定。

(六)丁香酚甲醚(Methyl eugenol)

1. 化学结构式

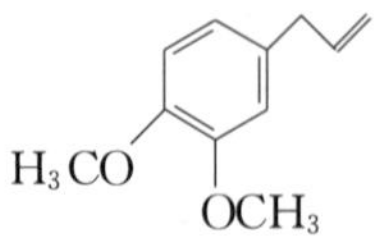

FEMA 编号为 2475,CAS:93-15-2。

2. 理化性质

相对密度 1.0320～1.0360,沸点 254～255℃,熔点－4℃,折射率 1.5320～1.5360,闪点 110℃。

3. 香气特征

甜香及新鲜、温暖的辛香,有丁香辛甜兼茴青的特征香气;具有康乃馨、肉桂、生姜和茶叶样的气味,香气较透发且持久。

4. 应用建议

常应用于丁香花香型香精中,也可应用于玫瑰香精的调配中,其与玫瑰香气能很好的调和并能增加其香气强度。除此之外,它也可应用于花香型、药草香型及东方香型中,在康乃馨、依兰依兰、栀子花、风信子、紫丁香、晚香玉、薰衣草等花香型或男用古龙香型香精中可少量添加,添加量低于 5%,在 IFRA 中无限制规定。

十、豆香

(一)香豆素(Coumarin)

1. 化学结构式

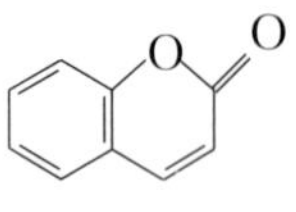

CAS:91-64-5。

2. 理化性质

分子式 $C_9H_6O_2$,相对分子质量 146.1500,相对密度 0.9350,沸点 298℃,熔点 68～70℃,折射率 1.5940,闪点 162℃。

3. 香气特征

清甜似香豆豆香,带干的药草香、茴辛香,稀释后似干草、坚果、烟叶气息,沉闷持久。

4. 应用建议

可用于调配香草,薰衣草等香精。

(二)γ-庚内酯(γ-Heptalactone)

1. 化学结构式

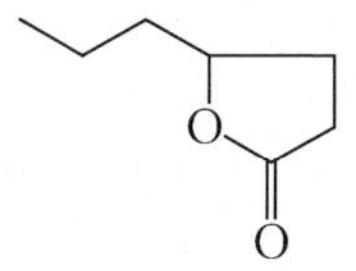

FEMA 编号为 2539，CAS：105-21-5。

2. 理化性质

相对密度 1.0020，沸点 107℃，折射率 1.4400，闪点 96℃。

3. 香气特征

有坚果样的焦糖气，并带甜香香气，同时带有麦芽和浓而甜的药草香气。

4. 应用建议

常用作香豆素的修饰剂，在薰衣草、馥奇以及用橡苔香精中作苔香增甜剂，但主要用于食用香精和烟用香精配方中。IFRA 没有限制规定。

(三)γ-辛内酯(γ-Octalactone)

1. 化学结构式

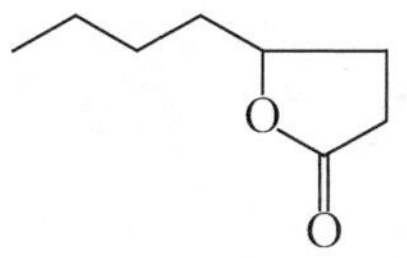

FEMA 编号为 2796，CAS：104-50-7。

2. 理化性质

相对密度 0.9700～0.9800，沸点 116～117℃，折射率 1.4430～1.4470，闪点>100℃。

3. 香气特征

具有甜润的椰子样的果香香气，并伴有药草香样的香韵，香气强烈而较持久。

4. 应用建议

适用于重花香型的香精配方中，如栀子、晚香玉、风信子等，也可作为修饰剂用于百合、馥奇、薰衣草及药草香型香精配方中。IFRA 没有限制规定。

(四)苯乙酮(Acetophenone)

1. 化学结构式

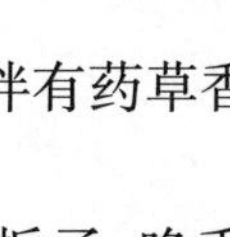

FEMA 编号为 2009，CAS：98-86-2。

2. 理化性质

相对密度 1.0250～1.0280，沸点 200～202℃，熔点 20℃，折射率 1.5330～1.5350，闪点>76℃。

3. 香气特征

有青而较粗冲的豆香，带干草香气，并伴有大茴香醛、山楂花、含羞草和金合欢的香气，香气粗强有力。

4. 应用建议

可与大茴香醛及香豆素共同用于山楂花、葵花、薰衣草、馥奇、紫丁香、含羞花、金合欢等香型香精中，且效果明显。由于价廉，主要用于低档的日用香精中，如香皂、洗涤剂和其他工业用品的加香香精中，用量<1%。IFRA 没有限制规定。

(五)对甲基苯乙酮(*p*-Methyl acetophenone)

1. 化学结构式

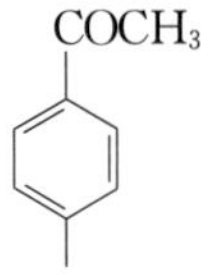

FEMA 编号为 2677，CAS：122-00-9。

2. 理化性质

相对密度 1.0010～1.0040，沸点 228℃，熔点 22～24℃，折射率 1.5320～1.5345，闪点>91℃。

3. 香气特征

有强烈的山楂花和金合欢香气，且香气较苯乙酮更为柔和，并伴有似大茴香醛的茴青和黑香豆、香豆素样的豆香香气，极度稀释后有似草莓样的果香。香气气势尖锐，持久性中等。

4. 应用建议

可用于含羞花、山楂花、金合欢、迎春花、葵花、风信子、紫丁香、百合、木香、苔香等香型香精中。在肉桂中使用有特殊效果，与香豆素、大茴香醛、洋茉莉醛共用能用于皂用薰衣草、馥奇、素心兰等香精中。一般主要用于皂用及洗涤香精中，用量可在 2%以内。IFRA 没有限制规定。

十一、果香

(一)柑青醛(Myrac aldehyde)

1. 化学结构式

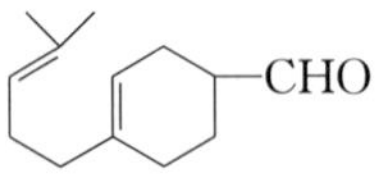

CAS:37677-14-8。

2. 理化性质

相对密度 0.9280～0.9330，沸点 120℃，熔点 −87.8℃，折射率 1.4890～1.4920，闪点 933℃。

3. 香气特征

新鲜的柑橘果皮香气，低浓度时有花香，并兼有类似兔耳草醛的醛香，并有田野的清新气息，香气较女贞醛柔和。

4. 应用建议

广泛用于香皂、洗涤剂和化妆品加香中，可作为花香、果香、青香型香精的头香，在紫罗兰、铃兰、紫丁香和松针等香型香精中有很好的增鲜作用。

(二)苯甲醛(Benzaldehyde)

1. 化学结构式

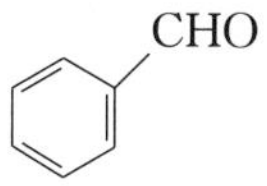

FEMA 编号为 2127，CAS:100-52-7。

2. 理化性质

相对密度 1.041～1.046，沸点 178.0～179.0℃，熔点 −26℃，折射率 1.5440～1.5465，闪点 62.78℃。

3. 香气特征

清甜的苦杏仁果香气，低浓度时有梅花样香气，香气强度较人但持续时间短。

4. 应用建议

可用于日化香精头香剂，微量应用于花香型及非花香型香精中，如白兰、茉莉花、紫罗兰、金合欢、梅花、橙花、紫丁香、馥奇香型等。

(三)柠檬醛(Citral)

1. 化学结构式

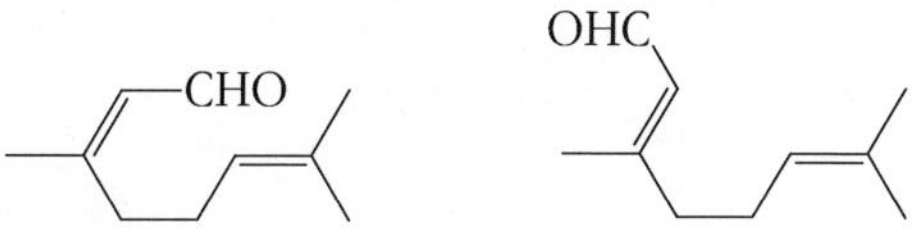

(1)顺式(橙花醛)　　(2)反式(香叶醛)

FEMA 编号为 2303，CAS:5392-40-5。

2. 理化性质

相对密度 0.8800～0.8910，沸点 228～229℃，熔点＜−10℃，折射率 1.4860～1.4900，闪点＞93℃。

3. 香气特征

具有强烈尖锐的柑橘、柠檬果香，甜香，也有类似生姜的辛香，不同来源的柠檬醛等级区别较大，香气也略有差异。

4. 应用建议

该原料用途十分广泛，可用于调配柠檬、橙花、玉兰、玫瑰、紫罗兰、丁香、薰衣草和古龙型等香精，能够很好地提升香精头香的新鲜感，同时也是防臭木香型香精、人工配制柠檬精油、香柠檬精油和橙叶精油的重要原料，其用量在10%以内。IFRA建议其在使用时应搭配防过敏香料，如25%的右旋柠烯、α-蒎烯及柑橘类混合萜烯等。

(四)香柠檬醛(Bergamot aldehyde)

1. 化学结构式

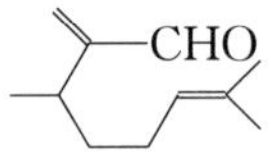

CAS：22418-66-2。

2. 理化性质

相对密度0.8650～0.8740，沸点244.31℃，熔点<－10℃，折射率1.4600～1.4680，闪点83℃。

3. 香气特征

具有强烈的橙叶油和香柠檬气息，并带有柑橘果香香韵。

4. 应用建议

较适合用于柑橘香型香精，用于比柠檬醛更稳定的香精中，也可用于其他香型香精中，添加量在10%以内。

十二、酒香

(一)庚酸乙酯(Ethyl heptanoate)

1. 化学结构式

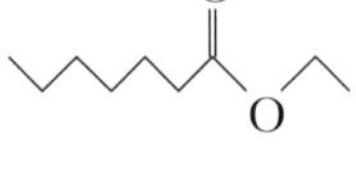

FEMA编号为2437，CAS：106-30-9。

2. 理化性质

密度0.8650～0.8690g/mL，沸点188℃，熔点－66℃，折射率1.4110～1.4150，闪点>70℃。

3. 香气特征

无色至浅黄色液体。强烈的苹果、菠萝样的果香香气和白兰地似的酒香，扩散力较强，留香不持久。

4. 应用建议

主要用于食用香精中，在日用香精中可作为头香香料，用于古龙型、柑橘型、柠檬型等香精中。

(二)壬酸乙酯(Ethyl nonanoate)

1. 化学结构式

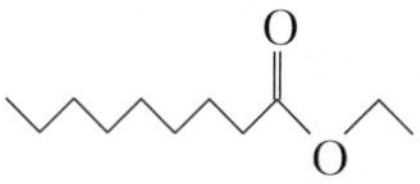

FEMA 编号为 2447，CAS：123-29-5。

2. 理化性质

密度 0.8700～0.8730g/mL，沸点 119℃，熔点－36.7℃，折射率 1.4210～1.4230，闪点 94℃。

3. 香气特征

无色液体。有玫瑰香气，并伴有果香和酒香香韵。

4. 应用建议

可作为头香香料应用于香精中，能赋予香精以天然花果香气，在玫瑰和柑橘香型香精中能增强头香香气，并赋予香精以清鲜感。

第四章

日用香精制备技术

日用香精的制备主要以调配为主，而香精的调配须建立在一定的辨香能力的基础上。调香师应通过熟知香原料(天然和合成)，再经历一定时间的仿香锻炼实践后，再进入创香的配方调配阶段。仿香和创香都是香精调配的工作范畴，都要结合应用试验来进行。香精调配有一定的要求和方法，这也是调香技术的具体表现。创造一款好的香精，首先要了解其香韵、香型及香气分路，全面了解该香精所使用的天然和合成香料，熟悉它们的特征香气并加以记忆。同时根据嗅辨实践所积累的感性知识和经验，明确仿配和创拟香精的香韵和香型，来选择原料进行调配，并了解如何使用它们、圆和它们的香气(与此同时了解高级原料和低级原料之间的香气区别)，最终完成具有崭新创意和具有吸引力的香精。

日用香精的调配，按其香气类别，总的可分为"花香型"和"非花香型"两大类(以非花香韵为主的花香和非花香混合型归入的非花香型)；按其香韵香气，可划分为"单一香韵"和"复合香韵"。单一香韵配方的香精基本上是仿制某一种天然香料的香精配方(如"调配精油")。复合香韵是指具有两种或两种以上不同香韵的香精配方，即可以是两种或两种以上的花香(如玫瑰-茉莉或铃兰-玫瑰-茉莉等)或非花香(如药草香-木香-龙涎香或醛香-木香-麝香等)，或既有花香又有非花香(如栀子-紫罗兰-果香-麝香或薰衣草-香柠檬-树苔-膏香-龙涎香等)的香精配方。

第一节　花香型香精

单一香韵的花香型香精的调配是日用香精调配技艺的基础与关键。花香型香精大多数是以自然界天然花香作为模仿对象的，正如国外调香师所说："如果没有大自然作为模仿对象，香精将不复存在。"香精香气必须符合某香花名称的香气特征。单一香韵的花香型香精既可以单独应用，也可以作为复合香韵香精的组成部分。

花香是香精体香香气的重要组成部分，又每每贯穿在香精的头香、体香和基香的各个部分。因此花香历来又被调香师称为日用香精的中枢，自然界中有许许多多花香，但作为日用香精的模仿花香主要有玫瑰、茉莉、铃兰、白兰、紫罗兰、丁香、水仙、橙花、桂花、香石竹、风信子、金合欢、银白金合欢、晚香玉、兔耳草、郁金香、香罗兰、依兰依兰、草兰、木兰花、树兰花、栀子花、向日花、刺槐花、腊梅花、月桂花、金银花、山梅花、山楂花、葵花、桃花、荷花、菊花、椴花、薰衣草、含羞草、三叶草等数十种。它们主要用于化妆品、香水、花露水、空气清新剂、香皂、香波、洗涤剂、清洁剂等日用产品中。

一、玫瑰香精

玫瑰香气甜，花美丽，味迷人，自古即有花后之称，是美国、法国、保加利亚、罗马尼亚等国的国花，也是我国沈阳、乌鲁木齐、兰州、银川、拉萨等市的市花。目前全世界的玫瑰品种已达7000种，香料工业中使用的以保加利亚卡赞拉科山谷和土耳其伊斯帕尔塔山谷种植的大马士革玫瑰品种最佳，我国山东平阴、甘肃苦水、北京妙峰山的玫瑰也很有名。

在日用香精的花香韵中，玫瑰的甜韵香气是最主要最常用的花香。国外调香术中"Rose"是玫瑰、月季、蔷薇的统称。玫瑰品种繁多，或以香胜，或以色美，或以形称。但作为香料来说，其香气独特且使用得并不多。香精配方中多模仿红玫瑰、紫红玫瑰、粉红玫瑰、黄玫瑰、白玫瑰等品种的香气。常用于调香应用的品种一般有以下六个品种，分别如下所述。

(1)红玫瑰(浓甜或盛甜) 被认为是最好最正宗的玫瑰香气。主要成分有玫瑰醇(从香叶精油中提取)、苯乙醇、α-紫罗兰酮、橙花醇等。

(2)突厥玫瑰(纯甜) 主要成分有玫瑰醇、苯乙醇、香叶醇(从玫瑰草精油中提取)、桂醇以及某些天然精油及其酯类。

(3)百叶玫瑰(清甜) 又称五月玫瑰、粉红玫瑰，主要成分有香茅醇、香叶醇、苯乙醇、玫瑰醇，还有少量壬醛、柠檬醛等。

(4)茶玫瑰(干甜，带有木香、茶香) 主要成分有香茅醇、香叶醇、苯乙醇、愈创木酚(提调香气)、薄荷酮、晚香玉净油等。

(5)黄玫瑰(干甜，带有木香、辛香) 主要成分有香叶醇(从玫瑰草精油中提取)、香茅醇、香叶醇(合成)、异丁香酚、安息香、檀香精油等。

(6)白玫瑰(老甜) 主要成分有玫瑰醇、苄醇、芳樟醇(带有轻微酸韵)，用少最香柠檬和乙酸苯乙酯修饰。

在所有的玫瑰配方中，保加利亚油对香气的影响相当大，但由于价格高昂，大量使用保加利亚精油的可能性不大，必须通过合理调配得到玫瑰香精。表 4-1 给出一个简单的例子以说明上述情况。

表 4-1 玫瑰香基 单位：g

原料	用量	原料	用量
香叶醇(玫瑰草精油中提取)	15.0	左旋香茅醇	30.0
香叶醇(格拉斯)	5.0	橙花醇	0.7
苯乙醇	25.0	金合欢醇	0.3
芳樟醇(巴西玫瑰木精油中提取)	12.0	合计	100.0
玫瑰醇(非洲香叶精油中提取)	12.0		

将以上香基按不同比例添加到玫瑰香精中，结果如表 4-2 所示。

表 4-2 不同香基比例的玫瑰香精 单位：%

原料	玫瑰 1 号	玫瑰 2 号	玫瑰 3 号
保加利亚玫瑰精油	75	50	25
玫瑰香基	25	46	72
保加利亚玫瑰精油	0	4	3
合计	100	100	100

上述三个玫瑰香精配方，其香气均接近保加利亚玫瑰精油香气，但成分、比例不同，说明通过配方设计可以得到价格合适的配方。

(一)玫瑰精油成分

玫瑰精油成分的分析资料较多。有产自保加利亚、摩洛哥、土耳其、法国、埃及和中国的玫瑰精油成分，包括水蒸气蒸馏玫瑰花油，用溶剂提取的玫瑰花浸膏和用乙醇处理后制得的净油成分。至今，玫瑰精油成分已分析鉴定出360余种，成分如下：

(1)烃类　α-蒎烯、β-蒎烯、月桂烯、苧烯、p-伞花烃、罗勒烯、γ-松油烯、桧烯、莰烯、δ-3-蒈烯、异松油烯、α-愈创木烯、α-小茴香烯、γ-杜松烯、β-榄香烯、α-葎草烯、雪松烯、香柠檬烯、长叶烯、β-波旁烯、α-依兰烯、B-石竹烯、α-金合欢烯、香树烯、γ-广藿香烯、大根香叶烯、p-乙基苯乙烯、α-p-二甲基苯乙烯、十一碳三烯、十三碳烯、1-十五碳烯、1-十六碳烯、1-十七碳烯、十七碳二烯、1-十八碳烯、1-十九碳烯、十九碳二烯、1-二十碳烯、二十碳二烯、1-二十一碳烯、二十三碳烯、4，11，11-三甲基-8-亚甲基双环十一碳-4-烯、壬烷、癸烷、十一烷、十二烷、十三烷、十四碳烷、十五烷、2，5-二甲基十三烷、十六烷、十七烷、十八烷、十九烷、二十烷、二十一烷、10-甲基二十烷、二十二烷、二十三烷、2-乙烯基-6-甲基-1，5-二烯。

(2)醛类　乙醛、戊醛、己醛、己烯醛、庚醛、辛醛、壬醛、癸醛、十一醛、十二醛、十三醛、十四碳醛、十五醛、十六碳醛、十七醛、十八碳醛、十九碳醛、二十碳醛、二十一醛、二十二醛、二十三醛、二十四醛、二十五醛、二十六醛、二十七醛、二十八醛、二十九醛、三十二醛、2-甲基丁醛、3-甲基丁醛、橙花醛、香叶醛、香茅醛、p-孟-1-烯-9-醛、金合欢醛、苯甲醛、苯乙醛、枯茗醛、桂醛。

(3)缩醛类　乙醛二乙缩醛、戊醛二乙缩醛、己醛二乙缩醛、庚醛二乙缩醛、辛醛二乙缩醛、癸醛二乙缩醛、十一醛二乙缩醛、十二醛二乙缩醛、十三醛二乙缩醛、香茅醛二乙缩醛。

(4)酮类　丙酮、庚烯酮、2-十一酮、2-十三酮、2-十五酮、香芹酮、二氢香芹酮、薄荷酮、异薄荷酮、环庚酮、α-紫罗兰酮、β-紫罗兰酮、反-香叶基丙酮、6-甲基-5-庚烯-2-酮、β-突厥烯酮、诺卡酮、4-甲基-3-戊烯-2-酮、3，4-环氧-4-甲基戊-2-酮、2，3，5-三甲基-6(3-甲基-2-丁烯基)-2，5-环己二烯-1，4-二酮、4，4α，5，6，7，8-六氢-4，4α-二甲基-6-(1-甲基乙烯基)-2-(3H)-萘酮、1，4-二甲基-7-乙炔基六氢萘酮、β-突厥酮、3-羟基-α-突厥烯酮。

(5)酚类　丁香酚、甲基丁香酚、乙基丁香酚。

(6)醇类　甲醇、乙醇、2-甲基丁醇、3-甲基丁醇、丁醇、3-甲基-2-丁烯醇、戊醇、戊烯醇、4-甲基戊醇、己醇、顺-3-己烯醇、庚醇、辛醇、癸醇、2-十一醇、2-十三醇、苯甲醇、苯乙醇、杜松醇、桉叶醇、龙脑、异龙脑、松油醇、反-茴香脑、松油烯-4-醇、芳樟醇、香叶醇、香茅醇、橙花醇、橙花叔醇、榄香醇、金合欢醇、八氢-3，6，8，8-四甲基-1H-3α，7-亚甲基薁-6-醇、C_{14}～C_{30}饱和脂肪醇。

(7)酯类　甲酸苄酯、甲酸苯乙酯、甲酸香茅酯、甲酸肉桂酯、乙酸乙酯、乙酸苄酯、乙酸苯乙酯、乙酸十四烯醇酯、乙酸肉豆蔻酯、乙酸十六酯、乙酸薄荷酯、乙酸香芹孟酯、乙酸二氢-α-松油酯、乙酸芳樟酯、乙酸香叶酯、乙酸香茅酯、乙酸橙花酯、乙酸薰衣草酯、丙酸苄酯、丙酸香叶酯、丙酸香茅酯、丙酸苯乙酯、丁酸香茅酯、异丁酸苯乙酯、2-甲基丁酸己酯、2-甲基丁酸苄酯、2-甲基丁酸苯乙酯、戊酸苄酯、戊酸苯-乙酯、异戊酸己酯、异戊酸苄酯、异戊酸苯乙酯、惕各酸苄酯、惕各酸苯乙酯、己酸苯乙酯、己酸香叶酯、己酸香茅酯、庚酸香茅酯、辛酸甲酯、辛酸乙酯、辛酸肉豆蔻酯、辛酸十六酯、辛酸香叶酯、辛酸香茅酯、辛酸橙花酯、壬酸甲酯、壬酸乙酯、辛酸苯乙酯、壬酸香茅酯、壬酸肉豆蔻酯、壬酸十六酯、癸酸乙酯、癸酸十六酯、癸酸苯乙酯、癸酸香叶酯、癸酸香茅酯、十二酸乙酯、十二酸苯乙酯、十二酸香叶酯、十二酸橙花酯、十二酸香茅酯、十三酸甲酯、十三酸乙酯、十四酸甲酯、十四酸乙酯、十四酸异丙酯、十四酸香茅酯、十四酸香叶酯、十四酸苯乙酯、十五酸甲酯、十五酸乙酯、十六酸甲酯、十六酸乙酯、十六酸异丙酯、十六酸苯乙酯、十六酸香叶酯、十六酸香茅酯、亚油酸乙酯、十八酸乙酯、十八酸苯乙酯、十八酸香叶酯、十八酸香茅酯、苯甲酸乙酯、苯甲酸苄酯、苯甲酸苯乙酯、苯甲酸辛酯、苯甲酸香茅酯、水杨酸甲酯、水杨酸乙酯、水杨酸香叶酯、苯乙酸苯乙酯、邻苯二甲酸二丁酯、反-香叶酸甲酯、顺-香叶酸甲酯、香叶酸乙酯、香叶酸苯乙酯、香茅酸甲酯、橙花酸乙酯、橙花酸香茅酯。

(8)醚类 甲基苄醚、乙基橙花醚、乙基香叶醚、辛基苯醚、壬基苯醚、芳樟基香叶醚、二香叶基醚、顺-玫瑰醚、反-玫瑰醚、橙花醚、香叶醚、金合欢醚。

(9)其他含氧化合物 氧化芳樟醇、氧化石竹烯、环氧蒎烯、环氧萜品油烯、1,4-桉叶素、1,8-桉叶素。

(10)氧杂环化合物 三甲基乙烯基四氢吡喃、2-(3-甲基-2-丁烯基)-3-甲基呋喃、2-(3-甲基-2-丁烯基)-3-甲基四氢呋喃、3-(4-甲基-3-戊烯基)-2-丁烯-4-羟酸内酯、3-甲基-4-(3-甲基-2-丁烯基)-2-丁烯-4-羟酸内酯。

(11)含硫化合物 二甲基硫醚、二甲基二硫、二甲基三硫、二丙基硫醚、丁基甲基硫醚、己基甲基硫醚、β-薄荷硫醚,1,2-环硫葎草烯、4,5-环硫葎草烯、4,5-环硫石竹烯、4-(4-甲基-3-戊烯基)-1,2 二噻环己-4-烯、二苯并噻吩、1-甲基二苯并噻吩、(或 2-,或 3-,或 4-甲基二苯并噻吩)、3-甲基-2-(3-甲基-2-丁烯基)噻吩、3-(4,8-二甲基-3,7-壬二烯基)噻吩、3-(4-甲基-3-戊烯基)噻吩。这些含硫化合物在保加利亚、摩洛哥和土耳其产的玫瑰油中均被发现,虽含量极少,但对玫瑰精油的头香有重要作用。

表 4-3 至表 4-8 所示为不同产地或不同品种玫瑰精油分析鉴定出的主要成分及其含量。

表 4-3 保加利亚玫瑰精油成分 单位:%

成分名称	含量	成分名称	含量
乙醇	1.43	反-玫瑰醚	0.17
戊醛	0.07	壬醇	0.09
3-己烯醛	0.26	苯乙醇+癸醛+松油烯-4-醇	1.45
α-蒎烯	0.73	香茅醇	33.40
莰烯+庚醛	0.14	橙花醇	5.9
β-蒎烯	0.03	香叶醇+橙花醛	18.47
月桂烯+己醇	0.50	香叶醛+香芹酮	0.72

续表

成分名称	含量	成分名称	含量
庚醇	0.02	乙酸香茅酯	0.53
乙酸己酯	0.01	乙酸橙花酯	0.06
甲基庚烯酮	0.04	桂醛	0.21
辛醛	0.05	乙酸香叶酯	1.60
苯甲醛	0.10	丁香酚+反-β-突厥烯酮	1.20
辛醇	0.07	甲基丁香酚+C_{16}烷	2.37
芳樟醇	2.18	反,反-金合欢醇	0.87
顺-玫瑰醚+壬醛	0.43		

表 4-4　　土耳其玫瑰精油成分　　单位:%

成分名称	含量	成分名称	含量
乙醇	5.14	反-玫瑰醚	0.18
戊醛	0.05	壬醇	0.07
3-己烯醛	0.16	苯乙醇+癸醛+松油烯-4-醇	1.88
α-蒎烯	0.50	香茅醇	45.04
莰烯+庚醛	0.07	橙花醇	3.6
β-蒎烯	0.02	香叶醇+橙花醛	11.87
月桂烯+己醇	0.30	香叶醛+香芹酮	0.57
庚醇	0.01	乙酸香茅酯	0.72
乙酸己酯	0.01	乙酸橙花酯	0.04
甲基庚烯酮	0.02	桂醛	0.30
辛醛	0.02	乙酸香叶酯	1.23
苯甲醛	0.03	丁香酚+反-β-突厥烯酮	1.19
辛醇	0.01	甲基丁香酚+C_{16}烷	3.26
芳樟醇	0.54	反,反-金合欢醇	0.36
顺-玫瑰醚+壬醛	0.38		

表 4-5　　突厥玫瑰精油成分　　单位：%

成分名称	含量	成分名称	含量
十一烷	0.001	二十五烷	0.12
十二烷	0.005	二十六烷	0.02
十三烷	0.006	月桂烯	0.09
十四烷	0.006	顺-罗勒烯	0.01
十五烷	0.30	薄荷脑	0.008
十六烷	0.05	反-橙花叔醇	0.19
十七烷	1.63	顺,反-金合欢醇	0.15
十八烷	0.15	反,反-金合欢醇	1.00
十九烷	9.10	苯甲醇	0.01
二十烷	0.70	苯乙醇	1.19
二十一烷	3.00	1,1,3-三甲基苯甲醇	0.10
二十二烷	0.07	反-3-己烯醇	0.005
二十三烷	0.50	甲基庚烯醇	0.02
二十四烷	0.03	2-丁醇	0.0002
乙醛	0.04	薄荷酮	0.009
戊醛	0.02	异薄荷酮	0.004
己醛	0.006	甲基庚烯酮	0.03
庚醛	0.03	反-香叶基丙酮	0.10
壬醛	0.03	反-突厥烯酮	0.10
癸醛	0.005	苄基甲醚	0.01
十一醛	0.01	甲基丁香酚	2.30
反-罗勒烯	0.04	反-茴香脑	0.008
α-松油烯	0.004	乙醛二乙缩醛	0.005
γ-松油烯	0.02	顺一玫瑰醚	0.38
萜品油烯	0.02	顺-9-十九烯	3.10
苧烯	0.04	二十烯	0.01
α-蒎烯	0.23	甲醇	0.08
β-蒎烯	0.04	乙醇	1.61
反-倍半月桂烯	0.01	戊醇	0.02
α-葎草烯	0.24	己醇	0.19
β-石竹烯	0.49	庚醇	0.02
姜烯	0.008	辛醇	0.01

续表

成分名称	含量	成分名称	含量
依兰烯	0.01	丁醇	0.003
愈疮木烯	0.16	2-甲基丁醇	0.05
γ-杜松烯	0.10	3-甲基丁醇	0.05
α-p-二甲基苯乙烯	0.02	3-甲基-2-丁烯醇	0.006
p-伞花烃	0.01	戊烯醇	0.002
顺-8-十七烯	0.14	芳樟醇	2.70
7-十七烯	0.02	香叶醇	15.7
十八烯	0.05	橙花醇	8.70
2-甲基丁醛	0.004	香茅醇	32.00
3-甲基丁醛	0.004	松油烯-4-醇	0.34
橙花醛	0.01	α-松油醇	0.68
香叶醛	0.03	反-玫瑰醚	0.17
p-孟-1-烯-9-醛	0.008	氧化橙花醇	0.09
苯甲醛	0.02	1,8-桉叶素	0.03
丙酮	0.003	2-(3-甲基-2-丁烯基)-3-甲基呋喃	0.01
2-十一酮	0.03	乙酸橙花酯	0.07
2-十三酮	0.02	乙酸香叶酯	0.68
2-十五酮	0.03	苯甲酸苄酯	0.05
乙酸香茅酯	0.53	苯甲酸苯乙酯	0.05
乙酸苯乙酯	0.05	邻苯二甲酸二丁酯	0.20
乙酸薄荷酯	0.01	异丁酸苯乙酯	0.10
己酸香茅酯	0.005	反-芳樟醚	0.04
己酸苯乙酯	0.003	庚酸	0.002
月桂酸乙酯	0.03	辛酸	0.004
2-甲基丁酸苯乙酯	0.04	壬酸	0.006
惕各酸苄酯	0.20	癸酸	0.002
反-香叶酸苯乙酯	0.01	香茅酸	0.01
戊酸	0.0007	顺-香叶酸	0.004
己酸	0.0006	反-香叶酸	0.18
反-香叶酸甲酯	0.08	丁香酚	0.55
顺-香叶酸甲酯	0.007	水杨酸甲酯	0.01
苯甲酸乙酯	0.02		

表 4-6　中国产墨红精油成分　单位:%

成分名称	含量	成分名称	含量
β-荜澄茄烯	4.4(占烃类%)	乙酸橙花酯	0.13
十七烷	4.3(占烃类%)	榄香醇	3.33
十七烯	80(占烃类%)	乙酸香叶酯	1.25
玫瑰醚	0.79	丁香酚	10.37
香叶醇	14.91	香茅醇	13.17
芳樟醇	0.61	α-桉叶醇	1.82
苯甲醇	微量	β-桉叶醇	4.39
乙酸香茅酯	1.12	乙酸苯乙酯	2.33
甲基苄基原醇	2.12	香叶酸	5.79
橙花醛	0.42	乙酸玫瑰酯	1.26
甲基丁香酚	10.29	乙酸苄酯	1.13

表 4-7　白玫瑰精油成分　单位:%

成分名称	含量	成分名称	含量
戊醛	0.05～0.08	香叶醛＋乙酸苄酯＋丙酸苄酯	0.54～0.58
月桂烯	0～0.02	乙酸香叶酯＋香茅醇	8.89～9.33
庚醛	0.05～0.09	异丁酸香叶酯＋乙酸苯乙酯	0.03～0.11
苧烯	0.01～0.02	香叶醇	32.01～34.33
甲基庚烯酮	0.01	苯甲醇	0.05～0.10
顺-玫瑰醚	0.04	苯乙醇	6.79～7.65
反-玫瑰醚	0.02～0.03	β-紫罗兰酮	0.07～0.27
壬醛	0.05～0.08	甲基丁香酚	0.95～1.04
癸醛	0.02～0.04	反-橙花叔醇	0.13～0.44
芳樟醇	0.77～1.05	二十一烷	5.70～6.63
乙酸香茅酯	0.7	丁香酚	0.22～0.27
橙花醛	0.30～0.36		

表 4-8　绉叶玫瑰净油成分　单位:%

成分名称	含量	成分名称	含量
苯乙醇	86.3	乙酸苯乙酯	0.3
芳樟醇	2.9	苯乙酸苯乙酯	微量

续表

成分名称	含量	成分名称	含量
香茅醇	2.5	甲酸苄酯	0.1
香叶醇	1.5	丁香酚	0.5
橙花醇	1.0	甲基丁香酚	0.3
苯甲醇	1.1	玫瑰醚	0.2
乙酸香叶酯	0.3	*p*-孟-1-烯	0.1
乙酸橙花酯	0.1	庚醇	微量
乙酸香茅酯	0.2	壬醇	微量
苯甲醛	微量	γ-壬内酯	微量

(二)配制玫瑰香精原料

玫瑰的品种较多,虽均属甜韵,但其香气间有差别,它们主香香料中有许多是共同的,但含量多少有异;也有些是不同的。此外,有些香料在不同玫瑰香精中所起的作用也可能不同;在某些场合下,它可以作为体香或体香的和合剂,但在另一种情况下,又可作为修饰剂,因此在排列某些香料在香精中的组分作用时,往往不宜绝对化。现将玫瑰香精(单花)常用的香料(其质量规格除另有注明者外,均为最优香料等级),按其在香精结构中的组分作用排列如下所述。

1. 主香香料

(包括头香、体香、基香以及尚未在自然界中发现的,但可表现主香的品种,下同)

玫瑰醇、苯乙醇、香茅醇、香叶醇、四氢香叶醇、橙花醇、壬醛、玫瑰醇、香茅醇及香叶醇的甲酸与乙酸的酯类、玫瑰醚、突厥烯酮、突厥酮、除萜香叶精油、山获精油、康乃克油、墨红浸膏及净油等。

2. 和合剂

芳樟醇、金合欢醇、桂醇、二氢月桂烯醇、苯丙醇、苯乙酸、丁香酚、异丁香酚、柠檬醛、乙位环高柠檬醛、甲基紫罗兰酮、甲位紫罗兰酮、羟基香茅醛、丁香酚甲醚、乙酸苯乙酯、丙酸苯乙酯、丙酸香叶酯、苯乙酸香叶酯、乙酸橙花酯、丙酸玫瑰酯、甲酸桂酯、玫瑰木精油、玫瑰草精油、愈创木精油、丁香罗勒精油等。

3. 修饰剂

苯乙醛、苯乙二甲缩醛、辛醛、癸醛、十一醛、10-十一烯醛、新铃兰醛、铃兰醛、十二醛、松油醇、辛醇、壬醇、癸醇、十一醇、十一烯醇、十二醇、柏木醇、二甲基苯乙基原醇及其乙酸酯、二甲基苄基原醇及其乙酸酯、橙花叔醇、鸢尾酮、异甲基紫罗兰酮、5-苯基-5-甲基己酮-3、橙花酮、香茅醇、香叶醇与玫瑰醇的丁酸酯类、苯甲酸异丁酯、苯乙酸异丁酯、苯乙酸乙酯、苯乙酸苯乙酯、丁酸苯乙酯、戊酸苯乙酯、水杨酸苯乙酯、甲酸柏木酯、乙酸柏木酯、苯乙酸柏木酯、乙酸檀香酯、苯乙酸檀香酯、桂酸苯乙酯、水杨酸异丁酯、乙酸苯丙酯、乙酸辛酯、乙酸壬酯、乙酸癸酯、乙酸苄酯、丁酸苄酯、庚酸乙酯、壬酸乙酯、乙酸甲基苯基原酯、乙酸岩兰草酯、乙酸愈创木酯、乙酸对叔丁基环己酯、乙酰基丁香酚、乙酰基异丁香酚、异丁香酚甲醚、二丁基硫醚、麦芽酚、二苯甲烷、二苯醚、丙位壬内酯、柠檬腈、鸢尾凝脂、檀香油、岩兰草油、姜油、广藿香油等。

4. 定香剂

苯甲酸、桂酸、异丁香酚苄醚,二苯甲酮、玫瑰酯、结晶玫瑰、桂酸桂酯、十五内酯、佳乐麝香、香兰素、乙基香兰素、安息香制品、苏合香制品、吐鲁香膏制品、秘鲁香膏制品、乳香制品等。

5. 增加天然感的香料

各种玫瑰浸膏和净油、苦橙花净油、墨红浸膏和净油、金合欢浸膏和净油、含羞花(银白金合欢)浸膏和净油等。

(三)玫瑰香精香气分路

玫瑰是正宗的甜韵,是醇甜、蜜蜡甜和酿甜三种主要甜香的组合。在玫瑰香精配方选料时,要根据不同玫瑰的品质,恰当地选用这三种甜香的原料,并恰到好处地配合其他香料形成不同品种玫瑰的天然香气的香精。玫瑰香精香气分路如表 4-9 所示。

表 4-9　　玫瑰香气分路　　单位:%

香韵	比例
醇甜(主)	45～80
蜜蜡甜(主)	0.5～4
酿甜(主)	0.5～5
辛甜(辅助)	1～6
酮甜(蜜甜)(辅助)	3～10
桂甜(辅助)	0.5～6
果甜(辅助)	4～15
玫瑰木青	4～12
果青气	0.5～5
特殊香气	少量

(四)玫瑰香精配方

玫瑰香精配方如表 4-10 至表 4-15 所示。

表 4-10　　玫瑰香精配方　　单位:g

原料	用量	原料	用量
玫瑰香基	39	二苯醚	0.5
玫瑰醇	11	玫瑰香基(奇华顿)	0.1

续表

原料	用量	原料	用量
香叶醇(合成)	1.6	愈疮木精油	1.45
玫瑰醇(含痕量薄荷酮)	4.5	乙酸香叶酯	0.2
苯乙醇	15	乙酸苯乙酯	0.2
香叶油(波旁)	0.5	乙酸玫瑰酯	0.9
羟基香茅醛	1.5	乙酸香茅酯	1.45
桂醇	0.75	甲酸香叶酯	0.5
δ-甲基紫罗兰酮	2.65	甲酸玫瑰酯	0.45
γ-甲基紫罗兰酮	0.35	苯乙醛(50%)	1
檀香精油	0.9	马鞭草烯醇	1.5
橙花醇	10	酮麝香	3.9
苯乙二甲缩醛	0.1	合计	100

注:玫瑰香基配方:玫瑰醇10%、苯乙醇20%、桂醇6%、香叶醇20%、香茅醇10%、芳樟醇6%、羟基香茅醛5%、乙酸芳樟酯4%、丁香酚4%、玫瑰净油(格拉斯)4%、香叶精油(非洲)10%、乙酸苯乙酯1%。

表 4-11　　红玫瑰(突厥玫瑰)香精配方　　单位:g

原料	用量	原料	用量
苯乙醇	10.0	玫瑰醇	13.0
香叶醇	20.0	香茅醇	23.0
柠檬醛	0.5	四氢香叶醇	2.0
丁香酚	1.0	水杨酸苄酯	5.0
壬醛	0.1	10%叶醇	2.0
乙酸香叶酯	1.0	甲基紫罗兰酮	2.0
香叶精油	1.0	姜油	2.0
突厥烯酮	0.1	十一醛	0.1
邻苯二甲酸二乙酯	5.0	橙花醇	5.0
玫瑰醚	0.5	丁香酚甲醚	2.0
芳樟醇	1.0	桂酸桂酯	2.0
异丁香酚	1.0	结晶玫瑰	1.0

表 4-12　　白玫瑰香精配方　　单位:g

原料	用量	原料	用量
香叶型玫瑰醇	18.0	广藿香油	1.0

续表

原料	用量	原料	用量
香叶油	2.0	柠檬醛	1.0
乙酸苯乙酯	2.0	壬醛	0.1
芳樟醇	1.0	楠叶精油	0.3
苯乙醛	2.5	乙酸苄酯	1.4
紫罗兰酮	2.0	香叶醇	8.0
苯乙醇	13.0	丁香酚	5.0
香茅醇	24.0	姜油	0.2
丙酸苯乙酯	5.0	香兰素	0.2
桂醇	3.0	小花茉莉浸膏	0.6
羟基香茅醛	2.0	邻苯二甲酸二乙酯	7.0
γ-十一内酯	0.2	玫瑰精油(紫红或红)	5.0

表 4-13　**墨红香精配方**　单位:g

原料	用量	原料	用量
香叶醇	2.0	乙酸苯乙酯	2.0
香叶型玫瑰醇	5.0	乙酸芳樟酯	1.0
乙酸香茅酯	2.0	玫瑰醚	0.5
乙酸香叶酯	1.0	壬醛	0.1
丁香酚甲醚	8.0	秘鲁香树脂	1.0
异丁香酚	2.0	乙酰基柏木烯	3.0
橙花醇	10.0	丁香酚苄醚	3.0
香茅醇	10.0	乙酸苄酯	2.0
芳樟醇	1.0	丁香精油	2.0
甲基卞基原醇	2.0	树兰叶精油	1.0
柠檬醛	0.5	乙酸愈疮木酯	1.0
丁香酚	8.0	桉叶醇	5.0
异丁香酚甲醚	1.0	水杨酸苄酯	3.0
苯乙醇	3.0	佳乐麝香	3.0

表 4-14　紫红玫瑰香精配方　单位：g

原料	用量	原料	用量
苯乙醇	15.0	柠檬醛	0.5
玫瑰醇	18.0	突厥酮	0.1
壬醛	0.5	甲基紫罗兰酮	2.0
山萩精油	4.0	鸢尾凝脂	1.0
康乃克油	1.0	岩兰草精油	0.2
香叶醇	20.0	玫瑰醚	0.2
香茅醇	18.0	玫瑰精油	0.5
橙花醇	10.0	结晶玫瑰	1.0
芳樟醇	4.0	佳乐麝香	2.0
丁香酚	0.8	合计	100

表 4-15　香水玫瑰香精配方　单位：g

原料	用量	原料	用量
香茅醇	25.0	香叶醇	5.0
橙花醇	5.0	苯乙醇	10.0
芳樟醇	3.0	乙酸芳樟酯	5.0
甲基紫罗兰酮	3.0	*p*-甲基茴香醚	2.0
乙酸丁酯	0.1	乙酸戊酯	0.1
叶醇	0.05	乙酸叶醇酯	0.15
乙酸己酯	0.2	乙酸苯乙酯	2.0
柠檬醛	0.5	乙酸香茅酯	0.5
乙酸香叶酯	1.0	玫瑰醇	20.0
癸醛	0.05	*β*-石竹烯	2.0
乙酸柏木酯	2.0	苯甲酸苄酯	3.0
山萩油	0.5	佳乐麝香	3.0

二、茉莉香精

茉莉和玫瑰是日用香精中最重要的花香香韵。茉莉花香属鲜韵而带清甜，花香中有清有浊谓之鲜。茉莉的清甜多出自乙酸苄酯、芳樟醇、己烯-3-醇及其乙酸酯、茉莉酮、二氢茉莉酮、茉莉酮酸甲酯、茉莉酮酸内酯等；其鲜浊多出自吲哚、对甲酚、邻氨基苯甲酸甲酯等。茉莉精油已经得到广泛的分析研究，现在要得到香气圆和的人造茉莉香精是较容易的事。为了使人造茉莉香精的化学气得到圆和，可加入茉莉净油。在香料调配中有这样一个基本原则：用天然原料能圆和合成香料的化学气。

(一)茉莉精油成分

茉莉精油成分如表 4-16、表 4-17 所示。

表 4-16　　埃及大花茉莉精油成分　　单位：%

成分名称	含量	成分名称	含量
叶醇	0.10	十六酸甲酯	1.55
苯甲醇	0.80	异植醇	8.15
p-甲酚	0.95	乙酸植酯	7.33
苯甲酸甲酯	0.15	亚油酸甲酯	3.26
芳樟醇	4.58	油酸甲酯	1.20
乙酸苄酯	25.80	植醇	12.52
吲哚	3.70	十八酸甲酯	1.64
丁香酚	2.60	邻氨基苯甲酸甲酯	1.93
顺-茉莉酮	2.36	苯甲醛	<0.10
癸-7-烯-5-内酯	1.31	乙酸叶酯	<0.10
金合欢烯	1.96	苯乙醇	<0.10
十二碳-9-烯-5-内酯	0.32	丁酸叶酯	<0.10
苯甲酸叶醇酯	1.28	异丁香酚	<0.10
乙酰基邻氨基苯甲酸甲酯	0.69	乙酸-*p*-甲酚酯	<0.10
茉莉酮酸甲酯	3.88	乙酸苯乙酯	<0.10
水杨酸甲酯	0.76	反-橙花叔醇	<0.10
苯甲酸苄酯	11.48	苯甲酸己酯	<0.10
植酮	0.63		

表 4-17　　埃及小花茉莉精油成分　　单位：%

成分名称	含量	成分名称	含量
乙酸叶醇酯	0.14	丁香酚	<0.10
乙酸芳樟酯	微量	邻氨基苯甲酸甲酯	4.9
芳樟醇	7.4	乙酸金合欢酯	0.50
苯甲酸甲酯	0.30	异植醇	0.35
乙酸苄酯	21.20	金合欢醇	1.30
香叶醇	<0.10	乙酸植酯	1.00

续表

成分名称	含量	成分名称	含量
苯甲醇	1.05	香叶基芳樟醇	1.55
苯甲酸叶醇酯	2.50	苯甲酸苄酯	1.50
棕榈酸甲酯	0.95	植醇	0.34
乙酰基邻氨基苯甲酸甲酯	2.00	苯甲酸苯乙酯	1.26
亚麻酸甲酯	4.30	苯甲酸顺-肉桂酯	0.16
α-金合欢烯	12.40	苯甲酸反-肉桂酯	2.43
乙酸苯乙酯	2.35	水杨酸价值	微量
苯乙醇	2.15	顺-3-己烯醇	微量
苯乙腈	2.15	反-3-己烯醇	微量
顺-茉莉酮	0.45	吲哚	微量
p-甲酚	<0.10		

精油中还发现如下微量成分：

甲酸香叶酯、苯甲酸香叶酯、甲酸金合欢酯、丙酸苄酯、甲酸苄酯、丙酸苯乙酯、己醇、甲酸苯乙酯、丁酸叶醇酯、α-松油醇、乙酸戊酯、丁酸苄酯、香茅醇、乙酸己酯、异戊酸叶醇酯、橙花醇、乙酸香叶酯、异戊酸苄酯、肉桂醇、辛酸甲酯、惕各酸叶醇酯、十四酸甲酯、己酸叶醇酯、3-苯丙醇、十五酸甲酯、十九酸甲酯、甲基庚烯-2-酮、十六酸乙酯、十九烯酸甲酯、茉莉酮酸甲酯、亚油酸甲酯、花生酸甲酯、苯甲醛、十七酸甲酯、苯丙酸甲酯、苯乙醛、苯甲酸乙酯、水杨酸乙酯、苧烯、苯甲酸丙酯、水杨酸叶醇酯、β-石竹烯、苯甲酸丁酯、肉桂酸甲酯、十二烷、苯甲酸戊酯、二十烯酸甲酯、十四烷、苯甲酸己酯、二十一酸甲酯、十六烷、苯甲酸庚酯、二十一烯酸甲酯、茉莉内酯、苯甲酸辛酯、二十二酸甲酯。

(二)配制茉莉香精原料

茉莉花属于正宗鲜韵花香。清鲜飘逸，舒适宜人。世界上的茉莉花多达200多种，但在香料中使用的只有两种：小花茉莉和大花茉莉。二者差异是大花茉莉鲜浓浊香重于小花茉莉，而小花茉莉的鲜雅清香强于大花茉莉，因此在用料和用量上的选择是区别二者的关键。

小花茉莉，即中国广东、福建盛产的茉莉花。除用于制作茉莉花茶外，已大量用于制浸膏及净油中。与大花茉莉相比较，因含对甲酚、对甲酚酯、邻氨基苯甲酸甲酯、吲哚等较少，香气鲜雅偏清，清香香气愈加透发。

大花茉莉亦称为素馨花，主产于法国、意大利、埃及，中国广东也有少量种植。国外生产的茉莉花浸膏及净油大多属于大花茉莉。大花茉莉的浓鲜偏浊香气多出自对甲酚、对甲酚酯、邻氨基苯甲酸甲酯及吲哚。

配制茉莉香精原料如下：

1. 主香香料

芳樟醇、乙酸叶醇酯、乙酸桂酯、乙酸苄酯、乙酸苯乙酯、乙酸芳樟酯、乙酸对甲酚酯、邻氨基苯甲酸甲酯、茉莉酮酸甲酯、二氢茉莉酮酸甲酯、茉莉内酯、茉莉酮、二氢茉莉酮、异茉莉酮、赛茉莉酮、茉莉酯、对甲酚、吲哚、甲位金合欢烯、α-戊基桂醛、α-己基桂醛、α-戊基桂醛二甲缩醛、α-戊基桂醛曳馥基、α-己基桂醛曳馥基、白兰精油、代代叶精油、苦橙叶精油、芫荽籽精油等。

2. 和合剂

苯甲醇、苯乙醇、α-戊基桂醇、α-己基桂醇、香茅醇、香叶醇、橙花醇、玫瑰醇、α-松油醇、金合欢醇、橙花叔醇、二氢月桂烯醇、二甲基苄基原醇、二甲基苯乙基原醇、羟基香茅醛、苯丙醛、甲基紫罗兰酮、甲酸苄酯、丙酸苄酯、丙酸芳樟酯、丁酸苄酯、苯乙酸对甲酚酯、邻氨基苯甲酸甲酯、N-甲基邻氨基苯甲酸甲酯、苯乙酸对甲酚酯、橙花素、水杨酸苄酯、树兰精油、芫荽籽精油、香叶油精等。

3. 修饰剂

辛醇、壬醇、桂醇、癸醛、苯乙醛、乙醛二苯乙缩醛、铃兰醛、新铃兰醛、柑青醛、大茴香醛、洋茉莉醛、紫罗兰酮、丁香酚、对甲酚甲醚、异丁香酚甲醚、异丁香酚苄醚、乙酸二甲基苄基原酯、乙酸二甲基苯乙基原酯、大茴香醇、大茴香酸乙酯、乙酸辛酯、乙酸壬酯、苯甲酸苄酯、γ-壬内酯、γ-十一内酯、草莓醛、辛醛、壬醛、6-甲基四氢喹啉、甜橙精油、玫瑰木精油、橙叶精油(除萜)、香柠檬精油(除萜)、含羞草净油、芹菜籽精油等。

4. 定香剂

苯甲醇、桂醇、洋茉莉醛、甲基萘基甲酮、苯乙酸、β-萘甲醚、合成麝香、天然麝香、灵猫香膏、吐鲁香膏、苏合香膏、安息香膏、乳香香膏等。

5. 增加天然感的香料

小花茉莉浸膏和净油、大花茉莉浸膏和净油、代代花精油和叶精油、白兰花精油和叶精油、苦橙叶精油、依兰依兰精油、树兰精油、芫荽籽精油等。

(三)茉莉香精香气分路

茉莉香精香气分路如表 4-18 所示。

表 4-18　　茉莉香精香气分路　　单位:%

香韵	比例
茉莉酮青(主)	4～20
乙苄青(主)	15～40
玫瑰木青(主)	15～35
浊香(主)	1～8
叶青(修饰)	少量
果香(修饰)	0.5～5
梧青(和合)	1～8

续表

香韵	比例
醇甜(和合)	1～10
辛甜(辅助)	0.5～3
蜜甜(定香)	0.5～4
桂甜(辅助)	0.5～2

(四)茉莉香精配方

茉莉香精配方如表4-19至表4-24所示。

表4-19　　茉莉香基配方　　单位:g

原料	用量	原料	用量
乙酸桂酯	0.8	乙酸芳樟酯	7.5
异丁酸对甲酚酯	1.1	甲基紫罗兰酮	3.8
邻氨基苯甲酸甲酯	0.3	羟基香茅醛	3.1
苯甲醇	18	对甲基水杨酸甲酯	1.5
乙酸苄酯	18	乙酸对甲酚酯	0.7
芳樟醇	4.6	苯丙醛	2
丙酸苄酯	3.1	癸醛	0.15
松油醇	3.1	吲哚	0.45
α-戊基桂醇	14.3	吐鲁酊	15
甲基丁香酚	1.5	合计	100

表4-20　　茉莉香精配方(一)　　单位:g

原料	用量	原料	用量
乙酸苄酯	28	异茉莉酮	0.05
α-戊基桂醇	20	玫瑰木精油	6
茉莉精油(10%苯甲酸甲酯)	10	香叶醇	1.6
丙酸苄酯	4	甲基紫罗兰酮	2
异丁酸对甲酚酯	3.2	Allofloral(芬美意)	6.75
乙酸二甲基苄基原酯	1.6	依兰依兰精油	2.4
苯甲醇	9.2	10%吲哚	2.8
乙酸芳樟酯	2	合计	100
邻氨基苯甲酸甲酯	0.4		

表 4-21　茉莉香精配方(二)　单位:g

原料	用量	原料	用量
苯乙醇	22	卡南加精油	1
乙酸苄酯	45.5	异丁香酚	0.5
桂醇	3.5	水杨酸苄酯	2.5
邻氨基苯甲酸甲酯	2	水杨酸乙酯	0.2
邻苯二甲酸二乙酯	5.5	柏木醇	3
香茅醇	3.5	柏木精油	3
香叶醇	5.8	合计	100
依兰依兰精油	2		

表 4-22　茉莉香精配方(三)　单位:g

原料	用量	原料	用量
苯甲醇	19	10%吲哚	2
苯乙醇	1	乙酸芳樟酯	6
茉莉净油	2	芳樟醇	3.65
乙酸苄酯	10	10%对甲酚	0.7
10%海狸净油	3.5	10%异茉莉酮	0.65
水仙净油(夏拉波)	1	10%苦杏仁精油	0.5
α-戊基桂醇	20	合计	100
茉莉香基	30		

表 4-23　大花茉莉香精配方　单位:g

原料	用量	原料	用量
乙酸苄酯	24.0	丙酸苄酯	2.0
苄醇	3.0	乙酸芳樟酯	5.0
芳樟醇	5.0	二氢茉莉酮酸甲酯	10.0
10%二氢茉莉酮	2.0	邻氨基苯甲酸甲酯	4.0
羟基香茅醛	3.0	乙酸对甲酚酯	2.0
吲哚	0.5	茉莉酯	5.0
二氢月桂烯醇	3.0	苯乙醇	7.0
甲基紫罗兰酮	2.0	丁香酚	0.5
新铃兰醛	2.0	柑青醛	0.5

续表

原料	用量	原料	用量
代代叶精油	5.0	树兰精油	2.0
依兰依兰精油	4.0	大花茉莉净油	5.0
γ-十一内酯	0.5	香叶醇	1.0
10%叶醇	0.5	苯甲酸叶醇酯	1.0
苯甲酸苄酯	3.0	佳乐麝香	3.0

表 4-24　小花茉莉香精配方　单位:g

原料	用量	原料	用量
乙酸苄酯	21.0	芳樟醇	7.0
乙酸叶醇酯	0.1	10%乙酸丁酯	0.5
10%乙酸乙酯	0.5	苯甲酸甲酯	0.3
10%丁酸叶醇酯	0.5	水杨酸甲酯	0.5
吲哚	0.2	10%p-甲酚	0.5
邻氨基苯甲酸甲酯	4.5	丁香酚	0.5
金合欢醇	1.5	苄醇	13.0
苯甲酸叶醇酯	2.5	苯甲酸苄酯	3.0
苯甲酸苯乙酯	1.5	苯甲酸桂酯	0.5
苯乙醇	3.0	乙酸苯乙酯	2.5
50%苯乙醛	0.5	10%乙酸己酯	0.5
二氢茉莉酮酸甲酯	10.0	α-己基桂醛	3.0
顺-茉莉酮	0.5	乙酸芳樟酯	2.0
橙花醇	3.0	羟基香茅醛	5.0
10%苯甲醛	0.5	茉莉酯	3.0
植醇	5.0	苯甲酸甲酯	1.0
10%灵猫香膏	0.5	酮麝香	2.0

三、铃兰香精

铃兰属于百合科,铃兰属,总状花序,花乳白色,阔钟形下垂,形似小铃。铃兰香气与同科中百合属的百合花香气能很好地区分。铃兰花香,幽雅而清鲜,有清似茉莉的花香和甜似金合欢、鸢尾的香气,香气细腻而柔和,并具有清甜和鲜双韵的特点。

简单的铃兰香精可以由紫丁香和新鲜的玫瑰香气调配而成。在紫丁香香精中加入以清甜为主的粉红玫瑰香精，只要不使玫瑰香气突出，可通过调整玫瑰和紫丁香的用量比例较方便地得到铃兰香气。在木香中发现野百合的两种优美的特征香气，是尖刺而又新鲜的柠檬头香，和轻微的清韵底香，较难进行仿配。

铃兰香气的基本组成是羟基香茅醛、玫瑰醇、香茅醇、松油醇、芳樟醇、吲哚、铃兰醛、新铃兰醛。羟基香茅醛清甜的铃兰花香，并微带柑橘头香气息，在铃兰等花香型香精中，可使香气更加细腻。新铃兰醛具有清新、柔和、持久、浓郁的铃兰样的花香香气。为了增加铃兰的新鲜感，可以少量使用斯里兰卡香茅精油和乙酸香茅酯进行调和。

(一)铃兰净油香气成分

(1)烃类　月桂烯、罗勒烯、芋烯、α-水芹烯、β-水芹烯、α-松油烯、γ-松油烯、萜品油烯、p-伞花烃。

(2)环醚类　玫瑰醚、芳樟醚、2，2，6-三甲基-6-乙烯基四氢呋喃。

(3)醇类　戊醇、叶醇、1-辛烯-3-醇、芳樟醇、香茅醇、橙花醇、香叶醇、α-松油醇、β-松油醇、金合欢醇、苯甲醇、苯乙醇、桂醇、苯丙醇。

(4)醛类　柠檬醛、香茅醛、苯甲醛、桂醛。

(5)酯类　丙酸异戊酯、乙酸叶醇酯、丙酸叶醇酯、苯甲酸叶醇酯、乙酸芳樟酯、甲酸香叶酯、乙酸香叶酯、庚酸香叶酯、甲酸橙花酯、乙酸橙花酯、甲酸香茅酯、乙酸香茅酯、乙酸金合欢酯、甲酸苄酯、乙酸苄酯、己酸苄酯、甲酸苯乙酯、乙酸苯乙酯、甲酸肉桂酯、乙酸肉桂酯、己酸肉桂酯、乙酸苯丙酯、邻氨基苯甲酸甲酯、水杨酸甲酯。

(6)其他化合物　苄腈、吲哚、p-甲苯基甲醚、甲氧基甲酚、甲基壬基酮。

(二)配制铃兰香精原料

铃兰是鲜、清、甜三韵组合，因此选料要从这三方面综合考虑选择，羟基香茅醛是它的主要香料，芳樟醇、苯乙醇、香茅醇、二甲基苄基原醇、松油醇也是它常用的主香原料。另外可以用叶醇、乙酸叶醇酯、苯甲酸叶醇酯、庚炔羧酸甲酯、癸醛、兔耳草醛来提调头香中的清香。玫瑰醇、α-紫罗兰酮、甲基紫罗兰酮、鸢尾酮、苯丙醇、金合欢醇是常用的甜香原料。吲哚、邻氨基苯甲酸甲酯及其曳馥基是其鲜香原料。铃兰常用原料如下所述。

1. 主香剂

羟基香茅醛、叶醇、十一烯醇、十二醇、苯丙醛、苯乙醇、苯丙醇、芳樟醇、桂醇、金合欢醇、玫瑰醇、α-松油醇、二甲基苄基原醇、乙酸二甲基苄基原酯、铃兰醛、新铃兰醛、野百合醛、兔耳草醛、十一烯醛、十二醛、α-紫罗兰酮、甲基紫罗兰酮、甲酸玫瑰酯、乙酸玫瑰酯、乙酸叶醇酯、邻氨基苯甲酸甲酯、N-甲基邻氨基苯甲酸甲酯、吲哚、3-甲基吲哚等。

2. 和合剂

香叶醇、香茅醇、橙花醇、橙花叔醇、月桂烯醇、二氢月桂烯醇、辛醛、壬醛、甲基壬乙醛、癸醛、α-戊基桂醛、苯乙二甲缩醛、乙酸香叶酯、乙酸苄酯、乙酸苯乙酯、乙酸桂酯、丙酸苄酯、丁酸桂酯、桂酸甲酯、桂酸苯乙酯、桂酸芳樟酯、二氢茉莉酮酸甲酯、二氢异茉莉酮酸甲酯等。

3. 修饰剂

异丁香酚、玫瑰醚、苯甲醛、洋茉莉醛、大茴香醛、枯茗醛、香兰素、乙基香兰素、乙基芳樟醇、突厥烯酮、对甲氧基苯乙酮、二氢茉莉酮、甲酸苯乙酯、乙酸苯乙酯、丙酸苯乙酯、丁酸苯乙酯、溴代苏合香烯、柠檬精油、香柠檬精油、檀香精油、香茅精油、玫瑰精油等。

4. 定香剂

灵猫香、合成麝香、二苯甲酮、桂酸苄酯、桂酸桂酯、安息香香树脂等。

5. 增加天然感的香料

铃兰浸膏和净油、依兰依兰精油、山萩精油、代代花精油、树兰花精油、紫丁香净油、粉红玫瑰精油、小花茉莉净油。

(三)铃兰香精香气分路

铃兰香精香气分路如表 4-25 所示。

表 4-25　铃兰香精香气分路　单位:%

香韵	比例
花香(主)	5~35
茉莉酮青(主)	4~12
叶青(修饰)	0.5~4
梧青(主)	4~17
玫瑰木青(和合)	4~12
茴青(主)	0.5~6
浊青(主)	0.5~3
合欢甜(主)	2~10
桂甜(主)	0.5~7
辛甜(辅助)	0.5~2
果甜(修饰)	0.5~3
豆香(辅助)	0.5~5
醇甜(辅助)	1~10

(四)铃兰香精配方

铃兰香精配方如表 4-26 至表 4-28 所示。

表 4-26　铃兰香精配方(一)　单位:g

原料	用量	原料	用量
香茅醇	33.7	邻苯二甲酸二乙酯	4.5
玫瑰醇	11.3	α-戊基桂醛	2.25

续表

原料	用量	原料	用量
苯乙醇	24.7	10%吲哚	2.25
羟基香茅醛	14.6	合计	100
苯甲酸苄酯	6.7		

表 4-27　　**铃兰香精配方(二)**　　单位:g

原料	用量	原料	用量
羟基香茅醛	34.5	洋茉莉醛	6.9
玫瑰醇	20.7	松油醇	3.5
苯乙醇	13.8	枯茗醛	1.35
十一醇	2	配制茉莉	6.85
茉莉香基	6.9	合计	100
乙酸芳樟酯	3.5		

表 4-28　　**铃兰香精配方(三)**　　单位:g

原料	用量	原料	用量
羟基香茅醛	10.0	洋茉莉醛	1.0
铃兰醛	8.0	芳樟醇	4.0
香茅醇	10.0	二甲基苄基原醇	8.0
二氢月桂烯醇	1.0	新铃兰醛	3.0
玫瑰醚	0.1	苯乙醇	3.0
10%叶醇	0.5	除萜白兰叶油	3.0
橙花醇	3.0	氧化芳樟醇	0.2
苯丙醇	2.0	乙酸香茅酯	1.0
柠檬醛	0.5	松油醇	2.0
苄醇	5.0	桂醇	0.5
邻氨基苯甲酸甲酯	0.1	苯甲酸叶醇酯	1.0
依兰依兰油	3.0	乙酸桂酯	0.5
乙酸苄酯	3.0	*p*-甲酚甲醚	0.1
异丁香酚	1.0	大花茉莉净油	1.0
二氢茉莉酮酸甲酯	5.0	玫瑰醇	3.0
茉莉素	2.0	10%癸醛	1.0

续表

原料	用量	原料	用量
甲基紫罗兰酮	3.0	桂酸苄酯	2.0
γ-十一内酯	0.2	佳乐麝香	3.0
檀香醚	3.0	铃兰浸膏	0.2

四、紫丁香香精

丁香原生于伊朗，16世纪引种到西班牙，现在加拿大、美国、法国、中国、保加利亚等国都有资源。丁香花有白、粉、红、蓝、紫和黄色。在我国吉林长白山地区资源较多，其他地区也有少量野生或栽培在城市的路旁、公园、庭院作为观赏植物。丁香花经水蒸气蒸馏得不到芳香油，只有用丁烷等有机溶剂浸提获得丁香浸膏或进一步用酒精处理才能得到丁香净油。

丁香可分为两种：紫丁香和白丁香，二者又统称为紫丁香。紫丁香花香属鲜幽香韵，紫色花鲜幽中偏清，白色花则鲜幽中偏浊和甜，但香气是以紫丁香为好。紫丁香是鲜、甜、清的混合香气，其鲜香似茉莉，甜清似树兰，鲜甜似金合欢、玉兰和葵花，清似梅花（梅清）和山楂花（茴青）。丁香是传统的半花香和花香的重要组成。

紫丁香的鲜浊香气可以乙酸对甲酚酯、吲哚、邻氨基苯甲酸甲酮等来比拟；其甜香可用金合欢醇、洋茉莉醛、桂醇、甲位甲基或异甲基紫罗兰酮、甲位紫罗兰酮、鸢尾酮、香荚兰豆等的甜香来调配；其清香可由芳樟醇、二氢茉莉酮、苯乙酸二甲缩醛、松油醇、大茴香醛、大茴香腈、羟基香茅醛、甲位戊基桂醛、甲位己基桂醛等来比拟。

（一）紫丁香净油成分

丁香净油的主要成分是丁香醇[2-(1-羟甲基乙基)-5-甲基-5-乙烯基二氢呋喃]，含量为70%。其他没给出含量的成分：丁香醛（Lilac aldehyde）、已醇、叶醇、芳樟醇、苯甲醇、苯乙醇、桂醇、金合欢醇、2，2，6-三甲基-6-羟基环已酮、茴香醛、桂醛、苯甲醛、甲基丁香酚-*o*-苯二甲醚、*p*-苯二甲醚、苄甲醚、*p*-甲酚、乙酸龙脑酯、乙酸叶醇酯、乙酸-*p*-甲酚酯、丁香酚、异丁香酚、3，4-二甲氧基苄醇、α-松油醇、γ-松油醇、香茅醇、香叶醇、叫噪、苯乙酮、α-蒎烯、罗勒烯、乙酸苄酯、1，2，6-三甲基-4-烯丙基苯。

（二）配制紫丁香香精原料

Poucher认为优等松油醇在极度稀释情况下有紫丁香的特征香气，将玫瑰、葵花与铃兰的花香香气适当组合，并赋予松油醇的香气可以得到紫丁香的花香香气。Billot认为丁香香精的基本组成是洋茉莉醛、桂醇、松油醇、羟基香茅醛，特征香韵可用乙酸对甲酚酯、苯乙醛、大茴香醛和乙酸桂酯，为了圆和香气，使香气具有天然感，可加入玫瑰净油、玫瑰醇、茉莉净油，并加入乙酸苄酯，使香精香气更加透发，其青香香气可用苯乙醛二甲缩醛来体现，也可通过加入天然风信子香气或风信子素来衬托。配制紫丁香香精的常用原料如下：

1. 主香剂

α-松油醇、橙花醇、芳樟醇、香茅醇、玫瑰醇、苯乙醇、茴香醇、金合欢醇、月桂烯醇、二氢月桂烯醇、茴香醛、苯乙醛、羟基香茅醛、α-戊基桂醛、苯乙醛二甲缩醛、茴香醛二乙缩醛、苯乙醛二松油缩醛、二氢茉莉酮、赛茉莉酮、乙酸茴香酯、茉莉酯、茉莉酮酸甲酯、二氢茉莉酮酸甲酯、橙花素、吲哚、丁香精油、茉莉净油、小花茉莉浸膏、代代花精油、依兰依兰精油、白兰浸膏、白兰叶精油等。

2. 和合剂

苯甲醇、桂醇、α-戊基桂醇、苯丙醇、香叶醇、二甲基苄基原醇、苯甲醛、洋茉莉醛、铃兰醛、新铃兰醛、苯乙醛、α-紫罗兰酮、甲基紫罗兰酮、异甲基紫罗兰酮、丁香酚、异丁香酚、二甲基对苯二酚、α-戊基桂醛二茴香缩醛、α-戊基桂醛二苯乙缩醛、乙酸苄酯、乙酸苯乙酯、乙酸苯丙酯、乙酸对甲酚酯、乙酸香茅酯、乙酸芳樟酯、丁酸香叶酯、邻氨基苯甲酸甲酯、α-戊基桂醛曳馥基、代代花精油、代代叶精油、苦橙精油、芫荽籽精油、松针精油、鸢尾精油、树兰精油等。

3. 修饰剂

辛醇、月桂醇、叶醇、十一烯醇、苯丙醛、兔耳草醛、柠檬醛、枯茗醛、甲基壬基乙醛、柑青醛、苯乙酮、山楂花酮、对甲基苯乙酮、甲基乙基甲酮、突厥酮、对甲酚甲醚、乙酰基异丁香酚、风信子素、香兰素、香豆素、6-甲基喹啉、γ-辛内酯、桃醛、草莓醛、甲酸香茅酯、甲酸苯乙酯、乙酸辛酯、乙酸对甲酚酯、乙酸三环癸烯酯、丙酸苄酯、苯甲酸苄酯、庚炔羧酸甲酯、水杨酸异戊酯、邻氨基苯甲酸芳樟酯、罗勒精油、柠檬精油、香柠檬精油、甜橙精油、香叶精油、山萩精油、檀香精油、小豆蔻精油等。

4. 定香剂

桂酸、橙花叔醇、苯乙酸香叶酯、桂酸苯乙酯、水杨酸苄酯、水杨酸苯乙酯、异丁香酚甲醚、异丁香酚苄醚、6-甲基四氢喹啉、合成麝香、安息香香树脂等。

5. 增加天然感的香料

紫(白)丁香浸膏或净油、大花或小花茉莉浸膏或净油、代代花精油、树兰花精油、依兰依兰精油、金合欢浸膏或净油、含羞花浸膏或净油、卡南加精油、玫瑰精油、白兰浸膏、玉兰浸膏等。

(三)紫丁香香精香气分路

紫丁香香精香气分路如表 4-29 所示。

表 4-29　紫丁香香精香气分路　　单位:%

香韵	比例
花香(主)	10～25
乙苄青(和合)	5～15
茉莉酮青(主)	3～12
梧青(主)	3～20

续表

香韵	比例
茴青(主)	2～8
玫瑰木青(辅助)	3～15
叶青(修饰)	少量
合欢甜(主)	2～8
桂甜(辅助)	1～8
醇甜(和合)	3～10
浊香(主)	少量
豆香(辅助)	2～8

(四)紫丁香香精配方

紫丁香香精配方如表4-30、表4-31所示。

表4-30　紫丁香香精配方(一)　单位:g

原料	用量	原料	用量
松油醇	20.6	10%乙酸对甲酚酯	0.45
苯乙醇	21.4	10%邻氨基苯甲酸甲酯	0.2
桂醇	7.4	α-戊基桂醛	0.25
羟基香茅醛	7.2	茉莉香基	0.9
芳樟醇	3.7	保加利亚玫瑰精油	1.25
异丁香酚	0.9	10%对甲酚	0.45
乙酸苄酯	5.55	邻苯二甲酸二乙酯	3
茉莉净油	5.6	乙酸苄酯	5.65
大茴香醛	1.3	风信子净油	1.3
玫瑰醇	0.9	10%吲哚	0.1
50%苯乙醛	0.25	洋茉莉醛	5.55
10%苦杏仁精油	0.1	合计	100
10%苯乙二甲缩醛	1		

注:茉莉香基配方:乙酸苄酯30%、苄醇30%、丙酸苄酯5%、邻氨基苯甲酸甲酯2.5%、吲哚(10%)2.5%、乙酸芳樟酯5%、芳樟醇7.5%、依兰依兰精油10%、α-戊基桂醛(奇华顿)7.5%。

表 4-31 紫丁香香精配方(二) 单位:g

原料	用量	原料	用量
苯乙醛二甲缩醛	2.0	羟基香茅醛	7.0
茴香醛	3.0	二氢茉莉酮	0.2
α-紫罗兰酮	3.0	异丁香酚苄醚	1.0
乙酸苄酯	6.0	风信子素	0.5
树兰精油	3.0	γ-癸内酯	0.2
芳樟醇	5.0	依兰依兰精油	2.0
桂醇	5.0	代代花精油	1.0
松油醇	10.0	玫瑰醇	2.0
乙酸二甲基苯基原酯	0.5	铃兰醛	7.0
柠檬醛	1.0	二氢茉莉酮酸甲酯	6.0
苯乙醇	10.1	α-己基桂醛	4.0
洋茉莉醛	3.0	香兰素	1.0
配制茉莉净油	3.0	p-甲氧基苯乙酮	1.0
二氢月桂烯醇	2.0	邻氨基苯甲酸甲酯	1.0
橙花叔醇	1.0	乙酸三环癸烯酯	1.0
二甲基苄基原醇	2.0	含羞花净油	0.5
10%叶醇	1.0	紫红玫瑰精油	0.5
柑青醛	0.5	苏合香香树脂	1.0
香豆素	0.5	佳乐麝香	3.0

五、晚香玉香精

晚香玉是石蒜科晚香玉属多年生长宿根草本植物,晚间香气浓郁,又可称之为“夜来香”或“月下香”。晚香玉花瓣有单瓣和重瓣之分,香气以单瓣者为佳。晚香玉花色如玉,芳香扑鼻,夜间香味更浓,兼有清、甜、鲜三韵,属于幽韵花香。晚香玉的花虽然不被人们所重视,但是其香气广泛在香精调配中应用。在 20 世纪 80 年代流行的花香型香精中,大多都含有晚香玉的香韵。晚香玉有天然精油和配制精油两种,其香气在东方比较受欢迎。它的体香和底香香韵常用于花香香精中。基本组成是依兰依兰精油、苯乙醇、苯丙醇、水杨酸苄酯、乙酸苄酯、安息香香树脂、秘鲁香树脂、晚香玉净油、少量水杨酸甲酯和冬青油。为了圆和与增加花香香气,还使用了十二醛及其他脂肪醛、橙花、茉莉,甚至乙酸苏合香酯。西班牙人喜欢的晚香玉更倾向于加重果香和辛香。

晚香玉的香气是由茉莉、栀子、苦橙花、金合欢、草兰的混合风韵组成，并伴有药草香气，其清韵多来自芳樟醇、二氢茉莉酮、乙酸苄酯等；甜韵多来自于香叶醇、橙花醇、金合欢醇等；鲜韵可由邻氨基苯甲酸的酯类来比拟；药草香则出自水杨酸和苯甲酸的酯类；丙位壬内酯和丙位十一内酯的清甜果香可起到衬托作用。晚香玉香精的调配不但能复制其他花香型的花香，而且还可以增强香精的体香和持久性，属于重香型。

(一)晚香玉净油成分

晚香玉净油成分：反-异丁香酚甲醚(19.34%)、α-金合欢烯(5.03%)、苯甲酸苄酯(15.96%)、大根香叶烯 D(1.57%)。

还有未给出含量的成分：丁香酚、茉莉内酯、金合欢醇、芳樟醇、松油醇、香叶醇、橙花醇、叶醇、异丁香酚甲醚、2-戊基呋喃、乙酸苄酯、丙酸苄酯、苯乙醇、异丁酸苄酯、3,4-二甲氧基苯甲酸甲酯、水杨酸甲酯、水杨酸异戊酯、乙酸苯乙酯、苯甲酸甲酯、邻氨基苯甲酸甲酯、*N*-乙酰基邻氨基苯甲酸甲酯、吲哚、γ-辛内酯、γ-壬内酯、γ-十一内酯、δ-十一内酯、γ-十二内酯、δ-十二内、δ-癸内酯、δ-十四内酯、苄腈、苯甲醇、乙酸香叶酯、乙酸橙花酯等。

(二)配制晚香玉香精原料

晚香玉是清、甜、鲜组成的幽韵，外加药草香和柔和的果香，因此原料的选用也应从这些方面加以考虑。以下介绍常用原料：

1. 主香剂

苯乙醇、橙花醇、香叶醇、芳樟醇、乙酸甲基苯基原酯、乙酸苄酯、乙酸苯乙酯、水杨酸甲酯、邻氨基苯甲酸甲酯、γ-壬内酯、冬青油、晚香玉净油、小花茉莉净油、依兰依兰精油、苦橙花精油等。

2. 和合剂

苄醇、玫瑰醇、金合欢醇、羟基香茅醛、α-戊基桂醛、α-已基桂醛、二氢茉莉酮、α-紫罗兰酮、β-紫罗兰酮、α-甲基紫罗兰酮、β-甲基紫罗兰酮、乙酸芳樟酯、苯甲酸乙酯、苯甲酸异丁酯、水杨酸乙酯、水杨酸异丁酯、水杨酸异戊酯、白兰叶精油等。

3. 修饰剂

壬醇、十一醇、月桂醇、丁香酚、异丁香酚、壬醛、十一醛、10-十一烯醛、月桂醛、铃兰醛、洋茉莉醛、甲酸苄酯、乙酸三环癸烯酯、γ-辛内酯、γ-十一内酯、香叶精油等。

4. 定香剂

苯甲酸苄酯、桂酸苯乙酯、桂酸桂酯、水杨酸苄酯、水杨酸苯乙酯等。

5. 增加天然感的香料

晚香玉净油、小花茉莉净油、金合欢净油、树兰精油、依兰依兰精油、苦橙花精油等。

(三)晚香玉香精香气分路

晚香玉香精香气分路如表 4-32 所示。

表 4-32　　晚香玉香精香气分路　　单位:%

香韵	比例
药草香(主)	0.5～6
果香(主)	8～20
茉莉酮青(主)	8～18
玫瑰木青(和合)	5～15
叶青(修饰)	0.5～3
醇甜(和合)	8～25
合欢甜(主)	3～10
膏香(和合)	0.5～4
浊香(主)	1～6
乙苄青(辅助)	3～15

(四)晚香玉香精配方

晚香玉香精配方如表 4-33 至表 4-36 所示。

表 4-33　　晚香玉香基配方(一)　　单位:g

原料	用量	原料	用量
茉莉净油	1.6	苄醇	22.5
晚香玉净油	1.2	邻氨基苯甲酸甲酯	22.2
冬青精油	4	椰子醛	8
水杨酸甲酯	8	桃子香基	8
乙酸苄酯	24.5	合计	100

表 4-34　　晚香玉香基配方(二)　　单位:g

原料	用量	原料	用量
晚香玉净油(罗伯特)	1	α-紫罗兰酮	20
羟基香茅醛	29.5	十二醛	10
苯甲酸苄酯	3	α-戊基桂醛	7
水杨酸异丁酯	10	洋茉莉醛	16.5
水杨酸甲酯	3	合计	100

表 4-35 晚香玉香精配方(一) 单位:g

原料	用量	原料	用量
晚香玉香基 2	10.8	α-戊基桂醛	2.2
依兰依兰精油	10.7	异丁香酚	3.3
苯甲酸甲酯	1.7	赖百当净油	1.1
香叶醇	8	芳樟醇	21.5
邻氨基苯甲酸甲酯	2.6	秘鲁香树脂	10.6
水杨酸甲酯	2.2	*N*-甲基邻氨基苯甲酸甲酯	2.6
乙酸苄酯	7.6	麝香 105	1.1
橙花醇	5.4	合计	100
异丁酸玫瑰酯	3.2		

表 4-36 晚香玉香精配方(二) 单位:g

原料	用量	原料	用量
晚香玉浸膏	1.0	茉莉浸膏	1.0
树兰花油	0.5	10%二氢茉莉酮	1.0
椰子醛	1.0	桃醛	0.5
10%叶醇	1.0	水杨酸甲酯	1.0
水杨酸丁酯	1.0	水杨酸戊酯	1.0
乙酸苯乙酯	3.0	橙花醇	3.0
香叶醇	8.0	乙酸香叶酯	2.0
芳樟醇	6.0	乙酸芳樟酯	4.0
乙酸桂酯	2.5	乙酸苄酯	10.0
苯甲酸甲酯	1.0	10%十二醛	0.5
乙酸苏合香脂	0.2	铃兰醛	5.0
紫罗兰酮	4.0	异丁香酚	2.0
苯乙醇	5.0	水杨酸苄酯	3.0
苯乙醇邻氨基苯甲酸甲酯	1.0	苯甲酸苄酯	2.0
二氢茉莉酮酸甲酯	4.0	桂酸苯乙酯	2.0
丙酸三环癸烯酯	5.0	水杨酸己酯	3.0
铃兰醛	2.0	佳乐麝香	3.0
10%芹菜籽精油	0.1	10%δ-丁内酯	1.0
香豆素	1.0	檀香醚	2.0

六、栀子花香精

栀子花为茜草科、栀子属常绿灌木，又名山栀、黄栀子、红枝子、白蝉花、黄果树，主要分布在我国长江以南地区，以湖南和江西为主要分布地。栀子花朵形状奇特，花色洁白如雪，香气属于鲜甜香韵，既有茉莉之浓烈，又有兰蕙之幽雅，令人心旷神怡。栀子花品种较多，花朵有大有小，香气均十分浓郁，但小花清酸气重于大花，香气以白色花为好。栀子花的花香气可以用晚香玉的组成并加重玫瑰香气来体现。栀子花的第一层香气是依兰、茉莉、水杨酸苄酯、苯乙醇和橙花香韵等，第二层香气是二甲基苄基原醇、乙酰基异丁香酚、羟基香茅醛、五月玫瑰净油、乙酸苄酯、松油醇等。其重要的特征香气原料是乙酸苏合香酯、十八醛，以体现栀子花的清香和果香香气。栀子花除了作为观赏花以外，其香气在香精中有重要作用，也可用以提取精油，且此产品供不应求。现有配制栀子花精油，其中最著名的是奇华顿公司的9058配制栀子花精油。

(一)栀子花精油成分

日本对栀子花的精油鉴定出130种成分，主要有α-金合欢烯(12.1%～18.0%)、芳樟醇(7.5%～12.1%)、惕各酸叶醇酯(3.1%～10.0%)、顺-茉莉内酯(8.0%～17.0%)、苯甲酸叶醇酯(4.6%～5.0%)、反-β-罗勒烯(0.2%～1.4%)、叶醇(0.2%～1.0%)、苯甲酸甲酯(0.8%～1.0%)、惕各酸己酯(0.5%～1.0%)

还有其他部分成分未给出含量如:惕各酸苄酯、惕各酸肉桂酯、惕各酸苯乙酯、叶醇的甲酸、乙酸、丙酸、丁酸、戊酸、己酸和芳香酸的酯、芳樟醇醚类、玫瑰醚类、丁香醇(Lilac alcohol)的四种异构体、丁香醛(Lilac aldehyde)、苯乙醛等。

(二)配制栀子花香精原料

栀子花是甜鲜香韵，带有清甜的果香，香气浓而微酸，似风信子而少辛香，有茉莉(大花)、苦橙花和晚香玉三花的香韵并带有乙酸甲基苯基原酯的清甜头香。

栀子花香多来自酯类物质，其柔甜可由乙酸桂酯、桂醇来比拟；其鲜香多来自邻氨基苯甲酸的酯类；其清甜而酸的浓果香可由丙位壬内酯来比拟；其清香多出自乙酸甲基苯基原酯、乙酸苄酯、乙酸苯乙酯等。因此栀子花的配制主要从上述方面考虑，常用香料如下：

1. 主香剂

苯乙醇、芳樟醇、α-松油醇、丁香酚、异丁香酚、乙酸苄酯、乙酸苯乙酯、乙酸甲基苯基原酯、丙酸甲基苯基原酯、邻氨基苯甲酸甲酯、γ-辛内酯、γ-壬内酯、栀子浸膏、栀子净油等。

2. 和合剂

苄醇、大茴香醇、二甲基苯乙基原醇、桂醇、橙花醇、对苯二酚二甲醚、羟基香茅醛、铃兰醛、新铃兰醛、α-戊基桂醛、α-己基桂醛、二氢茉莉酮、乙酸肉桂酯、乙酸芳樟酯、苯甲酸异丁酯、二氢茉莉酮酸甲酯、异茉莉酮酸甲酯、邻氨基苯甲酸乙酯、γ-十一内酯、茉莉内酯、大花茉莉浸膏、大花茉莉净油、依兰依兰精油、白兰浸膏、白兰净油、树兰精油等。

3. 修饰剂

叶醇、10-十一烯-1-醇、丁香酚甲醚、洋茉莉醛、α-紫罗兰酮、β-紫罗兰酮、甲基紫罗兰酮、苯乙二甲缩醛、甲酸苄酯、乙酸异戊酯、乙酸叶醇酯、乙酸辛酯、乙酸三环癸烯酯、乙酸玫瑰酯、丙酸香叶酯、庚炔羧酸甲酯、辛炔羧酸甲酯、苯乙酸对甲酚酯、吲哚、3-甲基吲哚、代代花精油、苦橙叶精油、除萜香柠檬精油、晚香玉浸膏或净油、金合欢浸膏或净油等。

4. 定香剂

异丁香酚苄醚、苯甲酸苄酯、桂酸苯乙酯、吐鲁香树脂等。

5. 增加天然感的香料

栀子花浸膏或净油、依兰依兰精油、格蓬精油等。

(三)栀子花香精香气分路

栀子花香精香气分路如表 4-37 所示。

表 4-37　栀子花香精香气分路　单位:%

香韵	比例
果香(主)	8～25
叶青(修饰)	0.5～4
梧青(辅助)	2～6
玫瑰木青(和合)	5～15
茉莉酮青(主)	3～12
桂甜(主)	3～10
辛甜(辅助)	2～7
合欢甜(和合)	3～10
萼清甜(主)	3～12
浊香(主)	0.5～4
特征香气(主)	2～12

(四)栀子花香精配方

栀子花香精配方如表 4-38 至表 4-41 所示。

表 4-38　栀子花香精配方(一)　单位:g

原料	用量	原料	用量
二甲基苯基原醇	4	α-紫罗兰酮	10
乙酸苏合香脂	9.5	羟基香茅醛	20
橙花香基	2.5	苯乙醇	8

续表

原料	用量	原料	用量
异丁香酚	4	50%苯乙醛	1.5
五月玫瑰净油	1	香茅醇	4.5
依兰依兰精油	7	香豆素	2.5
乙酸苄酯	4	洋茉莉醛	7.5
茉莉净油	1	桂醇	7
芳樟醇(奇华顿)	6	合计	100

表 4-39　栀子花香精配方(二)　单位:g

原料	用量	原料	用量
酮麝香	2.5	铃兰香基	10.2
麝香 105	1	羟基香茅醛	15
大花茉莉净油	1	乙酸苏和香酯	12
配制茉莉精油	1	依兰依兰精油	5
五月玫瑰净油	3.5	桂醇	2
水仙净油	1	苯乙醇	2
晚香玉净油	3	栀子花香基 9058(奇华顿)	23.9
防风根香基(奇华顿)	16.9	合计	100

表 4-40　栀子花香精配方(三)　单位:g

原料	用量	原料	用量
乙酸苄酯	3	芳樟醇	6
香柠檬油	3	岩兰草精油	0.75
配制茉莉净油	6	派超力油	0.25
配制玫瑰	2	灵猫酮	0.15
配制五月玫瑰净油	2	海狸香基(奇华顿)	0.25
铃兰香基	3.5	酮麝香	4.1
水杨酸戊酯	3.5	麝香 105	5.5
羟基香茅醛	4.5	香豆素	6.5
α-紫罗兰酮	3	乙基香兰素	1.5
异丁香酚苄醚(芬美意)	1.5	配制琥珀香	2.5
依兰依兰精油	5	10%十二醛	2

续表

原料	用量	原料	用量
甲基紫罗兰酮	4.5	10%十一烯醛	2
乙酸苏合香脂	3.5	桂醛	2
玫瑰香基(芬美意)	2	DEP	17
橙花素	1	合计	100
鸢尾香基	1.5		

表 4-41　栀子花香精配方(四)　单位:g

原料	用量	原料	用量
大花茉莉浸膏	1.0	桂酸苯乙酯	5.0
树兰精油	0.5	乙酸芳樟酯	2.0
秘鲁香树脂	1.0	异丁香酚	3.0
佳乐麝香	2.0	香叶醇	4.5
10%MOC	4.0	惕各酸叶醇酯	3.0
苯乙醇	3.0	叶醇	0.5
苯乙醛	2.0	惕各酸己酯	1.0
白兰浸膏	0.5	二氢茉莉酮酸甲酯	3.0
γ-壬内酯	3.0	桂醇	2.0
γ-十一内酯	3.0	邻氨基苯甲酸甲酯	2.0
乙酸甲基苯基原酯	1.5	异丁香酚苄醚	3.0
橙叶精油	2.5	芳樟醇	7.0
乙酸苯乙酯	7.0	灵猫净油	0.1
乙酸桂酯	3.0	顺-茉莉内酯	8.0
乙酸苄酯	8.0	苯甲酸叶醇酯	5.0
松油醇	3.0	苯甲酸甲酯	1.0
羟基香茅醛	3.0	玫瑰醚	0.2

七、风信子香精

风信子又名洋水仙，为百合科风信子属植物，原产东南欧、地中海东部沿岸及小亚细亚一带。风信子花单瓣或重瓣，花色有白、紫、粉红、黄、蓝等，属于甜鲜香韵，具有膏甜香并带有茉莉鲜韵和清香。一般认为风信子的冷色花香气偏青，主要偏重于邻氨基苯甲酸甲酯类的鲜气和乙酸苄酯、苯乙醛的青气。暖色花偏甜气，主要偏重于桂醇、苯丙醇的桂甜香气。风信子的香气相当尖刺、强烈、粗冲,或多或少带有青气和辛辣的气息,如加入玫瑰、甜橙花的香气,则更易被接受。

风信子的基本香气为苯乙醛、羟基香茅醛、桂醇、苯乙醇、松油醇、乙酸苯乙酯、二甲基苄基原醇及其酯类、微量苏合香烯、辛炔羧酸甲酯、乙酸桂酯。为了使整个香气更加圆和、协调,在价格允许的情况下可应用风信子净油。应指出虽然风信子净油可使香气有显著的改善,但其价格昂贵,使用时应考虑到此方面。

风信子香韵在日用香精中应用广泛,但发现它有更多的应用,特别是在带有青韵的香精中。

(一)风信子净油成分

风信子净油成分如表 4-42 所示。

表 4-42　风信子净油成分　单位:%

成分名称	含量	成分名称	含量
庚烯醛	0.02	乙酸苄酯	8.10
月桂烯	0.01	1,4-二甲氧基苯	0.20
顺-罗勒烯	0.01	水杨酸甲酯	0.10
反-罗勒烯	0.02	水杨酸苯乙酯	0.02
乙酸叶醇酯	0.01	苯甲醇	40.00
己醇	0.02	水杨酸乙酯	0.02
顺-3-己烯醇	0.02	苯乙醇	3.70
甲基苄醚	0.01	α-金合欢烯	0.10
庚醛二乙缩醛	0.01	香叶醇	0.03
苯甲醛	0.10	反-α-金合欢烯	0.60
芳樟醇	0.20	乙酸苯丙酯	0.05
苯甲酸甲酯	0.03	桂醛	0.30
甲酸苄酯	0.05	苯丙醇	0.80
苯甲酸乙酯	0.02	甲基丁香酚	1.50
甲基黑椒粉	0.02	苯甲酸-2-甲氧基甲酯	0.10
2-十一酮	0.04	*N*-甲基邻氨基苯甲酸甲酯	0.30
1,2-二甲氧基苯	0.02	1,2,4-三甲基苯	3.00
p-甲氧基苯乙酮	0.10	吲哚	0.15
乙酸-2-甲氧基苄酯	0.02	6,10,14-三甲基十五-2-酮	0.10
苯甲酸-2-甲氧基乙酯	0.02	戊酸甲酯	0.01
顺-肉桂醇	0.20	*p*-甲氧基苯乙醇	0.02
惕各酸苄酯	0.03	乙酸戊酯	0.03

续表

成分名称	含量	成分名称	含量
丁香酚	0.20	苯甲酸-3,4,5-三甲氧基甲酯	0.02
乙酸-*p*-甲氧基苯乙酯	0.30	苯甲酸苄酯	6.00
榄香素	0.60	苯甲酸苯乙酯	1.20
p-甲氧基苯乙醇	0.02	水杨酸苄酯	0.20

(二)配制风信子香精原料

风信子是甜鲜香韵,有甜中带鲜的香气。甜气以苯丙醇、桂醇为主,并辅以玫瑰的甜香,鲜韵似水仙,青似茉莉,并辅以铃兰花香和风信子独特的气息(苯乙醛的特征香气),组成了风信子的花香香气。风信子的常用香料如下:

1. 主香剂

溴代苏合香烯、苯乙醇、苯丙醇、桂醇、芳樟醇、对苯二酚二甲醚、苯乙醛、苯丙醛、羟基香茅醛、风信子素、*N*-甲基邻氨基苯甲酸甲酯、乙酸桂酯、乙酸苄酯、2-乙基己醛环乙二缩醛、溴代苯乙烯、二甲基对苯二酚等。

2. 和合剂

苄醇、*α*-松油醇、橙花醇、金合欢醇、二甲基苄基原醇、二甲基苯乙基原醇、甲基紫罗兰酮、苯乙醛二甲缩醛、苯乙醛二苯乙缩醛、甲酸香茅酯、乙酸苯乙酯、乙酸苯丙酯、乙酸玫瑰酯、桂酸苯乙酯、二甲基苄基原醇乙酸酯、*γ*-辛内酯、橙叶精油、白兰叶精油、代代叶精油、香柠檬精油等。

3. 修饰剂

丁香酚、异丁香酚、对甲酚甲醚、丁香酚甲醚、壬醛、桂醛、铃兰醛、新铃兰醛、兔耳草醛、洋茉莉醛、香兰素、乙基香兰素、对甲基苯乙酮、丁香精油等。

4. 定香剂

苯乙酸、苯甲酸苄酯、苯甲酸桂酯、桂酸桂酯、苏合香香树脂等。

5. 增加天然感的香料

风信子浸膏和净油、大花或小花浸膏或净油、依兰依兰精油、玫瑰精油等。

(三)风信子香精香气分路

风信子香精香气分路如表 4-43 所示。

表 4-43 风信子香精香气分路 单位:%

香韵	比例
桂甜(主)	15～35
辛甜(辅助)	1～8
醇甜(和合)	5～15

续表

香韵	比例
乙苄青(主)	3～10
玫瑰木青(和合)	3～12
草香(辅助)	少量
叶青(辅助)	少量
浊香(主)	0.5～4
梧青(辅助)	3～10
豆-茴青(辅助)	1～6
特征香气(主)	8～25

(四)风信子香精配方

风信子香精配方如表 4-44、表 4-45 所示。

表 4-44 风信子香精配方(一) 单位:g

原料	用量	原料	用量
紫丁香配方 1	10	50%苯乙醛	6
配制风信子香基	20	龙葵醛	3
桂醇	20	二甲基苄基原醇	2
橙花配方 1	5	羟基香茅醛	10
配制茉莉	10	五月玫瑰净油	5
茉莉浸膏	4	合计	100
风信子净油	5		

表 4-45 风信子香精配方(二) 单位:g

原料	用量	原料	用量
桂醇	10.0	苯甲酸甲酯	0.2
苯乙醇	10.0	*p*-苯二酚二甲醚	1.0
白兰叶精油	3.0	苯甲酸叶醇酯	0.5
二甲基苄基原醇	2.0	1-辛烯-3-醇	1.5
二氢月桂烯醇	2.0	二氢松油醇	5.0
10%辛醛	1.0	叶醇	0.5
乙酸苄酯	20.0	芳樟醇	3.0
苯乙醛二甲缩醛	3.0	50%苯乙醛	1.0

续表

原料	用量	原料	用量
邻氨基苯甲酸甲酯	0.5	10%癸醛	1.0
α-己基癸醛	3.0	茉莉浸膏	0.5
庚醛二乙缩醛	0.5	麝香105	2.0
乙酸桂酯	5.0	吐鲁香树脂	1.0
丁香酚	1.0	依兰依兰精油	2.0
吲哚	0.2	p-甲氧基苯乙酮	0.3
水杨酸甲酯	0.1	异丁香酚	2.0
二氢茉莉酮酸甲酯	5.0	桂酸桂酯	3.0
橙叶精油	3.0	安息香香树脂	3.0

八、水仙香精

水仙是我国十大名花之一，幽雅清香，冰肌玉质，有“凌波仙子”之雅称，因它在寒冬腊月里开放，给新春佳节增添喜庆气氛与盎然春意，因而备受人们喜爱。水仙全属约有30种，有许多变种、变交种，其品种则多达10000多个。中国福建的水仙花以种植历史悠久，品种优良而著称于世。在香料工业中应用的品种只有白水仙和黄水仙两种，两者香气同属幽韵，略有差异，白水仙香气清鲜，黄水仙香气青涩且浓重。水仙花香具有大花茉莉的鲜清、风信子的甜鲜和紫丁香或铃兰的鲜幽三种花香鲜韵，三鲜具备，凸显出独有的氤氲动物样咸浊的香气特征，浑然成为清甜鲜雅的幽香香韵。

水仙可以用来提取净油，其花香由下列香料组成：乙酸苄酯、桂醇、羟基香茅醛、松油醇、邻氨基苯甲酸甲酯、甲基紫罗兰酮、丁香酚、橙花素、依兰依兰、晚香玉。其特征香气以乙酸对甲酚酯、苯乙酸对甲酚酯、乙酸辛酯、苯乙醛来比拟。

水仙香韵因有独特的风格，被广泛用于日用香精中。在“Noir of Caron”“Bleu of Mury”“Glue Saisje of Patou”等香精中都有水仙香韵。

(一)水仙净油和浸膏成分

水仙净油成分如表4-46、表4-47所示。

表4-46　水仙净油成分(一)　单位：%

成分名称	含量	成分名称	含量
β-罗勒烯	0.74	乙酸-γ-苯丙酯	1.80
苧烯	1.01	乙酸薄荷酯	0.05
p-伞花烃	0.93	乙酸-o-甲氧基苯甲酯	1.04
菖蒲烯	0.01	乙酸-o-甲氧基-β-苯乙酯	4.41

续表

成分名称	含量	成分名称	含量
δ-杜松烯	0.01	乙酸-o-甲氧基-γ-苯丙酯	0.54
癸烷	0.26	邻氨基苯甲酸甲酯	0.03
十一烷	微量	苯甲酸甲酯	0.01
十二烷	0.01	桂酸甲酯	0.25
十三烷	0.05	甲酸苄酯	0.01
十四烷	0.01	苯甲醇	13.90
十五烷	0.02	o-甲氧基苄醇	0.30
十六烷	0.04	α-杜松醇	0.03
十七烷	微量	α-松油醇	5.53
十八烷	微量	β-苯乙醇	0.07
十九烷	0.14	γ-苯丙醇	0.46
二十烷	0.05	庚醇	0.18
二十一烷	8.31	芳樟醇	16.12
m-甲酚	0.03	薄荷脑	0.36
苯甲醛	0.20	3-甲基-2-丁烯-1-醇	0.36
桂醛	0.01	o-甲氧基-β-苯乙醇	0.34
壬醛	0.08	o-甲氧基-γ-苯丙醇	0.07
o-甲氧基苯甲醛	0.15	松油烯-4-醇	0.05
苯乙醛	0.05	1,8-桉叶素	1.00
乙酸苄酯	13.77	吲哚	12.56
乙酸苯乙酯	1.57	p-甲基苯乙酮	0.01
乙酸肉桂酯	0.12	γ-十一内酯	0.07

表 4-47　　水仙净油成分(二)　　单位:%

成分名称	含量	成分名称	含量
β-罗勒烯	3.00	壬醛	0.10
苧烯	0.56	o-甲氧基苯甲醛	0.10
p-伞花烃	0.10	乙酸苄酯	43.54
α-香柠檬烯	0.32	乙酸-γ-苯丙酯	0.05
β-依兰烯	微量	乙酸-o-甲氧基苯甲酯	0.32
α-金合欢烯	0.36	邻氨基苯甲酸甲酯	0.12
δ-杜松烯	微量	苯甲酸甲酯	0.01

续表

成分名称	含量	成分名称	含量
癸烷	0.01	苯甲酸叶醇酯	0.17
十一烷	微量	桂酸甲酯	0.05
十二烷	0.10	甲酸苄酯	0.03
十三烷	0.23	苯甲醇	11.25
十四烷	0.26	*o*-甲氧基苄醇	0.36
十五烷	0.47	α-杜松醇	0.02
十六烷	0.29	β-苯乙醇	0.04
十七烷	2.32	庚醇	1.22
十八烷	2.94	芳樟醇	0.05
十九烷	1.59	薄荷脑	0.06
二十烷	0.55	3-甲基-2-丁烯-1-醇	0.56
二十一烷	0.41	松油烯-4-醇	0.05
m-甲酚	2.01	1,8-桉叶素	3.20
苯甲醛	0.05	吲哚	4.01
桂醛	0.40	γ-十一内酯	0.24

水仙浸膏成分：α-松油醇 23.7%、苯甲酸苄酯 19.4%、δ-3-蒈烯 3.4%、十六酸乙酯 2.2%、桂醇 2.0%、1,8-桉叶素 1.5%、异丁香酚 0.6%、肉桂酸肉桂酯 0.5%、异丁香酚甲醚 20.0%、香豆素 6.9%、苯乙醇 2.2%、苯甲醇 5.0%、乙酸苯丙酯 1.7%、乙酸苄酯 0.7%、乙酸叶醇酯 0.5%。

还有如下微量成分：壬烷、戊醛、十一醛、γ-环柠檬醛、3-己酮、十四碳烯、α-紫罗兰酮、1,2-环氧-β-紫罗兰酮、萘、6-甲基-4,6-庚二烯-2-酮、植醇、桧烯、胡薄荷酮、2-十一酮、3-十二酮、壬醇、α-*p*-二甲基苯乙烯、6,10,14-三甲基十五-2-酮、戊醇、2-十二烯醛、异戊醇、2-甲基-3-丁烯-2-醇、3-庚醇、2,6-壬二烯醛、6-甲基-5-庚烯-2-醇、十三醇、壬烯醛、十六醇、香叶基芳樟醇、顺-香芹醇、*p*-孟-1-烯-9-醛、桂醇、异胡薄荷醇、杜松醇、黎芦醛、斯巴醇、苯丙酸甲酯、苯丙酸乙酯、水杨酸异戊酯、水杨酸叶醇酯、苯甲酸己酯、苯甲酸异戊酯、异丁酸香茅酯、乙酸橙花叔酯、乙酸环氧芳樟酯、己酸叶醇酯、十二酸甲酯、肉桂酸乙酯、肉桂酸肉桂酯、十四酸乙酯、十六酸甲酯、硬脂酸甲酯、亚油酸甲酯、亚麻酸甲酯、亚麻酸苄酯、乙酸庚酯、茴香酸甲酯、黎芦酸甲酯、异戊酸苯乙酯、苯乙酸苄酯、环氧丁香酚、香芹酚、百里香酚、苄腈、茉莉内酯、薄荷硫醚、2-戊基呋喃。

（二）配制水仙香精原料

水仙花是花香中的幽香香韵，具有风信子的甜鲜、紫丁香和铃兰的鲜幽和大花茉莉的鲜清，再加上动物的浊鲜气，组成了水仙花的花香。配制水仙香精的常用原料如下。

1. 主香剂

芳樟醇、α-松油醇、橙花醇、苯乙醇、桂醇、苯乙醛、乙酸苄酯、乙酸对甲酚酯、异丁酸对甲酚酯、吲哚、水仙花浸膏、水仙花净油、苯甲酸甲酯、苯甲酸乙酯、苯乙酸苯乙酯、桂酸甲酯、依兰依兰精油、树兰精油、茉莉精油、长寿花精油等。

2. 和合剂

癸醇、壬醇、月桂醇、苯甲醇、茴香醇、α-戊基桂醇、金合欢醇、橙花叔醇、香叶醇、α-戊基桂醛、羟基香茅醛、苯丙醛、2,6-壬二烯醛、苯乙二甲缩醛、α-戊基桂醛二苯乙缩醛、茉莉酮、二氢茉莉酮、赛茉莉酮、甲基紫罗兰酮、对甲酚醚、异丁香酚、乙酸苯乙酯、乙酸对甲酚酯、乙酸二甲基苄基原酯、庚炔羧酸甲酯、邻氨基苯甲酸甲酯、邻氨基苯甲酸松油酯、白兰叶精油、苦橙精油、橙花精油、玫瑰精油、晚香玉浸膏、大花茉莉浸膏等。

3. 修饰剂

叶醇、苯丙醇、二甲基苯乙基原醇、二甲基苄基原醇、辛醛、壬醛、苯甲醛、兔耳草醛、铃兰醛、新铃兰醛、女贞醛、椰子醛、风信子素、甲基萘基甲酮、丁香酚、异丁香酚、茉莉内酯、乙酸芳樟酯、甲酸苯乙酯、丁酸苯乙酯、丁酸苄酯、乙酸甲基苯基原酯、苯乙酸对甲酚酯、苯乙酸异丁酯、溴代苏合香烯、广藿香精油、甜罗勒精油、格蓬精油、鸢尾精油、丁香花蕾净油、海狸香等。

4. 定香剂

苯乙酸香叶酯、苯甲酸苄酯、桂酸桂酯、桂酸苯乙酯、安息香香树脂、苏合香香树脂、灵猫浸膏等。

5. 增加天然感的香料

水仙净油或浸膏、黄水仙净油或浸膏、大花茉莉净油、依兰依兰精油等。

(三)水仙香精香气分路

水仙香精香气分路如表4-48所示。

表4-48　水仙香精香气分路　单位:%

香韵	比例
浊香(主)	1～8
茉莉酮青(主)	4～12
乙苄青(主)	4～15
玫瑰木青(和合)	4～12
栢青(辅助)	4～15
草青(修饰)	1～5
果青(主)	5～18
桂甜(主)	8～25
醇甜(和合)	8～23
酮甜(辅助)	0.5～4

续表

香韵	比例
辛甜(辅助)	0.5～4
果甜	少量
叶青	少量

(四)水仙香精配方

水仙香精配方如表 4-49 至表 4-51 所示。

表 4-49 **水仙香基配方** 单位:g

原料	用量	原料	用量
乙酸苄酯	12	羟基香茅醛	20
苯甲酸对甲酚酯	7.5	依兰依兰精油	19
苯乙醇	20	水仙花净油	2.5
乙酸对甲酚酯	3	酮麝香	5
对甲酚	0.5	麝香 105	2
橙花香基 1	6	合计	100
苯乙醛	2.5		

表 4-50 **水仙香精配方(一)** 单位:g

原料	用量	原料	用量
异丁香酚	6	香柠檬精油	7.3
丁香酚	6.1	橙花香基 2	7.3
玫瑰木油(巴西)	2.4	配制茉莉	7.3
大茴香醛	1.2	乙酸苄酯	7.3
水仙香基 1	6	乳香黄连木油	0.5
苯乙醇	14.5	酮麝香	1.2
松油醇	7.3	10%吲哚	2.4
羟基香茅醛	14.5	洋茉莉醛	1.2
桂醇	3.6	合计	100
甲基紫罗兰酮	3.9		

表 4-51　　水仙香精配方(二)　　单位:g

原料	用量	原料	用量
乙酸苄酯	15.0	壬醛	0.1
苯甲酸甲酯	1.0	10%十二醛	0.5
桂酸甲酯	2.0	乙酸苯乙酯	2.0
香叶醇	2.0	邻氨基苯甲酸甲酯	4.0
橙花醇	2.0	芳樟醇	16.0
癸醛	0.25	松油醇	4.5
m-甲酚	0.5	桂酸桂酯	3.0
苯甲醛	0.2	新铃兰醛	3.0
辛醛	0.1	赖百当浸膏	0.5
十一醛	0.1	苯甲酸叶醇酯	1.0
大茴香醛	1.0	吲哚	2.0
乙酸桂酯	0.5	2-甲氧基-4-甲基酚	0.5
乙酸苯丙酯	3.0	50%苯乙醛	5.0
桉叶素	1.0	氧化芳樟醇	0.2
o-苯二酚二甲醚	0.5	柠檬油	4.0
m-苯二酚二甲醚	0.5	苯乙酸对甲酚酯	2.0
叶醇	0.2	丁香酚	2.0
苯乙醇	2.0	二氢茉莉酮酸甲酯	3.0
乙酸对甲酚酯	1.0	顺-茉莉酮	0.2
白兰叶精油	3.0	桂醇	1.0
铃兰醛	4.0	苏合香香树脂	2.0
水仙浸膏	1.0	酮麝香	2.0

九、香石竹香精

香石竹俗称康乃馨，品种繁多，在世界各地都有种植，一般主要作为插花应用，花朵有白、粉红、红、黄、橘红等色。以白花和粉红花为主，均为清甜香韵。从调香师的观点来看，康乃馨有三种类型：第一种是白花，有玫瑰-蜜甜香气；第二种是粉红花，带丁香-胡椒的辛香香气；第三种是浅紫红花，有康乃馨的特征香气和苯乙醛的气息，香气尖刺强烈。上述三个品种都有乳香和赖百当的树脂香气，因此香树脂常用作康乃馨的定香剂。

白花康乃馨是由丁香酚、异丁香酚、甲基丁香酚、苯乙醇、水杨酸苄酯来调和的，有时再使用水杨酸戊酯、香荚兰豆酊、香兰素、乙基香兰素。白花康乃馨的玫瑰甜韵来自玫瑰醇、五月玫瑰、康乃馨净油或浸膏、晚香玉净油，但晚香玉净油价格昂贵，现已被人造晚香玉香基所代替，或用质量好的依兰依兰精油、依兰依兰净油予以代替。定香剂用苄基异丁香酚、洋茉莉醛，或用香兰素、洋茉莉醛、大茴香酸和苯甲酸组成的混合物。

粉红康乃馨具有丁香香气，多用丁香酚，少用异丁香酚，辅以少量丁香油，并用含有甲基香兰素的香荚兰豆香基。特征香气用众香子油、月桂、黑胡椒来体现。

浅紫红康乃馨，花朵颜色是浅紫色的。其强烈香气有粉红康乃馨配方辅以水杨酸戊酯、苯乙醛和极少量的风信子净油来体现。

康乃馨香韵在所有香精中具有重要作用。在男用香水香精中大量使用，康乃馨香韵可以作为辛香-古龙型混合物的替代物。

（一）香石竹（康乃馨）精油和净油成分

香石竹（康乃馨）精油和净油成分如表4-52、表4-53所示。

表4-52 埃及康乃馨精油成分 单位：%

成分名称	含量	成分名称	含量
十二烷	1.77	叶醇	0.60
十三烷	1.80	苯甲醇	0.53
十四烷	1.64	苯甲醛	0.92
十五烷	2.27	茉莉酮	0.38
十六烷	1.16	苯甲酸叶醇酯	1.15
十七烷	0.74	苯甲酸苄酯	11.80
丁香酚	20.80	水杨酸苄酯	1.50
芳樟醇	2.25	茉莉酮酸甲酯	0.01
α-松油醇	0.31		

表4-53 埃及康乃馨净油成分 单位：%

成分名称	含量	成分名称	含量
十二烷	0.01	α-松油醇	0.03
十三烷	0.01	叶醇	0.01
十四烷	0.01	苯甲醇	0.08
十五烷	0.04	苯甲醛	0.01
十六烷	0.05	茉莉酮	0.56
十七烷	0.02	苯甲酸叶醇酯	0.54
二十三烯	1.40	苯甲酸苄酯	14.60

续表

成分名称	含量	成分名称	含量
二十五烯	8.10	水杨酸苄酯	3.90
二十七烯	2.70	茉莉酮酸甲酯	0.01
丁香酚	3.60	亚油酸甲酯	2.25
芳樟醇	0.02		

(二)配制香石竹(康乃馨)香精原料

康乃馨是清甜带香的香韵，甜香似玫瑰的蜜甜和丁香的辛甜，又有似梅花和茉莉的清香，又有草兰的青气，辛香厚实。康乃馨的调配主要从其香气特点考虑。常用原料如下：

1. 主香剂

桂醇、苯乙醇、芳樟醇、橙花醇、丁香酚、异丁香酚、异丁香酚甲醚、丁香酚甲醚、乙酸桂酯、丁香花蕾精油、丁香罗勒精油、叶桂叶精油、玫瑰精油、野蔷薇精油、晚香玉浸膏、香石竹浸膏等。

2. 和合剂

石竹烯、α-松油醇、玫瑰醇、香茅醇、香叶醇、苯丙醇、桂醛、羟基香茅醛、香兰素、乙基香兰素、紫罗兰酮、甲基紫罗兰酮、甲基己基甲酮、甲基壬基甲酮、甲酸苄酯、甲酸丁香酚酯、甲酸香叶酯、乙酸香叶酯、乙酸玫瑰酯、乙酸苄酯、苯甲酸乙酯、甲酸苄酯、苯甲酸异丁酯、水杨酸甲酯、水杨酸戊酯、水杨酸异戊酯、水杨酸异丁酯、水杨酸苄酯、茉莉净油、依兰依兰精油、白兰叶精油、橙叶精油、香叶精油、树兰精油、山萩精油、玫瑰木精油、檀香精油、鸢尾精油等。

3. 修饰剂

庚醇、二甲基苄基原醇、癸醛、苯丙醛、兔耳草醛、洋茉莉醛、铃兰醛、新铃兰醛、茴香醛、苯乙醛二甲缩醛、草莓醛、甲基戊基甲酮、香豆素、对苯二酚二甲醚、苯乙酸、乙酸苯乙酯、乙酸苏合香酯、丙酸苯乙酯、丙酸玫瑰酯、丁酸玫瑰酯、桂酸甲酯、桂酸苯乙酯、苯甲酸甲酯、苯乙酸异丁酯、苯乙酸异戊酯、水杨酸苯乙酯、月桂叶精油、广藿香精油、香紫苏精油、龙蒿精油、姜精油、胡椒精油、肉豆蔻精油、肉豆蔻衣精油、小豆蔻精油、苍术硬脂等。

4. 定香剂

乙酰基异丁香酚、异丁香酚苄醚、苯甲酸苄酯、桂酸桂酯、酮麝香、灵猫香膏、岩蔷薇浸膏、各种香树脂等。

5. 增加天然感的香料

香石竹浸膏或净油、红玫瑰精油、野蔷薇精油、晚香玉浸膏或净油等。

(三)香石竹(康乃馨)香精香气分路

香石竹(康乃馨)香精香气分路如表 4-54 所示。

表 4-54　　香石竹(康乃馨)香精香气分路　　单位:%

香韵	比例
辛甜(主)	25～50
桂甜(辅助)	5～12
醇甜(和合)	5～20
玫瑰木青(和合)	3～10
酮甜(和合)	1～8
茉莉酮青(主)	2～10
梧青(辅助)	1～5
草香(青)(辅助)	2～10
豆-茴香(辅助)	1～5

(四)香石竹(康乃馨)香精配方

香石竹(康乃馨)香精配方如表 4-55 至表 4-59 所示。

表 4-55　　康乃馨香基配方(一)　　单位:g

原料	用量	原料	用量
丁香酚	51.35	斯里兰卡肉桂精油	0.5
卡南加精油	25.7	肉豆蔻浸膏	1.5
依兰依兰精油	2.55	肉豆蔻精油	1
玫瑰香基	5.6	苯甲酸苄酯	3.45
乙酸苄酯	2.55	洋茉莉醛	1.55
鸢尾净油	4.25	合计	100

表 4-56　　康乃馨香基配方(二)　　单位:g

原料	用量	原料	用量
丁香酚	61.5	岩兰草精油	1.25
依兰依兰精油	4.6	肉豆蔻精油	0.65
卡南加油	4	赖百当净油	0.2
玫瑰香基	4.6	洋茉莉醛	4
桂醇	16.7	合计	100

表 4-57　百花康乃馨香精配方　单位：g

原料	用量	原料	用量
康乃馨香基 2	55.9	康乃馨净油	5.9
异丁香酚	13.9	香兰素	13.9
玫瑰醇	1.2	香豆素	13
众香子精油	1.3	酮麝香	1
苯乙醇	0.65	麝香 105	0.4
α-紫罗兰酮	0.35	合计	100
人造晚香玉净油	2.5		

表 4-58　康乃馨香精配方(一)　单位：g

原料	用量	原料	用量
康乃馨香基 2	18.3	水仙香基	0.6
百花康乃馨香精	3	水杨酸戊酯	0.4
丁香酚	6	羟基香茅醛	0.5
异丁香酚	31	苯丙醛	0.4
玫瑰香基	4.5	苯甲酸苄酯	1
保加利亚玫瑰精油	4.5	依兰依兰精油	1.5
苯乙醇	9.5	秘鲁香树脂	0.5
配制茉莉	0.6	香兰素	3.6
茉莉香基	0.6	酮麝香	0.5
除萜橙叶精油	3	麝香 105	0.2
甲基紫罗兰酮	6	合计	100
玫瑰木精油	3.8		

表 4-59　康乃馨香精配方(二)　单位：g

原料	用量	原料	用量
丁香酚	21	丁香酚甲醚	2.0
异丁香酚	4.0	乙酸苄酯	4.0
白兰叶精油	5.0	乙酸苯乙酯	3.0
桂醇	8.0	芳樟醇	6.0
乙酸桂酯	4.0	叶醇	0.5
苯甲酸叶醇酯	1.5	苯乙醛二甲缩醛	2.0

续表

原料	用量	原料	用量
甲基紫罗兰酮	1.0	苯甲醛	0.4
桂酸苯乙酯	2.0	水杨酸苄酯	5.0
苯乙醇	8.0	洋茉莉醛	1.5
鸢尾凝脂	0.1	乙酸香茅酯	2.0
羟基香茅醛	1.0	顺-茉莉酮	5.3
二甲基苄基原醇	1.5	山萩精油	0.5
玫瑰醇	2.0	小花茉莉浸膏	1.0
树兰精油	1.0	依兰依兰精油	1.0
异丁香酚苄醚	4.5	乙酸甲基苯基原酯	0.5
二氢茉莉酮酸甲酯	4.0	秘鲁香树脂	1.0

十、薰衣草香精

薰衣草为唇形科、薰衣草属多年生亚灌木，原产于地中海地区。世界最著名的薰衣草产地有两个，一个是位于法国南部的普罗旺斯，另一个是日本北海道的富良野。中国新疆的薰衣草也很有名。

薰衣草虽名“草”，一却有着细长的茎干，末梢上开着蓝紫色的小花，花形如小麦穗状，香气高雅芬芳，清爽甘甜，属于清韵花香。

薰衣草有三个品种：薰衣草、杂薰衣草、穗薰衣草。薰衣草是清香中带有甜的花香，杂薰衣草是清香中带甜，但花香气比薰衣草少，而桉叶素和乙酸龙脑酯的青滋稍显，穗薰衣草是青香带凉气，其中龙脑、樟脑及桉叶素等的青滋凉气较重，而无甜气。此三个品种的主要区别是，薰衣草的酯香(乙酸芳樟酯、乙酸薰衣草酯)较强，杂薰衣草次之，而穗薰衣草则甚少。薰衣草现在在日用香精中应用极广，但由于受到外部因素的影响，香气会有所差异。因此，配制薰衣草精油很有必要。

(一)薰衣草精油成分

薰衣草精油成分如表 4-60、表 4-61 所示。

表 4-60　法国、保加利亚和前南斯拉夫的薰衣草精油部分成分　单位：%

成分名称	含量	成分名称	含量
α-蒎烯	0～0.6	樟脑	0.3～2.1
莰烯	0～0.3	芳樟醇	27.6～49.0
β-蒎烯	0～0.2	乙酸芳樟酯	32.2～44.8

续表

成分名称	含量	成分名称	含量
苧烯	0.2～0.7	松油烯-4-醇+石竹烯	3.8～11.8
1,8-桉叶素	0.7～2.3	乙酸薰衣草酯	1.3～4.1
顺-罗勒烯	2.4～5.9	薰衣草醇	0～1.3
反-罗勒烯	0.6～4.5	龙脑	0.8～1.4
α-松油烯	0～1.2		

表 4-61　　薰衣草精油成分　　单位：%

成分名称	含量	成分名称	含量
二甲基硫醚	微量	乙酸辛酯	0.18
莰烯	0.22	龙脑	1.06
丙酮	0.08	丙酸己酯	0.02
乙酸丁酯	0.06	大根香叶烯	0.88
戊醛	微量	异丁酸己酯	0.08
己醛	微量	乙酸橙花酯	0.53
甲氧基己烷	0.09	己醇	0.02
β-蒎烯	0.18	乙酸香叶酯	0.96
三环烯	0.01	氧化罗勒烯	微量
桧烯	0.05	香芹酮	微量
α-蒎烯	0.34	3,7-二甲基-2,4,6-辛三烯	0.03
丙酸丁酯	0.02	γ-杜松烯	0.25
δ-3-蒈烯	0.13	乙酸-1-辛烯-3-醇酯	2.49
异戊烯醇	微量	橙花醇	0.23
月桂烯	1.27	3-辛醇	0.18
α-水芹烯	0.07	枯茗醛	0.13
β-香柠檬烯	0.12	格蓬烯	0.11
α-松油烯	0.11	乙酸环氧芳樟酯	0.02
α-檀香烯	1.11	壬醛	微量
苧烯	0.42	香叶醇	0.43
乙酸龙脑酯	0.55	玫瑰呋喃	0.01
1,8-桉叶素	0.91	p-伞花-8-醇	0.17
α-香柠檬烯	0.15	丁酸己酯	0.38
丁酸丁酯	0.25	环氧-α-檀香烯	微量

续表

成分名称	含量	成分名称	含量
乙酸薰衣草酯	7.30	惕各酸丁酯	0.11
2-己烯醛	微量	藿三烯醇	微量
松油烯-4-醇	6.43	1-辛烯-3-醇	0.48
Z-*β*-罗勒烯	8.23	己酸芳樟酯	0.11
β-石竹烯	8.00	顺-芳樟醚	0.16
γ-松油烯	0.38	苯甲酸丁酯	微量
惕各酸己酯	0.10	1,3,5,8-十一碳四烯	0.01
E-*β*-罗勒烯	6.24	氧化-*β*-石竹烯	微量
β-檀香烯	0.02	水和桧烯	0.11
3-辛酮	1.39	*α*-光檀香醇 A	0.10
β-金合欢烯	1.98	反-芳樟醚	0.16
乙酸己酯	0.55	氧化异石竹烯	0.33
薰衣草醇	1.17	莰尼酮	微量
p-伞花烃	0.29	荜澄加烯醇	微量
α-葎草烯	0.25	樟脑	0.45
萜品油烯	0.15	*t*-杜松醇	0.31
辛酮	0.18	芳樟醇	17.81
辛醛	微量	百里香酚	微量
α-松油醇	1.00	乙酸芳樟酯	21.84

(二)配制薰衣草精油原料

薰衣草都属青韵花香,三个品种香气有相似之处,但也有差异。配制时应注意其香气区别。配制薰衣草香精的常用原料如下：

1. 主香剂

莰烯、芳樟醇、香叶醇、橙花醇、龙脑、樟脑、桉叶油素、乙酸芳樟酯、乙酸薰衣草酯、乙酸龙脑酯、香柠檬薄荷精油、薰衣草浸膏、薰衣草精油、杂薰衣草精油、穗薰衣草精油等。

2. 和合剂

罗勒烯、*α*-松油醇、丁香酚、甲酸芳樟酯、甲酸香叶酯、乙酸-*α*-松油酯、丙酸芳樟酯、丁酸芳樟酯、戊酸芳樟酯、芳樟精油、迷迭香精油、玫瑰木精油、代代叶精油等。

3. 修饰剂

α-蒎烯、*β*-蒎烯、叶醇、苯丙醇、香茅醇、金合欢醇、二氢月桂烯醇、百里香酚、丁香酚甲醚、辛醛、癸醛、枯茗醛、柠檬醛、2,3-丁二酮、甲基壬基甲酮、苯乙酮、对甲氧基苯乙酮、橙花酮、甲基紫罗兰酮、甲酸香茅酯、乙酸香茅酯、乙酸烯丙酯、乙酸柏木酯、丙酸 *α*-松油酯、

丁酸香茅酯、丁酸香叶酯、庚炔羧酸甲酯、辛炔羧酸甲酯、γ-己内酯、γ-辛内酯、百里香油等。

4. 定香剂

香豆素、二氢香豆素、春黄菊浸膏、橡苔浸膏、岩蔷薇浸膏、苏合香香树脂等。

(三)薰衣草香精香气分路

薰衣草香精香气分路如表4-62所示。

表4-62　薰衣草香精香气分路　单位:%

香韵	比例
萜类气息(辅助)	5～12
凉气(主)	4～15
青香(主)	3～12
果青(辅助)	0.5～4
花香(甜)(主)	10～20
豆-茴香(辅助)	1～5
油脂气(辅助)	0.5～2
玫瑰木青(主)	35～65
特殊青气(主)	少量

(四)薰衣草香精配方

薰衣草香精配方如表4-63所示。

表4-63　薰衣草香精配方　单位:g

原料	用量	原料	用量
薰衣草醇	4.0	松针精油	4.0
氧化芳樟醇	0.5	乙酸香叶酯	1.0
乙酸橙花酯	1.0	桉叶素	3.0
丙酸芳樟酯	5.0	丁香罗勒精油	4.0
1-辛烯-3-醇	1.0	龙脑	1.5
苯丙醇	2.0	香豆素	5.0
香叶精油	0.5	紫苏精油	5.0
甲基紫罗兰酮	1.0	石竹烯	5.0
乙酸烯丙酯	1.0	芳樟醇	14.0
乙酸芳樟酯	20.0	柠檬精油	2.0

续表

原料	用量	原料	用量
环氧芳樟酯	2.0	香叶醇	5.0
乙酸薰衣草酯	3.0	薰衣草精油	2.5
乙酸二氢松油酯	3.0	柠檬醛	2.0
代代叶精油	1.0	香柠檬精油	3.0

十一、金合欢香精

金合欢别名鸭皂树、消息树、猪牙皂、金钱梅、洋梅花、刺根、刺球花、剂球花，是豆科金合欢属多棱有刺小乔木或灌木，是澳大利亚国花。目前有800多个品种的金合欢，在澳大利亚就有500多种。金合欢花香浓郁，属幽青香韵，兼有甜、鲜、青三韵。金合欢的特征甜香是紫罗兰和金合欢醇的盛甜、紫罗兰的青甜、鸢尾的柔甜，其鲜似茉莉、橙花的气息，青似山楂花的香气，并兼有茴青、叶青和茉莉酮青的香气。

(一)金合欢精油和浸膏成分

金合欢精油和浸膏成分如表4-64、表4-65所示。

表4-64　　金合欢精油成分　　单位：%

成分名称	含量	成分名称	含量
α-蒎烯	5.3	香茅醇	7.2
莰烯	4.3	乙酸香叶酯	4.1
月桂烯	4.0	水杨酸甲酯	5.5
β-蒎烯	3.1	香叶醇	8.4
苧烯	4.8	苯甲醇	5.0
p-伞花烃	3.4	甲基丁香酚	1.3
芳樟醇	8.7	*o*-甲酚	1.2
苯甲醛	7.4	*m*-甲酚	1.1
α-松油醇	6.6	乙酸丁香酚酯	1.5

表4-65　　金合欢浸膏成分　　单位：%

成分名称	含量	成分名称	含量
甲基环己烷	0.22	香叶醇	19.45
辛烷	0.04	香叶醛	5.57

续表

成分名称	含量	成分名称	含量
苯甲醛	5.98	水杨酸乙酯	0.18
甲基庚烯酮	0.18	癸醇	0.09
月桂烯	1.06	2-甲基萘	0.02
苯甲醇	0.01	异丁酸苄酯	0.18
2,2,6-三甲基环己酮	0.07	3-甲基-4-癸烯醇	0.92
苧烯	0.20	1-甲基萘	微量
顺-罗勒烯	0.18	十三烷	0.31
反-罗勒烯	0.59	苯甲酸异丁酯	0.04
辛醇	0.03	3-甲基-3-癸烯醇	3.83
苯甲酸甲酯	0.09	乙酸香茅酯	0.13
顺-芳樟醚	0.31	*p*-茴香酸甲酯	0.31
芳樟醇	0.86	十七烷	0.51
2,6-壬二烯醛	0.13	苯甲酸苄酯	0.09
乙酸苄酯	0.75	十八烷	0.15
反-2-壬烯醛	0.20	6,10,14-三甲基十五酮	0.26
顺-3-壬烯醇	1.43	十九烷	6.25
反-2-壬烯醇	0.20	*α*-紫罗兰酮	0.68
乙酸橙花酯	0.66	*p*-茴香酸乙酯	0.11
2,6-二羟基苯甲酸甲酯	2.02	6-甲氧基水杨酸甲酯	0.59
乙酸香叶酯	6.56	*β*-紫罗兰酮	1.34
乙酸-*p*-茴香酯	0.13	十五烷	0.26
十四烷	0.22	邻苯二甲酸二丁酯	0.02
萘	2.50	二十烷	0.40
水杨酸甲酯	94.40	二十一烷	1.76
苯并噻唑	微量	二十二烷	1.76
β-环柠檬醛	0.37	二十三烷	0.37
十二烷	0.15	2,6,6-三甲基-2-羟基亚环己基乙酸丙酯	0.11
p-茴香醛	34.36		

(二)配制金合欢香精原料

金合欢的香气，甜是以合欢醇为主，配以紫罗兰酮、鸢尾凝脂、鸢尾酮、鸢尾净油等，其鲜配茉莉浸膏和净油、邻氨基苯甲酸甲酚和曳馥基等，其青配叶醇及其酯类、壬二烯-2,6-醛、紫罗兰叶浸膏、辛炔羧酸甲酯或庚炔羧酸甲酯等。其辛香配用丁香酚、枯茗醛等。其药草香可用少量水杨酸酯来体现。金合欢的常用原料如下：

1. 主香剂

苯乙醇、金合欢醇、大茴香醇、α-松油醇、芳樟醇、香叶醇、橙花醇、大茴香醛、羟基香茅醛、α-紫罗兰酮、β-紫罗兰酮、α-甲基紫罗兰酮、β-甲基紫罗兰酮、乙酸大茴香酯、辛炔羧酸甲酯、水杨酸异丁酯、大茴香腈、银白金合欢浸膏、银白金合欢净油、依兰依兰精油等。

2. 和合剂

癸醇、苄醇、二甲基苄基原醇、桂醇、玫瑰醇、四氢香叶醇、丁香酚、异丁香酚、铃兰醛、新铃兰醛、洋茉莉醛、α-戊基桂醛、α-己基桂醛、二氢茉莉酮、乙酸苄酯、乙酸芳樟酯、水杨酸甲酯、水杨酸乙酯、水杨酸异戊酯、邻氨基苯甲酸甲酯、邻氨基苯甲酸乙酯等。

3. 修饰剂

苯丙醇、辛醛、癸醛、苯甲醛、苯丙醛、柑青醛、香柠檬醛、甲酸辛酯、甲酸芳樟酯、甜橙精油等。

4. 定香剂

二苯甲酮、β-萘乙酮、肉豆蔻异丙酯、香豆素、二氢香豆素等。

(三)金合欢香精香气分路

金合欢香精香气分路如表 4-66 所示。

表 4-66　金合欢香精香气分路　　单位：%

香韵	比例
金合欢甜	10～25
醇甜	10～15
辛甜	2～8
叶青	5～10
药香	1～3
梧青	3～8
豆-茴香	6～15
茉莉酮青	10～20
玫瑰木青	4～12
浊香	0.5～2.5

(四)金合欢香精配方

金合欢香精配方如表 4-67 所示。

表 4-67　金合欢香精配方　单位：g

原料	用量	原料	用量
香茅醇	9.0	癸醇	0.1
芳樟醇	10.0	大茴香醛	7.0
乙酸香叶酯	5.0	乙酸香茅酯	2.5
苯甲酸甲酯	1.0	3-壬烯醇	0.3
乙酸橙花酯	1.0	β-环高柠檬醛	0.2
2-壬烯醛	0.2	十二醛	0.1
香叶醇	10.0	柠檬精油	2.0
苯甲醛	2.0	苄醇	10.0
冬青精油	4.0	金合欢浸膏	2.0
水杨酸异丁酯	1.0	橙叶精油	3.0
十一烯醇	0.4	乙酸丁香酚酯	1.5
2,6-壬二烯醛	0.02	乙酸苄酯	1.0
甲基紫罗兰酮	10.0	柠檬醛	1.2
橙花醇	3.0	p-甲酚甲醚	1.0
松油醇	8.0	MOC	0.5
2-壬烯醇	1.0	β-萘乙醚	0.3
丁香酚甲醚	2.0	苯甲酸苄酯	5.0
乙酸苄酯	2.0	香豆素	1.0

十二、桂花香精

桂花是中国特有的芳香植物，为常绿乔木或小乔木，是我国传统十大名花之一，也是杭州市、桂林市的市花。桂花久经栽培，变种很多，常见的有金桂、银桂、丹桂、四季桂等。金桂花色金黄，香气浓郁，产花量大并且容易脱落，便于采收，是常见的类型，栽培品种较多。银桂花黄白色，花极香，着花牢固，不易采收。丹桂花色橙黄或橙红，香气较淡，着花牢固，不易采收。四季桂花淡黄，一年数次开花，花量小，香味较淡，一般供观赏。桂花属于花香幽清香韵，香气甜中带青，具有酮甜、醇甜、酿甜和果甜，并辅以小花茉莉的鲜清气息，同时带有梧青、叶青和木香香气。桂花提取精油的品种主要是金桂，桂花净油价格昂贵，因此常用于高档日用香精和花香香精中。

（一）桂花净油成分

桂花净油成分如表 4-68 所示。

表 4-68 桂花净油成分 单位:%

成分名称	含量	成分名称	含量
氧化-反-芳樟醇(呋喃型)	1.0	芳樟醇	0.8
氧化-顺-芳樟醇(呋喃型)	1.3	顺-茶螺烷 A	0.3
氧化橙花醇	0.02	藿三烯醇	0.02
辛酸乙酯	0.05	反-茶螺烷 B	0.4
2(3)-脱氢茶螺烷	0.06	*p*-孟-1-烯-9-醛	0.05
壬酸乙酯	0.05	油酸	7.0
5,7,9-大柱三烯	0.07	反-香叶酸	1.6
β-紫罗兰酮	7.6	亚油酸乙酯	3.1
壬醇	0.07	硬脂酸乙酯	0.5
α-松油醇	0.02	*p*-甲氧基苯乙醇	1.0
β-紫罗兰乙醚	0.02	2,7-癸二烯-5-内酯	0.02
苯甲醇	0.05	5,7,9-大柱三烯-4-酮	0.02
香茅醇	0.07	香叶醇	1.2
橙花醇	0.03	苯乙腈	0.03
α-紫罗兰酮	0.6	*β*-苯乙醇	0.1
顺-茉莉酮	0.03	二氢-*α*-紫罗兰酮	0.2
α-紫罗兰醇	0.02	二氢-*β*-紫罗兰酮	6.45
橙花叔醇	0.1	4-氧代-*β*-紫罗兰醇	0.3
二氢-*β*-紫罗兰醇	3.0	4-羟基-*β*-紫罗兰醇	0.3
丁香酚	0.07	4-氧代-二氢-*β*-紫罗兰醇	0.8
p-乙基酚	0.4	7-癸烯-5-内酯	0.01
癸-4-内酯	4.0	7-癸烯-4-内酯	0.05
6-戊基-2-吡喃酮	0.2	4-氧代-二氢-*β*-紫罗兰酮	0.3
癸-5-内酯	0.03	亚油酸	8.7
香豆素	0.02	亚麻酸	17.4
4-氧代-*β*-紫罗兰酮	0.1	亚麻酸乙酯	6.3
棕榈酸乙酯	3.4	油酸乙酯	1.4
4-羟基-*β*-紫罗兰酮	0.3	十四酸乙酯	0.2
十四酸	1.0	7-氧代二氢茶螺烷	0.3
二十六烷	1.5	6,10,14-三甲基-2-十五烷-2-酮	0.2
硬脂酸	1.7	1-(2,6,6,-三甲基-1,3-环己二烯-1-基)-3-丁酮	0.05
反-7,10-环氧-2,6,10-三甲基-2,5,11-十二碳三烯	0.01	1-(2,6,6,-三甲基-1,3-环己二烯-1-基)-3-丁醇	0.03

(二)配制桂花香精原料

桂花的盛甜是以紫罗兰酮类香料、鸢尾、并辅以玫瑰香韵和桃、杏果的甜韵来体现的，其青香是叶醇及其酯类、辛炔羧酸甲酯、紫罗兰叶为主的叶青来体现的，并辅以芳樟醇的木青和松油醇的梧青，其鲜浊气是用邻氨基苯甲酸甲酯和小花茉莉浸膏和净油来体现。配制桂花的常用原料如下：

1. 主香剂

桂花浸膏、桂花净油、叶醇、香叶醇、橙花醇、芳樟醇、α-松油醇、2,6-壬二烯醛、α-紫罗兰酮、β-紫罗兰酮、甲基紫罗兰酮、异甲基紫罗兰酮、α-鸢尾酮、辛炔羧酸甲酯、γ-辛内酯、γ-癸内酯、γ-十一内酯、鸢尾凝脂、紫罗兰叶浸膏、紫罗兰叶净油等。

2. 和合剂

月桂醇、苄醇、苯乙醇、桂醇、玫瑰醇、香茅醇、四氢香叶醇、β-突厥酮、叶酸叶醇酯、乙酸苄酯、庚酸乙酯、邻氨基苯甲酸甲酯、白兰叶精油、苦橙叶精油等。

3. 修饰剂

己醇、癸醇、异丁香酚、苯乙醛、苯丙醛、α-戊基桂醛、α-己基桂醛、枯茗醛、大茴香醛、兔耳草醛、羟基香茅醛、洋茉莉醛、3-羟基丁酮、苯乙二甲缩醛、乙酸香茅酯、丁酸肉桂酯、壬酸苯乙酯、水杨酸异丁酯、γ-壬内酯、檀香精油、树兰精油等。

4. 定香剂

苏合香香树脂、檀香 208 等。

(三)桂花香精香气分路

桂花香精香气分路如表 4-69 所示。

表 4-69　　桂花香精香气分路　　单位：%

香韵	比例
酮甜(主)	20～55
醇甜(和合)	5～25
酿甜(辅助)	0.5～4
果甜(主)	1～8
叶青(修饰)	少量
茉莉酮青(主)	3～12
梧青(和合)	5～10
苔青(辅助)	0.5～5
玫瑰木青(和合)	3～12
浊香(辅助)	少量

(四)桂花香精配方

桂花香精配方如表 4-70 所示。

表 4-70　　桂花香精配方　　单位:g

原料	用量	原料	用量
甲基紫罗兰酮	20.0	γ-十一内酯	2.5
二氢-β-紫罗兰酮	5.0	异甲基紫罗兰酮	16.0
叶醇	1.0	依兰依兰精油	2.0
紫罗兰叶净油	1.0	乙酸苄酯	7.0
康乃克油	1.0	松油醇	5.0
苏合香香树脂	2.5	乙酸香茅酯	2.0
桂花浸膏	4.0	大茴香醛	3.0
γ-癸内酯	2.5	香叶醇	5.0
氧化芳樟醇	1.0	金合欢浸膏	2.0
β-紫罗兰酮	10.0	铃兰醛	2.0
鸢尾凝脂	2.0	γ-癸内酯	2.0
丁香酚	1.0	邻氨基苯甲酸甲酯	0.5
乙酸桂酯	2.0	乙酸叶醇酯	0.2
二氢茉莉酮酸甲酯	4.0	二氢月桂烯醇	1.0
水杨酸甲酯	2.0	p-苯二酚二甲醚	0.5
10%2,6-壬二烯醛	0.1	苯乙醛	0.4
MOC	0.2	辛酸乙酯	0.5
乙酸苯乙酯	2.0	檀香醚	0.1
乙酸己酯	0.1	枯茗醛	0.1

十三、紫罗兰香精

紫罗兰花极香,属幽清香韵,原产欧洲,在亚洲和北美也有野生或栽培,品种很多,用于香料行业的主要有两种,一种是重瓣花,苍蓝色,幽清中甜气较浓;另一种是单瓣花,蓝紫色,幽清中青气较重。紫罗兰叶也可提取香料,香气与紫罗兰浸膏有很大不同,属于非花香青滋香韵。紫罗兰香气很早就受到女士的喜爱,其单瓣花香气可用甲基紫罗兰酮、α-

紫罗兰酮、鸢尾净油、鸢尾凝脂、紫罗兰叶净油、苯乙醇，还可少量添加甲基壬乙醛、茉莉、金合欢来增添花香。重瓣花香气可用。α-紫罗兰酮、γ-紫罗兰酮、甲基紫罗兰酮、鸢尾浸膏、鸢尾凝脂结合，少量添加苯乙醇、辛炔羧酸甲酯，微量使用岩兰草精油，甚至可用少量的羟基香茅醛和香柠檬油，有时还会使用少量的紫罗兰叶净油。有时为了增加紫罗兰的甜气，还可加入梅或布拉斯李树的香韵，紫罗兰的泥土气息可由水杨酸戊酯和乙酸戊酯体现。新鲜铃兰的香气可增加紫罗兰香气的新鲜感。紫罗兰香气是高贵香气，在日用香精中应用相当广泛，也受到调香师们的喜爱。

(一)紫罗兰净油成分

花净油：壬二烯-2,6-醇、壬二烯-2,6-醛、叶醇等。

叶净油：真紫罗兰酮(Parmone)、壬二烯-2,6-醇、壬二烯-2,6-醛、己醇、叶醇、丁香酚、苄醇、庚烯醇等。

(二)配置紫罗兰香精原料

紫罗兰是花香中的幽清香韵，其香气以叶青、茴青和豆香为主，既有桂花的柔甜(但比桂花清)，又有玫瑰的醇甜，并略带干甜的木香，再加上茉莉、白兰的清鲜香气，可组成紫罗兰的独特香气。调配紫罗兰的常用原料如下：

1. 主香剂

叶醇、香叶醇、玫瑰醇、芳樟醇、茴香醇、茴香醛、洋茉莉醛、2,6-壬二烯醛、α-紫罗兰酮、β-紫罗兰酮、甲基紫罗兰酮、异甲基紫罗兰酮、鸢尾酮、庚炔羧酸甲酯、辛炔羧酸甲酯、茴香酯、紫罗兰花浸膏、紫罗兰花净油、鸢尾精油等。

2. 和合剂

苯甲醇、苯乙醇、α-松油醇、金合欢醇、橙花叔醇、丁香酚、异丁香酚、异丁香酚苄醚、乙酰基异丁香酚、乙酸苄酯、乙酸芳樟酯、乙酸茴香酯、庚炔羧酸甲酯、丁香精油、香柠檬精油、橙叶精油、岩兰草精油、柏木精油、玫瑰木精油、洋甘菊浸膏、茉莉浸膏、大花茉莉净油、紫罗兰叶净油、橡苔净油、金合欢净油等。

3. 修饰剂

癸醇、月桂醇、苯乙醛、铃兰醛、新铃兰醛、羟基香茅醛、枯茗醛、柠檬醛、兔耳草醛、月桂醛、甲基壬基乙醛、香兰素、香豆素、乙酸苯乙酯、乙酸肉桂酯、乙酸异戊酯、乙酸柏木酯、苯乙酸苯乙酯、十四酸乙酯、水杨酸甲酯、水杨酸异丁酯、玫瑰精油、香叶精油、柠檬精油、树兰精油、依兰依兰精油、檀香精油、香附精油、丁香罗勒精油、甜罗勒精油、圆叶当归根精油、白兰浸膏、灵猫香净油、金合欢净油等。

4. 定香剂

鸢尾精油、岩蔷薇浸膏、苏合香香树脂、秘鲁香树脂、安息香香树脂、合成麝香等。

(三)紫罗兰香精香气分路

紫罗兰香精香气分路如表4-71所示。

表 4-71　　紫罗兰香精香气分路　　单位：%

香韵	比例
酮甜(鸢尾甜)(主)	35～65
醇甜(和合)	4～12
辛甜(辅助)	0.5～3
叶青(主)	0.5～2
乙苄青(辅助)	3～10
茉莉酮青(辅助)	0.5～6
豆-茴青(主)	2～8
苔青(辅助)	0.5～5
豆青(含粉香)(辅助)	1～8
木香(辅助)	0.5～6
果香(修饰)	0.5～5

(四)紫罗兰香精配方

紫罗兰香精配方如表 4-72 至表 4-74 所示。

表 4-72　　紫罗兰香精配方(一)　　单位：g

原料	用量	原料	用量
α-紫罗兰酮	10	苦橙精油	0.6
异甲基紫罗兰酮	10	橡苔净油	0.16
紫罗兰酮	10	庚炔羧酸甲酯	0.03
配制茉莉	20	芳樟醇	0.5
茉莉酯	5	玫瑰木精油	3
茉莉香基	2	桂醛	4.5
紫罗兰叶净油	2	洋茉莉醛	2
鸢尾净油	1.1	麝香 105	0.1
依兰依兰精油	1	酮麝香	0.5
依兰依兰净油	0.6	香兰素	0.2
金合欢净油	0.55	灵猫酊剂	16.5
配制玫瑰	0.1	秘鲁香酊剂	8.5
橙花精油	0.06	合计	100
苯乙醇	1		

表 4-73　　紫罗兰香精配方(二)　　单位:g

原料	用量	原料	用量
紫罗兰香精配方 1	60	紫罗兰叶净油	2.6
β-紫罗兰酮	6	金合欢净油	0.8
α-异甲基紫罗兰酮	10	含羞花净油	1.3
烯丙基紫罗兰酮	9	茉莉净油	1.2
依兰净油	4	1%布拉斯李树净油(芬美意)	3.5
鸢尾净油	1.6	合计	100

表 4-74　　紫罗兰香精配方(三)　　单位:g

原料	用量	原料	用量
紫罗兰叶浸膏	0.5	树兰精油	1.0
小花茉莉浸膏	1.0	卡南加精油	2.0
鸢尾凝脂	3.0	10%MOC	1.0
紫罗兰酮	30.0	甲基紫罗兰酮	5.0
香叶醇	3.0	芳樟醇	3.0
橙叶醇	3.0	羟基香茅醛	2.0
苄醇	2.0	乙酸苄酯	10.0
异丁香酚	1.0	茴香醛	3.0
洋茉莉醛	8.0	1-辛烯-3-醇	1.0
乙酸桂酯	2.0	苯乙醇	4.0
50%苯乙醛	1.5	树苔浸膏	1.0
乙酸叶醇酯	0.2	水杨酸异丁酯	1.0
叶醇	1.0	γ-十一内酯	0.1
α-戊基桂醛	3.0	二氢-β-紫罗兰酮	10.0
2-己烯醇	1.0	10%2,6-壬二烯醛	1.0
苯甲酸叶醇酯	1.0	赖百当浸膏	1.0

十四、橙花香精

橙花是苦橙树和甜橙树的花，在中国、埃及、摩洛哥、阿尔及利亚、美国、意大利、法国等地都有分布。橙花属于鲜香香韵，香气与代代花类似，苦橙花的香气比甜橙花好。苦橙花油是名贵香料，是高档香水香精、化妆品香精的上好原料。苦橙花和甜橙花虽然有很多相似的成分，但调香师们可以很好地区分二者之间的香气区别。苦橙花香韵常在古龙和相似的香韵中使用。在国外，苦橙花油是由苦橙花水和甜橙花水的混合物经水蒸气蒸馏制得的。在花香型香精中常有橙花香韵的有金银花、紫丁香、栀子花、水仙、茉莉、铃兰、兔耳草花等。在杏仁和其他果香韵中有甜橙香韵。橙花花香在日用香精中应用广泛，仅次于玫瑰、茉莉、依兰依兰。

(一)橙花净油成分

橙花净油成分如表 4-75 所示。

表 4-75　　橙花净油成分　　单位：%

成分名称	含量	成分名称	含量
α-蒎烯	微量	橙花醇	0.9
β-蒎烯	0.4	香叶醇	1.5
月桂烯	0.1	吲哚	1.0
苧烯＋顺-罗勒烯	5.1	邻氨基苯甲酸甲酯	3.0
反-罗勒烯	0.6	丁香酚	0.3
芳樟醇	32.0	乙酸橙花酯	0.8
苯乙醇	4.5	乙酸香茅酯	0.1
α-松油醇	2.4	乙酸香叶酯	0.6
香茅醇	0.5	橙花叔酯	7.6
乙酸芳樟酯	16.8	金合欢醇	7.7

(二)配制橙花香精原料

橙花具鲜香香韵，其鲜韵来自邻氨基苯甲酸甲酯类香料，并略带吲哚气息；其清香来自茉莉类香料、芳樟醇及其酯类、苯乙醇、橙花叔醇等，并带萜气。甜香来自橙花醇、香叶醇等。橙花常用原料如下：

1. 主香剂

苦橙花和净油、代代花净油和浸膏、橙花醇、橙花叔醇、芳樟醇、香叶醇、吲哚、α-松油醇、橙花酮、二氢茉莉酮、茉莉酮、异茉莉酮、乙酸芳樟酯、邻氨基苯甲酸甲酯、β-甲基萘酮、橙花素等。

2. 和合剂

辛醇、壬醇、癸醇、十二醇、苯乙醇、α-戊基桂醇、金合欢醇、铃兰醛、新铃兰醛、α-戊基桂醛、α-己基桂醛、羟基香茅醛、二氢茉莉酮酸甲酯、乙酸香叶酯、乙酸橙花酯、橙叶精油、玫瑰木精油等。

3. 修饰剂

玫瑰醇、丁香酚、异丁香酚、辛醛、壬醛、癸醛、十一醛、月桂醛、苯乙醛、苯丙醛、洋茉莉醛、大茴香醛、对甲基苯甲醛、兔耳草醛、苯乙二甲缩醛、α-紫罗兰酮、β-紫罗兰酮、甲基紫罗兰酮、异甲基紫罗兰酮、甲酸癸酯、乙酸辛酯、乙酸壬酯、乙酸癸酯、乙酸苄酯、苯乙酸苄酯、γ-十一内酯、甜橙精油、依兰依兰精油、茉莉净油、樟脑精油（痕量使用）等。

4. 定香剂

β-萘甲醚、β-萘乙醚、β-萘异丁醚、苯甲酸异丁酯，苯乙酸异丁酯、苯乙酸松油酯、邻氨基苯甲酸乙酯、邻氨基苯甲酸苯乙酯、邻氨基苯甲酸芳樟酯、茉莉素、苯乙酸等。

（三）橙花香精香气分路

橙花香精香气分路如表 4-76 所示。

表 4-76　　橙花香精香气分路　　单位：%

香韵	比例
萜气（辅助）	1～8
果香（主）	3～10
叶青（修饰）	少量
玫瑰木青（主）	20～60
梧青（和合）	3～15
茉莉酮青（主）	5～15
醇甜（主）	5～15
乙苄青（和合）	3～15
蜜甜（和合）	5～10
浊香（主）	3～15

（四）橙花香精配方

橙花香精配方如表 4-77 至表 4-79 所示。将配方（一）和配方（二）按照 1∶2 比例调和，可得到具有天然感的橙花香气。

表 4-77　　橙花香精配方（一）　　单位：g

原料	用量	原料	用量
乙酸芳樟酯	7.1	苦橙油（罗伯特）	19
除萜橙叶精油	33.4	依兰依兰精油	1.2
Floral 160	14.3	苯乙醇	4.7
10%吲哚	4.7	芸香精油	0.8
丁香酚	2.2	邻氨基苯甲酸甲酯	2.4
香叶醇	5.6	柠檬醛	0.9
乙酸香叶酯	3.7	合计	100

表 4-78　　橙花香精配方(二)　　单位:g

原料	用量	原料	用量
橙叶精油(格拉斯)	31.5	乙酸芳樟酯	7.3
邻氨基苯甲酸甲酯	25	10%吲哚	4.7
丁香酚	18.5	10%辛醛	2.75
香叶醇	6	合计	100
苯乙醇	4.25		

表 4-79　　橙花香精配方(三)　　单位:g

原料	用量	原料	用量
橙花叔醇	2.0	新铃兰醛	3.0
苦橙花精油	20.0	异甲基紫罗兰酮	2.0
白兰浸膏	0.5	甲基-β-萘甲醚	1.0
依兰依兰精油	3.0	二氢茉莉酮	0.1
橙花醇	5.0	异丁香酚	0.8
香叶醇	4.0	吲哚	0.3
代代花精油	10.0	乙酸苄酯	5.0
小花茉莉净油	3.0	甲基-β-萘甲酮	1.0
树兰花精油	2.5	橙花酮	2.0
白兰叶精油	8.0	兔耳草醛	0.5
松油醇	2.0	柠檬精油	2.0
乙酸香叶酯	2.0	二氢茉莉酮酸甲酯	1.5
苯乙醇	7.0	二甲基苄基原醇	2.0
邻氨基苯甲酸甲酯	5.0	乙酸壬酯	1.0
癸醛	0.1	十二醇	1.0

十五、木樨草香精

木樨草是木樨草科植物,一年生草本。木樨草的花香归属为幽清香韵,其香气与桂花有些相似,木樨草的甜、清、鲜香气中,清香气较突出,并带有柑橘类的清甜果香而鲜香较弱。

木樨草花香的甜是以柔甜与醇甜并重的;其清青气主要是由叶青与清甜果香并稍带甜罗勒的茴青气相混;其鲜则似大花茉莉。

(一)配制木樨草香精原料

木樨草香精配方用料,大体上与桂花相似,而只是在清青香气的香料的用量及品种上有些差别,而甜香中少酿甜。

1. 主香剂

癸炔羧酸乙酯、庚炔羧酸甲酯、辛炔羧酸甲酯、香叶醇、玫瑰醇、叶醇、紫罗兰酮、甲基紫罗兰酮、壬二烯-2,6-醛、紫罗兰叶浸膏、紫罗兰叶净油、香柠檬精油、柠檬精油等。

2. 和合剂

鸢尾酮,大茴香醛、香柠檬醛、兔耳草醛、洋茉莉醛、铃兰醛、新铃兰醛、羟基香茅醛、十二醇、大茴香醇、二甲基苄基原醇、苯乙醇、芳樟醇、松油醇、苄醇、橙花醇、乙酸苄酯、乙酸芳樟酸、乙酸香茅酯、乙酸苯乙酯、乙酸苯丙酯、乙酸愈创木酚酯、大花茉莉浸青和净油、波罗尼亚(Boronia)花净油、格蓬精油、甜罗勒精油等。

3. 修饰剂

二丁基硫醚、丁香酚、异丁香酚、香茅腈、柠檬腈、正己醇、桂醇、苯丙醇、壬醇、苯乙醛、苯乙二甲缩醛、苯丙醛、莳萝醛、柠檬醛、柑青醛、十二醛、甲基壬基乙醛、水杨酸甲酯、乙酸月桂烯酯、邻氨基苯甲酸甲酯、杨梅醛、丙位十一内酯、甲基壬基甲酮、对甲氧基苯乙酮、合成檀香、檀香精油等。

4. 定香剂

苯甲酸苄酯、二甲基代对苯二酚、香豆素、鸢尾凝脂、苏合香香树脂、安息香香树脂等。

5. 增加天然感的香料

木樨草浸膏和净油、依兰依兰精油、含羞花净油等。

(二)木樨草香精香气分路

木樨草香精香气分路如表 4-80 所示。

表 4-80　木樨草香精香气分路　单位:%

香韵	比例
花香	7～15
药草香	1～5
柑橘香	5～20
醇甜	1～3
酮甜	10～30
玫瑰木青	2～15
浊香(主)	1～5
豆香	0.1～3
麝香	0.2～5
膏香	0.5～2
合欢甜	3～10

(三)木樨草香精配方

木樨草香精配方如表 4-81 至表 4-84 所示。

表 4-81　　木樨草香精配方(一)　　单位:g

原料	用量	原料	用量
甲基紫罗兰酮	20	金合欢净油	5
木樨草净油	5	鸢尾浸膏	1.5
香柠檬精油	12	岩兰草浸膏	0.4
木樨草香叶醇	25	甜罗勒精油	4
十二醇	2	洋茉莉醛	1
大花茉莉净油	10	香紫苏精油	0.1
庚炔羧酸甲酯	5	芳樟醇	7
水杨酸异丁酯	2	合计	100

表 4-82　　木樨草香精配方(二)　　单位:g

原料	用量	原料	用量
甲基紫罗兰酮	30	鸢尾凝脂	4
木樨草净油	2	甲基己基甲酮	5
香柠檬精油	16	依兰依兰精油	3
苯丙醇	10	葵子麝香	1
十二醇(10%)	2	檀香精油	10
紫罗兰叶净油	1	薰衣草精油	1
庚炔羧酸甲酯	1	橙叶精油	7
乙酸苄醚	5	合计	100
格蓬香树脂	1		

表 4-83　　木樨草香精配方(三)　　单位:g

原料	用量	原料	用量
甲基紫罗兰酮	50	鸢尾凝脂	1
木樨草净油	2	柠檬精油	10
香柠檬油	10	玫瑰醇	10
香豆素	1	含羞花净油	1
甜罗勒精油	0.3	丁香酚	3

续表

原料	用量	原料	用量
香兰素	1	大茴香醛	3
庚炔羧酸甲酯	2	橙叶精油	2
杨梅醛	0.5	灵猫香净油	0.2
酮麝香	3	合计	100

表 4-84　　木樨草香精配方(四)　　单位:g

原料	用量	原料	用量
甲基紫罗兰酮	25	乙酸苯乙酯	7.5
鸢尾浸膏	5	乙酸苯基甲基原酯	2.5
甲基紫罗兰酮	10	甲基壬基甲酮	2.5
乙酸苯丙酯	10	香柠檬精油	7.5
香叶醇	20	合计	100
松油醇	10		

十六、山楂花香精

山楂是蔷薇科、山楂属植物，为落叶山乔木或多分枝大灌木。我国东北、内蒙古、河北、河南、山东、山西、江浙等地区均有，其果实作食用或入药。

山楂花或五月花的香气，是国外调香前辈由鲜花香气结合调香模拟技艺所树立的一种经典式的花香型，其主体香气是由大茴香醛、对甲氧基苯乙酮、大茴香醇、香豆素等组成，并和合与修饰以其他一些花香与非花香香气。

山楂花香气是清韵花香，由茴青及带青气的豆香组成其清青香气，润饰以鲜韵的花香。从香气构成来看，山楂花的香气，相对来说是比较简单的。

(一)配制山楂花香精原料

山楂花的茴青清气是用大茴香醛之类的香气来比拟的，其豆香以香豆素为主，辅以洋茉莉醛来取得豆青之气；杏子气可用苯甲酸或苯乙酮：花香主要是用紫丁香、铃兰、茉莉、依兰依兰、苦橙花等鲜韵来托出的，并可稍用玫瑰的甜气来圆和。

1. 主香香料

大茴香醛、大茴香醇、大茴香腈、对甲氧基苯乙酮、对甲基苯乙酮、苯乙酮、香豆素、甲酸大茴香酯、乙酸大茴香酯等。

2. 和合剂

芳樟醇、香茅醇、香叶醇、苯乙醇、松油醇、橙花醇、羟基香茅醛、洋茉莉醛、香兰素、乙基香兰素、苯乙醛、乙酸香叶酯、水杨酸异戊酯、二甲基代对苯二酚等。

3. 修饰剂

桂醇、壬醇、十二醇、二氢月桂烯醇、甲位紫罗兰酮、邻氨基苯甲酸芳樟酯、丁酸异戊酯、异戊酸异戊酯，甲酸玫瑰酯、乙酸芳樟酯、乙酯苄酯、苯甲醛、铃兰醛、新铃兰醛、甲位己基桂醛、甲位戊基桂醛、壬醛、香柠檬醛、茉莉酯、二氢茉莉酮酸甲酯、水杨酸己酯、风信子素、黄樟素、异黄樟素、大茴香脑、白兰叶精油、代代叶精油、八角茴香精油、香叶精油、玫瑰精油、香夹兰豆浸膏等。

4. 定香剂

二苯甲酮、安息香香树脂，苏合香香树脂、秘鲁香树脂等。

5. 增加天然感的香料

紫丁香浸膏和净油、小花茉莉净油、含羞花净油、代代花精油、玫瑰精油、依兰依兰精油或卡南加精油等。

(二)山楂花香精香气分路

山楂花香精香气分路如表 4-85 所示。

表 4-85　　山楂花香精香气分路　　单位：%

香韵	比例
茴青	15～40
浊香	少量
玫瑰木青	5～20
香草香	1～10
豆香	2～8
花香	10～20
酮甜	1～5
乙苄青	1～3
药草香	1～3

(三)山楂花香精配方

山楂花香精配方如表 4-86、表 4-87 所示。

表 4-86　　山楂花香精配方(一)　　单位：g

原料	用量	原料	用量
大茴香醛	15	苯乙酮	0.5
大茴香醇	15	香叶精油	3
苯甲醛(10%)	0.5	苯乙醇	5
小花茉莉浸膏	2	二甲基代对苯二酚	0.5

续表

原料	用量	原料	用量
香叶醇	10	大茴香脑	1
洋茉莉醛	8	苯乙醛(50%)	2
香兰素	4	乙酸大茴香脂	3
乙酸苄酯	2	紫罗兰酮	2
依兰依兰精油	2	大茴香醛-邻氨基苯甲酸芳樟酯泄馥基	2
香豆素	5	苯乙醛二香茅缩醛	4
橙叶精油	4	甲位戊基桂醛-邻氨基苯甲酸芳樟酯泄馥基	5
芳樟醇	2	合计	100
水杨酸异戊酯	2		

表 4-87　　山楂花香精配方(二)　　单位:g

原料	用量	原料	用量
大茴香醇	15	香茅醇	5
苯甲醛	1	松油醇	5
洋茉莉醛	5	白兰叶精油	2
乙酸苄酯	3	甲酸玫瑰酯	3
依兰依兰精油	3	水杨酸己酯	3
香豆素	4	风信子素	1
香叶精油	1	香柠檬醛	2
二甲基代对苯二酚	1	邻氨基苯甲酸芳樟酯	3
紫罗兰酮	2	甲位己基桂醛	1.5
乙酸芳樟酯	1	茉莉酯	1.5
大茴香脑	15	小花茉莉净油	1
对甲氧基苯乙酮	1	含羞花净油	1
对甲基苯乙酮	2	金合欢净油	1.5
乙基香兰素	2	玫瑰精油	1
异黄樟素	0.5	壬醛(10%)	1
羟基香茅醛	3	代代叶精油	4
安息香香树脂	2	合计	100
苏合香香树脂	2		

十七、依兰依兰和卡南加香精

依兰依兰和卡南加均是在香精工业中音译的名称。依兰依兰英文名 Ylang ylang，音译为依兰依兰。卡南加的英文名是 Cananga。依兰依兰与卡南加在植物分类上均是番荔枝科的 *Cananga odorata* 植物，但同品不同型。一般说来，它们的精油香气是较为接近的，只是卡南加的香气较依兰依兰粗糙一些。从化学性质上看，依兰依兰精油的皂化值(可达 150 以上)要比卡南加(约 40)高得多。

依兰依兰和卡南加花香同属鲜韵而带甜。香气鲜清，浓甜厚实，颇似茉莉但较茉莉粗糙强烈。如前所述，花香中有清有浊谓之鲜。其鲜咸浊香多来自对甲酚甲醚与邻氨基苯甲酸酯类；其清香多出自芳樟醇、乙酸苄酯等，其草青气主要出自苯甲酸甲酯与水杨酸甲酯等；其浓甜厚实气息主要由于含有苯甲酸苄酯、石竹烯、丁香酚衍生物等的膏甜、辛香及木香所致。卡南加香气较依兰依兰粗糙的原因主要是多茴青辛香和木春，花香不及依兰依兰鲜清。

(一)依兰依兰和卡南加精油成分

依兰依兰和卡南加精油成分如表 4-88 至表 4-90 所示。

表 4-88　马来西亚依兰依兰精油成分　单位：%

成分名称	含量	成分名称	含量
乙酸异戊酯	0.007	邻甲氧基苯甲酸甲酯	0.006
乙酸 2-甲基丁酯	0.006	δ-榄香烯	0.040
乙酸戊烯酯	0.093	丁酸苄酯	0.040
α-蒎烯	0.20	α-荜澄茄烯	0.102
莰烯	0.005	丁香酚	0.616
苯甲醛	0.024	乙酸香叶酯	10.15
桧烯	0.004	β-荜澄茄烯	0.583
β-蒎烯	0.071	β-波旁烯	0.033
6-甲基-5-庚烯-2-酮	0.009	β-榄香烯	0.631
月桂烯	0.078	甲基丁香酚	0.060
乙酸叶醇酯	0.055	α-古芸香烯	0.014
α-水芹烯	0.009	乙酸大茴香酯	0.016
乙酸己酯	0.051	β-石竹烯	8.122
对甲酚甲醚	2.909	γ-榄香烯	0.032
邻异丙基苯	0.014	乙酸肉桂酯	1.522
柠檬烯	0.041	γ-依兰油烯	0.188
1,8-桉叶素	0.104	α-蛇麻烯	3.140

续表

成分名称	含量	成分名称	含量
苯甲醇	0.059	γ-杜松烯	0.932
(Z)-β-罗勒烯	0.017	α-依兰油烯	13.303
(Z)-氧化芳樟醇	0.004	(E,E)-α-金合欢烯	4.297
对甲酚	0.043	β-姜黄烯	0.812
萜品油烯	0.020	乙酸丁香酚酯	0.171
苯甲酸甲酯	2.141	δ-杜松烯	2.504
芳樟醇	7.081	去氢白菖蒲烯	0.259
壬醛	0.034	表圆线藻烯	0.149
1,2-二甲氧基苯	0.008	α-杜松烯	0.127
乙酸苄酯	3.977	榄香醇	0.396
乙酸对甲酚酯	0.133	(E)-橙花叔醇	0.156
苯甲酸乙酯	0.027	绿花白千层醇	0.016
4-松油醇	0.004	苯甲酸叶醇酯	0.064
水杨酸甲酯	0.118	苯甲酸己酯	0.063
α-松油醇	0.092	兰桉醇	0.123
甲基胡椒酚	0.193	愈创木醇	0.360
橙花醇	0.016	β-桉叶油醇	0.109
橙花醛	0.010	α-杜松醇	1.456
香叶醇	2.002	(Z,E)-金合欢醇	4.753
乙酸苯乙酯	0.131	(2E,6E)-金合欢醛	0.064
柠檬醛	0.023	苯甲酸苄酯	10.923
乙酸龙脑酯	0.004	苯甲酸对甲酚酯	0.149
大茴香脑	0.064	(E,E)-金合欢醇乙酸酯	2.839
甲酸香叶酯	0.025	肉桂酸苄酯	0.030
肉桂醇	0.023		

表 4-89　　云南依兰依兰精油成分　　单位:%

成分名称	含量	成分名称	含量
乙酸异戊酯	0.377	丁香酚	1.111
乙酸 2-甲基丁酯	0.083	乙酸苯丙酯	0.174
对甲酚甲醚	6.415	乙酸香叶酯	3.988
苯甲醇	1.201	β-荜澄茄烯	0.008

续表

成分名称	含量	成分名称	含量
(*Z*)-氧化芳樟醇	0.007	α-古芸香烯	0.019
对甲酚	0.058	β-石竹烯	0.048
苯甲酸甲酯	7.479	苯甲酸异戊酯	0.230
芳樟醇	12.987	乙酸肉桂酯	4.972
苯甲醛二甲基缩醛	0.037	γ-依兰油烯	0.077
苯乙醇	0.179	α-依兰油烯	0.007
乙酸苄酯	16.868	δ-杜松烯	0.008
4-松油醇	0.004	(*E*)-异丁香酚乙酸酯	1.040
水杨酸甲酯	0.168	(*Z*,*E*)-金合欢醇	0.021
橙花醇	0.193	苯甲酸苄酯	27.674
苯丙醇	1.537	水杨酸苄酯	3.150
香叶醇	5.123	柠檬醛	0.001
丙酸苄酯	0.479	甲酸香叶酯	0.012

表 4-90　　卡南加精油成分　　单位：%

成分名称	含量	成分名称	含量
辛烷	0.002	甲基丁香酚	0.100
α-蒎烯	0.136	(*E*)-石竹烯	10.412
甲基庚烯酮	0.034	香树烯	0.049
月桂烯	0.368	(*E*)-β-金合欢烯	0.051
乙酸叶醇酯	0.012	α-芳樟醇	16.186
乙酸己酯	0.008	γ-依兰油烯	2.969
α-水芹烯	0.012	α-姜黄烯	0.015
α-萜品烯	0.042	α-紫穗槐烯	0.715
对甲酚甲醚	2.049	大根香叶烯	1.437
林伞花烃	0.413	α-依兰油烯	0.082
(*Z*)-β-罗勒烯	0.051	(*E*,*E*)-α-金合欢烯	1.068
柠檬烯	0.117	γ-荜澄茄烯	0.077
苯甲醇	0.006	大根香叶烯	2.650
β-水芹烯	0.013	δ-荜澄茄烯	5.241
β-罗勒烯	0.031	去氢白菖蒲烯	2.118
γ-松油烯	0.260	α-荜澄茄烯	1.318

续表

成分名称	含量	成分名称	含量
对甲基苯酚	0.007	α-白菖蒲烯	0.550
苯乙酮	0.003	榄香醇	0.407
α,α-二甲基苄醇	0.019	橙花叔醇	0.156
异松油烯	0.051	苯甲酸叶醇酯	0.125
芳樟醇	2.735	喇叭茶醇	0.175
苯甲醛二甲基缩醛	0.007	石竹素	0.349
乙酸苄酯	0.031	(E)-橙花叔醇	0.301
苯甲酸乙酯	0.007	兰桉醇	1.116
4-萜烯醇	1.010	γ-桉叶醇	0.331
α-萜品醇	0.150	香榧醇	0.239
橙花醇	0.050	T-杜松醇	0.104
(Z)-柠檬醛	0.041	摩勒醇	0.330
香叶醇	2.314	δ-杜松醇	0.222
(E)-柠檬醛	0.065	α-荜澄茄醇	5.651
丁香酚	0.092	(E,E)-金合欢醇	1.601
乙酸香叶酯	3.247	(E,E)-金合欢醛	0.028
苯甲酸丁酯	0.047	苯甲酸苄酯	18.359
α-依兰烯	0.320	水杨酸苄酯	1.275
α-咕巴烯	2.806	棕榈酸甲酯	0.008
β-榄香烯	0.702	苯甲酸香叶酯	0.264

(二)配制依兰依兰和卡南加香精原料

依兰依兰与卡南加同属鲜而带甜的花香香韵。卡南加香精中呈现药草、茴青、清韵。甜、辛香气香料用量上多于依兰依兰并呈现带甜的木香，而鲜清花香香料的用量则略少于依兰。

1. 主香香料

对甲酚甲醚、对甲酚、丁香酚、异丁香酚、苯甲酸甲酯、芳樟醇、香叶醇、苯乙醇、乙酸苄酯等。

2. 和合剂

松油醇、橙花醇、香茅醇、苄醇、橙花叔醇、二氢月桂烯醇、乙酸对甲酚酯、邻氨基苯甲酸甲酯、水杨酸甲酯、水杨酸乙酯、苯甲酸乙酯、苯乙酸对甲酚酯、丁香酚甲醚、紫罗兰酮、甲基紫罗兰酮、大茴香脑、冬青油、地檀香油、白兰叶精油、玫瑰木精油、丁香精油、大花茉莉净油、树兰精油等。

3. 修饰剂

乙酸香叶酯、甲酸香叶酯、乙酯、乙酸丁酯、乙酸柏木酯、甲酸苯乙酯、甲酸苄酯、丙酸苄酯、乙酸芳樟酚、乙酸丙酸苯乙酯、丁酸苯乙酯、二氢茉莉酮酸甲酯、苯乙酸对甲酚酯、羟基香茅醛、苯甲醛、大茴香醛、甲位戊基桂醛、甲位己基桂醛、柏木醇、金合欢醇、大茴香醇、己醇、甲位戊基桂醇、二甲基代对苯二酚、二氢茉莉酮酮、丙位壬内酯、吲哚、茉莉酯、石竹烯、黄樟素、代代叶油、苦橙叶精油、紫罗兰净油、小茴香精油(甜型为宜)、芫荽籽精油、龙蒿(Estragon)精油、山获油、甜罗勒油、灵猫香膏等。

4. 定香剂

苯甲酸苄酯、异丁香苄醚、异丁香酚甲醚、水杨酸苄酸、秘鲁香树脂、苯甲酸等。

5. 增加天然感的香料

依兰依兰精油、依兰依兰浸膏或净油、白兰净油、卡南加油等。

(三)依兰依兰和卡南加香精香气分路

依兰依兰和卡南加香精香气分路,如表 4-91 所示。

表 4-91　　依兰依兰和卡南加香精香气分路　　单位:%

香韵	比例
花香	15~40
茉莉酮青	1~5
木香	0.1~0.5
乙苄青	10~20
茴甜	1~3
药草香	0.5~2
浊香	少量
酮甜	3~8

(四)依兰依兰和卡南加香精配方

依兰依兰和卡南加香精配方如表 4-92、表 4-93 所示。

表 4-92　　依兰依兰香精的配方　　单位:g

原料	用量	原料	用量
大花茉莉浸膏	3	丁香酚甲醚	2
白兰浸膏	2	乙酸苄酯	15
树兰精油	2	苄醇	16
甲位戊基桂醛二苯乙缩醛	3	小茴香油(甜型)	2
甲位戊基桂醛泄馥基	2	甲酸苄酯	2

续表

原料	用量	原料	用量
苯乙醇	2.5	丙酸苄酯	3
紫罗兰酮	5	苯甲酸苄酯	10
对甲酚甲醚	1	芫荽籽油	0.5
苯甲酸甲酯	1.5	白兰叶精油	10
冬青精油或地檀香精油	0.5	香茅醇	10
乙酸芳樟酯	4	羟基香茅醛	2
乙酸对甲酚酯(10%)	1	合计	100

注:依兰依兰香精配方用对甲酚甲醚、苯甲酸甲酯、乙酸对甲酚酯、丁香酚甲醚、苯甲酸苄酯、乙酸苄酯为主香,和合以白兰叶精油、檀香精油(或冬青精油)、香茅醇、紫罗兰酮等,以少量檀香、小茴香精油、芫荽籽精油等修饰之,使更切合其香韵。其他都是增添茉莉气息的香料,有助于依兰香气的散发。重要的是加了天然的茉莉侵膏、白兰浸膏及树兰精油,使其能整体协调,发出优美花香。

表 4-93　　卡南加香精配方　　单位:g

原料	用量	原料	用量
大花茉莉浸膏	1.5	异黄樟素	2
白兰浸膏	0.5	乙酸苄酯	18.8
树兰精油	2	大茴香醛	2
甲位戊基桂醛二苯乙缩醛	5	小茴香精油(甜型)	8
香叶醇	4	丙位壬内酯(10%)	2
苯乙醇	6	赛茉莉酮	4
紫罗兰酮	4	苯甲酸苄酯	11
对甲酚甲醚	1.2	柏木醇	3
丁香酚	1	乙酸柏木醇	3
冬青油或地檀香精油	2	白兰叶精油	12
乙酸芳樟酯	3	羟基香茅醛	3
山萩精油	1	合计	100

注:卡南加香精配方除减少天然茉莉、白兰用量外,增加了合成的茉莉香料、檀香、小茴香及木质香的两种柏木原油系统的香料,使接近一般的卡南加精油较粗糙更厚实的鲜、青、木香的气息。

十八、白兰花香精

白兰(*Michelia alba*)与黄兰(*Michelia champaca*)的花香同属鲜韵,香气清雅鲜幽,透发飘逸,惹人喜爱;黄兰花更显得清雅些。

白兰鲜花在头香独具一格，其主要香气成分有丙酸甲酯、丁酸甲酯、异丁酸甲酯、异戊酸甲酯、甲位-甲基丁酸甲酯、3-甲基丁酸乙酯等。

白兰花初开放时，香气清鲜轻飘，花香中隐约带有瓜果香气，开放久后香气逐渐转浓而浊香见显，微带动物香。白兰花香可谓是轻浓兼有的鲜韵。如以花比花，白兰花香有些似小花茉莉，但清鲜略逊，又有些似依兰但又较清甜。

(一)白兰花精油成分

白兰花精油成分如表 4-94、表 4-95 所示。

表 4-94　　白兰花精油成分　　单位：%

成分名称	含量	成分名称	含量
丁酸甲酯	0.006	γ-香芹烯	0.148
2-甲基丁酸甲酯	1.773	龙蒿脑	0.115
α-蒎烯	0.135	(Z)-金合欢烯	0.107
2-甲基-3-丁烯-2-醇	0.036	依兰油烯	0.126
2-甲基丁酸乙酯	0.024	2-甲基丁酸	1.053
莰烯	0.083	对薄荷-1-烯-8-醇	0.492
β-蒎烯	0.340	大根香叶烯 D	0.392
桧烯	0.057	龙脑	0.130
β-月桂烯	0.040	桉烷-4(14),11-二烯	1.169
己酸甲酯	0.014	(—)-α-香芹烯	0.771
惕各酸甲酯	0.014	β-红没药烯	0.363
D-苧烯	0.114	δ-杜松烯	0.979
3-甲基丁醇	0.028	环氧芳樟醇	0.092
桉叶油素	0.603	香叶醇	0.116
反式罗勒烯	0.871	乙酸苯乙酯	0.040
4-松油烯	0.011	去氢白菖蒲烯	0.081
顺式罗勒烯	1.201	(E,E)-2,6-二甲基-3,5,7-辛三烯-2-醇	0.029
对伞花烃	0.074	橙花醇	0.311
异松油烯	0.009	己酸	0.096
6-甲基-5-庚烯-2-酮	0.008	黄樟素	0.051
1-己醇	0.017	苯乙醇	0.301
(E,Z)-2,6-二甲基-2,4,6-辛三烯	0.048	紫穗槐烯	0.115

续表

成分名称	含量	成分名称	含量
辛酸甲酯	0.021	2,6-二甲基-3,7-辛二烯-2,6-二醇	0.681
枯茗醇	0.022	石竹烯氧化物	1.514
顺式氧化芳樟醇	0.642	2-甲基丁酸苯乙酯	0.158
α-荜澄茄烯	0.123	丁香酚甲醚	2.261
乙酸	0.020	反式橙花树醇	0.810
1,5,5-三甲基-6-甲烯基环己烯	0.013	辛酸	0.064
反式氧化芳樟醇	0.678	2,6-二甲基-1,7-辛二烯-3,6-二醇	0.127
咕巴烯	0.543	己酸苯乙酯	0.444
β-荜澄茄烯	0.045	α-杜松醇	0.361
芳樟醇	63.503	异丁香酚甲醚	0.439
(—)-檀香烯	0.126	14-甲基十五酸甲酯	0.075
L-别香橙烯	0.046	(+)-b香芹烯	0.292
α-香柑油烯	0.195	(*Z*)-6,17-十八烯醇乙酸酯	0.281
(—)-β-榄香烯	4.837	亚麻酸甲酯	0.194
β-石竹烯	3.158	香兰素甲醚	0.025
4-松油醇	0.080	吲哚	0.020
脱氢芳樟醇	0.096	亚油酸甲酯	0.306
苯甲酸甲酯	0.023	二十烷	0.038
(—)-β-檀香烯	0.025	9,14,17-二十三烯酸甲酯	0.155
α-石竹烯	1.045		

表 4-95　　白兰叶精油成分　　单位:%

成分名称	含量	成分名称	含量
2-甲基丁酸甲酯	0.048	(—)-β-榄香烯	4.252
α-蒎烯	0.096	β-石竹烯	8.071
3-崖柏烯	0.012	4-松油醇	0.060
2-甲基3-丁烯-2-醇	0.021	脱氢芳樟醇	0.060
2-甲基丁酸乙酯	0.028	α-石竹烯	2.110
莰烯	0.104	(*E*)-金合欢烯	0.116
β-蒎烯	0.198	γ-香芹烯	0.054

续表

成分名称	含量	成分名称	含量
桧烯	0.074	龙蒿脑	0.087
β-月桂烯	0.078	(Z)-金合欢烯	0.049
D-苧烯	0.117	依兰油烯	0.126
3-甲基丁醇	0.040	2-甲基丁酸	0.040
桉叶油素	0.261	对薄荷-1-烯-8-醇	0.276
反式罗勒烯	0.829	大根香叶烯 D	1.490
4-松油烯	0.010	桉烷-4(14),11-二烯	1.319
顺式罗勒烯	1.483	(—)-α-香芹烯	0.758
对伞花烃	0.033	β-红没药烯	0.215
异松油烯	0.020	δ-杜松烯	1.250
6-甲基-5-庚烯-2-酮	0.011	环氧芳樟醇	0.046
1-己醇	0.048	香叶醇	0.066
(E,Z)-2,6-二甲基-2,4,6-辛三烯	0.046	去氢白菖蒲烯	0.051
(Z)-3-己烯-1-醇	0.029	(E,E)-2,6-二甲基-3,5,7-辛三烯-2-醇	0.016
枯茗醇	0.021	橙花醇	0.150
(E)-3-己烯-1-醇	0.045	己酸	0.037
顺式氧化芳樟醇	0.421	黄樟素	0.025
α-荜澄茄烯	0.159	苯乙醇	0.036
(+)-长叶蒎烯	0.308	紫穗槐烯	0.060
反式氧化芳樟醇	0.392	2,6-二甲基-3,7-辛二烯-2,6-二醇	0.769
(+)-环苜蓿烯	0.108	石竹烯氧化物	0.764
咕巴烯	0.741	丁香酚甲醚	0.616
长叶环烯	0.234	反式橙花树醇	1.517
(+)-苜蓿烯	0.135	2,6-二甲基-1,7-辛二烯-3,6-二醇	0.035
β-荜澄茄烯	0.704	己酸苯乙酯	0.208
芳樟醇	61.330	α-杜松醇	0.153
(+)-长叶烯	4.551	异丁香酚甲醚	0.151
(—)-檀香烯	0.103	(+)-b 香芹烯	0.045
α-香柑油烯	0.122	(E)-长叶松香芹醇	0.040

(二)配制白兰花香精原料

白兰花香精处方用料在现有香料品种情况下，难点是使香精的头香与鲜花相似，但其体香，基香的用料尚可模仿鲜花，今后随着对其鲜花中特效香成分的研究与合成，白兰花香精处方将会进一步完善。

1. 主香剂

芳樟醇、橙花醇、苯乙醇、对甲酚甲醚、丁香酚甲醚、乙酸苄酯、二氢茉莉酮酸甲酯、己酸烯丙酯、环己基丙酸烯丙酯、甲位甲基丁酸甲酯、丁酸甲酯、异戊酸乙酯、二氢茉莉酮、吲哚、对甲基喹啉、白兰叶精油等。

2. 和合剂

二氢月桂烯醇、苄醇、甲位戊基桂醇、松油醇、邻氨基苯甲酸甲酯、乙酸对甲酚酯、茉莉酯、乙酸芳樟酯、乙酸二甲基苯乙基原酯、甲位戊基桂醛、甲位己基桂醛、苯乙二甲缩醛、异丁香酚、甲位紫罗兰酮、甲基紫罗兰酮、依兰依兰净油、小花茉莉净油等。

3. 修饰剂

羟基香茅醛、铃兰醛、新铃兰醛、苯甲醛、苯乙二甲缩醛、洋茉莉醛、乙酸甲基苯基原酯、丁酸乙酯、丙酸乙酯、甲酸苯乙酯、乙酸桂酯、桂醇、合成檀香、昆仑麝香、酮麝香、香豆素、香叶精油、晚香玉净油、愈创木精油等。

4. 定香剂

邻氨基苯甲酸芳樟酯、桂酸桂酯、乳香香树脂、秘鲁香树脂等。

5. 增加天然感的香料

白兰花浸膏和净油、黄兰花净油和浸膏、白兰花精油等。

(三)白兰花香精香气分路

白兰花香精香气分路如表 4-96 所示。

表 4-96　白兰花香精香气分路　单位：%

香韵	比例
花香	20～50
玫瑰木青	10～20
柏青	2～5
乙苄青	3～9
醇甜	1～9
麝香	0.5～2
浊香	少量
木香	1～4
酮甜	2～7
豆香	1～6

(四)白兰花香精配方

白兰花香精配方由白兰叶油、芳樟醇、苯乙醇、乙酸苄酯、己酸烯丙酯、吲哚等来组成白兰花的主体香气，并分别用白兰净油或白兰浸膏来增加天然感。可添加对甲酚甲醚、邻氨基苯甲酸甲酯、乙酸对甲酚酌、昆仑麝香来辅助鲜浊之气，另用茉莉酯、二氢茉莉酮酸甲酯、铃兰醛来充实清香；也可以用酮麝香来辅以动物氤氲的浊气，以甲位己基桂醛、羟基香茅醛、苯乙醛、乙酸芳樟酯等来配合清香香气，并注重体香和基香的搭配。白兰花香精配方如表4-97、表4-98所示。

表 4-97　　白兰花香精配方(一)　　单位：g

原料	用量	原料	用量
白兰净油	5	苯乙二甲缩醛	4
白兰叶精油	10	橙叶油	3
芳樟醇	15	甲基紫罗兰酮	3
二氢月桂烯醇	3	乙酸二甲基苯乙基原酯	1
苯乙醇	10	异丁香酚	3
松油醇	4	香叶油	1
桂醇	5	合成檀香	3
依兰依兰精油	4	洋茉莉醛	1.5
乙酸苄酯	6	昆仑麝香	2
茉莉酯	4	对甲酚甲醚	0.4
二氢茉莉酮酸甲酯	3	吲哚	0.3
邻氨基苯甲酸甲酯	2	二氢茉莉酮	0.2
乙酸对甲酚酯	0.1	乳香香树脂	1.5
丁香酚甲醚	0.5	己酸烯丙酯	0.5
铃兰醛	5	合计	100

表 4-98　　白兰花香精配方(二)　　单位：g

原料	用量	原料	用量
白兰浸膏	1	苯乙二甲缩醛	3
白兰叶精油	10	乙酸芳樟酯	3
芳樟醇	15	己酸烯丙酯	0.5
苯乙醇	10	甲基紫罗兰酮	3
松油醇	4	异丁香酚	2.5
桂醇	5	香叶油	2

续表

原料	用量	原料	用量
依兰依兰精油	6	合成檀香	5
乙酸苄酯	7	乙酸桂酯	3
甲位己基桂醛	6	香豆素	2
羟基香茅醛	5	洋茉莉醛	2
乙酸甲基苯基原酯	0.5	酮麝香	3
苯乙醛(50%)	1	合计	100
吲哚	0.5		

十九、树兰花香精

树兰，亦称米仔兰，是楝科米仔兰属香料植物，学名为 *Aglaia odorta* Lour.，其鲜花香气清甜，有些似惠兰、茉莉、依兰的混合香气，幽雅宜人，我们将它的香气归入鲜韵。

国内调香界，过去习用“珠兰”来称呼树兰。珠兰花的香气虽与树兰花很相似，但稍有不同。珠兰是金粟兰科属香料植物，学名是 *Choranthus spicatus* (Thunb.) Makino。

过去习惯将干花用蒸气蒸馏法提取精油，香气浓而有力，带有干甜木香，现部分已改用鲜花溶剂浸提法制取浸膏，产品香气较近似鲜花，清鲜甜润。

(一)树兰花精油成分

树兰花精油成分如表 4-99 所示。

表 4-99 树兰花精油成分 单位：%

成分名称	含量	成分名称	含量
顺式氧化芳樟醇	0.35	S-杜松烯	0.73
反式氧化芳樟醇	0.29	茉莉酮酸甲酯	0.27
芳樟醇	0.06	别香橙烯氧化物	0.19
α-荜澄茄烯	4.56	反式橙花树醇	0.12
咕巴烯	1.32	石竹烯氧化物	0.23
β-乙香草烯	0.16	白菖油环氧化物	0.82
石竹烯	3.14	丁子香乙酯	0.60
α-香柠檬烯	0.51	库贝醇	0.95
α-蛇麻烯	1.18	β-榄香醇	0.80
别香橙烯	17.76	红没药烯环氧化物	0.14
α-姜黄烯	0.14	异香橙烯氧化物	0.33

续表

成分名称	含量	成分名称	含量
长叶烯	4.43	6,10,14-三甲基-2-十五酮	0.09
白菖蒲烯	0.14	棕榈酸甲酯	3.44
绿叶烷	0.08	十六酸	0.15
西车烯	0.46	邻苯二甲酸二丁酯	0.39
β-法呢烯	0.24	棕榈酸乙酯	0.16
γ-依兰油烯	24.27	亚油酸甲酯	0.11
雪松烯	0.08	亚麻酸甲酯	0.64
桧醇	5.28	油酸甲酯	0.13
斯巴醇	0.09	β-蛇麻烯-7-醇	0.57
大根香叶烯 D	0.64	亚油酸乙酯	0.30
8,9-环氧新异长叶烯	0.13	亚麻酸乙酯	0.73
喇叭茶醇	0.57	油酸乙酯	0.27
β-橄香烯	0.30	硬脂酸乙酯	0.19

(二)配制树兰花香精原料

树兰花香是有清有浊而带干甜木香的鲜韵,其清鲜可从茉莉、依兰依兰、卡南加花香配方所用的香料中选用,而其干甜木香可自岩兰草柏木、广稚香等中适当选用。

1. 主香香料

甲位戊基桂醇、柏木醇,甲位戊基桂醛、甲位己基桂醛、乙位紫罗兰酮、二氢茉莉酮酸甲酯、杜松醇等。

2. 和合剂

芳樟醇、金合欢醇、丁香酚、异丁香酚、橙花素、丁香酚甲醚、对甲酚甲醚、山栽油、扁柏木精油、岩兰草精油、卡南加油、小花茉莉净油等。

3. 修饰剂

羟基香茅醛、铃兰醛、新铃兰醛、广藿香精油、桦焦精油、橙叶精油、鸢尾凝脂等。

4. 定香剂

乙酸柏木酯、秘鲁香树脂、安息香香树脂、苏合香树草等。

5. 增加天然感的香料

树兰花精油、树兰花浸膏、树兰花净油、依兰精油等。

(三)树兰花香精香气分路

树兰花香精香气分路如表 4-100 所示。

表 4-100　　树兰花香精香气分路　　单位:%

香韵	比例
花香	20～40
木香	8～20
酮甜	8～25
浊香	少量
玫瑰木青	2～10
药草香	0.5～5
焦木香	少量
青香	4～10

(四)树兰花香精配方

树兰花香精配方如表 4-101 所示。

表 4-101　　树兰花香精配方　　单位:g

原料	用量	原料	用量
小花茉莉净油	3	β-紫罗兰酮	15
山萩油(精制)	8	柏木精油	10
α-戊基桂醇	10	鸢尾凝脂	1
α-己基桂醛	15	广藿香精油	0.4
岩兰草精油	3	对甲酚甲醚	0.2
芳樟醇	4	桦焦精油	0.2
卡南加精油	6.2	橙花素	1
二氢茉莉酮酸甲酯	20	合计	100
羟基香茅醛	5		

以甲位戊基桂醇、甲位己基桂醛、二氢茉莉酮酸甲酯组成的树兰花清香,并和合以芳樟醇、羟基香茅醛等的青滋气息。以山萩油、鸢尾凝脂修饰甜气,并以有甜有木香的 β-紫罗兰酮加以辅助。鲜浊之香以对甲酚甲醚结合橙花素的清鲜来点缀,并辅以茉莉、卡南加的鲜韵。配方中偏于树兰干花香气,故增用木香香气,如岩兰草精油、广藿香精油与扁柏木精油,并微微用桦焦精油修饰。如果想配制成具有鲜花样香气的特征,可外加百分之二十的树兰鲜花浸膏。

二十、金银花香精

金银花,又称忍冬花,是忍冬科、忍冬属,学名 *Lonicera japonica*,既是香料植物,又是药用植物。我国许多地区均有栽培,可作为庭园观赏植物。其花可入药,鲜花香甜而鲜,可提取花香浸膏。

金银花香是经典花香型之一。忍冬花净油曾用作高档香水香精的原料。目前国际市场上，这个天然花香香料已极鲜见。

金银花香气浓郁，是一种重型花香型。其香气既有风信子花样的膏甜（桂甜）与鲜清和玫瑰的甜香，又有茉莉与苦橙花样的鲜香，还有铃兰、紫丁香花香中的清香，又微有水仙花样的清浊香，总的香气是以甜气为主、以鲜气为精的，清香贯穿甜鲜之间的甜鲜花香香韵。

（一）金银花油成分

金银花精油成分如表 4-102 所示。

表 4-102　金银花精油成分　单位：%

成分名称	含量	成分名称	含量
顺-3-己烯醇	5.31	戊二酸二丁酯	4.65
2-甲基丁酸	1.74	对甲氧基苯甲醛	3.18
2-甲基-2-丁烯酸	1.15	丁香酚	0.23
苯甲醛	1.12	顺茉莉酮	2.49
6-甲基-5-庚烯-2-醇	0.35	松樟脑	0.25
β-月桂烯	0.52	α-长叶烯	0.35
苯甲醇	1.06	姜烯	0.32
苯乙醛	1.72	α-依兰油烯	0.35
柠檬烯	0.25	大根香叶烯 D	1.62
δ-蒈烯	0.41	(*E*,*E*)-α-金合欢烯	1.80
顺-芳樟醇氧化物	2.21	δ-荜澄茄烯	1.26
反-芳樟醇氧化物	1.12	橙花叔醇	1.12
芳樟醇	18.52	α-松油醇	0.59
环氧芳樟醇	5.55	广藿香烯	0.41
α-萜品醇	4.89	γ-榄香烯	0.54
橙花醇	1.65	金合欢醇	3.37
香叶醇	4.07	(*E*,*E*)-金合欢醛	0.36
香叶醛	0.31	棕榈酸	0.76

（二）配制金银花香精原料

金银花的甜香主要是膏甜、蜜甜与清甜，其鲜香中的清可用铃兰、紫丁香、茉莉、橙花中的清香来搭配；其鲜香中的微弱浊香可由茉莉与水仙中的浊气香料来取得。

1. 主香香料

芳樟醇、苯丙醇、香叶醇、桂醇、松油醇、羟基香茅醛、铃兰醛、新铃兰醛、苯乙醛、苯乙醇、桂酸苯乙酯等。

2. 和合剂

橙花醇、橙花叔醇、香茅醇、二氢月桂烯醇、玫瑰醇、二甲基苄基原醇、大茴香醇、α-戊基桂醇、α-戊基桂醛、α-己基桂醛、洋茉莉醛、紫罗兰酮、α-紫罗兰酮、乙酸桂酯、苯乙酸对甲酚酯、邻氨基苯甲酸甲酮、苯乙酸苯乙酯、乙酸二甲基苄基原酮、依兰依兰精油、橙叶精油、代代叶精油、含羞花净油等。

3. 修饰剂

二甲基苯乙基原醇、苯丙醇、大茴香腈、兔耳草醛、苯乙二甲缩醛、苯丙醛、癸醛、十一醛、正十二醛、甲基壬基乙醛、二甲基代对苯二酚、乙酸苄酯、乙酸香叶酯、丁香酚、吲哚、γ-辛内酯、γ-壬内酯、苯乙酸、苯乙酸异丁酯、乙酸苯乙酯、乙酸大茴香酯、辛炔羧酸甲酯、风信子素、甲基乙位萘基甲酮、佳乐麝香、酮麝香、昆仑麝香、香柠檬精油、橘子精油、檀香精油等。

4. 定香剂

6-甲基四氢喹啉、香兰素、吐鲁香树脂、苏合香香树脂、乳香香树脂等。

5. 增加天然感的香料

忍冬花浸膏和净油、墨红净油、晚香玉净油、代代花精油、茉莉浸膏、铃兰浸膏、紫丁香浸膏、桂花浸膏等。

(三)金银花香精香气分路

金银花香精香气分路如表 4-103 所示。

表 4-103　　金银花香精香气分路　　单位：%

香韵	比例
花香	10～20
药草	少量
玫瑰木青	10～30
青香	4～10
桂甜	2～10
乙苄青	2～6
柏青	1～10
麝香	1～5
酮甜	1～3

(四)金银花香精配方

金银花香精配方如表 4-104、表 4-105 所示。

表 4-104　　金银花香精配方(一)　　单位:g

原料	用量	原料	用量
芳樟醇	15	松油醇	5
香叶醇	8	羟基香茅醛	5
乙酸桂酯	2	香叶精油	2.5
苯乙酸对甲酚酯	0.5	乙酸苄酯	4
依兰依兰精油	5	苯乙醛二桂缩醛	5
苯丙醛(10%)	1	α-戊基桂醛二苯丙缩醛	6
橙叶精油	4	α-戊基桂醛-邻氨基苯甲酸芳樟酯泄馥基	3
桂酸苯乙酯	8	苯乙醛二香茅缩醛	5
小花茉莉浸膏	3	苯丙醇	4
紫罗兰酮	2	邻氨基苯甲酸芳樟酯	1
苯乙醇	5	兔儿草醛	1
洋茉莉醛	3	合计	100
酮麝香	3		

表 4-105　　金银花香精配方(二)　　单位:g

原料	用量	原料	用量
芳樟醇	7	乙酸苄酯	5
香叶醇	6	α-戊基桂醛-邻氨基苯甲酸芳樟酯泄馥基	2
乙酸桂酯	2	苯乙醛二香茅缩醛	10
苯乙酸对甲酚酯	0.8	苯丙醇	10
苯丙醛(10%)	1.5	乙酸香叶酯	2
橙叶精油	1.5	苯乙酸	1
桂酸苯乙酯	5	柠檬醛二苯乙缩醛	2
苯乙醇	8	香兰素	0.2
洋茉莉醛	5	苯乙醛-邻氨基苯甲酸芳樟酯泄馥基	2.5
酮麝香	1	乙酸二甲基苄基原酯	1
松油醇	15	α-戊基桂醛	3
羟基香茅醛	6	合计	100
香叶精油	2		

二十一、兔耳草花香精

兔耳草又称兔儿花或仙客来，是报春花科，兔耳草属，属于草本植物。因其花瓣向上形似兔耳而得名。花有白、绯红、玫红、紫红等颜色，有些品种有香气。兔耳草花虽有不同品种，但具有香气者，香气基本相同。兔耳草花的香气是幽美多韵的花，是铃兰、紫丁香与紫罗兰花为主，带有风信子花的复合香气，具有鲜幽偏甜的香韵。

(一)配制兔耳草花香精原料

1. 主香香料

羟基香茅醛、铃兰醛、新铃兰醛、兔耳草醛、铃兰素、松油醇、芳樟醇、玫瑰醇、香叶醇、甲基紫罗兰酮、异甲基紫罗兰酮、甲位紫罗兰酮、玫瑰木精油、白兰叶精油等。

2. 和合剂

橙花醇、金合欢醇、苯乙醇、苄醇、香茅醇、二甲基苄基原醇、橙花叔醇、二甲基苯乙基原醇、大茴香醇、桂醇、乙酸大茴香酯、乙酸苯乙酯、乙酸苄酯、乙酸桂酯、甲酸香叶酯、二氢茉莉酮酸甲酯、鸢尾酮、苯乙醛、异丁香酚、鸢尾凝脂、橙叶精油、香叶精油等。

3. 修饰剂

乙酸甲基苯基原酯、邻氨基苯甲酸甲酯、庚炔羧酸甲酯、辛炔羧酸甲酯、水杨酸己酯、水杨酸异丁酯、乙酸苯丙酯、苯丙酯、叶醇、苯丙醛、癸醛、十一醛、洋茉莉醛、香兰素、香柠檬醛、莳萝醛、香豆素、丙位十一内酯、风信子素、十二腈、香柠檬精油、甜橙精油、树苔净油、橡苔净油等。

4. 定香剂

二苯甲酮、安息香香树脂、苏合香香树脂、乳香香树脂等。

5. 增加天然感的香料

大花茉莉净油、金合欢净油、依兰依兰精油、墨红净油、橙花精油、白兰浸膏、树兰精油等。

(二)兔耳草花香精香气分路

兔耳草花香精香气分路如表 4-106 所示。

表 4-106　　兔耳草花香精香气分路　　单位：%

香韵	比例
花香	20～40
柑橘香	0.2～2
药草香	少量
青香	2～10
茴青	1～5
桂甜	2～8

续表

香韵	比例
玫瑰木青	1～2
辛香	0.5～2
麝香	少量
酮甜	5～15
柏青	5～15

(三)兔耳草花香精配方

用铃兰、紫丁香、紫罗兰花形成兔耳草花的花香主体，再辅以风信子的韵味，并用依兰依兰、大花茉莉、树兰、玫瑰等增加花香的天然感。兔耳草花香精配方如表4-107、表4-108所示。

表4-107　　兔耳草花香精配方(一)　　单位:g

原料	用量	原料	用量
羟基香茅醛	25	苯乙醛(50%)	2
松油醇	9	洋茉莉醛	2
紫罗兰酮	7	水杨酸异丁酯	0.5
甲基紫罗兰酮	5	辛炔羧酸甲酯	0.2
兔儿草醛	1.5	丙位十一内酯	0.7
白兰叶精油	5	甲酸香叶酯	1
玫瑰醇	8	铃兰素	3
苯乙醇	3	异丁香酚	1
桂醇	4	柠檬醛	0.5
甲位戊基桂醛二苯乙缩醛	5	酮麝香	0.1
乙酸大茴香酯	3	鸢尾凝脂	1.5
树兰精油	2	大花茉莉浸膏	4
代代叶精油	4	依兰依兰精油	5
香柠檬精油	1	合计	100

注:该配方以羟基香茅醛、铃兰素等来比拟铃兰，以松油醇、苯乙醛、甲位戊基桂醛二苯乙缩醛等来比拟紫丁香，以紫罗兰酮与甲基紫罗兰酮、辛炔羧酸甲酯、乙酸大茴香酯、紫罗兰叶净油等来比拟紫罗兰花，以桂醇、异丁香酚来示意风信子，此外稍用兔耳草醛会同依兰依兰、树兰、大花茉莉联贯形成兔耳草花的鲜幽香韵。

表 4-108　　兔耳草花香精配方(二)　　单位:g

原料	用量	原料	用量
羟基香茅醛	24	香豆素	0.5
松油醇	15	乙酸苄酯	6
甲基紫罗兰酮	10	丙位十一内酯(10%0	1
兔儿草醛	6	葵醛(10%)	0.5
芳樟醇	3	酮麝香	2
香叶醇	5	大花茉莉浸膏	1.5
苯乙醇	5	依兰依兰精油	1
甲位戊基桂醛-邻氨基苯甲酸芳樟酯泄馥基	3	橙叶精油	2
二甲基苄基原醇	5	大茴香精油(10%)	0.5
苯乙醛(50%)	1.5	合计	100
洋茉莉醛	5.5		

注:该配方中多用松油醇、苯乙醛和二甲基苄基原醇以增多紫丁香的密度,多用甲基紫罗兰酮、洋茉莉醛以添紫罗兰花甜韵,少用大花茉莉浸膏、增用乙酸苄酯,不用树兰,少用依兰依兰以相应降低成本与档次。

二十二、荷花香精

荷花是莲花的俗名,是睡莲科莲属,多年生水生草本植物。原产亚洲南部,在我国除少数地区外均有分布,是一种重要的经济作物,其根茎(藕)及果实(莲子)、叶(荷叶)均可被利用,具花多呈红色或浅红色,也有呈白色的,均具有芳香香气。荷花带有似铃兰与小花茉莉的复合香气,属于又清又鲜的鲜幽香韵。

(一)配制荷花香精原料

1. 主香剂

羟基香茅醛、叶醇、十一烯醇、十二醇、苯丙醛、苯乙醇、苯丙醇、芳樟醇、桂醇、金合欢醇、玫瑰醇、α-松油醇、二甲基苄基原醇、乙酸二甲基苄基原酯、铃兰醛、新铃兰醛、野百合醛、兔耳草醛、十一烯醛、十二醛、α-紫罗兰酮、甲基紫罗兰酮、甲酸玫瑰酯、乙酸玫瑰酯、乙酸叶醇酯、邻氨基苯甲酸甲酯、*N*-甲基邻氨基苯甲酸甲酯、吲哚、3-甲基吲哚等。

2. 和合剂

香叶醇、香茅醇、橙花醇、橙花叔醇、月桂烯醇、二氢月桂烯醇、辛醛、壬醛、甲基壬乙醛、癸醛、α-戊基桂醛、苯乙二甲缩醛、乙酸香叶酯、乙酸苄酯、乙酸苯乙酯、乙酸桂酯、丙酸苄酯、丁酸桂酯、桂酸甲酯、桂酸苯乙酯、桂酸芳樟酯、二氢茉莉酮酸甲酯、二氢异茉莉酮酸甲酯等。

3. 修饰剂

异丁香酚、玫瑰醚、苯甲醛、洋茉莉醛、大茴香醛、枯茗醛、香兰素、乙基香兰素、乙基芳樟醇、突厥烯酮、对甲氧基苯乙酮、二氢茉莉酮、甲酸苯乙酯、乙酸苯乙酯、丙酸苯乙酯、丁酸苯乙酯、溴代苏合香烯、柠檬精油、香柠檬精油、檀香精油、香茅精油、玫瑰精油等。

4. 定香剂

灵猫香、合成麝香、二苯甲酮、桂酸苄酯、桂酸桂酯、安息香香树脂等。

5. 增加天然感的香料

铃兰浸膏和净油、依兰依兰精油、山萩精油、代代花精油、树兰花精油、紫丁香净油、粉红玫瑰精油、小花茉莉净油。

(二)荷花香精香气分路

荷花香精香气分路如表 4-109 所示。

表 4-109　荷花香精香气分路　单位:%

香韵	比例
花香	10～30
酮甜	5～12
柏青	4～10
辛香	1～5
豆香	1～5
玫瑰木青	15～40
柑橘香	0.5～3

(三)荷花香精配方

荷花香精配方如表 4-110、表 4-111 所示。

表 4-110　荷花香精配方(一)　单位:g

原料	用量	原料	用量
芳樟醇	20	酮麝香	2
甲基紫罗兰酮	8	二甲基苄基原醇	5
松油醇	6	薰衣草精油	1
羟基香茅醛	16	铃兰素	5
橙叶精油	1	柠檬精油	1
异丁香酚	2	小花茉莉浸膏	3
依兰依兰精油	4	苯乙醛-邻氨基苯甲酸芳樟酯泄馥基	1
兔儿草醛	2	甲位戊基桂醛-邻氨基苯甲酸芳樟酯泄馥基	2

续表

原料	用量	原料	用量
苯乙醇	2	香茅醇	2
香紫苏精油	1	二氢茉莉酮(10%)	0.5
广藿香精油	0.5	香柠檬精油	2
香豆素	3	合计	100

注:该配方用芳樟醇、苯乙醇、松油醇、羟基香茅醛等作为基体。兔耳草醛则能赋予一种迷人的效用,能和上述基体很好地调和,属铃兰气息。用二氢茉莉酮、茉莉浸膏、甲位戊基桂醛、邻氨基苯甲酸芳樟酯泄馥基、依兰依兰精油等使其有茉莉花的鲜清香。更可用异丁香酚、香柠檬精油、橙叶精油、香紫苏精油、薰衣草精油、柠檬精油、二甲苄基原醇、苯乙醛邻氨基苯甲酸芳樟酯泄馥基、香茅醇、苯乙醇等作调和修饰。广藿香精油、香豆素、酮麝香等是定香剂。

表 4-111　　荷花香精配方(二)　　单位:g

原料	用量	原料	用量
芳樟醇	15	柠檬油	1
松油醇	20	小花茉莉浸膏	1.5
羟基香茅醛	15	香茅醇	3
橙叶油	2	二氢茉莉酮(10%)	0.5
异丁香酚	1	乙酸芳樟酯	5
依兰依兰精油	2	甲位戊基桂醛	5
兔儿草醛	1.5	乙酸苄酯	6
苯乙醇	10	苯乙醛(50%)	1
广藿香精油	0.5	丙位十一内酯(10%)	0.5
香豆素	1	紫罗兰酮	4
酮麝香	2.5	合计	100
薰衣草精油	2		

二十三、菊花香精

菊花是菊科菊属草本植物。品种及变种较多,花的色泽和花朵大小不一,但其香气基本类似。菊花属清香香气,稍多些甜气。菊花与同科不同属的艾、蒿中的一些品种的清香相仿,但艾、蒿青中多带苦气而菊花则带甜。

(一)菊花精油成分

水蒸气蒸馏制得菊花精油的成分如表 4-112 所示。

表 4-112　　菊花精油成分　　单位：%

成分名称	含量	成分名称	含量
α-蒎烯	1.155	芳樟醇	2.974
莰烯	0.200	D-葑醇	0.123
β-蒎烯	0.163	4-松油醇	0.325
桧烯	0.164	匙叶桉油烯醇	0.010
β-月桂烯	0.278	桉叶油醇	0.013
α-水芹烯	0.777	莰酮	0.708
柠檬烯	0.114	癸酸	0.046
顺罗勒烯	0.146	癸醛	0.028
α-萜品油烯	0.199	(Z)-柠檬醛	0.011
β-荜澄茄烯	0.007	对伞花烃	0.587
石竹烯	0.482	异龙脑	0.098
β-金合欢烯	0.127	龙脑	0.183
β-愈疮木烯	1.253	茴香脑	0.077
δ-松油烯	0.021	百里香酚	0.342
花侧柏烯	1.557	香芹酚	0.064
二氢茉莉酮酸甲酯	13.436		

(二)配制菊花香精原料

1. 主香香料

芳樟醇、二氢芳樟醇、二氢月桂烯醇、苯乙醇、异戊酸苯乙酯、2-乙基己醛环乙二缩醛、野香艾油等。

2. 和合剂

松油醇、2,6-二甲基辛醇(即四氢香叶醇)、苄醇、乙酸乙位十氢萘酯、茉莉酯、水杨酸异戊酯、紫罗兰酮、甲基紫罗兰酮、鸢尾凝脂、圆叶当归根油等。

3. 修饰剂

乙酸芳樟酯、丙酸苯乙酯、丁酸苯乙酯、乙酸苄酯、乙酸己酯、乙酸辛酯、乙酸月桂烯酯、甲位戊基桂醛、苯乙醛、辛醛、壬醛、癸醛、异环柠檬醛、女贞醛、苯乙二甲缩醛、香叶醇、叶醇、丁香酚、风信子素、二丁基硫醚、3,3-二甲基环己基甲基甲酮、香紫苏精油、山萩精油、丁香精油、香叶精油等。

4. 定香剂

四甲基八氢萘甲酮、异长叶烷酮、香豆素、二甲基代对苯二酚、异丁香酚苄基醚、橡苔净油、树苔净油等。

5. 增加天然感的香料

菊花精油、洋甘菊净油、薰衣草精油、杭白菊浸膏等。

(三)菊花香精香气分路

菊花香精香气分路如表 4-113 所示。

表 4-113　　菊花香精香气分路　　单位:%

香韵	比例
花香	20～50
药草香	5～10
酮甜	2～8
玫瑰木青	4～15
柏青	1～5
乙苄青	0.5～5
苔青	1～3
果香	0.5～2
辛香	0.5～3

(四)菊花香精配方

菊花香精配方如表 4-114、表 4-115 所示。

表 4-114　　菊花香精配方(一)　　单位:g

原料	用量	原料	用量
菊花精油(黄杭甘菊)	30	丁香酚	1
野香艾精油(青岛)	8	紫罗兰酮	4
山萩精油	2	二氢月桂烯醇	5
异长叶烷酮	1.8	苯乙醇	17
二氢芳樟醇	10	橡苔净油	1.8
松油醇	3	鸢尾凝脂	1
苄醇	5	圆叶当归根油	0.4
香叶醇	2	乙酸乙位十氢萘酯	2
乙酸苄酯	1	乙酸辛酯	1
异戊酸苯乙酯	4	合计	100

表 4-115　　菊花香精配方(二)　　单位:g

原料	用量	原料	用量
菊花精油(黄杭甘菊)	20	丁香油	1
野香艾精油(青岛)	20	甲基紫罗兰酮	2
山萩油	2	壬醛(10%)	1
异长叶烷酮	1.8	苯乙醇	20
二氢芳樟醇	10	橡苔净油	1
松油醇	3	香紫苏精油	1
苄醇	1	圆叶当归根精油	0.2
香叶醇	1	乙酸乙位十氢萘酯	6
乙酸苄酯	3	乙酸己酯	2
异戊酸苯乙酯	2	合计	100
薰衣草精油	2		

二十四、腊梅花香精

腊梅花是冬尽春回季节的花,香气寒清,透溢清甜,其寒清似紫丁香与铃兰,清甜如茉莉和风信子,因此它的主体香气为清香,外发香韵是茉莉和风信子的清甜叠韵,浮香暗动。由此,我们可以紫丁香与铃兰为主体并伴以茉莉和风信子,但其独特处是可有梅花兼杏花之清香,故我们将它归为清香微带甜气的清韵。

(一)腊梅花精油成分

腊梅花精油成分如表 4-116 所示。

表 4-116　　腊梅花精油成分　　单位:%

成分名称	含量	成分名称	含量
沉香醇	0.78	β-荜澄茄烯	6.42
壬醛	0.17	α-香柠檬烯	3.93
α-松油醇	0.67	甘香烯	14.65
橙花叔醇	0.21	金合欢烯	3.51
δ-榄香烯	1.28	δ-杜松烯	3.66
乙酸橙花酯	0.29	榄香醇	0.47
α-咕巴烯	1.40	大根香叶烯 D	4.53
乙酸香叶酯	0.87	斯巴醇	0.44
β-榄香烯	9.26	氧化丁香烯	1.95

续表

成分名称	含量	成分名称	含量
α-古芸烯	0.15	胡萝卜醇	2.42
β-石竹烯	16.6	金合欢醇	0.20
大根香叶烯	1.82	十二醛	0.07
土青木香烯	0.52	(Z)-9-二十三烯	0.40
(Z)-β-金合欢烯	0.57	9-十八烯-1-醇	0.60
α-蛇麻烯	2.39	9-二十六烯	0.30
别香橙烯	0.27		

(二)配制腊梅花香精原料

从鲜花香气着手，腊梅花香可以松油醇青香为主体，伴以铃兰素(羟基香茅醛二松油醇的缩醛)用苯甲醛与邻氨基苯甲酸甲酯制成的泄馥基，和合以水杨酸甲酯与乙位萜烯等来模拟梅香特色。其余的清甜可以从茉莉与风信子花香中选用。

1. 主香香料

松油醇、桂醇、乙酸苄酯、羟基香茅醛、铃兰醛、新铃兰醛、羟基香茅醛二松油醇缩醛(铃兰素)等。

2. 和合剂

二甲基苄基原醇、苯乙醇、苄醇、芳樟醇、香叶醇、大茴香醇、金合欢醇、苯甲醛、肉桂醛、甲位戊基桂醛、甲位已基桂酸、苯乙醛、苯乙二甲缩醛、甲位戊基桂醛二甲缩醛、苯甲醛-邻氨基苯甲酸甲酯泄馥基、丙酸苄酯、乙酸桂酯、茉莉酯、二氢茉莉酮酸甲酯、异茉莉酮酸甲醛、苄基丙酮、风信子素、白兰叶精油、苦杏仁精油等。

3. 修饰剂

乙位蒎烯、水杨酸甲酯、苯甲酸甲酯、洋茉莉醛、兔耳草醛、大茴香醛、柑青醛、辛醛、壬醛、癸醛、丁香酚、异丁香酚、二氢月桂烯醇、紫罗兰酮、甲基与异甲基紫罗兰酮、异黄樟素、丙位十一内酯、丙位壬内酯、大茴香腈、吲哚、冬青精油、地檀香精油、松针精油、香紫苏精油等。

4. 定香剂

苏合香香树脂、安息香香树脂、异丁香酚苄基醚、桂酸等。

5. 增加天然感的香料

紫丁香净油、铃兰净油、腊梅净油、小花茉莉净油、依兰依兰精油等。

(三)腊梅花香精香气分路

腊梅花香精香气分路如表 4-117 所示。

表 4-117　　腊梅花香精香气分路　　单位:%

香韵	比例
花香	5～20
浊香	少量
桂甜	3～15
辛香	1～3
乙苄青	5～26
药草香	0.01～1
玫瑰木青	0.5～2
茴青	0.2～1
木香	0.2～3
柏青	10～40

(四)腊梅花香精配方

腊梅花香精配方如表 4-118、表 4-119 所示。

表 4-118　　腊梅花香精配方(一)　　单位:g

原料	用量	原料	用量
小花茉莉浸膏	2	吲哚(10%)	0.2
树兰精油	0.5	丙位十一内酯	0.1
茉莉精油	7.5	苯甲醛-邻氨基苯甲酸芳樟酯泄馥基	0.3
铃兰素	5	芳樟醇	1
松油醇	26	大茴香醛	0.4
桂醇	10	苯乙醇	1
乙酰基异丁香酚	2	乙位蒎烯	1
乙酸苄酯	15	腊梅和合基	27
水杨酸甲酯(10%)	1	合计	100

表 4-119　　腊梅花香精配方(二)　　单位:g

原料	用量	原料	用量
小花茉莉浸膏	3	吲哚(10%)	0.2
树兰精油	0.5	丙位十一内酯	0.1
紫丁香浸膏	4	苯甲醛-邻氨基苯甲酸芳樟酯泄馥基	0.3

续表

原料	用量	原料	用量
橙花油	2	白兰叶油	1
铃兰素	5	大茴香醛	0.4
松油醇	20	苯乙醇	1
桂醇	10	松针精油	1
乙酰基异丁香酚	2	二甲基苄基原醇	5
乙酸苄酯	15	腊梅和合基	27
地檀香精油	0.5	合计	100

注：腊梅和合基制法：松油醇(65%)、桂醇(10%)、苯乙醇(5%)、芳樟醇(4%)、异丁香酚(6%)、桂酸(5%)、苯甲酸(5%)。

第二节　动物香型香精

一、麝香香精

麝香为鹿科、麝属动物麝鹿成熟雄体香囊中的干燥分泌物，又称寸香、脐香、当门子。现在全世界共有麝鹿五种，即原麝、马麝、林麝、喜马拉雅麝和黑麝。这五种麝鹿在中国都有分布，是世界上拥有麝鹿资源最多的国家，麝鹿的分布区70%～80%在中国。

麝香是中国的著名特产之一，主产于西藏、云南、四川和内蒙古等省区；陕西、甘肃、青海、新疆和东北等省区也产。麝鹿人工饲养繁殖现已获得成功。

麝香作为一种名贵的中药材和高级香料，在我国已经有2000多年的历史了。麝香有诱人、柔和的动物香韵，留香十分持久。有飘逸头香，扩散力强，并有提调和圆和香气的作用。麝香是高档香水香精中不可缺少的香料，在香料工业和医药工业中都有十分重要的作用和价值。

麝香的市场价格十分昂贵，在国际市场上，1850年麝香价格约为黄金的1/4，1950年麝香的价格已与黄金等同，目前麝香价格为黄金价格的6～8倍。由于麝香一直是一种稀缺的资源，供不应求，因此在调香中使用合成麝香和配制麝香香精是很必要的。

(一)配制麝香香精原料

麝香香气是动物香，有微弱的腥臭气息，但比龙涎稍强，比灵猫弱得多，稍有草香及甜气。麝香原料包括硝基麝香(酮麝香、二甲苯麝香)、大环麝香(麝香酮、环十五内酯、环十六烯内酯、环十五酮、氧杂环十五内酯、麝香T、麝香105)、多环麝香(吐纳麝香、佳乐麝香)。配制麝香常用原料如下：

1. 主香剂

麝香酮、环十五酮、环十六酮、环十五内酯、麝香 105、麝香 T、萨利麝香、佳乐麝香、吐纳麝香、二甲苯麝香、甲苯麝香、酮麝香、麝香酊、灵猫香酊、海狸香酊、麝香鼠香酊等。

2. 和合剂

柏木醇、麝葵子内酯、当归内酯、麝葵子精油、岩蔷薇浸膏、圆叶当归根精油、香紫苏精油、黑香豆浸膏等。

3. 修饰剂

桂醇、玫瑰醇、异丁香酚，异丁香酚苄醚、洋茉莉醛、紫罗兰酮、α-异甲基紫罗兰酮、灵猫酮、乙酸柏木酯、苯甲酸异丁酯、苯乙酸丁酯、苯乙酸异丁酯、桂酸异丁酯、水杨酸苄酯、香豆素、丁香精油、香叶精油、岩兰草精油、广藿香精油等。

4. 定香剂

苯甲酸苄酯、苯乙酸檀香酯、吐鲁香树脂、秘鲁香树脂、苏合香香树脂等。

(二)麝香香精香气分路

麝香香精香气分路如表 4-120 所示。

表 4-120　麝香香精香气分路　单位：%

香韵	比例
动物香	50～70
琥珀-龙涎香	10～30
木香	10～20
蜜甜香	5～10
花香	1～3

(三)麝香香精配方

麝香香精配方如表 4-121 所示。

表 4-121　麝香香精配方　单位：g

原料	用量	原料	用量
酮麝香	20.0	二甲苯麝香	10.0
佳乐麝香	10.0	麝香 105	3.0
海狸浸膏	2.0	合成麝香	5.0
甲基柏木醚	10.0	岩兰草精油	2.0
异长叶烷酮	10.0	赖百当浸膏	1.0
香豆素	4.0	γ-戊内酯	2.0
丁香精油	1.0	山萩精油	0.5

续表

原料	用量	原料	用量
香叶精油	0.5	树兰叶精油	0.5
水杨酸异丁酯	3.0	洋茉莉醛	1.0
桂醇	2.0	檀香 208	1.0
苄醇	3.0	苯甲酸苄酯	5.0
水杨酸苄酯	4.0	香叶精油	0.5

二、灵猫香精

灵猫香精取自动物灵猫，是重要的天然动物香料之一，具有腥躁气息，是四个动物香中腥臭气最重的，兼有麝香、龙涎的香气，并带有膏香，香气鲜浊、温暖，稀释后的油有灵猫香的特征香气，用于香精中能起圆和、增鲜、生动和提调作用。它的主要香成分是灵猫酮(环十七-9-烯-1-酮)，约含 3.5%。

灵猫有小灵猫和大灵猫之分，我国杭州动物园已有小灵猫驯养并少量生产灵猫香膏。由于这种香料量少，价格昂贵，只有在高档香水和化妆品香精中才少量使用，一般香精中均使用配制的替代品。

(一)配制灵猫香精原料

灵猫香是一种动物香，配制灵猫香精的主要原料是灵猫酮、苯乙酸和苯乙酸酯、四氢对甲基喹啉和其他喹啉、3-甲基吲哚及合成麝香等。配制灵猫香精常用原料如下：

1. 主香剂

吲哚、甲基吲哚、灵猫酮、二氢灵猫酮、环十五酮、6-甲基四氢喹啉、黄葵内酯、苯乙酸、灵猫香膏等。

2. 和合剂

二甲苯麝香、酮麝香、环十六酮、环十五内酯、佳乐麝香、麝香 105、乙酸对甲酚酯、苯乙酸对甲酚酯、苯乙酸异丁酯、苯乙酸甲酯、苯乙酸间甲酚酯、*p*-苯二酚二甲醚、6-甲基喹啉、*p*-甲酚、*o*-甲酚、10-氧杂环十六内酯等。

3. 修饰剂

香豆素、洋茉莉醛、水杨酸丁酯、水杨酸戊酯、水杨酸苄酯、戊酸、己酸、辛酸、丁酸香叶酯、戊酸香叶酯等。

4. 定香剂

苯甲酸、桂酸、十二酸、十六酸、硬脂酸、苯甲酸苄酯、邻苯二甲酸二乙酯等。

(二)灵猫香精香气分路

灵猫香精香气分路如表 4-122 所示。

表 4-122 灵猫香精香气分路 单位：%

香韵	比例
动物香	60～80
豆香	2～8
蜜甜香	5～10
花香	5～10
木香	5～15
特殊香气	少量

(三)灵猫香精配方

灵猫香精配方如表 4-123、表 4-124 所示。

表 4-123 灵猫香精配方(一) 单位：g

原料	用量	原料	用量
苯乙酸	4.0	己酸戊酯	1.0
苯乙酸异丁酯	7.0	丁酸香叶酯	2.0
苯乙酸苄酯	43.5	戊酸香叶酯	3.0
苯乙酸戊酯	16.0	戊酸苏合香酯	1.0
β-萘乙醚	8.0	戊酸苄酯	5.0
酮麝香	3.0	3-甲基吲哚	0.5
吐鲁香树脂	4.0	四氢对甲基喹啉	2.0

表 4-124 灵猫香精配方(二) 单位：g

原料	用量	原料	用量
吲哚	1.0	己酸	0.3
6-甲基四氢喹啉	10.0	苯甲酸苄酯	2.0
苯乙酸对甲酚酯	2.0	麝香 105	1.0
甲基吲哚	2.0	p-苯二酚二甲醚	4.0
6-甲基喹啉	3.0	灵猫香膏	10.0
佳乐麝香	30.0	戊酸	0.5
苯乙酸	20.0	辛酸	0.5
二甲苯麝香	10.0	十二酸	2.0
乙酸对甲酚酯	1.0	香豆素	1.0

三、龙涎香精

龙涎香精是抹香鲸肠胃内的病态分泌物，类似结石，是极其珍贵的动物香料。龙涎香具有清灵、温雅的动物香韵，具有麝香样的香气，又带有海藻、木香、苔香、壤香。龙涎香精的气势不强，但香气柔润、持久、轻扬，有提调、圆和香气的作用。龙涎香精是高档香水香精必用的香气，也是最好的定香剂。龙涎香精是动物香中浊香最少的原料。

（一）配制龙涎香香精原料

龙涎香的香气很大程度上依赖岩蔷薇和其他树脂的香气：岩蔷薇香树脂、乳香香树脂、枫香香树脂、苏合香香树脂、安息香香树脂净油、吐鲁香树脂、秘鲁香树脂、橡苔净油、香紫苏油、檀香油、广藿香油、香根油、地中海柏木和广木香油（现 IFRA 禁用）、灵猫等。配制龙涎香精常用原料如下：

1. 主香剂

香紫苏醇、甲基柏木醚、龙涎香醚、降龙涎香醚、麝香酮、环十五酮、环十六酮、苯甲酸丁酯、麝葵子内酯、香紫苏浸膏、香紫苏净油、麝葵子精油、防风根香树脂、岩蔷薇浸膏、岩蔷薇净油、龙涎香酊、麝香酊等。

2. 和合剂

琥珀醚、甲基壬基乙醛、γ-二氢紫罗兰酮、酮麝香、佳乐麝香、麝香 105，麝香 T、橡苔浸膏、橡苔净油、檀香精油、岩兰草精油、广藿香精油、圆叶当归根精油、麝葵子精油等。

3. 修饰剂

对苯二酚二甲醚、洋茉莉醛、兔耳草醛、香兰素、乙基香兰素、香豆素、二氢香豆素、α-紫罗兰酮、β-紫罗兰酮、α-甲基紫罗兰酮、β-甲基紫罗兰酮、苯乙酸对甲酚酯、香荚兰浸膏、灵猫香、海狸香、安息香香树脂、苏合香香树脂、秘鲁香树脂、吐鲁香树脂等。

4. 定香剂

苯甲酸、桂酸、香紫苏醇、6-甲基四氢喹啉等。

（二）龙涎香香精香气分路

龙涎香香精香气分路如表 4-125 所示。

表 4-125　龙涎香香精香气分路　单位：%

香韵	比例
龙涎香	35～65
动物香	5～15
木香	1～8
豆香	5～15
苔青	0.5～2

续表

香韵	比例
蜜甜香	0.5～3
花香	0.5～3

(三)龙涎香香精配方

龙涎香香精配方如表 4-126 所示。

表 4-126　龙涎香香精配方　单位:g

原料	用量	原料	用量
赖百当浸膏	5.0	广藿香油	0.5
配制玫瑰精油	2.0	3%海狸香酊	3.0
橡苔浸膏	1.0	乙酸柏木酯	10.0
甲基柏木醚	15.0	异长叶烷酮	10.0
乙酰基柏木烯	10.0	灵猫香膏	0.2
6-甲基喹啉	1.0	乙酸琥珀酯	4.0
石竹烯	5.0	檀香 803	2.5
2-乙基己醛乙二醇缩醛	1.0	二甲苯麝香	3.0
紫罗兰酮	4.0	埃利酮	5.0
降龙涎香醚	5.0	麝香 105	2.0
6-甲基四氢喹啉	1.0	香豆素	2.0
香兰素	2.0	安息香香树脂	2.0
香紫苏精油	1.0	秘鲁香树脂	2.5

第三节　非花香型香精

一、素心兰型香精

素心兰名称起源于素心兰香水(eau de Chypre),从 12 世纪开始到现在,作为经典香型之一,是受到男士和女士喜爱的香型。素心兰并不是一种香花,而是花香气息极重的非花香香韵香型的香精。

素心兰属于重香型。其特征香气是香柠檬、橡苔、灵猫、乙酸芳樟酯、水杨酸戊酯、玫瑰、橙花、岩兰草、檀香、赖百当,带有田园或百里香酚的草香、龙蒿香、罗勒香等,并带有黄樟素和异黄樟素的香韵。但此香韵首次被确认并调配成功后，德国 Heine 公司进一步生产了素心兰著名的 EM 素心兰产品。EM 是以橡苔、赖百当、苏合香、乙酸芳樟酯，配以各种花香组成的香型。素心兰是经典香型，长期以来，香气虽有所演变，但其基体香韵仍以青滋香（苔青为主）-木香（甘甜木香为主）-果香（柑橘类香为主）-琥珀香（岩蔷薇为主）-动物香（麝香、灵猫、龙涎香）为组合。随着技术的发展，素心兰型也出现了多种格调的变化，如在基体香韵的组合中，各个非花香间的配比大小发生变化。在头香中增用醛香或其它果香，在体香中增加草香，底香中增加豆香等，现今在头香中增加醛香和果香的素心兰较流行。

（一）配制素心兰香精原料

按照以上综述，素心兰香型，其主香原料和定香原料基本相同，而在和合剂、修饰剂以及花香原料的选择中变化较大，范围也较广。调配时应注意这些特点。一般来说，配制素心兰，所有香原料都可以使用，但常用原料介绍如下：

1. 主香剂

檀香醇、岩兰草醇、乙酸岩兰草酯、檀香精油、广藿香精油、岩兰草精油、岩蔷薇净油、橡苔净油、树苔浸膏等。

2. 和合剂

二甲基苄基原醇、苯乙醇、大茴香醇、玫瑰醇、芳樟醇、金合欢醇、洋茉莉醛、香柠檬醛、α-紫罗兰酮、β-紫罗兰酮、α-甲基紫罗兰酮、环十五酮、灵猫酮、酮麝香、乙酰基柏木烯、香豆素、乙酸芳樟酯、乙酸檀香酯、乙酸三环癸烯酯、苯乙酸丁酯、二氢茉莉酮酸甲酯、异茉莉酮酸甲酯、香紫苏油、薰衣草油、杂薰衣草精油、菖蒲精油、龙蒿精油、扁柏精油、万寿菊精油、圆叶当归籽精油、鸢尾浸膏、香荚兰浸膏、黑香豆浸膏等。

3. 修饰剂

桂醇、大茴香醇、香叶醇、辛醛、癸醛、甲基壬基乙醛、月桂醛、铃兰醛、新铃兰醛、榄青醛、香兰素、橙花酮、山楂花酮、丁香酚、异丁香酚、对苯二酚二甲醚、甲酸芳樟酯、乙酸肉桂酯、丁酸苄酯、壬酸苯乙酯、苯甲酸丁酯、水杨酸甲酯、水杨酸异丁酯、水杨酸异戊酯、水杨酸苄酯、庚炔羧酸甲酯、辛炔羧酸甲酯、茴香脑、异黄樟油素、小豆蔻精油、肉豆蔻精油、香柠檬精油、白柠檬精油、甜橙精油、苦橙精油、苦橙叶精油、代代叶精油、白兰叶精油、香叶精油、八角茴香精油、小茴香精油、众香籽精油、杜松籽精油、芫荽籽精油、香附籽精油、甜罗勒精油、甘松精油、缬草精油、格蓬精油、百里香精油、卡南加精油、紫罗兰叶精油、没药浸膏等。

4. 定香剂

香紫苏醇、乙酸柏木酯、酮麝香、灵猫香、海狸香、枫香浸膏、苍术硬脂、安息香香树脂、苏合香香树脂等。

5. 花香原料

茉莉净油、墨红净油、金合欢净油、晚香玉净油、栀子花净油、依兰依兰精油、树兰精油、橙花精油等。

(二)素心兰香精香气分路

素心兰香精香气分路如表 4-127 所示。

表 4-127　素心兰香精香气分路　单位:%

香韵	比例
果香	8～25
苔香	2～20
花香(复合花香:茉莉、玫瑰、铃兰、橙花等)	20～55
木香	8～30
豆香	3～12
动物香(含琥珀香)	8～25
辛香(甜)	2～8
草青香	0.5～5
醛香	少量
玫瑰木青	3～15

(三)素心兰香精配方

素心兰香精配方如表 4-128 至表 4-133 所示。

表 4-128　醛香素心兰香精配方　单位:g

原料	用量	原料	用量
配制玫瑰	1.8	羟基香茅醛	0.75
茉莉酯	15	栀子花香基 9085(奇华顿)	4.0
茉莉净油	15	10%广木香净油	2.1
超级橡苔净油	0.6	肉豆蔻衣精油	0.15
香柠檬精油	4.2	Florizia(芬美意)	3.15
橡苔净油	4.35	3%麝香酊剂	7.6
配制茉莉	4.0	3%灵猫酊剂	1
香叶精油	1.8	麝香 105	0.7
甲基紫罗兰酮	11.3	酮麝香	1.4
岩兰草精油	3.6	香豆素	0.3
檀香精油	1.3	香兰素	0.15
芳樟醇	1.8	1%癸醛	0.8
异丁香酚苄醚	7.6	1%十一烯醛	1.2
丁香酚	0.75	10%十二醛	3.6

表 4-129　　醛香素心兰香基配方(一)　　单位:g

原料	用量	原料	用量
香豆素	8.7	苏合香	2.9
香兰素	4.6	赖百当	5.8
乙基香兰素	2.9	芳樟醇	0.75
洋茉莉醛	1.8	乙酸芳樟酯	2.9
甲基紫罗兰酮	1.2	乙酸松油酯	8.8
酮麝香	0.75	乙酸苄酯	2.9
配制玫瑰	0.6	乙酸岩兰草酯	0.09
橘子精油(苦)	4.5	5%龙蒿精油	0.54
香叶精油	2.9	5%异丁基喹啉	0.75
玫瑰精油	1	除萜香柠檬精油	34.97
对苯二酚二甲醚	0.2	茉莉酯	1.2
檀香精油	2.8	香柠檬精油	6
安息香	0.45		

表 4-130　　醛香素心兰香基配方(二)　　单位:g

原料	用量	原料	用量
乳香香树脂	2.6	橡苔净油	2.6
羟基香茅醛	2.6	晚香玉香基	0.85
兔耳草醛	0.4	玫瑰香基	0.45
水杨酸异丁酯	1.7	小豆蔻精油	1.7
广木香精油	0.9	10%龙涎香基	0.85
香柠檬精油	4.22	龙涎醇(芬美意)	2.25
羟基香茅醛(芬美意)	2	乙基香兰素	0.45
广藿香精油	18.1	麝香酮	4.22
岩兰草精油	4.82	麝香香基 1	0.85
茉莉香基	4.23	香豆素	3.37
依兰依兰精油	5.07	环十五内酯	0.9
铃兰配方 1	4.22	灵猫酮	0.9
Paracetone(奇华顿)	4.22	麝香 105	4.22
薰衣草精油	1.7	龙涎香基	2.87
风信子净油	0.45	麝香香基 2	2.15
肉豆蔻精油	4.22	十一烯醛	1.7

续表

原料	用量	原料	用量
栀子配方 1	6.07	十二醛	0.45
格蓬油(罗伯特)	1.7		

表 4-131 果香素心兰香精配方 单位:g

原料	用量	原料	用量
茉莉酯	3	吲哚	0.15
茉莉香基	2	柠檬醛	0.5
乙酸苄酯	9	橙花素	4
甜橙精油	3	二甲基苄基原醇	3
茉莉净油	1.25	羟基香茅醛	3
乙酸岩兰草酯	4.5	左旋香茅醇	2
乙酸柏木酯	4	天竺香叶精油	2.5
檀香精油	2.5	茴香精油	0.75
薰衣草精油	6	黑胡椒精油	0.75
异丁香酚	1.75	香豆素	2.6
水杨酸戊酯	1.5	酮麝香	1.5
香柠檬精油	12	灵猫酮	0.2
柠檬精油	3.5	Ambrettozone(H&B)	0.4
甲基紫罗兰酮	5	龙涎香基	0.25
依兰依兰精油	3.5	丁香花蕾精油	0.3
橡苔	3.5	10%椰子醛	0.4
派超力油	2.5	10%十六醛	0.2
橙叶精油	4	10%桃醛	5

表 4-132 花香素心兰香精配方 单位:g

原料	用量	原料	用量
茉莉净油	2	乙基柠檬醛	1
配制茉莉	8	苯甲酸异丁酯	3
依兰依兰精油	5	乙酸苯乙酯	4
橙叶精油	1.5	苯乙醇	2
橙花素	1.5	配制玫瑰	4

续表

原料	用量	原料	用量
香柠檬精油	7	玫瑰香基(芬美意)	2
铃兰醛	3	大茴香醇	4
羟基香茅醛	6	大茴香醛	2
特级松油醇	4	肉豆蔻精油	1
薰衣草精油	5	生姜精油	1
异丁香酚	4	甲基壬乙醛	1
水杨酸戊酯	3	10%癸醛	1
派超力油	2	甲基萘酮	4
橡苔	4	乙基香兰素	2
龙涎香基	4.5	洋茉莉醛	3
苹果酯	0.5	麝香 105	4

表 4-133　　素心兰香精配方　　单位:g

原料	用量	原料	用量
橡苔浸膏	5.0	配制橙花精油	2.0
香根精油	2.0	酮麝香	2.0
甲基柏木醚	5.0	薰衣草精油	2.0
甲基紫罗兰酮	5.0	冷榨柠檬精油	3.0
香柠檬精油	12.0	十二醛	0.1
玫瑰精油	5.0	广藿香精油	2.0
丁香酚	3.0	乙酰基柏木烯	5.0
香兰素	0.5	合成檀香	5.0
羟基香茅醛	5.0	麝香 105	3.0
赖百当浸膏	1.5	灵猫香膏	1.0
茉莉净油	7.0	香叶油	5.0
香豆素	4.0	十一醛	0.1
洋茉莉醛	3.0	香紫苏精油	2.0

上述是素心兰的常用香精配方，正如在素心兰的前言所说的，素心兰的香型变化相当多，因此不可能将素心兰的所有香型配方加以列出，而只能选用特征性的配方，供学习者参考。

二、馥奇型香精

馥奇香型是创拟香型，是1880年由法国Paul Pargut所创拟。1882年法国一家香水公司首先生产了一种名为"皇家馥奇"的香水，该香水是馥奇香型。从此，馥奇香型开始流行。馥奇香型是由青滋香(橡苔)、豆香(香豆素)、动物香(麝香)、清香(薰衣草)为主组成的，是馥奇的经典香型。馥奇属于重香型，是以青滋香-豆香为主，辅以动物香、琥珀香、木香、花香和果香的复合香韵。馥奇香气与素心兰相近，但又有所差异。素心兰的主要香气是香柠檬的果香、苔香、花香、动物香，头香偏重柠檬果香。而馥奇头香是重薰衣草的香气，体香中除有素心兰的苔青、花香、木香、动物香以外，偏重于香豆素的豆香，而素心兰花香气较足，因此馥奇香型没有素心兰香型的花香重，而且香气较青。

馥奇香型自流行至今，各国调香师将其进行了演变，其特点如下：

①在头香中重柑橘果香，在基体中重麝香的动物香。

②在头香中重柑橘果香和辛香，在基体中多木香、麝香和琥珀香气。

③在头香中重青花香，在基体中多辛香、苔香、木香和麝香。

④在头香中重辛香和花香，在基体中多草香和木香。

⑤在头香中重草香、辛香、花香，在基体中多麝香和木香。

⑥在头香中重青香(薰衣草)、花香(茉莉)，在基体中多辛香和木香。

⑦在头香中重青滋香、花香和柑橘果香，在基体中多花香、苔香和膏香。

⑧在头香中多辛香、薰衣草、花香、茉莉，在基体中多花香和辛香。

⑨在头香中重青滋香、花香和柑橘果香，在基体中多花香、苔香和辛香。

⑩在头香中多醛香等。

(一)配制馥奇香精原料

馥奇香型是青滋香、豆香、清香、动物香的组合，却有多种演变。因此在选用原料上也较广泛，几乎所有的香原料都可以应用。馥奇常用原料介绍如下：

1. 主香剂

薰衣草精油、杂薰衣草精油、穗薰衣草精油、香柠檬精油、香薇浸膏、黑香豆浸膏、橡苔浸膏、橡苔净油、树苔浸膏、树苔净油、香豆素等。

2. 和合剂

柏木烯、叶醇、芳樟醇、岩兰草醇、洋茉莉醛、茴香醛、香兰素、乙酸芳樟酯、乙酸松油酯、乙酸龙脑酯、乙酸柏木酯、香叶精油、橙叶精油、广藿香精油、岩兰草精油、香紫苏精油、玫瑰草精油、玫瑰木精油、檀香精油、松针精油、香荚兰浸膏、岩蔷薇浸膏等。

3. 修饰剂

壬醇、苯乙醇、桂醇、香叶醇、玫瑰醇、α-松油醇、薄荷脑、甲基壬基乙醛、十一醛、大茴香醛、柠檬醛、新铃兰醛、香茅醛、羟基香茅醛、桂醛、苯乙酮、对甲基苯乙酮、α-紫罗兰酮、β-紫罗兰酮、α-异甲基紫罗兰酮、山楂花酮、丁香酚、异丁香酚、对苯二酚二甲醚、乙酸苄酯、乙酸香叶酯、异丁酸松油酯、苯甲酸乙酯、苯甲酸异丁酯、水杨酸甲酯、水杨酸异丁酯、水杨酸戊酯、水杨酸异戊酯、水杨酸苄酯、邻氨基苯甲酸甲酯、迷迭香精油、龙蒿精油、桦木精油、鸢尾精油、芹菜籽精油、肉豆蔻精油、鼠尾草精油、圆叶当归根精油、甜橙精油、香柠檬精油、柠檬精油、茴香精油、百里香精油、紫罗兰叶浸膏等。

4. 定香剂

酮麝香、二甲苯麝香、佳乐麝香、环十五内酯、龙涎香醚、安息香香树脂、苏合香香树脂、秘鲁香树脂、吐鲁香树脂、麝香酊、灵猫香酊等。

5. 花香原料

玫瑰精油、茉莉净油、卡南加精油、依兰依兰精油、树兰精油、橙花精油、晚香玉净油、黄水仙净油、金合欢净油等。

(二)馥奇香精香气分路

馥奇香精香气分路如表 4-134 所示。

表 4-134　馥奇香精香气分路　单位:%

香韵	比例
苔青(主)	5～25
草香(薰衣草)(主)	3～20
豆-茴香(辅助)	2～10
豆香(主)	3～25
花香(茉莉、橙花、玫瑰)(辅助)	8～25
果香(辅助)	1～8
木香(主)	3～20
琥珀香(辅助)	1～10
动物香(主)	2～10

(三)馥奇香精配方

馥奇香精配方如表 4-135 所示。

表 4-135　馥奇香精配方　单位:g

原料	用量	原料	用量
薰衣草精油	15.0	芳樟醇	5.0
乙酸芳樟酯	5.0	香柠檬精油	5.0
橡苔净油	2.5	乙酸茴香酯	1.0
香豆素	10.0	香兰素	0.5
洋茉莉醛	1.0	黑香豆浸膏	10.0
广藿香精油	2.5	岩兰草精油	2.5

续表

原料	用量	原料	用量
檀香精油	2.0	酮麝香	1.0
麝香 105	1.0	10%麝香酊	3.0
圆叶当归根精油	1.0	香叶精油	2.0
玫瑰净油	3.0	大花茉莉净油	2.0
薰衣草净油	15.0	金合欢净油	1.0
甜橙花净油	2.0	水杨酸戊酯	1.0
吐鲁香树脂	2.5	苏合香香树脂	2.5
百里香精油	1.0		

三、东方香型香精

东方香型调香师创拟的非花香香型之一，也是经典香型之一。东方香型的创拟主要反映东方民族在宗教或祭祀活动时，燃熏具有木香、膏香、琥珀香的物质所散发出的庄严、文雅、温暖、浓重的香气韵调。这种香型不但受到东方人的喜爱，也受到西方人的追捧。因此在西方国家得到流行，成为一种传统的香型。

东方香型的创立，是以各种各样的膏香和树脂为基础的，例如秘鲁香膏、安息香、乳香、防风根、赖百当等。并伴有人造和天然麝香和灵猫香等，得到的是温暖而富有异国情调的香精。因此，东方香型的固体定香剂也按此香气来制造和使用。东方香型所使用的是具有强烈香气的花香，如茉莉、晚香玉、栀子花、紫丁香、金银花、木兰等。通常东方香型的组成主要是木香与膏香，其次是浓厚的蜜甜香和动物香，辅以花香。香气极其浓重和持久。现东方香型有所变化，在头香中使用果香、醛香，并适当增加豆香和辛香，从而表现出木香、膏香、动物香、花香之间的融洽、协调。香气浓强有力、持久、高雅的特点。

（一）配制东方香型香精原料

东方香型香精要求香气浓强、持久而稳定，因此在选择原料及用量上都要与这些相适应，对主香原料要保持木香、膏香、蜜甜香和动物香之间的协调，并配以必要的和合剂。花香原料的选择一定要按照设计的主题思想，这样才能得到预期的香精配方。常用的东方香型原料如下：

1. 主香剂

檀香醇、岩兰草醇、α-紫罗兰酮、α-甲基紫罗兰酮、α-异甲基紫罗兰酮、甲基柏木醚、龙涎香醚、降龙涎香醚、乙酸檀香酯、乙酸岩兰草酯、苯乙酸檀香酯、檀香精油、柏木精油、岩兰草精油、广藿香精油、岩蔷薇浸膏、秘鲁香树脂、安息香香树脂等。

2. 和合剂

桂醇、柏木醇、香茅醇、香叶醇、芳樟醇、金合欢醇、丁香酚、异丁香酚、丁香酚甲醚、异

丁香酚甲醚、异丁香酚苄醚、甲基柏木醚、乙酰基柏木烯、β-萘乙醚、苯丙醛、羟基香茅醛、香柠檬醛、洋茉莉醛、香豆素、香兰素、乙基香兰素、二苯甲酮、橙花酮、β-萘乙酮、乙酰基异丁香酚、乙酸肉桂酯、戊酸香叶酯、异戊酸香叶酯、桂酸甲酯、桂酸乙酯、桂酸异丁酯、酮麝香、二甲苯麝香、丁香精油、鸢尾精油、香紫苏精油、甘松精油、桂叶精油、苦橙叶精油、代代叶精油、香柠檬精油、苍术精油、树苔净油、橡苔浸膏、香荚兰浸膏、吐鲁香树脂、苏合香香树脂、乳香香树脂等。

3. 修饰剂

庚醇、癸醇、月桂醇、苯乙醇、壬醛、癸醛、甲基壬基乙醛、铃兰醛、新铃兰醛、槐青醛、柑青醛、茴香醛、α-戊基桂醛、α-己基桂醛、α-辛基桂醛、α-壬基桂醛、苯乙醛二甲缩醛、苯乙酸、甲酸香茅酯、乙酸异戊酯、乙酸壬酯、乙酸香叶酚、乙酸芳樟酯、乙酸苯乙酯、丙酸苯乙酯、丙酸玫瑰酯、丁酸玫瑰酯、丁酸苯乙酯、异戊酸苯乙酯、己酸烯丙酯、庚炔羧酸甲酯、苯甲酸异丁酯、苯甲酸苄酯、苯乙酸丁酯、苯乙酸对甲酚酯、苯乙酸香叶酯、邻氨基苯甲酸甲酯、水杨酸异戊酯、二氢茉莉酮酸甲酯、茉莉酯、杨梅醛、十二烷、薰衣草精油、甜橙精油、柠檬精油、格蓬精油、冬青精油、松针精油、香根精油、迷迭香精油、白兰叶精油、香叶油、罗勒精油、愈创木精油、姜精油等。

4. 定香剂

灵猫香酊、麝香酊、鸢尾浸膏、黑香豆浸膏、乙酸柏木酯、苯乙酸苯乙酯、桂酸苯乙酯、桂酸苄酯、桂酸桂酯、水杨酸苯乙酯、桂酸、6-甲基四氢喹啉、异丁基喹啉等。

5. 花香原料

玫瑰精油、玫瑰净油、树兰精油、依兰依兰精油、白兰浸膏、桂花浸膏、金合欢浸膏、墨红浸膏、晚香玉净油、栀子花净油、香石竹净油、风信子净油、茉莉净油等。

(二)东方香型香精香气分路

东方香型香精香气分路如表4-136所示。

表4-136　东方香型香精香气分路　单位：%

香韵	比例
果香	15～30
花香(玫瑰、茉莉为主，铃兰、紫罗兰、香石竹、栀子花、晚香玉等)	25～55
青香	2～10
醛香	少量
辛香	2～10
膏香	3～10
动物香	8～25
木香	2～10
苔香	1～8
豆香	2～15

(三)东方香型香精配方

东方香型香精配方如表 4-137 至表 4-140 所示。

表 4-137 东方香型香基配方 单位:g

原料	用量	原料	用量
对苯二甲酚甲醚	1.75	苦橙精油	8.7
秘鲁香树脂	3.3	甜橙精油	8.7
海狸香基	2.55	薰衣草精油	4.4
乙基香兰素	2.2	琥珀香基	0.75
香柠檬精油	51.25	乙酸芳樟酯	16.4

表 4-138 东方香型香精配方(一) 单位:g

原料	用量	原料	用量
甲基壬基乙醛	1	橙叶精油	2
十二醛	0.5	橙花素	3
苍术精油	3	α-紫罗兰酮	4
姜精油	1	甲基紫罗兰酮	8
丁香酚	4	10%庚炔羧酸甲酯	2.5
异丁香酚	6	洋茉莉醛	4
依兰依兰精油	4	香兰素	1.5
香豆素	2.5	岩兰草精油	2
合成檀香	3	秘鲁香树脂	2
岩蔷薇 859	9	酮麝香	2
3%灵猫酊剂	4	广藿香精油	2
配制玫瑰	12	香柠檬精油	6
配制茉莉	8		

注:此配方被 Coty 公司调香师认为是具有中国特色的东方型香精。

表 4-139 东方香型香精配方(二) 单位:g

原料	用量	原料	用量
右旋芳樟醇	10.85	酸橙皮精油	2.59
Vetyrisine(芬美意)	7.3	香紫苏精油	1.48
防风根香基	7.3	茉莉净油	1.48

续表

原料	用量	原料	用量
啤酒花油	5.82	派超力油	0.74
香兰素	3.9	麝香 105	0.74
胡椒醇	0.35	依兰依兰精油	0.37
香豆素	3.65	配制玫瑰	037
檀香精油	3.65	冬青精油	0.14
薰衣草精油	3.65	秘鲁浸膏	2.5
香柠檬精油	3.65	环十五内酯	0.92
芫荽精油	2.91	海狸香基	0.37
栀子花香基 9058	3.65	灵猫酮	0.37
橙花精油	2.54	麝香酊剂	28.71

表 4-140　　东方香型香精配方(三)　　单位:g

原料	用量	原料	用量
檀香 803	20.0	佳乐麝香	3.0
檀香醚	10.0	香兰素	1.0
檀香 208	10.0	秘鲁香树脂	1.0
香根精油	5.0	甲基柏木醚	8.0
广藿香精油	3.0	赖百当浸膏	1.0
安息香香树脂	3.0	甲基紫罗兰酮	10.0
配制重瓣玫瑰精油	10.0	四甲基八氢萘酮	5.0
香柠檬精油	3.0	洋茉莉醛	3.0
丁香酚	3.0	麝香 105	1.0

四、古龙型香精

古龙在经过了 250 年的流行之后，现在仍被誉为世界上最著名的香水香精。古龙亦称“科隆”(Koln)，由法文和德文翻译而来。古龙水在世界上很早就有人使用，意大利人生产的 Vetiver 古龙水是由极少量的乙酸加上麝香、香荚兰豆、檀香、茉莉和岩兰草精油所组成的。

1834 年 Encylopedia Boret 配制 J. M. Farina 型古龙水。其组分如表 4-141 所示。

表 4-141　　J. M. Farina 型古龙水组分的含量

组分	含量
香柠檬精油	6.2kg
柠檬精油	3.1kg
橙花精油	0.8kg
丁香精油	1.6kg
薰衣草精油	1.2kg
迷迭香精油	0.8kg
酒精	100L

注：该配方陈化 30d 后经过滤即得古龙水。

Durvelle 同样给出 J. M. Farina 型古龙水配方：

将新鲜的香蜂花草 10kg、迷迭香 5kg，鸢尾草根 1kg 浸在 25L 95%的酒精和 4L 水中 12h，然后蒸馏，蒸馏得到的精油用 310g 的香柠檬精油、250g 的柠檬精油、250g 甜橙精油、60g 的橙叶精油、120g 薰衣草精油，加入 25L 95%的酒精。将此溶液陈化一个月后过滤得到古龙水。

以上所列举的古龙水都是古龙的经典香型。古龙的经典香型是以果香(柑橘的清甜新鲜香气)及鲜韵(橙花)为主，辅以草香(迷迭香)或清韵花香(薰衣草)组合的香型。经典的古龙水是以柑橘油为基础调和成的一种新鲜、和谐的香水，其香气充满激情与欢快，却又十分短暂。这就是古龙水的特点。

现在古龙香型有所变化，但其基本香韵仍以柑橘、橙花为主，增加了辛香、豆香、琥珀香、动物香和其他花香，但其经典的古龙风格特征无大的变化。一般来说，作为古龙型的香气，主要突出柑橘类果香并要有明显的新鲜清爽香韵，有令人舒适愉快的清新气息。

意大利的 Francesco La Face 教授是一位专门研究柑橘类精油的专家。他指出古龙的基本原料是柑橘油或柠檬烯、香柠檬精油、柠檬精油、甜橙精油，其次是甜橙花精油、橙花精油、橙叶精油，然后是含药草香的精油，如薰衣草、迷迭香、香蜂花、香紫苏等，其他原料还可以少量使用百里香、苦艾、葛蒲、肉豆蔻、牛膝草、葛缕子油、茴香、肉桂、丁香。他还指出丁香和康乃馨是古龙香精中必不可少并且不可替代的。古龙香精主要用于男用香水中。

(一)配制古龙香精原料

古龙型香精应用面也较广，但在原料选择和使用时一定要注意古龙的风格，以免变调。

1. 主香剂

柠檬精油、香柠檬精油、白柠檬精油、甜橙精油、苦橙精油、橘子精油、柚子精油、苦橙花精油、代代花精油、橙叶精油、柚叶精油、代代叶精油、香柠檬醛、乙酸芳樟酯等。

2. 和合剂

苯乙醇、橙花醇、芳樟醇、月桂烯醇、二氢月桂烯醇、柠檬醛、柑青醛、橙花酮、β-萘乙酮、柠檬腈、香茅醛、甲酸香茅酯、乙酸香叶酚、乙酸松油酯、邻氨基苯甲酸甲酯、迷迭香精油、薰衣草精油、杂薰衣草精油、防臭木精油、蜂花精油、香紫苏精油、山苍子精油、柠檬草精油、玫瑰木精油、百里香精油、白兰叶精油、芳樟叶精油、岩蔷薇浸膏等。

3. 修饰剂

癸醇、薄荷醇、香叶醇、玫瑰醇、橙花叔醇、辛醛、癸醛、月桂醛、甲基苄基乙醛、桂醛、α-戊基桂醛、α-己基桂醛、苯乙醛、香茅醛、羟基香茅醛、兔耳草醛、洋茉莉醛、α-紫罗兰酮、β-紫罗兰酮、甲基紫罗兰酮、龙脑、丁香酚、异丁香酚、丁香酚甲醚、β-萘甲醚、β-萘乙醚、龙涎香醚、甲酸香叶酯、甲酸芳樟酯、乙酸乙酯、乙酸辛酯、乙酸苄酯、乙酸香茅酯、乙酸龙脑酯、丙酸乙酯、丙酸芳樟酯、己酸芳樟酯、庚酸乙酯、二氢茉莉酮酸甲酯、香豆素、橙花素、风信子素、酮麝香、香叶精油、檀香精油、丁香精油、菖蒲精油、肉豆蔻精油、小豆蔻精油、芫荽籽精油、芹菜籽精油、八角茴香精油、小茴香精油、肉桂精油、罗勒精油、薄荷精油、龙蒿精油、广藿香精油、岩兰草精油、康乃克油、橡苔净油、树苔净油等。

4. 定香剂

天然动物香、安息香香树脂、苏合香香树脂、桂酸苄酯、鸢尾浸膏、合成麝香等。

5. 花香原料

玫瑰精油、依兰依兰精油、树兰精油、茉莉浸膏、香石竹净油、含羞花净油、金合欢净油等。

(二)古龙香精香气分路

古龙香精香气分路如表 4-142 所示。

表 4-142　古龙香精香气分路　　单位：%

香韵	比例
果香	0.5～15
花香(橙花、茉莉、薰衣草、玫瑰等)	30～65
青香	0.5～7
草香	0.5～5
豆香	0.5～5
动物香	2.5～10
木香	3～15
辛香	0.5～4

(三)古龙香精配方

古龙香精配方如表 4-143 所示。

表 4-143　　古龙香精配方　　单位:g

原料	用量	原料	用量
香柠檬精油	30.0	柠檬精油	20.0
甜橙精油	8.0	橙花精油	4.0
橙叶精油	6.0	薰衣草精油	5.0
迷迭香精油	2.5	白兰叶精油	4.0
香紫苏精油	1.0	丁香精油	3.0
柑青醛	0.5	甲基紫罗兰酮	2.0
安息香香树脂	3.0	酮麝香	2.0
洋茉莉醛	1.0	香叶精油	3.0
麝香 105	2.0	赖百当浸膏	0.5

五、花露水型香精和薰衣草水型香精

花露型可认为是由古龙型衍变而独立存在的一种流行性香型，它起源于美国。“花露水”是我国调香界对英文“Florida Water”的译名，花露水有两种涵义，其一是指“花露型”香精；其二是指由“花露型”香精，或者以“花露型”香型为主体进行一定的调整所得香精，配制成的洗漱用香水的通称。本节中论述的是前者。

花露型是介于“古龙型”与“薰衣草水型”之间的一种香型。它的香气特征具有新鲜爽快、令人清醒的感觉。正规的花露型是以青滋香、果香与辛香三种非花香韵为主，辅以清、甜花香韵，并以少量动物香为基香所组成的。现今花露型的香气，除保持有青滋香、果香(主要是柑橘类果香)辛香及清花香韵外，在花香韵上有不少变化；有的则在动物香的用量上增加，并兼用琥珀香，可以说衍变程度较大。

薰衣草水型也可认为是由古龙型衍变而来并独立存在的一种流行性香型。香气也是清鲜飒爽，有醒脑清神之功。它起源于英国，流行迄今。正规的薰衣草水型是以薰衣草清花香韵和柑橘类果香韵(主要是香柠檬)为主，辅以琥珀香或动物香香韵的，其中薰衣草清香与柑橘类果香的用量比宜是 2∶1。现今的衍变方中，增用了药草香、豆香、辛香、木香，在花香韵的增用上则变化较大。从国际上看，薰衣草水型是偏于作为男用盥洗用香水的香型。

(一)配制花露型香精和薰衣草水香精原料

花露型与薰衣草水型香精中所用的香料品种大体相同，其中有的也与古龙型相似，不过在用量上有的则有区别。在高档香精配方中可多用天然香料，其中有的品种宜用除萜精油或净油，以改善香精在乙醇(70%～90%)中的溶解度。在中低档香精配方中可用其配制精油或代用品或多用合成香料。

1. 主香香料

香柠檬精油、薰衣草精油、杂薰衣草精油、甜橙精油、柠檬精油、肉桂精油(花露型中必用品)、丁香精油(花露型中必用品)、薰衣草浸膏、穗薰衣草精油、香柠檬薄荷精油、乙酸芳樟酯、乙酸薰衣草酯、乙酸松油酯、芳樟醇、橙花醇、香叶醇、丁香酚、香柠檬醛、橙花酮、肉桂醛等。

2. 和合剂

橙叶精油(除萜)、柠檬叶精油(除萜)、代代叶精油(除萜)、防臭木精油、蜜蜂花精油、柠檬草精油、山苍子精油、香紫苏精油、香叶精油、芫荽籽精油、松油醇、二氢月桂烯醇、乙酸月桂烯酯、乙酸香茅酯、乙酸玫瑰酯、紫罗兰酮、甲基紫罗兰酮等。

3. 修饰剂

百里香精油、迷迭香精油、广藿香精油、岩兰草精油、檀香精油、鸢尾浸膏、芹菜籽精油、欧芹籽精油、小豆蔻精油、肉豆蔻衣精油、香荚兰豆浸膏、黑香豆浸膏、橡苔净油、树苔净油,岩蔷薇净油、薄荷精油、香兰素、香豆素、异丁香酚、异丁香酚苄醚等。

4. 定香剂

灵猫香酊、灵猫香净油、龙涎香酊、麝香酊、海狸香酊、海狸香净油、安息香香树脂、苏合香香树脂、各种合成硝基麝香、大环麝香异色满麝香、茚满麝香类、降龙涎香醚、龙涎香醚等。

5. 花香香料

常用的有橙花精油、玫瑰精油、大花茉莉净油、金合欢净油等。衍变方中可用依兰依兰精油、铃兰净油、洋甘菊净油等。

(二)花露型香精香气分路

花露型香精香气分路如表 4-144 所示。

表 4-144　　花露型香精香气分路　　单位:%

香韵	比例
玫瑰木青	20～40
柑橘香	20～50
柏青	3～10
辛香	3～8
桂甜	0.5～5
木香	2～5
龙涎香	1～5
麝香	少量
豆香	0.5～2
酮甜	0.5～4

(三)花露型香精和薰衣草水香精配方

花露型香精和薰衣草水香精配方如表 4-145、表 4-146 所示。

表 4-145　　花露型香精配方　　单位:g

原料	用量	原料	用量
薰衣草精油	30	香叶酯	5
香柠檬精油	10	丁香精油	5
甜橙精油	10	肉桂精油	2
柠檬精油	10	甲基紫罗兰酮	2
代代叶精油	4	檀香精油	2
乙酸芳樟酯	10	龙涎香香精	3
乙酸松油酯	4	合计	100
乙酸香叶酯	3		

表 4-146　　薰衣草水香精配方　　单位:g

原料	用量	原料	用量
薰衣草精油	36	丁香精油	1.5
穗薰衣草精油	6	香叶精油	5
迷迭香精油	3	紫罗兰酮	0.5
香柠檬精油	10	广藿香精油	0.4
乙酸芳樟酯	10	橡苔浸膏	2
乙酸香茅酯	2	香豆素	2
柠檬精油	5	小花茉莉香精 1	3
甜橙精油	5	灵猫香精 1	0.1
橙叶精油	2	龙涎香香精 2	4
百里香精油	3	合计	100
肉豆蔻精油	0.5		

六、醛香型香精

醛香型在日用调香术中可说是一种比较新的流行性香型。它的香气特点是以脂肪族醛类香料的香气作为香精的主体香气的一部分,并与花香和其他非花香韵组成整个香精的基体香气。这种配方方法与过去或习惯上将脂肪族醛类香气仅用来作为点缀香精的头香是不相同的。

醛香型首创人是法国调香师 Ernest Beaux。他于 1921 年创拟了“香奈儿 5 号(Chanel No.5)”香水，风行极盛。最初时这种香型被认为是一种想象型或幻想型(Fantasy Type)。其后由于仿效或类似的香型香精日见增多，从而逐渐形成日用调香术中的一种现代化的香型——醛香型。

最初的“香奈儿 5 号”香水，在其主体香气中，除醛香外，还有膏香(如乳香等)、木香(如愈创木油等)、琥珀香(如岩蔷薇制品)、动物香(麝香、灵猫香、龙涎香)、花香(其中栀子花较明显，还有玫瑰、茉莉、依兰依兰等)，而醛香则贯串在头香、体香与基香之中。在头香上还兼有柑橘类果香。其后衍变出的醛香型，除仍保持脂肪族醛类香韵为主体香气之外，常兼用动物香、木香、豆香、蜜甜香、青滋香、果香、膏香等非花香韵，配合以多种花香香韵(清、甜、鲜、幽及清甜、甜鲜、鲜幽、幽清均可用)而组成。看来在选香韵上似乎可随意一些，但在实际处方中，如何在各种香韵间使之协调和谐而又明又暗地体现出脂肪族醛类香气则是不容易的。醛香过分突出会显得生硬、不愉快：用量配比不当，不但会压抑或掩盖香精中的花香，而且也会妨碍其中动物香的作用，反而不成格调。这是配醛香型香精处方时，应用醛香的关键问题。

(一)配制醛香香精原料

醛香型香精主体香气中所用的脂肪族醛类香料有辛醛、壬醛、癸醛、十一醛、甲基辛基乙醛、十二烯-10-醛、十二醛、甲基壬基乙醛等。这些脂肪族醛类的相应的脂肪族醇类，可作为这些醛类的和合剂或修饰剂。

其余的主香香料、和合剂、修饰剂以及定香剂与花香香料，则根据所欲创拟的香气要求选用。

(二)醛香香精香气分路

醛香香精香气分路如表 4-147 所示。

表 4-147　醛香香精香气分路　　单位：%

香韵	比例
醛香	0.5～3
柑橘香	1～8
酮甜	4～20
乙苄青	0.5～4
花香	5～30
麝香	10～30
木香	1～5
苔青	0.1～1
玫瑰木青	2～5

续表

香韵	比例
豆香	0.2～1
香草香	0.5～2
药草香	0.5～2

(三)醛香香精配方

醛香香精配方如表 4-148 所示。

表 4-148 醛香香精配方 单位:g

原料	用量	原料	用量
甲基壬基乙醛	0.5	紫丁香香基	5
正十二醛	0.5	水仙花香基	4
癸醛	0.5	异丁香酚	1
香柠檬精油	2	水杨酸异丁酯	1
除萜柠檬精油	2	甲基紫罗兰酮	8
除萜甜橙精油	0.5	鸢尾凝脂	0.5
大花茉莉浸膏	12	铃兰醛	5
赛茉莉酮	1	檀香精油	1
二氢茉莉酮 10%	0.5	岩兰草精油	0.5
乙酸苄酯	2	树苔净油	0.5
树兰精油	1	香紫苏精油	1
玫瑰精油	1	海狸香浸膏	1.5
红玫瑰香精 1	2	灵猫香净油	0.5
苯乙醇	1.5	麝香香基	20
含羞花净油	4	环十五酮	1.5
晚香玉浸膏	1	麝香 105	1.5
晚香玉香基	2	香兰素	0.5
代代花浸膏	5	香豆素	0.5
代代叶精油	4	合计	100
依兰依兰精油	3		

该配方是醛香、动物香与花香兰韵并重的醛香型香精。其中醛香用脂肪族醛类香料三种,用量为 1.5%;花香中用了甜(玫瑰)、鲜(茉莉、树兰、依兰依兰、代代)、幽(水仙、晚香玉)、鲜幽(紫丁香、铃兰)、幽清(含羞花、紫罗兰)五种香韵的香料;动物香中用了麝香、

灵猫香与海狸香，还以琥珀香配合。头香中以柑橘果香作衬托，基香中用木香、豆香、辛香与青滋香陪衬，该配方适用于配制香水。

七、香柠檬香精

香柠檬油的香气属柑橘型果香香韵，青中带甜，新鲜飘逸，令人感到清爽愉快，故常作为重要头香香料之一，用于许多香型的香精配方中。仿制香柠檬油的要点在于着重突出其似柠檬的青清果香，并稍带似橙花鲜韵花香和似豆蔻、胡椒样的辛香，似香紫苏的膏香，以及似橙叶样的青滋中微有木香的基体香气。

(一)香柠檬精油成分

香柠檬精油成分如表 4-149 所示。

表 4-149　　香柠檬精油成分　　单位：%

成分名称	含量	成分名称	含量
2-己醇	0.167	芳樟醇	3.798
壬烷	0.006	1,3,8-*p*-薄荷三烯	0.025
2,5-己二酮	0.041	(*E*)-马鞭烯醇	0.051
α-侧柏烯	0.012	β 萜品醇	0.111
α-蒎烯	4.525	正戊酸	0.042
莰烯	0.079	4-萜烯醇	0.094
桧烯	0.264	对甲基苯乙酮	0.021
β-蒎烯	17.589	对甲基苯异丙醇	1.764
月桂烯	2.984	α-松油醇	0.645
α-萜品烯	1.044	γ-萜品醇	0.059
辛醛	0.073	癸醛	0.026
α-水芹烯	0.083	乙酸辛酯	1.271
(*Z*)-α-罗勒烯	0.105	α-萜品醇	2.403
1,4-桉叶素	0.456	(*Z*)-柠檬醛	0.027
对伞花烃	12.834	乙酸芳樟酯	15.252
柠檬烯	6.292	(*E*)-柠檬醛	0.124
β-水芹烯	0.018	蒿酮	0.172
桉叶油醇	1.037	乙酸松油酯	0.131
β-罗勒烯	0.661	乙酸橙花酯	1.673
邻伞花烃	1.537	乙酸香叶酯	2.256
γ-萜品烯	10.958	α-咕巴烯	0.009

续表

成分名称	含量	成分名称	含量
苯乙酮	0.052	β-石竹烯	1.006
(Z)-氧化芳樟醇	0.550	庚酸甲酯	0.010
萜品油烯	5.095	(Z)-橙花叔醇	0.021
(E)-氧化芳樟醇	0.537	(E)-橙花叔醇	0.036
肉豆蔻甲酯	0.059	石竹素	0.157

(二)配制香柠檬香精原料

从香柠檬精油的香成分分析资料来看，含量较大的是芳樟醇、乙酸芳樟酯，其他有橙花醇、二氢莳萝醇、香柠檬醛、对孟烯-4-醇、邻氨基苯甲酸甲酯、柠檬醛、苧烯等。

1. 主香香料

乙酸芳樟酯、芳樟醇、橙花醇、柏皮精油、香柠檬醛等。

2. 和合剂

邻氨基苯甲酸甲酯、乙酸松油酯、乙酸香叶酯、乙酸诺卜酯、柠檬醛、香柠檬醛、苧烯、柠檬精油、代代叶精油等。

3. 修饰剂

甲酸芳樟酯、乙酸香茅酯、甲酸香茅酯、二氢月桂烯醇、松油醇、香茅腈、柠檬腈、柑青醛、辛醛、癸醛、十二醛、甲基庚烯酮、蒎烯、小豆蔻精油、松针精油等。

4. 增加天然感的香料

香柠檬精油、野香橼叶精油(云南)等。

本品主要是用作头香香料，所以不必列出定香剂。

(三)香柠檬香精香气分路

香柠檬香精香气分路如表 4-150 所示。

表 4-150　香柠檬香精香气分路　单位：%

香韵	比例
玫瑰木青	50～80
柏青	1～5
柑橘香	10～20
醛香	少量

(四)香柠檬香精配方

香柠檬香精配方如表 4-151、表 4-152 所示。

表 4-151　　香柠檬香精配方(一)　　单位:g

原料	用量	原料	用量
乙酸芳樟酯	63	乙酸松油酯	2
芳樟醇	5	橙花醇	1.5
松针精油	1	松油醇	1.5
苧烯	8.5	榠橘叶精油	4
柑青醛	6	癸醛(10%)	0.05
香柠檬醛	4	十二醛(10%)	0.05
柠檬精油(冷磨法)	3	合计	100
香茅腈	0.4		

表 4-152　　香柠檬香精配方(二)　　单位:g

原料	用量	原料	用量
乙酸芳樟酯	60	榠橘叶精油	3
芳樟醇	9	勒檬子精油(广东)	15
柑青醛	3	柚皮精油(冷压法)	10
香柠檬醛	2	甲基庚烯酮	1.5
柠檬精油(冷磨法)	5	乙酸香叶酯	2.5
香茅腈	1.5	二甲基苄基原醇	1
橙花醇	2.5	合计	100

八、檀香香精

檀香品种很多,最著名的是白檀,亦称东印度檀香。具有甘甜木香,稍带有花香-膏香-琥珀香韵。香气稳定,温和幽雅,持久不散。

(一)檀香精油成分

檀香精油成分如表 4-153 所示。

表 4-153　　檀香精油成分　　单位:%

成分名称	含量	成分名称	含量
檀烯	0.26	α-檀香烯	0.82
反-α-香柠檬烯	0.31	表-β-檀香烯	1.72
β-檀香烯	1.72	γ-姜黄烯	0.15

续表

成分名称	含量	成分名称	含量
β-红没药烯	0.07	芳-β-姜黄烯	0.32
α-檀香醛	0.95	芳-姜黄烯	0.30
β-檀香醛	1.45	(E)-橙花叔醇	0.06
β-红没药醇	0.64	α-红没药醇	0.26
(Z)-反-α-香柠檬烯	0.10	二氢-α-檀香醇	0.38
顺-α-檀香醇	50.26	(Z)-反-α-香柠檬醇	0.45
反-α-檀香醇	0.56	表-β-檀香醇	4.10
顺-β-檀香醇	19.09	反-β-檀香醇	1.50
顺-澳檀醇	1.84	顺-日榧醇	1.51
螺檀香醇	1.20	未知物	1.08

(二)配制檀香香精原料

檀香油是重要的天然精油品种之一，具有干而甜的木香，稍带甜韵的花香、膏香与脂蜡香，并隐约有琥珀动物香韵。香气柔和而持久，在调香中用途广泛，但由于价格较贵且受天然条件的限制，故人工配制檀香油就显得很有必要。配制檀香香精的原料如下：

1. 主香剂

檀香烯、檀香醇、檀香醚、檀香 210、檀香 208、柏木精油、檀香精油等。

2. 和合剂

柏木醇、岩兰草醇、香叶醇、香茅醇、玫瑰醇、鸢尾酮、乙酸檀香酯、丁酸檀香酯、香叶精油、岩兰草精油、卡南加精油、广藿香精油、愈创木精油、沉香木精油、脂檀精油等。

3. 修饰剂

桂醇、α-松油醇、丁香酚、异丁香酚、对苯二酚二甲醚、甲基柏木醚、乙酰基柏木烯、大茴香醛、β-紫罗兰酮、甲基紫罗兰酮、2,3-丁二酮、异长叶烷酮、大茴香脑、龙脑、香豆素、柠檬精油、芫荽籽精油、薰衣草精油、丁香精油、茴香精油、菖蒲精油、玫瑰木精油、芳樟木精油、松木精油、岩蔷薇浸膏等。

4. 定香剂

乙酸柏木酯、二甲苯麝香、酮麝香、麝香 T、麝香 105、橡苔浸膏、秘鲁香树脂、苏合香香树脂等。

(三)檀香香精香气分路

檀香香精香气分路如表 4-154 所示。

表 4-154　　檀香香精香气分路　　单位：%

香韵	比例
木香	40～60
花香	15～25
动物香	5～12
辛香	3～7
豆香	3～6
膏香	2～6
果香	2～8

(四)檀香型香精配方

檀香型香精配方如表 4-155 所示。

表 4-155　　檀香型香精配方　　单位：g

原料	用量	原料	用量
檀香 803	25.0	血柏木精油	24.0
檀香醚	10.0	丁香精油	3.0
桂醛	1.0	广藿香精油	3.0
岩兰草精油	1.0	香叶精油	5.0
香茅醇	5.0	卡南加精油	3.0
乙酸芳樟酯	2.0	柠檬精油	2.0
赖百当浸膏	0.5	麝香 105	1.0
香豆素	2.0	洋茉莉醛	2.0
橡苔浸膏	0.7	薰衣草精油	1.5
松油醇	3.0	香叶醇	5.0
佳乐麝香	3.0	安息香香树脂	1.0

九、防风根香精

防风根香树脂或油的香气属琥珀香韵，有似木质龙涎香的韵调。它是植物性香料中带动物香的品种之一。香气浓而柔和，带有甜香、膏香、木香、辛香与豆香底韵，香气持久性好。在日用调香中，防风根是一种使用较久而用途较广的香料，常用于许多香型，特别是重香型香精中体香或基香的组成或是定香剂。

(一)配制防风根香精原料

1. 主香香料

人造檀香、合成檀香 210、香兰素、岩兰草精油、赤柏木精油、岩蔷薇浸膏和净油、香柠檬精油等。

2. 和合剂

乙酸芳樟酯、乙酸柏木酯、乙酸岩兰草酯、乙酸壬酯、乙酰基柏木烯,四甲基八氢萘基甲酮、乙基香兰素、二甲基代对苯二酚、香柠檬醛、甜橙精油、橘子精油、广藿香油、愈创木油、香紫苏浸膏等。

3. 修饰剂

乙酸香茅酯、甲酸香茅酯、辛醇、洋茉莉醛、昆仑麝香、佳乐麝香、紫罗兰酮、甲基紫罗兰酮、异甲基紫罗兰酮、降龙涎香醚、龙涎香醚、姜精油、格蓬精油、吐鲁精油等。

4. 定香剂

安息香香树脂、乳香香树脂、鸢尾凝脂、苏合香香树脂、十四酸异丙酯等。

5. 增加天然感的香料

防风根香树脂和防风根精油。

(二)防风根香精香气分路

防风根香精香气分路如表 4-156 所示。

表 4-156　　防风根香精香气分路　　单位:%

香韵	比例
柑橘香	5～20
木香	5～20
香草香	5～20
麝香	4～14
花香	3～10
药草香	7～14
膏香	3～10
豆香	3～6
玫瑰木青	10～20

(三)防风根香精配方

配制防风根油及防风根型香精(单体方)配方,其格局(甜香、膏香、木香、动物香、豆香)基本相同,但有的配方中突出柑橘样果香头香,有的则基香中豆香较重。防风根香精配方如表 4-157 至表 4-159 所示。

表 4-157 防风根香精配方(一) 单位:g

原料	用量	原料	用量
苯甲酰丙酮	7.0	甜橙精油	10.0
防风根香树脂	5.0	檀香精油	10.0
安息香香树脂	8.0	香柠檬精油	30.0
枫香香树脂	2.0	香兰素	10.0
乙酸玫瑰酯	7.0	葵子麝香	7.0
岩蔷薇浸膏	4.0	合计	100

表 4-158 防风根香精配方(二) 单位:g

原料	用量	原料	用量
香柠檬精油	9.3	广藿香精油	1.7
香兰素	17.8	酮麝香	2.3
葵子麝香	3.4	岩蔷薇净油(脱色)	4.6
洋茉莉醛	6.7	橘皮精油	2.3
香豆素	9.3	香叶精油(非洲)	1.1
岩兰草精油	4.6	苦橙叶精油	1.1
吐鲁香膏酊	5.7	海狸香酊	3.4
邻苯二甲酸二乙酯	17.6	乳香醇	1.1
羟基香茅醇	4.6	合计	100

表 4-159 防风根香精配方(三) 单位:g

原料	用量	原料	用量
防风根香树脂	5	檀香醇	8
安息香香树脂	4	岩兰草醇	6
香柠檬精油	30	海狸香净油	0.5
香兰素	10	α-紫罗兰酮	3
葵子麝香	2.5	乙酸芳樟酯	4
洋茉莉醛	7	酮麝香	3.5
香豆素	8	合计	100

十、防臭木香精

防臭木油,又称马鞭草油,其香气属青甜果香香韵,似柠檬与香柠檬。香气较飘逸,新鲜爽快，稍带些辛香和玫瑰气息。往时国外常以防臭木油作为高档天然香料，用于古龙“Eau de Cologne”和花露“Florida Water”型香精的配方中，人们也将其视为调配男用加香盥用品香精的重要香料。

防臭木油的青甜柑橘样的头香，主要是因其中含有苧烯、双戊烯等单萜烯成分；其柠檬-香柠檬样青甜果香的体香与基香，主要是出自柠檬醛、乙酸芳樟酯、芳樟醇、橙花醇、香叶醇等；其隐约的辛香气息是由石竹烯、丁香酚或葛缕酮形成的；玫瑰花香则来自有玫瑰香气的醇类。

(一)防臭木净油成分

防臭木净油成分如表 4-160 所示。

表 4-160　　防臭木净油的成分　　单位：%

成分名称	含量	成分名称	含量
α-蒎烯	0.34	反式香叶醇	2.58
桧烯	1.30	反式柠檬醛	27.60
1-辛烯-3-醇	0.27	乙酸香叶酯	1.57
6-甲基-5-庚烯-2-酮	1.09	β-石竹烯	3.25
月桂烯	0.29	姜黄烯	5.87
柠檬烯	8.85	姜烯	2.97
桉叶油烯	0.97	双环大根叶烯	3.49
罗勒烯	4.53	α-柏木烯	1.32
芳樟醇	0.35	橙花叔醇	1.60
橙花醇	2.04	斯巴醇	2.11
顺式柠檬醛	19.99	氧化石竹烯	0.59

(二)配制防臭木香精原料

1. 主香香料

苧烯、柠檬醛、异环柠檬醛、乙酸芳樟酯等。

2. 和合剂

香叶醇、香茅醇、玫瑰醇、苯乙醇、松油醇、芳樟醇、橙花醇、乙酸苄酯、乙酸香叶酯、柑青醛、香柠檬醛、柠檬二乙缩醛、甲基壬基甲酮、柠檬腈、香茅腈、香叶精油、山苍子精油、柠檬草精油、薰衣草精油、杂薰衣草精油等。

3. 修饰剂

丁香酚、异丁香酚、石竹烯、葛缕酮、紫罗兰酮、甲基紫罗兰酮、癸醛、苯甲醛、肉桂醛、柏木醇、代代叶精油、橙叶精油、香茅精油、柠檬桉精油、岩兰草精油等。

4. 定香剂

香豆素、榄香树脂、安息香香树脂、乳香香树脂、树苔精油等。

5. 增加天然感的香料

防臭木精油、橙花精油、香柠檬精油、柠檬精油(冷磨法)等。

(三)防臭木香精香气分路

防臭木香精香气分路如表 4-161 所示。

表 4-161　防臭木香精香气分路　单位:%

香韵	比例
花香	2～10
醇甜	1～5
柏青	20～50
柑橘香	20～40
木香	5～10
杏仁香	0.5～2
麝香	1～4

(四)防臭木香精配方

防臭木香精配方如表 4-162、表 4-163 所示。

表 4-162　防臭木香精配方(一)　单位:g

原料	用量	原料	用量
柠檬草精油	40	松油醇	30
香茅精油	5	榄香树脂酊 60%	4
苯甲醛	1	合计	
柠檬精油	20		

表 4-163　防臭木香精配方(二)　单位:g

原料	用量	原料	用量
柠檬精油	20	丁香精油	3
防臭木精油	40	玫瑰精油	2
香叶醇	10	柠檬精油	10
甲基紫罗兰酮	10	酮麝香	2
橙花精油	3	合计	100

十一、广藿香香精

广藿香精油，又称派超力油，其香气属木香香韵，兼有青香、药草香与辛香的韵调；此外由于来源及加工处理工艺的差别，有些品种稍带壤香或凉气，但均不应有霉腐气息。有些调香家认为广藿香精油有“粉香”底韵，这也许是由于它在用于香粉香精中能产生一种特殊香气效应而用“粉香”来形容的。广藿香精油香势浓强而持久，其头香、基香与体香变化甚小，可谓能贯串始终，这是它的特点，因此在调香应用上甚为广泛而重要。

（一）广藿香精油成分

广藿香精油成分如表4-164、表4-165所示。

表4-164　广藿香精油成分（水蒸气蒸馏法）　单位：%

成分名称	含量	成分名称	含量
β-广藿香烯	4.35	瓦伦烯	1.26
β-榄香烯	0.72	α-蛇麻烯	0.74
β-丁香烯	1.22	橙花树醇	1.11
刺蕊草烯	2.21	蓝桉醇	4.76
α-愈疮木烯	18.36	广藿香醇	40.76
α-广藿香烯	5.47	广藿香酮	10.45
δ-愈疮木烯	5.87		

表4-165　广藿香精油成分（超临界 CO_2 法）　单位：%

成分名称	含量	成分名称	含量
β-广藿香烯	5.24	β-蛇麻烯	0.57
β-榄香烯	0.89	δ-愈疮木烯	8.27
α-石竹烯	0.71	α-蛇麻烯	0.69
刺蕊草烯	3.23	蓝桉醇	4.21
α-愈疮木烯	15.29	广藿香醇	26.40
α-广藿香烯	7.89	广藿香酮	25.01

（二）配制广藿香香精原料

广藿香精油的香成分主要是广藿香醇、广藿香烯醇、降广藿香烯醇、广藿香烯、α-愈创木烯、α-愈创木酚、广藿香酮、石竹烯、苯甲醛、丁香酚等。

1. 主香香料

广藿香醇、降广藿香烯醇、广藿香烯、α-愈创木烯、广藿香酮、石竹烯、α-愈创木酚等。

2. 和合剂

甲位柏木醚、3,3-二甲基-降龙脑基-2-甲基原醇(Camekol DH,I. F. F.)、柏木醇、乙酸柏木酯、丁香酚、异长叶烷酮、人造檀香、赤柏木精油、岩兰草精油、甘松精油后馏分等。

3. 修饰剂

7,8-桥氧-1,3,311-四甲基-三环-(5,4,0,0)-十一烷(Bomanal、Dragoco)、1-(2,2,6)-三甲基-环己基-己醇-3(Timberol、Dragoco)、环氧石竹烯、桂醛、乙酰基柏木烯、乙位异甲基紫罗兰酮、乙位紫罗兰酮、丁香叶精油等。

4. 定香剂

岩兰草醇、桂酸桂酯、吐鲁香树脂、秘鲁香树脂、防风根香树脂等。

5. 增加天然感的香料

广藿香精油、广藿香浸膏。

(三)广藿香香精的香气分路

广藿香香精的香气分路如表4-166所示。

表4-166　广藿香香精的香气分路　单位:%

香韵	比例
柏青	20～36
桂甜	0.1～1
辛香	1～2
药草香	5～10
特征香气	50～80

(四)广藿香香精配方

广藿香香精配方如表4-167、表4-168所示。

表4-167　广藿香香精配方(一)　单位:g

原料	用量	原料	用量
赤柏(松柏)木精油	25	甘松精油(后馏分)	2.5
肉桂精油	0.5	广藿香精油	69
丁香酚	2	合计	100
香叶精油	1		

注:以广藿香油为主,适量用木香(赤柏木油)及兼有木香、药草香的甘松精油后馏分和辛香(丁香酚、肉桂油)辅助,该配方可用作配制广藿香精油的代用品。

表 4-168　　广藿香香精配方(二)　　单位:g

原料	用量	原料	用量
赤柏(松柏)木精油	20	异长叶烷酮	5
肉桂精油	1	乙酸对叔丁基环己基酯	3
香叶精油	1	洋茉莉醛	4
广藿香精油	25	香豆素	6
岩兰草精油	10	二甲苯麝香	3
人造檀香	10	香柠檬醛	2
丁香罗勒精油	2	小花茉莉香精	5
乙位紫罗兰酮	3	合计	100

注:该配方的基体香气仍是广藿香精油的木香香韵,加入适量茉莉鲜韵和果香头香(香柠檬醛)修饰,可作为香基使用。

十二、苦橙叶香精

橙叶精油品种较多,在国内调香界通常是指巴拉圭苦橙叶精油,它是一种非常重要的天然精油,香气属青滋香韵,清青气重而带甜,且微有苦橙花样的鲜香和木香。气势强烈有力,但持久性中等,底韵有些干苦。目前国内已从代代(酸橙的一种)叶中提取代代叶精油,它的香气亦属青滋香韵,与巴拉圭苦橙叶近似,而较之更浓郁但清青气则略逊。由于调香习惯的原因,我国每年尚需进口一定数量的巴拉圭苦橙叶精油。由于代代叶精油与真正巴拉圭苦橙叶精油的香气不完全相同,因此配制巴拉圭苦橙叶精油代用品和调配苦橙叶香精均有必要。

(一)泰国库巴苦橙叶精油成分

泰国库巴苦橙叶精油成分如表 4-169 所示

表 4-169　　泰国库巴苦橙叶精油成分　　单位:%

成分名称	含量	成分名称	含量
甲基环戊烷	0.02	反式氧化芳樟醇	0.27
丙酮	0.04	左旋香茅醛	71.57
1-甲基-3-异丙基环戊烷	0.04	β-荜澄茄烯	0.25
乙醇	0.07	芳樟醇	3.36
α-蒎烯	0.26	异胡薄荷醇	1.78
β-蒎烯	0.39	反式石竹烯	1.15
桧烯	2.70	石竹烯	0.82
β-月桂烯	0.80	乙酸香茅酯	7.32

续表

成分名称	含量	成分名称	含量
β-松油烯	0.17	5-甲基-3,5-己二烯醇	0.14
柠檬烯	0.44	双环大根香叶烯	0.40
γ-松油烯	0.12	反-β-金合欢烯	0.95
反-β-别罗勒烯	0.54	香茅醇	3.78
2,6-二甲基-5-庚烯醛	0.21	橙花叔醇	0.50
顺式氧化芳樟醇	0.29	榄香醇	0.16

(二)配制苦橙叶香精原料

巴拉圭苦橙叶精油的香成分，从含量较多的成分角度上看，主要是乙酸芳樟酯、芳樟醇、橙花醇、苧烯等。从香气上看，其鲜咸果香出自邻氨基苯甲酸的衍生物；其特殊青气可能是来自一些吡咯或吡嗪类化合物。

1. 主香香料

乙酸芳樟酯、芳樟醇、橙花醇、乙酸香叶酯、右旋苧烯等。

2. 和合剂

香叶醇、松油醇、橙花叔醇、乙酸松油酯、邻氨基苯甲酸甲酯、邻氨基苯甲酸松油酯、甲酸香茅酯、橙花酮、香柠檬醛、2-甲氧基-3-仲丁基吡嗪、2-甲氧基-3-异丁基吡嗪、2-甲氧基-3-异丙基吡嗪、2-甲氧基-3-异丙基-5-甲基吡嗪、2-异丙基-3-甲氧基吡嗪、白兰叶精油、巴岩精油(湖南)、榠橘叶精油等。

3. 修饰剂

甲酸香叶酯、乙酸月桂烯酚、乙酸诺卜酯、四氢香叶醇、苯乙醇、乙位萘甲醚、乙位萘乙醚、羟基香茅醛、十二醛、松针精油、香叶精油等。

4. 定香剂

邻氨基苯甲酸芳樟酯、羟基香茅醛、甲基萘基甲酮、邻氨基苯甲酸甲酯的泄馥基等。

5. 增加天然感的香料

巴拉圭苦橙叶精油、代代叶精油等。

(三)苦橙叶香精香气分路

苦橙叶香精香气分路如表 4-170 所示。

表 4-170　苦橙叶香精香气分路　单位：%

香韵	比例
柑橘香	5～16
果香	3～12
醇甜	2～10

续表

香韵	比例
玫瑰木青	30～70
柏青	3～5
花香	2～12
酮甜	0.2～2

(四)苦橙叶香精配方

苦橙叶香精配方如表4-171、表4-172所示。

表4-171 苦橙叶香精配方(一) 单位:g

原料	用量	原料	用量
代代叶精油	15	柠檬醛	1.5
乙酸芳樟酯	30	松针精油	3
邻氨基苯甲酸芳樟酯	4	丁香罗勒精油	0.5
邻氨基苯甲酸松油酯	0.5	香叶精油	0.5
白兰叶精油	5	苯乙醇	1
甲酸香茅酯	2	榄橘叶精油	11
乙酸香叶酯	3	赛茉莉酮	1
羟基香茅醛	2	乙酸苄酯	0.5
橙花醇	3.5	香叶醇	1
芳樟醇	15	合计	100

表4-172 苦橙叶香精配方(二) 单位:g

原料	用量	原料	用量
乙酸芳樟酯	46	榄橘叶精油	7
邻氨基苯甲酸芳樟酯	6	甲酸香叶酯	4
邻氨基苯甲酸松油酯	0.5	柠檬精油	2
乙酸香叶酯	10	巴岩精油	1
羟基香茅醛	2	苯乙酸	3
芳樟醇	14	香叶醇	4
柠檬醛	0.5	合计	100

十三、鸢尾香精

鸢尾精油又称鸢尾凝脂或鸢尾根精油，它的香气属蜜甜香韵，带木香，具有脂蜡香的鸢尾甜（柔甜）韵调，香气柔和而持久性好。鸢尾凝脂、鸢尾浸膏、鸢尾净油和鸢尾酊剂都是调配高档日用化学品香精中的重要天然香料，在香精的后韵中能显出很好的甜香效果。配制鸢尾精油代用品，有时除仿其香气外，还同时仿其呈凝脂的固态，也可配制为液态。此外，亦有微加花香或动物香修饰成为以鸢尾香气为主的单体方鸢尾香精处方。

（一）鸢尾精油成分

鸢尾精油成分如表 4-173 所示。

表 4-173　　鸢尾精油成分　　单位：%

成分名称	含量	成分名称	含量
乙酸	0.63	肉豆蔻酸	4.82
癸酸乙酯	0.35	十四酸乙酯	74.55
鸢尾酮	6.29	棕榈酸	0.42
香叶醇	5.10	棕榈酸乙酯	1.41
十二酸	1.32	亚油酸乙酯	0.35
β-紫罗兰酮	0.42	油酸乙酯	0.32
月桂酸乙酯	2.12	13-二十二烯酸	0.33

（二）配制鸢尾香精原料

鸢尾的香成分主要是柔和的甲位、乙位与丙位鸢尾酮，其次是脂蜡香的壬醛、癸醛等，其木香可用柏木烯、柏木醇或其衍生物或岩兰草醇来比拟。在处方中，鉴于鸢尾酮价格较昂贵，除有必要者外，可改用紫罗兰酮和甲基紫罗兰酮类。

1. 主香香料

鸢尾酮（甲位、乙位或丙位或是混合体，其中以甲位者为佳）、甲基紫罗兰酮类[其中以β-异甲基紫罗兰酮（亦称 δ-甲基紫罗兰酮）为最好]、紫罗兰酮（习惯多用甲位者以取其多柔甜香气）等。

2. 和合剂

金合欢醇、松油醇、乙酸岩兰草酯、苯乙酸异丁酯、乙酸-3，5，5-三甲基己酯、4-叔戊基环己酮等。

3. 修饰剂

壬烯-2-醛、壬二烯-2，6-醛、壬酸、癸醛、十一醛、十二醛、莳萝醛、洋茉莉醛、大茴香醛、香兰素、乙基香兰素、莳萝醇、香叶醇、4-(2，3，5-三甲基环己-1-烯基)-1-丁烯-3-酮-2、丁二酮、苯乙酮、甲基壬基甲酮、麦芽酚、异丁香酚、乙酰基异丁香酚、辛炔羧酸甲酮、庚炔羧酸甲酯、癸炔羧酸甲酯、甲酸辛酯、乙酸辛酯、乙酸壬酯、乙酸苯乙酯、丁酸苯乙酯、γ-十一内酯、紫罗兰叶净油、广藿香精油等。

4. 定香剂

岩兰草醇、柏木醇、乙酸柏木酮、二苯甲酮、十四酸(同时可用作固化剂)等。

5. 增加天然感的香料

鸢尾凝酯、鸢尾浸膏、鸢尾净油等。

(三)鸢尾香精香气分路

鸢尾香精香气分路如表 4-174 所示。

表 4-174　　鸢尾香精香气分路　　单位:%

香韵	比例
酮甜	8～15
膏香	2～7
醇甜	5～10
辛香	少量
香草	少量
脂肪香	40～60
特征香气	20～40

(四)鸢尾香精配方

鸢尾香精配方如表 4-175 至表 4-177 所示。

表 4-175　　鸢尾香精配方(一)　　单位:g

原料	用量	原料	用量
α-异甲基紫罗兰酮	10.5	丁二酮 1%	0.25
正十四酸	52	苯乙酮 10%	0.25
洋茉莉醛	2	癸醛 1%	0.25
二氢芳樟醇	0.25	γ-十一内酯 10%	0.5
香叶醇	1.25	紫罗兰叶净油 1%	2
异丁香酚	0.25	鸢尾凝脂	30
乙基香兰素 10%	0.25	总计	100
糠醛 10%	0.25		

表 4-176　鸢尾香精配方(二)　单位:g

原料	用量	原料	用量
甲基紫罗兰酮	50	莳萝醇	1
香兰素	3.5	芹菜籽精油	1
松油醇	10	柏木醇	4.5
乙酸辛酯	1	鸢尾浸膏	10
大茴香醛	5	洋茉莉醛	4
岩兰草醇	6	合计	100
酮麝香	4		

表 4-177　鸢尾香精配方(三)　单位:g

原料	用量	原料	用量
甲基紫罗兰酮	50	鸢尾浸膏	20
香兰素	6	鸢尾净油	5
松油醇	15	α-紫罗兰酮	10
岩兰草醇	5	正十四酸	40
洋茉莉醛	5	硬脂酸	20
柏木醇	10	合计	100

十四、香叶香精

香叶精油是国内香科界对牻牛儿苗科(Geraniaceae)中的天竺葵属(*Pelargonium*)香叶天竺葵或玫瑰天竺葵的茎叶花中提取的精油的总称,英文名则沿用“Geranium”。香叶精油的香气属蜜甜香韵,似玫瑰样的蜜甜中带草青气,而微有凉气与脂蜡气,气势浓强,持久性中等。

(一)香叶精油成分

香叶精油成分如表 4-178 至表 4-180 所示。

表 4-178　法国香叶精油成分　单位:%

成分名称	含量	成分名称	含量
戊醇	0.02	薄荷酮	3.07
己醇	0.05	异薄荷酮	6.30
α-蒎烯	1.08	薄荷醇	0.10

续表

成分名称	含量	成分名称	含量
β-蒎烯	0.31	α-松油醇	1.18
蒈烯-3	0.04	香茅醇	22.48
α-水芹烯	0.11	香叶醇	17.27
对伞花烃	0.07	甲酸香茅酯	6.60
柠檬烯	0.24	甲酸香叶酯	5.65
月桂醇	0.41	香叶醇甲酯	0.01
罗勒烯	0.25	α-胡椒烯	0.16
氧化芳樟醇	0.37	乙酸香叶酯	0.56
芳樟醇	13.50	β-丁香烯	0.55
反式-玫瑰醚	0.67	丙酸香茅酯	0.83
顺式-玫瑰醚	0.72	α-古芸烯	4.28
香茅醛	0.06	α-葎草烯	0.10
γ-荜澄茄烯	0.46		

表 4-179　　埃及香叶精油成分　　单位:%

成分名称	含量	成分名称	含量
己醇	0.02	薄荷酮	1.83
3-己烯-1-醇	0.01	异薄荷酮	5.31
α-蒎烯	0.10	薄荷醇	0.14
β-蒎烯	0.10	α-松油醇	0.79
蒈烯-3	0.04	香茅醇	31.36
α-水芹烯	0.05	香叶醇	16.15
对伞花烃	0.06	甲酸香茅酯	6.34
柠檬烯	0.17	甲酸香叶酯	3.17
月桂醇	0.13	香叶醇甲酯	0.03
罗勒烯	0.11	α-胡椒烯	0.40
氧化芳樟醇	0.23	乙酸香叶酯	0.56
芳樟醇	11.13	β-丁香烯	0.70
反式玫瑰醚	1.15	丙酸香茅酯	0.28
顺式玫瑰醚	0.29	α-古芸烯	2.23
香茅醛	0.11	α-葎草烯	0.13
愈创木醇	4.44	γ-荜澄茄烯	0.70

表 4-180 云南香叶精油成分 单位：%

成分名称	含量	成分名称	含量
己醇	0.05	薄荷酮	0.75
3-己烯-1-醇	0.07	异薄荷酮	6.57
α-蒎烯	0.31	薄荷醇	0.12
β-蒎烯	0.11	α-松油醇	0.09
乙酸叶醇酯	0.02	香茅醇	48.83
α-水芹烯	0.05	香叶醇	5.72
对伞花烃	0.04	甲酸香茅酯	11.73
柠檬烯	0.10	甲酸香叶酯	1.30
月桂醇	0.19	香叶醇甲酯	0.07
罗勒烯	0.04	乙酸香叶酯	0.29
氧化芳樟醇	0.10	β-丁香烯	0.54
芳樟醇	3.07	丙酸香茅酯	0.98
反式玫瑰醚	1.73	α-古芸烯	4.10
顺式玫瑰醚	0.62	α-葎草烯	0.14
香茅醛	0.15	γ-荜澄茄烯	0.96

注：云南产香叶精油的香气成分主要由香茅醇、甲酸香茅酯、香叶醇、玫瑰醚构成；而法国、埃及产香叶精油的香气成分则主要由香叶醇、甲酸香叶酯、香茅醇、甲酸香茅酯和芳樟醇构成。

(二)配制香叶香精原料

1. 主香香料

玫瑰醇、香茅醇、香叶醇、四氢香叶醇、甲酸香叶酯等。

2. 和合剂

乙酸香叶酯、惕各酸香叶酯、乙酸香茅酯、乙酸玫瑰酯、玫瑰草精油等。

3. 修饰剂

甲酸玫瑰酯、甲酸香茅酯、丁酸苯乙酯、丙酸香叶酯、丙酸玫瑰酯、戊酸香叶酯、异戊酸香叶酯、壬酸乙酯、庚酸乙酯、乙酸癸酯、结晶玫瑰、丁酸香叶酯、乙酸二甲基苄基原酯、异薄荷酮、紫罗兰酮、正二丁基硫醚、二苯甲烷、二苯醚、丁香酚、柠檬醛、壬醛、松油醇、苯乙醇、芳樟醇、广藿香精油、愈创木精油、山萩精油等。

4. 定香剂

壬酸苯乙酯、二苯甲酮等。

5. 增加天然感的香料

香叶精油、除萜香叶精油等。

(三)香叶香精香气分路

香叶香精香气分路如表 4-181 所示。

表 4-181 香叶香精香气分路 单位:%

香韵	比例
醇甜	40～90
花香	0.5～4
辛香	0.1～0.3
柑橘香	少量
药草香	0.5～2
玫瑰木青	2～10

(四)香叶香精配方

香叶香精配方如表 4-182 至表 4-184 所示。

表 4-182 香叶香精配方(一) 单位:g

原料	用量	原料	用量
香叶精油	30	丁香酚	0.25
四氢香叶醇	28	薄荷酮	0.5
香叶醇	6	柠檬醛	0.25
香茅醇	3	松油醇	2
甲酸香叶醇	15.5	芳樟醇	1
乙酸香叶醇	5	广藿香精油	2
丁酸香叶醇	5	紫罗兰酮	0.5
苯乙醇	1	合计	100

表 4-183 香叶香精配方(二) 单位:g

原料	用量	原料	用量
四氢香叶醇	40	薄荷酮	0.5
香叶醇	7	柠檬醛	0.25
香茅醇	4	松油醇	2
甲酸香叶醇	16.5	芳樟醇	1
乙酸香叶醇	5	广藿香精油	2
丁酸香叶醇	5	紫罗兰酮	0.5

续表

原料	用量	原料	用量
苯乙醇	1	香叶油萜	15
丁香酚	0.25	合计	100

表 4-184　　香叶香精配方(三)　　单位:g

原料	用量	原料	用量
香叶精油	30	丁香酚	1
四氢香叶醇	26	薄荷酮	1
香叶醇	5	柠檬醛	3
香茅醇	6	芳樟醇	4
甲酸香叶醇	10	广藿香精油	1
乙酸香叶醇	5	紫罗兰酮	0.5
丁酸香叶醇	5	庚酸乙酯	1
苯乙醇	1.5	合计	100

第四节　香水香精

香水最初出现在1370年,当时只是把某些天然香料溶于酒精中。这种香水亦称“匈牙利水”(Hungary Water)。从19世纪下半叶起,合成香料出现于市场,开始创造出具有独特风格的香气,现代香水便诞生了。如今,香水已成为化妆品家族中最重要的成员之一,是最珍贵的芳香类化妆品。香水产品的生命力在于香精本身,香水组成简单,但香水产品对香精的选择要求很高。第一,香水的加香量是日用香精中最高的。第二,以酒精作稀释剂能十分清楚地暴露出香精的弱点,作为香水用香精其香气质量要求创新、新鲜、扩散、持久、调和,即整体香气应有新鲜、新颖感,香气的扩散性良好留香且持久,头香、体香、底香各层次香气和谐、圆和。香水用香精还应显示出香型特征及调香者的创作理念,给人以美的形象和强烈的艺术感染力。目前国际上流行的香水,其香精的调配不仅注重头香的美化,更着意于体香香气的精细描绘。头香经常使用令人感到清新、爽朗的新鲜柑橘香气或清香、花香的香气。体香更趋于复杂、多韵、细腻、雅致的花香,又充分利用醛香香气巧妙地将头香和体香连接起来,流行香水又一特征是香气富有诱惑力,基体香气偏重于檀香、木香、麝香和动物香,使整个香气具有动人的情趣,从而适应时代潮流的要求。

一、香水生产

香水的主要原料是香精和酒精。有时根据特殊需求，还可加入微量的色素、抗氧化剂、杀菌剂、甘油、表面活性剂等添加剂。香水中香精用量较高，一般为 15%～25%，常用的酒精浓度为 95%。

酒精的质量对香水的品质影响很大，高级香水应采用葡萄发酵酿制的酒精，普通香水可以采用粮食发酵酿制的酒精。在配制香水之前，可在酒精中加入 10%氢氧化钠，加热回流数小时后，再进行分馏，收集其气味最纯正的部分用来配制香水。经过这样处理过的酒精，如认为香气还不够完美，则可再加入少量活性炭，并充分搅拌后过滤，以进一步脱除异杂气味。配制高级的香水，除了经上述方法处理外，还可在酒精中加入定香剂进行预处理，常用的原料包括安息香、乳香、防风根、秘鲁香树脂、吐鲁香膏、橡苔、格蓬、岩兰草、天然和人造龙涎香和灵猫香、环十五内酯、降龙涎香醚(404 定香剂)、赖百当浸膏、鸢尾浸膏等，其中环十五内酯、降龙涎香醚、天然和人造龙涎香和灵猫香加入量为 0.001%～0.003%，其他原料的加入量是 0.05%～1%，进行较长时间的陈化。通常应注意加入量取最小，且不会干扰原香精的香气。

配制香水香精所用的香料，香气应纯正，色泽尽量浅，特别注意头香(前调)、体香(中调)和留香(后调)的比例。一般喷涂 30min 左右呈现稳定的香水特征香气，应保持 2h 以上不变。

香精混合后一定要陈化，陈化后香水的香气更柔和、更协调，香气强度和持久性也更好，陈化的时间长短没有限制，只要香精的中粗糙气转变成协调而令人愉快的特征香气即可。

二、香水香型分类

香水的香型分类方法很多，在国外调香界较常采用的是把香型分为青香型、花香型、醛香型、素心兰型、东方型等几大类。随着调香创作的不断推陈出新，对香型的香韵区分也日益精细，花香型又可分为单花和复合花香，而复合花香又可分为三花型、四花型和百花型，再可以分成新鲜果香的花香型、带新鲜花朵气息的花香型，就是同一香韵的香气也分为男用、女用、男女通用香型。

香水按其香气，主要分为花香型香水和幻想型香水两大类。

花香型香水的香气。大多是模拟天然花香配制而成，主要有玫瑰、茉莉、水仙、铃兰、栀子、橙花、紫罗兰、晚香玉、金合欢、风信子、薰衣草及百花型等。

幻想型香水是调香师根据自然现象、风俗、景色、地名、人物、情绪、音乐、绘画等方面的艺术想象，创拟出的人们喜爱的新型香型。幻想型香水往往具有非常美好的名称，例如素心兰(Chyper)、香奈儿 5 号(Chanel No. 5)、梦巴黎(Soir de Paris)、毒药(Poison)、鸦片(Opium)、迪奥小姐(Miss Dior)、冷水(Cool Water)、电影院(Cinema)、喜悦(Joy)、一生之水(L'eau D'issey)、叶子(D'ete)、一千零一夜(Shalimar)、爱慕(Amarige)等。

(一)香奈儿5号(Chanel No. 5)

香奈儿5号香水是世界上最著名的香水之一，是1921年由调香师恩尼斯·鲍(Ernest Beaux)与香奈儿一起创造的香水历史上的奇迹。香奈儿5号香水是一款醛香-花香型香水，它幽雅、高贵、丰满的香气受到人们的喜爱，并一直作为高档香水的代表，从上市至今销量不减当年，被称为香水行业的一个重要里程碑。

香奈儿5号香水是由醛香、花香、檀香、膏香、动物香和琥珀香组成，其具体香气分路如表4-185所示，香精配方如表4-186，表4-187所示。

品牌：香奈儿。

香调：醛香花香调。

前调：醛、橙花精油、依兰依兰、香柠檬、柠檬。

中调：鸢尾花、鸢尾根、茉莉、铃兰、玫瑰。

后调：琥珀、檀香木、广藿香、麝香、麝猫香、香草、橡木苔、香根草。

属性：女香。

调香师：Ernest Beaux。

标签：木香、脂粉、醛、花香、柑橘、麝香。

备注：参考 https://www.nosetime.com/xiangshui/。

表4-185　香奈儿5号香水香气分路　单位：%

香韵	比例
醛香	1～3
果香	3～8
花香(栀子、茉莉、玫瑰、铃兰、依兰依兰、紫罗兰)	50～70
动物香	10～15
木香	2～6
辛香	3～7
豆香	1～4
膏香	1～4
琥珀香	2～6

表4-186　香奈儿5号香水香精配方(一)　单位：g

原料	用量	原料	用量
甲基壬基乙醛	0.2	十一醛	0.2
癸醛	0.2	依兰依兰精油	4

续表

原料	用量	原料	用量
香柠檬精油	2	茉莉净油	5
玫瑰净油	1	代代花精油	1
橡苔浸膏	1.5	苏合香膏	1
10%香荚兰豆酊	10	10%鸢尾浸膏	1
3%麝香酊	20	10%灵猫香酊	2.5
纯种芳樟叶油	3	甲基紫罗兰酮	6
檀香 208	2	香根精油	1
香豆素	5	羟基香茅醛	2
异丁香酚甲醚	2	萨利麝香	2
酮麝香	4	5%龙涎香酊	15
安息香膏	8.4	合计	100

资料来源:摘自林翔云著《调香术》。

表 4-187　　香奈儿 5 号香水香精配方(二)　　单位:g

原料	用量	原料	用量
香柠檬油	4～6	檀香精油	2～4
柠檬油	3～4	岩兰草精油	2～7
癸醛	0.2～0.4	柏木精油	2～4
十一醛	0.2～0.5	安息香膏	2～5
甲基壬基乙醛	0.2～0.4	依兰依兰精油	4～6
十二醛	0.1～0.15	橡苔浸膏	0.5～1.0
乙酸苏合香脂	2～4	赖百当净油	0.5～1.0
茉莉香基	6～12	灵猫香	0.01～0.1
玫瑰香基	6～12	3%龙涎香酊	2～7
铃兰香基	4～6	香兰素	1～3
紫丁香香基	4～6	香豆素	1～3
甲基紫罗兰酮	4～6	3%麝香酊	2～7
异甲基紫罗兰酮	4～6	酮麝香	1～3
广藿香精油	0.5～1	苄基异丁香酚	0.5～1

(二)可可女士(Chanel Coco)

可可女士香水于 1984 年推出,这款香水的特点在于其香芬将果香、花香、草香、龙涎香有机结合。香精配方如表 4-188 所示。

品牌:香奈儿。

香调:辛辣东方调。

前调:芫荽、橘子、桃子、茉莉、玫瑰。

中调:含羞草、公丁香、橙花、三叶草、玫瑰。

后调:劳丹脂、琥珀、檀香木、零陵香豆、红没药、麝猫香、香草。

属性:女香。

调香师:Jacques Polge。

标签:树脂、琥珀、温暖辛辣、甜、脂粉。

表 4-188　可可女士香水香精配方　单位:g

原料	用量	原料	用量
甜橙精油	5	乙位突厥酮	0.1
乙酸芳樟酯	3	纯种芳樟叶精油	5
香兰素	0.5	乙酸玫瑰酯	5
酮麝香	2	代代叶精油	2
佳乐麝香	2	香紫苏精油	1
檀香 208	1	苯甲酸苄酯	5.35
异丁基喹啉	0.05	香柠檬精油	3
橡苔浸膏	2	广藿香精油	1
丁香酚甲醚	0.5	香豆素	2
异丁香酚	1	萨利麝香	2
桂皮精油	1	龙涎酮	3
玫瑰醇	3	龙涎香醚	0.1
茉莉净油	1	海狸净油	0.1
水杨酸叶酯	0.5	水杨酸苄酯	5
甲位己基桂醛	6	丁香酚	2
二氢茉莉酮酸甲酯	3	苏合香膏	1
香叶精油	2	桂醇	2
苯乙醇	5	兔儿草醛	0.3
覆盆子酮	0.1	乙酸苄酯	7
丙位癸内酯	0.05	玫瑰醇	6
铃兰醛	3	格蓬浸膏	0.1
菠萝酯	0.1	黑加仑精油	0.1
桃醛	0.05	安息香膏	5

资料来源:摘自林翔云著《调香术》。

(三)鸦片(Opium)

鸦片香水是1977年由Y. st. laurent公司推出的，当时风靡整个欧美，并成为1979年世界上销量最大的香水品种之一，受到广大消费者的青睐。鸦片香水尽管比起纯粹的浓烈、刺激的东方香调要清淡一些，但仍以辛辣、神秘的芬芳香味被公认为东方香型的代表之一。

鸦片香水香精由醛香、果香、辛香、花香、豆香、膏香、木香、动物香、清香等组成，其具体香气分路如表4-189所示，香精配方如表4-190、表4-191所示。

品牌：圣罗兰。

香调：辛辣东方调。

前调：芫荽、李子、柑橘、橘子、胡椒、茉莉、公丁香、西印度月桂、香柠檬。

中调：康乃馨、檀香木、广藿香、肉桂、鸢尾根、桃子、铃兰、玫瑰。

后调：劳丹脂、妥鲁香脂、檀香木、红没药、麝香、椰子、香草、安息香脂、香根草、焚香、雪松、没药、海狸香、琥珀。

属性：女香。

调香师：Jean Amic、Jean-Louis Sieuzac。

标签：树脂、温暖辛辣、烟熏、木香、浓郁、脂粉。

表4-189　　鸦片香水香气分路　　单位：%

香韵	比例
果香	5～10
花香	20～45
木香	20～40
动物香	10～25
豆香	3～6
辛香	3～6
膏香	2～5
醛香	少量
清香	少量

表4-190　　鸦片香水香精配方(一)　　单位：g

原料	用量	原料	用量
香柠檬精油	3.0～6.0	乙酸香叶酯	1.0～3.0

续表

原料	用量	原料	用量
10%桃醛	0.5～1.5	苯乙醇	2.0～5.0
10%甲基壬基乙醛	1.0～3.0	乙酸苄酯	1.0～4.0
甜橙油	2.0～4.0	香叶精油	1.0～3.0
10%叶醇	0.5～1.5	芳樟醇	2.0～8.0
香叶醇	3.0～7.0	依兰依兰精油	2.0～4.0
丙酸苄酯	0.5～1.0	环十五内酯	0.5～1.5
檀香精油	3.0～7.0	佳乐麝香	4.0～8.0
秘鲁香树脂	2.0～4.0	10%吲哚	0.6～1.2
异丁香酚	4.0～6.0	酮麝香	2.0～6.0
乙酰基异丁香酚	1.0～4.0	橡苔	0.2～0.8
檀香 208	1.0～3.0	鸢尾净油	0.8～1.5
甲基柏木醚	2.2～6.0	铃兰醛	0.8～1.4
大茴香醛	0.5～1.0	新铃兰醛	0.8～1.4
香豆素	2.0～4.0	10%β-突厥酮	0.6～1.4
派超力油	2.0～6.0	10%芹菜籽精油	0.2～0.8
乙酸香根酯	2.0～5.0	10%龙涎香醚	0.2～0.8
甲基柏木酮	5.0～15.0	Opium 香基	2.8～8.0
赖百当净油	1.0～4.0		

表 4-191　　鸦片香水香精配方(二)　　单位:g

原料	用量	原料	用量
檀香 208	10.5	吲哚	0.1
广藿香精油	4.0	赖百当浸膏	2.0
甲基柏木酮	8.0	乙酸香叶酯	1.0
香柠檬精油	5.0	70%佳乐麝香	7.5
桃醛	0.1	香叶精油	2.0
乙酸苄酯	2.0	叶醇	0.1
纯种芳樟叶精油	4.0	香叶醇	5.0
依兰依兰精油	2.5	麝香 105	1.0
大茴香醛	1.0	酮麝香	4.0
甲基紫罗兰酮	5.0	苯乙醇	3.0
异丁香酚	3.0	乙位突厥酮	0.1

续表

原料	用量	原料	用量
丁香酚甲醚	2.5	降龙涎香醚	0.05
芹菜籽精油	0.05	秘鲁香膏	2.5
檀香 803	6.3	香豆素	3.0
乙酸香根酯	3.5	鸢尾浸膏	1.0
甲基柏木醚	4.0	橡苔浸膏	1.0
甜橙精油	3.0	铃兰醛	1.0
甲基壬基乙醛	0.2	苯甲酸苄酯	1.0

(四)迪奥小姐(Miss Dior)

迪奥小姐是迪奥的第一款香水，于 1947 年上市。香精配方如表 4-192 所示。

品牌：迪奥。

香调：花香甘苔调。

前调：醛、栀子花、白松香、快乐鼠尾草、香柠檬。

中调：康乃馨、鸢尾花、鸢尾根、茉莉、橙花油、铃兰、玫瑰、水仙花。

后调：劳丹脂、皮革、檀香木、琥珀、广藿香、橡木苔、香根草。

属性：女香。

调香师：Jean Carles、Paul Vacher。

标签：木香、绿叶、浓郁、花香、泥土。

表 4-192　　迪奥小姐香水香精配方　　单位：g

原料	用量	原料	用量
香柠檬精油	2.0	柠檬精油	1.0
薰衣草精油	6.0	依兰依兰精油	4.0
玫瑰精油	3.0	香根精油	7.0
米兰浸膏	2.0	茉莉浸膏	4.0
格蓬浸膏	2.0	橡苔浸膏	3.0
鸢尾浸膏	0.4	苏合香膏	0.2
灵猫浸膏	0.2	麝香 T	2.0
羟基香茅醛	12.0	乳香	2.0
龙涎香酊	5.0	烯丙基紫罗兰酮	1.0
乙酸苏合香脂	0.5	十一醛	0.2
十二醛	0.5	甲基壬基乙醛	0.1
二氢茉莉酮酸甲酯	10.0	广藿香精油	19.0

续表

原料	用量	原料	用量
甲基柏木醚	4.0	香荚兰豆酊	16.0
水杨酸苄酯	5.0	乙酸苄酯	5.0

(五)毒药(Dior Poison)

毒药香水于1985年推出,香气持久而浓郁,是一种女性神秘性感的体现。毒药香水的香气主要以野草莓为主,包括黑提子、覆盆子、红提子和黑莓,辛辣刺激的香气则由芫荽籽、胡椒、肉桂构成,最后由橘花赋予一种甜香。香精配方如表4-193所示。

品牌:迪奥。

香调:东方花香调。

前调:芫荽、李子、森林水果、茴芹、巴西红木。

中调:康乃馨、茉莉、橙花、晚香玉、红没药、肉桂、焚香、玫瑰、蜂蜜。

后调:香根草、麝香、檀香木、雪松、琥珀、香草、天芥菜。

属性:女香。

调香师:Edouard Flechier。

标签:树脂、甜、木香、白色花、果香、温暖辛辣。

表4-193　　毒药香水香精配方　　单位:g

原料	用量	原料	用量
乙位突厥酮	1.0	乙酸玫瑰酯	3.0
玫瑰醇	3.0	苯乙醇	5.0
茉莉净油	1.0	甲位己基桂醛	2.0
二氢茉莉酮酸甲酯	6.0	纯种芳樟叶精油	3.0
吲哚	0.2	二甲基庚醇	1.0
松油醇	2.0	乙酸苄酯	6.0
黑加仑精油	0.1	香柠檬精油	2.0
乙酸异戊酯	0.05	覆盆子精油	0.5
椰子醛	0.2	桃醛	0.8
柠檬醛	1.0	甲基壬基乙醛	0.05
羟基香茅醛	2.0	铃兰醛	4.0
新铃兰醛	1.0	橙花素	5.0
海狸净油	0.1	灵猫香膏	0.1
甲基柏木酮	3.0	异甲基紫罗兰酮	2.0
檀香208	3.0	香根精油	2.0

续表

原料	用量	原料	用量
麝葵子精油	0.1	佳乐麝香	2.0
酮麝香	3.0	洋茉莉醛	4.0
香豆素	2.0	香兰素	2.0
桂皮精油	1.0	芫荽籽精油	0.1
丁香花蕾精油	4.0	邻氨基苯甲酸甲酯	1.0
水杨酸苄酯	5.0	水杨酸甲酯	0.5
乙酸苏合香脂	0.2	安息香膏	15.0

(六)一千零一夜(Shalimar)

“一千零一夜”起源于一位帝王和印度公主之间热烈的爱情故事，在梵文中意为“爱情神庙”，象征着永恒的爱的承诺，直到永远。一千零一夜香水自 1925 年推出以来，备受瞩目，是一款东方调香氛。香精配方如表 4-194 所示。

品牌：娇兰。

香调：辛辣东方调。

前调：柑橘、橘子、雪松、香柠檬、柠檬。

中调：鸢尾花、广藿香、茉莉、香根草、玫瑰。

后调：皮革、檀香木、红没药、麝香、麝猫香、香草、焚香、零陵香豆。

属性：女香。

调香师：Jacques Guerlain。

标签：树脂、柑橘、木香、脂粉、烟熏、香草。

表 4-194　　一千零一夜香水香精配方　　单位：g

原料	用量	原料	用量
芫荽籽精油	2.0	香紫苏精油	0.3
代代花精油	1.0	龙蒿精油	0.4
香柠檬精油	18.0	柠檬精油	3.0
檀香精油	2.0	广藿香精油	1.0
玫瑰净油	2.0	鸢尾净油	1.0
吐鲁香膏	1.0	橡苔浸膏	0.1
茉莉净油	1.0	安息香膏	3.0
10%海狸香酊	4.0	10%灵猫香酊	1.0
3%麝香酊	1.0	纯种芳樟叶精油	2.0

续表

原料	用量	原料	用量
薰衣草精油	4.0	甜橙精油	1.0
香豆素	5.0	羟基香茅醛	1.0
甲位戊基桂醛	1.0	桃醛	0.1
萨利麝香	3.0	酮麝香	3.0
香兰素	2.0	乙酸苄酯	4.0
斯里兰卡肉桂精油	1.0	乙酸芳樟酯	3.0
十一醛	0.1	苯乙醇	6.0
甲基紫罗兰酮	2.0	邻苯二甲酸二乙酯	20.0

参考文献

[1]徐杨斌，王凯，张红，等．卡南加油中挥发性成分的 GC-TOFMS 分析[J]．林产化学与工业，2015，35(03)：109-113.

[2]谭宏祥，任志强，刘波，等．树兰花油分析及在卷烟中的应用研究[J]．安徽农学通报(下半月刊)，2010，16(22)：130-132.

[3]张军，赵光莉，庄桂东，等．SFE-MD 技术分离提纯金银花挥发油及其成分分析[J]．精细化工，2008(1)：49-53.

[4]范彬彬．菊花精油特征香气成分的鉴定及香气模拟研究[D]．上海应用技术大学，2016.

[5]赵莹，张媛，王喆之．腊梅花挥发油成分分析及生物活性初探[J]．时珍国医国药，2010，21(3)：622-625.

[6]徐杨斌，王凯，朱瑞芝，等．香柠檬油挥发性成分的 GC-TOFMS 分析[J]．食品研究与开发，2015，36(22)：134-137.

[7]沈校军．不同生长期柠檬马鞭草精油变化及提取分析方法的研究[D]．上海交通大学，2004.

[8]刘志华，周德英．超临界 CO_2 萃取法与水蒸气蒸馏法提取广藿香油的化学成分比较[J]．安徽农业科学，2009，35(19)：8816-8817.

[9]廖超林．GC-MS 分析泰国库巴苦橙叶精油(*Combavaleaf* oil)化学成分的研究[J]．香料香精化妆品，1999(4)：5-7.

第五章
食用香精制备技术

自然界存在很多种类的水果，并遍布世界各地。人们喜欢吃水果，除了水果有降血压、减缓衰老、减肥瘦身、皮肤保养、明目、抗癌、降低胆固醇、补充维生素等保健作用，还因为其有令人喜爱的香气。市场上的加工食品，如饼干、糕点、糖果、饮料、冰淇淋、乳制品等多数带有水果香气，也是基于水果香气广受消费者喜爱。

水果香精按一定比例加入食品中可赋予食品水果香气，但食品基料的性质、食品的加工和储存条件都将对加香后的食品香气有影响。如加热时，食品中的挥发性香成分丢失或发生美拉德反应；食品中脂肪性物质易吸收脂溶性香料，从而降低其加香作用；蛋白质组分与醛类化合物反应；较低 pH 会使酯类化合物水解；氧的存在会氧化脂类及萜类化合物等。天然浓缩水果汁直接作为香料使用是很简单的，但工业化生产过程中，使天然水果浓缩汁保持刚采摘水果的香气又在食品焙烤过程中保持稳定，对各项操作工艺要求很高，难以达到。因而通过研究天然水果香气化学成分，人为调配出各种各样的模拟天然水果香气的水果香精，能更好地满足日益增长的食品工业的需求。

第一节　果香型食用香精制备技术

大多果香型香精是模仿果实的香气调配而成的，如苹果、橘子、葡萄、草莓、香蕉、樱桃、柠檬、梨等。这类香精大多用于食品、洁齿用品中。

一、苹果香精

（一）挥发性香成分

苹果的香气特点是苹果相关产品最重要的品质特性之一，是刺激消费者购买的重要因素。苹果香气物质通常指苹果中影响嗅觉感受的挥发性或半挥发性物质，但只有少数苹果挥发性物质对苹果香气特性产生影响。苹果味道特征是多汁、味鲜、甜酸，伴随着水果香-酯香-青香的香韵和典型的花香-甜香香气特征。

到目前为止，苹果挥发性物质有 300 余种物质，包括酯类、醇类、醛类、酮类、萜烯类、芳香烃类、酚类、酸类、醚类、内酯、烯类等，这些物质广泛存在于苹果的皮、肉等组织，根据化学官能团可以分为以下几类：

（1）酯类化合物　甲酸甲酯、甲酸乙酯、甲酸丙酯、甲酸丁酯、甲酸戊酯、甲酸-2-甲基丙酯、甲酸己酯、乙酸甲酯、乙酸乙酯、乙酸丙酯、乙酸丁酯、乙酸戊酯、乙酸己酯、乙酸庚酯、乙酸辛酯、乙酸-2-甲基丙酯、乙酸-4-甲基丙酯、乙酸-2-甲基丁酯、乙酸-3-甲基丁酯、丁酸异丙酯、丁酸-2-甲基丙酯、丁酸甲基丁酯、丁酸戊酯、丁酸-3-甲基丁酯、丁酸己酯、2-甲基丙酸甲酯、2-甲基丙酸乙酯、3-甲基丁酸甲酯、2-甲基丁酸甲酯、辛酸-3-甲基丁酯、癸酸-3-甲基丁酯、3-甲基丁酸-3-甲基丁酯、2-甲基丁酸-2-甲基丁酯等。

（2）醇类化合物　乙醇、丙醇、丁醇、戊醇、己醇、庚醇、辛醇、壬醇、癸醇、十一醇、十二醇、异丙醇、2-甲基丙醇、2-甲基-2-丙醇、2-丁醇、3-甲基丁醇、2-甲基丁醇、2-甲基-2-丁醇、3-甲基-2-丁醇、2-戊醇、2-甲基戊醇、2-甲基-2-戊醇、2-己醇、1,3-辛二醇、2-苯基乙醇、(*E*)-2-己烯醇、(*Z*)-3-己烯醇、(*Z*)-5-辛烯醇、6-甲基-5-庚烯-2-醇、(*E*,*Z*)-3,5-辛二烯醇、(*Z*,*Z*)-3,5-辛二烯醇、(*E*)-5-辛烯-1,3-二醇等。

(3)醛类化合物　乙醛、丙醛、丁醛、戊醛、己醛、庚醛、辛醛、壬醛、癸醛、十一醛、十二醛、2-甲基丙醛、3-甲基丁醛、2-甲基丁醛、(*E*)-2-己烯醛、(*Z*)-3-己烯醛、(*E*)-3-己烯醛、(*E*)-2-庚烯醛、2-甲基丙烯醛、2-甲基-2-丁烯醛、苯甲醛、呋喃甲醛等。

(4)酮类化合物　丙酮、丁酮、2-戊酮、2-庚酮、7-甲基-4-辛酮、2-甲基-2-庚烯-6-酮、6-甲基-5-庚烯-2-酮、3-羟基-2-丁酮、丁二酮、苯乙酮等。

(5)饱和脂肪酸　C_1～C_{20}饱和直链脂肪酸、C_5～C_{19}不饱和直链脂肪酸、2-甲基丙酸、3-甲基丁酸、2-甲基丁酸、(*E*)-2-己烯酸、苯甲酸等。

(6)萜类化合物　α-蒎烯、樟脑、香叶醇、芳樟醇及其氧化物、α-松油醇、大马酮等。

(7)其他　γ-己内酯、4-甲氧基烯丙基苯、甲基丁香酚、甲基对烯丙基苯酚、苯并噻唑等。

在苹果的挥发性香气成分中,含量最多的是酯类化合物,酯类化合物是在苹果的成熟过程中逐渐形成的,其中甲酸、乙酸、己酸和辛酸的戊酯为主要成分;乙酸酯对苹果香气影响非常大,随着苹果的贮存,其中的糖元会发生分解反应,由此乙酸酯的含量也将发生变化。

(二)配制原料

各路香韵常用香原料的选择如下所述:

(1)新鲜-青香香韵　反-2-己烯醛、反-3-己烯醛、癸醛、香茅醛、玫瑰醛、己基肉桂醛、凤梨醛、柠檬醛、己醛、(*E*)-2-己烯醛、(*E*)-2-己烯醇、乙酸-(*E*)-2-己烯酯、乙酸-3-己烯酯、芳樟醇、顺-3-己烯醛、顺-3-己烯醇、反-2-庚烯醛、乙酸苄酯。

(2)果香香韵　2,4-己二烯醇、2,4-壬二烯醇、异丁醇、戊醇、庚醇、辛醇、反-2-己烯醇、顺-3-己烯醇、2-甲基丁醇、3-甲基丁醇、6-甲基-5-庚烯-2-醇、2-甲基丁酸乙酯、乙酸己酯、甲酸环己酯、甲酸苄酯、甲酸香叶酯、甲酸异戊酯、甲酸香茅酯、甲酸肉桂酯、甲酸乙酯、乙酸异丁酯、乙酸异戊酯、乙酸己酯、乙酸环己酯、乙酸-3-辛酯、乙酰乙酸乙酯、乙酸丙酯、乙酸香叶酯、乙酸橙花酯、乙酸甲基苄酯、乙酸二甲基苯甲酯、乙酸丁酯、乙酸香茅酯、乙酸-(*E*,*Z*)-2,6-壬二烯酯、丙酸顺-3-己烯酯、丙酸乙酯、丙酸苄酯、丙二酸二乙酯、丙酸异戊酯、丁酸乙酯、丁酸异戊酯、丁酸环己酯、丁酸苄酯、2-甲基丁酸甲酯、异丁酸丁酯、异丁酸苯乙酯、丁酸反-2-己烯酯、异丁酸顺-3-己烯酯、戊酸乙酯、戊酸反-2-己烯酯、戊酸顺-3-己烯酯、戊酸丁酯、戊酸异丙酯、异戊酸异戊酯、异戊酸异丙酯、环己基戊酸烯丙酯、异戊酸苯乙酯、异戊酸乙酯、异戊酸香叶酯、异戊酸肉桂酯、异戊酸-2-甲基丁酯、异戊酸反己烯酯、异戊酸苯乙酯、己酸乙酯、3-羟基己酸甲酯、4-叔丁基环己基乙酸酯、己酸烯丙酯、辛酸己酯、辛酸异戊酯、壬酸乙酯、十二酸乙酯、γ-癸内酯、苯乙酸乙酯、苯乙酸香叶酯、月桂酸异戊酯、顺,反-2,4-癸二烯酸乙酯、乳酸乙酯等。

(3)花香-甜香香韵　β-大马酮、甜瓜醛、紫罗兰酮、香叶基丙酮、甲基乙基酮、玫瑰醇、橙花醇、香叶醇、苯乙醇、β-苯乙醇等。

(4)油香韵　丁醇、丁醛、己醇、己醛、2-壬烯酸甲酯等。

(5)酸香香韵　异丁酸、甲酸、乙酸、丁酸、2-甲基丁酸、己酸、辛酸、草酸等。

(6)修饰剂　香兰素、柠檬油、柠檬醛、香茅醛、玫瑰净油、香叶醇、橘子精油、香叶精油、C_{10}醛、庚酸乙酯、乙醛、γ-十一内酯、草莓醛、乙酸苏合香酯、二甲基苄基甲基乙酸酯、异丁酸苯基乙酯、异戊酸肉桂酯、茴香油、松香酸甲酯、苯甲醛、辛醛二甲基缩醛、羟基香茅醛二甲基缩醛、香叶烯、甲基黑椒酚、丁香酚、甲基丁香酚、香叶素、茴香脑、草莓醛、C_{10}醛、γ-十一内酯、氢化松香酸甲酯、玫瑰油、茴香油、香叶油、柠檬油、橘子油、甜橙油、老姆醚、浓缩苹果汁、苹果汁精油、藿香精油、丁香精油，凤梨精油、苦杏仁精油、柏木叶精油、香兰素、麦芽酚等。

(三)香气分路

苹果香精香气分路如表5-1所示。

表5-1　苹果香精香气分路　单位:%

香韵	比例
新鲜-青香韵	30～60
果香韵	20～40
花香-甜香韵	5～10
酸香韵	5～20
甜香韵	0.5～2.5
修饰剂	1～5

(四)香精配方

由于人们非常喜欢苹果香气，苹果香精在饮料、糖果、果冻、糕点、口香糖等食品中广泛应用，并已经具有很悠久的历史。苹果香精是重要的果香香精之一，由于天然苹果香气成分非常复杂，加之新的苹果品种不断出现，苹果香精的配方种类非常繁多。在实际应用中，试图模仿某些特殊品种苹果的香气存在一定困难。表5-2至表5-4为一些常见苹果香精的基本配方组成。

表5-2　苹果香精参考配方(一)　单位:g

原料	用量	原料	用量
玫瑰精油	0.70	γ-十一内酯	17.70
甲酸苄酯	1.40	乙基香兰素	17.70
乙酸香叶酯	5.30	玫瑰香叶精油	17.70
茴香精油	5.30	香茅醛	17.70
丁酸	5.30	橙花醇	26.25

续表

原料	用量	原料	用量
柠檬醛	8.85	异丁酸苯乙酯	35.40
草莓醛	17.70	乙醛	35.40
乙酸二甲基苯甲酯	44.25	丁酸戊酯	212.5
异戊酸肉桂酯	44.25	氢化松香酸甲酯	167.75
甘油	70.80	戊酸戊酯	221.25

表 5-3　　苹果香精参考配方(二)　　单位:g

原料	用量	原料	用量
水	1.80	乙酸戊酯	17.98
丁醇	10.78	己醛	1.08
2-甲基丁醇	17.98	叶醛	35.96
己醇	10.78	苯甲醛	0.04
丁酸乙酯	1.80	2-甲基丁酸乙酯	1.80

表 5-4　　苹果香精参考配方(三)　　单位:g

原料	用量	原料	用量
甲酸戊酯	3.35	戊酸乙酯	5.55
香叶精油	0.10	柠檬醛	0.25
乙酸乙酯	5.00	香兰素	0.55
丁香精油	0.20	苯甲醛	0.45
丁酸戊酯	5.55	蒸馏水	177.85
凤梨醛	0.10	乙醇(95%)	300.00

近年来,为了配制天然感更好的苹果香精,可使用的食品香料品种逐步增加,可用的原料有乙酰乙酸乙酯、乙酸丁酯、丁醇、己醇、乙醛、反-2-己烯醛、顺-3-己烯醇、乙酸-顺-3-己烯酯、乙酸-反-3-己烯醇酯、丙二酸二乙酯、丁二酸二乙酯、2-甲基丁酸乙酯、正己醛、异戊醛、丁醛、己酸己酯、丁酸己酯、乙酸二甲基苄基原酯、乙位二氢突厥酮、2-甲基丁酸等,目的是为了提高苹果香精的香气像真度。

二、梨香精

(一)挥发性香成分

我国是梨属植物中心发源地之一，亚洲梨属的梨大都源于亚洲东部，日本和朝鲜也是亚洲梨的原始产地；国内栽培的白梨、砂梨、秋子梨、蜜梨都原产于我国。梨不仅可以生吃，还可以做成果泥、罐头、梨酒。梨具有汁液多的水果味道并伴随着典型的甜香、水果香、酯香香气特征。

尽管梨中的糖酸平衡、涩苦味道化学成分都将对梨的香气有影响，但其所含的挥发性香成分对梨的香气起主要作用。目前，通过顶空、冷阱、吸附取样方式分析梨的挥发性成分或测定通过蒸馏、提取、浓缩等得到的梨的精油或浸膏等方法，已经从梨中确认出主要挥发性成分，如下所示：

(1)酯类化合物　甲酸甲酯、乙酸甲酯、辛酸甲酯、癸酸甲酯、十六酸甲酯、十八酸甲酯、甲基丙酸甲酯、4-氧-(*E*)-丁烯酸甲酯、(*E*)-2-辛烯酸甲酯、3-羟基辛烯酸甲酯、(*Z*)-4-癸烯酸甲酯、(*E*)-2-辛烯酸甲酯、(*Z*)-8-十四烯酸甲酯、(*Z*)-5-十四烯酸甲酯、(*E*,*Z*)-2,4-癸二烯酸丁酯、乙酸戊酯、乙酸己酯、癸二烯酸己酯、乙酸庚酯、乙酸辛酯、甲酸异丙酯、乙酸-2-甲基丙酯、甲基丙酸-2-甲基丙酯、乙酸-2-甲基-2-丙酯、乙酸-3-甲基丁酯、乙酸(*Z*)-2-己烯酯等。

(2)醇类化合物　甲醇、乙醇、丙醇、丁醇、戊醇、己醇、庚醇、辛醇、2-甲基丙醇、2-丁醇等。

(3)醛类化合物　乙醛、己醛、丙醛、2-己烯醛等。

(4)烃类化合物　α-金合欢烯等。

(二)配制原料

梨香精的各路香韵原料的选择如下所述：

(1)果香-酯香香韵　丁醇、2-甲基丁醇、己醇、乙酸乙酯、乙酸丙酯、乙酸丁酯、乙酸戊酯、乙酸己酯、乙酸庚酯、乙酸-2-乙基丁酯、乙酸苄酯、乙酸异戊酯、乙酸香茅酯、丙酸香叶酯、丁酸乙酯、丁酸戊酯、丁酸苄酯、丁酸-2-甲基乙酯、2-甲基丁酸乙酯、戊酸戊酯、己酸乙酯、己酸烯丙酯、己基苯基碳酸酯、庚酸乙酯、辛酸乙酯、癸酸乙酯、己醛、(*E*)-2-己烯醛、(*E*,*E*)-2,4-癸二烯酸乙酯、(*E*)-2-辛烯酸乙酯、(*Z*)-4-癸烯酸乙酯、柑橘精油、柠檬精油、香柠檬精油、γ-十一内酯等。

(2)甜香香韵　β-紫罗兰酮、甜橙精油、玫瑰提取物、香柠檬精油、乙基香兰素、覆盆子酮、甲基庚基酮等；

(3)辛香香韵　石竹烯、丁香酚、丁香精油、橙叶精油、金合欢烯等。

(4)修饰剂　苯甲醛、香兰素等。

(三)香气分路

梨香精香气香韵分路如表 5-5 所示。

表 5-5　梨香精香气分路　单位：%

香韵	比例
果香-酯香	40～70
甜香韵	20～30
酸香	1～5
修饰剂	1～5

(四)香精配方

可通过加入一些精油或合成香料如乙酸己酯、乙酸丙酯、庚酸乙酯、甲基庚基酮、己酸乙酯、辛酸乙酯、癸酸乙酯等化合物修饰乙酸戊酯的香气得到梨香精。表 5-6 至表 5-8 所示为梨香精参考配方。

表 5-6　梨香精配方(一)　单位：g

原料	用量	原料	用量
乙酸乙酯	3.43	柑橘精油	1.00
乙酸戊酯	2.00	香柠檬精油	0.80
丁酸乙酯	2.00	橙叶精油	0.30
乙基香兰素	0.30	丁二酮	0.01
丁香酚	0.08	乙醇(95%)	75.00
桃醛	0.04	蒸馏水	15.00
庚酸乙酯	0.04		

表 5-7　梨香精配方(二)　单位：g

原料	用量	原料	用量
双乙酰(10%)	0.08	乙酸戊酯	9.60
2-甲基丁酸乙酯	0.40	γ-十一内酯	0.40
橙叶精油	1.20	丁酸乙酯	9.60
乙酸乙酯	16.0	甜橙精油	4.80
香柠檬油	3.60	乙基香兰素	1.20
丁香酚	0.40	植物油	32.32
庚酸乙酯	0.40		

表 5-8 梨香精配方(三) 单位:g

原料	用量	原料	用量
乙酸戊酯	1340.00	乙酸乙酯	80.00
戊酸戊酯	130.00	丁酸乙酯	13.00
乙酸苄酯	25.00	癸酸乙酯	2.00
丙酸香叶酯	100.00	庚酸乙酯	2.00
乙酸己酯	2.00	己酸乙酯	1.00
β-紫罗兰酮	1.00	辛酸乙酯	2.00
柠檬醛	3.00	鸢尾酮	5.00
玫瑰净油	1.00	香兰素	50.00
		合计	20000

在含有以上乙酸戊酯的梨的香精中加入柠檬和香柠檬精油，有时也加入香兰素、玫瑰提取物和少量覆盆子香料来更好地协调所得配方的香气。为了产生某些特殊的效果，可以加入一些酯，如丙酸香叶酯、戊酸戊酯、乙酸乙酯和丁酸乙酯。

三、桃子香精

(一)挥发性香成分

桃子果肉有白色和黄色，一般亚洲人最受欢迎的品种多为白色果肉，多汁而甜的品种；欧洲、澳大利亚和北美洲的人则喜欢黄色果肉较酸的品种。

天然桃子香气成分的种类及相对比例常随桃子品种不同而变化。目前，用气相色谱-质谱联用仪等仪器已从桃子萃取物中鉴别到两百多种挥发性成分，具体化合物种类如下所示：

(1)烃类化合物　1,8-萜二烯、杜松烯、(*E*,*Z*)-1,3,5-十一碳三烯、(*E*,*Z*,*Z*)-1,3,5,8-十一碳四烯等。

(2)醇类化合物　甲醇、乙醇、丙醇、丁醇、2-甲基丙醇、3-甲基丁醇、戊醇、己醇、反-2-己烯醇、顺-3-己烯醇、辛醇、2-辛醇、壬醇、癸醇、苯甲醇、2-苯基乙醇、芳樟醇、松油醇、香茅醇、橙花醇、香叶醇、氧化芳樟醇等。

(3)羰基化合物　乙醛、丁醛、3-甲基丁醛、2-呋喃甲醛、己醛、反-2-己烯醛、庚醛、壬醛、苯甲醛、2-苯基乙醛、肉桂醛、香芹孟烯醛、2-庚酮、3-壬烯-2-酮、2-十一酮，α-紫罗兰酮、β-紫罗兰酮等。

(4)酯类化合物　甲酸甲酯、乙酸甲酯、3-甲基丁酸甲酯、水杨酸甲酯、甲酸乙酯、乙酸乙酯、丙酸乙酯、丁酸乙酯、戊酸乙酯、3-甲基丁酸乙酯、己酸乙酯、庚酸乙酯、辛酸乙酯、壬酸乙酯、癸酸乙酯、月桂酸乙酯、苯甲酸乙酯、苯乙酸乙酯、肉桂酸乙酯、乙酸丙酯、乙酸丁酯、乙酸戊酯、乙酸-3-甲基丁酯、甲酸己酯、乙酸己酯、乙酸反-2-己烯酯、乙酸顺-3-己烯酯、苯甲酸己酯、乙酸辛酯、乙酸苄酯、甲酸芳樟酯、乙酸芳樟酯、戊酸芳樟酯、辛酸芳樟酯等。

(5)内酯化合物　γ-戊内酯、γ-己内酯、γ-辛内酯、γ-壬内酯、γ-癸内酯、δ-辛内酯、δ-癸内酯、δ-十一内酯、δ-十二内酯、二氢香豆素等。

(6)羧酸类化合物　甲酸、乙酸、丁酸、3-甲基丁酸、戊酸、己酸、己烯酸、辛酸、癸酸等。

(二)配制原料

桃子香精的各路香韵原料的选择如下所述:

(1)果香香韵　戊醇、香叶醇、香茅醇、松油醇、苯基烯丙基醇、甲酸乙酯、甲酸戊酯,甲酸异戊酯、甲酸香叶酯、甲酸香茅酯、乙酸乙酯、甲酸戊酯、乙酸戊酯、乙酸-2-甲基丁酯、乙酸-3-甲基丁酯、乙酸苄酯、乙酸芳樟酯、乙酸松油酯、乙酸辛酯、丙酸乙酯、丙酸-3-辛酯、丙酸丁酯、丙酸苄酯、丁酸乙酯、丁酸戊酯、丁酸香叶酯、丁酸茴香酯、戊酸乙酯、戊酸戊酯、戊酸乙酯、异戊酸丁酯、异戊酸苯乙酯、己酸乙酯、庚酸乙酯、辛酸内酯、苯乙酸乙酯、苯乙酸戊酯、苯乙酸异戊酯、苯乙酸香叶酯、环己基己酸烯丙酯、环己基戊酸烯丙酯、辛酸乙酯、辛炔酸甲酯、肉桂酸苄酯、肉桂酸苯乙酯、肉桂酸甲酯、肉桂酸乙酯、肉桂酸丙酯、γ-己内酯、γ-庚内酯、γ-辛内酯、γ-壬内酯、γ-癸内酯、γ-十一内酯等。

(2)乳香香韵　δ-癸内酯、δ-十一内酯、香兰素、乙基香兰素等。

(3)甜香香韵　紫罗兰酮、异茉莉酮、苯甲醇、苯乙醇等。

(4)坚果香香韵　苯甲醛、肉桂醛、苦杏仁精油等。

(5)修饰剂　香茅醛、朗姆醚、橙花油、金合欢净油、香柠檬叶精油、玉桂精油、香叶精油、丁香精油、多香果精油、苦橙精油、橙花精油、香柠檬精油、甜橙精油、冷榨柠檬精油、橙叶精油、橘子香萜、橘子精油、缬草精油、茴香精油、月桂精油、康乃克精油、芫荽精油、柠檬精油、玫瑰净油、啤酒花提取物等。

(三)香气分路

桃子香精香气分路如表5-9所示。

表5-9　桃子香精香气分路　单位:%

香韵	比例
果香	20～40
乳香	20～40
甜香	10～20
坚果香	1～5
修饰剂	1～5

(四)香精配方

成熟桃子具有汁液非常充足的甜香及新鲜的水果香气。桃子中的浓厚果香、酯香及典型的桃子特征香气来源于其所含的γ-内酯类化合物。内酯具有典型的桃子内酯香气,又称为桃子内酯。传统调配桃子香精都是以 γ-十一内酯(桃醛)为主体,再辅以酯类等一些合成香料和天然精油而成的,所配成的香精像真度略差。现列举国外桃子香精配方如表 5-10 至表 5-12 所示。

表 5-10 桃子香精配方(一) 单位:g

原料	用量	原料	用量
香兰素	168.00	戊酸戊酯	30.00
乙醇(95%)	304.50	甲酸戊酯	36.00
肉桂醛	0.75	己酸醚	38.00
香叶醇	0.75	调和橙花精油	48.00
苯甲醛	4.00	戊酸乙酯	88.00
丁酸戊酯	16.00	γ-十一内酯	250.00
乙酸戊酯	16.00		

将乙酸松油酯 5.00 份、邻氨基苯甲酸甲酯 5.00 份、乙酸芳樟酯 6.50 份、橙花精油 10.00 份、香叶醇 18.00 份、无萜香柠檬叶精油 27.25 份、香柠檬叶精油 28.25 份混合熟化后得到调和橙花精油。

表 5-11 桃子香精配方(二) 单位:g

原料	用量	原料	用量
甜橙油	6.00	丁酸戊酯	6.00
冷榨柠檬精油	6.00	苯甲醛	6.00
丁香精油	0.20	丁酸乙酯	12.00
多香果精油	1.50	庚酸乙酯	12.00
苦橙精油	1.50	乙酸戊酯	24.00
戊醇	1.50	γ-十一内酯	24.00
香兰素	1.50	乙醇(95%)	94.80
香柠檬精油	3.00		

表 5-12 桃子香精配方(三) 单位:g

原料	用量	原料	用量
肉桂油	0.05	苯甲醛	0.40
香叶油	0.05	甲酸戊酯	3.60
γ-十一内酯	29.00	丁酸戊酯	1.60
橙花精油	4.80	乙酸戊酯	1.60
缬草精油	4.80	香兰素	16.80

续表

原料	用量	原料	用量
戊酸乙酯	8.80	乙醇(95%)	29.00
己酸醚净油	3.70		

随着分析技术的进步和新香料品种的不断增加，现在可调配出像真度较高的桃子香精。主体香料虽是内酯类香料，但不是使用个别内酯，而是组合多种两类不同结构的内酯，其中以 γ-内酯为主，δ-内酯为辅。γ-内酯可以从 $C_5 \sim C_{12}$ 中选择，δ-内酯可以从 C_{10}、C_{11}、C_{12} 中选择。组合的比例十分重要，要经过反复细致的调整平衡，才能形成桃子的特征香气。此外，可用肉桂酸乙酯增强甜香，用十二酸乙酯、十四酸乙酯圆和内酯的香气。青气的头香，可用乙醛、叶醇、乙酸己酯和芳樟醇等来实现；再以乙酸乙酯提扬整体的香气，增加少量的硫化物可笼罩与圆和整体的香气。

四、葡萄香精

(一)挥发性香成分

香气是葡萄的重要感官指标之一。葡萄的品种和产地风格对葡萄的香气特点具有决定作用。葡萄香气的种类很多，主要有萜烯类、C_{13}-降异戊二烯及其衍生物、甲氧基吡嗪、硫醇化合物等，以具有挥发性的游离态和不具有挥发性但可转化为游离态和结合态两种状态存在。

游离态香气包括萜烯类、酯类、醛类以及含有芳香环的化合物，能引起嗅觉和味觉。含芳香环的化合物具有各自特殊的香气，主要有水杨酸乙酯和安茴酸甲酯，前者存在于所有葡萄品种中，后者存在于美洲葡萄及其杂种中。醛类具有花香气味，如苯丙醛具有丁香气味，乙醛具有风信子香气。酯类赋予葡萄特殊的品种香，尤其是小分子的酯类，水果香明显，如甲酸乙酯，具有李子香气；乙酸甲酯和乙酸乙酯具有苹果香气。萜烯类化合物在果皮中含量最高，感官阈值低，含量稳定，可用于确定葡萄酒的原料来源和产地信息，是玫瑰香葡萄及酒的典型香气。目前已经鉴定了大约 70 种萜类化合物，主要以萜醇、醚、醛和酸单体、聚合体、糖苷结合的形式存在。香茅醇、橙花醇及里那醇是葡萄的主要芳香成分，香茅醇和里那醇香气最强。类胡萝卜素氧化降解会生成具有 9、10、11、13 个碳原子的衍生物，C_{13}降异戊二烯衍生物已在玫瑰香和西拉葡萄酒中检出；大马酮、紫罗兰酮来源于葡萄果实，以无味的糖苷态存在，使葡萄酒具有花香、热带水果和煮苹果的香气。

气-质联用检测发现在 Isabella 葡萄中，醇类化合物占总峰面积的 7%，其中己醇的含量最高。醛类化合物占总峰面积的 16%，其中反-2-己烯醛是主要化合物。烃类化合物占总面积的 20%，脂肪酸含量很少。Isabella 葡萄中重要的挥发香成分包括乙酸乙酯、乙酸甲酯、丁酸乙酯、3-羟基丁酸乙酯、己酸乙酯、丁酸丙酯、辛酸乙酯、乙酸-4-乙基苯酯、3-辛烯酸乙酯、乙酸-2-乙基苯酯、邻氨基苯甲酸甲酯、7-辛烯酸乙酯、癸酸乙酯、反，顺-2，4-癸二烯酸甲酯、己醛、反-2-己烯醛、苯甲醛、9-十八烯醛、顺-3-己烯醇、己醇、1-庚烯-3-醇、3，4-

二甲基戊醇、辛醇、香叶醇、6-甲基庚醇、乙酸、十六酸等。

白色 Muscat 及蓝色 Concord 是两大基本葡萄品种，白色 Muscat 型葡萄具有很甜的花香水果香特征；蓝色 Concord 型葡萄含有充足的水果香气，还稍稍有 Catty 头香香气。Muscat 葡萄属于芳香葡萄品种，其中含有更多量的萜类化合物。芳樟醇、萜烯醇、香叶醇及氧化芳樟醇是 Muscat 葡萄的主要特征香成分。芳樟醇构成了葡萄的基本香气特征，萜烯醇、香叶醇及芳樟醇氧化物等其他成分可对 Muscat 葡萄香气起协调作用。邻氨基苯甲酸酯、3-巯基丙酸乙酯是 Concord 葡萄的主要香成分。邻氨基苯甲酸酯与 3-巯基丙酸乙酯一起构成了 Catty 葡萄的 Catty 香气特征。邻氨基苯甲酸酯的香气与市场上 Concord 葡萄的香气相似，葡萄种类中邻氨基苯甲酸酯的含量较多，其他种类葡萄中也含有邻氨基苯甲酸酯，但含量相对较少。

（二）配制原料

葡萄香精的各路香韵原料的选择如下所述：

（1）酸香香韵　冰乙酸、酒石酸、丁二酸、酒石酸、琥珀酸。

（2）果香香韵　甲酸乙酯、甲酸异丁酯、乙酸乙酯、乙酸丙酯、乙酸戊酯、乙酸苯乙酯、乙酸玫瑰酯、丙酸乙酯、丙二酸二乙酯、丙酸苄酯、丁酸戊酯、丁酸乙酯、戊酸乙酯、戊酸辛酯、戊酸戊酯、异戊酸戊酯、已酸乙酯、庚酸乙酯、壬酸乙酯、十三酸乙酯、硬脂酸丁酯、苯甲酸乙酯、水杨酸甲酯、安息香酸乙酯、肉桂酸乙酯、肉桂醇、戊醇、氢化松香酸甲酯、乙醛、杨梅醛、苯甲醛、γ-十一内酯、草莓醛、甜橙精油、柠檬烯、橘子精油等。

（3）甜香香韵　α-紫罗兰酮、甲基萘基酮、苄基丙酮、2，3-庚二酮、甲基紫罗兰酮、麦芽酚、乙基麦芽酚、香兰素、乙基香兰素等。

（4）花香香韵　芳樟醇、玫瑰花精油、苯甲醇等。

（5）酒香香韵　已酸乙酯、庚酸乙酯、辛酸乙酯、壬酸乙酯、老姆醚、白兰地精油等。

（6）修饰剂　桂皮精油、香叶精油、橙叶精油、丁香精油、冬青精油、欧独活酊等。

（三）香气分路

葡萄香精的各路香气分路如表 5-13 所示。

表 5-13　**葡萄香精香气分路**　单位：%

香韵	比例
酸香	5～10
果香	20～50
甜香	15～30
花香	2～10
酒香	5～10
修饰剂	2～5

（四）香精配方

随着分析技术的进步，可用于葡萄香精中的新香料品种也在不断增加，调配出葡萄香精的像真度也在不断提高。表 5-14、表 5-15 所示为两种葡萄香精配方以供参考。

表 5-14 葡萄香精配方(一) 单位:g

原料	用量	原料	用量
γ-十一内酯	2.00	老姆醚	30.00
无萜甜橙精油	2.00	甲基萘基酮	30.00
α-紫罗兰酮	8.00	邻氨基苯甲酸乙酯	60.00
庚酸乙酯	10.00	二甲基邻氨基苯甲酸甲酯	347.00
草莓醛	15.00	乙酸乙酯	466.00
肉桂醇	30.00		

表 5-15 葡萄香精配方(二) 单位:g

原料	用量	原料	用量
乙酸乙酯	30.00	庚酸乙酯	2.56
邻氨基苯甲酸甲酯	28.00	戊酸戊酯	2.56
丙酸乙酯	41.00	壬酸乙酯	1.28
乙酸乙酯	70.40	乙酸玫瑰酯	1.28
酒石酸	30.56	2,3-庚二酮	0.16
老姆醚	10.24		

五、草莓香精

(一)挥发性香成分

草莓属于蔷薇科植物,有野生和栽培两类。野生的果实小,色深红,香气较种植的品种强。草莓汁液足,具有花香、甜香和果香的香气特征,是广受世界各国人民喜爱的一种浆果。由于市场的需要,目前草莓已有许多品种,不同品种的草莓中所含香成分的种类及含量都会有差别。目前已从种植的草莓中检测出约 400 种挥发性成分,为草莓香精的调配提供了有利的依据。草莓香精极大的潜在经济价值促使化学家们去研究草莓香气成分,已确认的化合物列举如下:

(1)萜类化合物 1,8-萜二烯、α-蒎烯、β-蒎烯、芳樟醇、橙花叔醇、松油醇、龙脑、异小茴香醇、氧化芳樟醇等。

(2)醇类化合物 甲醇、乙醇、丙醇、2-丙醇、2-甲基丙醇、丁醇、2-丁醇、2-甲基丁醇、3-甲基丁醇、2-甲基-2-丁醇、戊醇、2-戊醇、3-戊醇、1-戊烯-3-醇、己醇、2-植醇、3-己醇、反-2-己烯醇、顺-3-己烯醇、己烯-3-醇、庚醇、2-庚醇、3-庚醇、辛醇、2-辛醇、3-辛醇、3-辛烯醇、1-辛烯-3-醇，壬醇，2-壬醇、1-壬烯-3-醇、癸醇、2-癸醇、2-十一醇、月桂醇、2-十二醇、2-十三醇等。

（3）羰基化合物　乙醛、丙醛、丙烯醛、丁醛、2-丁烯醛、2-戊烯醛、反-2-己烯醛、顺-3-己烯醛、庚醛，2-庚烯醛、2-辛烯醛、壬醛、癸醛、丙酮、丁酮、甲基丁酮、丁二酮、2-戊酮、3-戊酮、3-戊烯-2-酮、2-己酮、2-庚酮、2-辛酮、2-壬酮、2-癸酮、2-十一酮、苯甲醛、苯乙酮等。

（4）酸类化合物　甲酸、乙酸、丙酸、2-甲基丙酸、丁酸、2-甲基丁酸、3-甲基丁酸、2-甲基-2-丁烯酸、戊酸、4-甲基戊酸、2-甲基-2-戊烯酸、2-甲基-3-戊烯酸、己酸、2-己烯酸、5-甲基己酸、3-羟基己酸、庚酸、辛酸、2-辛烯酸、3-羟基辛酸、壬酸、3-壬烯酸、癸酸、2-癸烯酸、十一酸、十二酸、十三酸、十四酸、2-十四烯酸、十五酸、十六酸、9-十六烯酸、十七酸、9-十八烯酸、9，12-十八碳二烯酸、9，12，15-十八碳三烯酸、十九酸、二十酸等。

（5）酯类化合物　2-甲基丁酸乙酯、2-甲基丁酸异丙酯、2-甲基丁酸丁酯、2-甲基丁酸-2-甲基丙酯、2-甲基丁酸-2-甲基丁酯、2-甲基丁酸-3-甲基丁酯、2-甲基丁酸辛酯、3-甲基丁酸乙酯、3-甲基丁酸丁酯、3-羟基丁酸甲酯、3-氧代丁酸乙酯、戊酸乙酯、4-甲基戊酸甲酯、己酸甲酯、己酸乙酯、己酸丁酯、己酸戊酯、己酸-3-甲基丁酯、己酸-1-甲基丁酯、己酸己酯、己酸-2-己烯酯、己酸反-3-己烯酯、己酸 1-甲基己酯、己酸壬酯、己酸癸酯、反-2-己烯酸乙酯、3-羟基己酸甲酯、3-羟基己酸乙酯、庚酸甲酯、庚酸乙酯、辛酸甲酯、辛酸乙酯、辛酸丙酯、辛酸异丙酯、辛酸丁酯、辛酸-3-甲基丁酯、辛酸己酯。

（6）缩醛化合物　二甲氧基甲烷、二乙氧基甲烷、1-乙氧甚-1-甲氧基乙烷、1-丁氧基-1-甲氧基乙烷、1-甲氧基-1-戊氧基乙烷等。

（7）呋喃类化合物　2-呋喃甲醛、2，5-二甲基-4-羟基-3（2H）-呋喃酮、2，5-二甲基-4-甲氧基-3（2H）-呋喃酮、糠酸等。

（8）芳香族化合物　苯甲醇、2-苯基乙醇、2-（4-羟基苯基）乙醇、反肉桂醇、乙酸苄酯、乙酸-2-苯乙酯、水杨酸甲酯、肉桂酸甲酯、肉桂酸乙酯、苯甲酸、4-甲基苯甲酸、2-羟基苯甲酸、苯乙酸、3-苯基丙酸、反肉桂酸等。

（9）酚类化合物　4-乙烯基苯酚、2-甲氧基 4-乙烯基苯酚、丁香酚等。

（10）含硫化合物　甲硫醇、二乙基硫醚、二乙基二硫醚等。

一般认为（E）-2-己烯醇、反-2-己烯醛、乙酸-（E）-2-己烯酯、丁酸甲酯、丁酸乙酯、己酸甲酯、己酸乙酯、2，5-二甲基-4-甲氧基-3（2H）-呋喃酮、芳樟醇、苯甲醛、水杨酸甲酯、己醛、γ-辛内酯、香兰素、邻氨基苯甲酸甲酯、4-羟基癸酸内酯、桃金娘烯醇、乙酸香芹酯、丁香酚、2-庚酮、2-壬酮、2-甲基丁酸等为草莓香气的重要挥发性香成分，表 5-16 所示为草莓中的部分重要香成分的香气阈值。

表 5-16　草莓中一些挥发性香成分的香气阈值　单位：mg/kg

化合物	水中阈值	化合物	水中阈值
己酸乙酯	0.003	γ-辛内酯	0.088
丁酸乙酯	0.001	香兰素	0.02
反-2-己烯醛	0.017	氨基苯甲酸甲酯	0.003

续表

化合物	水中阈值	化合物	水中阈值
苯甲醛	0.035	水杨酸甲酯	0.04
己醛	0.02	丁香酚	0.03
芳樟醇	0.006	乙酸香芹酯	0.015
2-壬酮	0.038	2-庚酮	0.14
2,5-二甲基 4-甲氧基-3(2H)-呋喃酮	0.01	桃金娘烯醇	0.007

（二）配制原料

草莓的主要特征性香成分为：2,5-二甲基-4-羟基-3(2H)-呋喃酮、2,5-二甲基-4-甲氧基-3(2H)-呋喃酮、己酸乙酯、丁酸乙酯、反-2-己烯醛、芳樟醇、2-甲基丁酸。2,5-二甲基-4-羟基-3(2H)-呋喃酮与2,5-二甲基-4-甲氧基-3(2H)-呋喃酮是构成草莓复杂香气的基本成分。这两个化合物与具有新鲜、果香、酒香、酯香香气特征的己酸乙酯化合物一起构成了草莓的成熟果香、焦糖香、煮熟香香气特征。反-2-己烯醛与乙酸反-2-己烯酯构成了草莓的新鲜青香香气特征。2-甲基丁酸使得草莓具有清凉的水果酸味，硫代丁酸甲酯及4-羟基癸酸内酯化合物可增强草莓的过熟味道。芳樟醇化合物使得Senga Sengana草莓具有水果香花香的香气特征。邻氨基苯甲酸甲酯化合物是野生草莓特有的香成分。

芳樟醇可赋予草莓非常愉快的香气特征，但草莓中数量极多的其他醇类化合物对草莓香气的影响很小。草莓中的酯类化合物、醇类化合物及羰基化合物组合在一起赋予了草莓清香-酯香香气，但很难从这些化合物中找出特征性草莓香气成分。除了2-甲基丁酸，草莓中许多其他酸类化合物的含量一般低于其阈值，对草莓的香气贡献较小。内酯化合物，在某些培育品种中的含量可高达4.4mg/kg，对草莓香气具有重要的贡献。草莓香精的各路香韵原料的选择如下所述：

(1)青香韵　叶醇、乙酸叶醇酯、丁酸叶醇酯、己酸叶醇酯、庚炔羧酸甲酯、辛炔羧酸甲酯、乙酰乙酸乙酯、乙酸苄酯、茉莉净油、紫罗兰叶净油。

(2)香草-焦糖香韵　香兰素、乙基香兰素、2,5-二甲基-4-羟基-3(2H)-呋喃酮等。

(3)酸香韵　乙酸、丁酸、草莓酸、浆果酸、2-甲基丁酸、2-甲基戊酸等。

(4)乳香韵　香兰素、丁位癸内酯、丁位十二内酯等。

(5)白脱香韵　丁二酮、戊二酮、乙偶姻等。

(6)果香韵　橙花醇、玫瑰醇、α-紫罗兰酮、β-紫罗兰酮、甲基萘基酮、4-甲基苯乙酮、甲酸香叶酯、甲基丁香酚、乙酰乙酸乙酯、异戊酸乙酯、戊酸乙酯、丁酸苄酯、异丁酸丁酯、3-苯基缩水甘油酸乙酯、庚炔酸乙酯、丙酸乙酯、肉桂酸甲酯、肉桂酸乙酯、乙酸乙酯、乙酸正丁酯、乙酸异戊酯、乙酸正己酯、丙酸乙酯、丁酸乙酯、丁酸戊酯、丁酸异丁酯、丁酸肉桂酯、异丁酸乙酯、异丁酸苄酯、水杨酸甲酯、甲酸茴香酯、丁酸正己酯、异戊酸乙酯、己酸乙酯、己酸己酯、庚酸乙酯、辛酸乙酯、邻氨基苯甲酸异丁酯、橙花基异丁酸酯、橙花精油、玫瑰精油、柠檬精油、薄荷精油、苦橙精油、鸢尾精油、老姆醚、树兰精油等。

(三)香气分路

草莓香精香气分路如表5-17所示。

表5-17 草莓香精香气分路 单位:%

香韵	比例
青香韵	15～30
香草-焦糖香韵	20～40
酸香韵	3～15
乳香韵	3～10
白脱香韵	1～5
果香韵	10～50

(四)香精配方

草莓香精配方通常由以下化合物组成:乙酸、大茴香脑、乙酸苄酯、丁二酮、草莓醛、β-紫罗兰酮、麦芽酚、邻氨基苯甲酸甲酯、肉桂酸甲酯、辛炔酸甲酯、水杨酸甲酯及香兰素、异丁酸肉桂酯、异戊酸肉桂酯、丁二酮、庚酸乙酯、乳酸乙酯、草莓醛、戊酸乙酯、乙基香兰素、麦芽酚和γ-十一内酯。其参考配方如表5-18、表5-19所示。

表5-18 草莓香精配方(一) 单位:g

原料	用量	原料	用量
苯乙醇	5.00	戊酸乙酯	3.50
保加利亚玫瑰精油	2.00	己酸乙酯	15.00
α-萘基甲基醚	3.50	庚酸乙酯	4.00
乙酸乙酯	12.50	苯甲酸甲酯	1.00
丁酸乙酯	2.00	肉桂酸甲酯	0.50

表5-19 草莓香精配方(二) 单位:g

原料	用量	原料	用量
庚酸乙酯	0.80	麦芽酚	3.00
甜桦木油	0.80	异戊酸肉桂酯	3.20

续表

原料	用量	原料	用量
γ-十一内酯	2.10	二丙基酮	3.40
异丁酸肉桂酯	2.40	甲基戊基酮	5.00
乙基香兰素	2.60	双乙酰	6.00
戊酸乙酯	21.20	乙醇(95%)	100.00
草莓醛	23.15	甘油	783.15
乳酸乙酯	43.20		

六、菠萝香精

(一)挥发性香成分

菠萝很久以来都是最受欢迎的热带和亚热带水果之一，这在很大程度上源于其酸甜适中、令人清新的口感和浓郁独特的香气。

菠萝与其他水果的香气成分有很大不同，甲酯类化合物、含硫酯类各种羟基酯和相应的乙酰酯类以及一些内酯类组成了菠萝的特征香气成分，同时菠萝的香气随品种、种植过程、成熟过程以及加工过程等有很大变化。

青果中酯类最多占到总挥发成分的84%，其次是酮类5.9%、内酯4.6%；主要的挥发性成分是乙酸乙酯(24.5%)、3-甲硫基丙酸乙酯(10.4%)、3-乙酰基己酸乙酯(8.7%)。成熟菠萝乙酸乙酯占33.5%，3-羟基-2-丁酮占8.7%。有研究表明羟基酯和乙酸酯在成熟过程中增加。在已检测到的含硫化合物中3-甲硫基丙酸甲酯、3-甲硫基丙酸乙酯被认为是菠萝的特征香气物质且含量较高。

过去菠萝香精配方均以丁酸乙酯、己酸乙酯、己酸烯丙酯、环己基丙酸烯丙酯来仿制菠萝香气，又以乙酸异戊酯、丁酸异戊酯、异戊酸异戊酯等来增加果香，再以甜橙精油、麦芽酚补充果甜香和焦甜香。

成熟新鲜的菠萝具有甜、酸、苦的味道和芳香、甜香、水果香、鲜香一起，伴随着似水果焦糖香的回味。在菠萝的挥发性香成分中，酯类化合物尤其重要。在混合的菠萝果肉中鉴定出来的主要酯类香成分包括：2-甲基丁酸甲酯、2-甲基丁酸乙酯、乙酸乙酯、己酸乙酯、丁酸乙酯、2-甲基丙酸乙酯、己酸甲酯、丁酸甲酯、庚酸甲酯、(*Z*)-4-癸烯酸甲酯、(*E*)-4-癸烯酸甲酯、戊酸乙酯、乙酸-3-甲基丁酯、3-甲硫基丙酸甲酯、3-甲硫基丙酸乙酯、丙酸乙酯等。酯类化合物对于菠萝的水果香气具有重要贡献。菠萝中己酸-2-丙烯酯虽含量很低，但对菠萝香气有贡献，是调配菠萝精油的重要组分。

此外，菠萝中含有二或三环的倍半萜烃类化合物，如(*E*,*Z*)-1,3,5-十一碳三烯、(*E*,*E*)-1,3,5-十一碳三烯、(*E*,*E*,*Z*)-1,3,5,8-十一碳四烯、(*E*,*Z*,*Z*)-1,3,5,8-十一碳四烯等。这些化合物具有香脂、水果香气，在空气中阈值很低，虽然在菠萝中只是痕量，但对菠萝整体香气也有一定贡献。这些萜类化合物在菠萝加工过程中极易丢失，使菠萝汁不具有新鲜菠萝应有的香气。

2,5-二甲基-4-羟基二氢呋喃-3-酮是菠萝的最基本香气成分，构成了菠萝的成熟水果香、甜香及焦糖香气。水中的香气和味道阈值分别为0.1～0.2g/kg和0.03mg/kg；在高浓度时是强烈的焦糖香，但在其阈值浓度时为令人愉快的水果香，使人联想到草莓或菠萝的香气。2,5-二甲基-4-甲氧基二氢呋喃-3-酮比较稳定，但香气阈值高，更类似雪利酒的香气。2,5-二甲基-4-羟基二氢呋喃-3-酮、(*E*,*Z*)-1,3,5-十一碳三烯、2-甲基丁酸甲酯、2-甲基丁酸乙酯、乙酸乙酯、乙酸己酯、丁酸乙酯、2-甲基丙酸乙酯、己酸甲酯、丁酸甲酯、3-甲硫基丙酸乙酯是构成新鲜菠萝香气的重要成分，己酸甲酯代表了菠萝的新鲜水果香气特征。3-甲硫基丙酸乙酯赋予了菠萝过熟的水果香气特征，(*E*,*Z*)-1,3,5-十一碳三烯赋予了菠萝新鲜尖刺的头香。

另外，菠萝的重要挥发性香成分还有3-羟基己酸甲酯、3-乙酰氧基己酸甲酯、5-乙酰氧基辛酸甲酯、(*E*)-3-己烯酸甲酯、(*E*)-3-辛烯酸甲酯、(*Z*)-4-辛烯酸甲酯、5-羟基辛酸甲酯、(*Z*)-4-癸烯酸甲酯、γ-乙基戊内酯、γ-丙基己内酯等。

(二)配制原料

菠萝香精的各路香韵常用香原料的选择如下所述：

(1)果香韵　甲酸异戊酯、乙酸乙酯、乙酸戊酯、乙酸异戊酯、乙酸丁酯、乙酸糠酯、乙酸沉香酯、乙酸香茅酯、丙酸香叶酯、丙烯酸丙酯、丙酸乙酯、丁酸甲酯、丁酸乙酯、丁酸丁酯、丁酸戊酯、丁酸异戊酯、丁酸苄酯、2-甲基丁酸甲酯、2-甲基丁酸乙酯、丁酸香茅酯、丁酸香叶酯、3-甲基丁酸乙酯、戊酸乙酯、异戊酸乙酯、异戊酸丁酯、异戊酸苯乙酯、己酸烯丙酯、己酸正丁酯、己酸丙烯酯、3-羟基己酸甲酯、庚酸乙酯、庚烯酸丙酯、庚酸烯丙酯、壬酸乙酯、癸二酸二乙酯、癸酸烯丙酯、丙酸乙酯、2-烯丙基环己基丙酸酯、环己基丙酸乙酯、环己基丙烯酸丙酯、环己烯基丙烯酸丙酯、环己基丙酸丙烯酯、苯氧基乙酸烯丙酯、3-苯氧乙酸烯丙酯、柠檬醛、凤梨醛、玫瑰醛、己醛、(*E*)-2-己烯醛、苯甲醛、叶醇、烯丙醇、苯甲醇、苯丙醇、丁醇、2-甲基丁醇、己醇、甜橙精油、柠檬精油等。

(2)香草-焦糖香韵　2,5-二甲基-4-羟基-3(2H)-呋喃酮、麦芽酚、乙基麦芽酚、香兰素、乙基香兰素等。

(3)酒香韵　己酸乙酸、庚酸乙酯、辛酸乙酯等。

(4)豆香韵　丙位戊内酯、丙位己内酯、丙位庚内酯等。

(5)酸香韵　乙酸、丙酸、丁酸、苯乙酸等。

(6)蔬菜香韵　3-甲硫基丙酸乙酯、3-甲硫基丙酸甲酯、菠萝醚等。

(三)香气分路

菠萝香精香气分路如表5-20所示。

表 5-20　　菠萝香精香气分路　　单位:%

香韵	比例
果香韵	50～80
香草-焦糖香韵	5～30
酒香韵	1～10
豆香韵	1～10
酸香韵	0.5～5
蔬菜香韵	1～10

(四)香精配方

在菠萝香精配方中，丁酸戊酯和丁酸乙酯一般占整个配方的50%以上，丁酸、乙酸戊酯、乙酸乙酯、己酸烯丙酯、辛酸烯丙酯、辛酸乙酯、环己基丙酸烯丙酯以及其他的一些合成香料对于菠萝香气起修饰作用。另外，在菠萝香精配方中还常添加微量的无萜柠檬精油(有时用柠檬醛)、约2%甜橙精油等。其参考配方如表5-21、表5-22所示。

表 5-21　　菠萝香精配方(一)　　单位:g

原料	用量	原料	用量
乙酸	2.5	己酸乙酯	5.8
己酸烯丙酯	21.4	辛酸乙酯	12.7
环己基丙酸烯丙酯	16.4	异戊酸乙酯	36.0
苯氧基乙酸烯丙酯	2.0	乳酸乙酯	2.4
乙酸戊酯_	28.6	丙酸乙酯	16.0
丁酸戊酯	112.0	丁酸乙酯	45.0
乙酸冰片酯	0.1	3-甲硫基丙酸甲酯	2.0
丁酸	8.0	柠檬精油	0.6
辛酸甲酯	1.0	己酸甲基烯丙酯	2.5
乙酸丁酯	105.0	橘子精油	22.5
乙酸肉桂酯	0.3	香兰素	5.6
庚酸乙酯	0.3	溶剂	162.0
癸二酸二乙酯	20.0	合计	1000.0
乙酸乙酯	376.0		

表 5-22 菠萝香精配方(二) 单位:g

原料	用量	原料	用量
异戊酸乙酯	190.0	庚酸乙酯	60.0
丁酸乙酯	180.0	香兰素	20.0
庚酸烯丙酯	140.0	乙酸戊酯	20.0
乙酸正丁酯	100.0	冷榨橘子精油	30.0
己酸烯丙酯	100.0	冷榨柠檬精油	10.0
丙酸乙酯	80.0	环己烷丙酸烯丙酯	60.0

为了进一步提高菠萝香精的像真度,从国内配方实践和国外资料介绍中可知,尚有一部分香料可以使用,如乙酸庚酯、反-2-己烯酸乙酯、乙酸糠酯、丁酸甲酯、己酸甲酯、叶醇、3-羟基己酸乙酯、菠萝醛、顺-4-辛烯酸乙酯、己酸丙酯、异丁酸橙花酯等。

七、甜橙香精

(一)挥发性香成分

甜橙为芸香科常绿小乔木,别名橙、广柑,在我国长江流域以南各省区均有栽培。甜橙具有清新的甜橙味,可以缓解紧张情绪和压力,甜橙香气广受消费者喜爱。在柑橘属水果香气中,甜橙香气最为细腻复杂,因而甜橙的香成分被更多地研究。与柠檬、酸橙不同,目前还没有发现某一个或某两个能代表甜橙特征香气的挥发性组分,甜橙香气应是多种挥发性香成分按一定比例特定组合的结果。表 5-23 列出了在去皮 *Sanguinello* 甜橙中检测到的主要挥发性成分及其浓度。*d*-苧烯具有弱的柠檬香气,其在水中的香气阈值为 0.21mg/kg,主要存在于甜橙皮中,在甜橙皮精油中 *d*-苧烯含量占 95%。在加工的橙汁中苧烯的最佳含量为 135～180mg/kg,更高含量的 *d*-苧烯将使甜橙汁有一种不愉快的香气。甜橙汁中含有的糖类、酸类及果胶类化合物等非挥发性成分将使甜橙汁中的 *d*-苧烯香气阈值升高。在 190mg/kg 时,*d*-苧烯对甜橙香气将有重要贡献。另外,*d*-苧烯还可能是甜橙汁中的某些重要油溶性痕量甜橙香成分的载体。

月桂烯在橙皮精油及甜橙计中的含量仅次于 *d*-苧烯。月桂烯在水中的香气阈值为 0.042mg/kg,但月桂烯的存在有时会使加工后的甜橙汁有不愉快的香气。当月桂烯含量低于 10mg/kg 时,会感觉到有一种“甜香脂-药草香”,而含量较高时又会有一种“尖刺的苦味”。

α-蒎烯是构成愉快甜橙香气的重要萜烯组分之一。α-蒎烯在水中的香气阈值为 1.0mg/kg。甜橙汁中 α-蒎烯的含量也与甜橙汁中甜橙皮精油的含量有关。一般在甜橙汁中 α-蒎烯的含量高于其在水中的阈值,如表 5-23 所示。

表 5-23　去皮 *Sanguinello* 甜橙的一些挥发性香成分及其浓度　单位:μg/L

组成	含量	组成	含量
α-蒎烯	178.00	己酸乙酯	52.00
β-蒎烯	8.00	辛酸乙酯	27.00
月桂烯	690.00	辛酸丁酯	36.00
d-苧烯	70000.00	乙酸芳樟酯	12.00
γ-萜品烯	30.00	乙酸薄荷酯	6.00
对伞花烃	17.00	乙酸香茅酯	12.00
萜品油烯	10.00	乙酸橙花酯	20.00
别罗勒烯	85.00	乙酸香叶酯	15.00
β-石竹烯	64.00	3-羟基丁酸乙酯	650.00
金合欢烯	48.00	3-氢基己酸甲酯	100.00
葎草烯	30.00	3-氢基己酸乙酯	700.00
巴伦西亚橘烯	5000.00	3-羟基辛酸乙酯	30.00
δ-杜松烯	31.00	芳樟醇	215.00
芹子二烯	150.00	4-萜品醇	47.00
己醛	20.00	α-萜品醇	55.00
辛醛	25.00	橙花叔醇	10.00
壬醛	15.00	对孟烯-9-醇	22.00
癸醛	77.00	氧化芳樟醇	50.00
柠檬醛	58.00	3-甲基丁醇	569.00
β-紫罗兰酮	25.00	己醇	30.00
紫苏醛	30.00	顺-3-己烯醇	54.00
丁酸乙酯	900.00	辛醇	17.00
2-甲基丁酸乙酯	22.00	2-苯基乙醇	20.00
丁酸丁酯	13.00		

巴伦西亚橘烯是倍半萜化合物,大量存在于在甜橙汁中,且在甜橙汁精油中的含量比甜橙皮精油中高。它有淡淡的柠檬香,对于甜橙香气也有贡献。乙醛是新鲜甜橙汁中的主要挥发性醛类化合物,在新鲜甜橙汁中含量是 3～7mg/kg。其在水中的香气阈值为 0.022mg/kg。当乙醛的含量为 3mg/kg 时,乙醛将对甜橙汁的香气具有重要贡献。在甜橙加工过程中,乙醛容易损失,因此一般在冷冻的甜橙汁中补加乙醛,可再现甜橙汁原有的新鲜味。

一般认为，苧烯、月桂烯、蒎烯、巴伦西亚橘烯、乙醛、(E)-2-戊烯醛、辛醛、壬醛、癸醛、柠檬醛、甜橙醛、乙酸乙酯、丙酸乙酯、丁酸甲酯、丁酸乙酯、2-甲基丁酸甲酯、3-羟基己酸乙酯、乙醇、(E)-2-己烯醇、(Z)-3-己烯醇、芳樟醇、α-松油醇是甜橙香气的重要香成分。表5-24列出了在口感柔和的甜橙汁中一些重要香成分的适宜含量。

表 5-24　甜橙汁中一些重要香成分的适宜含量　单位：mg/kg

成分	含量	成分	含量
乙醛	3.00	壬醛	0.01
柠檬醛	0.78	癸醛	0.06
丁酸乙酯	0.40	蒎烯	1.60
苧烯	190.00		

(二)配制原料

在天然橙汁中，柠檬醛以香叶醛和橙花醛(两种异构体香叶醛∶橙花醛的比例以大约为6∶4)的混合物形式存在，柠檬醛在甜橙汁中的含量高于其在水中的阈值。在0.78mg/kg时，柠檬醛对于甜橙汁的香气起重要作用。在调配的甜橙香精中，柠檬醛的含量一般大约40mg/kg。

甜橙香精可用甜橙汁或甜橙精油补加其他香料调配而成。甜橙香精配方中最好应包括下列组合之一：

①柠檬醛、丁酸乙酯、d-1,8-萜二烯。

②丁酸乙酯、d-1,8-萜二烯、壬醛。

③丁酸乙酯、d-1,8-萜二烯、蒎烯。

④乙醛、柠檬醛、丁酸乙酯、d-1,8-萜二烯。

⑤乙醛、丁酸乙酯、d-1,8-萜二烯、辛醛。

⑥柠檬醛、丁酸乙酯、d-1,8-萜二烯、蒎烯。

⑦乙醛、柠檬醛、丁酸乙酯、d-1,8-萜二烯、辛醛。

可用于调配甜橙香精的香料包括：甲基异丙基苯、双戊烯(松油精)、玫瑰醇、反-2-己烯醛、二甲基辛醇、甲酸乙酯、乙酸乙酯、乙酸戊酯、乙酸-2-甲基丁酯、丁酸乙酯、异丁酸乙基香兰素酯、戊酸乙酯、己酸烯丙酯、安息香酸乙酯、2,4-二甲基-4-庚酮、芳樟醇、松油醇、柠檬醛、十二醛、柠檬萜烯、酸橙萜、酸橙精油、甜橙精油、红橘精油、橙皮精油、柠檬提取物、血橙提取物、柑橘提取物、甜橙提取物、冬青精油、酒石酸等。

(三)香气分路

甜橙香精香气分路如表5-25所示。

表 5-25　甜橙香精香气分路　单位：%

香韵	比例
果香香韵	80～90
甜香香韵	5～10
青香香韵	5～10

(四)香精配方

甜橙香精配方如表 5-26、表 5-27 所示。

表 5-26　甜橙香精配方(一)　单位：g

原料	用量	原料	用量
阿拉伯胶	51.87	乙醇(95%)	100.00
甜橙精油	92.00	蒸馏水	适量
红橘精油	9.37		

表 5-27　甜橙香精配方(二)　单位：g

原料	用量	原料	用量
戊酸乙酯	5.00	甲酸乙酯	1.00
柠檬醛	2.00	甘油	10.00
乙酸乙酯	5.00	橙皮精油	10.00
丁酸乙酯	1.00	冬青精油	1.00
乙酸戊酯	1.00	酒石酸	1.00
安息香酸乙酯	1.00		

八、香蕉香精

(一)挥发性香成分

香蕉属于芭蕉科、芭蕉属、真蕉亚属，香蕉其实是食用蕉的俗称。事实上，香蕉的口味及用途都不一样，有成熟后可以直接生吃的甜香蕉，而有些味涩、淀粉含量大的香蕉则需要煮熟吃，大约共有 200 个品种。用香蕉可制成香蕉片、香蕉粉、香蕉糊、香蕉汁及香蕉香精、香蕉酒、香蕉醋等。香蕉酒是用香蕉泥(包括皮或不包括皮)加水稀释，再加入酿酒酵母发酵而成。

与其他水果如苹果、梨比较，香蕉是典型的“呼吸高峰期”水果。在香蕉生长和收获期间，香蕉的香气并没有形成。在香蕉的旺盛呼吸高峰过后，香蕉才逐渐熟化，香蕉的颜色从青绿变到黄。香蕉的颜色变黑是由于香蕉中所含的山梨酸氧化造成的。切片的或熟透的香蕉在室温放置将逐渐失去山梨酸，但与皮一起加工的香蕉山梨酸保持得很好。

在香蕉成熟过程中，香蕉中的大分子物质如多糖、脂类含量降低，并同时形成酯及醇等香气物质。不同品种的香蕉以及香蕉成熟过程不同阶段香气成分的种类及含量都会有所不同，但常见的一些成分一般都存在。在5～25℃时，香蕉的挥发性香成分将按湿度成指数变化，但更高的温度将使产生的挥发性香成分含量降低并生成发酵产物。一般香蕉油中只含有很少量的挥发性香蕉香气成分。天然香蕉香精可采用下面方法制成（表5-28）。

表5-28　天然香蕉香精配方　单位：g

原料	用量	原料	用量
香蕉	2500.00	果胶酶	3.00
水	166.00	过滤助剂	50.00
乙醇(95%)	191.00		

加工过程：①2500份香蕉去皮得到1500份去皮香蕉；②将去皮香蕉1500份、水166份及3份果胶酶搅拌至泥状，再放置一天使果胶溶解；③将191份95%乙醇加入并混合均匀；④加入50份过滤助剂，滤出香蕉汁(a)；⑤分离后的固体部分再加水204份常压蒸馏得到香蕉馏分，34份香蕉初馏分加乙醇稀释（乙醇占60%）成(b)；⑥95份(a)与5份(b)混合，得到乙醇含量15%的香蕉香精。

曾经对两个香蕉品种(Gros Michel和Valery)进行了大量的研究。在Gros Michel香蕉香气中发现了以下的一些化合物：乙酸戊酯、乙酸正己酯、丁醇、乙酸异戊酯、2-丁醇、异戊醇、乙酸丁酯、丁酸异戊酯、乙醇、乙酸异丁酯、乙酸乙酯、2-戊酮、己醇、2-戊基乙酸酯、反-2-己烯醛、2-戊基丁酸酯、己基乙酸酯、丙醇。这一品种香蕉香气成分中值得注意的是那些醇类化合物的存在。它们能产生一种木香、似霉菌的味道，与天然香蕉香气的典型青香气类似。

目前，已从香蕉中鉴定出大约150种挥发性成分，其中对香蕉香气有贡献的主要挥发性香成分包括：2-甲基戊醇、丁醇、4-松油烯醇、萜品醇、戊醇、2-戊醇、2-己醇、(*Z*)-4-庚烯-2-醇、(*E*)-4-庚烯-2-醇、(*E*)-4-己烯醇、(*E*)-2-己烯醇、己醇、2-庚醇、(*Z*)-4-辛烯醇、(*Z*)-5-辛烯醇、(*Z*)-3-辛烯醇、(*Z*)-5-辛烯醇、3-甲基丁醇、小茴香醇、乙酸正丙酯、乙酸异戊酯、乙酸-(*Z*)-3-己烯酯、乙酸-(*Z*)-4-辛烯酯、乙酸-(*Z*)-5-辛烯酯、丁酸己酯、丁酸甲酯、(*E*)-庚烯-2-酮、2-己酮、己醛、丁酸乙酯、乙酸甲酯、乙酸丁酯、乙酸乙酯、巴豆酸乙酯、乙酸-2-戊酯、乙酸己酯、异丁酸-1-甲基丁酯、二乙酸-2,3-丁二酯、丁酸异戊酯、3-甲基丁酸异戊酯、乙酸异戊酯、异丁酸异丁酯、丁酸异丁酯、2-羟基-3-甲基丁酸乙酯、丁酸丁酯、异戊酸己酯、异丁酸异戊酯、乙酸己酯、3-羟基己酸乙酯、乙酸-(*Z*)-4-己烯酯、乙酸-4-己烯酯、乙醛、3-甲基丁醛、(*E*)-2-己烯醛、3-庚烯酮、2-戊酮、(*Z*)-4-庚烯-2-酮、3-羟基-2-丁酮、月桂烯、龙脑、丁香酚，以及一些赋予香蕉“油脂香-青香”香韵的微量成分，如

(*E*)-4-庚烯-2-酮、(*Z*)-4-庚烯-2-酮、反-2-己烯醇、顺-3-己烯醇和它们的酯类、(*Z*)-4-辛烯醇、(*Z*)-5-辛烯醇、乙酸-(*Z*)-4-己烯酯、乙酸-(*Z*)-4-辛烯酯、乙酸-(*Z*)-5-辛烯酯。

(二)配制原料

一般认为,乙酸甲酯、乙酸乙酯、乙酸丁酯、乙酸己酯、乙酸-3-甲基丁酯、乙酸戊酯、丙酸戊酯,丁酸戊酯、丁酸乙酯、乙酸异戊酯、异戊酸戊酯、异戊酸异戊酯、乙酸异丁酯、丁酸异戊酯、乙醇、丙醇、丁醇、戊醇、异戊醇、己醇、2-戊醇、己酸、2-戊酮、己醛、反-2-壬烯醛、反,顺-2,6-壬二烯醛、丁香酚等是构成香蕉特征性香气的主要成分。乙酸-3-甲基丁酯代表了香蕉的新鲜、酯香、水果甜香特征。另外,香蕉味从涩、酸味道到甜的酯香香气也主要与乙酸-3-甲基丁酯有关。丁香酚构成了成熟及过熟香蕉的辛香香气。香蕉中的各种挥发性酯类化合物如丁酸-3-甲基丁酯、3-甲基丁酸 3-甲基丁酯、乙酸-4-庚烯-2-酯是对香蕉的整体果香香气起辅助作用的成分。

在香蕉香精调配中,香蕉香精的各路香韵常用香原料如下所述:

(1)果香香韵　乙酸乙酯、乙酸丙酯、乙酸丁酯、乙酸戊酯、乙酸己酯、乙酸-2-乙基丁酯、乙酸苄酯、乙酸庚酯、乙酸异丁酯、乙酸异戊酯、乙酸香茅酯、丙酸苄酯、丙酸环己酯、丁酸乙酯、丁酸戊酯、丁酸异戊酯、丁酸环己酯、丁酸苄酯、2-甲基丁酸甲酯、2-甲基丁酸乙酯、异丁酸丁酯、戊酸戊酯、异戊酸异戊酯、异戊酸环己酯、己酸乙酯、己酸烯丙酯、己酸戊酯、庚酸乙酯、癸二酸二丙酯、壬酸乙酯、乙酸庚酯、顺,反-2,4-癸二烯酸酯、乙酸-(*Z*)-4-己烯酯、乙酸-(*Z*)-4-辛烯酯、乙酸-(*Z*)-5-辛烯酯。

(2)甜香香韵　玫瑰醚、4-甲基-2-戊酮、2,4-二甲基-4-庚酮、香叶基丙酮、4-庚酮、甲基庚酮、甲基戊基酮、氧杂萘邻酮、(*E*)-4-庚烯-2-酮、甲基庚烯酮、(*Z*)-4-庚烯-2-酮、甜橙精油等。

(3)青香香韵　己醛、反-2-己烯醇、顺-3-己烯醇、(*E*)-2-己烯醛、芳樟醇、乙酸苏合香酯、丙酸苏合香酯等。

(4)香草香韵　香荚兰酊、香兰素、乙基香兰素、二氢香豆素等。

(5)辛香韵　丁香酚、肉桂叶精油、丁香精油、橙叶精油等。

(三)香气分路

香蕉香精香气分路如表 5-29 所示。

表 5-29　香蕉香精香气分路　单位:%

香韵	比例
果香香韵	40～70
甜香香韵	10～20
青香香韵	2～20
香草香韵	1～10
辛香韵	1～10

(四)香精配方

调香师成功地调配出香蕉香精已经有相当长的时间了，香蕉天然香气中的乙酸乙酯、乙酸异戊酯以及丁酸异戊酯等，是调配香蕉香精的主要特征成分，几乎能复制出香蕉的天然香气。这些酯产生的特殊香气还可通过加入青香、木香以及更易挥发的水果香气来进一步修饰。

对于主要由乙酸乙酯、乙酸异戊酯、丁酸异戊酯组成的香蕉香精配方，可在配方中加入橘子精油、甜橙精油以增加天然果感和新鲜感，留香也常以丁香精油、香兰素打底。以丁酸苄酯、乙酸-2-乙基丁酯、甲基庚烯酮、异丙基苄基甲醇、甲基戊基酮、庚酸乙酯、戊酸乙酯、乙酸己酯、丁酸环己酯、异戊酸环己酯、丙酸环己酯等进行修饰。香蕉香精配方如表5-30、表5-31所示。

表5-30　香蕉香精配方(一)　单位:g

原料	用量	原料	用量
乙醛	0.75	橘子精油	0.30
己醇	300.50	玫瑰精油	12.00
乙酸戊酯	206.00	丁酸乙酯	30.00
丁酸戊酯	18.00	己酸乙酯	7.20
甲基庚烯酮	1.00	丙酸香叶酯	6.00
丁酸苄酯	6.60	胡椒醛	7.20
丙酸苄酯	1.00	香兰素	9.00
柠檬精油	1.30	丁酸异戊酯	40.00
丙酸环己酯	2.00	乙酸异丁酯	1.00
乙酸异戊酯	70.00	紫罗兰精油	0.25
异戊醇	0.50	溶剂	加至1000

表5-31　香蕉香精配方(二)　单位:g

原料	用量	原料	用量
丙酸苄酯	22.00	戊酸戊酯	60.00
己酸乙酯	24.00	丁酸戊酯	120.00
胡椒醛	24.00	乙醛	120.00
香兰素	24.00	乙酸戊酯	534.80
二氢香豆素	24.00	调和紫罗兰精油	7.20
芳樟醇	40.00		

注:调和紫罗兰精油:C_{12}醛0.10份、庚炔酸甲酯12.50份、肉桂精油22.50份、保加利亚玫瑰精油24.00份、依兰依兰精油30.00份、檀香精油40.00份、胡椒醛50.50份、愈创木精油50.00份、甜柠檬精油150.00份、β-紫罗兰酮620.00份，混合熟化后即得到。

九、芒果香精

(一)挥发性香成分

芒果是著名的热带水果，在印度等产地享有“热带果王”的美称。

世界上大约有50个国家种植芒果，芒果也属于市场上比较重要的一种水果。但局限于天然芒果香气化学成分的研究，芒果香精产量比其他热带水果香精如香蕉香精、菠萝香精小得多。

青芒果是涩酸苦味的，但成熟的芒果具有一种特别令人喜爱的香气。不同品种芒果的香气有时差别较大。*Alphonso*和*Langra*芒果的精油都具有似青芒果香、酯香、似焦糖香及泥土香的香气特征。另外，*Langra*品种的芒果还具有似樟脑香、似桃子香及木香香韵，*Alphonso*芒果具有似杏仁香、似椰子香的香气特点。一般而言，芒果具有甜香、果香、奶油香、花香-桃罐头香的总体香气特征及一种或多或少的强烈的萜烯香、青香、树脂香的头香香韵。

不同种类芒果可通过萜烯香气特征来区分，如印度的*Alphonso*芒果具有较弱的新鲜甜柠檬青香萜烯香气并具有丰满的桃子的整体香气；菲律宾的*Carabao*芒果具有新鲜、青香、药草香、似香芹香的萜烯头香香韵，并伴随着一种浓郁的奇异的甜杏子香；斯里兰卡和马来西亚的芒果具有青香、含树脂的松树针叶萜烯头香特征。按萜烯香气特征，芒果基本上可分为三种：

(1)罗勒烯型　(*Z*)-罗勒烯与β-石竹烯构成芒果的甜香、柠檬香、木香萜烯香香韵，如Alphonso芒果。

(2)蒈烯型　δ-3-蒈烯与β-石竹烯构成芒果的青香、木香、药草香、似香芹的萜烯香香韵，如*Carabao*芒果。

(3)萜品烯型　α-萜品烯与β-芹子烯构成芒果的青香、似含树脂的松树针叶萜烯香香韵，如马来群岛的芒果。

目前已经从芒果中鉴定出的挥发性香气成分主要有如下化合物：

(1)烃类化合物　α-蒎烯、β-蒎烯、月桂烯、β-石竹烯、α-葎草烯、α-芹子烯、β-芹子烯、大根香叶烯、二环大根香叶烯、γ-杜松烯、δ-杜松烯、邻伞花烃等。

(2)酯和内酯类化合物　丁酸甲酯、丙酮酸甲酯、乙酸乙酯、2-甲基丙酸乙酯、丁酸乙酯、丁烯酸乙酯、3-甲基丁酸乙酯、3-羟基丁酸乙酯、己酸乙酯、3-羟基己酸乙酯、辛酸乙酯、癸酸乙酯、十一酸乙酯、十二酸乙酯、十四酸乙酯、十六酸乙酯、乙酸丁酯、丁酸丁酯、3-羟基丁酸丁酯、3-羟基丁酸-2-甲基丙酯、己酸丁酯、乙酸-2-甲基丙酯、丁酸-2-甲基丙酯、乙酸-3-甲基丁酯、丁酸-3-甲基丁酯、乙酸己酯、乙酸-(*Z*)-3-己烯酯、乙酸-(*E*)-3-己烯酯、丙酸-(*Z*)-3-己烯酯、丁酸-(*Z*)-3-己烯酯、3-羟基丁酸-(*Z*)-3-己烯酯、乙酸-2-苯乙烯酯、丁烯酸-2-苯乙烯酯、丁酸-(*Z*)-3-己烯酯、(*E*)-2-丁烯酸-(*Z*)-3-己烯酯、戊烯酸-(*Z*)-3-己烯酯、(*E*)-2-己烯酸-(*Z*)-3-己烯酯、1-甲基丁内酯、4-戊内酯、4-己内酯、4-庚内酯、4-辛内酯、5-辛内酯、4-壬内酯、4-癸内酯、5-癸内酯等。

(3)醇类化合物　乙醇、2-甲基丙醇、丁醇、2-丁醇、3-甲基-2-丁醇、3-甲基-2-丁烯醇、2-甲基-3-丁烯醇、2-甲基-3-丁烯-2-醇、戊醇、3-戊烯-2-醇、2-戊醇、己醇、(*Z*)-3-己烯醇、(*E*)-3-己烯醇、(*E*)-2-己烯醇、十六醇、2-苯基乙醇、糠醇、萜品醇、β-萜品醇、芳樟醇、4-萜品醇、(*Z*)-香芹醇、(*E*)-香芹醇、香叶醇、对伞花烃-8-醇、蓝桉醇、α-杜松醇、β-杜松醇、氧化芳樟醇、4-乙烯基苯酚等。

(4)酸类化合物　乙酸、丁酸、2-甲基丁酸、戊酸、己酸、辛酸等。

(5)醛、酮化合物　乙醛、丁醛、己醛、(*E*)-己烯醛、(*E*)-2-壬烯醛、(*E*,*Z*)-2,6-壬二烯醛、糠醛、5-甲基糠醛、苯甲醛、苯乙醛、环柠檬醛、丙酮、3-戊酮、2-庚酮、十三酮、2-乙酰基呋喃、2,5-二甲基-3(2H)-呋喃酮、2,5-二甲基-4-甲氧基-3(2H)-呋喃酮、苯乙酮、4-甲基苯乙酮、β-紫罗兰酮、大马酮、羟基丙酮、3-羟基丁酮、3,5,5′-三甲基-2-环己烯酮等。

(6)其他成分　薄草烯环氧化合物、石竹烯环氧化合物、二甲基甲酰胺、二亚甲基甘油单乙醇醚、*N*-甲基吡咯烷酮、吡啶、甲基硫苯甲醛、苯并噻唑等。

(二)配制原料

在鉴定出的碳氢化合物37种中含24种萜烯化合物，是芒果香气新鲜清新透发的主要原料，特别是罗勒烯、月桂烯组成芒果青香及皮香的特征香气。醛类中反式-2-己烯醛和酯类中的乙酸顺式-3-乙烯酯是组成芒果青香的重要原料。内酯类中γ-癸内酯是芒果熟果甜香气的特征原料，含硫化合物能赋予芒果热带水果的特征香气。

在芒果中，单萜烃类化合物占挥发性成分的主要部分，并在芒果的香气中起重要作用。3-蒈烯是*Venezuelan*芒果的重要香成分；月桂烯具有新鲜的青草香气特征，是*Alphonso*和*Baladi*(意大利)品种芒果的重要香成分，苧烯虽然是柠檬精油的主要成分，也大量存在于*Baladi*芒果中，但在*Alphonso*芒果中含量较少。萜品烯具有花香、甜香、松树香气，在菲律宾*Alphonso*芒果中含量也相当可观。(*Z*)-3-己烯醇、(*E*)-2-己烯醛、(*E*)-2-己烯醇具有新鲜、青香香气，与萜烯化合物一起构成芒果头香香气特征。γ与δ-内酯化合物，如4-癸内酯、5-癸内酯、4-十二内酯、5-十二内酯、(*Z*)-7-癸烯-5-癸内酯赋予芒果甜香、乳香、奶油香、桃香和杏香的香气特征。2,5-二甲基二氢呋喃酮、2,5-二甲基-4-甲氧基二氢呋喃酮构成了芒果的甜香、乳香、水果香等基本香气。一些酯类化合物由乙醇、(*Z*)-3-己烯醇、丁醇与乙酸、丁酸、2-丁酸、3-羟基丁酸及己酸形成的酯类化合物构成了芒果的整体果香香气特征。

芒果香精的香韵分路常用香原料如下所述：

(1)甜香香韵　2,5-二甲基二氢呋喃酮、2,5-二甲基-4-甲氧基二氢呋喃酮、β-紫罗兰酮、苯乙醇、麦芽酚、乙基麦芽酚、香兰素、乙基香兰素、二甲基硫醚、二苯醚、芳樟醇、香叶醇、乙酸香叶酯、香茅醇、玫瑰醚、玫瑰提取物等。

(2)果香香韵　乙酸乙酯、乙酸丁酯、乙酸戊酯、丁酸乙酯、丁酸丁酯、丁酸戊酯、癸酸乙酯、乙酰乙酸乙酯、苯甲酸甲酯、苯甲酸乙酯、柠檬精油、γ-辛内酯、γ-癸内酯、γ-十一内酯、γ-十二内酯等等。

(3)酸香香韵　乙酸、丙酸、丁酸、2-丁酸、3-羟基丁酸及己酸、辛酸等。

(4)芒果木香韵　β-石竹烯、杜松子精油、α-松油醇、松节精油、氧化芳樟醇、丁香精油、肉豆蔻精油、橙叶精油、春黄菊罗木提取物、布枯叶提取物、3-蒈烯、月桂烯、苧烯等。

(5)芒果焦甜香韵　麦芽酚、乙基麦芽酚、呋喃酮等。

(6)奶油香韵　丁二酮、γ-戊内酯、γ-己内酯、γ-辛内酯、γ-壬内酯、γ-癸内酯、γ-十一内酯、δ-辛内酯、δ-癸内酯等。

(7)芒果果汁香韵　乙酸乙酯、丁酸乙酯、异丁酸乙酯、乙酸异戊酯、丁酸异戊酯、丁酸丁酯、己酸己酯、柠檬精油、甜橙精油、柠檬醛、乙醛、己酸烯丙酯等。

(8)青香香韵　月桂烯、罗勒烯、叶醇、乙酸叶醇酯、丙酸叶醇酯、丁酸叶醇酯、己酸叶醇酯、乙醛、己醛、反式-2-己烯醛等。

(9)热带水果香韵　4-甲基-4-巯基-2-戊酮、硫代薄荷酮、二甲基硫醚等。

(三)香气分路

芒果香精香气分路如表5-32所示。

表5-32　**芒果香精香气分路**　单位:%

香韵	比例
甜香香韵	40～50
果香香韵	40～50
酸香	1～5
奶油香	1～5
青香	0.2～2.5
辛香	1～3
热带水果香韵	0.5～2

(四)香精配方

芒果香精配方如表5-33所示。

表5-33　**芒果香精配方**　单位:g

原料	用量	原料	用量
甲酸香茅酯	30	乙基香兰素	8
乙酸丁酯	40	芳樟醇	20
丁酸戊酯	10	β-紫罗兰酮	20
丁酸丁酯	60	橙叶精油	5
乙酰乙酸乙酯	120	2-甲基丁酸	10
γ-壬内酯	30	麦芽酚	8
γ-十一内酯	10	苯甲酸乙酯	5
γ-癸内酯	2	溶剂	加至1000

十、荔枝香精

(一)挥发性香成分

荔枝是著名的岭南佳果，属亚热带珍贵水果。它原产我国广东、福建等省，有2000多年的栽培历史。荔枝大约有几十个品种，其中有些品种是早熟的，有些成熟略晚在中国，量最大且最常见的荔枝是早熟品种“黑叶”和迟熟品种“糯米糍”。其他优良品种有“妃子笑”“挂绿”“水晶球”“桂味”“雪杯子”等。荔枝水果的大小与李子差不多，荔枝皮像红色的有斑纹的蛋壳。它的汁液充足，具有甜香、芳香、玫瑰香、水果香香气特征。从经过酶水解的荔枝汁中检测到月桂烯、异戊醇、3-羟基-2-丁酮、3-甲基-2-丁烯醇、己醇、芳樟醇、丁酸、3-甲基丁酸、香叶醛、乙酸松油酯、香叶醇、香茅醇、苏合香醇、橙花醛、己酸、苯甲醇、2-苯基乙醇、苯酚、辛酸、2-苯乙醇、对异丙基苯甲醇、金合欢醇、香草基丙酮等挥发性香成分。

一般苯乙醇、香茅醇、橙花醇、芳樟醇、玫瑰氧化物、乙酸-3-甲基丁酯、2-甲基-2-丁烯醇、1-乙氧基-3-甲基-2-丁烯、3-羟基-2-丁酮、顺罗勒烯、薄荷醇乙酸异丁酯、2-乙基-2-二氢噻唑、愈创木酚、乙位大马酮、芳樟醇、异戊酸、(E)-2-壬烯醛等被认为是荔枝的主要特征性香成分。苯乙醇、香茅醇、橙花醇、芳樟醇构成了荔枝的典型花香、玫瑰香基调，氧化玫瑰赋予荔枝一种奇异的花香、玫瑰香头香香韵。乙酸-3-甲基丁酯、2-甲基-2-丁烯醇、1-乙氧基-3-甲基-2-丁烯及薄荷脑使荔枝具有新鲜的水果香香气特征。3-羟基-2-丁酮具有强烈的乳香-乳脂香香气，顺罗勒烯具有温暖的药草香。柠檬烯、壬醛、正癸醛、香茅醇、香叶醇赋予荔枝典型的花香和柑橘样的香气。对荔枝汁游离态和键合态芳香组分进行分离鉴定，游离态的香气成分主要为乙偶姻、香叶醇、3-甲基-2-丁烯-1-醇、辛酸、2-苯乙醇、顺式罗勒烯、酪酸，键合态的香气成分主要为香叶醇和香叶醛。

(二)配制原料

可用于调配荔枝香精的常用香料包括：甲酸苄酯、乙酸松油酯、乙酸苄酯、乙酸-3-甲基丁酯、乙酸异戊酯、乙酸葛缕酯、乙酸二氢葛缕酯、乙酸芳樟酯、肉桂酸甲酯、肉桂酸乙酯、丁酸乙酯、丁酸丁酯、异丁酸乙酯、异丁酸苯乙酯、异丁酸橙花酯、辛炔酸甲酯、香叶醇、香茅醇、苏合香醇、金合欢醇、橙花醇、芳樟醇、顺式芳樟醇氧化物、玫瑰醚、玫瑰醇、苯甲醇、香叶醇、玫瑰醇、苯乙醇、对异丙基苯甲醇、2-甲基-2-丁烯醇、α-松油醇、3-羟基-2-丁酮、α-紫罗兰酮、2,5-二甲基-4-羟基-3(2H)-呋喃酮、柠檬醛、橙花醛、薄荷酮、2-乙酰基噻唑、2-乙酰基吡嗪、二甲基硫醚、二甲基二硫醚、己酸、辛酸、氧化玫瑰、1-乙氧基-3-甲基-2-丁烯、顺罗勒烯、香叶精油、玫瑰精油、紫罗兰酮、麦芽酚、茉莉净油、柠檬精油等。荔枝香精的各路香韵原料选择如下所述：

(1)甜香-玫瑰香韵　玫瑰醚、玫瑰醇、二苯醚、香叶醇、乙酸香叶酯、乙酸香茅酯、丙酸香叶酯、异丁酸香叶酯、异丁酸香茅酯、异丁酸橙花酯、玫瑰花精油。

(2)甜香韵-青甜香韵　苯乙醇、乙酸苯乙酯、异丁酸苯乙酯。

(3)甜香韵-膏香香韵　乙酸桂酯、甲酸桂酯、异丁酸桂酯。

(4)蜜甜香韵　玫瑰醚、乙酸玫瑰酯、甲位鸢尾酮、鸢尾凝脂。

(5)香草香韵　香兰素、乙基香兰素。

(6)青香韵　甲酸苄酯、乙酸苄酯、芳樟醇、乙酸芳樟酯。

(7)果香韵　异丁酸乙酯、丁酸乙酯、丁酸丁酯、丙位十一内酯、丙位癸内酯、柠檬醛、甜橙精油、柠檬精油等。

(8)木香韵　乙酸葛缕酯、乙酸二氢葛缕酯、乙位石竹烯等。

(9)凉香韵　L-薄荷酮、乙酸薄荷酯、薄荷脑等。

(10)花香韵　苯甲醇、橙花醇、苯乙醛等。

(11)爆玉米香韵　2-乙酰基吡嗪、2-乙酰基噻唑等。

(12)修饰剂　二甲基硫醚、苄基噻唑等。

(三)香气分路

荔枝香精香气分路如表 5-34 所示。

表 5-34　荔枝香精香气分路　单位:%

香韵	比例
甜香韵	20～40
玫瑰香韵	4～8
焦糖香韵	10～20
青甜香韵	3～6
膏香香韵	1～2
蜜甜香韵	0.1～1
香草香韵	0.2～2
青香韵	5～10
果香韵	1～5
木香韵	1～5
凉香韵	0.1～5
花香韵	20～50
爆玉米香韵	0.2～2
修饰香韵	1～5

(四)香精配方

荔枝香精配方如表 5-35、表 5-36 所示。

表 5-35　　荔枝香精配方(一)　　单位:g

原料	用量	原料	用量
橙花醇	60.00	异丁酸橙花酯	5.00
玫瑰醇	5.00	玫瑰醚	12.00
乙酸玫瑰酯	8.00	乙基麦芽酚	175.00
乙酸香叶酯	5.00	乙酸苄酯	40.00
异丁酸香叶酯	5.00	芳樟醇	15.00
异丁酸苯乙酯	2.00	乙酸芳樟酯	5.00
乙酸二氢葛缕酯	12.00	乙酰基吡嗪	0.50
薄荷脑	4.20	乙酰基噻唑	0.1
异丁酸肉桂酯	6.00	香兰素	0.25

表 5-36　　荔枝香精配方(二)　　单位:g

原料	用量	原料	用量
苯甲醛	0.10	2,5-二甲基-4-羟基-3(2H)-呋喃酮	1.50
乙酸苄酯	0.80	柠檬油	8.00
β-紫罗兰酮	1.00	α-松油醇	0.50
氧化芳樟醇	3.00	乙酸异戊酯	2.00
二甲基二硫	0.40	辛炔酸甲酯	0.20
苯乙醇	5.00	乙基麦芽酚	10.00

第二节　非果香型食用香精制备技术

一、香草香精

香草的大名是香荚兰(*Vainilla* spp.),也被称作香子兰、香草兰。原产于非洲马达加斯加热带雨林,直到18世纪才被发掘利用,是典型的热带雨林中的一种大型兰科香料植物,香荚兰被誉为“香料皇后”,也是世界上最昂贵的三大香料之一(另外两个分别是藏红花和小豆蔻)。天然香荚兰的干荚果经发酵后具有浓烈的香草香味。香草香精具有香荚兰豆的香气。香荚兰的荚果经发酵后用乙醇提取制成酊剂,或用溶剂浸提得浸膏再制成净油。

(一)挥发性香成分

(1)烃类 月桂烯、水芹烯、α-松油烯、柠檬烯、杜松烯、木罗烯。

(2)醇类 2-丁氧基乙醇、2-甲基-1-丁醇、3-甲基-1-丁醇、3-甲基-2-丁烯-1-醇、2,3-丁二醇、1-戊醇、3-甲基-1-戊醇、1-己醇、2-己醇、1-庚醇、1-辛醇、1-辛烯-3-醇、2-壬醇、1-十二醇、香茅醇、香叶醇、橙花醇、芳樟醇、苯甲醇、4-羟基苯甲醇、4-甲氧基苯甲醇、2-苯乙醇、松油醇。

(3)醛类 乙醛、戊醛、2-戊烯醛、苯甲醛、2-羟基苯甲醛、4-羟基苯甲醛、4-甲氧基苯甲醛、3,4-二羟基苯甲醛、香兰素、3,4-二甲氧基苯甲醛、肉桂醛、环柠檬醛、藏花醛、胡椒醛。

(4)酮类 3-羟基-2-丁酮、2,3-丁二酮、3-戊烯-2-酮、4-甲基-2-戊酮、2-己酮、2-庚酮、甲基庚二酮、2-辛酮、2-壬酮、2-癸酮、苯醌、苯乙酮、夹竹桃麻素、(R)-(E)-(+)-α-紫罗兰酮、(S)-(E)-(−)-α-紫兰酮。

(5)酸类 甲酸、乙酸、羟基乙酸、丙酸、2-甲基丙酸、2-羟基丙酸、丁酸、3-甲基丁酸、戊酸、己酸、庚酸、辛酸、壬酸、癸酸、癸烯酸、十二酸、十四酸、苯甲酸、2-羟基苯甲酸、4-羟基苯甲酸、4-甲氧基苯甲酸、4-羟基-3-甲氧基苯甲酸。

(6)酯类 甲酸苄酯、乙酸戊酯、乙酸己酯、羟基乙酸甲酯、甲氧基乙酸乙酯、乙酸苄酯、乙酸-4-甲氧基苯甲酯、乙酸苯乙酯、丙酸异丁酯、2-羟基丙酸甲酯、3-甲基-2-丁烯酸丙酯、戊酸甲酯、戊酸丙酯、戊酸异丙酯、戊酸丁酯、戊酸异丁酯、4-氧代戊酸乙酯、己酸甲酯、己酸乙酯、庚酸甲酯、壬酸甲酯、癸酸甲酯、十二酸甲酯、十四酸甲酯、十五酸甲酯、十六酸甲酯、十六酸乙酯、十七酸甲酯、苯甲酸甲酯、苯甲酸乙酯、苯甲酸苄酯、2-羟基苯甲酸甲酯、4-羟基苯甲酸甲酯、4-甲氧基苯甲酸甲酯、4-羟基-3-甲氧基苯甲酸酯、环己羧酸甲酯、苯乙酸甲酯、肉桂酸甲酯、顺-肉桂酸甲酯、反-肉桂酸甲酯、肉桂酸乙酯、邻苯二甲酸单乙酯、丁酸苄酯、2-甲基丁酸乙酯、邻苯二甲酸二丙酯、邻苯二甲酸二丁酯。

(7)内酯类 4-羟基丁酸内酯、4-羟基戊酸内酯、4-羟基壬酸内酯、二氢猕猴桃内酯、2-乙酰基吡咯。

(8)酚类 4-甲基苯酚、4-乙烯基苯酚、甲氧基苯、1-异丙氧基-4-甲基苯、2-甲氧基苯酚、2-甲氧基-4-甲基苯酚、乙基-2-甲氧基苯酚、4-乙基-2-甲氧基苯酚、2-甲氧基-4-乙烯基苯酚、丁香酚、1,2-二甲氧基苯、苯酚、4-甲基苯酚、4-乙烯基苯酚。

(9)呋喃类 2-戊基呋喃、2-(羟乙基)-5-甲基呋喃、糠醛、5-甲基糠醛、5-(羟甲基)糠醛、2-乙酰呋喃、2-(羟乙基)呋喃、糠醇、乙酸喃甲酯、丁酸喃甲酯。

(10)吡喃类 反-茶螺烷、顺-茶螺烷等。

(二)配制原料

香草香精一般均以香兰素、乙基香兰素、浓馥香兰素(Vanitrope)和具有奶香的藜芦醛(Veratraldehyde)、苄基二氢吡喃酮、丁酰基乳酸丁酯、3-羟基-2-丁酮、丁二酮、戊二酮、丁酸等配制而成。优质的香草香精,常使用天然的香荚兰豆酊、浸膏、净油或超临界提取物等制成。

(三)香气分路

香草香精香气分路如表 5-37 所示。

表 5-37　　香草香精香气分路　　单位:%

香韵	比例
香草香韵	80～90
豆香韵	5～10
牛乳香韵	5～10
白脱香韵	1～3

(四)香精配方

香草香精配方如表 5-38 所示。

表 5-38　　香草香精配方　　单位:g

原料	用量	原料	用量
香兰素	15.0	δ-癸内酯	2.0
乙基香兰素	2.5	δ-十一内酯	3.5
浓馥香兰素	2.0	δ-十二内酯	3.5
香荚兰豆酊	25.0	3-羟基-2-丁酮	1.5
洋茉莉醛	5.0	戊二酮	0.5
对甲氧基苯乙酮	2.5	丁二酮	0.25
对甲基苯乙酮	1.0	溶剂 PG	加至 100
苯乙酮	0.25		

二、咖啡香精

咖啡树的果实是咖啡果,咖啡豆是咖啡果中的种子,咖啡产于终年无霜冻的地区,主要产地有巴西、哥伦比亚、厄瓜多尔、委内瑞拉、墨西哥、尼加拉瓜、牙买加、夏威夷、肯尼亚、安哥拉、埃塞俄比亚、印尼等,我国的海南岛和西双版纳也有出产。未经焙炒过的生咖啡豆无香气,经焙炒后才产生悦人的香气。咖啡豆含有咖啡因,有苦味和提神的作用。焙炒后的咖啡其芳香组成极为复杂,国外科技人员曾对此作了大量的分析研究工作,已发现咖啡中的芳香成分超过 600 多种。

(一)挥发性香成分

咖啡的主要香成分包括:乙醛、丙醛、2-甲基丙醛、3-甲基丙醛、丁醛、2-甲基丁醛、3-甲基丁醛、2-甲基-2-丁烯醛、戊醛、异戊醛、2-甲基-2-戊烯醛、己醛、苯甲醛、2-甲基苯甲醛、3-甲基苯甲醛、苯乙醛、水杨醛、糠醛、5-甲基糠醛、3-(2-呋喃基)丙醛、2,5-二甲基-3-乙酰基呋喃、丙酮、丁酮、1-丁烯-3-酮、1-羟基-2-丁酮、3-羟基-2-丁酮、2-乙酰基呋喃、5-甲基-2-乙酰基呋喃、2-丙酰基呋喃、5-甲基-2-丙酰基呋喃、3-甲基吡啶、3-乙基吡啶、吡嗪、2-甲基吡嗪、2,3-二甲基吡嗪、2,5-二甲基吡嗪、2,6-二甲基吡嗪、2,3,5-三甲基吡嗪、2,3-二乙基-5-甲基吡嗪、2,5-二乙基吡嗪、2,6-二乙基吡嗪、2,5-二乙基-3-甲基吡嗪、二甲基二硫醚、甲基乙基二硫醚、二乙基二硫醚、硫代糠酸甲酯、硫代乙酸糠酯、5-乙酰基-2-甲基恶唑、麦芽酚等。

(二)配制原料

咖啡香精的各路香韵原料选择如下所述:

(1)咖啡香韵　糠基硫醇、硫代丙酸糠酯、愈创木酚、4-乙基愈创木酚、咖啡酊、糠醛、异戊醛、甲硫醇等。

(2)焦香韵　2,5-二甲基-4-羟基-3(2H)-呋喃酮、5-甲基糠醇、四氢糠醇、乙酸糠酯、丙酸糠酯、二糠基硫醚、二糠基二硫醚、硫代乙酸糠酯、甲基环戊烯醇酮、麦芽酚、乙基麦芽酚、正庚硫醇、正己硫醇等。

(3)酸香韵　乙酸、丁酸、2-甲基丁酸、异戊酸等。

(4)烘烤香韵　2-乙酰基噻唑、2,4-二甲基-5-乙酰基噻唑、2-甲基吡嗪、2,3-二甲基吡嗪、2,5-二甲基吡嗪、2,6-二甲基吡嗪、三甲基吡嗪、2-甲基-3-甲硫基吡嗪、2-甲基-5-甲硫基吡嗪、2-甲基甲硫基吡嗪、2-甲基-3-糠硫基吡嗪、2-甲基-5-糠硫基吡嗪等。

(5)白脱香韵　2,3-丁二酮、2,3-戊二酮、香兰素、乙基香兰素等。

(6)坚果香韵　苯甲醛、2-乙酰基吡咯、甲基-2-乙酰基吡咯、*N*-乙基-2-乙酰基吡咯、*N*-糠基吡咯、4-甲基-5-羟乙基噻唑等。

(三)香气分路

咖啡香精香气分路如表 5-39 所示。

表 5-39　**咖啡香精香气分路**　单位:%

香韵	比例
咖啡香韵	10～60
焦糖香韵	8～30
酸香韵	1～10
烘烤香韵	1～10
白脱香韵	0.5～5
坚果香韵	5.0～15

（四）香精配方

咖啡香精配方如表5-40至表5-43所示。

表5-40　咖啡香精配方（一）　单位：g

原料	用量	原料	用量
肉桂皮精油	2.00	苦杏仁精油	0.80
肉豆蔻精油	1.00	芫荽籽精油	0.80
柠檬精油	1.00	小豆蔻精油	0.20
香兰素	1.00	食用乙醇(95%)	94.00

表5-41　咖啡香精配方（二）　单位：g

原料	用量	原料	用量
咖啡酊	25.00	5-甲基糠醛	1.00
乙酸	0.50	糠醇	3.50
苯甲醇	5.00	糠基硫醇	0.20
2,3-丁二酮	0.30	二糠基硫醚	0.20
甲酸乙酯	3.20	甲基环戊烯醇酮	0.10
乙酸乙酯	0.40	乙基麦芽酚	0.40
糠醛	0.20	色拉油	60.00

表5-42　咖啡香精配方（三）　单位：g

原料	用量	原料	用量
辛醇	0.20	戊酸	2.00
甲基乙基乙醛	4.00	吡啶	3.00
糠醛	1.00	丁香酚	1.00
5-甲基糠醛	2.00	异丁香酚	1.00
2,3-丁二酮	1.00	愈创木酚	0.40
2,3-戊二酮	4.00	甲硫醇	0.60
乙酸	3.00	糠硫醇	0.40

表 5-43 咖啡香精配方(四) 单位:g

原料	用量	原料	用量
2-甲基-3-乙基吡嗪	20.00	2-甲氧基苯硫酚	5.00
2,3-二乙基吡嗪	0.50	甲基-2-羟基苯基硫醚	1.60
2-甲基-3-异丙基吡嗪	7.50	3,4-二甲基苯酚	2.00
2-乙酰基吡嗪	10.00	2-羟基苯乙酮	5.00
2-甲基-3-甲硫基吡嗪	2.00	4-乙基-2-甲氧基苯酚	2.50
硫代乙酸糠酯	3.00	4-乙基苯酚	0.50
丙基糠基糠酯	1.00	吡啶	20.00
2,6-二甲基-γ-硫代吡喃酮	4.00	2-乙烯基苯并呋喃	4.00

咖啡具有浓郁悦人的焦苦和甜酸的香气,模拟天然咖啡的真实香气非常困难。在调配咖啡香精的香料中,许多含氮、含硫化合物和呋喃类化合物占有非常重要的地位,其中可供选用的有:2,3-二甲基吡嗪、2,5-二甲基吡嗪、2,6-二甲基吡嗪、2,3,5-三甲基吡嗪、2,3,5,6-四甲基吡嗪、2-乙基吡嗪、2-乙酰基吡嗪、2-乙基-3-甲基吡嗪、2,6-二甲基-3-乙基吡嗪、2-乙酰基-3-甲基吡嗪、2-甲基吡嗪、吡啶。其他可供选用的香料有:愈创木酚、苯酚、邻苯二酚、对苯二酚、异丁香酚、乙醛、异戊醛、丁二酮、己二酮、3-羟基-2-丁酮、甲基环戊烯醇酮等。为了使香气更趋于和谐协调,在香精中仍宜加入适量的天然咖啡提取物。

三、椰子香精

椰子是棕榈科植物椰树的果实,主要产于菲律宾,另外,马来西亚、新加坡、我国海南岛也盛产椰子。椰子汁及椰子肉含有水溶性蛋白质、果糖、葡萄糖、蔗糖、脂肪、维生素 B_1、维生素 E、维生素 C、钾、钙、镁等。椰子肉含有独特的香气,椰子肉、椰子汁被直接用来生产椰子糖,椰子肉与椰子汁制成的饮料也非常流行。

(一)挥发性香成分

2,3-丁二醇、乙酸丁酯、壬醛、邻苯二甲酸二异辛酯、十二烷酸-1-(羟甲基)-1,2-乙二基酯、邻苯二甲酸二正辛酯,亚硫酸-2-丙基十三烷基酯、9,12-十八烷二烯酸甲酯、(*Z*)-9-十八烯酸甲酯、十二酸、十四酸、*N*-棕榈酸、乙基柠檬酸、十一酸乙酯、十六酸甲酯、油酸乙酯等。

(二)配制原料

椰子香精的特征性香料是γ-壬内酯(椰子醛),其他常用的香料包括:苯甲醛、丁酸、己酸、甲酸戊酯、乙酸乙酯、庚酸乙酯、十一酸乙酯、甲基十一基酮、壬酸甲酯、二丁基-γ-丁内酯、γ-壬内酯、γ-辛内酯、香兰素、乙基香兰素等。椰子香精的各路香韵原料选择如下所述：

(1)椰子特征香韵　γ-庚丙酯、γ-辛丙酯、γ-壬丙酯等。

(2)牛乳香韵　δ-辛内酯、δ-癸内酯、δ-十一内酯、δ-十二内酯、δ-十四内酯等。

(3)白脱香韵　丁二酮、戊二酮、3-羟基-2-丁酮、2-壬酮、丁酰乳酸丁酯等。

(4)酸香韵　乙酸、丁酸、己酸、辛酸、癸酸、十二酸、十四酸、十六酸等。

(5)果香韵　丙位癸内酯、丙位十一内酯、丙位十二内酯等。

(6)豆香韵　丙位戊丙酯、丙位己丙酯、洋茉莉醛、对甲氧基苯乙酮等。

(7)香草-焦糖香韵　香兰素、乙基香兰素、麦芽酚、乙基麦芽酚、甲基环戊烯醇酮等。

(8)酒香韵　己酸乙酯、庚酸乙酯、辛酸乙酯等。

(9)醛香韵　己醛、辛醛、壬醛、癸醛、苯甲醛等。

(三)香气分路

椰子香精香气分路如表 5-44 所示。

表 5-44　椰子香精香气分路　单位：%

香韵	比例
椰子特征香韵	20～50
牛乳香韵	10～30
白脱香韵	0.3～3
酸香韵	1～3
果香韵	1～5
豆香韵	2～5
香草-焦糖香韵	5～10
酒香韵	1～5
醛香韵	0.05～0.3

(四)香精配方

椰子香精配方举例如表 5-45 至表 5-48 所示。

表 5-45　椰子香精配方(一)　单位：g

原料	用量	原料	用量
γ-壬内酯	10.00	苯甲醛	0.50
γ-戊内酯	2.00	香兰素	2.00
丁香精油	0.30	色拉油	85.20

表 5-46 椰子香精配方(二) 单位:g

原料	用量	原料	用量
γ-壬内酯	3.00	乙基香兰素	0.50
γ-己内酯	0.50	甲基环戊烯醇酮	0.10
丁香精油	0.30	乙基麦芽酚	0.50
苯甲醛	0.30	色拉油	适量
香兰素	0.10		

表 5-47 椰子香精配方(三) 单位:g

原料	用量	原料	用量
γ-壬内酯	30.00	乙基麦芽酚	0.50
香兰素	4.00	甜橙精油	2.00
乙基香兰素	4.00	乙酸乙酯	1.00
丁香精油	2.00	苯乙酸丁酯	2.00
麦芽酚	0.50	丙二醇	适量

表 5-48 椰子香精配方(四) 单位:g

原料	用量	原料	用量
γ-壬内酯	2.50	苯甲醛	0.25
香兰素	1.00	茶精油	95.5
二氢香豆素	0.50	丁香精油	0.25

椰子香精常以γ-壬内酯(俗称椰子醛)作为主料,再以香兰素、乙基香兰素等增加香草香气、又有庚酸乙酯、己酸、辛醇等香料赋以油脂气和酒香,其中的癸酸、十二酸、十四酸、椰油酸酯、δ-十四内酯等香料增加了椰子香精的厚实口感。烤椰子香精是在前面的椰子香精中增加烘烤香韵,同时适当减少或删除醛香韵,经适当调整配方,就可以制作出烤椰子香精。

四、花生香精

(一)挥发性香成分

炒花生的主要香成分包括:壬醇、月桂醇、环己醇、α-松油醇、苄醇、苯乙醇、苯酚、愈创木酚、4-乙烯基愈创木酚、丙醛、丁醛、异丁醛、2-丁烯醛、2-甲基丁醛、2-甲基-2-丁烯醛、戊酸、异戊醛、2-戊烯醛、2-甲基戊醛、2-甲基-2-戊烯醛、2,4-戊二烯醛、己醛、苯乙酮、苯丙酮、香芹酮、乙酸、丙酸、丁酸、异丁酸、2-甲基丁酸、戊酸、2-甲基-3-异丁基吡嗪、2,3-二甲基吡嗪、2,5-二甲基吡嗪、2,6-二甲基吡嗪、2,3-二甲基-5-乙基吡嗪、2,5-二甲基-3-乙基吡嗪、2,6-二甲基-3-乙基吡嗪、3,5-二甲基-2-乙基吡嗪、2-乙酰基-5-甲基吡嗪、2-乙酰基-6-乙基吡嗪、喹啉、5,6,7,8-四氢喹喔啉、甲基丁基二硫醚、丙基丁基二硫醚、二仲丁基二硫醚、二甲基三硫醚、甲基乙基三硫醚、二丙基三硫醚、二丁基三硫醚、麦芽酚等。

(二)配制原料

花生香精各路香韵常用香料的选择如下所述:

(1)坚果香韵　4-甲基-5-羟乙基噻唑、4-甲基-5-羟乙基噻唑乙酸酯、2-乙酰基呋喃、2-乙酰基吡咯、苯乙酮、月桂酸丁酯、苯甲醛二甲硫醇缩醛。

(2)脂肪香韵　2,4-庚二烯醛、2,4-癸二烯醛、2,3-辛二烯醛、2-壬烯醛、2,4-壬二烯醛、γ-辛内酯、γ-壬内酯。

(3)烘烤香韵　2-甲基-5-甲氧基吡嗪和2,5-二甲基吡嗪、5-甲基糠醛。

(4)香草-焦甜香香韵　香兰素、乙基香兰素、麦芽酚、乙基麦芽酚。

(5)醛香香韵　异戊醛、己醛、辛醛、癸醛、苯甲醛、苯乙醛。

(三)香气分路

花生香精香气分路如表5-49所示。

表5-49　花生香精香气分路　单位:%

香韵	比例
坚果香	40～70
脂肪香	1～10
烘烤香	5～20
香草香	5～20
醛香	0.25～5

(四)香精配方

花生香精配方如表5-50所示。

表5-50　花生香精配方　单位:g

原料	用量	原料	用量
己醇	0.50	γ-辛内酯	0.50
苯甲醇	10.00	γ-壬内酯	1.50
愈创木酚	0.50	2,5-二甲基吡嗪	2.50
异戊醛	0.50	2-甲基-5-甲氧基吡嗪	1.00

续表

原料	用量	原料	用量
己醛	0.20	2-乙酰基吡咯	1.00
辛醛	0.30	*N*-甲基-2-乙酰基吡咯	0.50
5-甲基糠醛	0.50	4-甲基-5-羟乙基噻唑	1.00
苯甲醛	1.00	2,4-二甲基-5-乙酰基噻唑	0.50
苯乙醛	0.30	苯甲醛二甲硫醇缩醛	0.10
苯乙醇	1.00	乙基香兰素	2.50
2-乙酰基呋喃	0.20	乙基麦芽酚	0.50
乙酸异戊酯	1.00	乙醇	适量
月桂酸丁酯	0.50		

五、可可香精

(一)挥发性香成分

可可的主要香成分包括:β-蒎烯、β-月桂烯、β-榄香烯、柠檬烯、石竹烯、苏合香烯、丁醇、2-丁醇、异丁醇、2,3-丁二醇、戊醇、2-戊醇、异戊醇、己醇、2-庚醇、辛醇、1-辛烯-3-醇、香叶醇、芳樟醇、α-松油醇、薄荷脑、龙脑、糠醇、苯甲醇、α-苯乙醇、3,6-二甲基-2-乙基吡嗪、2,5-二甲基-3,6-乙基吡嗪、甲基丙基三硫醚、甲基异丙基三硫醚、二丙基三硫醚、3-甲硫基丙醛、2-甲基-2-甲硫基丙醛、2-甲硫基甲基-5-甲基呋喃、4-甲基-5-羟乙基噻唑、4-甲基-5-乙烯基噻唑、苯并噻唑等。

(二)配制原料

可可香精的各路香韵原料选择如下所述:

(1)可可香韵　可可酊、可可醛、异戊醛等。

(2)牛乳香韵　δ-癸内酯、δ-十一内酯、δ-十二内酯等。

(3)香草-焦糖香韵　香兰素、乙基香兰素、麦芽酚、乙基麦芽酚等。

(4)酸香韵　丙酸、丁酸、异丁酸、2-甲基丁酸、戊酸、异戊酸、己酸、庚酸、辛酸、壬酸、癸酸等。

(5)果香韵　乙酸异戊酯、苯甲醛等。

(6)白脱香韵　二甲基硫醚、2,3-丁二酮、2-戊酮、2-庚酮、2-辛酮、2-壬酮、苯乙酮、双丁酯等。

(7)烘烤香韵　2-甲基吡嗪、2-甲基-3-乙氧基吡嗪、2,5-二甲基吡嗪、三甲基吡嗪、四甲基吡嗪、2-乙酰基吡嗪、糠醇等。

(三)香气分路

可可香精香气分路如表 5-51 所示。

表 5-51　　可可香精香气分路　　单位:%

香韵	比例
可可香韵	10～60
牛乳香韵	10～30
香草-焦糖香韵	30～50
酸香韵	1～10
果香韵	0.1～1
白脱香韵	0.5～5
烘烤香韵	0.5～2

(四)香精配方

可可香精配方如表 5-52 所示。

表 5-52　　可可香精配方　　单位:g

原料	用量	原料	用量
异戊醇	10.00	愈创木酚	5.00
异戊醛	5.50	2-甲基吡嗪	0.10
苯甲醛	10.00	2,3-二甲基吡嗪	0.10
5-甲基糠醛	10.00	2-乙酰基吡嗪	0.10
2,3-丁二酮	5.00	可可酊	8800.00
异戊酸	100.00	香兰素	400.00
乙酸芳樟酯	10.00	乙基香兰素	100.00
γ-己内酯	10.00	乙基麦芽酚	10.00
γ-壬内酯	5.00	溶剂	适量

六、乳味香精

(一)乳味香精风味分析

乳是营养最全面的天然食物,对初生婴儿而言,母乳是最好的食物。对人类而言,牛乳是食用量最大、最重要的食用乳。刚挤出来的牛乳称为鲜牛乳，是一种稳定的乳化体，有较淡的乳香气。牛乳在储存、加工过程中，在热、光、氧气、酶和微生物等的作用下，乳中的香成分的数量和含量发生变化，乳的香气也相应发生变化。牛乳经巴氏灭菌和超高温灭菌(UHT)后得到巴氏灭菌乳和 UHT 乳。

牛乳加热脱除水分浓缩后得到的产品称为炼乳(Concentrated Milk)。牛乳经过离心分离可得到脱脂乳和鲜奶油(Cream)。在分离加工过程中，香气成分中亲油性强的物质多转移到鲜奶油中，亲水性强的物质多转移到脱脂乳中，使鲜奶油和脱脂乳具有了不同的香气特征。

将奶油加热、离心分离，除去脱蜡乳，经消毒灭菌，然后在一定条件下凝固后得到的产品称为黄油，也称白脱(Butter)。

牛乳经凝乳酶凝结，切割成块、排除乳清、成型、再发酵成熟后得到干酪(Cheese)。著名的有切达干酪(Cheddar Cheese)、英式 Territorial 干酪、艾丹姆干酪、古乌达干酪、酪农干酪、卡门培尔干酪、蓝纹乳酪(Blue Cheese)、赛达酪等。牛乳、脱脂乳等直接接种乳酸菌等发酵可制得酸乳。

在加工过程中有酶解反应、热反应、自动氧化反应和微生物作用，可生成许多香气物质。牛乳中含有脂肪酶，在微生物作用下还会产生脂肪酶，牛乳中的脂肪在脂肪酶的作用下将有部分水解成脂肪酸，可增强乳香气：加热会发生复杂的香气生成反应，如 β-羰基脂肪酸(2-戊酮、2-庚酮等)；将脱水生成甲基酮不同的羟基脂肪酸脱水生成 γ-内酯类和 δ-内酯类；糖和氨基酸等水溶性物质发生的美拉德反应将生成许多香气成分；自动氧化包括不饱和脂肪酸在空气中氧的作用下发生的氧化和裂解反应，同时生成许多醛类；发酵乳生成的香气物质是在微生物的作用下通过脂肪水解，从而生成脂肪酸和生物合成的许多其他香气物质。

因乳制品很受人们的喜欢，所以其香精的用量非常大，主要用于仿制乳制品的香气，用于食品和含乳制品的食品中来增强和提调乳制品的香气。与乳制品的品种相对应，乳香型食用香精的类型有巴氏灭菌乳、超高温瞬时灭菌(UHT)乳、炼乳、奶油、黄油、干酪、酸乳等香型。当然，这些乳制品所含的香气成分品种并无大的差别，主要是香气成分的数量有所不同，这种不同导致各种制品的香气有差别。乳香型香精的生产技术包括调香法、酶法、发酵法，以及酶法、发酵法和调香法相结合的方法。

(二)配制原料

乳香型香精常用的香料有乳酸乙酯、丁酰乳酸丁酯、丁二酮、对甲氧基苯乙酮、胡椒醛、γ-己内酯、γ-辛内酯、γ-壬内酯、椰子醛、桃醛、γ-丁内酯、4,4′-二丁基-γ-丁内酯、γ-癸内酯、γ-十二内酯、δ-辛内酯、δ-壬内酯、δ-癸内酯、δ-十一内酯、δ-十二内酯、6-甲基香豆素、丁酸、异丁酸、2-甲基丁酸、己酸、庚酸、辛酸、乳酸、3-苯基丙酸、奶油酸、奶油酯、牛乳内酯、5-羟基-4-辛酮、2-甲基吡嗪、2-乙酰基吡嗪、甲硫醚、香兰素、乙基香兰素、藜芦醛等。

在调配奶油香精时，常用到丙醇、异丙醇、丁醇、异丁醇、戊醇、2-戊醇、己醇、2-己醇、2-庚醇、壬醇、2-壬醇、癸醇、2-十一醇、辛醇、2-辛醇、3-辛醇等醇类化合物，它们一般作为溶剂使用，同时可以将香精的香型在醇的作用下显得活泼生动。

在乳用香精中常加入脂肪酸的酯类，如乙酸酯、丁酸酯等，这些酯类化合物大多有水果的香气，可以起到提扬头香的作用。

在配方中加入内酯类化合物，尽管用量很少，但它可以使香精的头香和体香很好地衔接，使整体香气更加完善，加入的主要有 δ-癸内酯、γ-十一内酯等。

在配方中加入烯醛类香料可以使奶油香气有清新之感。加入叶醇等具有青香的香料，可以起到相同的作用。

在配方中加入茴香类香料，可以使香精的整体香气显得浑厚，避免仅用酸类化合物那种偏香草香气的味道。好的奶油香精重视整体的酸、醇、酯、醛、内酯类的香气平衡。加入麦芽酚、乙基麦芽酚、香兰素、乙基香兰素等可以使奶油香气更加协调。

鲜牛乳和轻度巴氏灭菌乳（GPM，Gently Pasteurized Milk）具有温和的特征香气，其挥发性香气物质有 400 多种，每 kg 牛乳中含 1～100mg。牛乳在轻度巴氏灭菌（73℃，12s）后不具有煮熟后的香气，其典型的香气物质是二甲基硫醚、丁二酮、2-甲基丁醇、顺-4-庚烯醛、3-丁烯醇异硫氰酸酯和反-2-壬烯醛。

牛乳香精的各路香韵原料选择如下所述：

（1）牛乳香韵　δ-辛内酯、δ-壬内酯、δ-癸内酯、δ-十一内酯和 δ-十二内酯等。

（2）酸香韵　乙酸、丁酸、己酸、辛酸、癸酸、十二酸、十四酸等。

（3）香草-焦糖香韵　香兰素、乙基香兰素、麦芽酚、乙基麦芽酚、呋喃酮等。

（4）醛香韵　己醛、庚醛、辛醛、壬醛和癸醛等。

（5）果香韵　乙酸乙酯、丁酸乙酯、己酸乙酯、辛酸乙酯、癸酸乙酯、γ-壬内酯、γ-癸内酯、γ-十一内酯、γ-十二内酯等。

（6）豆香韵　γ-丁内酯、γ-戊内酯、γ-己内酯、洋茉莉醛、大茴香醛、对甲氧基苯乙酮、硫醇等。

（7）白脱香韵　2-壬酮、2-癸酮、丁酰乳酸丁酯、乙偶姻、丁二酮、戊二酮等。

牛乳香精配方习惯上均以内酯类香料为乳香的主料，以少量丁二酮、丁酸和部分具有脂肪香的香料配制而成。现在的牛乳香精配方很重视酸、醛、酯和内酯类香料的香气平衡，如酸类、醛类、醇类中的己醇、辛醇、壬醇和癸醇，酯类中的内酯等香气的平衡，加上具有乳香的香料，如甜香的香兰素、麦芽酚等以及极少量吡嗪类化合物和豆香韵硫醇等成分，组成香气柔和的牛乳香气。

（三）香气分路

乳味香精香气分路如表 5-53 所示。

表 5-53　乳味香精香气分路　单位：%

香韵	比例
乳香香韵	60～70
甜香香韵	10～20

续表

香韵	比例
果香香韵	3～5
酸香香韵	30～40

(四)香精配方

乳味香精配方如表5-54、表5-55所示。

表5-54　牛乳香精配方(一)　单位:g

原料	用量	原料	用量
丙酸	0.10	丁酸丁酯	2.50
丁酸	0.20	2-庚酮	0.50
癸酸	0.25	香兰素	0.10
δ-十二内酯	3.00	乙基香兰素	0.10
丁酸乙酯	2.50	己酸	0.01
3-羟基-2丁酮	0.10	辛酸	0.06
乳酸乙酯	5.00	色拉油	81.58
δ-壬烯-2-酮	2.00		

表5-55　牛乳香精配方(二)　单位:g

原料	用量	原料	用量
γ-十一内酯	1.00	丁酸	0.10
丁二酮	1.50	己酸	2.00
香兰素	1.20	邻苯二甲酸二丁酯	70.00
麦芽酚	0.90	乙醇	20.00
丁酸乙酯	0.50	其他	2.20
苯乙酮	1.00		

奶油香精常用的香料有3-羟基-2-丁酮、1,3-二苯基丙酮、丁酸、乙酸丁酯、丁酸丁酯、异十一酸丁酯、乙酸异丁酯、己酸、辛酸、癸酸、肉桂醛、丁酸肉桂酯、δ-癸内酯、δ-十二内酯、丁酸乙酯、甲基乙酯、庚酸乙酯、2,3-己二酮、乳酸、三乙酸甘油酯、戊酸、香兰素、乙基香兰素等。

第三节　肉类和家禽类香精制备技术

肉是人类饮食的重要组成部分，它是优良蛋白质的来源，并可为人体提供一些维生素和矿物质。风味是肉质量的一个很重要的组成，迄今为止，人们已对其进行了许多研究，旨在揭示化学物质与肉味之间的关系。人们对肉加热后的香气成分进行的广泛而深入的研究，促进了肉味香精的生产，它们可被用于香肠制品、方便汤料、肉禽类罐头、膨化食品、方便食品中，提高了食品的品质。随着检测技术的日益提高，更多的肉香气组分将被鉴定出来，这些肉香气组分可以更好地模拟肉味。

一、鸡肉香精

（一）香气成分

鸡肉风味的研究始于 20 世纪 50 年代初，Bouthilet 在 1949—1951 年接连发表了四篇研究鸡肉风味的文章，一系列实验结果表明，氨和硫化氢是熟鸡肉中关键的挥发性化合物，他提出含硫化合物的存在将对禽肉风味产生重要影响，这对后来鸡肉风味的研究有非常明确的导向作用。随着气相色谱技术的兴起，鸡肉挥发性化合物组成的神秘面纱一步步被揭开。1965 年，Minor 等研究鸡肉风味，鉴定出 2，3-丁二酮、丙酮、2-丁酮、C_2～C_6 的脂肪醛、辛醛和 2，4-癸二烯醛等羰基化合物，同时验证了萃取物中含有硫醇、硫醚等含硫化合物；从鸡肉提取物中去除含硫化合物会损失提取物的“肉味”，去除羰基化合物则会损失“鸡香”而增加“肉香、牛肉香”，基于这个结果，他首次提出羰基化合物贡献鸡肉的特征鸡香气，含硫化合物贡献基本肉味的理论。1972 年，Wilson 等综述了此前 20 年研究人员对鸡肉风味的研究成果，认为在生、熟鸡肉中存在 178 种风味化合物，并在鸡汤中分离出挥发性化合物 78 种，并对其中 47 种进行了定性分析。1986 年，Shahidi 等综述肉类风味组成时，统计得到挥发性化合物 347 种。1974 年，Harkes 等在通过对鸡板油和鸡肉脂肪的分析，鉴定出包括（*Z*）-3-壬烯醛、（*Z*）-4-癸烯醛、（*E*，*Z*，*Z*）-2，4，7-癸三烯醛在内的 12 种新的醛类化合物。Janney 和 Tang 等分别在 1974 和 1983 年对炸鸡风味进行了研究，发现炸制过程中的高温会使炸鸡风味物质较炖、煮的鸡肉多了许多杂环类（吡嗪、呋喃、噻吩、噻唑、噻烷）。

随后，风味研究的重点从突破化合物的数量转移到研究其中真正具有香气贡献的化合物，即香气活性化合物上。1990 年，Gasser 和 Grosch 首次把芳香萃取物稀释分析法（AEDA）运用在鸡汤风味的分析中，检测出 FD 值介于 16～2048 的化合物有 43 种，并对其中 31 种进行了定性分析，认为（*E*，*E*）-2，4-癸二烯醛、2-甲基-3-巯基呋喃、糠基硫醇和 γ-十二内酯是鸡汤中最重要的风味活性化合物。1997 年，Farkas 等分别联用同时蒸馏萃取（SDE）和超高压真空蒸馏（EVD）两种方法与 AEDA，对高压蒸煮老母鸡肉的风味进行了研究，共检测出香气活性物质 27 种，他们认为糠基硫醇、3-甲硫基丙醛、4-羟基-2，5-二甲基-3(2H)-呋喃酮(HDMF)、(E，E)-2，4-癸二烯醛、2-甲基-3-巯基呋喃和 2-乙基-3，5-二甲基吡嗪是高压蒸煮老母鸡风味最重要的贡献物质。

目前统计得到鸡肉中挥发性化合物 621 种，包括醛、酮、醇、酚、羧酸、酯、呋喃(酮)、吡嗪、含硫化合物、烷烯烃等，其中烷烯烃、醛类、含硫化合物、酮类和醇类是数量最多的种类。近二十年来，随着色谱分离检测技术的发展，原本鸡肉中一些微量甚至痕量的物质开始被鉴定出来，挥发性化合物数量显著增加(增加 274 种)，主要是含硫化合物(增加 56 种)。

(二)配制原料

鸡肉香精各路香韵常用香料的选择如下所述：

(1)肉香香韵原料　3-巯基-2-丁醇、四氢噻吩-3-酮、4-甲基-5-β-羟乙基噻唑、2-甲基-3-呋喃基硫醇、双(2-甲基-3-呋喃基)二硫、甲基糠基二硫醚等。

(2)脂肪香韵原料　(E，E)-2，4-庚二烯醛、(E，E)-2，4-壬二烯醛、(E，E)-2，4-癸二烯醛等。

(3)辛香香韵原料　生姜精油、大茴香精油、丁香酚、4-乙基愈创木酚等。

(4)焦香韵原料　甲基环戊烯醇酮、乙基麦芽酚、糠醛等。

(5)其他　2-乙酰基吡嗪、2-乙酰基噻唑、乙酸、3-甲硫基丙醛、1-辛烯-3-醇、δ-十二内酯、2，3-丁二酮等。

操作方法：

(1)将准确称量的甲基环戊烯醇酮、乙基麦芽酚等粉体倒入容器中，加入 30 份色拉油，加热搅拌溶解。

(2)将其余的原料按照比例倒入容器中，并加入剩余的色拉油，搅拌均匀。

(3)溶液搅拌均匀后，灌装。

(三)香气分路

鸡肉香精香气分路如表 5-56 所示。

表 5-56　鸡肉香精香气分路　单位：%

香韵	比例
肉香香韵	30～50
焦香香韵	20～40
脂肪香韵	5～10
辛香香韵	3～8
其他	3～5

(四)香精配方

鸡肉香精配方如表 5-57、表 5-58 所示。

表 5-57　　鸡肉香精配方(一)　　单位:g

原料	用量	原料	用量
二甲基二硫醚	23.75	巯基丙酮(二聚)	1.50
乙偶姻	0.036	4-甲基-4-甲硫基-2-戊酮	0.10
3-巯基-2-丁醇	0.025	双(2-甲基-3-呋喃基)二硫醚	0.016
3-甲硫基丙醛	0.05	2-甲基-3-巯基呋喃	0.06
戊二酮	0.05	反,反-2,4-癸二烯醛	0.082
4-甲基-4-巯基-2-戊酮	0.002	蒸馏姜精油	0.18
2-乙酰基吡嗪	0.10	1-辛烯-3-醇	0.001
乙基麦芽酚	0.25	大茴香醛	0.10
肉桂醛	0.16	色拉油	98.74
丁二酮	0.02	合计	100

表 5-58　　鸡肉香精配方(二)　　单位:g

原料	用量	原料	用量
3-巯基-2-丁醇	2.5	2,3,5-三甲基吡嗪	1.50
硫醇	5.50	生姜精油	1.00
2-甲基-3-呋喃硫醇	0.55	3-甲硫基丙醛	0.50
呋喃酮	4.00	3-甲硫基丙醇	0.75
己醛	1.25	小香葱精油	12.5
2-乙酰基噻唑	1.50	大茴香醛	0.25
巯基丙酮(二聚)	7.50	1-辛烯-3-醇	1.25
γ-十二内酯	0.50	双二硫醚	1.25
2,4-癸二烯醛	6.25	壬醛	1.25
2,4-壬二烯醛	3.75	丙二醇	适量
2,5-二甲基吡嗪	1.25		

二、牛肉香精

(一)香气成分

生牛肉本身香气味很弱,有令人不愉快的肉腥味,肉中的主要化学成分包括:蛋白质(包括胶原蛋白、弹性蛋白等)、肽类、氨基酸类、脂肪、糖类、蛋白酶、有机酸、非蛋白态氮、矿物质、维生素和水等。

生牛肉只有通过加工(加热、烹饪、调制)才能食用。经过科学家长期的研究分析,牛肉的加工过程涉及一系列复杂的生物化学反应,如蛋白质、糖类、肽类、氨基酸、维生素的降解,类脂和脂肪酸的氧化、脱水、脱羧以及还原糖和氨基酸的美拉德反应等一系列反应。由此产生的挥发性与非挥发性成分再发生交互反应,最终形成风味化合物,才会显现出诱人的肉香气,成为令人食欲大开的美味佳肴。人们对牛肉香气的研究比其他肉的香气研究要深入得多,从牛肉中发现的香气化合物也比其他肉类也要多。牛肉香气的构成是非常复杂的,迄今为止,从牛肉中发现的挥发性香成分已有1000多种,它们构成了牛肉香气的主体。但这些化合物中的大多数从调香的角度考虑并不重要,其中绝大多数也没有肉香气。真正有肉香气的化合物只有25种,如表5-59所示。

表5-59　从牛肉中鉴别出的具有肉香气的化合物及其香气特征

化合物名称	香气特征
1-巯基-1-甲硫基乙烷	肉香、洋葱气息
3-甲硫基丙醛	肉香、洋葱、肉汤气息
2-甲基环戊酮	烤牛肉香
3-甲基环戊酮	烤牛肉香
5-甲基糠醛	焦香、焦糖香、肉香
5-甲硫基糠醛	肉香
2-甲基-3-巯基呋喃	牛肉汤香、烤肉香
2-甲基-3-甲硫基呋喃	肉汤香气
双(2-甲基-3-呋喃基)二硫醚	炖肉香
2-甲基-3-呋喃基-2-甲基-3-噻吩基二硫醚	肉香、洋葱香、大蒜、金属、脂肪香
2-甲基-3-巯基-4-氢呋喃酮	肉香
2-噻吩基甲醛	五香肉、坚果香、炒谷物气息
2-甲基-1,3-二硫杂环戊烷	烤肉香
3,5-二甲基-1,2,4-三硫杂环戊烷	炖牛肉香、洋葱、硫黄样气息

续表

化合物名称	香气特征
2,4,6-三甲基-1,3,5-三硫杂环戊烷	肉香
2,4,6-三甲基-3,5-二硫杂环己胺	烤牛肉香、肉香
噻唑	肉香、坚果香、吡啶样气息
2,4-二甲基噻唑	肉香、可可香
2,4-二甲基-5-乙基噻唑	肉香、烤香、坚果香、青菜香
2-甲硫基苯并噻唑	烟熏香、脂肪香、肉香
2,4,5-三甲基-3,4-噻唑啉	肉香、坚果香、洋葱气息
2,4,5-三甲基噁唑	炖牛肉香、坚果香、甜的、青香
2,4,5-三甲基-3,4-噁唑啉	炖牛肉香、木香、霉香、青香

（二）配制原料

表 5-59 所列具有肉香气的化合物是牛肉香气中基本肉香气的核心。但牛肉香气及其他各种肉的香气作为一个整体并不仅仅是由具有基本肉香气的化合物构成的，许多具有其他香气的化合物作为肉香气的修饰剂在肉香气或肉味香精的构成中是必不可少的。这些对肉香气有修饰作用的香气包括：奶油香气、焦糖香气、烤香气、焦香气、硫黄味、青香气、油-脂肪香气、坚果香气、葱蒜香气等，具有这些香气的香料在一个好的牛肉香精配方中是不可缺少的。

在牛肉香气的构成中，含硫化合物的作用最重要。实际上，含硫化合物是各种肉味香精中肉香气的主要来源，如果将肉味香精中的含硫化合物全部除去，则其肉香气会消失。含硫化合物在牛肉挥发性香成分中的数量最多，已经发现的有 160 多种，主要有硫化氢、甲硫醇、乙硫醇、丙硫醇、2,2′-二甲基丙硫醇、丁硫醇、仲丁硫醇、异丁硫醇、叔丁硫醇、2-甲基丁硫醇、3-甲基-2-丁硫醇、己硫醇、庚硫醇、辛硫醇、壬硫醇、1-甲硫基乙疏醇、苄硫醇、萘硫醇、3-甲硫基丙醛、1,3-丙二硫醇、1,4-丁二硫醇、二叔丁基二硫醚、二苯基二硫醚、双(甲硫基)甲烷、双(甲硫基)乙烷、1,3-二噻烷、1,4-二噻烷、二硫化碳、二甲基三硫、甲基乙基二硫、二乙基三硫、二甲基四硫、2-甲基-4-乙基噻唑、4-甲基-5-乙基噻唑、2,4-二甲基-5-乙基噻唑、苯并噻唑、2-甲基-3-呋喃硫醇、2-甲基-3-甲硫基呋喃、双(2-甲基-3-呋喃基)二硫醚、二糠基二硫醚、糠基-2-甲基-3-呋喃基二硫醚、2-甲基-3-呋喃基-2-甲基-3-噻吩基二硫醚等。

（三）香气分路

牛肉香精香气分路如表 5-60 所示。

表 5-60 牛肉香精香气分路 单位:%

香韵	比例
特征香韵	10～20
肉香香韵	20～35
焦香香韵	10～25
烤香香韵	10～25
坚果香韵	5～10
脂肪香韵	2～5
辛香香韵	3～8
其他	3～5

(四)香精配方

牛肉香精配方如表 5-61、表 5-62 所示。

表 5-61 酱牛肉香精配方(一) 单位:g

原料	用量	原料	用量
酱油酮	2.50	乙基麦芽酚	18.00
2-乙酰基吡嗪	3.00	2-正戊基呋喃	4.50
呋喃酮	2.50	面包酮	2.50
2-甲基-3-巯基呋喃	2.00	糠基硫醇	0.25
2,3-丁二酮	3.50	4-甲基-5-羟乙基噻唑	20.00
2,3-戊二酮	5.00	2-乙酰基噻唑	1.50
乙偶姻	8.00	2,4-壬二烯醛	0.50
2-十三酮	0.50	12-甲基十三碳醛	0.25
丁酸	0.20	3-甲硫基丙醇	6.50
四氢噻吩-3-酮	0.10	杜皮精油	5.00
2-庚酮	4.00	大茴香脑	8.00
辛酸	1.00	牛肉香基	6.00
油酸	1.00	色拉油	加至 100
2-甲基-3-四氢呋喃硫醇	0.50		

表 5-62　　烤牛肉香精配方(二)　　单位:g

原料	用量	原料	用量
乙酸	1.25	2-乙酰基噻唑	0.37
3-羟基-2-丁酮	0.35	呋喃酮甲醚	0.70
面包酮	1.49	呋喃酮	11.20
丁酸	0.96	呋喃酮乙酸酯	1.32
乳酸乙酯	0.51	2-乙基-3,5-二甲基吡嗪	1.70
2-甲基-3-呋喃硫醇	1.50	壬醛	0.02
3-甲硫基丙醛	0.36	2-戊基噻吩	0.20
2-甲基-3-四氢呋喃硫醇	3.57	辛酸	0.28
糠基硫醇	0.25	三醋酸甘油酯	70.00
2-巯基噻吩	0.30	硫醇	0.53
1-辛烯-3-醇	0.03	双丁酯	0.01
三甲基吡嗪	0.85	癸酸	0.04
双(2-甲基-3-呋喃基)二硫醚	0.16	色拉油	加至100

三、猪肉香精

由于具有极高的营养价值和独特的感官性质，肉类一直是我们膳食结构的重要组成部分，是优良蛋白质的来源，其富含维生素和矿物质。至今已有许多关于探求化学成分与肉的风味之间的相关性研究，目前大多数肉的风味研究都集中在牛肉的风味方面。猪肉的风味还未引起人们更多的注意，尽管它是世界上最重要的肉类来源之一。

(一)香气成分

生猪肉组织的主要成分是水、蛋白质、氨基酸、核苷酸、糖、脂质、维生素和其他化合物等。这些成分的作用是作为重要的风味增强剂或芳香物质的前体。在烹饪过程中，猪肉中大量的非挥发性化合物经过降解或相互反应，可产生数百种挥发性化合物，形成特征性的猪肉风味。

猪肉中被鉴定出的挥发性化合物包括碳氢化合物、醇、羰基化合物、羧酸、酯、内酯、醚、含硫化合物和各种杂环化合物，即呋喃、吡啶、吡嗪、噻唑及噻吩等。特征的猪肉风味不能归于任何一种化合物，普遍接受的看法是：肉香类化合物主要来自含硫化合物，如2-甲基-3-呋喃硫醇和双(2-甲基-3-呋喃基)二硫醚，它们由瘦肉中的水溶性前体产生，而脂肪和脂溶性物质对风味的差别起作用。

猪肉香气的主要成分：硫化物(噻吩为主)、呋喃类、吡嗪类、甲硫醇、双(2-甲基-3-呋喃基)二硫醚，γ-内酯和δ-内酯较多；$C_5 \sim C_8$脂肪酸产物和蛋白质分解产物，不饱和羰基化合物和呋喃类占肉香成分较多。醛类是熟肉挥发物中的主要成分，辛醛、壬醛、2-十一烷烯醛是油酸氧化的产物，已醛、2-壬烯醛、癸二烯醛是亚油酸的主要挥发物氧化的产物。

被煮的猪肉中挥发性成分占主要地位的是脂肪族的醛和醇，硫氮类衍生物对猪肉的风味也有贡献。

(二)配制原料

猪肉香精各路香韵常用香料的选择如下所述：

(1)脂肪香韵　反-2-壬烯醛、反-2-癸烯醛、反-2-十一烯醛、反-2-十二烯醛、己醛、庚醛、辛醛、壬醛、癸醛、十一醛、十二醛、黄瓜醛、乙酸辛酯、乙酸壬酯、丁二酮、反，反-2，4-庚二烯醛、反，反-2，4-壬二烯醛、反，反-2，4-癸二烯醛、反，反-2，4-十一烯醛、庚醇、辛醇、壬醇、癸醇、乙偶姻、丁酸、己酸、辛酸、癸酸、油酸、癸酸乙酯、油酸乙酯、十二酸乙酯、十四酸乙酯、丁酸戊酯、壬酸乙酯、丙位癸内酯、δ-癸内酯、δ-十二内酯。

(2)烟熏香韵　4-甲基愈创木酚、4-乙基愈创木酚、4-乙烯基愈创木酚、糠醛、5-甲基糠醛、糠基硫醇、3-羟基己酸乙酯、3-羟基丁酸乙酯、愈创木酚等。

(3)肉香韵　3-巯基-2-丁酮、3-巯基-2-丁醇、噻吩-2-硫醇、甲硫醇、巯基丙酮、巯基戊酮、2-吡嗪基乙硫醇、3-甲硫基丙醇、3-甲硫基丙醛、硫噻唑、乙酸硫酯、2-乙酰基呋喃、2-甲基-3-呋喃基硫醇、甲基(2-甲基-3-呋喃基)二硫醚、双(2-甲基-3-呋喃基)二硫醚、二甲基三硫醚、2-甲基丁硫醇、2，4，5-三甲基噻唑、4-甲基-4-巯基-2-戊酮、4-甲基-4-甲硫基-2-戊酮、4-甲基-4-糠巯基-2-戊酮、噻唑啉等。

猪肉头香一般可分为辛香、烘烤香、甜香、酸香、肉香、酱香等。其中辛香料一般为姜精油、黑胡椒精油、花椒精油、大蒜精油、葱精油、大茴香精油、肉豆蔻精油等。烘烤香原料一般为2，3-二甲基吡嗪、2，5-二甲基吡嗪、2，3，5-三甲基吡嗪等。甜香原料一般为呋喃酮、麦芽酚、乙基麦芽酚等。酸香原料一般为丙酮酸、丙酸、丁酸等。

肉香和酱香气原料一般为2-甲基-3-呋喃硫醇、3-巯基-2-丁醇、四氢噻吩-3-酮、二(3-甲硫基丙醇)缩异戊醛、乙酰内酸甲硫基丙酯、双(2-甲基-3-呋喃基)二硫醚、糠基硫醇、2-甲基-3-甲硫基呋喃、2-戊基呋喃、2-乙酰基呋喃、3-甲硫基丙醇、3-甲硫基丙醛等。

(三)香气分路

猪肉香精香气分路如表5-63所示。

表5-63　猪肉香精香气分路　单位：%

香韵	比例
肉香香韵	25～40
焦香香韵	10～40
酱香香韵	5～10
坚果香韵	5～10
脂肪香韵	3～7
辛香香韵	3～8
酸香香韵	3～5

(四)香精配方

猪肉香精配方如表 5-64、表 5-65 所示。

表 5-64　　猪肉香精配方(一)　　单位:g

原料	用量	原料	用量
呋喃酮	5.00	2-乙酰基噻唑	1.00
2-乙酰基吡嗪	3.50	糠硫基-2-戊酮	5.00
3-巯基-2-丁醇	2.50	丁酸	0.25
2-甲基-3-呋喃硫醇	0.40	油酸	0.50
2-甲基吡嗪	0.75	3-甲硫基丙醛	0.65
丙酮酸(10%)	3.00	乙酸硫酯	5.00
δ-癸内酯	0.10	色拉油	加至 100

表 5-65　　红烧猪肉香精配方(二)　　单位:g

原料	用量	原料	用量
2-甲基-3-甲硫基呋喃	5.00	呋喃酮	3.00
3-巯基-2-丁酮	3.50	糠硫基-2-戊酮	1.00
2,3,5-三甲基吡嗪	2.50	丁酸	0.25
桂皮精油	0.25	3-甲硫基丙醛	1.25
大茴香醛	0.5	3-甲硫基丙醇	0.65
双(2-甲基-3-呋喃基)二硫醚	3.00	乙酸硫酯	5.00
δ-十二内酯	0.10	色拉油	加至 100

操作方法及注意事项：

①将准确称量的呋喃酮、乙基麦芽酚等粉体倒入容器中，加入 30 份色拉油，加热搅拌溶解。

②将其余的原料按照比例倒入容器中，并加入剩余的色拉油，搅拌均匀。

③溶液搅拌均匀后，灌装。

四、羊肉香精

(一)香气成分

羊肉具有低脂肪、高蛋白、低胆固醇等特点，是全世界通用的食品。食用它没有宗教和文化禁忌。羊肉产业迅猛发展，羊肉香精的规模化生产已在国内开展，但风味及应用效果并不理想。因此，深入研究羊肉的风味及加工过程中反应的本质，寻求改善羊肉风味的途径，是研究人员急需解决的重要课题。

许多人不喜食羊肉，特别是不能接受膻味强烈的成年羊羊肉。羊肉的膻气和风味是判断烹调后适口性的重要指标，是衡量品质的重要因素。

风味与膻味是两个不同的概念，脂质（脂肪和脂肪酸）来源不同可产生不同的特征风味，这些特征风味可能涉及脂质和其他肉组分间的相互作用；膻味是羊肉的独特风味，主要指来自绵羊或山羊肉所散发出来的异味。研究得出，膻味是由多种化合物综合作用形成的，脂肪组织是最明显的羊肉风味来源，与牛肉风味来源没有太大差别。不同品种绵羊肉的风味物质如表 5-66 所示。

表 5-66　不同品种绵羊肉的风味物质　单位：mg/100g

品种	羰基化合物	次黄嘌呤	核苷酸	谷胱甘肽
滩羊	1.00	0.86	2.03	2.01
小尾寒羊	1.22	0.41	2.08	1.87
细毛羊	1.37	0.33	1.97	1.67

形成羊肉风味的化合物主要是支链化合物、酚类化合物以及一些杂环化合物，具体影响如下：

（1）支链脂肪酸　羊脂肪中的脂肪酸是包括 C_8 ~C_{10} 的支链脂肪酸，鉴定出 4-甲基辛酸和 4-甲基壬酸对羊肉特征风味的形成有贡献作用。羊肉致膻的主要化学成分为 C_6、C_8、C_{10} 低级挥发性脂肪酸，其中 C_{10} 对羊肉膻味有主要的影响作用，其含量与腥味的强度呈一定规律性的变化。有研究表明，特征性的支链脂肪酸与苯酚的混合物反应可产生特殊的圈养羊的羊肉气味。

（2）酚类化合物　存在于脂肪中、具有挥发性的烷基苯酚对于羊肉气味和风味有很大的影响。其中烷基苯酚包括甲基苯酚、异丙基苯酚和其他化合物；同时还发现高浓度的硫苯酚可产生特殊的焦硫气味，因此使羊肉的膻味加重。

（3）基本化合物　熟肉产生的挥发性杂环化合物包括呋喃衍生物和各种含氮和含硫杂环化合物，吡嗪和吡啶是其中的两种。在所鉴定的几种吡嗪和吡啶化合物中，认为 3,6-二甲基-2-乙基吡嗪和 2-戊基吡啶是羊肉气味的贡献因素。2-戊基吡啶可能是由氨与脂肪氧化的产物 2,4-癸二烯醛反应生成的。

（二）配制原料

1. 反应型羊肉香精

过程分解：肉的酶解→美拉德反应（其中包括硫胺素的降解、脂质降解以及香辛料的搭配）→羊肉风味反应香基→粉状或膏状香精产品。

制备过程中，精确选料为第一关键性因素。在脂质的选择过程中，并不是所有脂类氧化产物都会产生香气，人们常常更关心怎么避免或减少给肉带来怪味物质。

总结文献研究发现，C_8～C_{10}碳支链不饱和脂肪酸可能产生羊肉特有的膻味。羊肉膻味不但由脂肪中的短链脂肪酸造成，也与硬脂酸含量有关。因此在选择脂肪时，尽量不用含短链脂肪酸的脂肪，否则较强的膻味将导致消费者满意程度下降。

在羊肉风味香精制作过程中，香辛料的搭配和选用十分关键。可用到的香辛料有小茴香、肉豆蔻、洋葱粉及孜然粉等。它们可起到解腥作用，同时使其香气渗入香精，制出好的反应香精。

肉的酶解过程中，注意酶解温度、酶解时间、加酶量等影响因素，以便制备出风味较好的酶解液，供反应香基使用。

得到制作好的反应香基后，主要有三个途径：加入增稠剂形成膏体香精，可进行喷雾干燥形成粉末香精，采用微胶囊包埋形式制成微胶囊香精。其中，微胶囊香精采用微胶囊技术，添加赋形剂，将液态、固态或者半固态的油脂或其他风味物质包埋而成；它分散性好，性能稳定，储存方便，使用范围广，具有针对性强、特征鲜明、风味稳定、使用便捷等优点。

2. 调配型羊肉香精

羊肉风味的呈味化合物有许多种，调配型羊肉香精即是在分析这些羊肉香气呈味化合物的基础上，通过对不同化合物进行添加、调配，进而制备出的产品。通过研究表明，呈现羊肉风味的典型化合物有 4-甲基辛酸和 4-甲基壬酸，除此之外，还有不少的烷基苯酚、吡啶等化合物。通过对这些具有羊肉风味的化合物进行研究，并对其进行不同的组合、调配，可制备出具有典型羊肉风味的羊肉香精。

（三）香气分路

羊肉香精香气分路如表 5-67 所示。

表 5-67　　羊肉香精香气分路　　单位：%

香韵	比例
肉香香韵	35～60
烘烤香韵	8～15
酸香香韵	10～25
脂肪香韵	10～15
辛香香韵	8～15

（四）香精配方

羊肉香精配方如表 5-68 所示。

表 5-68　　羊肉香精配方　　单位：g

原料	用量	原料	用量
羊肉酶解物热反应产物	90000.00	3-巯基-2-丁醇	1.00

续表

原料	用量	原料	用量
羊油温和氧化产物	10000.00	硫代苯酚	2.00
4-甲基辛酸	7.50	2-甲基-3-呋喃硫醇	1.50
4-乙基辛酸	5.00	3-甲硫基丙醇	3.00
4-甲基壬酸	15.00	2,4-庚二烯醛	2.50
3,6-二甲基-2-乙基吡嗪	15.00	2,4-癸二烯醛	2.00
辛酸	2.50		

第四节　鱼和海鲜类香精制备技术

鱼腥味是由挥发性的提供香气的成分和非挥发性的提供香味的成分共同构成。一般说来,刺激嗅觉的主要是挥发性化合物,刺激味觉的主要是不挥发性化合物。挥发性化合物对于海鲜香气的形成有重要的作用,其中最重要的是醇类、醛类、酮类、呋喃类、含氮化合物、含硫化合物、烃类、酯类和酚类化合物。组氨酸、谷氨酸可提供海鲜产品的肉香,肽和游离氨基酸(如天门冬氨酸、丝氨酸、谷氨酸、亮氨酸)可提供鱼肉香味的主要来源。

海鲜类香气的成分比较复杂,大部分特征性香气化合物的含量极低,而同时这些含量很低的化合物常常香气阈值也极低,这样两个"极低"的特性大大增加了海鲜香精的调配难度,使一般的调香人员在选料和用量上无法正确把握。目前,市场上一般的海鲜类香精大多是通过海鲜类实料的美拉德反应加调配头香做成的膏状或喷雾干燥成粉末的香精。海鲜香精的制备方法与其他肉味香精类似,一般都是采用头香加海鲜反应物来制备的。

一、鱼香精

(一)鱼肉香气成分

1-辛烯-3-醇是许多淡水鱼和海鱼的挥发性香成分。2-甲基-3-巯基呋喃是金枪鱼的香成分,在鱼类和贝类海鲜香精中应用非常普遍。另外,海鲜香精常用的原料还有四氢吡咯(鱼香)、2-乙酰基吡咯(鱼香、烤面包香、甘草、坚果香)、六氢吡啶(氨、鱼等令人厌恶的气味)、苯乙胺(鱼腥味)、三甲胺(强烈的鱼腥味、海味)、*N*-(3-甲硫基丙烯基)哌啶(虾味)、*N*-(3-甲硫基丙烯基)二乙胺(鱼腥味、海鲜味)、1,3,5-二噻嗪(肉味、洋葱味、海鲜味)、2,4,5-三甲基-1,3,5-二噻嗪(肉味、洋葱味、焦壳味、海鲜味)。

鱼和海鲜类香精调配中主要的特征化合物如表 5-69 所示。

表 5-69　　鱼和海鲜中特征化合物的香气特点

名称	香气描述
3-甲硫基丙醛	煮土豆
2-乙酰基-1-吡咯啉	爆玉米，鱼
顺式-4-庚烯醛	脂肪
1-辛烯-3-醇	蘑菇、泥土
2,6-壬二烯醛	黄瓜
二甲基硫醚	鱼、扇贝
吡啶	鱼、氨气
2-甲基-3-呋喃硫醇	肉、金枪鱼
三甲胺	氨气、鱼
四氢吡咯	鱼、海藻
苯乙胺	鱼、氨气
异戊胺	氨气、鱿鱼
巯基丙酮	烤肉、鸡肉

(二)配制原料

金枪鱼具有鱼腥气，其香气主要以三甲胺、二烯醛类和双二硫醚(牛肉类香气物质)为主，微带油脂气、坚果香和蘑菇样味道。

(三)香气分路

鱼香精香气分路如表 5-70 所示。

表 5-70　　鱼香精香气分路　　单位：%

香韵	比例
肉香香韵	25～50
坚果香韵	15～30
鱼腥香韵	10～30
脂肪香韵	3～5
酸香韵	3～5

(四)香精配方

鱼香精配方如表 5-71 所示。

表 5-71　　金枪鱼香精配方　　单位:g

原料	用量	原料	用量
壬酸	0.10	双(2-甲基-3-呋喃基)二硫醚	0.50
反,反-2,4-癸二烯醛	0.10	二甲基硫醚	1.00
醋酸	0.20	1-辛烯-3-醇	1.00
2-甲基吡嗪	0.20	2,3,5-三甲基吡嗪	1.00
硫噻唑	0.20	辛酸	1.00
3-甲硫基丙醛	0.40	三甲胺	6.00
二甲基二硫醚	0.50	金枪鱼反应物	10.00
2,3-二甲基吡嗪	0.50	其他	2.20
B.H.A 抗氧剂	0.02	色拉油	75.08
		合计	100

二、虾香精

(一)虾肉香气成分

吡嗪类对于煮小龙虾、螃蟹、生的和发酵的虾、烤虾和煮磷虾的香气贡献很大。烷基吡嗪包括甲基吡嗪、2,5-二甲基吡嗪和 2,6-二甲基吡嗪,具有烤香、坚果香和肉香香气,是煮小龙虾的香成分。酰基吡嗪能够赋予煮龙虾尾、煮扇贝和螃蟹以爆玉米花香气。吡咯能赋予煮小龙虾甜和淡的焦香特征。2-乙酰基吡咯具有焦糖样香气,存在于烤虾的挥发性成分中。2-甲基噻吩是煮小龙虾尾、螃蟹的香成分,提供洋葱和汽油样香气。3,5-二甲基-1,3,4-噻烷是煮牛肉、煮小龙虾、煮虾的挥发性成分,赋予洋葱样香气。噻啶具有烤虾香气,是煮虾、蒸蛤和烤鱿鱼干的挥发性成分。

(二)配制原料

虾肉香精焦香部分主要通过吡嗪、吡咯类香原料来体现的。最重要的不挥发性成分是氨基酸类和核苷酸类化合物。核苷酸类化合物的重要性在于提供美味可口的香味。海鲜类香精调香中常用的香原料包括:反,反-2,4-癸二烯醛、3-甲硫基丙醛、3-甲硫基丙醛(肉香、酱香、洋葱味、肉味、海鲜味)、3-甲硫基丁醛(酱香、雪菜味、肉味)、(醛类香料一般阈值较低,在应用时应该少量添加)、四氢吡咯(鱼香)、2-乙酰基吡咯(鱼香、烤面包香、甘草、坚果香)、六氢吡啶(氨、鱼等令人厌恶的气味)、苯乙胺(鱼腥味)、三甲胺(强烈的鱼腥味、海鲜味)、*N*-(3-甲硫基丙烯基)-哌啶(虾味)、*N*-(3-甲硫基丙烯基)-二乙胺(鱼腥味、海鲜味)、1,3,5-三噻嗪(肉味、洋葱味、海鲜味)、2,4,5-三甲基-1,3,5-三噻嗪(肉味、洋葱味、焦壳味、海鲜味)。

海鲜香精中常用的辛香料有胡椒、生姜、大葱、肉豆蔻、芫荽籽、芹菜籽、众香籽、芥菜籽、丁香等。一般在海鲜香精中还要加入少量的酸起到修饰作用,使香气更透发,使整体香气更丰富。

虾香精的各路香韵原料选择如下所述。

(1)主体海鲜香韵　*N*-(3-甲硫基丙烯基)-二乙胺、*N*-3-(甲硫基丙烯基)-哌啶、2,4,6-三甲基-1,3,5-二噻嗪、苯乙胺、三甲胺、四氢吡咯、2,4,5-三甲基-2(2-巯基乙基)-噻唑啉、2-乙酰基吡啶。

(2)肉香韵　四氢噻吩-3-酮、乙酰丙酸甲硫基丙酯、双二硫醚、1-辛烯-3-醇、3-甲硫基丙醛、3-甲硫基丙醇。

(3)焦香韵　2,3-二甲基吡嗪、2,5-二甲基吡嗪、2,3,5-三甲基吡嗪、2-乙酰基吡嗪。

(4)辛香韵　肉豆蔻精油、芫荽籽精油、蒸馏姜精油、黑胡椒精油、白胡椒精油。

(5)修饰剂　2-乙酰基呋喃、呋喃酮、乙基麦芽酚、甲基环戊烯醇酮(MCP)、丁酸、冰醋酸。

(三)香气分路

虾香精香气分路如表5-72所示。

表5-72　虾香精香气分路　单位:%

香韵	比例
肉香香韵	15～30
焦香香韵	25～45
鱼腥香韵	15～25
辛香香韵	7～15
酸香香韵	3～5

(四)香精配方

虾香精配方如表5-73、表5-74所示。

表5-73　虾味香精配方(一)　单位:g

原料	用量	原料	用量
A01	47	芫荽籽精油(5%)	2
虾油露(纯)	36.5	肉豆蔻树脂精油(10%)	0.5
黑胡椒树脂精油(10%)	4.55	乙酰丙酸甲硫基丙酯(1%)	2
白胡椒树脂精油(10%)	3.15	四氢吡咯(1%)	0.55

续表

原料	用量	原料	用量
三甲胺(30%)	1.15	桂皮精油(5%)	0.3
丁酸(10%)	2.3	合计	100

表 5-74　　虾味香精配方(二)　　单位:g

原料	用量	原料	用量
N-(3-甲硫基丙烯基)-哌啶	1.4	MCP(10%)	3
N-(3-甲硫基丙烯基)-二乙胺	1.2	呋喃酮(10%)	3
苯乙胺	2.4	乙基麦芽酚(5%)	2
四氢吡咯	0.48	黑胡椒精油(宏芳)	0.8
2-乙酰基吡啶	0.28	丁酸(10%)	2
2,4,6-三甲基-1,3,5-二噻嗪(10%)	0.6	4,5-二甲基-2-乙基甲硫基噻唑啉	25
四氢噻吩-3-酮(5%)	1.6	白胡椒精油(韦成)	10
2-甲基四氢噻吩酮(5%)	1.6	冷榨姜精油(北大正元)	8
2-甲基吡嗪	1.6	花胡椒树脂精油(10%)	2
水性辣椒油(韦成)(10%)	0.6	芫荽籽精油(10%)	1
肉豆蔻树脂精油(10%)	0.6	丙二醇(PG)	30.6
莳萝醛(1%)	0.2	合计	100

海鲜香精的应用弥补了因烹制而损失的特征香气,也缓解了海鲜价格高的窘状,虽不能完全取代海鲜成分,但在改善产品口感、香气和均衡成本上起到很大作用。在降低成本的同时,海鲜香精可使海鲜类产品的口感和香气保持一致,符合大众消费的双重需求。本节通过运用不同的头香调配技术展开话题,提供给市场专业人士和生产厂家头香调配参数作为参考。另外,由于原料的选取以及反应物的工艺等原因,最终的香精产品香气会有很大的差异,以上配方和资料仅供业内人士参考使用。

参考文献

[1]Bouthilet B. J. A note on the nature of a flavor constituent from poultry meat[J]. Food Technology,1949, 3(4):118-118.

[2]Bouthilet R. J. Chicken flavor:separation and concentration of its volatile components from broth[J]. Journal of Food Science,1950,15(4):322-325.

[3]Bouthilet R. J. Chicken flavor: the source of the meat flavor component[J]. Journal of Food Science,1951,16(1-6):201-204.

[4]Bouthilet R. J. Chicken flavor: the fractionation of the volatile constituents[J]. Journal of Food Science,1951, 16(1-6):137-141.

[5]Minor L. J. ,Pearson A. M. ,Dawson L. E. , et al. Chicken Flavor and Aroma, Separation and Identification of Carbonyl and Sulfur Compounds in Volatile Fraction of Cooked Chicken[J]. Journal of Agricultural and Food Chemistry, 1965, 13(4):298-300.

[6]Wilson R. A, Katz I. Review of literature on chicken flavor and report of isolation of several new chicken flavor omponents from aqueous cooked chicken broth[J]. Journal of Agricultural and Food Chemistry, 1972, 20(4):741-747.

[7]Shahidi F. , Rubin L. J, D'Souza L. A. , et al. Meat flavor volatiles: a review of the composition, techniques of analysis, and sensory evaluation[J]. Critical Reviews in Food Science&Nutrition, 1986, 24(2):141-243.

[8]Harkes P. D. , Begemann W. J. Identification of some previously unknown aldehydes in cooked chicken[J]. Journal of the American Oil Chemists Society, 1974,51(8):356-359.

[9]Janney C. G. , Hale K. ,K. , Higman H. C. The identification of fried chicken volatiles by gas chromatographic and mass spectral analysis[J]. Poultry Science, 1974, 53(5):1758-1761.

[10]Tang J. , JinQ. Z. , Shen G. H. , et al. Isolation and identification of volatile compounds from fried chicken[J]. Journal of Agricultural and Food Chemistry, 1983,31(6):1287-1292.

[11]Gasser U. , Grosch W. Primary odorants of chicken broth[J]. European food research & technology, 1990, 190(1):3-8.

[12]Farkas P. , Sadecka J. , et al. Key odourants of pressure-cooked hen meat[J]. Food chemistry, 1997, 60(4):617-621.

第六章

新技术在香精香料制备中的应用

近几年来，生物工程技术、计算机技术、超临界萃取技术、分子蒸馏技术、微胶囊技术、纳米技术等新技术在香料香精工业中的应用越来越广泛，这些新技术的应用，给古老的香料香精工业注入了新的生机和活力。本章主要就目前较为关键的香气控释技术（微胶囊技术和纳米胶囊技术）与香气分析技术（顶空分析和电子鼻分析）在香精香料制备与品质控制中的原理与应用作相关介绍。

第一节　微胶囊技术

微胶囊技术研究大约始于 20 世纪 30 年代，当时大西洋海岸渔业公司（Atlantic Cost Fishers）提出了在液体石蜡中，以明胶为壁材制备鱼肝油-明胶微胶囊的技术。1932 年，英国开始进行用阿拉伯胶制取香精胶囊的研制工作。至今，对香精微胶囊的研究仍然是研究热点，每年都有大量专利获得批准。

随着微胶囊制备技术的日趋成熟，各种新的用途不断被开发出来，如微胶囊粉末状香精已被广泛用于固体饮料、固体汤料、快餐食品和休闲食品中。微胶囊技术在粉末香精生产中的应用，是此项技术在食品工业中的用途之一。

一、基本概念

微胶囊是指一种具有聚合物壁壳的微型容器或包装物。微胶囊技术是将某种物质包埋或封存在一种微型胶囊内，使之与外界环境隔绝，最大限度地保持内容物原有的色、香、味及性能和生物活性的技术。

微胶囊颗粒的粒度一般都在 5～20μm 范围内。但在某些应用中，这个范围可以扩大到 0.25～100μm。当胶囊粒度小于 5μm 时，因布朗运动加剧而很难将其收集；而当粒度超过 200μm 时，其表面静电摩擦系数会突然减少，从而使其失去微胶囊的作用。微胶囊的壁厚度通常在 0.2～10μm 范围内。微胶囊的形状一般呈球形、肾形、粒状、块状等。囊壁可以是单层结构的，也可以是多层结构的，囊壁包埋的核心物质可以是单核的，也可以是多核的。图 6-1 为几种微胶囊产品的大致形状示意图。

香精香料微胶囊是微胶囊技术中的一个重要分支，指的是以液体香精香料为芯材的微胶囊。在加工或使用过程中，外部压力、摩擦、pH、酶、温度、光等条件的刺激，使微胶囊破裂或者被包裹物通过微胶囊壁扩散，从而使被包裹物质释放到周围环境中发挥作用。香精香料微胶囊化的主要目的有以下几种：

（1）保护敏感成分　微胶囊化可使香精免受外界不良因素的影响，大大提高香精耐氧、耐光、耐热能力，增强了香精的稳定性，从而防止变质和损失。

（2）抑制风味成分的挥发损失　香精的组成成分通常有几十种，甚至上百种，许多组分挥发性极高，组分的挥发不仅造成香精组成的挥发损失，甚至使香精香型失真。而微胶囊化因囊壁有密封作用，使香精的挥发受到了抑制，香气保留完整，从而提高了香精的储

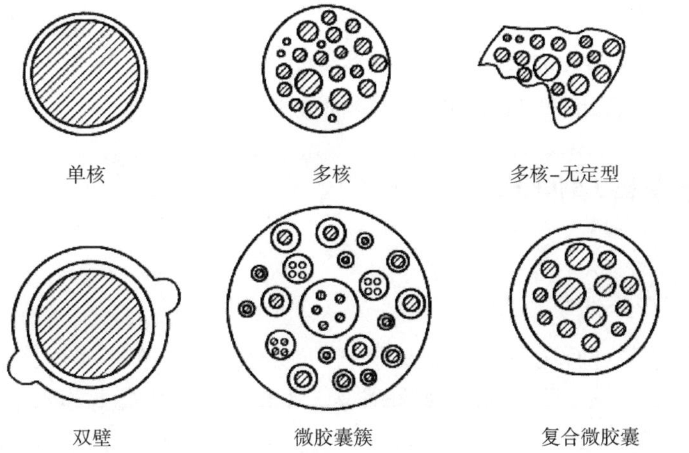

图 6-1　微胶囊产品的大致形状

藏和使用稳定性。

(3)具有缓慢释放作用　微胶囊化可使风味物质达到控制释放的效果。典型的例子就是口香糖中微胶囊香精的使用。部分口香糖产品进入口腔后,囊壁熔化,囊中香精外逸释放,香气浓郁,使其在口腔中的留香时间延长。

(4)改变香精常温物理状态　微胶囊化能将常温为液体或半固体的香精转变为自由流动的粉末,使其易于与其他配料混合,有利于加工、运输和储藏。

(5)避免香精成分与其他食品成分反应　微胶囊化可将香精中的活性成分隔离保护起来,消除一些风味化合物对食品加工的影响。

微胶囊内部装载的物料称为芯材(或囊心物质),外部包囊的壁膜称为壁材(或称为包囊材料)。微胶囊造粒(微胶囊化)的基本原理是:针对不同的芯材和用途,选用一种或几种壁材进行包覆。一般而言,油溶性芯材应采用水溶性壁材,而水溶性芯材必须采用油溶性壁材。

(1)芯材(囊心物质)　微胶囊内部装载的物料称为芯材(或囊心物质)。芯材可以是单一的固体、液体或气体物质,也可以是固-液、液-液、固-固或气-液等物质的混合体。食品香精中易挥发的香精、香料之类的配料或添加剂,通常称为“气体”芯材。

(2)壁材　壁材又称膜材料、包囊材料、成膜材料。对微胶囊产品而言,选择合适的壁材非常重要,不同的壁材在很大程度上决定着产品的物化性质。选择壁材的基本原则是:能与芯材相配伍,但不发生化学反应,能满足食品日化等工业的安全卫生要求,同时还应具备适当的渗透性、吸湿性、溶解性和稳定性等。

无机材料和有机材料都可以作为微胶囊的壁材,但目前常用的是高分子有机材料,包括天然和合成两大类,常用的有以下几种:

①植物胶:阿拉伯树胶、琼脂、藻酸盐、卡拉胶等。

②多糖:黄原胶、阿拉伯半乳聚糖、半乳糖甘露聚糖和壳聚糖等。

③淀粉:玉米淀粉、马铃薯淀粉、交联改性淀粉和接枝共聚淀粉等。

④蛋白质：明胶、玉米蛋白和大豆蛋白等。

⑤纤维素：羟甲基纤维素、羧乙基纤维素、二醋酸纤维素、丁基醋酸纤维素等。

⑥聚合物：聚乙烯醇、聚苯乙烯和聚丙烯酰胺等

⑦蜡与类脂物：石蜡、蜂蜡、硬脂酸和甘油酸酯等。

二、微胶囊香精原料

（一）微胶囊包膜原料

微胶囊包膜原料亦称为壁膜或壁材材料，如麦芽糊精、改性淀粉、环糊精（CD）、阿拉伯树胶、大豆蛋白、桃胶、明胶、羧甲基纤维素、邻苯二甲酸纤维素等水溶性天然高分子化合物，均可用做食用微胶囊香精包膜材料。聚乙吡咯烷酮等水溶性合成高分子化合物，则可用于其他工业用微胶囊香精工艺中。

（二）微胶囊包芯原料

微胶囊型食用香精的工业化生产始于20世纪60年代，玫瑰、茉莉、白兰等花香型香精，柠檬、橘子、甜橙、草莓、香蕉、葡萄、樱桃、苹果等果香型香精，蒜精油、姜精油、芥子精油、薄荷精油等精油或油树脂等均可作为包芯原料。这些微胶囊制品广泛应用于糖果、速溶饮料、方便食品、香烟等产品的加香工艺中。

微胶囊技术将液体香味物质包囊化或微胶囊化成固体粉末香味料后，可显著提高质量。概括而言，粉末化香精香料的优点主要表现在以下几个方面：

①保护香味物质避免直接受热、光的影响而引起氧化变质。

②避免有效成分因挥发而损失。

③可有效地控制香味物质的释放。

④方便存储、运输和应用。

三、常见微胶囊香精造粒方法

微胶囊的制备方法有多种。根据微胶囊造粒原理的不同，可将造粒方法归为三类。但这种分类方法并未包括目前的所有方法，而且具体方法之间有交叉，因此分类是相对的。

（1）物理方法　包括喷雾干燥法、喷雾凝冻法、空气悬浮法、真空蒸发沉积法、静电结合法等。

（2）物理化学方法　包括水相分离法、油相分离法、挤压法、囊芯交换法、熔化分散法、复相乳液法等。

（3）化学方法　包括界面聚合法、原位聚合法、分子包囊法和辐射包囊法等。

常用在粉末香精香料的微胶囊化技术包括喷雾干燥法、水相分离法、包结络合法和挤压法等，下面分别加以简单介绍。

(一)喷雾干燥法

喷雾干燥法是依靠机械力(高压或离心力)的作用,通过雾化器将物料破碎为雾状微粒(其直径为710～1000μm),并与干燥介质接触,在接触瞬间进行强烈的热交换与质交换,使浓缩物料中的绝大部分水分在短时间内被干燥介质带走而完成干燥的过程。喷雾干燥过程包括浓缩物料微粒加热、表面水分汽化、微粒内部水分向表面扩散以及对干物料的加热,加热过程可分为预热、恒速干燥和降速干燥三个阶段。喷雾干燥法的特点是干燥过程迅速、干燥温度较低,因此特别适用于热敏性较强的物料干燥,产品能保持原有的物性;喷雾干燥设备可以方便地调节,改变干燥条件,能适用于不同质量要求的产品干燥。干燥后产品的温度通常在60～72℃。温度的高低是根据颗粒大小与在干燥室中滞留位置及工艺条件而定的,如不及时实施冷却,容易引起蛋白质变性,如果囊芯是脂肪,则因脂肪处于超熔点状态,而易使微胶囊破裂,尤其在包装运输过程中经撞击与摩擦,脂肪容易渗出到表面而使游离脂肪量增多,在保藏阶段易发生氧化。喷雾干燥是最常用的微胶囊制备方法,其基本过程可分为三个阶段,即囊壁材料的溶解、囊芯在囊壁溶液中的乳化和喷雾干燥。在喷雾干燥过程中,芯材物质便被包埋在壁材之内。在喷雾干燥过程中,由芯材和壁材组成的均匀物料被雾化成微小液滴,在干燥室热交换途中在液滴表面形成一层网状结构的半透膜,其筛网作用可将分子体积大的芯材滞留在网内。小分子物质(溶剂)由于体积小,可顺利逸出网膜,从而完成包埋,成为粉末状的微胶囊颗粒。这种包埋可以是单核的,也可以是多核的。喷雾干燥过程的连续摄影显示,溶剂先从雾滴表面蒸发,在表面形成固相,再逐步扩展形成固体壁膜,壁膜内包含的壁材溶液再进一步干燥。溶剂在透过壁膜蒸发时可使壁膜形成孔洞。溶剂的透过扩散速度对形成孔粒有很大影响。因此,囊壁的硬度、多孔性等性能不仅与使用的壁材性质有关,也与干燥温度有关。

囊壁网径大小的控制可以采用选择不同物质或几种物质混合来实现,因此喷雾干燥可对不同分子大小的芯材物质进行微胶囊化。

喷雾干燥法常用的溶剂是水。如果使用其他溶剂,则必须控制生产中的阻燃防爆以及溶剂的毒性问题。

(1)制备方法　根据芯材和壁材的组成,可分为三种情况:把脂溶性囊芯或固体分散在水溶性壁材溶液中形成水包油型乳液,为水溶液型;把水溶性囊芯分散在疏水性有机溶液壁材中形成油包水型乳液,为有机溶液型;以其他方法制成的湿微胶囊浓浆液为囊芯,为囊浆型。

①水溶液型:水溶液型的囊芯是脂溶性材料,如油脂等;壁材则是水溶性聚合物,如明胶、酪蛋白、糊精、阿拉伯树胶、甲基纤维素、羧甲基纤维素、羟乙基纤维素、羟丙基纤维素等。喷雾干燥法制备微胶囊要求壁材溶液黏度较低,因此溶液浓度较低,而且囊芯所占比例也较低,一般很少超过50%。例如,柠檬油-羧化糊精微胶囊的制备是把水溶性羧基化糊精10份溶于300份水中形成壁材溶液,再将37.7份柠檬油搅拌分散在壁材溶液中,控制进风温度和出风温度分别为85和38℃进行喷雾干燥而成。

②有机溶液型:有机溶液型喷雾干燥可使水溶性囊芯微胶囊化,把囊芯水分收到含疏水性壁材的有机溶液中,形成油包水乳液后进行喷雾干燥。由于有机溶剂沸点一般比水

低，因此干燥温度相对较低。但是，有些有机溶剂具有易燃易爆特性，而卤代烃溶剂往往对人毒性较大。为避免事故的发生，在使用醇类等极性溶剂时，常加入水形成混合溶剂以降低其可燃性。例如，制备磺胺-氢化蓖麻油微胶囊时，以氢化蓖麻油的氯仿溶液为壁材，控制进口、出口温度分别为 90 和 40℃的条件下进行喷雾干燥，即得到缓释磺胺药物的微胶囊。

③囊浆型：有些制备方法得到的微胶囊转变成完全干燥的粉末确实是非常困难的。尽管采用了固化处理，但囊壁仍存在黏性并具有溶胀能力，仍然会彼此黏结在一起。将这些固化前的微胶囊浓浆液经过喷雾干燥，则很容易得到粉末状的微胶囊。例如，用明胶和阿拉伯树胶为壁材采用复凝聚相分离法制备的含油微胶囊，在调节 pH 形成微胶囊后不进行固化处理。在 pH＝4 的条件下直接对微胶囊浆进行喷雾处理，也可使微胶囊壁固化干燥，而且这种方法制得的微胶囊因没有进行交联固化处理，所以囊壁在温水中可以溶解，并释放出囊芯。因此，这种方法适合制备在温水中可溶的香料微胶囊。

(2)影响喷雾干燥法微胶囊化的主要因素

①物料的浓度和黏度：物料的浓度指喷雾干燥用液的固形物含量，一般为 30%～60%。在适当的范围内，增加壁材含量可以大幅度提高包埋率，因为物料中壁材量增加，液滴在干燥中的成膜速度增加。低沸点物质损失减少，可提高包埋率。但若壁材量过高，黏度太大，包埋率反而下降，这是由于液滴雾化困难，雾化速度下降。物料在未雾化前的停滞时间增长，低沸点物质损失增加；浓度过低，芯材的某些成分易挥发，而且干燥效率不高。通常，只要不出现严重黏结现象，物料浓度越高、黏度越大，越有利于形成稳定的微胶囊体。

②乳化结构：芯材和壁材必须制成稳定的乳状液，才能使连续相的芯材均匀分布于壁材构成的连续相内，形成稳定的微胶囊结构。乳化稳定性的测定方法是：将油相、水和壁材混匀后，在 100r/min 下高速剪切分散 3min，将形成的乳状液置于具塞量筒中，于 80℃恒温水浴中保温 5h，然后读取游离水层的体积数值。如式(6-1)所示。

$$\text{乳化稳定性}=\frac{\text{乳化液总含量(mL)}-\text{游离水量(mL)}}{\text{乳化液总含水量(mL)}} \tag{6-1}$$

通常，一种乳化剂只对应一个 HLB 值，单一乳化剂使用效果不如复配使用效果好。乳化剂含量一般在大于 3%时，乳化稳定性好，乳化剂含量越高黏度越大，可影响喷雾效果。当乳化液制备时，壁材本身具有乳化稳定的效果，则乳化液中乳化剂的含量应相应减少。成膜性好的壁材使用比例高，乳化液的稳定性就好，但通常成膜性壁材的吸水性极强，若它们的相对比例过高，可能难以充分吸水，囊壁的网状结构就不能很好地形成，而且会造成喷雾困难。反之，成膜性壁材过少，则乳化液稳定性差，而且无法形成网状结构，产品的包埋效果不良。

③干燥温度和速率：干燥室温度较高，则液滴内部的湿球温度远低于热空气温度。较高的进风温度能使液滴表面迅速形成一层半透性膜，防止芯材中挥发性成分的损失，且进料的固形物含量越高，这种作用就越强。但温度过高，会使物料呈流体状态，造成黏滞。当出现囊芯温度过高时，芯材的挥发性增强，可能把微胶囊“涨破”，导致包埋率下降。另

外，干燥速度也影响囊壁上孔径的大小，对某些壁材来说，温度过高会影响囊壁的通透性，还会使产品密度下降，比表面积提高，会对产品稳定性不利。

（二）水相分离法

相分离法又称凝聚法，水相分离法是其中的方法之一，其基本原理如图 6-2 所示。在分散有囊芯材料的连续相[图 6-2(1)]中，利用改变温度，在溶液中加入无机盐、成膜材料的凝聚剂或其他诱导两种成膜材料间相互结合的方法，使壁材溶液产生相分离，形成两个新相，使原来的两相体系转变成三相体系[图 6-2(2)]，含壁材浓度高的新相称凝聚胶体相，含壁材浓度低的新相称稀释胶体相。凝聚胶体相可以自由流动，并能够稳定地逐步环绕在囊芯微粒周围[图 6-2(3)]，最后形成微胶囊的壁膜[图 6-2(4)]。壁膜形成后，还需要通过加热、交联或去除溶剂来进一步固化[图 6-2(5)]，收集的产品用适当的溶剂洗涤，再通过喷雾干燥或流化床等干燥方法，使之成为可以自由流动的颗粒状产品。

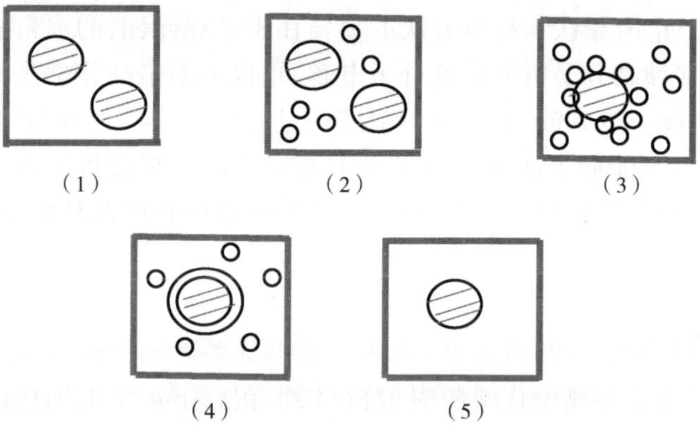

图 6-2　液凝聚相分离法制备微胶囊的过程

囊心　凝胶液滴　包覆膜　硬化的包覆膜

水相分离法有复凝聚法和单凝聚法两种。前者是由两种带相反电荷的胶体彼此中和而引起的相分离。由于水相分离法微胶囊化是在水溶液中进行的，因此芯材必须是非水溶性的固体粉末或疏水性液体。

(1)复凝聚法　是使用两种带有相反电荷的水溶性高分子物质为成膜材料的方法。两种胶体溶液混合时，因电荷互相中和使两种高分子物质从溶胶状态转变为凝胶状态，即产生了相分离，分离出的两相分别为凝聚胶体相和稀释胶体相，凝聚胶体相即成为做胶囊的囊壁。明胶-阿拉伯树胶凝聚法是最典型例子，明胶是水溶性蛋白质，由酸制明胶和碱制明胶两种组成，酸制明胶的等电点在 7～9，碱制明胶的等电点在 4.7～5.3，复凝聚法一般使用碱制明胶。在阿拉伯树胶分子中仅含有羧基，因此其水溶液仅带有负电荷，不受 pH 的影响。在稀的明胶与阿拉伯树胶的水溶液中，当 pH 高于明胶的等电点时，明胶和阿拉伯树胶均为聚阴离子，彼此不发生反应；若 pH 低于明胶等电点时，明胶变成聚阳离子，会与聚阴离子的阿拉伯树胶发生相互作用，导致凝聚相的形成。

一定浓度的明胶水溶液体系在改变环境条件时会发生溶胶、凝胶之间的状态转换。

当溶液浓度高于1%，温度为0～5℃时，体系为高黏度的凝胶；温度高于35℃时，体系为低黏度的溶胶；当溶液中浓度低于1%时，即使较大程度改变条件也未见到凝胶化作用。正是这些特性使明胶成为微胶囊的良好壁材。

以明胶-阿拉伯树胶混合胶体溶液制备复凝聚相，必须满足以下4个条件：

①在配制的胶体溶液中，明胶和阿拉伯树胶的浓度不能过高。当两种物质的浓度均在3%以下时，得到的凝胶产率较高。

②适当的pH是保证带正、负电荷的高分子电解质发生凝聚的必要条件。溶液的pH在4.5以下，可以保证不同制法的明胶在溶液中为带正电荷的粒子，而阿拉伯树胶在这种pH下仍为带负电粒子。因此，一般凝聚使用的pH为4.0～4.5。

③反应体系温度要高于明胶水溶液胶凝点，而明胶溶液的胶凝区间在0～5℃，为保证复凝聚相的产生，反应体系温度通常保持在4℃左右。

④反应体系中的无机盐含量要低于盐析效应临界值。通常混合体系中盐含量较低，不会影响凝聚相的产生，主要因素是前三个条件。

(2)单凝聚法　单凝聚法与复凝聚法的差异在于，单凝聚法的水相中只含有一种可凝聚的高分子材料，这种高分子可能是高分子电解质，也可能是高分子非电解质。单凝聚的方法是向高分子溶液中投入凝聚剂，破坏高分子与水的结合，使高分子在水中失去稳定性，发生浓缩而聚沉。能使水溶性高分子发生凝聚的作用有盐析作用、等电点沉淀、凝聚剂非水化等。由于使用单凝聚体系时控制微胶囊颗粒大小较为困难，因此应用不如复凝聚法普遍。

(三)包结络合法

包结络合法是用β-环糊精作微胶囊包覆材料，在分子水平上形成微胶囊的方法。β-环糊精有疏水性内腔，可利用其疏水性以及空间体积匹配效应，与具有适当大小、形状和疏水性的分子通过非共价键的相互作用形成稳定的包合物。对于香料、色素及维生素等，在分子大小适合时都可与环糊精形成包合物。形成包合物的反应一般只能在水存在时进行，当β-环糊精溶于水时，其环形中心空洞部分也被水分子占据，当加入非极性外来分子时，由于疏水性的空洞更易与非极性的外来分子结合，这些水分子很快被外来分子置换，形成比较稳定的包合物。

利用β-环糊精为壁材包结络合形成微胶囊的方法比较简便，通常有3种方式：

(1)在β-环糊精水溶液中反应　一般在70℃下配制15%浓度的β-环糊精水溶液，然后把囊芯加入到水溶液中，在搅拌过程中逐渐降温冷却，可使包结形成的微胶囊慢慢从溶液中沉淀析出，经过滤、干燥，得到微胶囊粉末。

(2)直接与β-环糊精浆液混合　把囊芯材料加入到固体β-环糊精中，加水调成糊状，搅拌均匀后干燥粉碎。

(3)将囊芯蒸气通入β-环糊精水溶液中使之反应，也可形成微胶囊　用β-环糊精包结络合形成的微胶囊，可使囊芯与外界环境隔绝，防止紫外线、氧气等外界因素的破坏，也可减少囊芯挥发的损失，并可使香料释放速度减慢，起到控制释放的作用。形成的微胶囊有吸湿性低的优点，在相对湿度为85%的环境中吸水率不到14%，因此微胶囊粉末不易吸潮结块，可以长期保存。一般囊芯含量占微胶囊总质量的6%～15%，在温湿条件下可以释放。β-环糊精本身为天然产品，具有无毒、可生物降解等优点，不足之处是原料价格较高，因此制备微胶囊的成本较高。

（四）挤压法

挤压法是一种在低温条件下加工生产微胶囊的技术。其特点是整个工艺的关键步骤基本上是在低温条件下进行的，而且能在人为控制的纯溶剂中进行，因此产品质量较好。它的工作原理是将混悬在一种液化的碳水化合物介质中的混合物经过一系列模孔，用压力将其挤进一种凝固液的溶液中，当混合物接触到凝固液时，包囊材料从溶液中析出，对囊心包覆并发生硬化，形成挤压成型的细丝状微胶囊。

（五）聚合反应法

聚合反应法主要包括界面聚合反应法和原位聚合反应法，其主要不同在于，界面聚合法是指单体在两相的界面上进行聚合反应，而原位聚合法是指单体在两相中的一相中进行聚合反应。

（1）界面聚合法　分别将两种活性单体溶解在同一溶剂中，当一种溶液分散在另一种溶液中时，两者相互间可发生聚合反应。该反应是在两种溶液的界面间进行的。

（2）原位聚合法　单体成分和催化剂全部位于芯材液滴的内部或外部。单体是可溶的但聚合物不可溶，故此时的聚合反应发生在芯材液滴的表面，生成的聚合物薄膜可覆盖芯材液滴的全部表面。

（六）玻璃化技术

玻璃化微胶囊技术是一种将芯材包埋于玻璃态壁材中制备微胶囊的方法。随着温度的变化，在微胶囊化过程中，壁材可表现出3种力学状态：玻璃态、高弹态和黏流态；玻璃态与高弹态间的转变称为玻璃化转变，玻璃化转变时所对应的温度称为玻璃化转变温度。将香精包封于玻璃态壁材中，可抑制香精的挥发损失、保护香精敏感成分、避免香精成分与其他成分反应以达到控制缓释的效果。除此之外，蔗糖共结晶法、空气悬浮包埋法、聚合物浸渍法、纳米微胶囊技术和脂质体俘获技术等均已不同程度地被应用到微胶囊香精的制备中。

四、微胶囊的释放

（一）释放机制

微胶囊所含的芯材既可以立刻释放出来，也可缓慢释放出来。如要使所有的芯材立刻释放出来，可采用机械法（如加压、揉破、毁形或摩擦等）、加热下燃烧或融化法以及化学方法（如酶的作用、溶剂及水的溶解、萃取等）来释放。在芯材中掺入膨胀剂或应用放电或磁力方法也可使微胶囊即刻释放。而缓慢释放则是在环境中将芯材缓慢释放出来，一般不需要外加条件。食用香精经常要求缓慢释放，以提高作用效果。芯材的释放有下面三种机制：

（1）活性芯材物质通过囊壁膜的扩散释放　这是一种物理过程，芯材通过囊壁膜上的微孔、裂缝或者半透膜进行扩散而释放出来。微胶囊遇到水会逐渐吸胀，水由囊壁膜渗入开始溶解芯材，此时出现了囊壁内外的浓度差，水的继续渗入会使芯材的溶解液透过半透膜扩散到溶剂中，扩散过程持续进行到囊壁内外浓度达到平衡或整个囊壁溶解为止。

（2）用外压或内压使囊壁膜破裂释放出芯材　此类方法也是使芯材得以释放的一种有效方法。一般而言，囊在各种形式的外力作用下使囊壁破裂释放出芯材，或在内部靠芯材的自身动力使囊膜降解而释放出芯材。

（3）用水等溶剂浸渍或加热等方法使囊膜降解而释放出芯材　如对一些用在像焙烤食品中的微胶囊化香料或酸味剂来说，就是利用在一定温度下囊壁的熔化而释放出芯材来发挥其作用的。

（二）影响微胶囊囊芯释放的因素

1. 微胶囊囊芯释放的理想化模式

理想化的模式是为了在理论探讨时使问题简单化，这种模式是将胶囊壁当作一种囊壁厚薄一致，连续均匀的一体，而且在囊芯释放过程中都保持尺寸大小不变的圆球形状。将这样一种理想化的微胶囊样品浸到含有大量介质水环境中，这时在微胶囊上依次发生三种过程：环境中的水透过胶囊壁材进入到胶囊核心，囊芯物质溶解到进入的水中形成水溶液，溶解的囊芯水溶液由胶囊内高浓度区扩散到胶囊外的水相中。按照这种模式，囊芯向外扩散时遇到三种阻力：一是溶剂（水）穿透胶囊壁进入胶囊内所遇阻力，二是囊芯溶解在进入的水中的阻力，三是囊芯水溶液通过胶囊壁材向外扩散所遇阻力；总阻力为这三个阻力之和。一般认为，水穿透胶囊壁和囊芯溶解到水中是较容易的，而囊芯向外扩散所遇的阻力最大。根据反应动力学原理，一个由几步过程串联组成的反应中，总的速率是由各步速率中最慢的一步速率所决定的。因此，囊芯扩散速率决定于囊芯透过囊壁向外扩散的速率。研究囊芯从胶囊缓释的速率时，只需求出其渗透扩散速率。

2. 囊壁结构对囊芯释放的影响

（1）壁材膜厚度的影响　与理想状况不同，在实际生产中，由于微胶囊种类和制作工艺的不同，制成的微胶囊大小和囊壁的厚度不同；即使同一批产品，其中胶囊的大小及囊壁的厚度也不可能完全一样；即便同一个微胶囊，其壁膜的不同部位也有不同的厚度。胶囊壁厚薄的不一致造成了囊体扩散速率的不一致。囊壁厚，则扩散速率慢。

（2）囊壁上孔洞的影响　微胶囊壁并非均匀连续的结构，囊壁上是具有孔洞的，囊芯可以通过囊壁上的孔洞向外扩散，而且通过孔洞向外扩散的速率要大于通过连续体扩散的速率，因此孔隙率高的囊壁释放速率高。

（3）壁材变形的影响　在实际环境中，有些微胶囊的壁材会因吸水而溶胀，改变了壁上的孔隙率，甚至吸水膨胀成一种胶状层，阻止了囊芯向外扩散（如明胶）；有的壁材受水相中 pH 的影响，如邻苯二甲酸醋酸纤维素酯在 pH 超过 5.5 时，壁材从不溶变为可溶，使囊芯可以迅速扩散。这些结构变化都会导致囊壁对囊芯扩散阻力的改变，影响其扩散速率。

(4)壁材结晶度的影响　固体囊壁中有结晶区和无定形区结构,囊芯一般不能通过紧密排列的结晶区向外扩散,只能通过无定形区向外扩散。因此,高聚物壁材的结晶度不同会影响其囊芯扩散的阻力,结晶度高的壁材阻力大。

(5)壁材性质的影响　壁材种类不同,形成的微胶囊释放速率也不同,在其他条件相同的情况下,部分壁材的释放速率为:明胶＞乙基纤维素＞乙烯-马来酸酐共聚物＞聚酰胺。

明胶可与负电荷的聚电解质(如果胶、褐藻酸钠、阿拉伯树胶等)凝聚形成微胶囊壁膜,其中明胶与果胶形成的壁膜释放速率较慢,而明胶与褐藻酸钠形成的壁膜释放速率较快。有些微胶囊在制备中使用了交联剂,可使胶囊壁硬化,囊芯溶液只能通过交联的网眼向外扩散。因此,交联度越大,对囊芯扩散的阻力也越大。有些囊壁中混有填料等添加剂,囊芯只有绕过它们才能扩散出去;如果壁材中加有增塑剂,则囊壁硬度会降低,玻璃化温度会下降,使囊芯易于扩散。

3. 囊芯的物理特性对释放速率的影响

除了壁材的各种因素之外,囊芯本身的物理特性对释放速率也有重要影响。

(1)溶解度　囊芯形成的水溶液浓度与胶囊外水相的浓度差是推动囊芯物质向外迁移的推动力,对于易溶于水的囊芯(固体或液体),因很快能在进入的水中溶解,并在囊芯内达到饱和浓度,因此它透过壁材向外迁移的推动力很大,不会影响囊芯释放的总速率。而对于难溶于水的囊芯物质,由于其在微胶囊内的溶解度很低,囊芯内浓度与胶囊外浓度差别小,向外迁移的推动力小,其溶解阻力就可能成为囊芯向外扩散三种阻力中的主要阻力,即囊芯在水中的溶解速率成为控制囊芯向外扩散速率的关键因素。

(2)扩散系数　一般物质在水介质中的稳态扩散速率遵循费克第一定律:在单位时间内,物质通过指定平面向低浓度区扩散的质量与这一平面处的浓度梯度及面积成正比。囊芯的扩散有水中扩散和膜中扩散两个阶段,而易溶囊芯在水中扩散较快,在壁膜中的扩散速率才是囊芯释放速率的决定因素。

(3)分配系数　囊芯不仅可以溶解在水相中,还可以溶解在固体胶囊壁材中,因此囊芯通过壁材膜的释放速率实际上受其在壁膜中溶解度的影响,溶解度大的释放速率也大。囊芯在壁膜中的溶解度可从其在水相和膜相中的分配系数来估计。

五、微胶囊香精应用实例

(一)微胶囊香精在食品中的应用

喷雾干燥法是粉末香精香料最常用的微胶囊化方法,具有方法简单、操作方便、生产成本低等优点,可使用的壁材有明胶、卡拉胶、阿拉伯胶、改性淀粉和 β-环糊精等。例如,采用喷雾干燥法生产肉桂醛微胶囊,可以采用如下方法:以阿拉伯胶和麦芽糊精为壁材,两者的质量配比为1∶1;单甘酯为乳化剂,用量为0.4%;固形物质量分数为40%,芯材与壁材的配比为1mL/10g;最佳喷雾干燥条件为:进风温度225℃,出风温度82℃。

若仅仅使用β-环糊精，则属于分子包囊法与喷雾干燥法的结合，其生产工艺流程如图6-3所示。

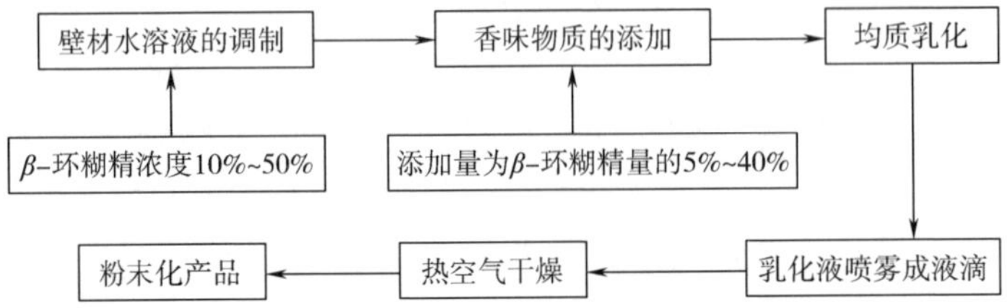

图 6-3　微胶囊香精生产工艺流程图

实验表明，壁材水溶液的固形物浓度越高，则香气物质的胶囊化程度越高；固形物的最大浓度受限于进料管道和泵所能操作的范围，通常控制在50%范围内。另外，与壁材相配的芯材数量应控制在10%～20%的范围内，这样胶囊化的效果最好。

一些天然香味料与β-环糊精微胶囊化的过程中，香精油所占的比例分别为：香兰素6.2%、菠萝子精油6.9%、柠檬精油8.7%、肉桂精油8.7%、薄荷精油9.7%、大蒜精油10.2%和芥子精油10.9%等。

在水相分离法中，粉末香料香精仅是单一的油滴被壁材所包囊，因此得到的每一个粉末颗粒仅含有一个微胶囊。而在喷雾干燥法中，每一个粉末颗粒中可以包含多个微胶囊。但相比于喷雾干燥法，用水相分离法（复凝聚法）生产的粉末香料质量更好一些，表现为胶囊的结构更结实且无外表残留油的现象。

经微胶囊化后的粉末化香精香料，不仅提高了产品的稳定性，而且极大地拓宽了香味料的使用范围。如在焙烤食品中添加桂醛可改善产品的风味，但桂醛会抑制酵母的生长繁殖，从而给应用带来困难。如果将桂醛微胶囊化后，即可圆满地解决上述矛盾。在生产口香糖过程中，如果使用微胶囊化的薄荷精油，这种香料油只有在与唾液接触时溶化了外包囊物质后才释放，因此口香糖产品能持久浓厚地保留香味成分。在生产糖果巧克力时使用粉末香精香料，有助于防止加工过程中香味成分的损失，同时可提高产品香味的持久性。

微胶囊香精已被广泛用于固体饮料、固体汤料、快餐食品和休闲食品中。如在冲饮食品，特别是谷物食品中使用，微胶囊香精可增加食品的香气和食欲，增强加工过程中产生的香气，增强麦片和玉米片的麦香和焦香，弥补加工损失的香气并可修饰食品香气。在固体汤粉调味品中，使用微胶囊形式的固体香辛料，可以把葱蒜等的强刺激气味掩盖起来。微胶囊香精的耐高温性减少了焙烤食品在高温烘焙中的香气损失，可使香气纯正、浓郁。此外，微胶囊香精还可应用在糖果、饮料、鸡精、肉制品等其他食品中，增强食品的风味，提高食品风味的稳定性，使食品的香气丰满、完整。

（二）微胶囊香精在烟草加工中的应用

将微胶囊香精喷洒在烟丝上与烟丝一起形成卷烟，贮存期间香料不会从微胶囊中逸出而挥发散失，因此香气可得以长时间的保留。当吸烟时，烟丝燃烧产生的热量会使微胶囊破裂而释放出香精，使烟草的辛辣味得到掩盖。

在低焦油卷烟的行业趋势下，增香保润成为卷烟行业发展的新方向，而大多数香精香料为挥发性物质，只适合在卷烟加香过程中使用，限制了在其他环节中的应用。香料微胶囊可放在滤嘴与烟支接头处，也可放在滤嘴中段形成复合滤嘴。烟支燃吸时，微胶囊囊芯内的香料开始释放，防止了香味成分直接燃烧而改变风味，既能保持香精香料原有的香味，又能衬托出卷烟的特征香气。

在卷烟中添加香精香料，其作用在于改善卷烟的理化特性、圆润香气、修饰烟香味、改善吸味，以及确立产品的风格，在某种程度上影响着消费者的嗅觉、味觉和触觉，能增进产品的可接受性。

（三）微胶囊香精在纺织工业中的应用

随着经济的发展以及生活水平的提高，人们对纺织品的要求发生了很大的变化，从过去的实用型向装饰、享受、保健型转化，纺织品加香顺应了这一趋势。由于香味纺织品具有抑菌驱虫、掩盖异味、使身心舒适等作用，因而得到了人们的普遍喜爱。但若对织物直接上香，留香时间短，特别是水洗之后香味便会消失。将芳香和纺织品相结合，是提高产品档次和附加值的有效手段，也是消费者和纺织企业的共同需求。对香精或香料进行微胶囊化后，可以提高芳香整理的质量并可使织物有持久的释香能力。近年来，芳香型纺织品在世界上显示出旺盛的发展潜力，芳香织物的开发技术也日新月异。世界各国都开发出了许多芳香整理织物，主要是日本、欧洲、美国的一些大公司。目前此技术已发展到服装、手帕、袜子、围巾等多种纺织品上。目前，已上市的经香精微胶囊整理的芳香针织内衣，未经水洗时香气可留存半年至一年，水洗 5 次后仍留有香气。

（四）微胶囊香精在日化产品中的应用

随着生活水平的提高，人们对美的追求越来越高，这在很大程度上促进了化妆品行业的发展。如对皮肤有增加柔软和润湿作用的木瓜蛋白酶，对皮肤有保健作用的胃蛋白酶，具有杀菌功能的溶菌酶，紫外线吸收剂，各种美白、去皱的营养素和皮肤润湿剂等化妆品的添加剂经微胶囊化后使用，可使产品的性能更加优越。目前，许多世界著名的化妆品都采用了微胶囊技术，如唇膏、香水、眼影、粉底、洗面奶、面膜、护肤品等，几乎囊括了化妆品的所有类别，并且有日益壮大的发展趋势。美国专利 US6238650 报道了采用溶胶-凝胶前驱体合成的微胶囊防晒乳液，这种乳液含有可以吸收 UVA 和（或）UVB 的复合物，干后变成非常细小的颗粒而不影响其他化妆品的效果，而且选择不同的溶胶-凝胶前驱体和反应条件就可以获得亲水性或者亲油性的微胶囊防晒乳液，且其亲水或者亲油的性质由囊壁决定，而防晒的效果则由其内部 20%～40%的活性成分决定。

第二节 纳米技术

一、纳米微胶囊概述

纳米技术是指在纳米尺度(0.1～100nm)上利用原子、分子结构的特性及其相互作用原理,直接操纵物质表面的分子、原子乃至电子来制造特定产品或创造纳米级加工工艺的一门新兴学科技术。伴随着微胶囊技术的迅速发展,Marty 等于 20 世纪 70 年代末提出了"纳米微胶囊技术"这一概念。纳米微胶囊技术是对传统微胶囊技术的改进。近年来,纳米微胶囊技术已经成为食品研究及应用领域的一个热点。纳米微胶囊(Nanocapsule),即具有纳米尺寸(通常在 0.1～100nm)的微胶囊,其颗粒微小,易于分散和悬浮在水中,形成均一稳定的胶体溶液。纳米效应与囊优化相结合,可以产生更加优异的性能。

二、纳米微胶囊制备技术

随着微胶囊技术的发展,出现了多种制备纳米微胶囊的技术,主要包括乳液聚合法、界面聚合法、干燥浴法、层层纳米自组装法和静电喷雾法等。

(一)乳液聚合法

乳液聚合法制备纳米微胶囊的主要原理:利用表面活性剂、乳化剂及机械搅拌作用等将芯材和高聚物单体分散至纳米尺度形成乳状液,然后引发聚合反应生成高聚物实现对芯材的包覆,从而形成纳米微胶囊。

这种方法适合以液体为芯材的纳米微胶囊的制备。将乳液聚合应用到纳米微胶囊的制备,其关键是要考虑如何利用表面活性剂、乳化剂及机械搅拌作用将囊芯材料和高聚物单体分散到纳米大小,然后这些小颗粒物质发生聚合反应生成高聚物,从而形成对囊芯的包覆。

(二)界面聚合法

利用界面聚合法制备纳米微胶囊,具体方法如下:把分散或溶解得很好的囊芯、单体溶解于一种溶剂所得的溶液加到注射器中,把另一种单体溶解在另一种与上述溶剂不相混溶的溶剂内,并放在注射器下的容器中。当注射器中的液体通过毛细管针头,在电动马达的驱动下形成表面带电的均匀球体液滴(粒径在纳米大小)滴入溶有第二种反应单体的溶液中时,即在纳米大小的液滴表面引发缩聚反应,形成的缩聚物会把囊心液滴包覆,即形成纳米微胶囊。可以使用的水溶性单体有 L-赖氨酸,油溶性单体有对苯二甲酰氯。

（三）干燥浴法

干燥浴法也称复相乳液法，其原理是将壁材与芯材的混合物以微滴状态分散到介质中，随后挥发性的分散介质快速从液滴中蒸除，形成壁囊，再通过加热、减压、搅拌、溶液萃取、冷却或冻结的手段将囊壁中的溶剂除去，从而实现微胶囊化。此法不仅可以制备普通微胶囊，也可以制备纳米微胶囊，这主要取决于溶剂在蒸发之前形成的乳液微滴大小。通过控制搅拌速率，改变分散乳化剂的类型和数量，调整有机相或水相的相对数量和比例，调节体系的黏度，改变容器和搅拌器的形状等方式，可以制成纳米级大小的微胶囊。最终形成的纳米微胶囊的大小可与使用的乳化剂种类和乳化方式有关。此法的不足之处在于反应时间长、不易控制、产品的产量低，因此目前应用得较少。

（四）层层纳米自组装法

此法制备纳米微胶囊的过程：先将胶体粒子的悬浮液加入到过量的与其表面电荷极性相反的聚电解质溶液中，再利用静电相互吸引作用在胶体粒子表面吸附一层带相反电荷的聚电解质层。通过离心、洗涤除去过量的聚电解质。然后再选择另外一种带相反电荷的聚电解质溶液，重复上述过程，使聚电解质在胶体粒子表面交替吸附，形成多层膜。

此法制备微胶囊的显著优势在于能够在纳米的尺度上对微胶囊的大小、组成、结构、形态、壁囊厚度进行精准的控制。这种新型的微胶囊在生化、制药、药物控制和催化等领域具有潜在的应用前景。

（五）静电喷雾法

静电喷雾是指液体喷嘴和对应的接地电极之间，加上数千伏特的电压时，喷嘴尖端流出的液体，由于受表面张力、静电力及重力联合作用使液柱表面极不稳定，进而分裂为离子或雾滴。静电喷雾技术，作为一种新的制备高均匀度细微颗粒的方法，受到了各国研究学者的高度重视。这种方法制备的微胶囊的粒径较均匀且为纳米级；产品颗粒高度均匀，单分散性好；设备简单，节省费用；过程便于控制；能够制备总体厚度很小却具有明显分界面的多层薄膜，因而展现了良好的工业应用前景。由于这一显著特点，使得这一技术受到日益广泛的关注。静电喷雾技术制备纳米微胶囊主要分为两种方法。

三、香精微胶囊载体留香缓释性测定方法

（一）留香性能的测定

方法 A：称取 3 份最优条件下制备的 3 种样品，于室温下暴露于空气中。用紫外分光光度计测定放置不同时间的包合物中香精的含量，计算留香率，并绘制留香率-时间释放曲线，如式(6-2)所示。

$$\text{留香率}=\frac{\text{一段时间以后香精含量}}{\text{初始香精含量}}\times 100\% \tag{6-2}$$

方法 B:称取最优条件下制备的 3 种样品于表面皿中,每种样品置于 40℃恒温箱中储存,每天用电子天平称量,每隔 5～7d 进行一次主观评价。由于在常温下样品短时间内质量损失较小,不容易测量准确,而且样品容易受天气影响、空气潮湿或干燥的影响,造成实验数据的不准确,因此选取 40℃恒温环境来减小外界条件影响。

方法 C:分别配制香精终含量为 0.05%的微纳米载体水溶液,放置于 20℃恒温箱中,每天测定其吸光度变化,绘制吸光度随时间变化曲线。重复次数为三次。

(二)热稳定性的测定

称取 4 份相同质量的香精微纳米载体样品,一份在 85℃下加热 30min(a)、一份在 100℃下加热 30min(b)、一份在 120℃下加热 30min(c)、一份不加热(d),分别用超纯水定容至 10mL,以超纯水作参比,用紫外分光光度计测定最大吸收波长处的吸光度,计算留香率。称取 4 份同样质量的香精样品进行对照实验,加热方式相同,以无水乙醇定容,再以无水乙醇为参比在紫外下测定最大吸收波长处的吸光度,计算留香率,如式(6-3)所示。重复次数为三次。

$$\text{留香率} = \frac{\text{加热后吸光度值}}{\text{加热前吸光度值}} \times 100\% \tag{6-3}$$

(三)体外释放的测定

配制质量分数为 0.9%的生理盐水 600mL,置于(37±1)℃水浴中备用。称取一定量的样品混悬于 5mL 生理盐水中,装入透析袋内,将透析袋悬挂于 500mL 的(37±1)℃生理盐水中,并保证透析袋完全浸没,保持匀速磁力搅拌,转速为 100r/min。定时用移液管移取 5.0mL 透析液,并随即补充 5.0mL 生理盐水,以 0.9%生理盐水为参比,在 275.5nm 处紫外测定香精含量。以时间(t)为横坐标,微纳米载体在释放介质即生理盐水中的浓度(ω)为纵坐标,绘制释放曲线,并计算微胶囊的平均释放速率,如式(6-4)所示。重复次数为三次。

$$F = \frac{\omega_m - \omega_o}{t^*} \tag{6-4}$$

式中 F——平均释放速率;

ω_m——终浓度;

ω_o——初始浓度;

t^*——完全释放时间,即在介质中浓度恰好不再改变的时间。

四、纳米微胶囊香精的应用

由于纳米微胶囊颗粒微小,易于分散和悬浮在水中形成胶体溶液,外观上清澈透明,具有与普通微胶囊不同的独特性质。因此,在许多领域中得到了广泛的应用,尤其在食品、纺织品、化妆品和医药等领域。

(一)食品方面的应用

食用香精作为一种重要的食品添加剂,已广泛应用于口香糖、软糖、方便软饮料、饼干、面、肉制品、调味品等休闲食品中。将这些香精制备成纳米胶囊形式后,可提高香精的耐热性,增加其在应用过程中的稳定性,还可以控制香精香料的释放,从而改善食品的口感。

在食品行业中,乳化香精具有很广泛的应用,但一般的乳化香精是普通乳状液,是热力学不稳定体系,分散相颗粒较大,容易出现分层、浮油等现象。香精体系容易遭到破坏,导致产品品质下降。如果能够制备成纳米香精,将大大延缓香精的挥发速度,增加留香时间,提高香精体系的稳定性,同时拓展香精的使用范围。例如,许多透明饮料要求赋予产品香气的同时,还需要保持普通乳化香精澄清透明并具有良好的稳定性。纳米香精由于分散相颗粒微小,易于悬浮,分散在水中可形成胶体溶液,外观上清澈透明,非常适合用于透明饮料的加香,并有较好的稳定性。因此纳米香精在透明饮料的加香方面有着显著的优势。

在食品行业,不仅仅是香精香料,天然色素、油脂、营养功能因子、生物活性物质、人体必需的微量元素等都能采用纳米胶囊、纳米乳液的形式添加到食品中,经处理后,不但可以改变原物质的溶解性,提高稳定性,扩大应用范围,也可以提高其在生物体中的利用率。

(二)纺织品方面的应用

香精的组成是十分复杂的,香精中的有机物成分多是易挥发化学成分不稳定的物质,所以在使用和储存期间,难免会挥发散失或分解变质。为保护香精免受外界环境因素的影响,并延长其香气的释放期限,只有采用香精微胶囊化的方法,才能有效地控制香精的释放。

微胶囊香精在纺织品中的应用主要有四种方式:第一,在涂料印花时将微胶囊香精加入涂料印花浆中或在涂料染色时将微胶囊香精加入,然后按常规工艺进行印花或染色;第二,在纺织品整理过程中加入,即在柔软、防水、抗静电等后整理时将微胶囊香精加入整理液,同液整理;第三,喷雾加香,将微胶囊香精调配成液体,用喷壶将其加在各种需要加香的纺织品适当部位上,进行喷雾加香;第四,让微胶囊香精直接进入聚酯纤维,制成各种芳香化纤纺织品。

上述加香方法中,成品都或多或少会出现香精散发快、热稳定性差、留香时间短等缺陷。纤维内部本身的结构特点为单根纤维中的空腔大小约为 150nm,纤维与纤维之间的间隙也只有数个微米。因此,把微胶囊做成纳米级将有助于香精与织物内部纤维更好的结合,是解决加香纺织品香气缓释长效化的有效途径。著名的日本钟纺公司已经推出包括领带、围巾、手帕、和服、连裤长筒袜等加香纺织品,使得该公司的知名度迅速上升,市场规模也不断扩大。

(三)化妆品方面的应用

在化妆品应用方面,将功效成分包裹在直径为纳米尺寸的胶囊中,以纳米微胶囊作为载体，可将其自动而匀速地缓释于皮肤组织中，使功效成分较长时间维持在有效浓度内，能起到稳定有效成分、减少特殊添加剂对皮肤的刺激等作用。例如，将甘草、芦荟、熊果苷、当归、沙棘等提取物包裹于纳米微胶囊中，可利用其恒速缓释，延长活性成分的作用时间；将维生素C、维生素E、氨基酸、SOD等易受空气、温度等外界条件影响的活性物质包裹于纳米微胶囊中，可提高其稳定性。维生素A酸、果酸等对皮肤有良好的再生、抗衰老作用，但直接与皮肤接触会产生刺激，将其包裹于纳米胶囊中，既能防止刺激，又可为皮肤提供持久的保护。

第三节　顶空分析技术

香气分析一般分为感官评价和仪器分析，现在较为先进的香气仪器分析技术有气相、液相色谱法，色（气、液）谱-质谱联用测定法，顶空分析技术（Headspace Analysis），气相色谱-嗅闻检测技术（GC-O），香气指纹分析技术（Electronic Nose）等。

顶空（Headspace）分析技术是指将所需提取香气物质置于或连接于顶空进样器内，通过加热或自然的香气挥发，使低沸点的香成分挥发出来通过传输管道导入色谱仪进行分析，这样能充分保证香气物质的完整性和分析数据的准确性。顶空进样法具有方便、快捷的特点，同传统的溶剂萃取、浓缩再进行进样分析相比，减少了香气成分在萃取浓缩过程中的破坏和损失。在广泛意义上，适于所有物料的挥发性成分取样分析。由于顶空取样有利于低沸点的强挥发性成分的保存，不存在其他制样方法中的低沸点成分“跑掉”的现象，也不会出现溶剂的色谱峰遮掩低沸点成分峰的现象，因此顶空取样常与溶剂萃取等其他香气制样技术形成互补。按照挥发性组分的提取方式不同，可分为静态顶空法（Static Headspace）、动态顶空法（Dynamic Headspace）、顶空固相微萃取法（Headspace Solid Phase Microextraction，HS-SPME）和顶空单液滴微萃取法（Headspace Single Drop Microextraction，HS-SDME）。

一、静态顶空法

（一）概述

静态顶空（Static Headspace）取样是将样品放在一个密封的小瓶中，在常温或加热条件下，经搅拌（或振荡）一定时间，可达到气液平衡，用注射器抽取顶空气体进样分析（图6-4）。静态顶空的主要缺陷是敏感性差。分析物的浓度越低，需要的样品体积就越大。气相色谱的允许进样体积一般不超过10mL，因此用气相色谱-氢火焰离子化检测法（GC-FID）时只能检测到顶空气体中浓度大于10^{-7}g/L的成分，而用气相色谱-质谱联用测定法（GC-MS）时只能检测到顶空气体中浓度大于10^{-5}g/L的成分。食品的香气中，样品组分在顶空气体的浓度一般10^{-4}～10^{-10}g/L或更低。因此，静态顶空取样，适于检测的是样品顶空中那些含量丰富的成分或能够释放出含量较浓的头香物料(如鲜花)的香气成分。在自动化静态顶空时,进样阀和传输线温度一般稍高于样品温度以免挥发性物质冷凝,但过高的温度会因为气体的膨胀,导致进入定量管的样品相对浓度变小,使分析灵敏度降低。

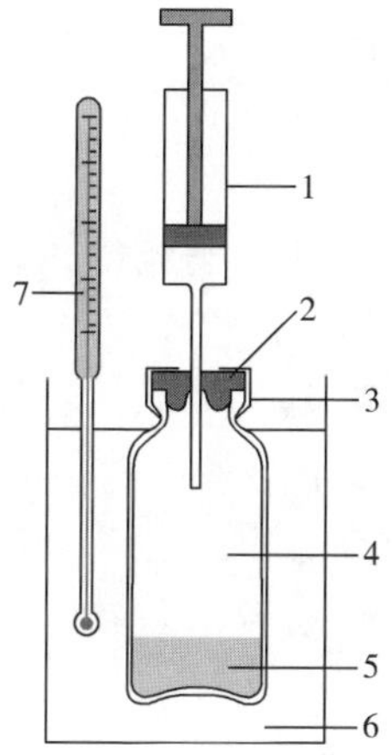

图 6-4　静态顶空的典型装置

1—注射器　2—密封隔垫　3—螺帽　4—容器　5—样品　6—恒温浴　7—温度计

(二)静态顶空取样的优缺点

优点:①不使用溶剂、无环境污染、节约费用、低沸点成分的谱峰不受溶剂峰的干扰;②使用自动化装置,简单、快速、可一次性处理多个样品。

缺点:①适于分析挥发性强的成分,对挥发性弱的成分敏感性差;②顶空气体的组成受平衡温度、平衡时间、样品瓶体积、基质效应等多个因素的影响;③灵敏性差,浓度较低的挥发性成分,仪器无法检测到。

(三)静态顶空取样的影响因素

1. 样品性质

在一定条件下,样品达到平衡时,液体和固体样品中存在着气-液或气-固两相,甚至气-液-固三相。顶空气体中各组分的含量与它们各自的挥发度有关,又与样品的基质有关。待测组分在气相和样品中浓度的比值,称为分配系数(k)。一般挥发度较小或在样品基质中溶解度较大的组分,分配系数较小,"基质效应"达到相平衡时,顶空气体中的浓度较低。

在实际应用中,常用如下方法减弱基质效应并增大分配系数:

(1)盐析作用　在样品体系中加入无机盐(如氯化钠),可使挥发性组分在样品中的溶解度减小,从而增大其分配系数。加入盐量的多少,应根据待测组分的性质确定。一般而言,盐析作用对极性组分的影响远大于对非极性组分的影响。

(2)样品中加入水　多数挥发性组分是亲脂性的，在样品中加入水，挥发性组分在样品中的溶解度会降低，从而有利于挥发性组分向顶空中扩散。例如，在测定聚合物中的丙烯酸-2-乙基己酯残留量时，样品溶于二甲基乙酰胺（有机溶剂）中，然后加入水，分析灵敏度可提高数百倍。

(3)调节溶液的 pH　对于弱碱性组分和弱酸性挥发性组分，通过调节样品体系的 pH，可使这些组分以非电离形式存在，从而可增大它们在气相中的浓度，提高分析的灵敏度。

2. 样品体积

样品的体积对分析结果有影响，因为它与相比 β（样品体积与顶空体积的比值）直接相关。一般来说，样品体积增大，检测的灵敏度会随之增加，但样品体积的影响还要依据测组分的性质来定。分配系数较大的组分，受样品体积的影响较为敏感，而分配系数较小的组分，受样品体积的影响较小。例如，水溶液中的二氧六环和环己烷，用 20mL 的样品瓶在 60℃平衡，当样品量由 1mL 变为 5mL 时，二氧六环的分析灵敏度只提高了 1.3%，而环己烷却提高了 452%。因此，在平行实验时，应尽量保持各份样品的体积一致，分析结果才能具有较好的重现性。

此外，样品体积的大小还受样品量和样品瓶容积的限制。样品体积的上限是充满样品瓶容积的 80%，在实际分析时常采用样品瓶容积的 50%为样品体积。

3. 平衡温度

一般来说，温度越高，蒸气压越高，顶空气体的浓度越高，分配系数越大，分析灵敏度也越高。但温度的提高只是对分配系数较小的组分影响较大。

此外，温度高时可使平衡时间缩短。但香气分析中，在满足灵敏度的条件下，常选择较低的平衡温度，以防止某些组分的分解和氧化（样品瓶中有空气）。此外，若温度较高，会造成顶空瓶内的压力过大，引起顶空瓶或仪器系统的漏气。

4. 平衡时间

采用静态顶空装置分析时，当样品瓶内达到相平衡时，才能取样分析。样品的平衡时间往往比气相色谱(GC)分析时间长，缩短平衡时间是提高样品分析速度的关键。

本质上，平衡时间取决于被测组分从样品基质扩散到气相中的速度。分子的扩散系数越大，所需的平衡时间越短。扩散系数与分子结构、介质黏度及温度有关。温度较高时，样品黏度较低，扩散系数越大，平衡时间较短。采用搅拌技术，如机械搅拌或电磁搅拌也可缩短平衡时间。实验证明，对于分配系数小，在样品基质中溶解度大的样品，可通过搅拌方法使平衡时间缩短一半以上。但对于分配系数大的样品，影响相对小得多。

平衡时间还与样品的体积有关。体积越大，所需的平衡时间越长。而样品体积又与分析灵敏度有关，对于分配系数小的组分，若通过增大样品体积提高分析灵敏度，所需平衡时间就相应增加。对于分配系数大的组分，用小的样品体积时就可获得较高的灵敏度，因而平衡时间较短。

固体样品比液体样品所需的平衡时间长。除了提高温度外，常用减小固体颗粒的粒径，增大比表面的方法缩短平衡时间。此时，用冷冻粉碎技术较好，因一般的粉碎方法会使样品发热，挥发性组分丢失。此外，将固体样品溶解在适当的溶剂中或用溶剂浸润固体样品中，也可以减小固体表面对待测物的吸附作用，缩短平衡时间。但样品稀释后，会降低检测的灵敏度。

（四）静态顶空的应用

Boland A B 等用静态顶空分析法，测定了果胶和动物胶中草莓香气化合物的气-胶分配系数。Chalier P 等用静态顶空法，研究了甘露糖蛋白和分离后的甘露糖蛋白中 4 种芳香化合物之间的相互作用。Helmut Guth 等为了比较乳蛋糕和乳粉在油-水模型体系中的香气特征，通过静态顶空-气相色谱法分析出了 γ-和 δ-辛内酯、γ-和 δ-壬内酯、γ 和 δ-癸内酯、己酸乙酯、3-甲基-1-丁醇、2-苯基乙醇等香气成分。Carrapiso A I 采取静态顶空技术，研究了脂肪含量对腊肠香气的影响，得出了脂肪对生腊肠香气的贡献大于煮熟后腊肠的结论。

王昊阳等运用静态顶空-毛细管气相色谱-质谱法对天然香精中挥发性化学成分进行了分析，采用质谱和保留指数检索结合的方法，对香精中挥发性成分进行定性分析，并对香精顶空分析条件进行了优化。结果表明，通过向香精样品中加入适量饱和 NaCl 溶液，显著地提高了低极性挥发性组分的分析灵敏度。雷安亮等采用正交试验、静态顶空-气相色谱法，研究了样品量、平衡温度、平衡时间、离子强度等影响因子对静态顶空-气相色谱法测定葡萄酒中香气物质的影响，获得了最佳的分析条件。

二、动态顶空法

（一）概述

动态顶空法（Dynamic Headspace）是通过对很大的样品顶部空间气体先浓缩，再分析的方法。动态顶空法可检测到含量在 10^{-12}g/L 水平的香气成分，是香气分析中广泛使用的一种顶空取样技术，如图 6-5 所示。

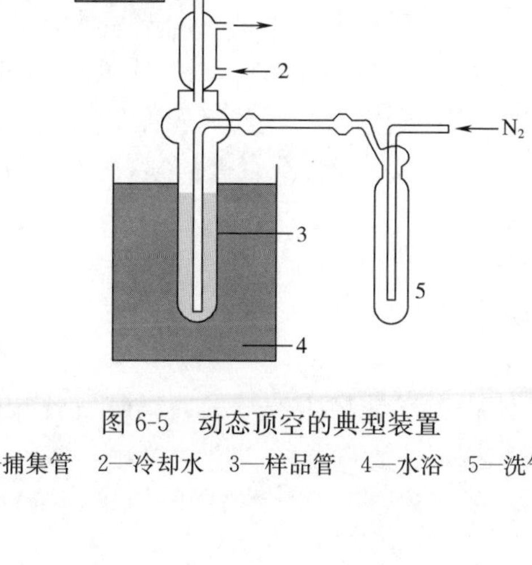

图 6-5　动态顶空的典型装置

1—捕集管　2—冷却水　3—样品管　4—水浴　5—洗气瓶

在动态顶空装置中，样品的顶空气体被载气（He 气或 N_2气）吹入捕集阱，在捕集阱中挥发性成分被浓缩，从而显著地增加了检测的灵敏性。当样品是液体时，载气管可直接插进液面吹扫挥发性成分，此时动态顶空法又称为吹扫捕集法（Purge and Trap）。捕集阱可为一个玻璃管或用玻璃作衬里的不锈钢管，管中装有吸附剂（如 Tenax™）或为一个低温冷阱。捕集的样品，可通过溶剂洗脱或加热的方法解吸出来，进行气相色谱分析。

为了增大样品分子的浓缩倍数，处理的样品量在 100mL～1L 是很常见的，采用加热或搅拌的方法可加快挥发性成分向顶部空间的扩散。当样品量很大时，为了保持系统的气密性和压力稳定，常用真空泵将样品顶部的气体抽吸到捕集阱而不再使用气体吹扫的方式，此时进入取样瓶的空气应事先净化。

动态顶空法的装置也可自动化，只是比静态顶空的装置稍复杂，仪器的费用也较高，处理时间稍长。一般完成一次样品分析需要 15min，包括吹扫、捕集、吸附剂干燥、样品解吸等多个步骤，但仍具有取样迅速、容易操作的优点。更重要的是，"捕集阱"的使用，大大提高了样品的检测限，可分析含量为 10^{-12}g/L 水平的样品分子；通过选择吸附材料的种类，还可以实现某些样品分子的选择性萃取，简化分析程序。

动态顶空的萃取率（%），可根据同一色谱条件，经吹扫捕集和直接进样两种方法分析，得到色谱图上的待测组分的峰面积计算得到，如式(6-5)所示。

$$\text{萃取率} = \frac{A(\text{吹扫捕集})}{A(\text{直接进样})} \times 100\% \tag{6-5}$$

（二）动态顶空取样的影响因素

影响动态顶空萃取效果的因素包括样品量、样品温度、萃取体积和挥发性成分的捕集方式等。当其他条件固定时，萃取效果主要与样品温度和萃取体积有关。

萃取体积，指吹扫气体通过样品的总量，可通过吹扫时间和吹扫气体的流量计算出来。如在常用的吹扫捕集方法中，吹扫气体流量为 40mL/min，规定吹扫时间为 11min，则萃取体积为 440mL。一般认为，40mL/min 是萃取挥发性物质（尤其是极性小的物质）的最佳流量，也是捕集阱浓缩欲测定物质的最佳流量。但实际分析中，最好先通过吹扫捕集法测定一系标准样品的回收率，然后根据实验结果确定最佳流量。

对于难以吹扫的挥发性物质，可通过增加吹扫气体的总体积来提高萃取率。但对于难于捕集的挥发性物质，萃取率不会因吹扫气体体积的增加而提高，因为在吹扫气体的体积增加时，挥发性物质只是穿过捕集阱，而没有被捕集，此时应通过改善捕集条件来提高吹扫捕集效率。

（三）捕集阱类型

1. 吸附阱捕集

吸附阱捕集指吹扫气体将挥发性物质携带到捕集阱后，挥发性物质被保留在吸附剂上，而吹扫的气体被放空的过程。

较常用的吸附剂是多孔聚合物，有些聚合物同时也可作为气相色谱固定相使用。其中，Tenax™系列聚合物(聚 2,6-二苯基-对-甲苯醚)在动态顶空中常用，该吸附剂材料属于通用型，适于吸附多种有机化合物，尤其对于芳香族化合物吸附性更强，具有使用温度高、使用寿命长的优点。但 Tenax™不适于吸附低沸点的脂肪烃类化合物和低沸点的脂肪醇。

除了 Tenax™外，还有石墨化碳黑(Carbotrap、Carbopack)，疏水性更强，可吸附分子质量大于丙烷的小分子化合物，并可通过加热解吸。碳分子筛可吸附更小的分子如二氯甲烷，这种分子筛与无机材料分子筛不同，它是在高温下将聚合物碳化制备而成的，包括 Carbosieves™、Carboxen™和 Arbersorb™，具有吸附小的有机分子但不会将水引入气相色谱的优点。

2. 冷阱捕集

即使是热稳定性很好的吸附材料 Tenax™，在较高温度下发生热解吸(超过 180℃)时，也会有芳香族杂质释放出来，常量分析时这种干扰可以忽略，但对于微量分析，产生的背景就会构成干扰；若使用较低的解吸温度，杂质干扰会较小，但被吸附的有些组分可能不被脱附。

冷阱捕集，也称低温冷冻浓缩，可以避免使用吸附剂时存在的上述缺陷。在冷冻浓缩时，一般不使用吸附剂。在冷阱捕集管内填充一些玻璃微珠、玻璃棉或其他的惰性材料可增加接触表面。冷阱的温度可根据采集的目标物质确定，而气化温度一般为 40～70℃即可，可避免热敏感性物质发生化学变化。为了保证以一个“窄带”进入毛细管柱，冷冻浓缩液气化后，可再经一次冷聚焦，从而提高气相色谱分析的灵敏度和分辨率。

3. 解吸与除水

吸附的物质可通过溶剂洗脱或热脱附(热解吸)的方式进行解吸分析，自动化动态顶空装置上常采用的是后者——热脱附。一般而言，化合物在吸附剂上的吸附力越强，所需要的脱附温度就越高。每种吸附剂均有最高脱附温度限制，超过最高温度时，吸附材料可能分解并释放出干扰性物质。

多数样品中含有液体，如酒类、饮料、乳类等，如采用动态顶空装置进行分析，样品中的液体会与挥发性分析物一起被吹扫捕集，从而影响后面的气相色谱或气-质联机分析。当选择憎水性吸附剂如 Tenax™时，用干燥的载气吹扫吸附阱即可将液体除去。此外，渗透和冷凝装置可用于动态顶空装置前去除液体。渗透法在去除样品中的水分时，也会除去其他极性物质，因而分析如醛、酮、羧酸等极性挥发物时，不宜用渗透法去除液体。

(四)动态顶空的定量分析

在环境分析中，美国环境保护局(Environmental Protection Agency，EPA)规定了内标法用于吹扫捕集的定量分析。在样品分析前，将选择的内标物加入样品中，使内标和样品经过同样的萃取处理过程。香气物质的吹扫捕集定量分析也可用同样的方法进行。液体样品，是将加入的内标物质与样品均匀混合的混合液体。固体样品，是将内标物加入样品基质中，且保证内标没有挥发损失，有时是很难的，最好在样品吹扫前加入。如果是粉末状样品，可用注射器将内标溶液放置在样品的内部中间位置。如果是类似柠檬皮的片状样品，可将样品放在大量的玻璃棉上，然后在热脱附处理前，用注射器将内标物放在玻璃棉上。当萃取过程的各个参数经过优化、内标物选择合适时，用吹扫捕集定量分析的相对标准偏差可小于5%。

有些吹扫捕集装置配有吸附阱进样口，可用注射器将内标物直接送入吸附阱中。但用该法定量时，不能补偿吹扫效率，可因容器漏气等因素造成的分析误差。

（五）动态顶空在香气分析中的应用

1. 液体样品

吹扫捕集装置的设计主要面向于水溶液中的挥发性物质分析。目前，吹扫捕集技术已在软饮料、啤酒、咖啡、葡萄酒、牛乳、水果汁等多种水性液体食品的香气物质分析中得到了广泛应用。朱宏等采用动态顶空与气-质联用法，鉴定了老陈醋中的挥发性成分，同时测定了这些挥发性物质含量在发酵过程中的变化。利用该方法共鉴定出33种挥发性成分，包括醇类、醛类、酸类、酯类等7类物质。

2. 半固体样品

膏状或凝胶状的半固体样品，直接放在样品管中动态顶空分析时，会受热变软或使其流动性增大，从而污染仪器的气路系统。可用水稀释或者让其以膜的形式铺放在大量惰性固体材料上，再进行动态顶空萃取。例如，牙膏的香气物质分析，因用水稀释后吹扫时会产生泡沫，可采用先在样品管内放上大量玻璃棉，再将少量的牙膏放在玻璃棉上的方法进行动态顶空萃取。这样，牙膏样品即使受热熔化也仍会被玻璃棉包裹，萃取完毕，挥发性物质收集在捕集阱中，难挥发性物质残存在玻璃棉上。

K Hartvigsen等采用动态顶空-气相色谱-质谱法鉴定鱼油富集蛋黄酱中产生的挥发物，结果显示62种挥发性物质的浓度与鱼油和储存参数之间存在相关性，表明形成了脂质氧化产物，这就产生了鱼腥味。

3. 固体样品

固体样品比液体样品、半固体样品更容易实现动态顶空取样。如果固体样品在加热到某温度下不会熔化，可取小量的样品放在样品管中，在加热条件下，进行吹扫捕集。这种方法已成功地用于辛香料、芳香植物、鱼罐头等的香气物质分析中。在50～100℃下吹扫捕集，多数食品香气物质可获得较高的萃取率，但对热不稳定的成分，应在较低的温度下进行。新鲜的水果可先低温匀浆后再进行动态顶空分析。K Tiitinen等使用动态顶空-气-质联机分析了3种草莓的香气物质，分析方法：草莓低温匀浆，恒温水浴22℃保温25min；Tekmar 3000吹扫捕集系统，吸附阱内装填0.2g的OV-1和OV-25（按1∶1混合），吸附阱温度－20℃（干冰冷却）。

三、顶空固相微萃取法

（一）概述

顶空固相微萃取法（HS-SPME）是将萃取纤维置于液体或固体样品顶空中进行萃取的技术。萃取过程中，被分析的有机物在萃取头与萃取体系之间达到平衡。由于不同的成分其在不同相中的分配系数不同，因此不同的挥发性物质在萃取头表面的吸附量不同。HS-SPME采样的装置与普通的注射器类似，上面是一个由活塞构成的手柄，下面是萃取头。萃取头由弹簧、纤维涂层、纤维附着套管和隔垫刺穿头组成。HS-SPME典型装置如图6-6所示。

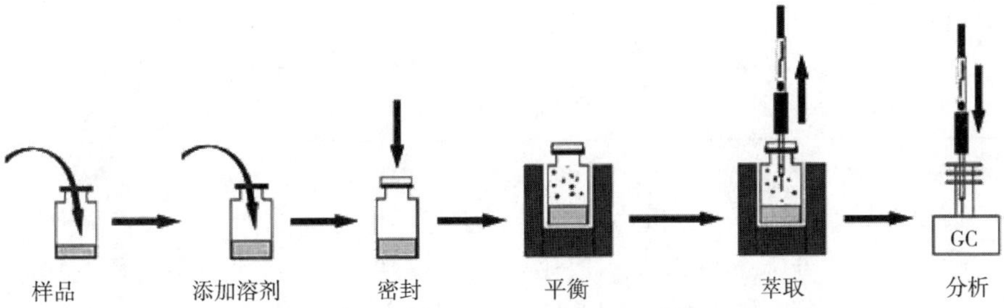

图6-6　顶空固相微萃取（HS-SPME）的典型装置

由于挥发性组分在样品顶部空间的浓度高且分子在气相中扩散系数比在液相中快4个数量级，HS-SPME达到吸附平衡所用时间短。另外，对于HS-SPME，纤维置于样品顶部上空，属于非直接地从样品中吸附分析物，纤维涂层可免受样品中一些非挥发性组分如腐殖物或蛋白质的污染。可任意调节样品的温度、搅拌速度、样品溶液的pH或增加离子强度，以增强样品中的挥发性物质扩散，但不影响纤维涂层的正常使用。

（二）纤维涂层

1. 常见涂层种类

表6-1所示为常见的HS-SPME涂层种类。商业化纤维涂层的极性范围从非极性的聚二甲基硅氧烷（PDMS）到极性的Carbowax。每种纤维涂层都有不同的厚度，100μm PDMS属于通用型，适于多数挥发性香气物质的萃取。若用30μm PDMS，萃取时间可稍短些，而7μm PDMS适于萃取极性较大沸点较高的半挥发性物质。PA涂层适于吸附极性化合物，且对于醇类、酚类物质具有较好的选择性。

表6-1　常见的SPME纤维涂层及适用分析对象

纤维涂层种类	适用分析对象
Polydimethylsiloxane(PDMS)	
100μm/非键合	挥发性化合物
30μm/非键合	非极性半挥发性化合物
7μm/非键合	从中等极性到非极性半挥发性范围的化合物
Polydimethylsiloxane/Divinylbenzene(PDMS/DVB)	
65μm/Partially crosslinked	极性挥发性化合物
60μm/Partially crosslinked	一般性化合物（只适于在液相色谱上使用）
Carboxen/Polydimethylsiloxane(Carboxen/PDMS)	

续表

纤维涂层种类	适用分析对象
75μm/Partially crosslinked	痕量挥发性组分的富集
Carbowax/Templated resin(CW/TPR)	
50μm/Partially crosslinked	交联的表面活性剂（适于液相色谱）
Polyacrylate(PA)	
85μm/Partially crosslinked	极性半挥发性化合物
DVB/Carboxen/PDMS 30/50μm	挥发性及半挥发性化合物

2. 涂层的选择

HS-SPME 萃取率决定于分析物在纤维涂层与样品之间的分配系数和相比 β（样品相与固定相的体积比），分配系数越大或相比 β 越小，萃取率越高。涂层的种类可根据分析物的极性、挥发性并参照使用的经验进行选择。纤维涂层的厚度与相比 β 有关，它决定了 HS-SPME 对于分析物的敏感性和涂层的最大吸附量。纤维涂层的厚度应比较适当，涂层厚，吸附量大但扩散慢，萃取时间长；若涂层薄，萃取时间较短，易于达到吸附平衡，但是可萃取的量较小，分析灵敏度低。混合相涂层更适于分析多组分挥发性样品。也可以研制出具有特定选择性的纤维涂层，例如分子印迹聚合物涂层或亲和色谱涂层，从而实现对特定分析物的选择性萃取。表 6-2 所示为各类香味化合物适宜的萃取纤维类型。

表 6-2　各类香味物质适用的纤维涂层

化合物簇	纤维类型
羧酸（C_2～C_8）	Carboxen/PDMS
羧酸（C_2～C_{15}）	CW/DVB
醇（C_1～C_8）	Carboxen/PDMS
醇（C_1～C_{18}）	CW/DVB
醛（C_2～C_8）	Carboxen/PDMS
醛（C_3～C_{14}）	100μm PDMS
酯类（C_3～C_{15}）	PDMS/DVB
酯类（C_6～C_{18}）	100μm PDMS
酯类（C_{12}～C_{30}）	30μm PDMS
醚类（C_4～C_{12}）	7μm PDMS
脂肪烃化合物（C_2～C_{10}）	Carboxen/PDMS
脂肪烃化合物（C_5～C_{20}）	100μm PDMS
脂肪烃化合物（C_{10}～C_{30}）	30μm PDMS
脂肪烃化合物（C_{20}～C_{40+}）	7μm PDMS
酮类（C_3～C_9）	Carboxen/PDMS
酮类（C_5～C_{12}）	100μm PDMS
酚类（C_5～C_{12}）	Polyacrylate
萜烯类	100μm PDMS
含硫气体	Carboxen/PDMS

(三)HS-SPME 与其他分析方法的比较

1. 与直接注射比较

调配香精时常用乙醇、丙三醇、丙二醇、脂肪酸三甘酯、苯甲醇、柠檬酸三乙酯、糖浆、水等作为溶剂。当香精样品用的是挥发性溶剂时，在气相色谱或气-质联机上能够直接分析，但存在的缺陷是色谱图上的溶剂峰很强，需要的峰很小或被遮盖。此时，若将样品用 HS-SPME 处理，即可去除或减小溶剂峰，获得满意的分析结果。

2. 与静态顶空比较

当萃取时间较短时（如 1min），HS-SPME 常获得与静态顶空相似性的分析结果，但 HS-SPME 还会将有些高沸点的物质萃取出来。在萃取时间较短时，HS-SPME 的分析灵敏度较低，但只要能满足仪器的检测要求，选用较短的萃取时间较好，因为此时纤维的吸附量与样品的浓度常存在线性关系。

3. 与动态顶空比较

动态顶空法分析出的成分稍多，有贡献的组分并不会增多，但动态顶空法花费的时间较长。所以，欲通过快速分析，选择 HS-SPME 方法较好。

4. 与同时蒸馏萃取比较

HS-SPME 与同时蒸馏萃取具有互补性。HS-SPME 对分子质量较小、沸点较低的挥发性成分的萃取率较高；而蒸馏萃取对分子质量较大、沸点较高的挥发性成分的萃取率较高，在全面分析挥发性构成时，两种方法常同时采用。

(四)HS-SPME 在香气分析中的应用

1992 年，Hawthorne S B 首次用熔融硅胶纤维萃取分析了咖啡中的咖啡因含量，随后又用同样的方法测定了茶、碳酸饮料、水果汁及酒精饮料中的萜类、脂类、有机酸等香气物质的含量。由于操作简单、分析快速，HS-SPME 常用于不同品牌饮料的分析鉴别。Jetti R R 等采用顶空固相微萃取-气相色谱法对草莓中的香气化合物进行定量分析，研究了在加利福尼亚州和俄勒冈州种植的 10 个草莓品种。Steffen A 等用 HS-SPME 分析甜橙汁挥发性香成分，结果表明，在样品中加入盐，SPME 吸附量明显增大，17 种甜橙汁香成分都被检测了出来。在分析物的测定浓度范围内，所用 HS-SPME－GC 方法可呈现出较好的线性关系。Riu-Aumatell M 等通过顶空固相微萃取和气相色谱-质谱（HS-SPME 和 GC-MS）可快速评估几种商业水果（梨，杏和桃）的挥发性情况，该方法可分析出 97 种风味化合物，是一种快速、简便且便宜的方法。此外，通过挥发性化合物，可以区分有机和常规生产的果汁以及添加了调味剂的果汁。F Bangerth 等用 PDMS 纤维 SPME 取样 24min，再用 6min 的快速气相色谱-飞行时间质谱法[GC-(TOF)MS]分析，检测出了 29 种苹果挥发性香成分，且这些香成分在 10^{-12}～10^{-6}g/L 浓度范围内存在线性定量关系。T Cai 等采用顶空固相微萃取技术（HS-SPME）和气相色谱-质谱联用技术（GC-MS）对苹果白兰地不同馏出物中的香气成分进行了分析，结果表明共检测出 48 种化合物，包括 27 种酯、7 种醇、7 种有机酸，以及微量醛、酮和萜烯。这些化合物以辛酸乙酯、癸酸乙酯、己酸乙酯、苯甲酸乙酯、己醇、异戊醇和苯乙醇为主。此外，Louise Urruty 将

SPME与人工神经网络统计系统(Artificial Neuron Networks,ANN)结合,研究出了一种快速有效地评价新型草莓杂交品种的方法,认为HS-SPME和GC-MS是从香气成分上鉴别筛选草莓品种的强有力分析手段。

四、顶空单液滴微萃取法

(一)简介

顶空单液滴微萃取(HS-SDME),又称顶空液相微萃取(Headspace Liquid Phase Microextraction,HS-LPME),最早由Jennot Michael A和Cantwell Frederick F于1996年提出。该方法是指将注射器插入到样品瓶中,让一滴萃取溶剂悬挂于注射器针尖的顶端,吸附萃取一定的时间后,将液滴吸回到进样针中的萃取过程。该技术将液相微萃取和顶空取样技术结合,适于分离富集复杂基质包括黏稠液体、固体等样品中的挥发性、半挥发性成分。通过改变萃取溶剂,还可实现对目标成分的选择性萃取。HS-SDME具有简单、快速、灵敏度高、环境友好、样品萃取完成可在GC和GC-MS上直接进样分析的优点。HS-SDME的基本原理如下:

HS-SDME是基于分析物在样品、顶空气相、萃取溶剂三者之间的平衡分配过程,如式(6-6)所示。

$$n=\frac{k_{odw}V_dC_0V_s}{k_{odw}V_d+k_{hs}V_h+V_s} \tag{6-6}$$

式中 n——萃取溶剂萃取的分析物的量;

k_{odw}——分析物在萃取溶剂与样品之间的分配系数;

k_{hs}——分析物在顶空气相与样品之间的分配系数;

C_0——分析物在样品基质中的初始浓度;

V_d、V_h和V_s——分别为萃取溶剂、顶空气相、样品的体积。

按照萃取方式,HS-SDME可分为静态顶空单液滴微萃取(Static-Headspace Single Drop Microextraction,Static-HS-SDME)和动态顶空单液滴微萃取(Dynamic Headspace Single Drop Microextraction,Dynamic-HS-SDME)两种方式。

(二)影响萃取效率的因素

影响HS-SDME的主要因素有萃取溶剂的种类及用量、萃取溶剂温度、样品温度、萃取时间、盐效应、搅拌等。

1. 萃取溶剂的种类及用量

萃取溶剂的选择遵循“相似相溶”的基本原则,选用的萃取溶剂应满足以下要求:

①能对目标分析成分很好地萃取;

②具有较好的色谱行为,不干扰待测物的检测;

③具有较高的沸点、较小的黏度和较低的蒸气压,以减少萃取过程中萃取液滴的

挥发。

通过改变溶剂的种类及调节溶剂的极性，来实现对不同化合物的选择性萃取。使用单一种类的溶剂在一定程度上具有很大的局限性，近年来混合溶剂被应用于HS-SDME，通过调节混合溶剂中各溶剂的比例及酸碱度，极大地增加了萃取溶剂的种类及适用范围。此外，如果萃取溶剂的沸点较低，可采取在样品中加入一定量的萃取溶剂的方法增加顶空的蒸气压，从而减少萃取过程中溶剂的损失。尽管样品中加入溶剂会降低萃取效率，这个缺点可通过调节影响萃取的其他参数来弥补。

萃取溶剂量对萃取效率也有一定的影响。一般来说，萃取溶剂量越大，越有利于对分析物的萃取，因此，适当地增加溶剂量可提高萃取效率。但对于Static-HS-SDME，萃取溶剂量越大，液滴体积就越大，从而使得萃取物进入液滴的速率就会变小，达到萃取平衡所需时间也就越长。另外，萃取溶剂量过大，液滴就会过大，液滴就很难稳定地悬挂在针尖上。

2. 萃取溶剂的温度及样品温度

一般说来，萃取溶剂的温度较高时会使萃取溶剂挥发，从而导致萃取效率降低。相反，样品温度较高有利于样品中挥发性物质的释放，增加萃取物的蒸气压及其在顶空中的含量，可缩短达到平衡所需的时间，提高萃取效率。因此，保持样品温度较高的同时使萃取溶剂的温度较低，将会有利于分析物在萃取溶剂中的浓缩富集。

3. 萃取时间

HS-SDME的萃取是分析物在样品、顶空气相和萃取溶剂之间的平衡分配过程，达到此平衡需要一定的萃取时间。但时间过长也会导致溶剂液滴的挥发，因此HS-SDME的萃取时间应针对不同的样品及萃取溶剂而定。

4. 盐效应

一般而言，水相样品中加入无机盐能够改变样品的离子强度，增大分配系数，从而提高分析物的萃取率。最常用的盐为氯化钠和硫酸钠。但应注意，某些样品体系，随着盐的加入，萃取率会出现下降。

5. 搅拌

搅拌能促使样品中挥发物的释放，在顶空中形成对流，有利于挥发物在样品溶液和顶空气相之间快速达成平衡，减少萃取时间。

（三）HS-SDME在香气分析中的应用

HS-SDME最初主要用于分析环境样品，如水中痕量污染物和生物样品，如血样中的药物。目前，此技术已在芳香植物、鲜花等天然香料及酒类等食品的香成分分析上得到了一定的应用。

1. 天然香料成分分析

Cao J等分别用HS-SDME、固相微萃取和水蒸气蒸馏法分析了温郁金（*Curcuma wenyujin* Y. H. Chen et C. Ling）的挥发性成分，三种萃取方法得到的挥发性成分基本相同。但HS-SDME具有简单、廉价、样品用量小的优点。另外，HS-SDME重复性好、精度高。

Deng C等采用先加压热水萃取（Pressurized Hot Water Extraction，PHWE）再采取

Dynamic-HS-SDME 的方法，通过气-质联机分析了豆蔻（*Fructus amomi*）精油的组成。优化的萃取条件：样品量取 2.0mL；样品温度 60℃；加热时间 10min；搅拌速率1100r/min；萃取溶剂为环己烷，用量 1.0μL；活塞抽动速率 1.0μL/s；停留时间 5.0s；重复萃取 20 次。在此萃取条件下，对 5 个不同地区所产豆蔻中的樟脑、龙脑、乙酸龙脑酯三个成分进行定量分析，发现海南产豆蔻的质量最好，且定量结果与采用水蒸气蒸馏法极为相近。

与现有的其他样品进样分析方法相比，HS-SDME 的萃取条件温和、样品用量少、快速、准确、精度高，使其在新鲜植物的挥发性成分分析上更有优势。

2. 酒类香成分分析

Xiao Q 等用 HS-SDME、直接单液滴微萃取（Direct-SDME）、顶空固相微萃取（HS-SPME）三种方法分析了啤酒中的含硫挥发性成分。通过加样回收法对比，发现 HS-SDME 和 HS-SPME 的加样回收率均可达到 100%。此外，HS-SDME 的样品萃取量远大于 Direct-SDME，若用萃取前后目标组分的色谱峰面积比值表示浓缩倍数，HS-SDME 在 5min 内可达到 1432 倍，而 Direct-SDME 却只达到 30 倍，这表明 HS-SDME 更适合于挥发性化合物的萃取。A Tankeviciute 等研究了 HS-SDME 在白酒和啤酒香成分分析中的应用，对比了 HS-SDME 和 Direct-SDME 两种方法分析白酒中酯类香成分乙酸乙酯、乙酸异丁酯、乙酸丁酯、乙酸异戊酯、乙酸戊酯的结果，发现 HS-SDME 的 RSD（$n=5$）一般小于 Direct-SDME 的分析结果；并采用 HS-SDME 法萃取分析了由乙醇、正丙醇、异丁醇、异戊醇四个标准品配制的水溶液，证明了 HS-SDME 适合分析啤酒中的醇类香成分。

第四节　气味指纹分析技术

食品的风味占有重要地位，是界限性标志。它是指食品在入口前后，人的味觉器官、嗅觉器官和触觉神经对其的综合感觉。因而，食品感官分析是食品品质、安全和营养性的重要指标。食品的香是食品中所有挥发性成分协同性作用的结果。长期以来，对由此类协同性影响风味的质量控制因不能直接实行而被忽略，就只能由人工来完成。然而，对人工风味感官检测和品质控制一直是抽象而又主观的判断。指纹分析技术是近 20 年来针对于复杂介质和含协同作用的样品而发展起来的一项新技术。对于不同的关注点，指纹技术可以应用不同的仪器分析手段，如气相色谱仪、质谱仪、香气指纹分析仪（电子鼻）和味觉指纹分析仪（电子舌）对样品进行的分析。本章主要介绍用于香气分析的电子鼻分析技术。

电子鼻应用了先进的传感器和计算机技术模仿生物嗅觉系统的电子仪器，其发展历史最早可追溯到 1982 年英国科学家 K Persaud 和 G Dodd 在《自然》（*Nature*）上的一篇开创性文章。文章指出，电子鼻可用于精准识别不同组成或含量的复杂气体混合物。电子鼻凭借分析快速、简便、客观和重现性好等特点，在香气分析领域中受到了越来越多的重视，在食品、烟草、医学、环境检测和公共安全等诸多领域中已得到了广泛应用，具有广阔的发展前景。

一、电子鼻工作原理

电子鼻检测技术是一种模仿生物嗅觉系统气味识别机制的检测方法。人类嗅觉系统的工作流程为:检测气体—嗅觉细胞—嗅泡—嗅觉中枢—判别结果。电子鼻的工作流程为:检测气体—传感器阵列—信号处理电路—模式识别—判别结果。

电子鼻系统中包含一组集成不同种类气敏传感器的传感器阵列,待测气体分子可以吸附于传感器阵列之上,引起传感器输出值的变化。电子鼻利用不同传感器对气体的交叉响应,由多个传感器对一种气味的响应便构成了传感器阵列对该气味的响应谱,将传感器阵列的响应信号进行适当的预处理后进行特征提取,获得气体的特征或特征向量,不同的气体具有各自不同的特征及特征向量,表现在电子鼻上则是其特征响应信号指纹图谱。该指纹图谱在电子鼻所嵌入的模式识别算法下可输出相应香气属性,实现对待测香气的判识。

电子鼻具有如下特点:

①电子鼻是一种有别于传统检测技术的仿生检测技术,它所捕获的是待测气体气味的多维信息,通过模式识别方法可从指纹图谱中提取气体的隐含性质,实现对待测气体的识别和检测。

②电子鼻模拟人类嗅觉器官工作原理,它可以尽量避免传统精密仪器分析法对样品的预处理过程,直接进行测定,速度快,可以实现实时和在线反馈检测信息。

③电子鼻能够有效规避感官检测中人员的主观因素及误差,其客观性能可有效提高检测精度。

④电子鼻测量灵敏度较高,其气味的检测限可达到 10^{-6}g/L 甚至 10^{-9}g/L。

⑤电子鼻可应用于化学、食品、化妆品等具有挥发性气体及爆炸物、毒品等危险物品的检测中,适用范围广。

二、电子鼻产品

得益于电子鼻在气体检测领域的巨大优势,经过近 20 年的发展,电子鼻已逐步在商业领域中得到推广。表 6-3 所示为市场上应用较为广泛的商用电子鼻产品。

表 6-3　　商用电子鼻产品

序号	品牌	产地	传感器类型	模式识别技术
1	Airsense Analysis GmbH	德国	MOS	ANNPCA、SPR
2	Alpha-MOS Multi Organoleptic Sstem	法国	CP、MOS、QCM、SAW	ANN、DFA、PCA
3	Aromascan PLC	英国	CP	ANN
4	Bloodhound Sensors Ltd.	英国	CP	ANN、CA、PCA
5	Cyrano Science Inc.	美国	CP	PCA

续表

序号	品牌	产地	传感器类型	模式识别技术
6	EEV Ltd. Chemical Sensor Systems	英国	CP、MOS、QCM、SAW	ANN、DFA、PCA
7	Electronic Sensor Technology Inc.	美国	GC、SAW	SPR
8	Hewlett-Packard CO.	美国	四级质谱(QMS)	标准化学
9	HKR Sensor System GmbH	德国	QCM	ANN、CA、DFA
10	Lennartz Electronic GmbH	德国	MOS、QCM	ANN、CA、PCR
11	WMA Airsense Analysentechnik GmbH	德国	MOS	PCA、LDA、DFA、ANN、DC
12	RST Rostock Raumfahrt and Umweltschatz GmbH	德国	MOS、QCM、SAW	ANN、PCA
13	Nordic Sensor Technologies AB	瑞典	IR、MOS、MOSFET、QCM	ANN、PCA
14	Sawteck Inc.	美国	SAW	专利
15	Smart Nose Ltd	美国	MS	PCA、DFA
16	Applied Sensor GmbH	德国	QCM	—
17	Intelligent Ltd	中国	QCM	LDA、ANN

注:金属氧化物半导体(Mental Oxide Semiconductor, MOS);人工神经网络(Artificial Neural Network, ANN);主成分分析(Principal Component Analysis, PCA);表面等离子体共振(Surface Plasmon Resonance, SPR);导电聚合物(Conducting Polymer, CP);石英晶体微天平(Quartz Crystal Microbalance, QCM);声表面波传感器(Surface Acoustic Wave, SAW);确定有限自动机(Deterministic Finite Automation, DFA);竞争聚集算法(Competition Algorithm,CA);气相色谱柱(Gas Chromatograhpy, GC);质谱计(Auadrupole Mass Spectrometer, QMS);主成分回归(Principal Component Regression, PCR);红外光谱(Infrared Radiation, IR);金属氧化物半导体场效应晶体管(Metallic Oxide Semiconductor Field Effecttransistor, MOSFET);质谱(Mass Spectrometry, MS);线性判别分析(Linear Discriminant Analysis, LDA)。

目前,商用电子鼻厂商主要集中在西方发达国家,而且价格昂贵。不同的电子鼻在传感器种类及数据处理方法上都有较大的不同,传感器种类与模式识别方法是影响电子鼻应用范围、检测精度和检测速度的主要因素。

三、气敏传感器研发进展

气敏传感器及其阵列是电子鼻研制的关键技术,选择合适的传感器阵列对提高电子鼻检测系统整体的性能至关重要。气敏传感器的关键部分是敏感材料,不同的敏感材料可以构成不同类型的气敏传感器。通常情况下,研发适用于电子鼻的气敏传感器需要考虑以下因素:

①所有传感器应具备较高的一致性和可重复性。

②传感器的响应时间与恢复时间应较短,且性能较稳定。

③传感器对不同检测气体的响应特性应具有广谱性。

④传感器阵列中的传感器应具有交叉敏感性，以提高传感器阵列对气体响应的效率。

电子鼻常用的气敏传感器可分为以下四类。

（一）金属氧化物半导体（MOS）电导型气敏传感器

金属氧化物半导体传感器主要利用其处于工作温度时的金属氧化物材料在与扩散的待测气体分子接触时，金属氧化物半导体器件释放或被夺取电子使得金属氧化物半导体器件的电阻值发生变化的原理来检测气体。待测气体种类和浓度决定着金属氧化物半导体传感器的阻值，并由此导致 MOS 传感器输出了不同的特征信号。目前，电子鼻中采用的金属氧化物半导体气敏传感器主要由 SnO_2、ZnO_2、Fe_2O_3、TiO_2、WO_3 等基底活性材料及掺入的微量铂、钯等贵金属作为催化剂制成，催化剂可以缩短传感器达到化学反应平衡的响应时间，加快传感器的响应速度。金属氧化物半导体传感器具有结构简单、易小型化、寿命长、价格便宜、一致性好、适用范围宽等优点，适用于还原性气体，特别是可燃性气体（如 CO 和 H_2）的检测。金属氧化物半导体传感器是电子鼻中应用最广泛的一种传感器。

（二）电化学气敏传感器

电化学气敏传感器是利用待测气体与传感器内的电解质相接触时，发生氧化还原反应，引起流经外部线路的电流发生变化来实现对待测气体检测的。其信号主要与待测气体的种类与浓度有关，依据电化学气敏传感器内部电解质的种类可分为水液体型、有机溶剂型、离子液体型等。电化学气敏传感器具有选择性强、测量精度高、测量范围大等优点，可用于 O_2、HF、SO_2、NH_3、CO、HCN 等气体的定性分析或定量检测。

（三）石英晶体微天平（QCM）气敏传感器

石英晶体微天平气敏传感器利用传感器表面的敏感薄膜吸附气体分子时质量变化引起传感器谐振频率值的变化量来实现对待测气体检测的。电子鼻传感器阵列的石英晶体微天平气敏传感器的敏感薄膜材料不同，对待测气体分子的选择吸附能力不同，这导致了不同石英晶体微天平气敏传感器的谐振频率响应不同。石英晶体微天平气敏传感器结构简便，灵敏度高，在室温环境下工作具有较高的稳定性，适用于 NH_3、NO_2、SO_2、SO_3、CO、HCl、TNT 等有毒有害气体的检测。

（四）声表面波（SAW）气敏传感器

声表面波传感器是利用压电基片表面声波的传播特性随着基片表面物理特性的改变而发生变化的原理制成的气敏传感器。当位于声表面波气敏传感器声表面波传播路径上的敏感膜涂层与挥发性气体接触时，敏感薄膜层质量或电导率发生变化，引起声波在传感器表面的传播速率发生变化，导致声表面波气敏传感器输出的声波传播速率（即频率值）发生改变。声表面波气敏传感器成本低、工作频率高、灵敏度高、功耗低，主要适于 NH_3、NO_2、CO 等挥发性气体浓度的检测。

四、电子鼻数据处理方法

(一)主成分分析算法(Principal Component Analysis,PCA)

主成分分析算法是一种线性变换方法,可以从多个变量数据中挑选出较少数量的重要变量来代表原数据包含的信息。它能够以低维数的数据表达高维数据包含的信息,解析出主要影响因素以揭示事物的本质,是目前电子鼻模式识别系统领域中最常用的数据预处理方法。在电子鼻模式识别方法设计中,主成分分析算法从电子鼻中传感器阵列所采集到的测试样品信号数据中提取特征参数,客观地剔除数据中的冗余数据,为电子鼻准确分析样品提供了基础数据。该方法简单,易于理解,普适性高,目前已经在众多品牌的电子鼻中得到了应用。

(二)K 近邻算法(K-Nearest Neighbor,K-NN)

K-NN 分类算法是一种简单、常用的数据挖掘分类技术方法,它是针对特征空间中待测样本的特征向量与其相邻的 k 个样本特征向量间的距离关系而实现待测样本分类的一种方法,该算法可以仅依靠与待分样本特征向量距离最近邻的一个或者几个样本来判断样本的种类。对电子鼻中传感器阵列采集的数据分类而言,K 近邻算法是一种无需训练、简单、便捷的方法,在电子鼻的应用中取得了不错的效果。

(三)线性判别式分析(Linear Discriminant Analysis,LDA)

线性判别式分析算法是通过最大化类内散度矩阵与类间散度矩阵的比值来获得样本采集数据的最优投影空间,进而在最优空间中寻找最佳分离性的线性判别方式。在电子鼻的数据处理中,线性判别式分析是一种成熟快速有效的方法。

(四)支持向量机(Support Vector Machine,SVM)

支持向量机算法的核心思想是把输入向量映射到高维特征空间中,将在低维空间中原本线性不可分的问题转化为在高维空间中线性可分的问题,同时避免出现“维数灾难”的现象。作为一种通用的学习方法,支持向量机算法对小样本进行学习与分类具有比较好的推广能力。由于支持向量机算法占用的计算资源少,可以使其在具有有限计算资源的电子鼻中得到应用,因而受到很多学者的重视。

(五)Adaboost 集成分类器

Adaboost 集成分类器针对贴有标签的训练数据集,训练一组结构相同、参数差异的子分类器,将这些子分类器按照一定的权值集成起来,构成 Adaboost 集成分类器。该算法以每次迭代训练后的训练误差作为参考,来校正当前每个子分类器和数据样本的权值,利用重新构造的数据集对子分类器进行迭代训练,以此优化 Adaboost 集成分类器内部参数。相比其他分类算法,Adaboost 集成分类器的泛化性能更好,识别率更高。Adaboost

算法同时具有融合多个分类算法的能力，因其突出的特性，使其在电子鼻的模式识别应用领域得到了广泛的使用。

（六）人工神经网络（Artificial Neural Network，ANN）

人工神经网络是一种通过模拟人类大脑神经元信息处理方式进行数据分析的网络模型，其由大量相似的感知节点互相连接，并形成一个复杂的网络。人工神经网络拥有常规模式识别算法无法比拟的非线性运算优势，对于高维非线性问题，该算法表现出了较高的容错性。随着计算机硬件技术的不断进步，它已经成为模式识别及机器学习领域的研究热点。目前，许多人工神经网络算法已经在电子鼻的模式识别系统中得到应用，如 BP 神经网络、模糊神经网络（FNN）、自组织神经网络（SOM）、学习向量量化（LVQ）、概率神经网络（PNN）等。

五、电子鼻在香气分析中的应用

电子鼻应用研究于香气分析较为成熟，如在调味品、肉制品、茶叶、酒类和果蔬等方面的香气分析中的应用。

（一）调味品香气分析中的应用

近几年，电子鼻在调味品中的研究应用成为一个热点，国内研究者先后利用电子鼻对香醋、酱油、花椒等进行了分类识别、香气分析。

（二）肉制品香气分析中的应用

鲜肉是没有香气的，甚至有难闻的肉腥味，但肉制品挥发性气体的变化与肉的品质变化有关。因此，电子鼻可以应用在肉制品生产线的连续检测中。熟肉的肉香是由氨基酸、多肽、核酸、糖类、脂质、维生素等风味前体物，在加工过程中经过一系列复杂反应生成的。Taurino A M 等利用电子鼻，分析了意大利干制腊肠不同贮藏期的挥发性成分，检测出了腊肠的不同类型和成熟时间，甚至猪的性别。该实验还结合了微生物分析、静态顶空、气相色谱、质谱等分析技术，检测分析了发酵过程中微生物的变化以及腊肠中 19 种风味成分物质。据研究，猪的喂养方式和出栏时间对伊比利亚火腿的风味有重要影响。

当今，肉味香料的生产和研制方兴未艾，各类香精香料在国际市场上相继问世，电子鼻在这一行业中的应用正在渐渐增加。田怀香等利用电子鼻对金华火腿原料与调配的金华火腿香精的香气成分进行了对比分析，通过主成分分析法（PCA）、单类成分判别分析法（SIMCA）等多元统计方法进行数据分析，结果得出，金华火腿原料和所调配的金华火腿香精的总体香气轮廓相似，但仍有差别，这说明调配香精具有金华火腿的特有气味，但与金华火腿原料相比还是有一些差距的，为进一步的调香工作提供了参考。

（三）茶叶香气分析中的应用

香气是决定茶叶品质的重要因素之一。迄今为止，已从各种茶叶中分离出 700 多种香气物质。目前,国内外的茶叶品质鉴定和等级区分大多采用感官审评法,这需要由受过专业培训和有较长从业经验的评茶师来完成。近年来,随着电子鼻分析技术的不断成熟和发展,电子鼻在茶叶中有了越来越多的应用。

黄海涛等利用电子鼻对铁观音、兰贵人、玉针、碧螺春和云雾茶等5种茶叶进行了香气扫描,确定了电子鼻在茶叶香气辨别中的作用。并采用固相微萃取、气相色谱-质谱联用法对这5种茶叶样品中的挥发性化学成分进行了定性和定量分析。于慧春等利用电子鼻对5个不同价格的茶样的茶叶、茶水和茶叶底挥发性成分进行检测,结果表明以相应的茶水为对象进行电子鼻分析,对茶叶品质等级的判别结果比较好,干茶叶次之,茶叶底相对最差。由此可见,探索不同的检测方法可以提高电子鼻的检测精度。

(四)酒类香气分析中的应用

电子鼻在酒类的分析上广泛应用,包括酒类识别、品牌区分,产地和年份鉴别,以及香型分析等多方面。Corrado D N 等利用电子鼻分析了意大利干红葡萄酒,成功区别了1989—1993年5个年份的葡萄酒样品。进一步运用电子鼻对来自不同庄园的葡萄酒进行了比较分析,虽然不同的庄园酒在感官分析中差别甚微,但是在电子鼻气味指纹上有明显的区别。Cynkar W 等用质谱电子鼻装置能有效地监控红葡萄酒的由微生物引起的酸败情况。

(五)果蔬香气分析中的应用

电子鼻可以在区分不同品种或类型的水果中得到较好的应用。Hui GH 等用8个金属氧化物气敏传感器阵列组成的自制电子鼻,预测了红富士苹果在室温条件下不同的储藏时间。通过对数据进行主成分分析(PCA)和随机共振信噪比图谱两个模型分析,结果表明 PCA 不能很好地区分出所有的样品,而随机共振信噪比图谱可以准确地区分出新鲜、半熟、过熟的苹果,预测准确率为84.62%。电子鼻有助于对水果在不同处理时间或条件下的成熟过程或储藏效果的评价。赵梦田等利用浙江工商大学自制的电子鼻检测系统连续在9d时间检测库尔勒香梨样品,以 PCA 方法分析数据,电子鼻可以较好地区分不同储藏时间的香梨样品,并且适用于香梨品质的现场快速检测。王光芒等用13个 TGS-8系列的金属氧化物气敏传感器组成的自制电子鼻对喷洒同种农药但不同浓度的蔬菜进行定量识别,对获得的数据运用 BP 神经网络进行分析,结果表明该系统可以较好地区分不同浓度农药残留的蔬菜,区分正确率为100%。Goncina I 等用不同微生物接种在罐装去皮的番茄中,并用意大利 EOS835 电子鼻检测其中的挥发性物质,运用 PCA 法对数据进行分析,结果表明该电子鼻系统可以检测变质的番茄且检测正确率为83%。

参考文献

[1]包秀萍,王松峰,何雪峰,等．薄荷油微胶囊的制备及其在卷烟中的应用[J]．河南农业科学,2013,42(3):146-149.

[2]吴西芝,李保国,叶惠民．微胶囊化香精在香烟滤嘴中添加的应用与分析[J]．农产品加工(学

刊),2008(7):50-52,57.

[3]杨敏,马永全,于新. 纳米技术在食品工业中的应用与研究进展[J]. 广东农业科学,2010,37(4):151-155.

[4]Marty J J, Oppenheim R C, Speiser P. Nanoparticles-a new colloidal drug delivery system[J]. Pharmaceutica Acta Helvetiae, 1978, 53(1):17-23.

[5]龙燕,谢俊彪. 纳米微胶囊技术与纳米化妆品研究进展[J]. 轻工标准与质量,2015(2):57-58.

[6]李奕. 香精微纳米载体的制备、表征及缓释[D]. 南京:东南大学,2014.

[7]邓晶晶,彭姣凤. 纳米香精的制备和应用研究进展[J]. 中国食品添加剂,2014(3):188-193.

[8]谢建春. 现代香气分析技术及应用[M]. 北京:中国标准出版社,2008.

[9]Aine B. Boland, Conor M. Delahunty, Saskia M. van Ruth. Influence of the texture of gelatin gels and pectin gels on strawberry flavour release and perception[J]. Food Chemistry, 2006, 96(3):452-460.

[10]Chalier P, Angot B, Delteil D, et al. Interactions between aroma compounds and whole mannoprotein isolated from *Saccharomyces cerevisiae strains*[J]. Food Chemistry, 2007, 100(1):22-30.

[11]Guth H, Rusu M. Food matrices-determination of odorant partition coefficients and application of models for their prediction[J]. Food Chemistry, 2008, 108(4):1208-1216.

[12]Carrapiso A I. Effect of fat content on flavor release from sausages[J]. Food Chemistry, 2007, 103(2):396-403.

[13]王昊阳,郭寅龙,张正行,等. 自动化静态顶空-气相色谱-质谱对天然香精中挥发性化学成分的快速分析[J]. 分析测试学报,2004,23(1) : 9-13.

[14]雷安亮,钟其顶,高红波,等. 静态顶空-气相色谱法测定葡萄酒中主要香气成分研究[J]. 中国酿造,2009,28(5):147-151.

[15]朱宏,王爱莉,仇菊,李再贵. 动态顶空结合气质联用法测定山西老陈醋发酵过程中挥发性物质的变化[J]. 中国食品学报,2016,16(1):264-271.

[16]Hartvigsen K, Lund P, And L F H, et al. Dynamic headspace gas chromatography/mass spectrometry characterization of volatiles produced in fish oil enriched mayonnaise during storage[J]. Journal of Biochemistry, 2000, 48(10):4858-4867.

[17]Tiitinen K, Vahvaselkä M, Hakala M, et al. Effect of malolactic fermentation on the volatile aroma compounds in four sea buckthorn varieties[J]. Developments in Food Science, 2006, 43(6):101-104.

[18]Hawthorne S B, Miller D J, Pawliszyn J, et al. Solventless determination of caffeine in beverages using solid-phase microextraction with fused-silica fibers[J]. Journal of Chromatography, 1992, 603:185-191.

[19]Jetti R R, Yang E, Kurnianta A, et al. Quantification of selected aroma-active compounds in strawberries by headspace solid-phase microextraction gas chromatography and correlation with sensory descriptive analysis[J]. Journal of Food Science, 2007, 72(7):S487.

[20]Steffen A, Pawliszyn J. Analysis of flavor volatiles using headspace solid-phase microextraction. [J]. Journal of Agricultural & Food Chemistry, 1996, 44(8):1-10.

[21]Riu-Aumatell M, Castellari M, López-Tamames E, et al. Characterisation of volatile compounds of fruit juices and nectars by HS/SPME and GC/MS[J]. Food Chemistry, 2004, 87(4):627-637.

[22]Bangerth F, Streif J, Song J, et al. Investigations into the physiology of volatile aroma production of apple fruits[C]. 2007 APS March Meeting. American Physical Society, 2007.

[23]Cai T, Zhang G F, Qian-Wen L U, et al. Analysis of aroma components in apple brandy at different distillation stages by HS-SPME/GC-MS[J]. Science & Technology of Food Industry, 2016.

[24]Falquicao C, Wang Z, Urruty L, et al. Focused microwave assistance for extracting some pesticide residues from strawberries into water before their determination by SPME/HPLC/DAD[J]. Journal of Agricultural & Food Chemistry, 2001, 49(11):5092.

[25]Cao J, Qi M, Zhang Y, et al. Analysis of volatile compounds in *Curcuma wenyujin*, Y. H. Chen et C. Ling by headspace solvent microextraction - gas chromatography - mass spectrometry[J]. Analytica Chimica Acta, 2006, 561(1):88-95.

[26]Deng C, Wang A, Shen S, et al. Rapid analysis of essential oil from *Fructus Amomi* by pressurized hot water extraction followed by solid-phase microextraction and gas chromatography-mass spectrometry[J]. Journal of Pharmaceutical & Biomedical Analysis, 2005, 38(2):326-331.

[27]王帅斌,谢建春,孙宝国．顶空单液滴微萃取在挥发性成分分析中的应用进展[J]. 食品科技, 2007,32(10):25-29.

[28]Xiao Q, Yu C, Xing J, et al. Comparison of headspace and direct single-drop microextraction and headspace solid-phase microextraction for the measurement of volatile sulfur compounds in beer and beverage by gas chromatography with flame photometric detection[J]. Journal of Chromatography A, 2006, 1125(1):133-137.

[29]Tankeviciute A, Bobnis R, Kazlauskas R, et al. Single drop microextraction of esters: comparison of headspace and direct extractions[J]. Chemia Analityczna, 2005, 50(3):539-549.

[30]Persaud K, Dodd G. Analysis of discrimination mechanisms in the mammalian olfactory system using a model nose[J]. Nature, 1982, 299(5881):352-355.

[31]李明,王培义,田怀香．香料香精应用基础[M]. 中国纺织出版社,2010.

[32]李强,谷宇,王南飞,等．电子鼻研究进展及在中国白酒检测的应用[J]. 北京科技大学学报, 2017,39(4):475-486.

[33]刘建国,安振涛,张倩．新型电化学传感器的研究进展[J]. 传感器与微系统,2013,32(7):1-3.

[34]Sunil T T, Chaudhuri S. Detection of target gases and optimal selection of SAW sensors for E-Nose applications[M]. ACM, 2013.

[35]Cortes C, Vapnik V. Support-vector networks[J]. Mach Learn, 1995, 20(3) : 273-277.

[36]Yu H C, Wang J, Yao C, et al. Quality grade identification of green tea using E-nose by CA and ANN[J]. LWT Food Sci Technol, 2008, 4. 1(7) : 1268-1273.

[37]Zhang L, Tian F C, Liu S Q, et al. Chaotic time series prediction of E-nose sensor drift in embedded phase space[J]. Sensors and Actuators B, 2013, 182:71-79.

[38]Breijo E G, Guarrasi V, Peris R M, et al. Odour sampling system with modifiable parameters applied to fruit classification[J]. J Food Eng, 2013, 116 (2):277-285.

[39]Gardner J W, Shin H W, Hines E L, et al. An electronic nose-system for monitoring the quality of potable water[J]. Sensors and Actuators B, 2000, 69(3): 336-341.

[40]Aleixandre M, Santos J P, Sayago I, et al. A wireless and portable electronic nose to differentiate musts of different ripeness degree and grape varieties[J]. Sensors, 2015, 15 (4) : 8429-8433.

[41]牟飞．基于气体传感器阵列的食醋分类与识别[D]. 武汉:武汉理工大学,2011.

[42]俞慧红,崔晓红,刘平．电子鼻在酱油气味识别中的应用[J]. 中国调味品,2016,41(2): 121-125.

[43]阎红,辛松林,彭德川．四川汉源地区青花椒和红花椒的气味指纹图谱分析[J]. 中国调味品,

2010(4):89-91.

[44]Taurino A M, Dello M D, Capone S, et al. Analysis of dry salami by means of an electronic nose and correlation with microbiological methods[J]. Sensors and Actuators B, 2003, 95:123-131.

[45]田怀香，孙宗宇．电子鼻在金华火腿香精识别中的应用[J]. 中国调味品，2008(10):61-63.

[46]黄海涛，陈章玉．茶叶香味扫描和挥发性化学成分分析[J]. 分析化学，2005(8):1185-1187.

[47]于慧春，王俊．电子鼻技术在茶叶品质检测中的应用研究[J]. 传感技术学报，2008(5):748-752.

[48]Corrado D N, Fabrizio A M. Complex chemical pattern recognition with sensor array: the discrimination of vintage years of wine [J]. Sensors and Actuators B, 1995, 25(1/3):801-804.

[49]Corrado D N, Fabrizio A M. An electronic nose for the recognition of the vineyard of a red wine [J]. Sensors and Actuators B, 1996, 33 (1/3):83-88.

[50]Cynkar W, Cozzolino D. Feasibility study on the use of a head space mass spectrometry electronic nose (MS e nose) to monitor red wine spoilage induced by Brettanomyces yeast[J]. Sensors and Actuators B, 2007, 124:167-171.

[51]Hui GH, Wu YL, Ye DD, et al. Fuji apple storage time predictive method using electronic nose [J]. Food Anal Methods, 2013, 6(1):82-88.

[52]赵梦田，杜佳苏，黄洁，等．基于电子鼻的库尔勒香梨品质区分方法研究[J]. 食品工业科技，2014，14(3):225-228.

[53]王光芒．蔬菜农药残留电子鼻检测中特征提取方法研究[D]. 洛阳：河南科技大学，2009.

[54]Concina I, Falasconi M, Gobbi E, et al. Early detection of microbial contamination in processed tomatoes by electronic nose[J]. Food Control, 2009, 20 (10):873-880.